W0325015

Robert Delort

Der Elefant, die Biene und der heilige Wolf

Die wahre Geschichte der Tiere

Aus dem Französischen
von Josef Winiger

Carl Hanser Verlag

Titel der Originalausgabe:
L'Animaux ont une histoire
© Éditions du Seuil, Paris 1984

ISBN 3-446-14847-7
Alle Rechte vorbehalten
© 1987 Carl Hanser Verlag München Wien
Gesamtherstellung: Kösel, Kempten
Printed in Germany

Inhalt

II. Die wirbellosen Tiere

III. Die wildlebenden Wirbeltiere

Vorwort

Dieses Buch hätte ein sehr streng wissenschaftliches Werk sein können (oder müssen), abschreckend schon im Äußeren, gespickt mit graphischen Darstellungen, Analysen, Hinweisen und Verweisen auf naturwissenschaftliche Sachgebiete, die selbst dem sehr gebildeten Leser kaum zugänglich und verständlich sind.

Wir haben demgegenüber versucht, mehr eine liebenswerte Seite zur Geltung kommen zu lassen, einen äußeren und bildhaften Widerschein der darunter verborgenen, schwerverdaulichen Materie, einer weniger trockenen Art, die Aufmerksamkeit auf diese letztlich wenig oder überhaupt nicht bekannte Tatsache zu lenken: Auch die Tiere haben eine Geschichte. Sie haben sie nicht nur als paläontologische Evolution, angefangen vom lebensschöpfenden Ozean und der Entstehung des Lebens bis zur Erscheinung der menschlichen Zivilisationen. Und nicht nur als hauptsächlich parasitäre oder räuberische Beziehung zum Menschen. Der Einwirkung des Tiers auf den Menschen kommt mindestens dieselbe Bedeutung zu wie der Domestikation oder der Nutzung des Tiers in der Wirklichkeit oder in der Vorstellungswelt der menschlichen Gesellschaften. Die Tiere haben auch als solche eine Geschichte, so wie ihr genetisches Material und die Zwänge und Veränderungen in der Umwelt (in der der Mensch nur einen mehr oder weniger wichtigen Faktor darstellt) sie im Verlauf der Zeiten herausgebildet, verändert und angepaßt haben, sie überleben oder untergehen ließen ...

Wir haben es deshalb vorgezogen, das Theoretisieren, Systematisieren und Synthetisieren auf ein Minimum zu beschränken. Viele Abschnitte, die die Wissenschaftlichkeit gefordert hätte, wurden dem Leser erspart und sind Bildern, einigen schematischen Überblicken oder Monographien gewichen, die vielleicht zu Recht, vielleicht zu Unrecht für aussagekräftiger gehalten wurden. Die Geschichte ist zurückgetreten hinter Geschichten, die allerdings in der von der Zoologie gewollten Reihenfolge stehen.

Der Mensch mag eine bedeutende Rolle spielen in diesem Werk, das von einem Menschen für andere Menschen geschrieben wurde, aufgrund von Zeugnissen, die vielfach von Menschen stammen oder mit von Menschen erarbeiteten Methoden untersucht wurden; es möge dennoch in Erinnerung rufen oder aufzeigen, daß die Geschichte als Wissenschaft des Raums in der Zeit nicht alleine die Menschen betrifft, sondern auch alle anderen evolutionären Erscheinungen der Natur und des Lebens, und ganz besonders unsere Vorväter, Brüder, Kinder, Götter, Herren und Sklaven: die Tiere.

Einleitung

Die Geschichtschreibung von den Tieren – ihre Themen sind deren Evolution, ihr Verhältnis zum Menschen sowie (im aristotelischen Sinn) allgemeine zoologische Untersuchungen – ist eine sehr alte Disziplin. Im Abendland müssen ihre Anfänge spätestens bei Aristoteles angenommen werden, doch eigentlich schon bei Herodot und den ältesten Griechen, die sehr wohl wußten, daß der Mensch auf diesem Gebiet ein mehr oder minder kompetenter und scharfsichtiger Beobachter von Erscheinungen ist, deren Ursache er gar nicht oder höchstens partiell ist, und auch dann nicht immer bewußt. In allen Abhandlungen deskriptiver Zoologie, angefangen von den chinesischen, indischen und griechischen Werken bis hin zur umfassendsten, vollständigsten, im ausgehenden 19. Jahrhundert von A. E. Brehm verfaßten Summe des Wissens, überall finden wir diese historische Komponente und vor allem das geschichtliche Interesse. Die Wildtiere und erst recht die Haustiere waren nicht immer gleich. Sie hatten ein bestimmtes Aussehen, sind zu einer gegebenen Zeit in einer gegebenen Gegend aufgetreten, und ihr Verhältnis zum Menschen hat sich im Verlauf der Jahrtausende stark gewandelt.

Lange Zeit war diese historische Zoologie eng verquickt mit der Geschichte der Zoologie; erst in neuester Zeit, im späten Gefolge der Paläontologie, hat sie sich vollständig von ihr getrennt. Nicht nur ist eine sorgfältige Unterscheidung der beiden angebracht, wir müssen auch verstehen, weshalb die Vermengung über Jahrhunderte hinweg so vollständig war. Plinius der Ältere, Isidor von Sevilla, Al Ǧāhiz, Avicenna, Albert der Große oder die Zoologen des 16. und 17. Jahrhunderts, alle hatten sie ihre Vorgänger gelesen und wörtlich zitiert. Wenn sie ihre Summen schrieben, entstand so jedesmal – selbst wenn es mit der Chronologie manchmal haperte – eine Geschichte der vorangegangenen Zoologen und damit der Zoologie selbst. Und sie gaben nicht nur ihr gesamtes Bücherwissen wieder, sie berichteten auch akribisch über alles, was sie von Zeitgenossen oder durch eigene Beobachtung in Erfahrung bringen konnten. Diese Methode brachte Aldrovandi den Hohn Buffons ein: »Behandelt er die Naturgeschichte des Hahns und des Ochsen, so erzählt er alles, was über Hähne und Ochsen gesagt wurde, alles, was die Alten darüber gedacht, alles, was man sich über ihre Tugenden, ihren Charakter, ihren Mut vorgestellt hatte, alles, wozu man sie nutzen wollte, alle Altweiberfabeln, die über sie erdichtet wurden, alle Wunder, die man sie in einigen Religionen vollbringen ließ, und allen Aberglauben, der sich an sie geheftet, alle Vergleiche, welche die Dichter mit ihnen angestellt (...), alle Darstellungen, die sich von ihnen in den Hieroglyphen und in den Wappen finden, mit einem Wort, alle Geschichten und alle Fabeln, die man sich je über Hähne und Ochsen erdacht hat. Man ermesse nach all dem das Quantum Naturgeschichte, das man in diesem Wust von Geschriebenem zu finden erhoffen kann.« Die Attacke ist grausam und ungerecht, sie unterschlägt, daß Gelehrte des 13. Jahrhunderts, wie Thomas von Canterbury, Vincent von Beauvais und Albert der Große, und des 16. Jahrhunderts, wie Conrad Gesner, ein Tier durchaus auch so, wie sie es sahen, beschreiben oder genaue, zeitgenössische Berichte über es abgeben konnten. So schrieb Th. Moufet, vor 1590, als Ergänzung zu den Aufzeichnungen Gesners im Kapitel über die Wanderheuschrecke: »Das Jahr 1533. Welches Unheil die Heuschreckenkolonnen über die Gegend von Arles brachten, ist allgemein bekannt. Und jetzt, zur Stunde, da wir schreiben, erfahren wir, daß die Spanier von einer gewaltigen Zahl von Heuschrecken heimgesucht werden, die von Afrika herübergetragen wurden. Wie Kohorten durchflogen sie die Wolken und bevölkerten dicht die Luft. Bei ihrem Anblick begannen die Leute, auf Trompeten und Bombarden zu blasen und eherne Gefäße ertönen zu lassen, Sand zu werfen, kurzum alles zu versuchen, was sie hätte verscheuchen mögen. Doch die Ereignisse entsprachen nicht ihren Wünschen; und schließlich verdarben sie trotz dieser nutzlosen Bemühungen allerorten an Hunger und Fäulnis, wie uns Matrosen und Schiffskapitäne berichteten, die dieser Katastrophe entkommen konnten.« Albert der Große hielt es ebenso, indem er einerseits experimentelle und systematische Zoologie betrieb (unter Erwähnung seiner eigenen Beobachtungen und Forschungen), andererseits Geschichte der Zoologie (indem er mehrere seiner Vorgänger zitierte) und schließlich historische Zoologie (indem er über Veränderungen zum Beispiel des Bibers in Westeuropa in der Zeit und in der Verbreitung berichtete).

Die neuere Zoologie hat mit diesen Methoden aufgeräumt und ist zur Natur- und Biowissenschaft geworden, wie übrigens alle ehemals unter der Rubrik »Naturgeschichte« zusammengefaßten Wissenschaften. Da sie auf ein ausgedehntes wissenschaftliches Wissen über Strukturen und über die Materie (Mathematik, Physik, Chemie) sowie auf die streng methodische Auswertung von Beobachtungen und Versuchen aufbaut, haben die Zoologen die einstige Geschichte der Tiere radikal aufgegeben, sie für taxonomische oder genetische Ziele verwendet oder auf die Stufe von Anekdoten degradiert. Zwischen der Paläontologie, die sie nur behandelt bis zum Auftreten menschlicher Gruppen, und der Zoologie, die vor allem im Hinblick auf die letzten Jahrzehnte von ihr spricht (sie aber ungenügend von der Geschichte der Zoologie unterscheidet, die beiden Disziplinen kaum auseinanderhält), klafft eine Lücke von mehreren Jahrtausenden, sehr unzureichend abgedeckt von einer ganzen Reihe von Disziplinen, die entweder von den Textquellen und den menschlichen Zeugnissen weit entfernt sind oder aber keine Verbindung zu den heutigen zoologischen Wissenschaften haben. Das Studium der Mentalitäten, des Imaginären, der Folklore, der Mythologie im Spiegel des Bestiariums oder des Zoomorphismus der großen Zivilisationen hat die (für die Historiker der Domestikation und der Tierzucht bereits offensichtliche) Tendenz verstärkt, bei der Betrachtung der Mensch-Tier-Beziehung ausschließlich den Nutzen der Zoologiegeschichte zu sehen; doch oft genug ging dies zu Lasten der Geschichte der Tiere.

Umgekehrt hat die Analyse, die sich rein auf wissenschaftlich untersuchbare

Reste aus archäologischen Funden (Knochen, Zähne, Häute) beschränkt, lediglich die Zeit im Auge, aus der es wenig oder nichts Geschriebenes gibt, so daß für Europa ein riesiges Loch klafft zwischen dem Ende der Antike und dem 19. Jahrhundert. Im Hinblick auf die anderen Zivilisationen ist der Abgrund noch bodenloser. Vonnöten ist also das, was – in Anlehnung an die Ethnobotanik – einige Autoren als Ethnozoologie bezeichnet haben: eine Disziplin, die die Gesamtheit dieser Erscheinungen ins Auge faßt und sich auf die Archäozoologie gründet, die vom heutigen Wissensstand aus mit den Mitteln der Archäologie und der Osteologie altertümliche Tiere erforscht. Man müßte also eher von historischer Zoologie sprechen, entsprechend etwa der historischen Geologie, die mit modernsten Mitteln die Entwicklung der Erde von ihrer Entstehung an bis heute erforscht, und die man übrigens (bedarf es des Hinweises?) keinesfalls verwechseln darf mit der Geschichte der Geologie, deren Gegenstand die Menschen und die menschlichen Auffassungen sind, mit denen im Laufe der Zivilisationen versucht wurde, die Beschaffenheit unseres Planeten zu verstehen.

Diese Disziplin erfordert ein Bewußtsein von Zeit und Zeitlichkeit, ein umfangreiches Wissen über die menschlichen Kontexte, die wirtschaftlichen und geistigen Verhältnisse; sie gründet auf ein System der Nuancierung und der Plurikausalität; sie gehört zunächst der Geschichtswissenschaft an, kann aber auch in die Soziologie, in die Ethnologie und in die Philosophie hineinreichen; sie verlangt zoologisches Grundwissen (das des modernen Zoologen, der auch Ethologe und Ökologe ist), die eingehende Untersuchung der Knochen, Haut-, Haar-, Feder-, Schuppen- und Zahnreste, der genetischen Merkmale, der archäologischen Fundstätten; sie will das Tier in seinem sozialen Milieu und in seinem Biotop sehen und ist damit auch Zoologie.

Bisher waren es vor allem Zoologen, die dieses Wagnis eingingen. Sie haben sich mehr auf die Chronologie als auf die Geschichte konzentriert, doch oft bei den Historikern Hilfe gesucht, vor allem in bezug auf das Altertum. Via Archäologie und Osteologie lief es auch umgekehrt.

Hauptsächlich für das Mittelalter und vor allem für die Neuzeit bleibt noch gewaltige Arbeit zu tun. Die Tiere waren nicht immer genau gleich, und ihre Stellung auf unserem Planeten hat sich stark gewandelt. Es muß nicht nur versucht werden, die Arten ausfindig zu machen und zu studieren, die ausgelöscht oder am Aussterben sind (schwarze und rote Listen der Ökologen), sondern auch alle, die überlebt haben, neu aufgetaucht sind oder sich entwickelt haben, indem sie sich verändert oder sich, entsprechend den subtilen Wandlungen der ökologischen und historischen Umweltbedingungen, angepaßt haben.

Eine allgemeine Geschichte der Tiere kann also nur ganzheitlich geschrieben werden. Sie muß die Evolution und das Werden aller erforschbaren Arten auf der ganzen Erde oder wenigstens in einem genau umrissenen geographischen Rahmen einbeziehen. Wenn sie der Paläontologie den riesigen Zeitraum vor der Erscheinung des Menschen überläßt und die Vor- und Frühgeschichte lediglich streift, so müßte sie die Zeit von den Anfängen der Zivilisationen des Vorderen Orients an bis heute, also 5000 bis 6000 Jahre erforschen. Die Rahmenbedingungen der Humangeschichte blieben weiterhin gültig: Untersuchungsgegenstand wären zum Beispiel die Tiere in Sumer, im alten Ägypten, in Mohenjo Daro im vorbuddhistischen Indien, in der griechisch-römischen Antike, im Mittelalter des Abendlands, in der vorkolumbianischen Welt usw.

Der große, zoologisch wie historisch bedeutsame Vorteil wäre, daß auf diese Weise weitläufige Synchronien untersucht würden, innerhalb derer zoologische Studien, von den Einzellern bis hin zu den Primaten, betrieben werden könnten. Der Nachteil liegt ebenso auf der Hand: Neben der völligen Unterordnung der Geschichte der Tiere unter die Humangeschichte führen die Globalitätsforderungen zu sukzessiver und verzettelnder Analyse, die die einzelnen Arten in der Diachronie aus den Augen verlieren läßt.

Das Problem vom anderen Ende her anzupacken, ist nicht unbedingt vorteilhafter. Es erscheint als vollkommen willkürlich und wenig wissenschaftlich, ein Tier von allen anderen Tieren zu trennen, die zu einem bestimmten Zeitpunkt in seiner Umwelt gelebt haben. Eine Studie über die Katze, die Hornviper, das Nilpferd oder den weißen Ibis im alten Ägypten, die nicht den Bezug zum Hund, zur Gazelle, zum Krokodil und vor allem zur Gesamtheit der damaligen Tierwelt herstellte, würde das Forschungsergebnis beträchtlich abwerten; es wäre wie eine Arbeit über einen römischen Kaiser ohne sein Reich oder über die Tuberkulose oder die Malaria im Mittelalter ohne Einbeziehung der Lepra oder der Pest und des pathologischen und immunologischen Zustands der Bevölkerung. Doch wenn man sich der Schwierigkeit bewußt ist, bringt die Entscheidung für die Monographie und die Diachronie nicht nur Nachteile: Diese Form von Geschichte gewinnt an Kontinuität, was sie an Extensität verliert – sofern die Monographien so ausgewählt sind, daß sie einen Querschnitt durch das ganze Tierreich ergeben, der sich, eine globale Fragestellung vor Augen, auf alle verfügbaren Quellen stützt. Ohne die Bedeutung und Unabdingbarkeit der großen, Stufe um Stufe betrachtenden Synchronien leugnen zu wollen, fiel unsere Wahl hier auf die diachronische Monographie; da sie vom Tier ausgeht, gibt sie dem Tier den Vorrang und nicht dem Menschen.

I

Für eine Geschichte der Tiere

Der Philosophenfürst Aristoteles ist auch der Begründer der meisten Naturwissenschaften, namentlich der Zoologie – auch der »historischen« (Rom, Museo Spada, Ausschnitt).

Die Tiere vergangener Jahrhunderte – Möglichkeiten und Methoden ihrer Erforschung

Die beste Methode, die Tiere zu studieren, besteht heutzutage darin, daß man Versuche anstellt und Analysen vornimmt, ihren Körper, ihre Umwelt, ihr Verhalten in dieser Umwelt genau kennenlernt und alle Forschungen einbezieht, die zum Thema schon vorliegen oder im Entstehen sind.

Die Tiere früherer Zeiten können wir nicht mehr beobachten, und die damaligen Menschen haben sie nicht mit denselben Augen und denselben Interessen gesehen wie wir heute. Der erste Schritt ihrer wissenschaftlichen Erforschung besteht also darin, daß wir mit den modernen Hilfsmitteln nach dem suchen, was von ihnen und von den Elementen ihrer Umwelt übriggeblieben sein mag. Eine kritische Würdigung der Gesamtheit der Vorstellungen, die Menschen uns mitgeteilt haben, kann nicht erfolgen ohne diese vorherige Absicherung durch die Zoologie. Leider sind alte Tierreste wenig zahlreich und meist unvollständig. Die Suche nach ihnen und ihre Untersuchung stoßen deshalb auf erhebliche Schwierigkeiten, auf zahlreiche Fragezeichen und schwerwiegende Lücken.

1. Die archäozoologischen und paläontologischen Methoden

Die Tierreste sind uns, ganz oder als Fragmente, durch natürliche Vorgänge oder durch bewußtes oder unbewußtes menschliches Handeln erhalten geblieben.

Erhaltene Tierkörper aus ferner Vergangenheit

Da unser Untersuchungsbereich erst mit dem Auftreten des Menschen beginnt, lassen wir die uns erhaltenen Tierkörper aus der Zeit vor dem Menschen außer Betracht. Von den Resten aus der in Frage kommenden Zeit werden wir nur die untersuchen, die entweder von ausgestorbenen Tieren stammen oder aber von Tieren, die heutigen Arten noch sehr ähnlich sind.

In diesem Sinne interessieren – sogar vorrangig, obwohl sie sehr alt sind – diejenigen Tiere, die lebendig oder gleich nach ihrem Tod vom Harz der großen tertiären oder gar quartären Kiefern eingeschlossen worden sind. Dieses fossile

Harz aus dem baltischen Becken, besser bekannt unter der Bezeichnung Bernstein, hat kleine Tiere, meist Insekten, konserviert, deren Vergleich mit heutigen Formen insofern gewinnbringend ist, als sie sich sehr wenig verändert haben. Wenn sich ihr genetisches Programm über Jahrtausende hinweg so wenig weiterentwickelt hat, kann man annehmen, daß sie sich vor 5000 oder 7000 Jahren nicht grundlegend von den heutigen Arten unterschieden haben, selbst wenn das eine oder andere Merkmal sich in Abhängigkeit von der Industrie- und Konsumgesellschaft gewandelt haben mag: Weiße Insekten, die früher auf der weißen Birkenrinde besser vor Räubern geschützt waren, sind schwarz geworden, um sich den vom Ruß in der Luft geschwärzten Mauern oder Marmorsteinen anzupassen; auch hat die Bekämpfung der Mücken die resistenten Stämme begünstigt.

Noch wichtiger von unserem Gesichtspunkt aus sind die (leider bedeutend selteneren) Tiere, deren Körper im Eis konserviert wurden. Außer Dickhäutern hat man dort Vögel und Insekten gefunden, die entkräftet in den Firnschnee gefallen sind. So geben uns heute die Eismassen des Mount Look die Wanderheuschrecken vergangener Jahrhunderte preis ... Der bekannte Fall der Mammuts illustriert beispielhaft die Zerstörung, der solche Überreste leider ausgesetzt sind und die ihre Erforschung erschwert. Zu den Schäden durch das natürliche Abschmelzen des Eises, das das Fleisch den Raubtieren und der Fäulnis preisgab, kommen Schäden durch den Menschen hinzu, der mutwillig die schützende Schale zerbrach, um sich das wertvolle Elfenbein der geschweiften Stoßzähne anzueignen und mit dem Fleisch die Hunde zu füttern.

Der saure Schlamm der Torfmoore ist ebenfalls in der Lage, die Verwesung zu unterbinden und ganze Kadaver (von Säugern und sogar von Menschen) zu konservieren. Ebenso das Erdwachs (Ozokerit), das in Galizien ein Rhinozeros vollständig erhalten hat, und der Teer, z.B. der berühmten Lagerstätten am Rancho la Brea in der Nähe von Los Angeles, der in oft ausgezeichnetem Zustand sehr zahlreiche Tierexemplare aus der Zeit um 15000 bis 5000 v. Chr. luftdicht abschloß, darunter etwa fünfzig Arten, die damals stark verbreitet waren, in den letzten Jahrtausenden aber ausstarben. Schließlich kann trockene Luft in Wüsten oder ummauerten Hohlräumen, in denen ein Tier verdurstet oder vertrocknet ist, zur Mumifizierung der Gewebe ohne Verwesung führen; so hat man in Mauern oder Fundamenten bestimmter Gebäude Katzen gefunden, die dort lebendig eingeschlossen worden waren.

Manchmal verdanken wir die vollständige Konservierung eines Tieres dem Menschen. Die ägyptische Zivilisation hat uns Hunderttausende von Tiermumien hinterlassen: Da schlafen, kreuzweise bandagiert, Fische (Nilbarsch) und Beutevögel (vor allem Habichtartige: Adler, Falken, Turmfalken, Bussarde, Milane), die legendären heiligen Ibisse, Spitzmäuse, Gazellen, Hunde, Katzen (dabei diverse gezähmte Luchse) ihren ewigen Schlaf. Wir kennen auch die Arbeit aztekischer Taxidermisten am Hof Montezumas; und ungezählt sind die im Abendland seit dem 18. Jahrhundert präparierten Tiere. Auf diese Weise besitzen wir die leblosen Körper ausgestorbener, selten oder anders gewordener Tiere. Die Museen in Paris, London, Wien, im Schloß Ohrada in Böhmen, in deutschen und italienischen Fürstenstädten oder Provinzhauptstädten beherbergen ausgezeichnete Sammlungen. Allein das Museum von Lausanne besitzt von sechs in neuester Zeit ausgestorbenen Vogelarten die letzten Exemplare: die letzte, 1904 im Zoo von Cincinnati verendete Wandertaube; den 1914 ausgestorbenen Carolina-Sittich, den seit 1835 in den Wäldern der Maskarenen nicht mehr gesehenen Bourbonen-Wiedehopf, die einfarbige Jamaica-Ralle, die 1881 von den eingeführten Katzen und Mangusten ausgerottet wurde; der Riesenalk, vernichtet um 1844, sowie den neuseeländischen *Heterolocha acutirostris*, der seit 1907 nicht mehr gesichtet wurde. Ein einziges ausgestopftes, fast intaktes Exemplar einer Dronte befindet sich in Port-Louis auf der Insel Mauritius. Durch die allmählich aufkommende Konservierung von Weichteilen in Flüssigkeiten, die das Oxydieren der Gewebe unterbinden (z.B. Formalin), konnten alte Universitäten, Krankenhäuser oder wissenschaftliche Institute unschätzbare Sammlungen von Tieren oder Tierteilen aufbauen, die manchmal hundert oder mehr Jahre alt sind. Das Smithsonian Institute zeigt Stücke eines Riesenkraken, dessen Länge über alles nach einer neueren Studie 66 Meter(?) betragen haben soll.

Neben diesen vollständigen Präparaten (von denen zwar beim Einbalsamieren oder später viele Weichteile entfernt wurden, die aber das gesamte Skelett und die übrigen Hartteile, Haare, Federn usw., sowie Gewebebestandteile enthalten) besitzen wir, und zwar in sehr viel größerer Zahl, mehr oder weniger bedeutende Fragmente, die uns durch wissenschaftliche Methoden und den Findergeist der Forscher eine Menge zoologischer Erkenntnisse und Hypothesen vermitteln, aus denen sich tragfähige Grundlagen einer historischen Zoologie ergeben.

Wir denken zunächst an so harte, fast unverrottbare Teile wie die Muschelschalen. Verstreut oder dicht gedrängt, finden sie sich auf dem Meeresgrund oder auf Felsen, die sie mitgebildet haben. Zu Haufen aufgeschüttet von menschlicher Hand in den südländischen Schneckengärten, als Müllberge, in der Nähe von Tyros zurückgelassen von den Verwertern der Purpurschnecke, oder als skandinavische Kjökkenmöddinger, in denen sich auch zahlreiche andere Küchenabfälle finden. Sie wurden sogar als Schätze gehortet, wie die Geld-Kaurischnecke, die heute noch in Afrika als Zahlungsmittel dient und die aus dem Indischen Ozean stammt. Vergessen wir auch nicht, daß die Inkas die »mullu« gebrauchten und daß reiche römische Grundbesitzer Austern über weite Strecken transportieren und konservieren ließen, um sie weit entfernt vom Meer konsumieren zu können, denn es wurden welche in der Villa von Montmaurin am Fuß der Pyrenäen, in fast gleicher Entfernung vom Mittelmeer und vom Atlantik gefunden. Schließlich sind da noch die Perlen, das Perlmutt, die Korallen und andere unverrottbare tierische Stoffe, aus denen man zum Teil auch Kameen geschnitzt hat. Erwähnen wir zum Schluß die manchmal zu Schmuck verarbeiteten Ammoniten und die versteinerten Seeigel; sie sind freilich zu alt, um gewinnbringend in einer Geschichte der Tiere berücksichtigt zu werden.

Typische Hartteile kennzeichnen die Wirbeltiere; es sind hauptsächlich Knochen und Zähne. Ihre grundlegende Bedeutung in der Paläontologie ist bekannt, vor allem seit die Archäologen sie nicht mehr wegwerfen, sondern sie im Labor

untersuchen lassen. Glücklicherweise, denn die Osteologie ist eine der Hauptstützen aller wissenschaftlichen Untersuchungen der letzten Jahrzehnte; dies mindert nicht die Bedeutung von nicht knochenartigem Material wie beispielsweise die Millionen von Lamm-, Kalb-, Gazellen- und Kamelhäuten, die zu Pergament verarbeitet wurden. Zwar hat der Inhalt der Botschaft meist das Trägermaterial vergessen lassen, doch es bleibt ja erhalten für spätere Untersuchungen. Zählen wir noch das Leder der Sandalen, Gehenke, Buchdeckel, Pergamentschatullen hinzu, das so gut wie unverrottbar und gleichzeitig in Überfülle in Archiven, Kleidungsmuseen und ägyptischen Gräbern zu finden ist. Vollständige Pelze sind anfälliger und weniger haltbar (gleichwohl besitzen wir eine Toque aus der Eisenzeit und verschiedene mittelalterliche Fragmente). Das Haar selbst ist jedoch dauerhafter als die Haut, und wir finden es in Filz (wie in der Petersburger Filzsohle aus Hasenhaar aus dem 10. Jahrhundert), in schützende Fibeln eingeschlossen (wie im Arnégonde-Grab in Saint-Denis) oder als Kett- oder Schußfaden in alten Stoffen (dänische Archäologen haben Wollstoffe aus der Bronzezeit ausgegraben). Man findet Vikunja-Wolle in den reichen Gewändern des Inkakults, andere Tierhaare in Filz- und Wollteppichen aus vielen jahrtausendealten Zivilisationen. Vogelfedern (von Kiwis, Straußen, Quetzalen und Dronten) sind manchmal dauerhafter als Hornteile; doch hat man auch

Der Riesenalk *(Pinguinus impennis)* ist im 19. Jahrhundert ausgestorben. Wir besitzen von ihm nur noch wissenschaftliche Zeichnungen (*links:* Ausschnitt aus *Voyage à la mer Pacifique* von M. de Beauchesne, Bibliothèque du Service historique de la Marine, Vincennes) und einige ausgestopfte Präparate wie das im Museum von Lausanne.

Bärenkrallen gefunden, als Überbleibsel von den Fellen, in denen sich die alten Germanen einäschern ließen. Erwähnen wir noch die Hufe und Hörner (selbst von Einhörnern, die sich allerdings als Zähne von Narwalen oder Walrössern entpuppen, also den Elefantenzähnen verwandt sind), und vor allem die Hörner und Trophäen von Elchen, Hirschen und Auerochsen. Schließen wir die Aufzählung mit einigen Schildpatten und Schildkrötenpanzern, aus dem mittelalterlichen Sizilien beispielsweise, die als Schmuckgegenstände, Sammelstücke oder archäologische Fundstücke weiterexistieren.

Unter den anderen verfügbaren tierischen Resten ist zunächst die Seide zu nennen. Zwar blieb wenig von den jahrtausendealten chinesischen Stoffen übrig, doch die Ausbeute wird reicher im Abendland (in Ornaten, vor allem in den Kirchenschätzen) ab dem 7. Jahrhundert, ebenso in den Kulturkreisen des Islam und von Byzanz. Die Farben der Fresken, Stoffe und Lacke liefern uns indirekt als weitere Schätze das sich nicht zersetzende Wachs der Überzüge, Siegel und Votivgaben, das Schwarz der Knochenkohle, das Rot der Kermesschildlaus, das Purpur der Purpurschnecke.

Vor ihrem Aussterben haben einige Tiere einen Abdruck ihres Kadavers hinterlassen. So hat die Lava, die ein amerikanisches Rhinozeros überflutete, seine Form abgegossen und verschiedene Knochenteile verschont. Es wurden auch Spuren lebender Körper in versteinertem Schlamm gefunden, von Schlangen zum Beispiel oder von Ringelwürmern. Die tierischen Ausscheidungen haben ebenfalls großen Erkenntniswert: Versteinerter Hundekot aus der La-Tène-Zeit enthält Knochensplitter von Geflügel und von Ferkeln, gibt uns also Auskunft über ihren Speisezettel (und den ihrer Herren); Gewölle von Nachtvögeln, die im Tanezrouft in der Sahara gefunden wurden und die vor der Fossilisation teilweise von den Insekten verschont wurden, offenbaren durch die in ihnen enthaltenen Haare und Knochen die Art der Beutetiere. Altes Fett ist sowohl in intakten Knochen erhalten geblieben (z. B. in den Knochen des von den Ljachow-Inseln stammenden, im naturhistorischen Museum von Paris ausgestellten Mammuts, aus denen man Dutzende Kilo Fett gewinnen konnte), als auch in fettgetränkten Böden, Stoffen, in Behältern und auf bemalten Wänden. Man kann seinen Steringehalt (auch Cholesteringehalt), seinen Ursprung und sein Alter bestimmen (letzteres mit der Kohlenstoff 14-Analyse, wenn es jünger als 50 000 Jahre, mit anderen Methoden, wenn es älter ist). So unter die Lupe genommen, haben etliche Orte einen Teil ihres Geheimnisses preisgegeben: Man weiß inzwischen durch das in den Boden ausgeschwitzte Fett, daß die Höhle von Geißenkösterle mit Fellen ausgelegt gewesen sein muß. Am Michelsberg wurde Milchfett oder Ochsentalg auf Tonscherben gefunden, in Magdalenenberg bei Klagenfurt war es Schweine- oder Fischfett. Und die bei Köln gefundenen Näpfenurnen aus dem ersten nachchristlichen Jahrhundert enthielten Spuren von Butter und Ochsentalg, was sie als einen bestimmten Lampentypus ausweist.

Ein reicher und buntgemischter Materialfundus tierischer Herkunft steht uns also heute zur Verfügung. Nur aus ihm sind, dank modernster zoologischer Untersuchungsmethoden, unanfechtbare Erkenntnisse zu gewinnen, sofern das Material datiert, lokalisiert und sachgerecht untersucht worden ist.

Die Analyse tierischer Reste

Am aufschlußreichsten sind natürlich die vollständig erhaltenen oder wenigstens bedeutende Gewebestücke aufweisenden Kadaver, von Wirbeltieren wie von Wirbellosen. Die Teile des Mammuts von den Ljachow-Inseln genügen zum Beispiel für die Untersuchung von Knochen, Fett, Haut, Haaren und, dank eines Teils des Magens und des Mageninhalts, auch der Zusammensetzung seiner letzten Mahlzeit. Doch angesichts der Seltenheit solcher Funde stützt sich die wissenschaftliche Archäologie vor allem auf die Hartstoffe.

Muschelschalen, denen heute lebender Tiere keineswegs zu unähnlich, erlauben die Rekonstruktion des historischen Tieres über die Ligamentansätze und die Anordnung der Reliefs, der Körperöffnungen und der Perforationen; bekannt ist das in der Paläontologie schon klassische Beispiel der Perlboote (Nautilus, Gattung der Kopffüßler). Da die Mollusken sich in den letzten Jahrtausenden praktisch nicht verändert haben, sind Reste von ihnen nicht nur für das Studium

Dieses 1902 von Volosovič im Eis der Ljachow-Inseln entdeckte Mammut konnte von M. Boule ungefähr rekonstruiert werden (Paris, Muséum national d'histoire naturelle).

der Ökologie, der Artenverbreitung und der Umwelt von Bedeutung, sondern auch für die Feststellung ihrer Verwendung durch den Menschen (Nahrung, Gewerbe, Schmuck).

Die durch ihren Schmelz, ihre geringe Größe und ihre Materialdichte so gut wie unverrottbaren Zähne weisen vor allem bei den Säugern eine solche funktionale Spezialisierung, eine solche Kompliziertheit und Vielfalt der Formen und Abwandlungen des immer gleichen Baumusters auf, daß sich ein Tier allein durch sein Gebiß, ja sogar anhand eines einzigen Zahns identifizieren läßt. Dies gilt für den afrikanischen und für den indischen Elefanten ebenso wie für den Hund und den Wolf, was uns jedoch nicht die außerordentliche Häufigkeit und die besondere Bedeutung der Zahnfunde von Insektenfressern und vor allem von Nagern vergessen lassen soll, denn diese sind entscheidend bei der regressiven Methode, die, von den gegenwärtigen Vertretern und den erfaßten Arten ausgehend, ihre Entwicklung in der Vergangenheit erklären will. Diese für den heutigen Forscher so bedeutenden Zähne wurden auch von den Menschen früherer Zeiten geschätzt. Sie stellten daraus Schmuck und Talismane her, wie die vielen durchbohrten Katzen-, Wolfs-, Fuchs- und Bärenzähne oder auch die Millionen von Elfenbeinschnitzereien beweisen.

Erstes Ausgangsmaterial der historischen Zoologie sind indessen die Knochen (und die Gräten), da sie die Wirbeltiere und vor allem die Säuger kennzeichnen, die komplexesten Arten also, die sich am stärksten verändern können. Durch die Untersuchung der Muskelansätze, der Lage der Sehnen und durch das eingehende Studium der Schädelstrukturen kann man die (feinen oder gewaltigen) Unterschiede sowohl zwischen historischen Arten als auch gegenüber den entsprechenden heutigen Arten herausarbeiten. Durch den Abdruck der Schädelinnenseite kann man eine Vorstellung von den Gehirnwindungen und -reliefs erhalten. Diese Knochen, zumindest ihr Kollagen und ihr Kalziumphosphatgerüst (die Gelatine verschwindet ziemlich schnell), befinden sich im allgemeinen an der Stelle, an der der Tierkadaver versunken ist, entweder auf natürlichem Wege (er ist in einem Sumpf oder in einem Moor versunken, oder er wurde von Sand, Staub oder bei Flut im Schlick bedeckt) oder durch direkte oder indirekte menschliche Einwirkung (Abfallgruben, Schlachtstätten, Wohnbezirke, Grabstätten, Opfergaben für die Toten oder die Götter, bisweilen sogar – ungeklärterweise – geschlossene Gefäße wie die in Montmaurin gefundenen, die fünfhundertfünfzig Teile von Spitzmäusen, Schermäusen und verschiedenen Lurchen enthielten).

Meist ist der Zufall für die Funde verantwortlich: Ein Anspülungen wegschwemmender Bach, ein Stollen, eine Unterhöhlung, ein Steinbruch, Gräben, Fundamentaushub, auch Bohrungen, Bomben und archäologische Grabungen fördern sie zutage. Viele dieser Überreste gelangen, unbeachtet von ahnungslosen Menschen, in den Schutt. Werden sie durch glückliche Fügung von Fachleuten entdeckt, so beginnt das Freilegen, Photographieren (mit Eintragung im Lageplan), das sorgfältige Waschen und gründliche Trocknen, das Bezeichnen, das Festigen mit Schellack, Leim, Paraffin usw. Die Altersbestimmung von Knochen aus den letzten Jahrtausenden ist nur durch die allgemeine Datierung der Grabungsschichten möglich. In solchen Fällen muß an »Eindringlinge« gedacht werden: Tiere, die (wie der Hase und die Ratte) unterirdische Gänge anlegen und damit in ältere Schichten vorstoßen; Tiere, die natürliche Hohlräume bewohnen (kleine Nager in Schädeln von großen Säugetieren); Tiere, die alte, leerstehende Bauten besetzen, darin die Knochen ihrer Beutetiere zurücklassen und anderswo verenden; schließlich die kleinen Tiere oder Amphibien, die beim Bau von Hügelgräbern mit der feuchten Erde aus dem Sumpf zur Fundstelle gelangten, oder Nagetiere, die in neuerer Zeit in sehr alte Brunnen oder Amphoren gefallen sind.

Dann folgt die Analysearbeit: Altersbestimmung nach den Schädel- und Epiphysennähten, nach der Abnützung der Zähne, nach den Wachstumsringen der Heringsschuppen oder allgemein der Gräten; Geschlechtsbestimmung nach den knöchernen Stirnzapfen bei den Wiederkäuern, nach den Kieferknochen bei den Einhufern, nach den Eckzähnen bei den Schweinen usw.; Bestimmung der Gattung oder Rasse; Untersuchung nach eventuellen genetischen oder pathologischen Abnormitäten oder Verletzungen. V.I. Calkin, R.E. Chaplin und, nach ihnen, Frau Poulain-Josien haben uns ausgezeichnete Beispiele für das Verfahren und die Nomenklatur gegeben, vor allem für die sich rasch verändernden Haustierrassen, mit zwei angenommenen Domestikationsepochen: Die der »Torfarten«, vor dem 7. Jahrtausend, und die der großen Huftiere im 4. Jahrtausend. Bei den Rindern unterscheidet man drei Typen: Das kleine »Torfrind«, das zum Braunvieh der Alpen geworden ist; das große Rind mit den langen, schlanken Hörnern, das vom Auerochsen abstammt und im Camargue-Stier seinen Nachfahren hat; das brachycephale Rind, das von den Römern zu den Merowingern und den Karolingern gekommen ist. Ähnlich für die Schweine: Das kleine Torfschwein und das größere, vom Wildschwein abstammende. Die Unterschiede zwischen Wildarten und Haustierarten sind ebenfalls aufschlußreich: Schwein und Wildschwein, Tarpan und Pferd, Wolf und Hund sowie, in neuerer Zeit, Wildkaninchen und Hauskaninchen.

Jede Fundstelle führt zu Aufstellungen mit der Zahl der Exemplare, mit Verbreitungsdiagrammen und Verbreitungsquoten, dem Altersaufbau für jede Art, der Verteilung der Knochenteile und mit Vergleichen. Diese Hauptarbeit gibt Auskunft über den menschlichen Anteil an der Selektion dieser Tiere, über die Ernährungsgewohnheiten der Menschen und ihr Gewerbe. Tatsächlich erklärt die archäologische Zerstörung der zerbrechlichsten Teile nicht alles. So ist die unnormale Häufung von Oberschenkel- und Schienbeinknochen von Schweinen (Schinken?) oder von bestimmten Wildstücken (Rehkeulen?) ein guter Hinweis auf den Speisezettel des Menschen. Große Funde von Nagelbestandteilen (die an Fellen und Häuten hafteten) weisen auf einen Gerber, einen Fellzurichter oder Tierenthäuter hin, während die erstaunliche Häufung von Schulterblättern den Forscher vor ein Rätsel stellt: Gab es da eine Kultstätte, war da ein Handwerker, ein Künstler oder ganz einfach ein Metzger tätig, oder stand da eine Pökelwerkstatt? Die Häufigkeit der Arten wird in Beziehung gesetzt mit biologischen Faktoren (Ätiologie, verschiedene Besetzung des Raums, spezifische Konzentration oder Streuung) und mit menschlichen Faktoren (Jagdgewohnheiten, Viehzucht, Komplementarität oder Konkurrenz). Schließlich versucht man die Anzahl der Individuen zu errechnen, die der untersuchten Knochenansammlung zugrunde gelegen hat.

Frau Poulain-Josien lenkt unsere Aufmerksamkeit auch auf Spuren, die auf den Knochen hinterlassen wurden. Sie können natürlichen (mechanischen, klimatischen, physikalisch-chemischen) Ursprungs sein oder von Tieren stammen (Zahnabdrücke vor allem an den Knochenenden weisen auf Katze oder Luchs, auf Wolf, Hund oder Fuchs, auf Marder oder Wiesel hin, auch auf Nager, deren Zahnspuren man auch auf Geweihen findet). Sie können schließlich vom Menschen stammen: Spuren des Abschälens mit Stein- oder Metallwerkzeugen, durch das man das Fleisch, das Leder oder das Fell gewinnen wollte; Spuren des Zerteilens, sichtbar vor allem bei Gelenken, oder des Zersägens, durch das man Mark oder Gehirn herausholte; auch Brandspuren vom Kochen, vom Opfern, vom Verbrennen der Abfälle oder Einäschern des Kadavers; schließlich Bearbeitungsspuren aus der Werkzeugherstellung. Es kann daraus etliches auf die Kultur und die Lebensweise der Menschen geschlossen werden, wie eine Arbeit von C. Bossard-Beck über die in Brucato auf Sizilien gefundenen mittelalterlichen Knochenfunde zeigt. Die Schlachtspuren zeigen, wie das Tier zerteilt wurde: Bei Schalen- und Rotwild wurde zuerst das Geweih vom Kopf getrennt, dann der

Kopf vom Rumpf (Schnitte auf dem ersten Halswirbel); dann wurden Speiche, Elle, Oberschenkelknochen an der distalen, das Schienbein an der proximalen Gelenkseite abgetrennt; an den Knochenfortsätzen der Wirbelsäule wurden die Rippenstücke herausgeschnitten, durch Trennung von Hüftbein und Darmbein das »Kammstück« gewonnen. Werkzeug war immer das Hackmesser oder das Schlachtmesser, nie die Säge. Damit sie in Töpfe paßten, wurden anschließend – summarisch, selten mit sauberem Streich – die großen Knochen zweigeteilt. Alle Knochen, ob groß oder klein, weisen außerdem Spuren des Küchenmessers und kleinere Kratzer oder Einschnitte auf, die beim Verzehren durch das Abschaben des Fleisches entstanden sind. Alle Knochen, ob fleischreich oder fleischarm, wurden gekocht, fast immer in Wasser, wohl weil man Siedefleisch und Fleischbrühe gleichzeitig erhalten wollte. Hier verzweigt sich die Untersuchung von Tierknochen in die Kulturgeschichte des Menschen.

Von F. Audoin-Rouzeau stammt eine neuere Untersuchung über die kulinarischen Gewohnheiten in den sechs Jahrhunderten, während derer das Cluniazenserkloster La Charité-sur-Loire bewohnt war: Im 11. und 12. Jahrhundert scheint man das Schwein eher im Hinblick auf die Vorratshaltung zerteilt zu haben, während ab dem 14. Jahrhundert offenbar mehr der unmittelbare Verzehr bestimmend war. Auch Rind und Lamm wurden anders geschlachtet, und Wildfleisch wurde nun seltener. So tritt in Grundzügen die Geschichte der Ernährung nach Epochen, Gesellschaftsschichten, Gegenden, Zeitabfolgen zutage. Wir wissen, daß seit dem 11. Jahrhundert die Cluniazenser in erheblichem Ausmaß gegen ihre Fleischverbotsregel verstießen, denn ihr Fleischkonsum steigt vom 11. bis zum 14. Jahrhundert: Anfänglich gibt es nur ab und zu Wildbret, dann sichert Viehzucht den Nachschub, wobei allerdings die Qualität (Wildbret) mit zunehmender Quantität abnimmt. Vielleicht spiegelt sich darin auch eine, wie es scheint, allgemeine Präferenz des Mittelalters, wo man auf dem Land wie in der Stadt und auf den Schlössern eher dem Rindfleisch zugetan war, weniger dem Schweine- und Lammfleisch, was doch sehr erstaunlich ist für eine Welt, in der Schwein und Schaf die Fleischlieferanten par excellence hätten sein müssen, der Ochse hingegen neben dem Pferd (das nie verspeist wird) die Hauptarbeitskraft war. Fügen wir dem hinzu, daß sogar die Orte, an denen sich die Knochen häufen, Erkenntniswert haben, und zwar hinsichtlich der Hygiene in der Antike und im Mittelalter –, dann nämlich, wenn man sie unter dem Boden der Speisesäle oder unmittelbar außerhalb findet, wie zum Beispiel in La Charité-sur-Loire.

Aus Knochen entstanden auch Gebrauchs- oder Kunstgegenstände: Sie wurden geschabt, gesägt, geschliffen, geformt; sie wurden zu Ahlen, Harpunenspitzen, Nadeln, Scheren, Pfeifen, Dolchen, Gehängen, sogar zu Flöten verarbeitet, wie die in Vieux-Rougiers gefundene Elle eines Geiers beweist; auch zu Würfeln, Kämmen, Schatullenbeschlägen, Tischlerwaren. Nicht wenige Geweihe enden als Dolchgriffe, Auerochsenhörner werden zu Jagdhörnern oder Trinkbechern, aus den Stoßzähnen von Elefanten (oder von fossilen Mammuts) stellten die Elfenbeinschnitzer tausenderlei Gegenstände her.

Die mit den Häuten befaßte Forschung ist unabhängig von der Knochenforschung, selbst wenn die beim Häuten auf dem Skelett hinterlassenen Spuren relativ leicht nachzuweisen sind, wie etwa in Vieux-Rougiers oder in Cucuron in Südfrankreich. Doch abgesehen von einigen Mooren oder Salzgebieten, wird das Material nur selten an natürlichen Depots ausgegraben. Die Fragmente finden sich in den Abfallgruben, in Gräbern und Grabstätten von Zivilisationen, die die Erdbestattung kannten oder nur teilweise die Leichen verbrannten; es sind vor allem Gehenke, Schwertscheiden, Bänder und Schuhwerk. Besonders reich ist die Ausbeute in Mesopotamien und vor allem im vorchristlichen Ägypten. R. Reed weist auf die unglaubliche Vielfalt der Lederverwendung und die Fülle der Funde hin: Sättel, Sandalen, Hüte, Bänder, Schürzenträger, Armreife, Handschuhe, Kleidungsstücke, Schilde, Köcher, Pferdeharnische, Kähne, Kissen, Taschen, Zelte, Baldachine, Stühle, Hocker, Betten, Spielbälle, Farbbeutel, Spiegeleinfassungen, Fächer, Trommeln, Musikinstrumente, Tierhalsbänder und Leinen, Peitschen, Gerten, Treib- und Tragriemen, Seile, Taue, Messerköcher, Eimer, Radbeläge, Fensterdichtungen. Die mittelalterlichen Ausgrabungen vor allem auf dem Petersberg in Basel (10. Jahrhundert) und im Dorf des Paladru-Sees (11. Jahrhundert) haben uns auch Lederreste geliefert, die von Rockmänteln, Sattelriemen und Utensilien für Reiter stammen: Schwertscheiden, Helm- oder Zeltfutter, Provianttaschen, Hosen und vor allem Schuhe und Stiefel. Die überlieferten Dokumente und die Geschichte des Lederhandwerks finden darin eine Bestätigung.

Die häufigste Form, in der Häute erhalten sind, ist jedoch das Pergament, das (weil sehr viel haltbarer als Papyrus) ab 2700 oder 2500 v. Chr. als Träger für die heiligsten und meistgelesenen Texte verwendet wurde. Berlin besitzt einen mathematischen Text, der wahrscheinlich aus dem Jahr 2000 oder 1786 v. Chr. stammt, das British Museum einen Text aus der Zeit von 1300 bis 1100. Die ältesten erhaltenen Pergamente aus Assyrien und Persien reichen ins 11. Jahrhundert v. Chr. zurück. Der Siegeszug des Pergaments ist der leichten Beschaffung der Häute, ihrer Langlebigkeit, Geschmeidigkeit und ausgezeichneten Tintenabsorption zuzuschreiben, die beidseitige Beschriftung, Korrekturen oder sogar Wiederverwendung erlaubte (Palimpseste). Leicht aneinanderzunähen, wurden die Häute zu Rollen gebunden, die oft in einem Lederbehälter verwahrt wurden. Das Pergament setzte sich allgemein durch im Mittelalter, wo es auch – manchmal prachtvoll – zum Buch oder Kodex gebunden wurde. Die Tierhäute beschäftigten ein breitgefächertes Gewerbe: Gerber, Zurichter, Appretierer, Färber, Sämischgerber und natürlich Schuhmacher, Handschuhmacher, Sattler, Pelzhändler ...

Dem Zoologen gestattet die sehr große Zahl der erhaltenen Pergamente das Studium von Millionen von Tieren, die alle seit mindestens fünfhundert Jahren tot sind. Sie liefern ihm wertvolle Erkenntnisse über die Oberhaut, die Lederhaut und die Unterhaut von Tieren, die ausgestorben sind oder sich verändert haben, vor allem von Haustieren: Ochse, Kuh, Kalb, Schaf, Ziege, Schwein, Kamel. Besonders interessant sind die Häute vom Kalb (Velin) und vom Schaf (sie werden im Abendland ab dem 11. Jahrhundert zum Teil verdrängt vom Chevraux, dem Leder von vier bis sechs Wochen alten, wenig fetten Zicklein). Von all diesen

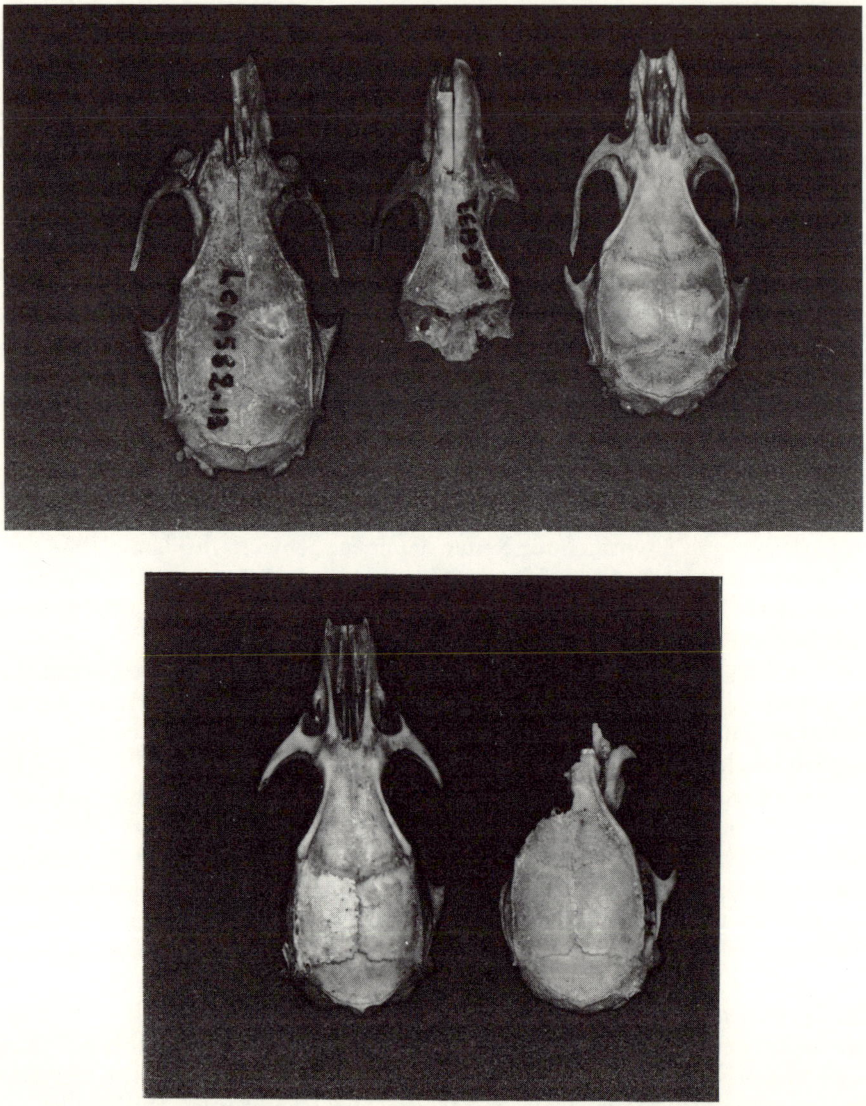

Die Haus- oder Dachratte gab es in Europa schon lange vor der großen Pest von 1348, wie die neuen Ausgrabungen von La Charité-sur-Loire beweisen. Man sieht hier, wie exakt der Schädel untersucht werden muß, denn nur anhand der Wölbung des Scheitelbeins lassen sich Hausratte und Wanderratte unterscheiden.

Tieren sind im wenige Jahrhunderte umfassenden Zeitraum des Mittelalters zahlreiche Rassen und Varietäten entstanden (und ausgestorben?). Gelegentlich fand auch das Leder von Wildtieren Verwendung: Damhirsch, Gazelle, Antilope, sogar Löwe und Leopard, außerdem Seehund, Echse, Krokodil, Schlange. In Ägypten fand man Nilpferdleder. Die Mesopotamier verwendeten ab 1500 v. Chr. außer den Häuten von Haustieren (darunter Kamel, Esel und wahrscheinlich sogar Katze und Hund, nicht jedoch das Pferd) die Haut des Panthers, des Wildkaninchens (nicht identisch mit dem abendländischen), des Wolfs, der Hyäne, des Elefanten, des Hirschs, des Wildochsen und selbst des Hais oder der Wasserschlange. Mit den Griechen und Römern verlängert sich die Liste um Schakal, Biber, Fischotter, Bär und Robbe ... Mit einem Wort, die Vielfalt ist gewaltig! Dennoch ist der enorme dokumentarische Beitrag der Häute weniger umfassend als der der Knochen, er ist auch weniger reich an Hinweisen und vor allem noch sehr schlecht ausgewertet. Revolutionierende Methoden müssen auf diesem Gebiet erst noch gefunden werden, wie übrigens auf dem ebenso weiten, aber noch weniger erforschten Gebiet der Haare, Federn, Pelze, Filze, Teppiche und Wollstoffe, die zum Teil (wie in Tell el-Amara) bis in die Zeit um 1400 v. Chr. datieren.

In der Erforschung anderer tierischer Überreste wie Eierschalen, organische Lacke und Farben und insbesondere der Fette beschreitet man in England (Oxford) und vor allem in Deutschland (Tübingen) neue Wege: Die gefundenen Fette werden gelöst, die interessanten Bestandteile in der Zentrifuge abgeschieden, anschließend getrocknet und gewogen. Nach Veresterung und Reinigung können sie durch zweimaliges Chromatographieren in gasförmigem Zustand mit bekannten Fetten verglichen werden. Einige von R.C.A. Rottländer, I. Hartke oder J. Hahn 1981 veröffentlichte Ergebnisse sind hochinteressant.

Die regressiven Methoden: vom heutigen Tier zum historischen

Die ersten und evidentesten wissenschaftlichen Schlußfolgerungen aus dem konsequenten Studium der zoologischen Überreste besagen, daß unsere Haustiere und unsere Wildtiere verschieden, bisweilen sehr verschieden sind von den entsprechenden Tieren, die vor einigen Jahrtausenden, ja sogar noch vor einigen Jahrhunderten gelebt haben: Zahlreiche Hunderassen, die meisten unserer Katzen- und Kaninchenrassen gab es im letzten Jahrhundert noch nicht; umgekehrt sind nicht wenige Schaf-, Rinder-, Schweine- und Pferderassen im Zeitraum weniger Jahrzehnte erloschen, insbesondere seit dem Mittelalter. Andere »historische« Tiere gibt es überhaupt nicht mehr; das gilt nicht nur für das Mammut und den Auerochsen, die Dronte, den Aepyornis und den großen Moa, sondern auch für den kleinen Maghreb-Elefanten, den Atlas-Löwen, das große Nilpferd oder das riesige China-Krokodil, das Marco Polo gesehen hat.

In Abhängigkeit von der Umwelt und vom Menschen hat auch die geographische Verbreitung und die Stärke der Tierpopulationen Veränderungen erfahren, ebenso ihre Ökologie und ihr Verhalten. Kurz, die gesamte Fauna hat sich in allen ihren Merkmalen im Zeitraum weniger Jahrhunderte beträchtlich gewandelt, noch mehr natürlich im Zeitraum von Jahrtausenden. Diese evidente Gegebenheit muß immer wieder betont werden, denn sie zeigt die engen Grenzen der »regressiven« (oder »rekurrenten«) Methode.

Es gibt immer noch zahlreiche Historiker (und Zoologen), die, von einer manchmal elementaren, manchmal hervorragenden Kenntnis der heutigen Tiere ausgehend, diese unbesehen in die historische Vergangenheit zurückverpflanzen. Das ist sehr gut und sehr gefährlich zugleich. Sehr gut, weil selbstverständlich die aufschlußreichste und wertvollste »Quelle« das heutige, von jenen verschwundenen Vorfahren abstammende Tier ist, das sich mit den raffiniertesten wissenschaftlichen Methoden untersuchen läßt. Es ist in der Tat unerläßlich, mit der größtmöglichen Genauigkeit die heutigen Tiere zu kennen, und diese Kenntnis wird erleichtert durch die beträchtlichen Fortschritte, die die Zoologie in den letzten fünfzig Jahren gemacht hat, in denen auch neue Fachrichtungen entstanden. In der Akridologie zum Beispiel, der Wissenschaft von den Feldheuschrekken, vor allem der wandernden Arten, wirkte die 1921 von Boris Uvarov gemachte Entdeckung der »Phasen« revolutionierend; ohne sie kann heute keine Geschichte der Heuschreckenarten auskommen. Dasselbe gilt für die meisten Wirbellosen, deren genetisches Programm zu 98 oder 99 Prozent seit Millionen von Jahren festgelegt zu sein scheint, sowie für einige »niedere« Wirbeltiere vom Hering bis zum Krokodil, die in kürzerem Zeitraum sich kaum mehr verändert haben als die Schwämme und die Korallen. Von der Hypothese ausgehend, daß diese Tiere nicht merklich anders sind als vor einigen tausend Jahren, folgert man, daß lediglich Umweltveränderungen ihre Ausbreitung und ihre neuere Geschichte beeinflussen konnten. Hier muß allerdings bedacht werden, daß das Tempo ihrer Reproduktion (von einigen Viertelstunden bis zu einigen Stunden bei den Urtierchen) durchaus geeignet ist, von den Umweltbedingungen selektionierte Mutanten erscheinen zu lassen, die sich durchsetzen und dadurch teilweise Aussehen oder Verhalten verändern können.

Anhand der primitiven Tierformen, die heute noch gleichzeitig neben entwikkelteren Formen existieren, kann man ebenfalls zurückgehen in der Geschichte, und dies, zumindest bei den Wirbellosen, bis zur Paläontologie. So werden wir sehen, daß Schlüsse gezogen werden können aus den primitiven Furchen- oder Schmalbienen *(Halictidae)*, die sich bis ins 20. Jahrhundert neben den Honigbienen erhalten haben. Man versucht, ebenfalls ausgehend von den heutigen Tieren als Erben der meisten Gene, die Vorfahren aufzuspüren, die vor Jahrtausenden oder auch vor Jahrzehnten ausgestorben sind. So hat man, ausgehend von heutigen Stieren, »Auerochsen« (z. B. im Tierpark von Han-sur-Lesse, Frankreich) »rückgezüchtet«, den ursprünglichen Tarpan unter den kleinen Pferderassen identifiziert oder, unter den Produkten von sich frei paarenden Promenadenmischungen, den Ur-Hundetyp wiedererstehen sehen. Man kann übrigens das

Problem auch anders stellen und die genetischen »Marker« studieren, das heißt die Erbfaktoren, deren Wirkung erkennbar ist und für die Genetik der Populationen verwendet werden kann. Die historische Tierzuchtkunde greift sehr oft zu diesem Mittel zur Kennzeichnung der Blutgruppen, der freien Körperflüssigkeitsproteine, der Färbung, der Merkmale, der angeborenen Anomalien, der Schwanz- und Horngröße, der Haarbeschaffenheit usw.

Es braucht nicht weiter betont zu werden, wie notwendig für den Zoohistoriker ein gründlicher Wissensfundus in moderner Zoologie ist. Doch mit dem Postulat, die früheren Tiere (und seien sie erst seit wenigen Jahrzehnten tot) seien den heutigen gleich, amputiert um eine Hälfte die Geschichte, die damit nur noch von Umweltveränderungen abhängen würde. Man muß im Gegenteil durch das Zusammenbringen einer Reihe von evidenten Erkenntnissen zu sehen versuchen, worin das heutige Modell sich vom alten *unterscheidet*, in welchen Punkten, infolge welcher Entwicklung und aus welchen Gründen – nicht worin es ihm *gleicht*.

Interpretation: Die Veränderungen in der Umwelt und in der Fauna

Die anfängliche Anatomie zahlreicher Tiere kann so dank der uns erhalten gebliebenen Reste einigermaßen korrekt rekonstruiert werden. Anhand der Eigenschaften ihrer heutigen Nachkommen, der beobachteten anatomischen Unterschiede und angestellter oder noch anzustellender Versuche darf angenommen werden, daß wir eine recht gute Vorstellung von ihrer Physiologie und allgemein ihrer Biologie haben. Doch das große Problem liegt in der Interpretation dieser hauptsächlichen Unterschiede und ihrer Einordnung in den Raum und die geschichtliche Zeit.

Die räumliche Komponente umfaßt hauptsächlich das, was man die Umwelt nennt, und diese erfährt in der Zeit erhebliche Veränderungen. Die Tiere haben diese Veränderungen keineswegs passiv erlebt, sie haben darauf ensprechend ihrer »Natur« und ihrer Gene reagiert. Die großen ökologischen Ereignisse der prähistorischen und der historischen Zeit waren das »Ende« der großen Eiszeiten (vor ca. 12000 Jahren) und die für die Umwelt zunehmend größere »Last« des Menschen, vor allem seit dem Neolithikum, sowie der Ackerbau und die Viehzucht, die nicht lange nach den letzten Ausläufern der Würm-Eiszeit einsetzten.

Die Klimaveränderungen, die mit verschiedenen Methoden festgestellt werden können, haben nie aufgehört. Man kann von mehr oder weniger starken »Schwankungen« sprechen, zunächst für die Temperatur, dann auch für die Luftfeuchtigkeit und für zahlreiche andere Faktoren; sie weisen komplexe Komponenten und unendliche Nuancen auf, von denen einige fast statisch, andere mächtig evolutiv sind wie das Relief, die absolute und die relative Höhe, die Hydrographie, die Pedologie, die geographische Breite, die Lage gegenüber den

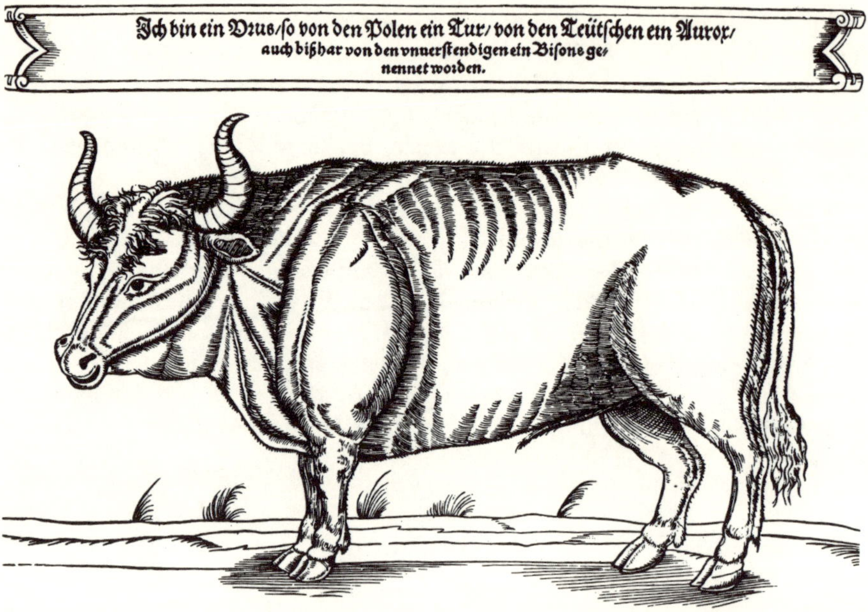

»Ich bin ein Urus, so von den Polen ein Tur, von den Teutschen ein Aurox, auch bißhar von den unverstendigen ein Bisone genennet worden« (Illustration im 1549 erschienenen *Rerum moscovitarum commentarii* des österreichischen Diplomaten Siegmund Freiherr von Herberstein).

Diese im Wildpark von Han-sur-Lesse in Frankreich »rückgezüchteten« Auerochsen sehen wilder aus als das in Herbersteins Rußland-Reisebericht abgebildete Tier.

großen Wassermassen, die Hochdruckgebiete, die vorherrschenden Winde, die Geschwindigkeit der Erdrotation ...

Man unterscheidet so nach Würm IV, das heißt nach dem Ende der Eiszeiten um 12000 v. Chr., die boreale, die atlantische, die subboreale, die subatlantische Zeit usw. Sie sind insbesondere gekennzeichnet von Veränderungen des Meeresspiegels, der stark sinkt auf dem Höhepunkt der Eiszeit (das Wasser wird in den Eismassen gebunden). Auf so entstehenden Landbrücken zwischen Asien und Amerika (Behring-Straße), zwischen Großbritannien, Sizilien und dem Kontinent, können zahlreiche Tier- und Pflanzenarten zwischen ehemaligen oder zukünftigen Inseln und den Kontinentalblöcken hin- und herwechseln. Ebenso grundlegend ist der Wandel der pflanzlichen Bodendecke, die man nicht nur anhand der unverrotteten, sowohl in Mooren als auch in archäologischen Schichten aufgefundenen Pollen studieren kann, sondern auch anhand der Pflanzen und insbesondere der Stämme der vorherrschenden Baumarten, die im Eis, in Ablagerungen im Meer und auf dem Festland gefunden wurden, außerdem anhand der vom Menschen benützten Pfähle und Balken, der Holzkohle aus Bränden natürlichen (Blitz) oder menschlichen Ursprungs (Gebrauch des Feuers, Brandrodungen, Kochstellen, Opferstätten, Industrie- und Heizungsfeuerungen usw.). So konnte festgestellt werden, daß der im 5. Jahrtausend in unseren Breiten vorherrschende Nußbaum schnell von Eiche, Ulme und Linde abgelöst wurde, dann, im Mittelalter, von Rot- und Weißbuche, Tanne und Fichte. Birke und Hasel verdrängten um 800 Buche und Hasel in den Randgebieten der deutschen Hochmoore, Fichte und Arve verdrängten wiederum die Birke um die Fernauer Moorgebiete. Die Bodenoberfläche veränderte sich je nachdem, ob jährlich fallendes Laub oder mehrjährige Nadeln sie bedeckte.

Der natürliche Wandel der Wälder wurde, wie wir gesehen haben, durch menschliche Eingriffe beschleunigt. Durch das (nicht immer absichtliche) Feuerlegen wurden, auf einem vielleicht durch die Ascheschichten gedüngten Boden, die lichtliebenden Arten zu Lasten der schattenvertragenden Arten begünstigt. Die systematisch betriebene Brandrodung zur Ausdehnung der Anpflanzungen war um so gefährlicher, als sie fortlaufend neue Wälder verbrauchte, die den Rohstoff auch für andere Verwendungszwecke liefern mußten (Bau- und Brennholz, Werkzeugstiele, Palisaden, Einfriedungen für die Haustiere). Schließlich wurden die Rodungen in großem Maßstab betrieben, und ab dem ausgehenden Mittelalter folgten große Wiederaufforstungen, die mehr den unmittelbaren Nutzen und schnelle Rentabilität als die ökologischen Bedingungen im Auge hatten. So entstanden die uns wohlbekannten »sekundären« und »tertiären«, »künstlichen« Wälder, aber auch die endlosen offenen Landschaften, die den Wald aufgezehrt oder auf Reste zurückgedrängt haben.

Die Folgen für die »natürliche« Fauna waren beträchtlich: Die Eiche duldet in ihrem Schatten zahlreiche Büsche und Pflanzen, Pilze und Moose, in denen eine Vielzahl von wirbellosen Tieren gedeiht, die ganze Völker von geflügelten oder nicht geflügelten Insektenfressern ernähren; diese wiederum werden von Raubtieren gefressen, die ihrerseits großen Räubern als Beute dienen. Die Buche hingegen sondert Toxine ab, die fortschreitend die anderen Pflanzen abtöten; sie ist dadurch ungünstig für Insekten, Vögel und Fleischfresser zugleich.

Die Veränderungen und Bewegungen in der Flora bewirkten also umfangreiche Fluktuationen der Fauna. Arten, die sich nicht langfristig an die neuen klimatischen und ökologischen Bedingungen anpassen konnten, wanderten aus, starben aus oder wurden von besser gewappneten, zahlreicheren Konkurrenten zurückgedrängt, und zwar noch vor oder unabhängig von den Verheerungen, die der Mensch durch die selektive Jagd und die Haustierhaltung anrichtete. Man kann dadurch die Auswirkungen ermessen, die dieses Phänomen auf die biologischen Zyklen, die Fruchtbarkeitsperioden, die Reproduktion, die Eierzahl, die Ernährungsart, den Kommensalismus usw. hatte, und allgemein auf die Genetik der Tiere, ihre Anpassungsfähigkeit an eine gegebene Umwelt und die eine Art beschränkenden Faktoren: So wurde der Wolf in seiner Expansion durch die Trockenheit der Wüstengebiete gehemmt; die Wanderheuschrecke wurde durch die Trockenlegung der Sümpfe und die kälteren Jahreszeiten zurückgedrängt.

Insofern gestatten die Tierfunde nicht nur Erkenntnisse über die großen klimatischen Epochen, die sich in der Fauna reflektieren, sondern auch über die Zwischenstadien, und zwar vor allem durch die Nager, deren Entwicklung und Verbreitung äußerst typisch ist. Man bezieht daraus eine Datierung, die auf die Entwicklung einer oder mehrerer Arten aufbaut und »Biozonen« festlegt (das Rhinozeros in den westlichen Randgebieten weist alleine zwanzig auf, vom Tertiär bis zum Ende der Würm-Eiszeit).

Darüber hinaus helfen uns die Tierrelikte, recht genau Umwelt, Temperaturen, Lichtverhältnisse, Feuchtigkeitshaushalt und Pflanzenformationen zu rekonstruieren. Die Höhe der Zahnkrone von Pflanzenfressern erlaubt Rückschlüsse auf die Landschaft: hohe Kronen (Hypsodontie) weisen auf offene, grasreiche Landschaften hin, niedrige Kronen (Brachydontie) auf blattreiche Waldlandschaften. Die wechselseitigen Bezüge zwischen den Umweltwissenschaften und der modernen oder historischen Zoologie – und somit der Geschichte – sind also höchst bedeutsam. Und die Veränderungen in der Umwelt sind ebenso wichtig wie die genetischen Reaktionen und die Anpassungen, die sie hervorgerufen haben.

Schließlich muß breiter Raum den vom Menschen verursachten Umweltveränderungen eingeräumt werden, vor allem jenen, denen wir ständig begegnen und die sich so tiefgreifend bei den Haustieren ausgewirkt haben. Wir können dieses äußerst komplexe Phänomen nicht in seiner Gesamtheit betrachten; es müßten die gesellschaftlichen und wirtschaftlichen Komponenten ebenso einbezogen werden wie das Verhältnis der menschlichen Gesellschaften zu den Tierpopulationen. Wir werden also nur kurz die Osteologie und die Genetik streifen. Mit den Regeln, an die S. Bökönyi erinnert, kann man Kriterien der Domestikation bereits für jahrtausendalte Tierreste aufstellen: Nach ihnen müssen die domestizierten Tierarten eine von den entsprechenden Wildarten verschiedene Verteilung der Alters- und Geschlechtszugehörigkeit aufweisen; außerdem mehr oder weniger deutliche morphologische (und physiologische) Abweichungen, unter anderem meist eine mit der Verringerung der Nahrungsquellen in den Rückzugsgebieten zusammenhängende geringere Körpergröße; dazu das Erscheinen neuer Arten (ohne gleichzeitige Umweltveränderung) in Gebieten, in denen die Vorfahren fehlen; schließlich Funde von menschlichen Gegenständen, die mit der Tierhaltung im Zusammenhang stehen, und bildliche Darstellungen von Tieren mit Anzeichen einer Domestikation. Sicherlich, man müßte die unersetzlichen »Übergangsformen« von einer Art zur anderen haben, denn für sich alleine genommen ist jedes Kriterium anfechtbar: Bestimmte Alters- oder Geschlechtsgruppen können bei wildlebenden Arten vom Menschen bevorzugt ausgewählt worden sein; die Größe des wilden Mufflons im Vorderen Orient oder des Hirsches in Thessalien verringerte sich in dem Maße, als das Vordringen des Menschen die Tiere in die Randzonen mit beschränkten Nahrungsvorräten verdrängte; hingegen wurde das erst in neuester Zeit domestizierte Kaninchen fast sofort größer und stärker. Im übrigen haben die Arten, die domestiziert wurden, ihre Gene mit den noch wildlebenden und immer sich weiterkreuzenden Arten ausgetauscht (auch heute noch gibt es Kreuzungen zwischen Hunden und Wölfen, den polnischen Kühen und den Auerochsen), außerdem sind bisweilen im Domestikationsprozeß befindliche Populationen in den Wildzustand zurückgekehrt, wie zum Beispiel die Wildschweine und die Mufflons auf Korsika oder die Hirsche und die Kraniche im Hochmittelalter.

Gleichwohl bleibt das vollständige Kriterienbündel in etwa stichhaltig, und die vier ersten, die fast ausschließlich auf Knochenfunde (oder auf Gewebefunde im weitesten Sinne) und ihre subtilen Veränderungen abstellen, sind unwiderlegbar. Die Methoden der Archäozoologie und das Material, das mit ihrer Hilfe behandelt werden kann, sind in diesem Sinne unverzichtbar und von erstrangiger Bedeutung als Interpretationsbasis für die außerordentlich große und vielfältige Menge der übrigen, schriftlichen oder ikonographischen Quellen.

2. Die menschlichen Zeugnisse: Archivdokumente

Bevor sie ausgewertet werden, müssen menschliche Zeugnisse über die Tiere, insbesondere Archivdokumente, einer rigorosen Kritik unterworfen werden. Ihre Verfasser arbeiten von Fall zu Fall verschiedene Merkmale heraus und vermitteln so nicht nur ausschnittweises Wissen, sie bringen vor allem auch ihre persönliche Sicht und Zielsetzung, zeitgebundene Vorstellungen und überkommene Anschauungen mit ein. Dieser subjektive Charakter wird noch gefährlicher, wenn die Verfasser sich in »Erklärungen« und »Klassifizierungen« ergehen. Hier die Spreu vom Weizen zu trennen, scheint sehr viel mehr Sache des Historikers, zumindest des Zoologie-Historikers zu sein als des Zoologen.

Immerhin decken sich zahlreiche Details über das Aussehen, das Verhalten, die

Beziehung zur Umwelt und zur Art mit den lakonischen, doch unwiderlegbaren Schlüssen, die aus den vorgenannten Quellen zu ziehen sind; sie bringen damit eine Bestätigung und sehr wesentliche Bereicherung. In dieser Hinsicht geben uns Wirtschafts- und Handelsbücher sowie gesellschaftspolitische Texte (sogenannte Handlungstexte) fast unverfälschte Informationen. Meist in Archiven aufbewahrt, können sie als zuverlässige Quellen betrachtet werden, denn sie sind praktisch unabhängig von der bewußten Sichtweise des Schreibers, der normalerweise ganz andere Dinge als die Zoologie im Auge hat. Da werden uns nicht Hörner, Fell oder Körpermaße der Schafe dieser oder jener Herde beschrieben, da werden die Lämmer, die Mutterschafe, die Widder, die Jährlinge, die Zeitschafe und Zeitböcke beziffert, die Menge und das Gewicht der gelieferten Wollballen festgehalten. Es wird nicht das seidenweiche Pelzfutter einer Decke gerühmt, es werden die Abmessungen und die Zusammensetzung vereinbart, die diese aufzuweisen hat: Länge, Breite, soundso viel Pelz von dem oder jenem Tier und von dieser oder jener Fläche, die das Gewicht x ergibt. Und man erfährt, daß ein bestimmter Metzger soundso viel Fleisch verkauft hat, soundso viele Häute, soundso viele Knochen, und zwar zu dieser oder jener Zeit und von diesem oder jenem Tier. Die Tischgesellschaft des Herrn von Soundso verzehrt soundso viel Fisch von dieser Sorte, soundso viele Wildvögel und soundso viele Hähnchen. Oder die hier erlaubte, dort verbotene Jagd hat diese Anzahl Hunde, jene Anzahl Pferde, Falken und Reiter eingesetzt und soundso viel Wild erbracht ... Mit einem Wort, diese simplen Rechnungen liefern uns ganz bestimmte Angaben, die zwar partiell sind, deren Lücken jedoch eindeutig feststellbar sind.

Zahlen und Ziffern

Diese Quellen, angefangen von den Keilschriftplättchen über die dicken Bücher der Feudalherren, der Händler und der Handwerker vergangener Jahrhunderte bis hin zu den landwirtschaftlichen Pacht- oder Nutzungsverträgen, alle liefern sie uns zunächst Zahlen: die Zahl (und die Art) der Wildtiere, die bei den Jagden Assurbanipals oder in den römischen Arenen getötet wurden, Zahl und Art der in den unzähligen Kauf- und Verkaufsverträgen im alten Ägypten oder in Mesopotamien gehandelten oder in den Kontenbüchern der Halter aufgezählten Tiere. Diese Zahlen geben nicht nur über Jagd und Viehzucht Aufschluß, sie erlauben sogar vorsichtige Statistiken. Da finden sich ausgestorbene oder selten gewordene Tiere; da läßt sich für einen bestimmten Zeitpunkt in einer gegebenen Zivilisation feststellen, in welchem Verhältnis die Zahl der Schweine zur Zahl der Schafe, die Zahl der Kriegspferde zur Zahl der Arbeitspferde gestanden hat, sogar über die kulturellen Grenzen hinweg: mit gleichem Datum im Rußland unter der Ägide Kiews, im Deutschland der Ottonen und im Spanien der muslimischen Araber. Einige sehr detaillierte Dokumente sind von unverhoffter Klarheit. So erfaßt das karolingische Steuerregister von Annappes »200 geräucherte diesjährige Schweine mit Würsten und Schmalz ... Alte Stuten 51; dreijährige 5; zweijährige

7; diesjährige 7; zweijährige Hengste 10; diesjährige 8; Beschäler 3; Ochsen 16; Esel 2; Kühe mit Kälbern 50; Färsen 20; diesjährige Kälber 38; Stiere 3; alte Schweine 250; junge 100; Eber 5; Mutterschafe mit Lämmern 150; diesjährige Lämmer 200; Schafe 120; Ziegen mit Lämmern 30; diesjährige Lämmer 30; Böcke 3; Gänse 30; Hühner 80; Pfauen 22«. Um das Jahr 1068 wurde auch, auf Geheiß Wilhelms des Eroberers, in England ein allgemeines Güterverzeichnis angelegt, in dem sich zahlreiche Angaben, insbesondere über den Viehbestand, finden: Ein bestimmtes Dorf in Essex ernährt 2240 Schweine, von denen nur 40 dem Feudalherrn gehören; das Nachbardorf von Southminster hat 1300 Schafe, wovon 700 in Herrschaftsbesitz sind, und das Landgut von Colne hält 20 Kühe, 19 Ochsen, 3 Pferde, 120 Schafe und 60 Schweine. Im Jahre 1220 beziffert das Kartular des Bistums von Chichester dessen Schafe auf 3150 Stück, ein Jahrhundert später auf 5900 Stück; 1225 besaß der Abt von Glastonbury in der Nähe von Salisbury 560 Schafe, die 198 Dorfbewohner hatten 3760. In der Provence zählte man 1471 in acht Pfarreien in der Umgebung von Vence insgesamt 25 000 Schafe und mehr als 1100 Rinder. Die Viehzählungen werden in Frankreich immer geläufiger ab dem 14. Jahrhundert, mit sehr präzisen Preislisten, in denen sowohl Jagd- als auch Viehzuchterzeugnisse verzeichnet sind: Man erfährt durch sie, daß den Jägern für jeden erlegten Wolf eine Prämie bezahlt wird, was die königliche Zählung aus dem Jahre 1202 zwischen Fontainebleau und Orleans, die Bücher des burgundischen Forstregals und die Kontenbücher in der Normandie im ausgehenden Mittelalter bestätigen. Man liest darin auch, daß manchmal für Privatzoos, vor allem für die von Karl VII. und Ludwig XI., Elche, Rentiere, Zobel und Löwen gekauft werden. Wir haben auch beste Kenntnis von den Verkaufsgeschäften und Transaktionen der Herren, der Kaufleute und der Untertanen. Das Tagebuch des Erzbischofs von Rouen, Eudes Rigaud, beziffert 1265 die Zahl und die Preise der Tiere, die er einem seiner Getreuen anvertraut hat: 173 Schafe und 46 Mutterschafe zu je 4 Sous und 6 Deniers; 60 Mutterschafe und 50 einjährige Lämmer zu 3 Sous; 11 einjährige Kälber für 330 Sous; 2 Kühe und 3 einjährige Kälber für 55 Sous; 7 Kühe für 8 Pfund und 15 Sous (= 175 Sous); ein Stier für 35 Sous; 2 Kühe, 2 Färsen und einen jungen Ochsen für 7 Pfund und 10 Sous; 3 Färsen für 36 Sous.

Im Jahre 1328 wurden von den 300 in Bonnières gehaltenen Schweinen 12 für den Feudalherrn gemästet und 37 verkauft. In Roquelonne werden 160 Schafe zu je 8,5 Sous gekauft; 158 werden im nächsten Jahr für 10,5 Sous wiederverkauft; da sie in der Zwischenzeit geschoren wurden und die Wolle 52 Pfund erbracht hat, stehen den 68 investierten Pfund 135 Pfund Einnahmen gegenüber; der Gewinn von 67 Pfund bedeutet einen Bruttogewinn von fast 100 %. Im Jahre 1196 vermeldet uns das Landgut von Sulby in Northamptonshire eine für die Tierzuchtkunde bedeutsame Handelstransaktion: 100 grobwollige Schafe werden durch 100 Schafe mit feinerer, gewinnträchtigerer Wolle ersetzt.

Die Ausgaben der Schloßherren für Nahrung, Kleidung und Wohnungseinrichtung sind ebenfalls sehr aufschlußreich bezüglich der Herkunft der Woll- und Seidenstoffe, der Felle und Pelze, der Lederstärken, der verwendeten Teile, der

Menge und Qualität der fleischlichen Nahrungsmittel. Die Rechnungsbücher der Kaufleute sind nicht minder nützlich, vor allem im Hinblick auf die Tiere, die überall verzehrt (Hering, Thunfisch, Dorsch, Tranfett, an die Herrensitze oder örtlichen Märkte geliefertes Wild- und Geflügelfleisch) oder verarbeitet werden (Haare, Häute und Federn von Haus- oder Wildtieren, die zur Filzherstellung benötigt werden; Daunen, Wolle, Pergament, Leder, Pelze). Sehr oft geben der Eintrag oder der Warenbegleitbrief an, wie man an das Tier gekommen ist, wo und wie man es gekauft, verkauft und geschlachtet hat.

Die Zunftbücher

Kaufleute, Handwerker und Lieferanten gehören im allgemeinen, und nicht nur vom Mittelalter bis zur Französischen Revolution, einer Zunft an, deren Ordnung, Statuten, Verträge und Archive oft erhalten sind. Am interessantesten für uns sind die Zünfte der Lederherstellung und -bearbeitung, bei denen die Arbeitsteilung besonders entwickelt ist und deren Rohstoffe zum Teil von Wildtieren stammen (Bär für die Riemer; Jungwolf, Rehkitz, Marder oder Biber für die Handschuhmacher; Fuchs für die Beutler; Hirsch, Elch, Seehund, Damhirsch für die Bänder und Schnürsenkel herstellenden Nestler). Die Zünfte des Wollgewerbes, die fast überall dominierend sind, verraten uns die Qualitäten, die Herkunft, die Preise, die Herstellungsweisen und -geheimnisse. Die Zünfte des Nahrungsmittelgewerbes, insbesondere die der mächtigen, über das Fleisch gebietenden Metzger, eröffnen neue Wege des Studiums der Haustiere. Die Fischhändler bringen unzählige Arten aus Meer und Fluß auf den Markt. Und die Imkervereinigungen in Polen und Rußland vermitteln uns zum Beispiel sehr viel mehr Einzelinformationen über die Bienen als die Metbrauer, Wachshändler oder Kerzenzieher. Unter den Zünften des Bekleidungsgewerbes interessieren uns am meisten die Hutmacher, die das Haar für den Filz, die Haut für die Mützen verwerten; außerdem die Hersteller von Daunendecken und insbesondere die Rauchwarenzurichter und Kürschner, die sowohl Haus- als auch Wildtiere verarbeiten. Den Londoner Pelzhändlern von 1438 verdanken wir die Maße der damaligen Häute: Das mittelalterliche Hermelin mißt 8 Zoll, der Marder 12 Zoll, der Biber 14 Zoll und das Eichhörnchen 5,5, 6 und 7 Zoll, je nach Varietät. Doch sie verarbeiten auch Siebenschläfer, Fischotter, Luchs, Kaninchen, Dachs, Ziesel, Nerz, Damhirsch, Wolf, Murmeltier, Bär, Iltis, Fuchs, Elch, Genette, Wiesel, Leopard, Löwe, Wüstenfuchs, Katze, Hase, dazu Häute von Haustieren wie Zicklein, Lamm, Schaf usw.

Die unüberschaubare Menge von Verträgen zwischen Handwerkern und Kunden vervollständigt in willkommener Weise das Bild der Mengen-, Verbreitungs- und Herkunftszahlen.

Die von den Pelzwarenkäufern und -verkäufern dem Bischof von Cambrai zu entrichtenden Abgaben betrafen sowohl rohe, aus der Gegend stammende Felle – die Tiere sind daneben abgebildet – als auch bereits zugerichtete Pelze wie die berühmten russischen »Grauwerke«, die weiß und grau-blau gemustert sind (*Terier de l'évêque de Cambrai*, Cambrai, Archives du Nord).

Vorschriften der Obrigkeit und der Religion

Diese privatwirtschaftlichen Regelungen müssen zusammengebracht werden mit den Vorschriften der höchsten Staatsgewalt, den Erlassen und Edikten der Könige Frankreichs, Englands, Siziliens, welche Märkte, Jagd, Ackerbau, Industrie und Viehzucht mit Vorschriften regelten. Zu Beginn des 4. Jahrhunderts setzte Kaiser Diokletian in seinem Edikt Preise fest: »die Ziegenhaut, groß (roh 20 bis 40 Denare, gegerbt 30 bis 50 Denare); die Schafshaut (roh 20 bis 40, gegerbt 30 bis 50); die Hirschhaut (70 und gegerbt 100), die Wolfshaut 25 bzw. 40, die Bärenhaut 200 bzw. 250, die Panther- und die Löwenhaut 1000 bzw. 1250, die rote Babylonhaut appretiert 400 bis 500, ein Pferdesattel 500, eine Decke aus acht Ziegenlammhäuten 600, Luxusschuhe 120 bis 150, gewöhnliche Schuhe 60 bis 120«. Und Paragraph 23 des berühmten Kapitulars *De villis* von Karl dem Großen verfügt: »Auf jedem Gut werden unsere Statthalter Kühe, Schweine, Schafe, Ziegen und Böcke halten, so viel als sie können (...) Wenn sie Fleisch liefern, so sollen sie Ochsen nehmen, die fußlahm, aber nicht krank sind, Kühe und Pferde, die nicht räudig, und auch andere nicht kranke Tiere.« Das Verzeichnis der Einkünfte aus Landgütern des Bischofs von Cambrai vom Ende des 13. Jahrhunderts, die Zölle von Bergen zu Beginn des 14. Jahrhunderts, die Salzsteuer von Florenz zu Ende des 14. Jahrhunderts oder der Tarif des Großherzogs Alexander von Litauen aus dem Jahre 1498 sind einige andere Beispiele aus einer unendlichen Reihe von Verfügungen, die sich auf das ganze Abendland und auf einen Teil der Welt mindestens für die sechs letzten Jahrhunderte erstrecken.

Über die Mauten und örtlichen Wegzölle, die an den Ein- und Ausgängen der Städte und an bestimmten Punkten der Straßen erhoben wurden, kann man die »Wanderungen« der Haustiere ermitteln, denn Herden, Arbeitstiere und Gespanne unterlagen ebenso dieser direkten Steuer wie tierische Nahrungsmittel. Ein hethitischer Text vom Ende des 2. Jahrtausends v. Chr. legt für eine Schafshaut mit Wolle einen »Sekel« fest; für ein geschorenes Schaf 1/10 Sekel; für eine Ziege 1/4; für ein großes Rind 1; für ein Kalb 1/10; für ein kleines Lamm 1/20; für ein kleines Zicklein 1/20 usw.

Bisweilen ergriff die Obrigkeit sehr spezielle Maßnahmen: So gab es in China vor mehr als zweitausend Jahren Vorschriften für die sehr berühmten Grillenkämpfe; es wurde auch ein Text aus dem 10. Jahrhundert gefunden, in dem ein König von Wales Leben und Gesundheit seiner Katzen schätzt (und zwar sehr hoch). Auch gab es schon sehr lange vor unseren Tierschutzgesetzen Texte, die das Leben heiliger oder selten gewordener Tiere schützen. So verbietet in Persien das Awesta aus dem 5. Jahrhundert v. Chr. die Mißhandlung von Hunden; in Indien wurde unter König Aschoka 246 v. Chr. der Fang von Haien, Aalen, Kugelfischen und Delphinen *(Platanista gangetica)* verboten; in Polen war gegen Ende des Mittelalters und zu Beginn der Neuzeit die Jagd auf Auerochs, Bison und Biber durch strenge Gesetze geregelt.

Doch es mußten auch die Menschen vor bestimmten Tieren geschützt werden: Das Gesetz der Lombarden aus dem 6. und 7. Jahrhundert sah Schadensersatz vor, wenn Pferde mit den Hufen, Ochsen mit den Hörnern, Schweine und Hunde mit den Zähnen jemanden verletzt oder getötet hatten. Es artete bisweilen zum regelrechten Krieg aus, wie er seit Karl dem Großen und König Edgar bis weit ins 19. Jahrhundert hinein gegen die Wölfe geführt wurde. Die Heuschrekken wurden schon in der Antike (auf Lemnos, in der Kyrenaika und auf Zypern) und im chinesischen Mittelalter bekämpft, wie die Gründung des Pu Huang-Li für den Kampf gegen die Heuschrecken im Jahre 713 belegt.

Zahlreiche Zivilisationen gestanden andererseits den Tieren eine gewisse Persönlichkeit zu, so daß man sie sogar vor Gericht zitieren, verurteilen und exekutieren konnte. Unser Mittelalter bietet Beispiele dafür: Da gab es den Feuertod für Stiere, weil sie Menschen gemordet, oder für Schweine, weil sie Kinder gefressen oder ganz unfreiwillig beim Verbrechen der Sodomie zu Mittätern geworden waren. Andere Tiere wurden feierlich exkommuniziert, zum Beispiel Raupen, Würmer und Käfer. Wieder andere waren unrein und durften nicht verzehrt, nicht einmal berührt werden. Die Vorschriften des Korans und die Fleischtabus zahlreicher Zivilisationen sind allgemein bekannt; und vielleicht erinnert man sich an die Bibel, die Schwein, Hund, Neunauge, Aal, Hai, Wels, Strauß, Wiedehopf und Kuckuck als Nahrung verbietet ...

3. Wissenschaftliche Texte: historische Zoologie und Zoologiegeschichte

Während religiöse und literarische Textquellen durch irgendwelche »Absichten« oft die Spuren verwischen (es sind »Gedankentexte«), sind die Handbücher der Kaufleute und der Handwerker, die Handelskorrespondenz und selbst der private Briefwechsel oft voller ganz prosaischer Ratschläge, woran man ein gutes Pferd, eine fruchtbare Kuh, ein fettes Lamm, einen weichen, naturfarbenen Pelz oder auch ein Stück dichtes, widerstandsfähiges Leder erkennen kann. Zwar überwiegen immer noch wirtschaftliche Überlegungen, doch die bereits auf Belehrung ausgerichtete Betrachtungsweise ist deutlich subjektiver und weniger allgemein als in den reinen Rechnungsbüchern.

Viele dieser in Bibliotheken und Museen aufbewahrten Schriften weisen eine literarische Form auf und sind teilweise oder ganz der Tierwelt gewidmet. Ihre Verfasser schrieben diese Werke bewußt in der Absicht, ein ganz bestimmtes Tier und seine Besonderheiten zu beschreiben und wissenschaftlich zu erklären. Doch selbst wenn wir aus diesen Schriften reiche, genaue und unersetzliche Angaben zoologischer Natur beziehen können, so muß dennoch ihr Studium einhergehen mit der Würdigung ihres Verfassers und seiner ersten Leserschaft, und darüber hinaus der Übersetzer und Kopisten, die manchmal die Werke anders lasen oder im Lauf der Zeit veränderten.

Enzyklopädien, Wörterbücher und allgemeine Geschichtswerke

Die Erfahrung lehrt, daß nicht nur spezialisierte Abhandlungen, sondern jedes Buch Betrachtungen über die Tiere und mehr oder weniger detaillierte Beschreibungen enthalten kann. Geschichtswerke machen hierbei keine Ausnahme, und wir werden noch die Gelegenheit haben, Diodor von Sizilien, Xenophon mit seiner *Kyropädie*, Titus Livius und Tacitus ebenso zu zitieren wie die frühmittelalterlichen Gregor von Tours und Paulus Diaconus, die karolingischen Annalen und die mittelalterlichen Chroniken. Da gibt es beiläufige Anmerkungen in Sätzen, die von anderen Dingen handeln, und spontane Bezugnahmen bar jeder zoologischen Intention; sie können auf verschiedenen Ebenen verstanden werden, und sie haben für uns originalen Wert.

Manchmal ist ein Tier unmittelbar Hauptthema des Verfassers: Titus Livius vergleicht die afrikanischen Elefanten mit den asiatischen und beschreibt die Heuschreckeneinfälle und ihre Verwüstungen. Raoul le Glabre spricht von der demographischen Explosion der Wölfe im 11. Jahrhundert und die *Grande Chronique de France* vermeldet im Jahre 1323 den bösen Zauber, der von einer schwarzen Katze ausgegangen sein soll. Adam vom Bremen, der im 11. Jahrhundert seine Fähigkeiten in den Dienst der Hamburger Bischöfe stellt, beschreibt uns gleichwohl minutiös die Fauna des Nordens; im 16. Jahrhundert beobachtet der Erzbischof von Upsala, Olaus Magnus, Tiere: von den Heringen und Walen über die Kaninchen, die Rentiere, die Schafe und die Rinder bis hin zum Vielfraß ... Und als die Philosophen des 18. Jahrhunderts sich über die Umwelt Gedanken machten, da spürten oder ahnten sie die Bedeutung der Tiere, zumindest für die Geschichte der Menschen in ihrer Zeit. So war Voltaire von den Amsterdamer Heringen beeindruckt, auch Montesquieu vergaß in seinem *Esprit des lois* die Tiere nicht. Solche auf vergangene Zeiten bezogenen Betrachtungen und Überlegungen sind bereits, wenn auch nicht immer in reiner Form, historische Zoologie.

Wörterbücher und Enzyklopädien führen selbstverständlich in ihren Artikeln Tiere auf, doch ihr Dokumentationswert ist sehr unterschiedlich. Manchmal sind es bloße Aufzählungen, die allerdings auch nicht ganz wertlos sind. So verdanken wir dem aus dem 2.vorchristlichen Jahrtausend stammenden sumerisch-akkadischen Wörterbuch und der assyrischen Bibliothek des Königs Assurbanipal (7. Jahrhundert v. Chr.) die Namen von mehreren hundert Tieren. Diese Listen sind zwar nicht erschöpfend, doch wir können durch sie feststellen, welche Tiere die Aufmerksamkeit der Menschen erregt haben.

Sehr umfangreiche Artikel gleichen nicht selten regelrechten zoologischen Abhandlungen; wir werden durch sie bestens über die betreffende Epoche dieser Disziplin ins Bild gesetzt, und gleichzeitig erfahren wir etwas über die Tiere und ihre Geschichte.

Die zoologischen Abhandlungen

Die Mehrzahl der großen Zivilisationen, die der unseren vorausgegangen sind, hat uns keine sehr alten zoologischen Manuskripte hinterlassen, doch die von überallher zusammengetragenen Fragmente können geordnet und in einen so kohärenten Zusammenhang gebracht werden, daß sie ein mehr oder weniger überall vorhandenes »zoologisches Bewußtsein« belegen.

In Indien hat uns die wedische Zeit (2500–1500 v. Chr.) in der *Atharvaveda* eine anatomische, morphologische und ökologische Beschreibung der Koschenilleschildlaus *(Tachardia lacca)* hinterlassen, während die buddhistischen Schriften aus dem 7. bis zum 5. Jahrhundert v. Chr. – wie übrigens auch die Bibel – Klassifizierungen vornehmen, die sich auf morphologische, ökologische und ethologische Kriterien stützen (das Verhalten dem Menschen gegenüber, Haustiere von Wildtieren unterschieden). Die erste exakt datierbare Abhandlung ist jedoch das sehr späte Werk, das König Somesvara im Jahre 1127 der Fischerei widmete.

Auch China hat uns, obwohl es vor vielleicht 4500 Jahren schon die Seidenraupe domestizierte, nur späte, aus dem 12. Jahrhundert n. Chr. stammende Abhandlungen über deren Zucht hinterlassen; sie sind also wesentlich jünger als etwa die Werke über die Biene oder die Koschenilleschildlaus (3. Jahrhundert). Die ältesten erhaltenen Zoologiewerke – sie sind eindeutig von wesentlich älteren Texten abgeschrieben – stammen erst aus dem 1. nachchristlichen Jahrhundert, wie etwa das *Eul Ya*, das sich mit Haustieren, mit den Würmern, den Fischen, den Vögeln und »den anderen Tieren« befaßt.

Auch Persien hat uns keine zweifelsfreien Schriften aus der zoroastrischen Zeit (7. Jahrhundert) überliefert. Nur wenige Teile des Awesta, der heiligen Schriftensammlung, sind in der Zeit der Achämeniden, vor den Eroberungen Alexanders des Großen, im 5. und 4. Jahrhundert geschrieben worden; sie enthalten, im *Großen Bundahishn* eine bemerkenswerte Klassifizierung aufgrund des Grads der Domestikation, der Fußform, des Habitats, der Farbe und der morphologischen Unterschiede. Die alte, von G. Petit und J. Théodoridès veröffentlichte Übersetzung belegt eindrücklich die Methodik und die Schärfe der Kategorien und bringt die minutiöse Beschreibung gewisser aussterbender Tiere zur Geltung.

Erst das antike Griechenland scheint, vielleicht unter dem verborgenen Einfluß Persiens und Indiens, die ersten spezifisch zoologischen Schriften der Welt verfaßt zu haben. Anaximander (um 610–545) und vor allem Empedokles (um 492–430) sind eher die Entdecker der Ökologie: Für den ersten haben sich die Lebewesen verändert, als sie aus dem Wasser an das trockene Land kamen; der zweite nennt recht klar die Umweltveränderungen, die zur Anpassung oder zur Entwicklung eines angepaßten Organs zwangen, wenn das Tier nicht aussterben wollte. Demokrit (um 460–370) sieht den Schlamm einen Wurm gebären, der als fernen Nachkommen den Menschen haben wird. Auf unverhofftem Wege, über die Diätetik nämlich, erreicht uns die erste wirklich systematische Darstellung mit der Beschreibung von etwa 50 Tieren, darunter Säugetiere, Fische, Mollusken und Schalentiere. Ein anderer Text des *Corpus Hippocraticum* unterteilt die Tiere nach dem Grad der Domestikation, den Ernährungsgewohnheiten, dem Blut, der Fähigkeit zur Flüssigkeitsaufnahme, dem Geschlecht, der Beschaffenheit und Farbe des Pelzes.

Aristoteles (384–322 v. Chr.) endlich gilt nicht nur als der Begründer der Zoologie und der historischen Zoologie, er wird auch mehr als zwanzig Jahrhunderte lang deren unangefochtener Meister sein. Seine *Geschichte der Tiere* (»Geschichte« bedeutet hier forschendes Suchen, wie ehemals in der »Naturgeschichte«) schließt durch ihre Chronologie und ihr Bewußtsein der Veränderungen und der Evolution auch die historische Dimension mit ein, wie wir sie heute verstehen. Aristoteles ist übrigens in jeder Hinsicht der erste Historiker im vollen Wortsinn, das heißt der Mann, der das gesamte menschliche Wissen seiner Zeit nicht nur koordiniert, sondern es auch als Ganzes gegliedert und in Raum und Zeit eingeordnet hat. In der Zoologie begann Aristoteles damit, daß er selbst Fischer, Jäger, Seeleute, Hirten und Bauern befragte, vielleicht unterstützt von Dokumentalisten, die sein Schüler Alexander der Große zur Verfügung gestellt haben mag. Doch gab er sich nicht zufrieden mit diesen direkten Beobachtungen, Experimenten und anatomischen Untersuchungen (auch von Delphinen und Elefanten!), er studierte und zitierte auch zahlreiche andere Autoren, deren Werke heute verloren sind. Er legte damit die Grundlage zum Studium der Anatomie, Physiologie, Ökologie und Ethologie von fast vierhundert Tieren, für die er eine strenge Klassifizierung ausarbeitete. Seine *Geschichte* liest sich wie eine Vorlesung, mit Anmerkungen, Exkursen, Rückgriffen innerhalb eines klaren Aufbaus, in dem man zwischen allgemeinen Betrachtungen und Einzeluntersuchungen gut unterscheiden muß. Aristoteles beschäftigt sich mit dem Habitat (Wasser, Land, Luft), der Nahrung, der Reproduktion (lebendgebärend, eierlegend), den Gliedmaßen (Beine, Flügel) und ihren Bestandteilen (Finger, Krallen, Hufe; paarhufig, einhufig), der Lebensform (einzeln, in Herden oder Gesellschaften lebend). Anderswo gibt er eine Definition der Art (»die Tiere paaren sich untereinander, und ihre Paarung ist fruchtbar«), bestimmt den Einfluß von Hitze und Kälte, von Trockenheit und Feuchtigkeit nicht nur auf das Federkleid, das Temperament und die Größe, sondern auch auf die Wanderungen und Züge, namentlich der Kraniche. Allgemein zeigt er auf, daß die Umwelt der bestimmende Faktor ist. Zwar betrifft dies alles die Geschichte der Zoologie und der Ökologie, doch die oft äußerst präzise ausgearbeiteten, von einem allwissenden Interpretationsvermögen geprägten Beschreibungen vermitteln uns auch Elemente historischer Zoologie: Die beschriebenen Kraken und Fische entsprechen den heutigen Formen, ebenso die Insekten, trotz einiger Interpretationsfehler, insbesondere bezüglich der Biene, bei deren Behandlung der Verfasser des betreffenden Abschnitts (vielleicht nicht Aristoteles selbst) minutiös über Zucht und Honigernte im 4. Jahrhundert v. Chr. berichtet.

Aristoteles kennt alle Wildformen der Haustiere, von denen einige heute ausgestorben sind. Daß er das Wildkaninchen nicht kennt, scheint zu beweisen, daß es dieses in der griechischen Welt nicht gab oder aber, daß es lange Ohren hatte, weswegen man es nicht vom Hasen unterscheiden konnte. Alexanders des Großen Eroberungszüge hatten asiatische Elefanten nach Europa gebracht (vielleicht hat Aristoteles ein verendetes Tier seziert) und die Beobachtung anderer Tiere ermöglicht. So beschreibt der Philosoph eingehend ägyptische, persische und indische Tierarten, die sich seither verändert haben oder ausgestorben sind. Er notiert auch, daß die in Europa wenig häufigen Löwen in Mazedonien und in Thrakien, zwischen den Flüssen Acheloos und Nestos, anzutreffen sind. Aristoteles hat hier wohl kaum von einem früheren Autor abgeschrieben; wir können die Angabe vielmehr als Beweis dafür werten, daß es diese großen Raubkatzen noch im 6. Jahrhundert in jener Gegend gab, wo sie ein Jahrhundert früher die Kamele des Perserkönigs Xerxes angefallen hatten.

Als Schüler und Nachfolger des Aristoteles widmete sich auch Theophrast leidenschaftlich dem Studium und der Beschreibung der Natur. Er beobachtete die Verwandlung der Raupe in einen Schmetterling (am großen Kohlweißling), außerdem den Einfluß der Umwelt (Klima, Wasser) auf das Verhalten der Tiere, sowie die verschiedenen Flüge oder Tänze der Bienen, zu denen er für uns wertvolle zoohistorische Angaben macht.

Im Vergleich zu den Klassikern der griechischen Antike sind die Autoren des römischen Imperiums von weit geringerem Scharfsinn und Wissen. Aelian erzählt in seiner Schrift *Über die Eigenart von Tieren* (um 260) vor allem eine Reihe von moralisierenden Anekdoten, mit denen er, wie der fast aus gleicher Zeit stammende *Physiologus*, die mittelalterliche Zoologie vorwegnimmt. Immerhin erwähnt er nebenbei den großen gesalzenen und getrockneten Fisch aus dem Kaspischen Meer, den man per Kamel bis nach Ekbatana transportierte – ein unschätzbares Detail, sollte es sich wirklich um den Stör handeln.

Die *Naturalis historia* des Plinius ist ein unglaubliches Sammelsurium von Exzerpten aus etwa zweitausend Werken; eine zoologische Abhandlung ist sie nicht, auch wenn sie Tiergeschichten enthält. Trotz allen Durcheinanders und trotz der unkritischen Vorliebe für Legendäres faßt sie im wesentlichen das Wissen zusammen, das die Antike dem Mittelalter vererbt hat. Sie kolportiert eine Menge von Ansichten des Volksglaubens, von Irrtümern und Mythen über Hunderte von Tieren, enthält aber auch Gedanken des Aristoteles und einige interessante Bemerkungen: Neben Beobachtungen über die Bienen, die Thunfische und die Alsen, über bestimmte Weichtiere und Reptilien erfährt man in ihr, daß es im Mittelmeer Schwertwale gab, daß diese Wale jagten und daß einer von ihnen zur Zeit des Kaisers Claudius sogar in den Hafen von Ostia eingedrungen ist. Plinius befaßt sich auch mit der Beziehung des Menschen zum Elefanten und zum Delphin und berichtet, daß die Delphine im Etang de Lattes bei Montpellier beim Meeräschenfang halfen. Diese Einzelheiten, zu genau und zu gut belegt, um falsch zu sein, sind jedenfalls glaubwürdiger als die vierhundert Lebensjahre, die dem Elefanten Ajax, einem angeblichen Veteranen der Kämpfe gegen Alexander den Großen, zugeschrieben werden, und weniger reine Phantasieprodukte als die zwittrigen Hyänen, von denen einige sich mit Löwinnen gepaart haben sollen, um das Fabeltier »Corocotta« zu zeugen.

Ganz allgemein haben es die Zivilisationen der orientalischen und der griechischen Antike verstanden, viele Tiere zu beobachten, wenigstens äußerlich. Sie haben auch Tiere in Zoos gehalten, von Assurbanipal und Kyros bis zu Alexander und Ptolemaios Philadelphos, der in Alexandrien eine beachtliche Blüte der Zoologie bewirkte. Rom erbte zwar einige Arten davon, Affen, Marder und Katzen insbesondere, doch die lateinischen Autoren sind nur insofern wertvoll, als sie, versehen mit einigen vor allem den Landwirten zugute kommenden Originalrezepten praktischer Art, auszugsweise die griechische Wissenschaft weitergaben und die ethischen und metaphysischen Probleme ansprachen, die die Entwicklung der Zoologie als Wissenschaft blockierten. Sie trafen auch unter den verfügbaren Schriften eine Auswahl, die bestimmend blieb über lange Jahrhunderte des Mittelalters und der Renaissance hinweg und die erst mit dem Mikroskop, mit der Aufklärung und mit Linné ihre Gültigkeit verlor.

Isidor von Sevilla (um 570–636), einer der Männer, die am besten mit der *auctoritas* des Plinius umzugehen wußten, widmete eine seiner zwanzig bemerkenswerten *Etymologiae* den Tieren. Obwohl ihn die Zoologie als solche kaum interessierte, erwarb er sich durch umfassende Lektüre ein bestimmtes Detailwissen. Er bleibt dadurch vielen Irrtümern und Legenden der antiken Tradition verhaftet, doch streut er manchmal eine Überlegung ein, einen Nachtrag oder eine geglückte Beschreibung eines Elefanten, Kaninchens, von Schwämmen oder Austern, was dem insgesamt ziemlich schwachen Text etwas Würze verleiht. Isidor versteht es vor allem, uns die Schwalbe zu beschreiben, die »im Flug Kreise und Schlangenlinien zeichnet, sehr geschickt ihr Nest zu bauen und ihre Jungen zu erziehen weiß; sie kennt sich ausgezeichnet in den Wetteränderungen aus, mag die Höhen nicht, greift andere Vögel nicht an, so wie sie selbst von den Vögeln nicht angegriffen wird, und sie fliegt zum Überwintern über das Meer«. Im Buch 14, das der Geographie gewidmet ist, bemerkt er über Äthiopien, daß es »reich an Schlangen und wilden Tieren ist, einschließlich Nashörnern, Giraffen, Basilisken und gewaltigen Drachen, aus deren Gehirnen man Edelsteine gewinnen kann«, während Numidien Pferde und Wildesel beherbergt, Germanien Bisons, Elche und Auerochsen (wie schon Cäsar sagte).

Die Bedeutung Isidors ist in einem negativen Sinne grundlegend, denn von ihm bezog das christliche Mittelalter das wüste Durcheinander an Wissen, das jahrhundertelang als Bibel galt. Indem er den Wissensstand seiner Vorgänger verbreitete, ist er auch verantwortlich für die Lücken und die Irrtümer der abendländischen Zoologie, denn angesichts des riesigen Erbes der Antike verstand er es nicht immer (sofern ihm überhaupt daran lag), die Manuskripte auszuwerten, auf die er vielleicht noch hätte zurückgreifen können im westgotischen Spanien, diesem letzten Kind des römischen Reiches im ins Barbarentum zurückgefallenen Abendland.

Nach ihm haben die Angelsachsen, Beda Venerabilis und Anselmus, gelegentlich einige Dutzend Tiere erwähnt, die sie im allgemeinen von Isidor kannten, während in der karolingischen Zeit Hrabanus Maurus in seinem *De universo* einige Details bietet und manchmal eigene Überlegungen den Stellen anfügt, die er von vorn bis hinten bei Isidor abgeschrieben hat. Der erste wirkliche Zoologe des christlichen Mittelalters scheint demnach die gelehrte Äbtissin Hildegard von Bingen (1098–1179) gewesen zu sein, die vier Bücher ihrer *Physik* den Tieren zugedacht hat. Wohl grenzt ihr Verzeichnis stellenweise ans Reich der Fabel mit dem Einhorn, wohl gibt sie dem Exotischen oder einem ganzen Gebäude von Arzneimitteln und Kräuterfrauenrezepten breiten Raum, doch hat sie vielfach zahlreiche Tiere selbst beobachtet, die sie mit dem deutschen Namen bezeichnete, wenn sie die lateinische Bezeichnung nicht kannte: Süßwasser- und Meeresfische, Kriechtiere vom Regenwurm bis zu den Schlangen und Kröten, Vögel und nicht zuletzt Landtiere wie Biber, Fischotter, Marder, Luchs und Bison, die damals noch die Auwälder am Rhein bevölkerten. Unter ihren Nachfolgern, von ähnlicher Gelehrsamkeit und Weitschweifigkeit, doch nicht von derselben Beobachtungsgabe, sind zu nennen: Bartholomäus Anglicus (um 1240); Thomas von Cantimpré (1186–1263), der in vier seiner zwanzig Bücher *De naturis rerum* (zwischen 1230 und 1248) etwa vierhundert Tiere beschreibt, darunter Drachen, Phönixe und Sirenen; außerdem der Florentiner Brunetto Latini, der sein *Livre du trésor* in Französisch schreibt, und Vincent von Beauvais (1190–1264), ein Mann von unglaublichem Wissen, der dreizehn von dreiunddreißig Büchern seines *Miroir de la nature* den Tieren widmet. Er fügt Exzerpte aus etwa dreihundertfünfzig Autoren zu einem gigantischen Mosaik zusammen, wodurch er hofft, alle möglichen Auskünfte zusammengetragen zu haben, selbst wenn einige von ihnen wenig gesichert oder widersprüchlich sind. Er erwähnt auch, ohne sich weiter daran zu stoßen, die berühmte »Tierpflanze« der Tartarei, die einem Schaf gleicht und die man häufig bei den Rußlandforschern, von Herberstein zu Margaret, antrifft und die man übrigens erst im 19. Jahrhundert als eine Art Tüpfelfarn *(Polypodium)* identifizieren wird – was für Vincents ausgedehnte Lektüre spricht, doch auch seine Kritiklosigkeit zeigt, die dadurch noch schwerer wiegt, daß er fast keine Naturbeobachtung treibt. Man bleibt also skeptisch, wenn er mit den Autoritäten (d.h. Aristoteles), der Vernunft *(ratione)* und vor allem mit der Erfahrung *(experientia)* zu »beweisen« behauptet.

Albert der Große (1193–1280) hat es also leicht, in seiner ganzen Größe seine Vorgänger zu überragen, sowohl durch die Breite und Universalität seines Gesamtwerks als auch durch sein *De animalibus*, das 1270 vollendet wurde (also nach der um 1260 entstandenen Aristoteles-Übersetzung von Michael Scottus). Die ersten neunzehn Bücher sind in der Tat aus Aristoteles kompiliert, doch mit einigen eigenen Gedankengängen oder Kommentaren versehen. Die letzten siebzehn hingegen sind als völlig eigenständige Werke von großer Bedeutung für die Geschichte der Zoologie, da Albert klassifiziert, beschreibt, kommentiert, urteilt, beobachtet und sogar experimentiert: Er spricht von der Hämolymphe der Insekten, den Ganglien der Schalentiere, der Membrane der Kielschnecke und anderem mehr. Er hat auch Fachleute befragt, namentlich Biberjäger (von denen er vieles über die Ätiologie und den Dammbau der europäischen Biber erfuhr, die inzwischen das Bauen verlernt haben), aber auch Walfänger, die damals in der Nordsee noch reichen Fang machten. Und er hat selbst auf das genaueste

Eichhörnchen, Wildkatzen, Hauskatzen, verschiedene Insekten und Vögel beobachtet. Durch die ausführlichen Darlegungen, vor allem in der Abhandlung *De natura locorum*, über den Einfluß des Breitengrades und des Klimas auf die lebende Umwelt im allgemeinen, von der Pflanzendecke bis hin zu den Sitten der Völker, ist er zudem unstreitig zu einem der Begründer der Ökologie geworden, der über Alexander von Humboldt und Ernst Haeckel bis in unsere Zeit hineinreicht. Dennoch hat dieser *doctor universalis* keinen merklichen Einfluß auf die Zoologen seiner Zeit oder des späten Mittelalters ausgeübt, und noch weniger auf die breite Öffentlichkeit: Der Niedergang der heidnischen Religionen und die Verbreitung der Heilslehren mit ihrem Anthropozentrismus verstärkten das apriorische, absolute Denken, waren also dem »wissenschaftlichen«, »objektiven« Denken nicht sehr förderlich. In Stadt und Land, wo praktisches Wissen ebenso zum Alltag gehörte wie magische Riten, kümmerte man sich mehr um die praktische Lebensvorsorge, um Nahrung, Kleidung und Wohnung als um theologische, ästhetische oder ethische Lehren.

In der von den heiligen Büchern dominierten byzantinischen Welt überläßt man das Thema ausschließlich den Theologen, die von der Genesis und von der Schöpfung sprechen sollen. In Kommentaren finden sich Kapitel wie z. B. die drei letzten, den Tieren gewidmeten Homilien des *Hexaemeron* von Basileios von Cäsarea (330–379) oder das Gedicht von Georgios Pisides (7. Jahrhundert), das sich um den Elefanten, das Kamel und die sehr neue, um 553 oder 554 in das Reich eingeführte Seidenraupe rankt. Bei vorherrschendem Einfluß des Aristoteles vermehren sich die Kopien und Kompilationen, vor allem im 10. und 11. Jahrhundert. Das 13. und das 14. Jahrhundert bestimmen die Gedichte des Manuel Philes (1275–1345), der mehr wißbegierig als gelehrt ist.

Die fruchtbarsten Beiträge zur Zoologie kamen schließlich aus der arabischen Welt, die insbesondere die griechischen Autoren der Antike, einschließlich Aristoteles, in eigenständig kommentierten Ausgaben weitergab. Al Ǧāhiz (um 780–869) schrieb ein hervorragendes *Buch der Lebewesen (Kitāb al-hayawān)*, das eine umfangreiche Bildung, eine exakte Kenntnis des Aristoteles und ein wunderbar kritisches Denken verrät und überreich ist an auf verläßliche Informationen aufbauenden eigenen Gedanken. Das erstaunlichste Beispiel ist wohl seine wirklichkeitsnahe Beschreibung eines Känguruhs (oder eines anderen Beuteltieres), was zumindest eine lückenlose Informationskette über den Indischen Ozean bis nach Australien voraussetzen würde. Al Ǧāhiz und Aristoteles werden systematisch weitergeführt und ergänzt in *Das Leben der Lebewesen* des Kairoers Al Damiri (1344–1405), dessen Enzyklopädie durchwegs mit der Vincents von Beauvais vergleichbar ist (wobei Al Ǧāhiz mit vier Jahrhunderten Vorsprung mit Albert dem Großen zu vergleichen wäre). Erwähnen wir noch die in Qazwin von zwei persischen Zoologen verfaßten Abhandlungen: Die erste der beiden, entstanden um 1263, enthält außer einer gelehrten und riesigen Kompilation die Ergebnisse von Experimenten und mit Hilfe der Lupe vorgenommenen Untersuchungen (deshalb die berühmte Beschreibung des feinen, segmentierten und hohlen Mückenrüssels). Der Dugong des Roten Meers wird darin ebenso erwähnt wie Tiere aus dem äußersten Indischen Ozean, zum Beispiel die javanischen Fledermäuse. Ganz allgemein war die Zoologie der arabischen Zivilisation stark von Aristoteles abhängig, dessen *Geschichte der Tiere* mehrere Male übersetzt, zusammengefaßt und kommentiert wurde. Unter seinen Bearbeitern ist vor allem Averroes (1126–1198) und unter seinen Kommentatoren der große Avicenna (980–1037) zu nennen, durch den Aristoteles wieder ins Abendland gelangte und hier bekannt wurde.

In der Renaissance treten die letzten Zoologen des traditionellen Typs auf. Sie haben die umfassendste Bildung, sind uns zeitlich am nächsten und deshalb am unentbehrlichsten. Ihr Fürst ist der Züricher Conrad Gesner (1516–1565), der trotz seines frühen Todes ein Werk von geradezu phantastischem Wissen veröffentlicht hat. Er zitierte und faßte seine sämtlichen Vorgänger zusammen, in welcher Sprache auch immer sie geschrieben hatten, und erreichte damit sein Ziel: Es sollte fortan entbehrlich sein, auf andere Verfasser zurückzugreifen; in dem einen Buch sollte »eine ganze Bibliothek« enthalten sein. So gesehen, wäre Gesner ein neuer Vincent von Beauvais. Dadurch, daß er alles gelesen (auch Werke, die nicht erhalten sind), viel beobachtet und mit anderen Zoologen korrespondiert hatte, die er um Erklärungen gebeten und denen er verschiedene Fragen unterbreitet hatte, konnte er ein die gesamte Tierwelt umfassendes Werk schreiben (*Die Schlangen* erschienen postum, und *Die Insekten* wurden um 1590 vom Engländer Thomas Moufet vollendet). Die Lektüre seiner 4500 Folioseiten erspart einem das Exzerpieren der meisten früheren Werke, zudem sind Hunderte von Holzschnitten, die den Text begleiten, sehr klar, manchmal ausgezeichnet, wie der des Nashorns von Albrecht Dürer. Insgesamt gesehen ist dieses Werk, heute noch eine Pflichtlektüre für jeden Zoohistoriker, eine Enzyklopädie aller um 1550 bekannten Arten und allen Wissens über sie. Jede Art wird durchgängig in acht Abschnitten beschrieben: 1. Lexikographie, Vokabular (lateinisch, griechisch, hebräisch, persisch, arabisch, französisch, deutsch, englisch, spanisch, italienisch, slawisch usw.); 2. Ursprung, Habitat, Morphologie; 3. Aussehen und Krankheiten; 4. Verhaltensgewohnheiten; 5. Nützlichkeit; 6. Rolle in der Ernährung; 7. Rolle in der Medizin; 8. Etymologien, Fabeln, Sprichwörter.

Der Bologneser Arzt Ulisse Aldrovandi (1522–1602) ist ebenso gelehrt wie Gesner, doch noch beredter: 7000 Folioseiten, auf denen jede Art systematisch dargestellt wird in Abschnitten, die alle gleich aufgebaut sind; die Ikonographie ist noch besser. Diese Kompilation ist, obwohl weniger originell, alles andere als eine sterile Wiederholung Gesners: Sie bereichert ihn um Einzelheiten, die fast immer neu, zutreffend und gut datiert sind und beschreibt die gegen Ende des 16. Jahrhunderts neu entdeckten Arten. Wie Gesner in der Zeit denkend, betreibt auch Aldrovandi Tiergeschichtsschreibung im modernen Sinn.

Weniger universell, doch interessant zumindest für die Geschichte der Zoologie sind Rondelet (1507–1566) und Pierre Belon (1517–1564). Der aus Montpellier stammende Rondelet studierte sehr exakt (durch Befragungen, anatomische Studien, Vergleiche) mindestens dreihundert Fischarten, unter anderen den

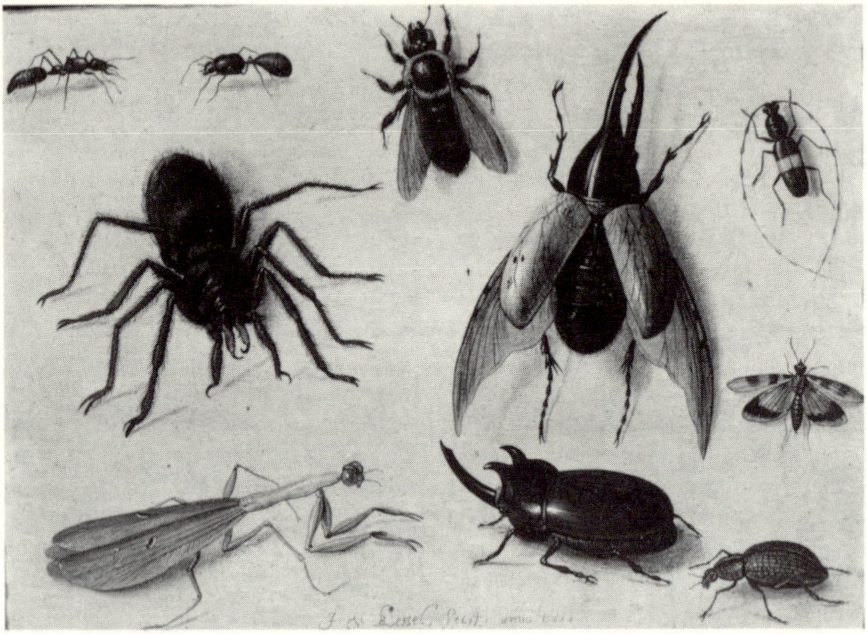

Gegen Ende des 16. Jahrhunderts beginnt man, zoologische Werke farbig zu illustrieren, sowohl mit Stichen als auch mit Buchmalereien. Im 17. Jahrhundert gibt es zahlreiche Maler, vor allem deutsche, deren perfekt wirklichkeitsgetreue Tafeln auch in Form und Farbe eine bemerkenswerte Ausgewogenheit verraten (Jan van Kessel der Ältere, *Insekten,* um 1660, Straßburg, Kunstmuseum).

Hering und den Delphin: »Früher hat man Delphine lebend vom Languedoc bis nach Lyon gebracht. Wenn unsere Fischer sie lebend weit transportieren wollen, gießen sie ein wenig Wein in ihre Luftröhren (...) Im Languedoc will auch das gemeine Volk, sogar die Arbeiter, kaum ihr Fleisch essen. Die Delphine und andere Waltiere haben zähes Fleisch von schlechtem Saft, es ist kotig, schlecht verdaulich und reizt zum Brechen. Man salzt es, man kocht es mit Zwiebel, Petersilie und ähnlichem. Einige rösten es und essen es mit Orangen und einer aus Zucker und Gewürzen zubereiteten Sauce. Andere braten es auf dem Rost.« Belon, der eine *Naturgeschichte der Fische* (1551), später auch der Vögel (1555) und schließlich jener Tiere schrieb, denen er auf seiner Reise durch die Mittelmeerländer des Nahen Ostens von Italien bis zum Sinai (1547–1549) begegnete, reizt unsere Neugier vor allem durch seine Beschreibungen von Säugetieren, Insekten und Schlangen.

Ab dem 17. Jahrhundert kennt man immer mehr Tiere immer besser, man macht Fortschritte in der Sezier- und Versuchstechnik, verwendet das Mikroskop, koordiniert die Anstrengungen in Forschergruppen, erreicht durch zahllose Publikationen die Verbreitung der Forschungsergebnisse und gründet Museen. Als Folge davon verflüchtigen sich die hartnäckigen, seit Jahrhunderten kolportierten Legenden, und der erdrückende Einfluß des Aristoteles schwindet. Im 18. Jahrhundert erleben im Umkreis des großen Carl von Linné die experimentierenden Zoologen eine Glanzzeit; statt auf das Wissen ihrer Vorgänger stützen sie sich auf eigene Beobachtungen und Versuche. Von den »Päpsten« der beschreibenden Zoologie sollen hier wenigstens Georges-Louis Leclerc de Buffon (1707–1788) und Alfred Edmund Brehm (1829–1884) genannt werden. Für die Geschichte der Zoologie sind sie hochinteressant, weniger hingegen für die historische Zoologie, mit Ausnahme von Brehms Einführungen oder den Ausführungen über Tiere, die sich seither stark verändert haben (wie zahlreiche Haustiere) oder ausgestorben sind (viele Arten der damals neu entdeckten Welten). Leider ist dieser letzte – fruchtbarere – Fall sehr selten, und wir erfahren vor allem aus Berichten von Reisenden, Forschern oder Jägern die Verbreitungsgebiete und die Verhaltensweisen jener Tiere, von denen uns heute nur die von einigen Überresten oder bildlichen Darstellungen gestützte Erinnerung bleibt.

Die Bücher über Jagd und Fischerei

Verglichen mit den oft zu literarischen, von der Autorität des Aristoteles lange erdrückten Zoologen, weisen unter den historischen Schriften die Fachbücher einige Originalität und Selbständigkeit auf, weil sie auf exakten Kenntnissen und dem täglichen Umgang mit bestimmten Tierarten beruhen. Die Jagdbücher zählen dazu, denn die Jagd benützt Tiere, die domestiziert (Hunde, Pferde) oder gezähmt sind (Falken, Frettchen), um Wildtieren nachzustellen. Ebenso die Handbücher der Viehzucht, denn wer mit Haustieren beschäftigt ist, muß sich auch mit deren wildlebenden Feinden befassen (Wolf, Löwe, Steinmarder, Wiesel, Fuchs, Adler, Rabe usw.).

Jagd und Fischfang als älteste Tätigkeiten des Menschen sind uns durch die prähistorische Archäologie bekannt: durch das ausgegrabene Material, die Knochen, die Felsbilder und andere Darstellungen, aber auch durch den alten Jagdgehilfen, den Hund, der sehr »aussagekräftig« ist für die Epochen, in denen es noch keine schriftlichen Ratgeber und Handbücher gab. Einen der ältesten und bedeutendsten Texte des Abendlandes verdanken wir denn auch Xenophon (um 430–355 v. Chr.): In seiner *Kynegetik (Kunst der Hundeführung)* beschrieb er die verschiedenen Hunde, die Hasen, die zoologischen Gärten und Jagdreservate des Kyros, außerdem die an der armenischen Grenze erlegten, dort noch häufigen Tiere wie Wildesel, Hirsch, Gazelle, Wildschwein, sowie die Wildtiere Mazedoniens, das unter anderem noch von Schakalen, Panthern und Löwen bevölkert war.

Auch die beiden Oppianus (2. und 3. Jahrhundert n. Chr.) beschrieben die Hunde und die Pferde, während Nemesian die aktive Jagd und den Nahkampf zwischen Jäger und Tier schilderte. In den *Halieutica* finden wir außerdem wertvolle Angaben über wasserbewohnende Tiere wie die Braunaale, Seeigel, Kraken und die Delphine, deren Menschenfreundlichkeit die Frage aufwarf, ob sie nicht verwandelte Menschen seien. Man sieht, wie eng der Kontakt dieser Waltiere, deren Anthropophilie erst in neuester Zeit wieder entdeckt wurde, zu den Fischer- und Inselvölkern des Mittelmeers war. Mehr als nur eine schöne Legende, handelt es sich hier um ein wichtiges Element historischer Zoologie.

Zahlreiche Werke der Antike kommen auf die Jagd und den Fischfang zu sprechen. Den römischen Autoren waren auch die Zirkusspiele wichtig, bei denen die Menge Belustigung und makabren Kitzel (wir kommen noch darauf zu sprechen) im Tod von gefährlichen oder seltenen Tieren suchte: Tiger, Elefanten, Nashörner, Löwen, Hyänen, Bären und Stiere kämpften dort gegeneinander oder gegen Menschen (Soldaten, Jäger, zum Tode Verurteilte).

Auch das Mittelalter und die Neuzeit haben sehr aufschlußreiche Bücher über die Jagdkunst hervorgebracht. Das Falknerbuch des Byzantiner Arztes Demetrios Pepagomenes verblaßte völlig vor dem Werk *De arte venandi cum avibus* eines der mächtigsten, aber auch intelligentesten, gelehrtesten und wißbegierigsten Männer seiner Zeit: Friedrich II. (1194–1250). Normannisch-sizilischen Geschlechts durch seine Mutter, Deutscher durch seinen Vater, mit guter Kenntnis des Arabischen und von der jüdischen und der islamischen Kultur angezogen, hat sich Friedrich nicht nur die Wissenschaft seiner Vorgänger zu eigen gemacht; er beobachtete auch sehr fein die Vögel und versuchte viele Einzelheiten der Anatomie, der Morphologie und des Verhaltens zu verstehen, insbesondere bei den Falken, Gerfalken, Kranichen, Reihern und Wasservögeln. Er informiert uns schließlich darüber, wie sich eine Beizjagd in seiner Zeit abspielte. Übrigens beließ es der Kaiser nicht beim Schreiben, viele Illustrationen in *De arte* scheinen tatsächlich von seiner Hand zu stammen. Ein anderes »königliches« Werk ist das *Libro de la monteria* von Alfons XI. von Kastilien, der ebenso gründlich Bären, Hasen, Hirsche und Wildschweine beschreibt und zeichnet.

Im darauffolgenden Jahrhundert, im Jahre 1378, widmet Gaston Fébus, Graf von Foix und Vicomte von Béarn, dem Herzog von Burgund ein Werk, das jahrhundertelange Überlieferung und fünfzig Jahre eigene Erfahrung zusammenfaßt. Die Verhaltensgewohnheiten der Tiere werden darin sorgfältig analysiert. Die meisten der für ihn noch »recht gemeinen Tiere« sind für uns sehr selten geworden, wie der Bär zum Beispiel. Er beschreibt nicht nur Aussehen und Ethologie aller Jagdwildarten, er studiert auch die Pferde und mehr noch die Hunde mit ihren Rassen, ihren speziellen Anwendungszwecken, ihren Krankheiten, ihrer Ernährung. Das Ganze ergibt ein äußerst gut dokumentiertes Bild von zahlreichen Tierarten des Abendlandes im 13. Jahrhundert. Fast zur gleichen Zeit verfaßt Henri de Ferrières (um 1380) sein *Livre du roi Modus et de la reine Ratio (Buch des Königs Modus und der Königin Ratio)*, ein ausgezeichnetes, sehr originelles Jagdbuch vor allem für die Waldfauna, das sich auf lange Erfahrung und die Verbindung von »Methode« *(modus)* und Klugheit *(ratio)* stützt. Von den zahlreichen anderen Schriften, die über all die Jahrhunderte den Jägern und Fischern eine Hilfe sein wollten, sollen noch *Die Hirschjagd* und *Die Wolfsjagd* von Clamorgan erwähnt werden, die unzähligen modernen Synthesen vorausgingen.

»Hier beginnt die Vorrede zum Buch der Jagd«, das »Gaston, durch Gottes Gnade genannt Fébus, Graf von Foys, Herr von Béarn« dem Herzog Philipp dem Kühnen von Burgund widmete (1387). Der Graf von Foix nennt seine drei Lieblingsbeschäftigungen: »Die eine ist der Waffendienst, die andere ist der Minnedienst, die dritte ist die Jagd.« Man beachte die Vielzahl der Hunderassen vom Windhund bis zur Dogge (*Le Livre de la chasse de Gaston Fébus*, ms. fr. 619, Paris, Nationalbibliothek).

Die Handbücher für Züchter und Tierpfleger

Bis in die letzten Jahrhunderte hinein war die Tierzucht nur selten von der Landwirtschaft getrennt. Wir finden also in den Agronomiebüchern die exaktesten Angaben über Schaf, Schwein, Rind, Geflügel, Biene und eventuelle tierische Feinde; Hund und Pferd fanden zudem auch in den Büchern über die Jagd- und die Kriegskunst Berücksichtigung. Zwar drückt Mitte des 8. Jahrhunderts v. Chr. Hesiod seine Naturliebe in *Werke und Tage* in Versen aus wie: »Beim Ruf des Kuckucks, der in den Zweigen der Eiche ertönt, grenzenlos die Sterblichen erfreuend auf Erden.« Doch er weiß auch Fabeln zu erzählen, etwa jene vom Sperber und der Nachtigall, und er spricht sehr sachkundig von den Haustieren und den »Ochsen mit den geschwungenen Hörnern«, die er vor seinen Schwingpflug spannt. Xenophon hingegen beschäftigt sich in *Über die Reitkunst* ausschließlich mit den Pferden, und das eher im Zusammenhang mit der Jagd und dem Krieg. Die vollständigsten Abhandlungen über die Landwirtschaft in der Antike (also über die Tiere, domestizierte wie andere) verdanken wir den Römern. Neben Vergils berühmten, gut fundierten Gedichten (die *Bucolica* und vor allem die *Georgica*) besitzen wir die Werke Catos, Varros, Columellas und Palladius', dazu das griechisch-lateinische Mischwerk der im 10. Jahrhundert auf Veranlassung des gebildeten Kaisers Konstantin Porphyrogenetos gesammelten *Geoponika*.

Im mittelalterlichen Abendland spezialisieren sich die Werke allmählich, zumindest werden ganze Kapitel in Abhandlungen der Tierzucht gewidmet, wobei ein Verfasser vom anderen abschreibt. So die *Housebonderie* des Engländers Walter de Henley, das *Ruralium commodorum opus* von Pierre de Crescent (Anfang 14. Jahrhundert) oder das *De l'état, science et pratique de l'art de bergerie* (um 1379); sehr viel später erst schrieben Georg Agricola, Charles Estienne (*La maison rustique*, 1564) und Olivier de Serres (1600) ihre berühmten Werke.

Bei Walter de Henley zum Beispiel findet sich diese vergleichende Schätzung der Haltungskosten für Pferd, Ochse, Kuh und Schaf: »Wenn das Pferd bei Kräften sein soll für sein Tageswerk, so sollte es mindestens in der Nacht ein Sechstel Scheffel Hafer haben; Preis: ein Heller, und mindestens zwölf Mengen Gras zu einem Denar für einen Sommer; und jede Woche, eine mehr, eine weniger, einen Denar Beschlag, wenn es an allen vier Hufen beschlagen werden muß. Das macht 12 Heller 5 Denar im Jahr ohne Futter und Streu (...) (Für den Ochsen) macht es 3 Heller 1 Denar im Jahr ohne Futter und Streu. Und wenn das Pferd alt ist und entkräftet, kann man von ihm nichts mehr haben als nur das Leder. Und wenn der Ochse alt ist, nach 10 Denar Weidefutter, wird es noch für den Speckmacher gut oder für ebenso viel zu verkaufen sein, wie er gekostet hat.« Wir erfahren auch, daß 20 Schafe so viel einbringen können wie zwei (viel teurere) Kühe, indem sie außer der Wolle und dem Fleisch 250 Pfund Käse und eine halbe Gallone Butter wöchentlich liefern.

Notgedrungen waren die Viehzüchter auch Tierärzte. Sie mußten die wichtigsten Krankheiten ihrer Tiere erkennen und behandeln können. Die aus diesen Werken geschöpfte Kenntnis der Tier-»Paläophathologie« und der wichtigsten Tierseuchen der vergangenen Jahrhunderte ist also grundlegend. Tierärzte treten, wenigstens nach ihren Schriften zu urteilen, erst im Mittelalter auf, sieht man von den Pferdeärzten ab, die schon im *Codex Hammurabi* (um 1780 v. Chr.), in einem hethitischen Text von 1360 v. Chr., ja sogar auf dem sumerischen Siegel von Urlugaledinna erwähnt werden.

In der Welt des Islam behandeln die repräsentativsten Werke ausschließlich das Pferd: *Kitāb fadl al khail (Von der Vortrefflichkeit des Pferdes)* des Ägypters Al Shāfi (1213–1306) und vor allem das sehr vollständige Werk von Ibn al Mundhir (Mitte des 14. Jahrhunderts), das sämtliche Rassen und sämtliche Pferdekrankheiten im Herrschaftsgebiet der Mamelucken beschreibt. Lediglich der jemenitische Sultan Al Mijahid (Mitte des 14. Jahrhunderts) behandelt zudem noch das Vieh im allgemeinen, die Schafe, Büffel, Kamele und Elefanten.

Die Byzantiner sammelten viele Schriften in ihren berühmten *Hippiatrika*. Bedingt durch die Stellung des Pferdes in der Gesellschaft, insbesondere in der Ritter-Aristokratie, kommt es im mittelalterlichen Abendland zu einer Blütezeit der Hippiatrie und Hippologie vereinenden Abhandlungen. Eine der berühmtesten ist das oft übersetzte *De medicina equorum*, das zwischen 1250 und 1254 von Giordano Ruffo, dem persönlichen »Marschall« Kaiser Friedrichs II., verfaßt wurde. Dem Werk folgten 1260 *Mulomedicina* von T. Borgognoni und, nach 1277, *De curationibus infirmitatum equorum* von Moses von Palermo. Dem edlen Tier widmeten sich auch Autoren in Spanien (*El Libro de los caballos* von Don Fadrique und das hervorragende *Libro de la marescalia* von Manuel Diez de Calatayud, zwischen 1443 und 1450), in Italien (L. Rusio vor 1342, Uberto de Cortenuova und Dino Dini, zwischen 1352 und 1359), in Deutschland (Meister Albrant) und in Frankreich (vor allem G. de Villiers im 15. Jahrhundert).

Medizinische und pharmazeutische Abhandlungen

Lange bevor die viehzüchtenden Tierheilkundler auf den Plan traten, hatten sich die Ärzte mit den Tieren zu befassen. Nicht nur, weil sie seit Hippokrates eine allgemeine wissenschaftliche Ausbildung besaßen, sondern auch, weil ein Teil der Medikationen auf tierischen Extrakten oder Bestandteilen, bisweilen auf ganzen Tieren aufbaute. Die bekannteste Arzneimittellehre ist die des Dioskurides von Anazarbos, der im 1. Jahrhundert n. Chr. lebte und der an die hundert Tiere mit therapeutischem Nutzen nennt. Im Mittelalter wurde er sehr viel gelesen, und Gesner hat aus ihm ausgiebig kompiliert. Von ihm wird jene sehr interessante Theorie entwickelt, wonach der Hirsch die Schlange bekämpft und eine heiße und trockene Krankheit mit Kälte und Feuchtigkeit (Nacktschnecke, Frosch) behandelt wird.

In der Tradition dieser Handbücher sei noch Nikandros von Kolophon erwähnt, der die *Theriaka* und die *Alexipharmaka* gegen Bisse und Stiche giftiger

Tiere schrieb, sowie der Byzantiner Joannes Tzetzes (1110–1180), der einen zum Teil eigenständigen Kommentar dazu mit demselben Titel *(Theriaka)* schrieb.

Die großen Ärzte der hippokratischen Schule (5. Jahrhundert v. Chr.) oder im Umkreis von Galen (2. Jahrhundert n. Chr.) haben uns praktisch keine Dokumente über die Tiere ihrer Zeit hinterlassen. Der Islam jedoch erweckte unter dem Einfluß des Aristoteles bei seinen Ärzten - Avicenna und Averroes zählten zu ihnen - Interesse für die Zoologie. Die im Mittelalter in dieser Linie alles überragende Gestalt ist indessen der große Moses Maimonides (1135–1204), Leibarzt Saladins und Fürst der jüdischen Denker des Mittelalters. In seiner *Abhandlung über die Gifte* erneuerte er ganz wesentlich das Studium der Tiere; neben einer ausgezeichneten Beschreibung der giftigen Tiere beweist er Wissenschaftlichkeit und Rationalität, indem er so manche antike Fabel vom Tisch wischt und die Unwirksamkeit der absonderlichen und teuren Heilmittel und Gegengifte der überlieferten Heilmittellehre aufzeigt.

Wenn sich im 16. Jahrhundert Ärzte wie der berühmte und geheimnisumwitterte Paracelsus für die Zoologie interessierten, so wollten sie dadurch den Menschen besser kennenlernen, den man weniger gut sezieren konnte. A. Paré (1509–1590), der sogar eine kleine Menagerie besaß, beschrieb bestimmte Parasiten des Menschen (Krätzmilbe). Vesalius von Brüssel (1514–1564) führte minutiöse anatomische Studien durch und begann mit der vergleichenden Anatomie (oder zumindest Osteologie). Michel Herr von Straßburg widmete ein reich illustriertes Werk den Vierfüßlern zu Wasser und zu Lande.

Kochkunst, Gastronomie und Diätetik

Die Ärzte kümmerten sich auch um die Ernährung ihrer Patienten und ihrer Zeitgenossen, und über diesen Umweg erhalten wir indirekte Informationen über die Zoologie. Wir besitzen so zahlreiche Vorschriften aus der Zeit vor Aristoteles, die von den Römern oft kopiert und neu zusammengestellt und über das Mittelalter bis auf die heutige Zeit überliefert wurden. Von Archestratos von Gela (6. Jahrhundert v. Chr.) und von Ennius (239–169) besitzen wir nur Fragmente oder Rezepte; sie haben über Apicius zum Teil Apuleius von Madaura (2. Jahrhundert n. Chr.) beeinflußt. Man erfährt da, daß der mit Kastanien und Eicheln genudelte Siebenschläfer in Honig serviert werden konnte und daß Pfauen, Flamingozungen und Straußenhirne als besondere Leckerbissen galten, allerdings nicht im selben Maße wie bestimmte in Teichen gehaltene Fische, die Moräne zum Beispiel, denen man manchmal Sklaven oder zum Tode Verurteilte zum Fraß vorwarf. Man verspeiste auch Schnecken, die mit Wein aus eingedampftem Most und mit Mehl gemästet wurden, außerdem Schalentiere, darunter die Stachelschnecke. Die Austern, die Sergius Orata angeblich schon im 1. vorchristlichen Jahrhundert züchten wollte, fand man an der Mittelmeerküste vom Lucrino-See bei Neapel bis in die Gegend von Bouzigues, Leucate und Sigean.

Später beschreibt uns Ekkehart von Sankt Gallen (980–1060) den Speisezettel seines Klosters und nennt uns dabei das Wild, das damals die Bodenseegegend und die Schweizer Alpen bevölkerte: Biber, Steinböcke, Murmeltiere, Bären und Bisons gab es noch zuhauf. Wenig danach zählt der spanisch-arabische Arzt Avenzoar (um 1073–1162) in seinen Kapiteln über die Diätetik die Tiere auf, die von den Moslems seiner Zeit verspeist wurden. Die Kochbücher und Handbücher der Gastronomie aus dem 14. und 15. Jahrhundert, vom berühmten *Viandier (Fleischbuch)* Taillevents, des Leibkochs Karls V. von Frankreich, bis zum italienischen Feinschmecker-Fürsten Platina, sie sind für uns alle von großem Nutzen, da sie reich an Details über bestimmte Gewohnheiten des Verzehrs von Tieren und tierischen Erzeugnissen sind.

Länderbeschreibungen

Der reichste Schatz an Informationen über Tiere früherer Zeiten ist indessen in den Reiseberichten zu heben, selbst wenn die Berichterstatter natürlich dem Neuen und Fremdartigen den breitesten Raum geben. Was ihnen alltäglich vorkommt, wird auch gar nicht beschrieben, nicht einmal erwähnt, so daß die Tierbeschreibungen vollkommen subjektiv sind. Dennoch, selbst wenn die Qualität und eine Menge von Einzelheiten kritisch betrachtet werden müssen, so ist die Ausbeute außerordentlich groß.

Man muß auch sagen, daß manche Reisende, vor allem in bestimmten Epochen, sich nicht im geringsten für die Fauna interessierten. Bei den meisten Seefahrern des Atlantiks ist das so: Der große Pytheas im 3. Jahrhundert v. Chr. ebenso wie der im 11. Jahrhundert Amerika entdeckende Wikinger Leif der Glückliche. Beide sind sehr viel empfänglicher für die Elemente (Erde, Meer, Luft, Küstenformationen, Vegetation, Bevölkerung) als für die arktischen Wale oder den Lachs *Vinlands*. Die ersten großen Expeditionen der Antike, wie die Umschiffung Afrikas durch die Phönizier im Dienste Nechos II. (7. Jahrhundert v. Chr.), die Seefahrt des Karthagers Himilkon in Richtung Saragasso-Meer (um 500 v. Chr.) und vor allem die vor 480 v. Chr. von Hanno unternommene Expedition bis nach Kamerun (?), über alle diese Unternehmungen weiß man leider zu wenig oder sie sind umstritten, wie gerade die Schrift Hannos, die in einer griechischen Übersetzung aus dem 4. Jahrhundert bekannt ist. Nach ihr soll er Elefanten in den Sümpfen von Oued Tensift gesehen haben (was eine sehr wertvolle Bestätigung für das Vorhandensein dieser Dickhäuter südlich von Marokko vor 2500 Jahren darstellt), aber auch Krokodile und Flußpferde in der Mündung eines Sahara-Flusses (was nicht sehr erstaunt, denn die Sahara-Wüste hatte damals längst nicht ihre heutige Ausdehnung), ja selbst »Gorillas« (oder *gorgones)* in der Nähe des Vulkans, dessen Eruption ihn in Angst und Schrecken versetzt. Man weiß nicht, ob es sich um Schimpansen aus dem Lande Oulouf handelt *(gohrl* bezeichnet in ihrer Sprache den Affen) oder um wirkliche Gorillas, die etwas weiter westlich in das vom gewaltigen Kamerun-Berg beherrschte Land gekommen wären. Jedenfalls wurden die Bälge von drei nach einem Kampf getöteten Weibchen nach Karthago zurückgebracht, aus Gründen, die unklar sind und die anzusiedeln sind zwischen dem Brauch, dem besiegten Feind die Haut abzuziehen (diese Affen wurden Menschen gleichgesetzt), der Trophäe, die die Reise und das Entdeckte beweisen sollte, und dem Wunsch, sie den Ahnengöttern zu opfern; ob zoologische Motive dabei waren, ist höchst zweifelhaft.

Die Atlantik-Seefahrer des Mittelalters waren kaum auskunftsfreudiger, mit Ausnahme derer, die auch Forscher oder Kolonisatoren waren. Im 9. Jahrhundert macht Ottar einige Angaben über die Tiere Nordskandinaviens, während die Sagas über einige mehr oder weniger der Phantasie entsprungene Wassertiere sprechen. Erst der Venezianer Alvise Cà da Mosto schreibt einen Bericht im modernen Sinne über die Länder, die er 1455–56 entdeckte oder besuchte. Seine Beschreibungen von Wild- und Haustieren in Gegenden des tiefsten Afrika sind wahre Muster an Sachlichkeit, zum Beispiel jenes von den »gepflückten« Tauben auf den Kapverdischen Inseln, die so wenig auf den Menschen eingestellt sind, daß sie sich mit bloßer Hand einfangen lassen. Von den zahlreichen Europäern, die nach Cà da Mosto auf Fahrten entlang der westafrikanischen Küste die Landschaft und die Meeresfauna beschrieben haben, sei noch Valentin Fernandes genannt. Dieser aus Mähren gebürtige Portugiese beobachtete von Ceuta bis Senegal und zum Cap de Monte Fische, Langusten, Meeresschildkröten, alle möglichen Vögel, u.a. den Pelikan, den weißen Raben und den Phaeton (um Arguin und vor Guinea), auch ein Krokodil in Sao Thomé, wo es heute keine mehr gibt. Er beschreibt ebenso detailliert die Echsen und Wüsten-Hyänenhunde der Küstenregionen und ihres Hinterlandes; die Elefanten, Büffel, Antilopen und Schafe des Ouolof-Gebiets; die Antilopen, Zibetkatzen, Gazellen und Warzenschweine des Mandingoreiches; und er sieht riesige Fledermäuse (Flughunde) und einen Vogel mit Kropf, der vielleicht der große Nashornvogel *(Bucorax abyssinicus)* ist.

Ab dem ausgehenden 15. Jahrhundert beginnen die sehr ausführlichen Reiseberichte aus Amerika zahlreich zu werden. Viele Autoren bringen leider keinerlei Bereicherung für die Zoologie, auch Christoph Kolumbus nicht, auch wenn er auf Kuba »Scharen von Papageien, die den Himmel verfinstern«, betrachtet und bemerkt, daß auf Haiti »eine Schmerle ins Boot sprang, die den Schmerlen Spaniens ganz ähnlich war«. Doch mit der Zeit strömen die Angaben, die von Gesner und Aldrovandi systematisiert und in ihre großen, ständig auf dem neuesten Stand gehaltenen Synthesen eingeordnet werden, immer reicher. Den ersten Beitrag von großem Wert verdanken wir dem Gouverneur von Santo Domingo, Oviedo, der 1535 vier Bücher seiner *Historia general y natural de las Indias* den Säugetieren, den Wassertieren, den Vögeln und den Insekten widmet. Dasselbe Niveau hat die *Historia natural y moral de las Indias* des spanischen Jesuiten José de Acosta, die 1589–90 erschien, also zwei Jahre nach den Beschreibungen des Portugiesen Gabriel Soares de Sousa. Die berühmte *Cosmographie universelle* (1575) des französischen Franziskaners André Thevet enthält eine Reihe von Beobachtungen, die er schon in seinen *Singularitez de la France antarctique*, einem 1558 erschienenen, mit Zeichnungen, Tafeln und Plänen versehenen Werk, veröffentlicht hatte. Er beschreibt darin nicht nur die Meere, die Kanarischen und die Kapverdischen Inseln, sowie die Inseln des Rio de la Plata, sondern auch die Fauna Südamerikas. Bei den Engländern vollendete Harriot 1588 einen *Kurzen und wahrhaften Bericht über das in Virginia entdeckte neue Land* und brachte von seiner Reise mit W. Raleigh diverse unbekannte Tiere nach London mit, darunter das Opossum, das Stinktier, den Waschbär und den Kardinal. Schließlich beweist der deutsche Arzt Marcgrav (geb. 1610), dem die Holländisch-Ostindische Kompanie das Studium der Fauna Brasiliens ermöglichte, vorrangig zoologisches Interesse, wie es zur Spezialität eines neuen Typs von Forschungsreisenden wird, wobei allerdings die Mehrzahl der Reisenden dieses Interesse nicht ausschließlich, sondern in einer Flut von Merkwürdigkeiten zum Ausdruck bringt. So auch Gemelli Careri, der auf seiner Reise um die Welt von 1693 bis 1698 bei einer Jagd in Mexiko immerhin über den Kardinal bemerkt: »Er singt recht schön. Er ist so groß wie eine Waldlerche, hat einen roten Schnabel und rotes Gefieder und auf dem Kopf eine sehr schöne Haube. Man fängt ihn in gemäßigt warmen Gebieten Neuspaniens und Floridas.« Alexander von Humboldt (1769–1859) sei hier lediglich erwähnt mit seinen Beschreibungen der Schlangen, des großen Ameisenbärs, des »Selvajes«, der kleine Krokodile angreifenden »Geier«, der Vampire, der »Piranhas«, des Jaguars, des Wasserschweins, des Zitteraals ...

Natürlich besitzen wir von Reisenden, die den Landweg und nur gelegentlich Seewege benutzten, weit mehr für die Geschichte der Tiere relevante Berichte. Es war nur natürlich, daß sich im Abendland, dieser westlichsten, in den lange unüberwindbaren Atlantik hineinragenden Spitze des eurasischen Kontinents, die Vorstöße zunächst um das Mittelmeer herum und, weiter südlich, mindestens bis zur Sahara bewegten, zum Teil auch nach Osten, vielleicht bis nach Indien oder China. In der griechisch-römischen Antike sind in dieser Beziehung zu nennen: die Griechen Herodot, Ktesias und Arrian, aber auch zahlreiche andere wie Hekataios von Milet, Megasthenes, Apollonios von Tyana, sogar Xenophon, Strabo und Pausanias. Lateinische Autoren haben kaum mehr als Fragmente griechischer Berichte aufzuweisen, die mehr oder weniger fabulieren oder aber in historische Arbeiten von Titus Livius, Quintus Curcus, Justinus, Solinus und Orosius eingegliedert sind.

Ein besonderer Rang gebührt Herodot, geboren um 484 und gestorben um 425 v. Chr., vermutlich in Thouroi. Er reiste viel in Ägypten, in den Kyrenaika, in Lydien, auf Kolchis, am Schwarzen Meer, in Mazedonien und anderswo. Seine Schilderungen Ägyptens, jenes Landes, das die Tiere besonders verehrte, manchmal sogar »heiligte«, sind für uns insofern am ergiebigsten, als wir sie mit außerordentlichen archäologischen Funden und einem reichen Schrifttum vergleichen können. Herodot berichtet von der großen Zahl der Schlangen in einem Gebiet, das bereits dicht bevölkert war, was zum Teil die Züchtung der die Häuser verteidigenden Katze erklärt, außerdem über den Kult der Mangusten und vor allem der Ibisse, die nicht nur die Schlangen einzeln jagten, sondern auch in großen Schwärmen deren Wanderungen aus Arabien abpaßten und sich an den

Ausgängen der Gebirge auf sie stürzten. Herodot erwähnt die heiligen Hunde, die Wolfsschakale, die Bären, die Nilkrokodile und die kolibriartigen Vögel, die ihnen die Zahnpflege besorgten. Auch jene Schafe mit dem so riesigen Schwanz, daß sie ihn in einem Wägelchen hinterherziehen mußten, das die Menschen speziell dafür gebaut hatten; die Kamele, die demnach schon vom Osten her vorgedrungen waren, die Nil-Fischotter, die noch perfekt zu erkennen sind auf Wandmalereien, heute aber ausgestorben sind, und die Nilpferde, die vielleicht einer größeren, höheren, direkt an das Pferd erinnernden, mit einer Mähne geschmückten Rasse (deshalb Hippopotamos) entstammten. Er zählt auch die Tiere Libyens auf: Kleinwüchsige Elefanten sind darunter, Löwen, deren letzte Arten der Atlaslöwe und der Mamoralöwe waren, die Oryxantilope, die Wüstenspringmaus, zweifüßige Mäuse u.a.m. In der Monographie über die Mücken werden wir auf seine Beobachtungen über diese lästigen und gefürchteten Tiere zurückkommen, deren Stiche dazu führten, daß reihenweise Ortschaften von Thessalien bis nach Ägypten verlassen wurden, und die periodisch (ohne Malaria) zu einer jener Plagen wurden, die Moses über das Land Pharaos gebracht hatte. Oft gibt Herodot Gerüchte wieder (vor allem über die Katze), deren weit zurückliegenden Ursprung man noch genauso wenig eruieren konnte wie ihre anscheinend eher folkloristische oder soziologische als zoologische Bedeutung. So manche Fabel, die wieder und wieder abgeschrieben und verfälscht wurde, geht auf diesen redlichen Erzähler zurück, der oft einfach berichtet, ohne Stellung zu beziehen. Den Phönix, von dem er uns erzählt, hat er nicht gesehen, er sagt es aber auch. Er glaubt, ohne es aus erforderlicher Nähe festgestellt zu haben, daß das Krokodil keine Zunge hat und daß es nur den Oberkiefer bewegen kann. Dieselbe Vorsicht läßt ihn bloß vermuten, die Löwin habe immer nur ein Junges, da dieses ihr bei der Geburt den Uterus zerreiße und sie dadurch unfruchtbar mache. Trotz dieser Irrtümer ist die Ausbeute für den Zoologen außerordentlich reich, und nichts darf ohne sehr ernsthafte Prüfung und fundierte Kritik beiseite gelassen werden.

Ein anderer, hoch einzuschätzender Beobachter war Ktesias (5. Jahrhundert v. Chr.). Er lebte lange Zeit am Hof des persischen Königs Artaxerxes, dessen Leibarzt er war. Er hat uns eine Beschreibung der Erde und zwei Bücher über Persien und Indien hinterlassen. Das abendländische Mittelalter wird von ihm jene eselsgroßen Hunde (Tibetdoggen) übernehmen, von denen auch Xenophon und Marco Polo berichten, und die Menschen mit Hundeköpfen (wahrscheinlich mit einem ganzen Wolfsfell bekleidet, den Kopf als Helm). Außerdem die Kraniche und die »Schattenfüßler«, die im Schatten ihrer sonnenschirmartigen Füße schlafen und die man an romanischen Skulpturen und in mittelalterlichen Legenden wiederfindet. Dann jene riesigen Würmer, von denen einige abends dem Schlamm entsteigen, um Kamele und Rinder zu zerfleischen; oder den schrecklichen *Martichoras*, der nach Menschenfleisch giert, schnellfüßig, mit Menschenkopf, Löwenleib und Skorpionschwanz, mit blauen Augen und zinnoberrotem Fell. Ebenso eingehend untersucht Ktesias jenes rote und weiche Tierchen, das, wenn man es zerdrückt, das prächtige Scharlach abgibt, mit dem die Inder ihre Kleider färbten und bei dem es sich ganz sicher um nichts anderes als die Lackschildlaus *(Tachardia lacca)* handelt. So leichtgläubig er auch war in seiner Phantasie und seiner unkritischen Haltung, so interessiert Ktesias gleichwohl die historische Zoologie, sowohl durch seine realistischen Details als auch durch seine ausgefallenen Geschichten. Ihm wesentlich überlegen ist Arrian, der nach der Rückkehr von Alexanders Soldaten auf dem Meerweg und auf dem Landweg (mit Nearch) sehr exakt bestimmte Säugetiere analysierte, unter anderen auch die Wale des Indischen Ozeans und den indischen Elefanten.

Von den Autoren mit ausgeprägten geographischen Interessen können wir Strabo und Pausanias übergehen, da sie der Fauna sehr wenig Beachtung schenken, mit Ausnahme des spanischen Hasen und des Elefanten. Doch erwähnen wir noch Xenophon, der in seiner *Anabasis* bei Gelegenheit über die Umwelt und die Fauna informiert, zum Beispiel über jene Bienen Kappadoziens, die giftigen Honig produzieren.

Das christliche Mittelalter hat uns den Bericht eines großen Reisenden hinterlassen, des in Alexandrien im 6. Jahrhundert geborenen Kosmas Indikopleustes. Seine *Christliche Ortskunde* reicht vom Mittelmeer über den Indischen Ozean bis nach Ceylon und informiert uns knapp, ohne fabulöse oder überflüssige Details, über Tiere, die seinen Zeitgenossen wenig geläufig waren, wie die Giraffe, das Nashorn, den Delphin und sogar den Yak. Aus dem westlichen Abendland hat sich vor dem 13. Jahrhundert niemand in den Fernen Osten vorgewagt. Jean de Plan Carpin, Wilhelm von Ruysbroeck und Oderich von Pordenone werfen ein erstes flüchtiges Licht auf die Tierwelt des Mongolenreiches. Marco Polo (1254–1325) hingegen hat die Tiere gut geschildert, denen er in den vierundzwanzig Jahren seines Reisens in und um China begegnet ist. Er widerlegt die Legende vom Einhorn, spricht aber vom riesigen Vogel Rock (vielleicht der *Æpyornis)*. Im darauffolgenden Jahrhundert beschreiben seine Landsleute Barbaro und Contarini Rußland und Persien, während Niccolo Conti aus Chiogga Indonesien mit seiner Fauna dem Abendland bekanntmacht. Zur selben Zeit, im Jahre 1472, reist der Russe Athanasios Nikitin von Twer (Kalinin) über das Kaspische Meer, Persien und den Indischen Ozean bis nach Indien.

Da ihnen ihre Religion, wohin sie auch gingen, zur Aufnahme in eine religiöse Gemeinschaft verhalf, konnten die Juden des Mittelalters ebenfalls sowohl das christliche Abendland als auch das riesige Reich des Islam bereisen. Einer der berühmtesten von ihnen ist der Rabbiner Benjamin von Tudela (1100–1170), der von Navarra aus über Italien, Byzanz, Persien und Indien bis an die Grenze Chinas gelangte.

Die arabischen Reisenden berichten uns insbesondere aus Afrika und dem Indischen Ozean Unersetzliches, enttäuschen aber oft durch ihre Wortkargheit. Die Fauna interessiert sie kaum. Eine Ausnahme ist Ibn Battuta (1304–1377); er beschreibt im Laufe seiner Weltreise von Tanger nach Malaysia und China detailliert den weißen Elefanten Ceylons und die sudanesischen Heuschrecken, die von den Eingeborenen als Leckerbissen geschätzt wurden. Die besten zoologischen Informationen liefert jedoch der aus Granada stammende, in Nordafrika aufgewachsene, vom Papst nach seiner Gefangennahme durch Korsaren getaufte Leo Africanus, in seiner im frühen 16. Jahrhundert verfaßten *Beschreibung Afrikas*. Er beschreibt insbesondere die Oryxantilope, die Mendesantilope, die Rundschwanz-Seekuh und ein wegen seines Fleisches gejagtes Wildpferd, das seither ausgestorben zu sein scheint. In den darauffolgenden Jahrhunderten erlahmt das Interesse für Afrika. Die Europäer kennen vor allem die Westküste, im Zusammenhang mit der Neuen Welt und dem Handel, verschmähen jedoch die Ostküste, die sie im Vorbeigehen auf der Indienoute allenfalls registrieren und oberflächlich erforschen.

Die erste »Entdeckung« im Osten galt dem eben vom Tartarenjoch befreiten Rußland, das Baron Siegmund von Herberstein (geboren 1486) dem Abendland bekanntmachte, besser als es je zuvor seine venezianischen Vorläufer getan hatten. Er ist ein aufmerksamer Reisender, ein guter Geograph und leidenschaftlicher Jäger, der die angetroffene Fauna, ob wild oder domestiziert, sehr genau beobachtet. Die letzten Auerochsen waren nach seiner Beschreibung ganz schwarz und hatten auf dem Rücken einen hellen Aalstrich. Sie waren nach seinem Zeugnis nicht sehr zahlreich, und bestimmte Dörfer hatten die Aufgabe, sie zu pflegen und zu schützen; sie überlebten also nur in einer Art Reservat. Zwischen Dnjepr, Don und Wolga sieht er auch Elche, Pelztiere, Saiga-Antilopen (die im 20. Jahrhundert beinahe ausgestorben wären) und läßt uns eine Bisonjagd in Litauen, eine Walroßjagd bei den Samojeden und eine Hasenjagd im Gefolge des Großprinzen von Moskau miterleben.

Über Land und über Meer erreichte der Portugiese Fernão Mendes Pinto (um 1510–1583) China und Japan. Neben anderen Tieren schildert er gezähmte Enten, die auf Trommelschläge hin fressen und Eier legen, Fische, »ähnlich wie große Eidechsen, ganz schwarz-grün gefleckt, auf dem Rücken drei Reihen von sehr spitzen, pfeilgroßen Stacheln, die auch den übrigen Körper bedecken, dort aber nicht so lang und so dick sind. Diese Fische stellen bisweilen wie Stachelschweine ihre Stacheln auf, was ihnen ein sehr erschreckendes Aussehen gibt. Zudem haben sie eine sehr spitze und schwarze Schnauze mit Zähnen von zwei Spannen Länge, die den Hauern der Eber gleichen und aus dem Mund herausragen.« Sehr viel später stellt der Japan bereisende schwedische Botaniker Thunberg (geb. 1743) »zoologische Beobachtungen« von erstaunlicher Knappheit an, die jedoch um so interessanter sind, als sich zu seiner Zeit die japanische Fauna noch kaum durch die ankommenden Chinesen und Holländer verändert hat. Er bemerkt, daß »die Katzen den Frauen zur Kurzweil dienen; sie halten welche des Vergnügens und des Ansehens wegen ... in allen Häusern findet man Katzen; sie sind sehr unterschiedlich in den Farben ... Sie haben weder Schaf noch Ziege. Und an Geflügel halten sie nur Hühner und Enten, und bloß der Eier wegen, die zu ihren Lieblingsspeisen gehören. Den Wolf gibt es nur ganz im Norden ... Mit Leichtigkeit konnte ich Insekten fangen ... Einige von ihnen sind noch vollkommen unbekannt.«

Wortreicher und die Vorstellungskraft anregender ist der junge Holländer Jakob Bontius (1599–1631). Er schildert unter anderem das javanische Nashorn, das Stachelschwein, eine Art Drachen und die Dronte der Maskarenen (im 17. Jahrhundert ausgestorben). Auch der Franzose J.-B. Tavernier (1605–1689) ist nach Indonesien und Indien gereist; bekannt wurde er vor allem durch seinen Persien-Reisebericht, der voll von Hinweisen auf die Tierwelt ist. Er schreibt darin über Vögel, die den Armeniern zu Hilfe kommen, indem sie die ihre Weizenfelder vernichtenden Heuschrecken fressen. Außerdem über die Pferderassen, über die Tauben, deren Mist zum Keimen der Melonen verwendet wird, über Früchte fressende Krebse, über Falken und Sperber, die für die Jagd auf Großwild, einschließlich Eber, Wildesel und Gazelle abgerichtet werden. Schließen wir die Aufzählung mit Chardin (1643–1713), der sich in seinen *Voyages en Perse et autres lieux de l'Orient* als noch besserer Zoologe erweist und sich nicht nur mit Haustieren wie Pferd, Kamel und Schaf beschäftigt, sondern auch mit Insekten und Gliederfüßlern (Wanderheuschrecke, Bandassel und Pappatacimücke), mit Vögeln (Pelikan), mit dem Wild und der Art und Weise, wie es gejagt wird, mit den aus Tieren gewonnenen Drogen und ihrer Verwendung in der Heilkunde.

Dieser sehr kurze Überblick soll lediglich zeigen, wie verschieden und vielfältig die schriftlichen Quellen sind, anhand derer wir die Tiere studieren können, wie sie während der vergangenen Jahrtausende gewesen sind. Diese Gruppe von Texten gründet im Prinzip auf eine realistische, bisweilen mit Zahlenangaben untermauerten Darstellung. Doch so interessant sie manchmal für uns sind, sie müssen ständig auf ihre Vertrauenswürdigkeit hin überprüft werden: Wie viele erstaunliche Details sind falsch oder wurden falsch verstanden oder schlecht umgeschrieben von Studierzimmer-Zoologen, die immer nur durch die Brille des Aristoteles geblickt oder ihre Beobachtungen im Lichte ihrer Lektüre umgedeutet haben. Doch noch gefährlicher ist es, wenn sie getreulich festhalten, was sie gesehen haben, denn für uns muß dies heißen, was sie zu sehen glaubten durch den verzerrenden Filter ihrer geistigen Strukturen und mehr oder weniger im Dunkeln bleibender apriorischer Annahmen.

Im übrigen müssen diese Dokumente neben die verschiedenen nutzbaren Quellen gestellt werden, die sie bestätigen und stützen und schon die Vielzahl der Interpretationsmethoden verfeinern, ohne die keine eingehende Untersuchung der inneren Strukturen und des Verhaltens, auch praktisch keine experimentellen Daten möglich wären. Die anderen schriftlichen oder bildlichen Quellentypen sind in der Tat kaum von denen zu trennen, zu deren Bestandteil sie später wurden oder deren Grundlage sie waren. Durch diese Gegenüberstellung kann man die »ethnozoologischen« Konnotationen enthüllen, durch die die Beschreibung oder Abbildung der »Wirklichkeit« in das Reich der Phantasie oder der Fabel abgeglitten ist; sie bereicherten zwar diese Literatur oder Ikonographie, verzerrten sie aber in einer Weise, die sich schlecht verträgt mit unseren heutigen wissenschaftlichen Maßstäben.

4. Das bunte Bild der Erzählungen und was sie mitteilen

Die Archivdokumente liefern uns nackte Angaben quantitativer oder qualitativer Natur. Sie wollen im allgemeinen belehren, den Leser darüber unterrichten, was gesehen und festgestellt oder von als vertrauenswürdig erachteten Vorläufern überliefert wurde. Der Mehrzahl der literarischen Werke und auch der Bilder liegen ganz andere Motive zugrunde. Es versteht sich von selbst, daß sie geprägt sind vom Denken ihrer Verfasser und, mittelbar, auch von der Zeit und der Umgebung, in der diese gelebt haben. Bei den (faunistischen) Elementen, mögen sie nun beiläufig in einen Satz oder in eine Darstellung eingeflochten sein, einen Kapitelanfang zieren oder im Mittelpunkt eines Werks stehen, muß also unterschieden werden zwischen dem, was dem täglichen Leben und dem Lokalkolorit entlehnt ist und eine Erzählung auszuschmücken pflegt, und dem, was als Detail, als bildliche Form oder Tiername eingeht in ein – bewußtes oder unbewußtes, oberflächliches oder tiefes, grobes oder ausgefeiltes – System von Kenntnissen und Techniken, in ein Denken, das diese Elemente einverleibt oder so umformt, daß sie nur noch mittelbar einen Bezug zur Zoologie haben.

Die Kenntnis der Tiere

Die »zoologische« Lektüre solcher Texte berücksichtigt also verschiedene Ebenen, wobei die offensichtlichsten und klarsten weder die wichtigsten noch die ergiebigsten sind. Lassen wir uns also nicht narren von frappierenden, scheinbar realistischen Beschreibungen, die von Erzählern in ihre Bücher eingestreut werden, da sie eingestandenermaßen dem Werk selbst und der Erzählhandlung dienen sollen. Wir wollen uns aber auch nicht versagen, diese Quellen einstweilen in einer klar zoologischen Perspektive zu benützen, so, wie man spontane Bezüge auf die biologische Umwelt auswerten könnte.

So spricht Balzac von einer Jagd auf den Fischotter, Vigny vom »Tod des Wolfs«, Flaubert von den Tiermärkten in der heimatlichen Normandie, Daudet vom Zirpen der Zikaden in der Provence, von den kleinen Hasen im Mondlicht und von der großen Eule in seiner Mühle bei Fontvieille. In ähnlicher Weise kann man systematisch ein Verzeichnis der Tiere in der Bibel anlegen: Die Hebräer sahen den Löwen und das Reh, litten unter Wühlmausplagen, Heuschrecken- und Mückenschwärmen, unterstanden dem Schweine- und Hundefleischverbot. Hinter all dem zeichnet sich eine erste Methode ab, mit der wir feststellen können, wie die Hebräer die Tiere kannten, wie sie sie sahen und einordneten. Freilich muß noch erklärt werden, warum und in welchem Zusammenhang die Hebräer so viel mehr vom Löwen und von der Heuschrecke reden als vom Esel und vom Ochsen – eine Fragestellung, die schon einer anderen Ebene der Lektüre angehört. Dasselbe Verfahren muß auf das Studium etwa der romantischen Dichter oder der Homerischen Epen angewandt werden. Die scheinbar realistischen Details dürfen nur in einer ersten Phase die Hauptsache sein: Wenn von »durchlöcherten« Schwämmen die Rede ist, läßt sich daraus schließen, daß sich die Menschen mit ihnen wuschen und abtrockneten; wenn Paris und Menelaos im Leopardenfell einhergehen, kann man annehmen, daß es diese Großkatze – ebenso wie den Löwen – in Kleinasien noch gab. Manchmal sind es schon mythische Evokationen, doch die lebendigen und detailgetreuen Feststellungen über das Verhalten vieler Tiere sind überzeugende Beweise für die Korrektheit der Beobachtung: Die Fledermaus hängt »die Traube ihres Körpers« an den Felsen; die Möwe fängt den Fisch, »im Gischt ihr schweres Federkleid benetzend«; die mit frischem Blut gefütterten Kriegsdoggen flößen ihren eigenen Herren Angst ein; die Pferde sind feurig, die Ochsen arbeitswillig.

Dasselbe läßt sich von allen großen Werken der Weltliteratur sagen.

Nehmen wir als Beispiel Wolfram von Eschenbach, in dessen *Parzival* mindestens achtzig Tiere vorkommen, Haustiere wie Wildtiere. F. Ohly, der Wolframs Pferdebeschreibungen unter die Lupe nahm, konnte Bemerkenswertes ermitteln über die Reitkunst, über die Unterschiede zwischen den Pferdetypen (Gang, Fell, Verwendungszwecke, Dressur, Sitz des Reiters) und über das Verhältnis zwischen dem Reittier und dem gesellschaftlichen Stand des Reiters. So muß die gefallene Gräfin auf einen häßlichen, unbeschlagenen Klepper aufsitzen; als sie vom Verdacht reingewaschen wird, erhält sie ein herrliches Streitroß mit Namen und Biographie zurück. Aus Sacchettis Novellen erfahren wir, daß sich die Menschen in der Toskana im 14. Jahrhundert ein Wachsbildnis von ihren Katzenlieblingen machen ließen und daß sie sich, wenn sie sich zum Aufwärmen über die Feuerstelle beugten, in acht nehmen mußten, daß ihnen das Tierchen nicht die Genitalien zerkratzte, weil es sie für eine Maus hielt. So erhalten wir, ganz unabhängig von der Intention des Autors und am Rande der Erzählung, den wertvollen Beweis dafür, daß in dieser Gegend und zu dieser Zeit Katzen und Mäuse ganz und gar zum Alltag gehörten.

Man kann auch, wie M. Bioglioni es getan hat, die Heiligengeschichten des Mittelalters durchforsten; sie enthalten mehr Hinweise auf die Tierwelt als andere zeitgenössische Quellen. Emmeran von Regensburg zum Beipiel beschäftigt sich recht wenig mit Wundern und Märtyrern, er gibt dagegen eine ausgezeichnete Beschreibung Bayerns, insbesondere von dessen Fauna mit Elchen, Bisons, Rehen, Hirschen, Raubkatzen, Fischen, Bienen usw. Oder es wird von einem Ungeheuer *(musculus)* berichtet, das bei Jumièges an der französischen Kanalküste gestrandet war und 30 Maß für Ernährung und Beleuchtung hochwillkommenes Fett abgab; daß 237 von der Vorsehung gesandte und gesalzene kleine Tümmler ein Jahr lang Nahrung für Mönche und Arme abgaben. Andernorts müssen Fischwilderer eine Strafpredigt über sich ergehen lassen, als sie an einer Insel anlegen, wo Mönche ein Robbenreservat angelegt haben. Weit verbreitet sind die Geschichten, in denen ein Heiliger interveniert. Der eine verteidigt das Vieh, der andere bittet einen Bären, er solle den Hirsch nicht reißen, weil man dessen Leder für die Schuhe brauche. Der Heilige Didier von Cahors weigert sich, Hunde aufzunehmen, weil er sein Haus sauberhalten will. Die Unmenge der Einzelheiten versetzt uns mitten ins Alltagsleben der Menschen und der Tiere.

Diese Lebensunmittelbarkeit darf aber die Wachsamkeit des Forschers nicht erlahmen lassen, wenn er von Eseln liest, die nach ihrer Segnung Wölfe angreifen und töten. Der Heilige hat überlieferungsgemäß Macht über die Tiere. Nach Beda Venerabilis gehorchten sie alle dem Heiligen Kunibert. Ein anderer gebietet den Heuschrecken, wie der Heilige Augustinus im Wunder von Toledo, oder über die Schlangen, denen der Heilige von Città di Castello die Gedärme platzen läßt. Der Heilige Germain von Auxerre belohnt die Bauern, indem er ihren Hahn krähen läßt, auf daß er die bösen Geister der Nacht verscheuche. Der tote Heilige Kolumban wird von einem Pferd beweint, das ebenso weiß ist wie die Schimmel, die bei Homer Tränen über den toten Achill vergossen. Manchmal treten Tiere auch in die Dienste der Heiligen: Ein Hahn kräht zum Gottesdienst, eine Ratte weckt ihren Herrn auf, indem sie ihm leicht in die Zehen oder ins Ohr beißt, eine Mücke setzt sich auf die Zeile, bei der die heilige Lesung unterbrochen wurde, ein Eichhörnchen hüpft vom Baum in die Kapuze des Heiligen und liebkost ihn. Eine besondere Zuneigung der Heiligen zu Tieren scheint es bis zu Franz von Assisi nicht gegeben zu haben, es galt einfach der allgemeine Grundsatz der Achtung vor aller Kreatur und deren in Gottes Hand liegendem Leben. Gleichwohl hat alles von Gott Gewollte eine Bedeutung. So sind bestimmte Tiere offenkundige Symbole Gottes, wie der Hirsch des Heiligen Julian mit dem Kreuz zwischen dem Geweih, oder die weißen Vögel, Schwäne und Tauben. Im Gegensatz dazu leihen andere Tiere ihre Gestalt dem Teufel. Andere Tiere wiederum sind selbst Heilige, so der Heilige Christophorus Kynokephalos von Kappadozien, der, wie sein Name schon sagt, einen Hundekopf hat. Und eine neuere Studie von J.-C. Schmitt weist auf Guinefort, den heiligen Windhund, hin, der durch seinen Herrn einen ungerechten Tod erlitt, obwohl er das ihm anvertraute Kind dadurch gerettet hatte, daß er eine Schlange totbiß.

Das Tier kann also, je nach Art des Textes, exakt beschrieben sein oder lediglich der Beschreibung von Menschen oder von menschlichen Eigenschaften oder Verhaltensweisen dienen. Die Absicht ist zuweilen so deutlich, daß sie alles bestimmt und teilweise oder ganz die realistische Darstellung des Tiers zur Nebensache geraten läßt. Die Tendenz dazu läßt sich schon in den Sprichwörtern mit Nennung von Tieren feststellen, die in gewaltiger Zahl (leider schlecht datierbar) überliefert sind, vor allem durch Gesner. Man kann in ihnen bereits die negativen oder positiven Charakterzüge feststellen, die die einzelnen Zivilisationen diesem oder jenem Tier zuschrieben: Die Katze ist böse (doch schlau), der Hund ist treu (aber dumm) usw. W. Harms hat die gesamten aus dem späten Mittelalter stammenden *Sentenzen* von Freidank untersucht. Ihre oft gesunden Menschenverstand verratenden Lehren nehmen die Tiere, ihre Stellung oder ihren »Charakter« als Beispiel: »Der Rabe badet gern und wird doch nie weiß«; »beim Maulesel weiß man, wer der Onkel ist, den Vater kennt man nicht«. Die Deutung ist nicht immer so direkt möglich. So wird der Panther zwar seine

Flecken nie los, doch er erinnert unmittelbar an den von seinen Fehlern befleckten Sünder. Der Wolf kann nicht im Schafspelz daherkommen, weil er kein reines Herz hat und der Dämon sein Herr ist. Und wie soll man verstehen, daß der Pfau gekleidet ist wie ein Engel, aber eine Teufelsstimme hat und umherschleicht wie ein Dieb?

Die Interpretation wird sehr viel kohärenter und reicher, wenn man die Fabeln untersucht, die mehr Raum für nuanciertere und ausführlichere Lehren bieten. Berühmtestes Beispiel sind die sechzig bis achtzig Äsop oder Phädrus zugeschriebenen Geschichten, die das Mittelalter angeregt und La Fontaine inspiriert haben, um dann kulturelles Allgemeingut zu werden. Schon in den Manuskripten des 10. und 11. Jahrhunderts zeigen sie gemäßigte und verfeinerte Stereotypen: Der Löwe als König der Tiere ist zwar oft edel, doch bisweilen auch geizig und mitnichten großzügig; der grausame, freßgierige Wolf setzt brutal seine Kräfte ein, doch beweist er eine große Freiheitsliebe.

M. Bertini weist darauf hin, daß Boethius in seinem berühmten *Trost der Philosophie* die Menschen, die sich vom Guten entfernt haben, mit Tieren vergleicht. Der Sklave der Leidenschaften ist wie das Schwein; der Oberflächliche, Sprunghafte wie der Vogel; der Ängstliche und Mutlose wie der Hirsch. Boethius, Isidor und die von Ordericus Vitalis zusammengefaßten Schelmenstücke geben zusätzliche Interpretationshilfen für die reiche Tradition der Antike, zum Beispiel für die Fabel vom Rebhuhn, das auf Geheiß des Fuchses die Augen zumacht und sich fangen läßt: Es bittet den Fuchs, seinen Namen zu nennen, bevor er es fresse, worauf dieser das Maul öffnet und das Rebhuhn davonfliegt. »Ach, warum habe ich geredet?«, jammert der Fuchs im Epilog. »Und warum habe ich die Augen zugemacht?«, seufzt das Rebhuhn. Man soll also weder sprechen noch die Augen zumachen. Bekanntlich ist der Fuchs zu einem Stück Käse gekommen, indem er der Eitelkeit des Raben geschmeichelt hat. Die Geschichte vom Rebhuhn ist ein schönes Gegenstück dazu, doch man fragt sich, was es bedeutet. Ist es wirklich die reine Unschuld, als welche Isidor es hinstellt, oder ist es ein Oberteufel, der von Jeremias über Ambrosius zu Ordericus gelangt ist?

Die einem Tier verliehene Bedeutung kann sich mit der Zeit wandeln, ohne daß es alle Attribute gleichzeitig verliert. M. Bertini gibt als Beispiel verschiedene Fassungen von ein und derselben Fabel vom Esel und vom Eber, deren Sinn sich innerhalb einiger Jahrhunderte im Mittelalter völlig umkehrt: Erst versperrt der Esel, ein dummer Rüpel (der sich nicht scheut, seinen Phallus mit dem Rüssel des Ebers zu vergleichen), dem Eber den Weg durch einen Engpaß, ohne sich der Gefährlichkeit seines Tuns bewußt zu werden; der Eber, edel und praktisch der König des Waldes, beherrscht großmütig seine Wut, um sich nicht mit »verächtlichem Blut« zu besudeln. Einige hundert Jahre später greift Kardinal Bevilacqua dasselbe Thema wieder auf, doch diesmal ist der Esel demütig und höflich, während der Eber ihn dumm provoziert und in einen engen Weg hineindrängt, wo ihm die Fehleinschätzung des verachteten Tieres eine gehörige Tracht Prügel einbringt. Man sieht hier, wie sehr die Darstellung der Tiere abweichen kann, nicht nur innerhalb einer Epoche, von einer Fabel zur anderen, wobei sich die traditionellen Eigenschaften und Attribute nicht alle gleichzeitig wandeln, sondern auch bei ein und derselben Fabel im Wechsel der Zeiten.

Die Fabeln können übrigens recht umfangreich werden, wie der *Goldesel* des Apuleius (125–170). Noch vor den *Fabliaux* und dem *Roman de Renard* erzählt uns die aus der karolingischen Zeit stammende *Ecbasis* die Abenteuer eines jungen und unerfahrenen Kalbes, das den Fehler begeht, seinen Gebietern nicht zu gehorchen, nachdem es die Mutter (die Kirche) verloren hat, und das einen intelligenten und guten Fischotter, einen erbarmungslos sarkastischen Fuchs, einen Panther und einen grausamen Wolf aufsucht, in dessen Gefängnis es schließlich gerät. Und Mitte des 11. Jahrhunderts stellt *Ruodlieb* zwei Gruppen von Vögeln gegeneinander: die einen wohlgenährt, gelehrig, fröhlich singend und vollkommen der freundlichen Welt angepaßt, in der sie leben, die anderen Hunger leidend, unzufrieden und zu Aufruhr bereit.

In allen diesen Texten wird deutlich, wie aus einer oberflächlichen, doch oft zutreffenden Zeichnung der Tiere Verfasser und Leserpublikum, gemäß ihren Traditionen und dem geistigen Umfeld ihrer Zeit, stets Bezüge auf die Menschen und die Institutionen herauslesen konnten.

Moralisch-religiöse Anthropologie und Symbolik

Ob wirkliches oder Fabelwesen, das Tier hatte also immer ein Bild des Menschen zu vermitteln, einen Mythos zu illustrieren, ein Lehrstück, ein religiöses Gebot oder eine theologische Deutung zu veranschaulichen.

Die Wurzeln dieser der abendländischen Zivilisation eigentümlichen Haltung sind in der griechischen und römischen Literatur der Zeitenwende gesucht worden: Bei Lukian von Samosata oder, wie wir gesehen haben, bei Apuleius, bei Aulus Gellius mit seinen *Attischen Nächten*, in denen sich eine reiche Tierwelt spiegelt, im vielgeschmähten, doch die gesamte christliche Sicht der Tiere anregenden *Physiologus*.

Dieser *Physiologus*, wahrscheinlich im 2. Jahrhundert in Alexandrien verfaßt, in mehreren altsyrischen, lateinischen und griechischen Versionen überliefert und in unzähligen späteren Sprachen kompiliert, beleuchtet an die vierzig Tiere mit dem Licht der christlichen Symbolik. Jedes Tier wird in drei verschiedenen Weisen betrachtet: realistisch, allegorisch und moralisch. Es kommt dadurch zu einer sehr interessanten Überlagerung, ohne eindeutige Verschmelzung, von oft der heidnisch-antiken Wissenschaft entstammenden Details und der christlichen Deutung, die diese aufgreift und ihnen einen Sinn verleiht. Dank dem *Physiologus* und seinen zahllosen Abwandlungen wird schließlich für das mittelalterliche Christentum jedes Tier zu einer Facette der Wirklichkeit, mit positiven und negativen Seiten. Insbesondere beim Löwen ist dies auffällig, der *diabolus* und *christianus* gleichzeitig ist, auch beim Adler und beim Stier, die einerseits furchterregende Tiere sind, andererseits die Evangelisten symbolisieren. Die

Schlange und der Wolf sind auch nicht ganz und gar böse. Umgekehrt wurde unlängst nachgewiesen, daß die für Gott und den Heiligen Geist stehenden Tiere, das unschuldige, gehorsame und ungerecht hingeschlachtete Lamm und die die Botschaft bringende Taube, Abbild der lauteren oder geläuterten Seele und göttliche Inkarnation, ausnahmsweise auch negative Züge annehmen können, wie etwa die Taube bei den Juden.

In dieser von menschlichen und religiösen Eigenschaften beladenen Sichtweise wird das Phantasietier zur Wirklichkeit. Wie sollte sonst bewiesen werden, daß es zwar das Nashorn gibt, die Chimäre, den Vogel Greif und die Sirenen jedoch nicht? Die Grenze zwischen Mensch, Tier und Fabelwesen ist fließend, und zum ungenauen Wissen tritt die geistige Haltung verstärkend hinzu. Die bescheidenen Gewißheiten werden zweitrangig, wenn nur die Bedeutung zählt. Wilde, wegen ihrer »gewöhnlichen« Sünden zu Monstren gewordene Wesen sind dann Wirklichkeit, und aus der Unzucht mit Tieren entstehen Wesen, halb Mensch halb Tier, wie jene in der Vereinigung von Mann und Kuh, Frau und Bär, Wolf oder Affe gezeugten Bastarde. Da wird die Geschichte vom Sohn einer edlen Dame überliefert, der seinen angeblichen Vater auf Anstiften seines wirklichen Vaters, eines lüsternen Affen, tötet. Und Petrus Damianis will einen Kirchenmann gesehen haben, wie er eine Wölfin schwängerte. Doch auch ohne diese abschrekkenden Kreuzungen ist der Mensch ursprünglich Tier und Engel, woraus sich für den nach dem Bilde Gottes geschaffenen Christen die Pflicht ergibt, das Tier zu überwinden und es sich untertan zu machen. Aus dieser Sicht heraus wird das Tier absolut entheiligt, jede totemische Eigenschaft ist ganz eigentlich tabu: Tierkult kann nur teuflisch sein, obwohl seine Eigenschaften, seine moralischen Bedeutungen, die symbolische Botschaft, die es ausdrückt, von Gott gewollt sind, der nichts dem Zufall überläßt. So gesehen, sind sie auch Ausdruck des göttlichen Willens, das Kalb, das Wiesel und der Hund genauso wie die Einhörner, die Phönixe und andere Chimären.

Auch nachdem wissenschaftliche Erkenntnisse die meisten Ungeheuer entmystifiziert hatten, dauerte es noch lange, bis die mittelalterliche Sicht des Tiers ihre Gültigkeit verlor. Noch im 19. Jahrhundert erklärte Ruskin: »Die Schönheit der Tiergestalt steht in vollkommenem Einklang mit der moralischen oder geistigen Tugend, die sie ausdrückt. Es gibt keine lebende Kreatur, die in ihrer Geschichte oder ihren Gewohnheiten nicht eine moralische Vortrefflichkeit oder Schwäche oder einen Punkt der Ordnung der göttlichen Vorsehung ausdrücken würde.«

Diese nicht-zoologische Auffassung des Tieres hat es lange vor der abendländischen Literatur gegeben. Man kann sie schon bei Homer ausmachen: Neben zweckgebundenen Schilderungen und sehr wirklichkeitsgetreuen Bildern der Umwelt, manchmal auch totemischen Anspielungen wie im Fall jener Myrmidonen mit dem Namen »Ameise«, scheint das Tier das Produkt einer Zusammenschau der Welt zu sein, etwas Geheimnisvolles, Jenseitiges, mit unsichtbaren, wilden und göttlichen Kräften. Es ist mit Tabus besetzt, es wird geschützt oder rituell getötet, als Opfer oder zur Vorhersage der Zukunft. In dieser Hinsicht wäre eine »zoologische« Lektüre Homers unsinnig, da sie ihm einen

Realismus unterstellte, der ihm völlig fremd ist. Sie würde für eine beschreibende historische Zoologie der rationalistischen Jahrhunderte taugen, doch für den Historiker, den Ethnologen, den Soziologen wäre sie vollkommen unbefriedigend.

Annie Schnapp-Gourbeillon drückt es so aus: »In der Analogie läßt das Tier die Vorzüge des Helden, auf den es bezogen ist, hervortreten; es suggeriert, betont und spiegelt ein vergrößertes und selektives Bild, wie ein raffiniert verzerrender Spiegel. Es ist der Löwe des Herdenraubs, der Eber der großen epischen Jagden, der tapfere Adler, der auf die Beute herniederschießt.« Was hier am Beispiel des Wolfs, der Raubvögel, des Viehs, des Hundes, des Pferdes und des Löwen aufgezeigt wird, liefert uns also den Schlüssel zur Lektüre der alten Schriften der abendländischen Literatur und vieler nachfolgender Texte. Die anthropologische Dichte erscheint hinter dem klaren Sinn des Satzes, des Wortes, des Namens, des Bildes oder eines Ausschnittes von ihm, komme es uns nun als realistische Abbildung vor oder als Phantasieprodukt.

Andere Schriften, die unsere heutige Zeit nach jahrhundertelanger mündlicher Überlieferung erreicht haben, zeichnen die Tiere in bestimmten Situationen und verleihen ihnen Eigenschaften, die im Verlauf der Generationen unvollkommen verstanden und zum Teil abgewandelt wurden. So erklärt sich ihr Reichtum, aber auch die Schwierigkeit ihrer Untersuchung: Ständig werden die Bedeutungen von neuen Bedeutungen überlagert, ohne daß die ursprünglichen oder vorhergehenden völlig verdunkelt würden. Wie soll man alle die Schichten »entziffern«, die eine reiche »Folklore« um den Wolf oder die Katze, den Bären oder die Schlange alleine in unserer abendländischen Zivilisation aufgehäuft hat?

Nehmen wir als Beispiel den Wolf im *Petit Chaperon rouge (Rotkäppchen)* von Perrault, der sehr verschieden ist vom Wolf des Grimm-Märchens, auch wenn das unschuldige Mädchen wie das weiße Lamm bei La Fontaine endet, nämlich im Schlund der Bestie. Es liegt nicht nur daran, daß »der Stärkere immer recht hat«. Der männliche Wolf ist hier der Verführer des Mädchens, der Schönredner, der sie die weisen Ratschläge vergessen läßt und dessen List es gelingt, sie zu entkleiden, sie in sein Bett zu legen und ihr jungfräuliches (rotes) Blut fließen zu lassen. Die Erzählung wird zudem von Reminiszenzen durchzogen: Der Buttertopf und der Kuchen scheinen auf eine indoeuropäische Legende zurückzugehen, in der sich ein als alte Frau verkleideter Wolf die Speise der Unsterblichkeit aneignet; Geschlecht, Alter und Geschick des Tiers haben sich verändert. In einigen Versionen lädt der Wolf das Mädchen zum Menschenfressermahle, bei dem beide gemeinsam Teile der toten Großmutter verzehren. Die wenngleich unbewußte Teilnahme der zukünftigen jungen Frau an dem kannibalistischen Liebesmahl kann man als ihren Beitrag zur physischen Auslöschung der Alten verstehen, an deren Stelle sie tritt und deren Kräfte sie erbt. In unserer Zeit hat Walt Disney dem großen bösen Wolf unserer Väter den netten kleinen Wolf der Söhne beigesellt; und die von den überlebenden Großmüttern erzählte Geschichte lebt im Comic-Heft ihrer Kinder weiter: Die Schrift verblaßt wieder vor dem Bild.

5. Bilder und Phantasiegebilde

Bilder, die lange vor dem Piktogramm und dem Schriftzeichen von Menschenhand gemalt wurden, sind nicht nur die dichteste, sondern auch eine der reichsten und präzisesten Quellen der Tiergeschichte. Viele sind äußerst realistisch und geben das Tier in den meisten Einzelheiten getreu so wieder, wie es gesehen wurde (und wie es im allgemeinen noch zu sehen ist). Angefangen von den Felsbildern des Magdalénien und der frühminoischen Kultur über Dürer und Barye bis hin zu den Tierfilmen, es sind alles Quellen, anhand derer wir eventuelle Veränderungen bei einer ganzen Reihe von Tieren studieren können.

Doch die Ikonographie wirft auch Fragen auf: Weshalb diese dickbäuchigen Kühe und diese Apfelschimmel in Lascaux und Le Pech-Merle, wozu diese Ratten in den *Pestkranken von Jaffa*, jene Katzen zu Judas' Füßen beim Abendmahl, die Hasen in der Wüste neben Antonius dem Einsiedler? Neben den deutlich erkennbaren, manchmal ganz offenen Absichten und der Erklärung durch die Geschichte und die Traditionen, wie wir sie eben gesucht haben, können wir auch magische, sakrale, rituelle, sogar ästhetische Zielsetzungen annehmen. »Die Kunst besteht nicht darin«, sagt Delacroix, »die Natur zu kopieren, sondern darin, sie neu zu schaffen, und das gilt insbesondere für die Darstellung der Tiere.« Die außerordentliche Fülle und Vielfalt der uns erhaltenen figurativen Quellen erfordern also, ähnlich wie bei den schriftlichen Quellen, eine »Lektüre« auf verschiedenen Ebenen.

Die Vielzahl der Bilder

Tierbilder und Tierzeichnungen finden sich schon in den Felsmalereien der Vorgeschichte, in Lascaux, in Altamira, in Rouffignac, in Les Combarelles, in Font-de-Gaume und in le Tassili der Adjer. Einige von ihnen wurden mit dem Finger in weichen Lehm eingeritzt. Die meisten sind richtige Malereien, ein- oder mehrfarbig, auf Felsuntergrund, mit dem Schwarz der Knochenkohle und dem Blau und dem Rot des Eisen- oder Kobaltoxids gemalt. Die auf noch feuchten Putz gemalten Fresken sind späteren Datums, doch durchaus vergleichbar. Und noch sehr viel später treten die kleinen, auf Holz gemalten Bilder auf, die Miniaturen in den Manuskripten, die Illustrationen auf den Landkarten, die Stiche eines Thomas Berwick zum Beispiel, und schließlich die Photographien und die gezeichneten oder photographierten Filme in schwarz-weiß und in Farbe.

Eine andere Technik: die Graffiti. Sie sind manchmal »ausgemalt«, meist einfarbig schwarz, und bisweilen mit dem Stichel in den Stein geritzt, was sie in die Nähe der Gravuren auf Knochen, Elfenbein, Gemme oder Metall bringt, die ihrerseits zu den Schmuckgegenständen, zum Zellen- und Grubenschmelz, zu den Reliquienschreinen, zum gegossenen oder geschmiedeten Metall, zum Glas, zur Keramik (von Persepolis bis zu den spanischen Azulejos), zu den Keramiken mit Tierdekor (rot- und schwarzfigurige griechische Vasen) oder Tierform (von der präkolumbianischen Zeit bis hin zu Bernard Palissy, in Meissen und in Sèvres). Solche Keramiken oder tiefer geschnittenen Gravuren führen schon zur Bildhauerei, ob in Marmor gemeißelt oder gegossen in verlorener Form, ob als Votivgabe in Wachs oder Plastik, als Bronzeplastiken von Louristan aus dem 1. Jahrtausend v. Chr. oder als Kompositionen von F. Pompon. Die ältesten von ihnen können in natürlicher Größe und in allen Einzelheiten ein Tier darstellen, das sich vielleicht verändert hat. Denken wir auch an die Darstellungen der Glyptik, der Siegel, Münzen und Medaillen, von Mohenjo Daro und Babylon über die klassische Antike und das mittelalterliche Abendland bis hin zur Jetztzeit.

Denken wir auch an die Mosaike, deren Email- oder Steinteilchen manchmal mit außerordentlicher Feinheit wirkliche oder mythische Tiere darstellen: Bardo, Piazza Armerina, Palestrina, Aquila, Delos, Venedig. Auch an die Marmor- und Intarsienmöbel der Renaissance, an die Kathedralenfenster, deren Glas sowohl eingefärbt als auch bemalt ist, an die Teppiche und Stickereien (Bayeux, 11. Jahrhundert), an die Kleidungsstücke, die bestickt sind oder deren Schußfäden Tiermuster bilden, wie sie seit dem byzantinischen Mittelalter sehr häufig waren und wie man sie immer noch in den Schatzkammern der Königshäuser (Hofburg) oder der Kathedralen (Le Puy, Bamberg, Aachen) bewundern kann.

Zu dieser außerordentlichen Vielfalt von Darstellungsarten kann die Ikonologie bestimmte Feststellungen treffen, insbesondere die, daß viele Tiere nicht dem Original entsprechen, das der Künstler vor Augen hatte. Der Grund mag Unbeholfenheit, mangelnde Begabung oder Technik, ein Fehler in der Ausführung oder ein (körperlich oder kulturell bedingter) Sehfehler gewesen sein oder einfach die Schwierigkeit des Untergrunds oder des Materials, manchmal auch eine fehlerhafte Rekonstruktion eines Tieres oder einer Form, die man nicht mehr vor Augen hatte, oder aber bewußtes Streben nach Stilisierung oder Anregung der Phantasie.

Zur Stilisierung kann ein knapp bemessener Raum gezwungen haben, bei den Kameen und Intarsien war dies der Fall, auch bei den Münzen, Siegeln, Keramikgegenständen, bei den Schnitzereien in hartem oder seltenem Material (Elfenbein, Jade). Dasselbe trifft auf die Kapitelle und Tympanons der Kirchen zu, wo die Formen vereinfacht, Details weggelassen und eine bestimmte Haltung hervorgehoben werden mußte, ohne daß das typische Aussehen verändert wurde. Sie kann auch in bestimmten Schulen oder Traditionen der darstellenden Kunst begründet sein (Dürers Löwe erinnert an die in Venedig gemalten Löwen). Die Heraldik liefert uns hervorragende Beispiele dafür: Ihre Tiere sind zwar anhand einer Reihe von charakteristischen Zügen zweifelsfrei erkenntlich, doch sie sind so stilisiert, daß sie über die Morphologie nichts mehr mitteilen, da sie sich alle in immer gleichen, festgelegten Haltungen entsprechen.

Diese Darstellungen können mehr oder weniger ein Produkt der Phantasie sein. Sie sind es vor allem dann, wenn sie aufgrund von ungenauen Erinnerungen, von bereits stilisierten Beispielen oder Kopien oder von falsch verstandenen

Beschreibungen entstanden sind, so die Elefanten und Krokodile der Romanik und insbesondere das ganze phantastische Bestiarium der Drachen, Basilisken und Hydren, der Lykanthropen, Bocksbeinigen, Einhörner und anderer Chimären. Das Studium der Ikonographie bewegt sich also zwischen einem deskriptiven Realismus und einem umfassenden geistigen Kontext, der widersprüchlich, ständig fließend und oft obskur ist.

Die naturgetreuen Abbildungen

Die Vorstellungen und Absichten mögen ganz verschieden gewesen sein, doch zahlreiche Zivilisationen haben die Natur »kopiert« und die Tiere nicht nur so dargestellt, wie sie sie sahen, sondern auch, wie sie waren, was eine meisterliche Beherrschung der figurativen Ausdrucksmittel voraussetzt. Nehmen wir als Beispiel nur die Menschen des Magdalénien, die Mykener auf Kreta, die alten Ägypter und die alten Chinesen. Die Untersuchung dieser Quellen kann uns Auskunft in mindestens dreierlei Hinsicht geben: über die Gestalt ausgestorbener Tiere, über das Vorhandensein von Tieren an Orten, an denen es sie heute nicht mehr gibt, und über die allmähliche Verbreitung von domestizierten Arten. Natürlich können wir auch etwas über das Verhältnis erfahren, in dem der Mensch zum dargestellten Tier gestanden hat.

Zahlreiche Tiere, von denen wir eine oder mehrere Abbildungen besitzen, gibt es in der Tat nicht mehr: Neben der höhlenbewohnenden Heuschrecke vom Typ des *Troglophilus* und einigen anderen schlecht identifizierbaren Wirbellosen handelt es sich vor allem um Säugetiere: Mammute, das Nashorn von Rouffignac mit Zwischenwänden in den Nüstern, Höhlenhyänen, Wildpferde von der Untergattung Esel, Halbesel oder Tarpan. Die Ausbeute ist sehr reich in den Kulturen des Magdalénien und allgemein der Vorgeschichte. Unserer Zeit näher sind der Kopf von Knossos, die herrlichen Goldbecher von Vaphio oder die gebrannten Tonfiguren, die Auerochsjagden darzustellen scheinen und sogar eine Art von Corridas (sehr viel später, doch wohl vor 1526, zeigt ein vielleicht in Rußland nach der Natur gefertigter Holzschnitt von Herbertstein eines der letzten polnischen Exemplare dieses Tieres).

Die Siegel und Figurinen von Mohenjo Daro und der Zivilisationen am Indus erinnern an inzwischen ausgestorbene indische Nashörner und Buckelrinder, und am besten haben die holländischen Maler des 17. Jahrhunderts die Dronte der Insel Mauritius gemalt, bevor sie vom Menschen und vor allem von den eingeführten Rhesusaffen ausgerottet wurde, die ihre Eier fraßen und so jede Reproduktion unmöglich machten. Und was soll man von den kleinwüchsigen »Kaninchen« mit Hasenohren halten, die man auf den attisch-rotfigurigen Vasen findet? Und vom »Hasen«, dem Meisterwerk Dürers in der Wiener Albertina, der von einigen wegen seines wilden grauen Fells und seiner etwas langen Ohren für ein Kaninchen angesehen wird?

Etwas leichter lassen sich Tiere identifizieren, die lediglich in bestimmten

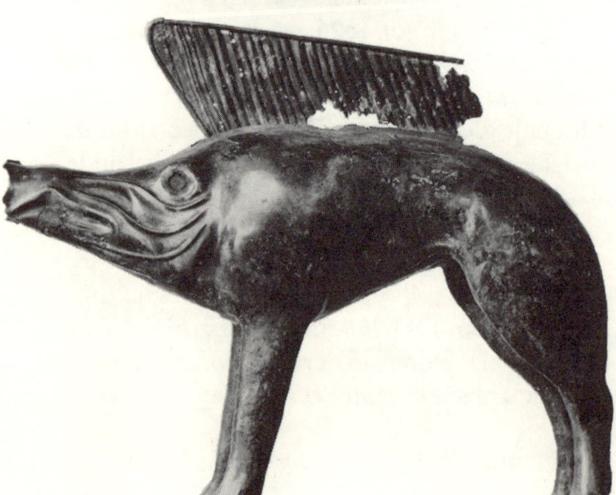

Knochen, Stein, Metall, Mosaik, Pergament, illustrierte Bücher: Der Haltbarkeit dieser Trägermaterialien verdanken wir diese Tierdarstellungen. Nicht nur die Tiere selbst werfen Fragen auf, sondern auch die Art, wie sie gesehen und dargestellt wurden; für uns stellt sich auch die Frage, wie solche Darstellungen zu interpretieren sind (Bison: Musée de Saint-Germain-en-Laye; syrisches Mosaik: Louvre, Paris; Eber von Neuvy-en-Sullias, Orleans, Musée historique; Eber aus dem *Ballet comique de la reine*, 1582, Paris, Nationalbibliothek).

Gegenden ausgestorben sind: Rentiere, Löwen und Bisons im Périgord (Südwestfrankreich), Kuhantilopen, Rinder, Pferde, Nashörner, Elefanten und Flußpferde mitten in der Sahara vor einigen tausend Jahren; Elefanten, Löwen, Wildesel, Auerochsen in Assyrien im 7. Jahrhundert, dazu Riesendoggen, die bei ihrer Jagd halfen. Giraffen, Elefanten, Nashörner sind auf den ägyptischen Malereien ab der ersten Dynastie zu finden, ebenso wie die Gazelle mit den lyraförmigen Hörnern, der Strauß und das Kamel, das für fast 3000 Jahre verschwindet, bevor es in Arabien und im Vorderen Orient neue Verbreitung erfährt. Auf Kreta gab es den Hirsch, die Meerkatze und den Löwen. Am meisten erstaunt die Genauigkeit, mit der Delphine gezeichnet wurden: Man erkennt nicht nur die beiden erwarteten (damals sehr verbreiteten) Arten, sondern auch eine dritte Art so detailgenau, daß man annehmen muß, der heute so seltene *Prodelphinus frontalis* sei in den kretischen Küstengewässern häufig genug anzutreffen gewesen, um wie die anderen beobachtet und studiert werden zu können.

Das große Mosaik von Palestrina sollte auf Geheiß Hadrians (2. Jahrhundert) die Giraffen, verschiedene Affenarten, große Flußpferde und andere Tiere Ägyptens und Äthiopiens besonders detailgetreu festhalten. Das Mosaik von Antiochos stellt Neptun in seinem Reich dar, umgeben von zahlreichen Fischen, von denen an die vierzig zweifelsfrei identifiziert werden konnten und einige sehr selten geworden sind. In Piazza Armerina lassen sich Löwen und Bisons aus der Mittelmeerregion bewundern, und die Mosaike des Bardo zeigen insbesondere Löwen und Elefanten, die es inzwischen im Maghreb gar nicht mehr, und Luchse, die es dort fast nicht mehr gibt, außerdem Schafs- und andere Haustierrassen, die sich sehr verändert haben. Das Mosaik von Hippone (4. Jahrhundert) stellt ebenfalls Kuhantilopen, Oryxantilopen, Strauße, Löwen, Panther und Wildesel dar.

Ebenso schildern uns byzantinische Fresken, Mosaike und vor allem Elfenbeinschnitzereien sehr seltene Pferdearten, die in der Rennbahn liefen, unter anderen verschiedene asiatische Halbesel wie Onager und Kulan. Die Miniaturen der Manuskriptkopien des Dioskurides oder des *Physiologus* sind noch auszuwerten. Die Millionen Tiere, die die Folianten des abendländischen Mittelalters ausschmücken, sind manchmal stilisiert oder unendlich oft von antiken Vorbildern abgemalt worden: Der im Hochmittelalter korrekt gezeichnete Elefant verwandelt sich mit der Zeit in eine Art nach oben geweiteten Schröpfkopf, mit senkrecht aufsteigenden Stoßzähnen wie die Hauer des Ebers und aufgerichteten Ohren wie Hasenlöffel. Bisweilen beweist aber eine wirklichkeitstreue Darstellung, daß das Tier wirklich gesehen wurde, und zwar nicht nur in Haus und Hof. Die zweihundertfünfzig Miniaturen des Escorial-Manuskripts des *Kitāb Manafi al Hayawan* von Ibn al-Duraihimi (mit der Jahreszahl 1354) zeigen zahlreiche Tiere, darunter kein einziges Säugetier. Eine große Zahl Vögel ziert die Ränder von Stundenbüchern und Meßbüchern. Und die Hunderte von Details in den Illustrationen der hunderfach kopierten Jagdbücher von Gaston Fébus und des *Roi Modus* sowie in den kostbaren Exemplaren des *De arte venandi cum avibus* von Friedrich II. müßten bis in die kleinsten Einzelheiten studiert werden. Daß die Schlangen, Aale, Fische, Eidechsen, Amphibien und Schalentiere, von denen es in den Keramiken von Bernard Palissy (um 1510–1590) nur so wimmelt, ihren heutigen Nachkommen ähnlich sind, kann nicht erstaunen.

Das Auftauchen von domestizierten oder in der Domestikation befindlichen Arten und ihr manchmal rascher Wandel wird oft in der Ikonographie sichtbar. Das in die Knochen von Susa (2800 v. Chr.?) eingeritzte Reitpferd und das vor einen Wagen gespannte Pferd auf dem Mosaik von Ur (2500 v. Chr.) sind ein von der Osteologie bestätigter *terminus ante quem*. Dieselbe Untersuchungsmethode kann auf den kleinhörnigen Ochsen angewandt werden, der in Sakkarah am Halfter geführt wird, auf die Jagdhyäne, auf die für die Vogeljagd abgerichtete Luchskatze, auf die Katze mit Halsband, die im alten Ägypten an der Leine geführt wurde, oder auf jene andere, die man im Louvre bewundern kann, wie sie sich unter Arkesilaos Thron auf der berühmten Schale von Vulci kauert, schließlich und vor allem auf die Hunde, deren Entwicklung sich über den Zeitraum von Jahrtausenden anhand genauer Abbildungen beobachten läßt.

Das Tierreich der Phantasie

In anderen Fällen hat freilich das Bild nur wenig mit der Wirklichkeit zu tun, nicht nur, weil es unbeholfen oder stark stilisiert ist, sondern weil es mit anderen Bedeutungen besetzt ist. Interessant ist für uns die Frage, ob es nicht ursprünglich mangelhaft verstandene oder überlieferte Beobachtungen waren, wie etwa beim erwähnten Fall des Elefanten in den englischen Manuskripten (den Mathieu Paris 1255 nach der Natur verbesserte, als er in London ein Exemplar bestaunen konnte, das Ludwig der Heilige seinem Schwager Heinrich III. geschenkt hatte).

Es lassen sich zahlreiche Hypothesen aufstellen, auch wenn sie nicht immer einer strengen ikonographischen Prüfung standhalten. So kann die große Kobra mit ihren gespreizten Halsrippen, verbunden mit der Erinnerung an den Nilwaran und an die gewaltige, gefährliche Kraft der Boas und der Kälber verschlingenden Pythons den Drachenmythos hervorgebracht haben. Das Hyänenweibchen mit seiner vorstehenden Klitoris und den großen, hodensackähnlichen Lippen konnte mit einigem Recht die Vorstellung von hermaphroditischen Wesen begründen. Der Riesenkalmar und vor allem der mögliche Bermudakrake (vorausgesetzt, er konnte auftauchen) können die sagenhafte Seelschlange gewesen sein (mit ihren Fangarmen von 45 cm Durchmesser und 33 Meter Länge, wie berichtet wird). Der Æpyornis, jener im 18. Jahrhundert ausgestorbene Riesenvogel Madagaskars, der Eier so groß wie ein Weinballon (8 Liter) hinterließ, kann die Sage vom Vogel Rock genährt haben. Molche, Salamander und Spitzmaus haben vielleicht ebenso wie die Komodowarane oder die für bestimmte Zivilisationen so erstaunlichen Kammechsen als Geburtshelfer für unsere Fabelbestiarien fungiert. Selbst der Mythos vom Einhorn und vor allem von der Sirene läßt sich in einen annehmbaren zoologischen Kontext bringen, da es sich wohl um eine Übertragung der Vogel-Sirene der griechischen Antike (die wohl eher deren

Unter diesen gebannt Orpheus' Klängen lauschenden Tieren, die sehr genau dargestellt sind (Eber, Bär, Pfau, Rabe, Eule, Pferd, Hirsch), findet sich auch ein (indischer? nordafrikanischer?) Elefant mit kleinen Ohren und eine riesige gepunktete Raubkatze, eine Mischung aus Panther, Gepard und Löwe. Sind es ausgestorbene Arten? (Mosaique de Blanzy, Laon, Musée municipal).

Vampir war als ein späterer Pterodaktylus) handelt: Sie verband sich mit der mittelalterlichen Sicht des Fisches und des Meeres, das man sich als Spiegel der Erde vorstellte, von Kreaturen bevölkert, die den Landtieren entsprachen. Und für die zu langer Enthaltsamkeit gezwungenen, schlecht ernährten, durch Mangelerscheinungen und Hunger oft unter Sehstörungen und Halluzinationen leidenden Seeleute konnte das Weibchen des Seehunds, der Breitschwanz-Seekuh, der Seejungfer oder der Stellerschen Seekuh(das letzte Exemplar wurde 1786 getötet) durchaus wie die entblößte Vulva oder die Brüste der entbehrten Frau erscheinen. Seehundweibchen mit ihrem sehr »weiblichen« Geschlecht waren sehr häufig im Mittelmeer und in der Nähe der einsamen Küstenstreifen, vor denen die Schiffe nachts ankerten. Ähnlich wie die Ehelosen und Witwer auf Sachalin, die angeblich die Tiere zu diesem Zweck züchteten, mag der westliche Matrose ein solches Tier gefangen und es nach dem Sinnengenuß ins Meer zurückgeworfen haben.

Zwei Wieselarten. Oben das gewöhnliche oder Mauswiesel (französisch *la belette*), unten das früher in Frankreich auch *la létisce* genannte Hermelin, dessen Winterfell gleichmäßiger weiß ist, da es aus Polen oder Rußland stammt. In Sibirien scheint es ihm auch heute noch gut zu gehen (Paris, Nationalbibliothek). ▷

La bellette

La Letisre

Die Fälle von Geschlechtsverkehr mit Schweinen, Ziegen, Schafen usw. sind so häufig (und so vollständig totgeschwiegen, außer in den Prozessen und in Pönitentialbüchern), daß kein Grund zur Annahme besteht, es hätte sie auf See nicht gegeben. Die Ikonographie jedenfalls gibt sie auf ihre Weise wieder.

Die möglichen Hypothesen werden noch zahlreicher, wenn es um Menschen- und Tiermonstren geht, die zwar selten sind, aber hin und wieder geboren werden: Schafe mit fünf Beinen, Kälber mit zwei Köpfen, Affen mit Vogelköpfen, Menschen mit Schwimmhäuten zwischen den Zehen. Als Urheber der Mythen sind sie wahrscheinlicher als etwa überlebende Plesiosaurier oder Pterodaktylen. Das Unbekannte, Gefährliche, Erschreckende, Fremdartige regt die Phantasie an und verfälscht das Gesehene, um so mehr, wenn es eine flüchtige Erscheinung ist. Bekannt ist das Beispiel der geschwänzten, Steine fressenden und Feuer spuckenden Ungeheuer, die auf den Philippinen landeten: So »sahen« die Eingeborenen die Spanier, die lange Schwerter trugen, hartes Seemannsbrot aßen und die Pfeife rauchten ... Und was haben wohl die Mexikaner in jenen Weißen erblickt, die von der aufgehenden Sonne kamen, in Panzerschuppen steckten und den Donner in ihren Büchsen hatten: Kentauren, die sich (beim Absteigen von den Pferden) zweiteilen konnten!

Die Menschen des mittelalterlichen Abendlandes haben ihre verzerrte Sicht der Wirklichkeit ausgiebig bewiesen. Abgesehen von einem gestrandeten Wal oder einem dem König geschenkten Elefanten sahen sie die »Ungeheuer« nie selbst, man sagte ihnen, es gäbe sie im Orient. Prüfen wir etwa mit eigenen Augen nach, ob es das Schnabeltier oder den Pottwal wirklich gibt, oder glauben wir nicht auch den »Gelehrten«, die es behaupten, und jetzt den Filmen, die es »beweisen« und behaupten, das Leben und die Verhaltensweisen dieser Tiere darzustellen?

Die Welt der Fabeltiere ist nicht allein das Produkt der entfesselten menschlichen Einbildungskraft, der Bilder, der Erzählungen, der Beschreibungen und der Ansammlung von Elementen aus lebhafter Phantasie. Ihre Grundlage können durchaus verzerrte Beobachtungen einer fremdartigen, merkwürdigen *(mirabilia)*, sogar ungeheuerlichen *(monstra)* Wirklichkeit sein, Beobachtungen, die zudem immer wieder abgeschrieben und zum Teil umgedeutet wurden von Generationen von Miniaturenmalern, Doktoren und Klerikern, die ihnen fiktive Eigenschaften zuschrieben, um sie wahrscheinlicher zu machen und mit dem Zeitgeist in Einklang zu bringen. Heute hilft uns das psychoanalytische Herangehen an das Märchen (Bruno Bettelheim) weiter auf diesem Weg.

Es ist eine allgemeine Tatsache, daß alle Quellen, anhand derer die Geschichte der Tiere geschrieben werden kann, auf allen Ebenen subjektiv behandelt werden und meist auch selbst doppelt und dreifach subjektiv sind. Tierische Überreste werden von den Zoologen nach den »Kriterien der modernen Wissenschaft« behandelt, das heißt nach der Auffassung von Zoologie, wie sie heute in der westlichen Welt Geltung hat. Die Historiker, die ihre Schlüsse übernehmen oder kritisieren, die auch ihre Relativität gegenüber anderen Auffassungen, Zivilisationen und Zeiten spüren, sind selbst Gefangene ihrer Fragestellungen und ihrer Geschichtsauffassung. Das Studium dieser Quellen kann demnach keine »Objektivität« beanspruchen, insofern es abhängig ist vom geistigen und menschlichen Kontext der im 19. und 20. Jahrhundert entstandenen technischen Zivilisation und ihrer Gesellschaften.

Die Betrachtung der von Menschenhand in den letzten Jahrtausenden geschaffenen schriftlichen oder bildlichen Quellen ist eine eklatante Bestätigung dafür. Der Mensch »sah« die Tiere nicht nur in der ihm erscheinenden Gestalt, sondern auch entsprechend seiner Zielsetzungen und seines Denkens, das sich im Laufe der Zeiten und im Wechsel der Zivilisationen gewandelt hat. Im Spiel sind nicht nur das Vergrößerungsglas, das Mikroskop, die Mikrosektion, die chemischen und biologischen Reagenzien oder die molekularen Untersuchungsmethoden, sondern auch das menschliche Auge, die Hand, die Nase, das Ohr, der Geschmackssinn und die geistigen Strukturen, die die Interpretationen tragen und die Sinneseindrücke beeinflussen.

Damit sind die außerordentlichen Schwierigkeiten genannt, mit denen sich nicht nur eine universale Geschichte der Zoologie auseinanderzusetzen hat, sondern auch die – mit obligatorischem Ineinandergreifen – parallel laufende Erforschung der Geschichte der Tiere und der Geschichte des Menschen.

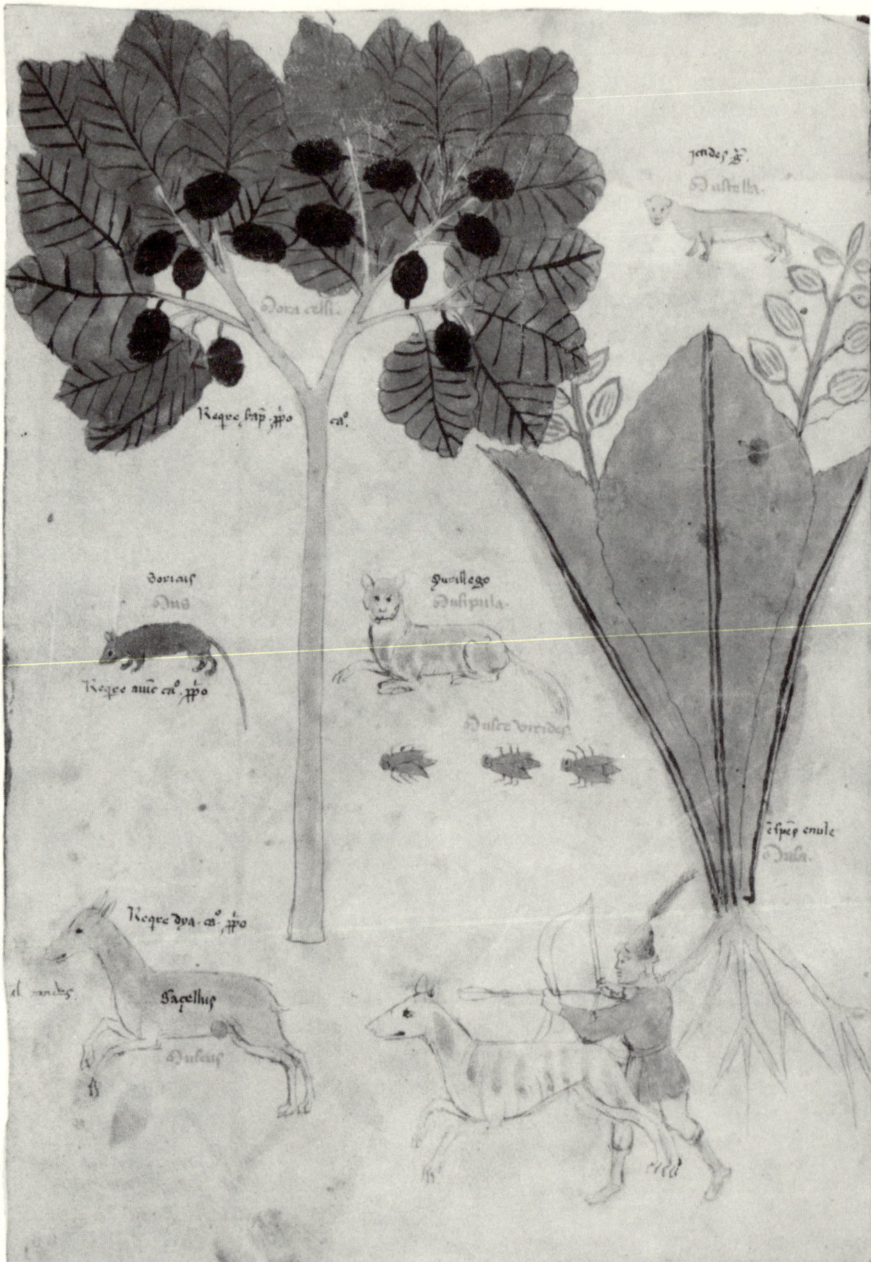

Dieses Herbarium aus dem 15. Jahrhundert ordnet den Pflanzen auch bestimmte Tiere zu, die ebenfalls in alphabetischer Reihenfolge auftreten. Neben dem Maulbeerbaum finden sich das Wiesel *(mustella)*, die Ratte *(mus)* – auch als Maus *(sorex)* bezeichnet –, die Katze *(musipulus, murillego)*, die Goldfliege *(musce virides)* sowie der Moschushirsch *(muscus)*. (Rom, Vatikanische Bibliothek.)

Dem »Laudanum« und dem Lorbeer sind der Löwe, der Leopard (mit runden Flecken, wie ein Gepard) und ein Hase mit überdimensionierten Ohren zugeordnet (Rom, Vatikanische Bibliothek).

Geschichte der Tiere und Geschichte der Menschen

Das Quellenmaterial über die Tiere und die verschiedenen Methoden seiner Auswertung ermöglichen uns einen Überblick über das Werden der Arten während der letzten Jahrtausende.

Doch genausowenig, wie wir die Geschichte einer einzelnen Art willkürlich von der Geschichte der Gesamtheit der Arten loslösen können, ebensowenig können wir, da uns der Zeitraum interessiert, in dem sich die menschlichen Zivilisationen entwickelten und einander ablösten, die Geschichte der Tiere ganz von der Geschichte der Menschen trennen, denn die Menschen sind ein Faktor der Umwelt, das untersuchte Quellenmaterial ist oft menschlichen Ursprungs, und es wird von Menschen für Menschen analysiert und bewertet.

Sicherlich kann man versuchen, eine Geschichte der Tiere *ohne* den Menschen zu umreißen, nämlich für den Zeitraum vor dem Auftreten des Menschen, zumindest des sich organisierenden Menschen, als Weiterführung der Paläontologie. Doch seit seinem Erscheinen wirft der Australopithekus die Frage nach seinem Verhältnis zu den Tieren auf, die vor ihm da waren, wildlebend und unabhängig von ihm. Da sind zunächst die Tiere, deren Opfer der Mensch war: Raubtiere, die ihn zerfleischten, Parasiten, die sich von ihm ernährten, Feinde, gegen die er Verteidigungs- oder Abwehrmöglichkeiten suchen mußte und manchmal auch fand. Sodann die Tiere, für die umgekehrt der Mensch Räuber oder Parasit war. Schließlich die Tiere, die von ihm eingefangen, gezähmt, zu Haustieren gemacht wurden, was vollkommen die Rollen vertauscht hat. So rückte die menschliche Herrschaft über einen Teil der Weltfauna (und ihrer Umwelt) die Beziehung Mensch-Tier in den Vordergrund, was in der Geschichte, je nach Epoche und Zivilisation, die Entwicklung der Verhaltensformen den Tieren gegenüber und der Folgen des menschlichen Handelns für ihren Werdegang verstärkend beeinflußt hat.

1. Die Tiere vor dem Menschen oder ohne den Menschen

Es bietet sich zunächst der unermeßliche Zeitraum dar, in dem sich die Tiere hauptsächlich in Abhängigkeit von ihrem Erbgut oder von einer nicht menschlich bestimmten, doch sehr komplexen Umwelt entwickelten, welche die Gene des

Erbguts selektierte oder veränderte. Tatsächlich haben viele Arten, deren Entwicklung über Millionen, ja zehn, hundert Millionen Jahre hinweg auf diese Weise bestimmt wurde und die so gut wie endgültig einer bestimmten Umwelt zugeordnet waren, als Geschichte wie gesagt nur die Geschichte ihrer Umwelt (Wanderungen, Auslöschung). Doch die Anpassungsfähigkeit der meisten von ihnen (zum Teil anlagebedingt, zum Teil nicht, und manchmal fast vergleichbar mit der Anpassungsfähigkeit des zuletzt auf der Erde erschienenen Säugers, des Menschen) erlaubt ein teilweises Verständnis der inneren, spontanen Dynamik zahlreicher Tiere.

Die Entstehung der Tiere

Wenngleich das Leben auf der Erde vor mehr als drei Milliarden Jahren begonnen hat, so reichen die ersten Spuren der Tierwelt doch nicht bis zu den einzelligen blauen Algen, den Feuersteinpilzen von Ontario oder bis zum Finnland-Schiefer zurück. Zwar haben Urtierchen vermutlich lange vor den kanadischen Kieselschwämmen oder den australischen Quallen existiert, doch die Lehmabdrücke der Ringelwürmer sind nur knapp eine Milliarde Jahre, die ersten Korallen, Seesterne und Schnecken nur 600 Millionen und die ersten Wirbeltiere nur 400 Millionen Jahre alt. Die Amphibienfische mit Lungen und Kiemen, mit mächtigen (muskulösen, verknöcherten und hautartigen) Flossen, erscheinen vor 350 Millionen Jahren, zu einer Zeit, da riesige Wälder und eine sehr reiche Flora das in der Pangäa zusammenhängende, aus dem Meer aufgetauchte Festland überziehen. Aus diesen Reptilien entstehen alle anderen Wirbeltiere, Vögel und Säugetiere. Die Herrschaft der Dinosaurier (vor 170 bis 70 Millionen Jahren) geht schlagartig zu Ende, ohne daß man wüßte, welche von den etwa vierzig vorgebrachten Hypothesen, die diese Naturkatastrophe erklären wollen, am plausibelsten ist. Wahrscheinlich haben bedeutende Temperatursprünge und schnelle Veränderungen im Magnetfeld der Erde diesen manchmal riesigen Kaltblütlern das Überleben schwer gemacht, wogegen die warmblütigen Arten begünstigt wurden, weil sie ihre frisch geschlüpften oder lebend geborenen Jungen ernähren und sie im warmen Feder- oder Fellkleid schützen konnten. Kurz, vor 50 Millionen Jahren, im Tertiär, war die Mehrzahl der jetzigen Tiere (oder ihrer direkt bestimmbaren Vorfahren) schon existent.

Wie war diese Evolution über Hunderte von Jahrmillionen hinweg möglich, wie und in welcher Form hat sie sich bis zum heutigen Tag fortgesetzt?

Die Grundlage bildet natürlich die Fortpflanzung, die allein das Überleben der Arten, deren Individuen ja nicht unsterblich sind, zu gewährleisten imstande ist. In bestimmtem Rhythmus, bei günstigen Bedingungen alle zwanzig Minuten, erlebt ein einzelliger Organismus die Trennung seines Kerns in zwei exakt gleiche Teile, um die sich jeweils eine Hälfte des Protoplasmas gruppiert; es entstehen zwei genau gleichartige Individuen (Zellteilung). Die Fortpflanzung kann geschlechtlich sein, es muß dann zur Vereinigung einer »weiblichen« und einer

»männlichen« Zelle kommen; sie führt zu einem neuen Individuum, das die eine Hälfte der Eigenschaften von der »Mutter«, die andere vom »Vater« bezieht. Mendel hat in klassischer Weise die »Gesetze« beschrieben, nach denen diese Eigenschaften verteilt werden; die heutige Genetik bestätigt weitgehend ihre Richtigkeit, sie hat sie in ihren Konsequenzen ausgearbeitet, aber auch nicht-mendelsche Genetiken aufgezeigt.

Die Darwinsche Sicht der Evolution, der »stufenweisen Veränderung der Arten«, der »natürlichen Auslese« und der »im Kampf ums Dasein bevorteilten Rassen« setzt Vererbungen des Mendelschen Typs voraus. Es gibt kleinste Abweichungen zwischen Brüdern und Schwestern, Eltern und Kindern; durch ein besonderes Merkmal kann dieses oder jenes Individuum im Vorteil sein in seinem »Kampf ums Dasein«, im Kampf gegen seine natürlichen Feinde, gegen ein widriges Klima, in der Fähigkeit, zu bestimmten Nahrungsarten zu kommen oder sie aufzunehmen, kurz, um sich besser seiner Umwelt anzupassen. Dieses Individuum hat dann beste Voraussetzungen, ins Erwachsenenalter zu gelangen, sich also zu reproduzieren, wobei einige seiner Kinder seine besonderen Fähigkeiten erben, sich zahlreicher fortpflanzen, besser überleben werden usw. Dieses arttypische »günstige« Merkmal kann »ungünstig« werden, wenn die Umwelt sich verändert. Hat die Art inzwischen nicht andere günstige Fähigkeiten erworben, erlischt sie; andernfalls wird sie gedeihen und eine neue Umwelt bevölkern können.

Die geniale Einfachheit dieser Theorie wurde lange Zeit nicht widerlegt, weder von der Paläontologie noch von der Genetik, noch von der Ökologie (was nicht heißen will, daß sie nicht anfechtbar wäre oder nicht angefochten wurde). Die Neodarwinisten glaubten ihre Auffassungen auf das feste Fundament der augenfälligsten genetischen Mutationen gründen zu können, indem sie zum Teil die »mutationistischen« Gedanken von Hugo de Vries übernahmen. Heute weiß man, daß der Träger der Vererbung die Desoxyribonukleinsäure (DNS) ist, die für jeden Organismus spezifisch ist und unter anderen bemerkenswerten Besonderheiten die Form einer doppelten Spirale aufweist, deren Stränge, wenn sie voneinander getrennt werden, das fehlende Element durch Selbstverdoppelung (»Replikation«) ersetzen können. Jeder Strang ist eine Kette von streng geordneten Atomen. Der geringste Irrtum in dieser Ordnung bei der Verdoppelung bewirkt im Individuum eine »Mutation«, die sich auf die Nachkommenschaft überträgt, wenn sie in den Keimzellen geschieht. Diese »Mutation«, die auf mehr oder weniger lange Sicht tödlich sein kann, eliminiert sich im allgemeinen selbst; sie kann aber auch ohne jede unmittelbar feststellbare Wirkung sein und damit über Generationen hinweg »vorrätig« bleiben. Sie kann außerdem Vorteile bringen, entweder unmittelbar (im Kampf ums Dasein) oder sehr langfristig (bei einer gewichtigen Umweltveränderung). Auf jeden Fall ist sie ein Zufallsprodukt, selbst wenn sie durch chemische Stoffe (die es in der Natur praktisch nicht gibt) oder durchdringende Strahlung (Röntgenstrahlen, atomare oder kosmische Strahlung – nur letztere ist überall vorhanden) begünstigt wird. Die kosmische Strahlung und ihr harter Bestandteil werden aber auf verschiedene Weise ausgefiltert durch das Magnetfeld der Erde, das sich entsprechend dem Feld der Sonne, durch magnetische »Schweife« oder andere unzureichend definierte Einflüsse verändert. Die zeitlichen Schwankungen dieser Strahlenfilterung können die mehr oder weniger große Häufigkeit der Mutationen in der Geschichte der Lebewesen statistisch erklären und sie in die Geschichte unseres Planeten und unseres Sternensystems einordnen.

Diese Mutationen lassen übrigens die verschiedenen Formen (Allelen) ein und desselben Gens in ungefähr konstanter Proportion nebeneinander existieren, solange die Stärke einer Population groß genug ist und die Auslese (durch Veränderung der »Umwelt«) nicht wirkt; ist die Populationsstärke gering, kann es zu einer zufälligen »Abweichung« kommen, zum Verschwinden dieses oder jenes Allels außerhalb jedes Ausleseeffekts und auch zu einer nicht zu vernachlässigenden Wahrscheinlichkeit, daß sich das eine oder andere erhält oder sich ausbreitet. Bestimmte Gene können übrigens lange »stillhalten« und sich erst dann rasch ausbreiten, wenn eine Veränderung in der Umwelt stattfindet, an die sie sich »im voraus angepaßt« haben.

Die fortschreitende Differenzierung neuer Arten kann so durch die Isolation bestimmter Varietäten derselben Art erklärt werden: Diese verlieren (oder »erwerben«) verschiedene Merkmale und »weichen« immer mehr ab, bis sie sich nicht mehr mit den anderen Varietäten kreuzen können. Die Intersterilität ist in der Tat das eindeutigste Kriterium der Artenunterscheidung. Schon Darwin hat die vierzehn Buchfinkenarten der Galapagosinseln registriert. Man kann auch auf diese Weise die verschiedenen Möwenarten rund um die Arktis bestimmen, die Eisvogelarten Neuseelands oder die Artenbildung der berühmten Taufliegen usw. Sehr oft hat die Isolation der Varietäten (aus denen die neuen Arten entstehen) historische und geographische Gründe: Auf einer Insel kommen Wellen von neuen Tieren an, oder sie ist zu gewissen Zeiten mit anderen benachbarten Inseln oder Kontinenten verbunden; Gebirgshindernisse werden überwunden (oder sind unüberwindbar); ökologische Nischen verhindern die Begegnung der Varietäten; verschiedene Umstände führen zu Unterschieden im Verhalten, die sich der Paarung entgegenstellen oder sie sogar physiologisch unmöglich machen (z.B. eine zeitliche Verschiebung der Geschlechtsreife).

Wie umfassend auch immer ihr Anspruch und wie überzeugend ihre Argumente gewesen sein mögen, die darwinistische Theorie, modernisiert als »synthetische« oder »neodarwinistische« Theorie, war nie allgemein anerkannt, insbesondere aus verschiedenen wissenschaftlichen Gründen, die in Frankreich zuletzt u.a. von P.-P. Grassé interpretiert worden sind.

Dazu kommt, daß ab 1968 die Arbeiten des japanischen Mathematikers Kimura zur Grundlage des »Neutralismus« wurden. Dieser scheint zu beweisen, daß – abgesehen von der Eliminierung wirklich lebensuntüchtiger Individuen und dem Durchsetzungsvermögen der Individuen mit besonders günstigen Merkmalen – die darwinsche Auslese auf die übergroße Mehrheit der von den Genen angenommenen Formen (Allelen) gar nicht wirkt. Hauptfaktor der Evolution wäre demnach der Zufall (Zusammentreffen von Keimzellen), und die Mutationen eines Gens wären völlig »neutral« hinsichtlich der Auslese. In der Tat scheinen die beobachteten Populationen polymorph zu sein, und zwar in ausgeglichener Weise, ohne daß (bei gleichbleibender Umwelt) die Zeit einen Einfluß hätte auf die Proportion dieses oder jenes Allels.

Eine andere, noch jüngere Theorie stellt sowohl das Kimura-Modell als auch den Neodarwinismus in Frage, und zwar in einem zentralen Punkt, nämlich der »stufenweisen« Evolution (welches auch immer deren Gründe sein mögen). Für sie geht die Bildung der Arten der Auslese voraus, und die Eliminierung bestimmter Arten geschieht schlagartig.

Nach den amerikanischen Naturforschern Eldredge und Gould und ihrem Prinzip der »punktuellen (oder zeitweiligen) Gleichgewichte« bleiben die Arten über lange Zeiträume (»Stasen«) hinweg stabil, bis irgendwann am Rand ihres Verbreitungsgebiets kleine Gruppen auftreten, von denen eine sich bei einer größeren Umweltveränderung »explosionsartig« entwickelt und alle anderen Gruppen verdrängt, einschließlich derjenigen, aus der sie hervorgegangen ist. Zwar kann man annehmen, daß sich innerhalb der »Stasen« »graduelle Veränderungen« des darwinschen Typs abspielen, doch das Konzept der »plötzlichen Sprünge« ist von hohem Interesse, da man mit ihm auf bestimmte (übrigens unauffindbare) »fehlende Kettenglieder« nicht mehr angewiesen ist.

So interessant diese Theorien sein mögen, die die Darwinsche Theorie abwandeln, ohne sie für nichtig zu erklären, wir wissen nach wie vor nicht, wie sich so »neue« Organe wie das Auge der Wirbeltiere herausbilden konnten, wie die Fledermaus (und selbst der Vogel) zu Flügeln gekommen ist oder wie überhaupt große Gruppen von Pflanzen oder Tieren »auftreten« konnten. »Evolutionen« hat es gewiß gegeben, doch aufgrund von Vorgängen, die uns zum Teil noch unbekannt sind.

Das Problem stellt sich vor allem für die Zeit vor dem Auftreten des Menschen, vor den großen Eiszeiten. Hingegen sind die äußerst schnellen Entwicklungen der letzten Jahrmillionen im Rahmen der erwähnten Hypothesen erklärbar durch die sehr häufigen Umweltveränderungen, durch die Techniken des Kampfes gegen die Fauna und mehr noch durch die Domestikation von Tierarten. Was keineswegs ausschließt, daß sich Schwämme, Würmer, Weichtiere, Gliederfüßler, Fische, Reptilien oder Saurier in seit etlichen Jahrmillionen währenden »Stasen« befinden oder befunden haben, ebensowenig, wie es fast augenblickliche Mutationen gegeben hat bei den Mikroorganismen (Penizillin-resistente Bazillen), bei den (DDT-resistenten) Insekten oder bei den innerhalb weniger Generationen gezüchteten Säugerrassen (so der riesige Bernhardiner oder der winzige Chihuahua).

Die Tiere ohne den Menschen

Viele Tiere scheinen unabhängig vom Menschen gelebt zu haben, selbst wenn sie manchmal die Geschichte des Menschen beeinflußt haben. Übergehen wir die Schwämme, an denen der Mensch solchen Raubbau getrieben hat, daß sie in gewissen Mittelmeerregionen schon verschwunden sind, auch die Stachelschnecke, von der in der Gegend von Tyros ganze Schalenberge gefunden wurden, was beweist, daß sie vor 3000 Jahren wesentlich vitaler war als heute. Betrachten wir vielmehr so verschiedene Tiere wie Regenwurm, Feldheuschrecke, Anophelesmücke, Hering, Lemming oder Ratte, um zu sehen, ob nicht der Mensch, vor allem, indem er die Umwelt »schädigte«, irgendeinen Einfluß auf deren endogene und exogene Geschichte gehabt hat. So nuanciert sie immer sei, die Antwort lautet eindeutig nein beim Hering. In der Tat konnten bis in die letzten Jahrzehnte hinein selbst der Fang von jährlich Abermillionen von Individuen, die Zerstörung des Laichs und die Überfischung der Ostsee und des nördlichen Atlantiks nicht den geringsten Einfluß ausüben auf diese Art, deren Schwärme viele Milliarden von Individuen zählen, die zudem jedes Jahr zu Hunderten von Millionen verschont werden durch den Kabeljau- und Walfang oder den auf menschlichen Einfluß zurückzuführenden Rückgang der Raubvögel. Die Geschichte des Herings hängt also nur von seiner Natur und von der Temperatur des Meerwassers ab (allerdings war sie selbst, wie wir noch sehen werden, von enormer Bedeutung für die menschlichen Zivilisationen, insbesondere im christlichen Abendland vom 12. bis ins 20. Jahrhundert).

Beim Lemming, dieser nordischen Ratte, gibt es, wie bei zahlreichen anderen Tieren (dem Schneehasen zum Beispiel), periodische Bevölkerungsexplosionen und gewaltige Züge ins Meer und in den Tod, die der Mensch nie eindämmen, verhindern oder sich zunutze machen konnte, auch nach der teilweisen Aufdekkung der Ursachenketten nicht. Die noch unbekannten Ursachen erschienen übrigens früher so mysteriös, daß angesichts der plötzlichen Massenvermehrungen Gelehrte wie Olaus Magnus an einen vom Himmel fallenden Tierregen oder an Urzeugung glaubten. Doch auch wenn die Sache mit dem Lemming die Menschen irritierte oder sie phantasieren ließ, so ist sie gleichwohl nur das Resultat biologischer (allerdings wenig an die Sonnenzyklen gebundener) und ökologischer (in ihrem normalen Verbreitungsgebiet geltender) Bedingungen. Sie gehört auch nicht in die Geschichte seiner vom Luchs bis zur Schnee-Eule reichenden Feinde, die sich nur entsprechend dem Massenauftreten der Beute vermehren, so daß ihre Geschichte teilweise vom Lemming abhängig ist und nicht umgekehrt. Allenfalls könnte man von einem Zyklus sprechen, bei dem der periodische Rückgang des Lemmings einen starken Geburtenrückgang bei seinen Feinden bewirkt, was wiederum den Beginn einer neuen Bevölkerungsexplosion der Lemminge begünstigt. Das wiederum hat zur Folge, daß die wenigen überlebenden Raubtiere nun reichlichere Nahrung finden und zahlreichere und kräftigere Jungen haben, die sich auf die neubelebten Lemming-Kolonien stürzen können. Doch das ist nur ein Element unter vielen anderen. Hier ist nicht die

Olaus Magnus, Erzbischof von Upsala, berichtet im 16. Jahrhundert von den Lemmingen, die sich in manchen Jahren so vermehren, daß man glaubte, sie würden vom Himmel herabregnen. Jedenfalls vermehrten sich dabei auch ihre Hauptfeinde, die Hermeline, und man nutzte die Gelegenheit, ihnen Fallen zu stellen (*Historia de gentibus septentrionalibus,* 1555, Paris, Nationalbibliothek).

geringe Zahl der Luchse (Schnee-Eulen, Füchse, Hermeline) der unmittelbare Grund der Bevölkerungsexplosion; ihre zunächst im Vergleich zu den Beutetieren langsamere und geringere Reproduktion ist höchstens der Grund dafür, daß den Anfängen nicht gewehrt wird. Diese Beispiele zeigen, daß die Geschichte einer gegebenen Tierart zwar durch die Geschichte ihrer Feinde, zu denen manchmal der Mensch nicht zählt, eine etwas andere Wendung nimmt, daß sie jedoch oft auf andere Umweltfaktoren und auf die arteigene Anpassungsfähigkeit an diese Faktoren zurückzuführen ist.

Auch die Geschichte der Feldheuschrecke, auf die wir noch zu sprechen kommen, ist unabhängig von der Geschichte des Menschen, der bis 1912 keine Ahnung hatte, wie dieses Insekt sich »gregarisieren«, verwandeln und in unregelmäßigen Abständen, Hunderte von Kilometern vom Ursprungsort entfernt, vom Himmel herab auf seine Felder, Kulturen, Pflanzungen regnen konnte. Durch die vorbeugende, gezielte Vernichtung der Eier der *Schistocerca gregaria* in den Wüsten und an den Ruheplätzen, vor allem aber durch die – aus ganz anderen Gründen betriebene – Kultivierung oder Aufforstung von Sümpfen, wo die Wanderheuschrecken *(Locusta migratoria)* entstanden, konnten freilich die Menschen langfristig auf die zahlenmäßige und geographische Ausbreitung dieses gefürchteten Insekts einwirken.

Wenn sich der Mensch einmischt

Mit Anopheles, Ratte und Regenwurm kommen wir nun zu Beispielen von Tieren, die eine – oft nicht erwiderte – »Liebe« zum Menschen entwickelten oder sich seine Tätigkeiten zunutze machten und seiner Ausbreitung folgten, gegen die der Mensch freilich bis in die letzten Jahrhunderte hinein nichts ausrichten konnte.

Auf die Anopheles werden wir noch zurückkommen. Der Mensch kann sich nicht nur (trotz DDT und HCH) schlecht gegen sie wehren, er begünstigt sie sogar, indem er sich ausbreitet, vermehrt, indem er Siedlungen gründet, Haustierherden hält, viel und weit reist, kurz, indem er sehr freigebig den Mücken sein Blut darbietet, das für diese eben ein ganz besonderer Saft ist. Sie danken es ihm mit der Malaria!

Auch bei der Ratte erweist es sich, daß ihre für den Menschen dramatische, weil die Pest bringende Geschichte wenig durch menschliches Einwirken beeinflußt wurde. Ob die Hausratte nun den Kreuzrittern gefolgt ist (was vor kurzem mit Nachdruck bestritten wurde), ob sie nach und nach die mongolischen Feldlager und die Oasenstädte Eurasiens bevölkert hat, ob sie im 11. Jahrhundert nach Europa gelangt ist oder ob sie sich schon dort befunden hat (worauf neuere Ausgrabungen hindeuten), auch sie hat jedenfalls Ausbreitungsperioden erlebt, über deren Gründe wir nichts wissen. Es ist wahrscheinlich, daß ihr die Vorratslager der seßhaften oder nomadisierenden Völker die Nahrungssuche sehr leicht machten, daß sie sich bevorzugt in Gesellschaften einschlich, die keine Katzen besaßen und deren Hunde andere Aufgaben hatten, auch daß sie eine ökologische »Nische« bevölkerte, die durch die Vermehrungsfreudigkeit der gesamten Kolonie gegen mögliche Feinde gut gewappnet war. Es ist möglich, daß ihre Ausbreitung durch den Gegendruck der Marder verlangsamt wurde und daß sie erst um das 11. Jahrhundert n.Chr. eine hohe Populationsdichte erreichte. Die Wanderratte hingegen, unsere Kanalratte, hat es (vielleicht) in einigen (wenigen) Exemplaren schon vorher im Abendland gegeben, doch *massiert* ist sie erst 1727 aufgetreten, als sie die Wolga überquerte, ein grauer Teppich von hungrigen und angriffslustigen Tieren, der da vor den Augen der entsetzten Bewohner von Astrachan auf dem Wasser wogte. Es handelte sich dabei um einen biologischen Zyklus und eine Massenwanderung, für die ein Erdbeben im pontisch-kaspischen Raum allenfalls der Auslöser gewesen war. Kein Raubtier konnte diese unwiderstehliche Flut eindämmen, die in wenigen Jahren erst Europa vom Ural bis zum Atlantik, dann die ganze Welt überschwemmte. Dieser Wanderratte gefiel es im Abendland; eine ökologische Nische, die zum Teil in die der Hausratte hineinreichte (die ebenso vermehrungsfreudig, doch sehr viel weniger gut gerüstet und so gut wie friedlich geworden war durch ihr langes Zusammenleben mit dem Menschen) war schnell besetzt. Die Hausratte wurde dadurch aus den Städten und den Kellern vertrieben, in Dachböden und aufs Land abgedrängt und auf Hochlagen und trockenere Gebiete eingeschränkt, wo sie weniger mit den Menschen und seinen Lebensgefährten Berührung hatte. Möglicherweise haben diese Verdrängung und diese doppelte Isolation auch den Kontakt der Läuse mit den Menschen eingeschränkt – und das könnte ein (wenn auch nicht der einzige) Grund dafür sein, daß nach 1720 im westlichen, im Verlauf des 18. Jahrhunderts auch im übrigen Europa die Pest verschwand, die hier vier Jahrhunderte lang gewütet hatte. Im »Gegenzug« hat uns die Wanderratte, die ebenfalls die Pest übertragen könnte, über das Schwein mindestens die Trichine beschert, dazu etliche andere »schmutzige« Krankheiten.

Die Ratten haben sich also in Europa erst ohne das Wissen (?), dann gegen den Widerstand des Menschen breitgemacht, welcher die Gefahr erst spät gewahr wurde und ihr ohnmächtig gegenüberstand: Katzen gegen die Hausratten, Rattenhunde gegen die Wanderratten, Rattengift, blutgerinnungshemmende Mittel, Schutz der Nachtjäger und der Vipern, Hygienemaßnahmen in den Städten, das alles erwies sich als unzureichend. Die Ratte ist zum Parasiten des Menschen geworden, der ihr reichlich Futter gibt in Form von Abfällen der Konsumgesellschaft, mit denen er netterweise problemlos zugängliche, zuhauf aufgestellte Mülltonnen vollstopft.

Schließen wir mit einem letzten, wenig bekannten und dennoch grundlegenden Beispiel, dem Regenwurm nämlich, diesem Liebhaber von welkem Laub und verrottendem Wurzelwerk. Er führt die für den Menschen so nützliche »Tiefenbearbeitung« aus, indem er verfestigten Boden mit unterirdischen Gängen belüftet und Erdklümpchen an die Oberfläche befördert. M.-B. Bouché hat mit seinen Untersuchungen die Geschichte dieses Tieres in Frankreich nachgezeichnet, vor allem im Pleistozän und im frühen Holozän. Auch hier sind die ausschlaggebenden Faktoren der Geschichte hauptsächlich die Eiszeiten und die jüngeren Zwischeneiszeiten. Sie haben einerseits die Vegetation und die Beschaffenheit der Böden verändert, welche vor allem die in saurem Medium lebenden Arten begünstigt hatten; andererseits schlugen sie bei den großen Meeresrückzügen zwischen den Inseln (Sizilien, Großbritannien) und dem Kontinent »Brücken«, was das Überwechseln und die häufige Neuverteilung der *Lumbricidae* von England bis zum Mittelmeer erklärt. Die Temperatur und Feuchtigkeit verändernden Eiszeiten bewirkten auch Verschiebungen in der Höhe, vor allem für die Arten des kalten Klimas *(Octolasium lacteum lacteum)* oder in der Breite für den *Lombricus centralis,* der durch den vordringenden *Lombricus festivus* im Pariser Becken festgehalten wurde. Festzuhalten sind jedoch insbesondere die Folgen für die Vegetation. So wurde, wie wir gesehen haben, durch die subboreale Abkühlung vor 7000 Jahren, die sich im Subatlantikum vor etwa 2400 Jahren noch verstärkte, die (wärmeliebende) Eiche von der Buche verdrängt, was den *Lombricus herculeus* das während der feuchtwarmen atlantischen Klimaperiode vom *Lombricus friendi* bevölkerte Areal von Irland bis zu den Westalpen besetzen ließ. Da diese beiden konkurrierenden Arten sich gegenseitg ausschließen, werden die historischen Gründe ihrer heutigen, an sich erstaunlichen Verbreitung verständlich. In all dies spielt der Mensch höchstens indirekt hinein, und allenfalls seit wenigen Jahrhunderten. Indem er zum Beispiel Wälder rodet und zu Äckern umwandelt, begünstigt er den *Nicodrilus* zum Nachteil des *Lombricus*; er zerstückelt auch den Lebensraum des *Scheroteca* an der Mittelmeerküste, führt aus anderen Kontinenten »kosmopolitische« Arten ein *(Microscolex, Phenetima)* oder verpflanzt Arten, die anthropophil werden *(Eisenia fetida)*. Mit einem Wort, bevor er massiv Kunstdünger und Pestizide einsetzte und Felder mit Wohnsilos zubetonierte, hat der Mensch nie direkt gegen oder für den Regenwurm gewirkt.

Die Bedeutung der nichtmenschlichen (oder »übermenschlichen«) Elemente kann also nicht genug betont werden, und das Werden einiger großer Tierarten darf uns nicht irreführen. Neben den vererbungs- und umweltbedingten Faktoren wirken sich die komplizierten, mit der Ökologie zusammenhängenden biologischen Zyklen aus, zu denen Verdrängungswettbewerbe oder Feindschaften zwischen sehr verschiedenen Arten (Vogel–Hering, Luchs–Lemming), aber auch zwischen eng verwandten oder benachbarten Arten *(Lombricus herculeus–Lombricus friendi*, Wanderratte–Hausratte) hinzukommen. Das bewußte oder unbewußte menschliche Eingreifen ist (bei weitem) nicht ausschlaggebend oder siegreich. Und oft ist der Mensch nur insofern ein Faktor, als er eine Ursache (unter vielen) von Umweltveränderungen ist, von der übrigens auch die bekämpften Arten profitieren können. Auch wenn wir mehr als je zuvor für das Schicksal der Tiere empfänglich geworden sind, so dürfen wir doch nicht die gewaltige Zahl jener Tiere vergessen, die auch heute noch in vollkommener und gegenseitiger Indifferenz der Arten untereinander leben.

2. Tier und Mensch. Das Tier als Räuber und Parasit

Dem Menschen gegenüber können sich die Tiere verschieden verhalten: Indifferent, scheu, zutraulich, je nach ihren Kräften, ihrer Größe, ihrer Eigenart. Oft sind die Reaktionen zwiespältig.

Selbst unbewaffnet, selbst allein, ruft der Mensch bei den großen Landtieren in der Regel Furcht, Unruhe oder mindestens starkes Mißtrauen hervor. Im Luftraum sind die »fliegenden Maschinen« zu »neu«, als daß man von den wenigen Begegnungen mit Raubvögeln oder Zugvogelschwärmen Sicheres ableiten könnte. Im Meeresraum sind die Begegnungen zwar seit langem häufig – Schwamm-, Perlen- und Korallenfischer –, doch vor dem Aufkommen des Badebetriebs und der Erfindung des Tauchgeräts waren sie örtlich und zeitlich beschränkt. Als einzige historische Gewißheit haben wir, daß es einige kulturfolgende, »anthropophile« Arten zu geben scheint (etwa der Delphin, selbst die Mönchsrobbe) und daß andere (wie der Riesenbarsch des Pazifiks oder der Mittelmeer-Krake) den vorbeischwimmenden, großen, arm- und beinbewehrten, in ihrer urzeitlichen Erfahrung nicht vorkommenden Fisch völlig unbewegt oder bloß amüsiert betrachten.

Doch die am weitesten verbreitete »Menschenliebe« ist im allgemeinen ... menschenfressend oder parasitär. Und diese Tiere, die als Angreifer galten, die zielstrebig oder gar mit Vorliebe Menschen angriffen, haben die menschlichen Gesellschaften aus ihrer Indifferenz herausgerissen, haben deren Aufmerksamkeit erregt: Sie wollten es nicht länger hinnehmen und begannen, sich gegen sie zu schützen, sie zu bekämpfen.

Der direkte Angriff

Tiger, Löwen, Panther, Wölfe, Boas, Krokodile, Haie, Bären, Flußpferde, Nashörner, Giraffenbullen, große Känguruhs, aber auch Wildschweine, verletzte Luchse oder Katzen, bedrohte Gorillas, tollwütige Füchse, Strauße, Piranyas – lang ist die Liste der Tiere, die, auf Nahrungssuche, ihre Jungen verteidigend oder Eindringlinge vertreibend, durch Verletzungen oder Krankheit gereizt oder sich angegriffen wähnend direkt Menschen angriffen und sie in Lebensgefahr brachten. Auch die Angriffslust und Schnelligkeit der Adler, Kondore oder kleinerer Raubvögel war gefürchtet, zumindest für die Kinder. Und vergessen wir nicht die als glitschig-widerlich, unheimlich und heimtückisch geltende Welt der Schlangen, Vogelspinnen, Skorpione, Krustenechsen, der Wespen, Hornissen, Bienen, roten Ameisen, Fische oder anderer Tiere mit Giftstachel, dazu all die Tiere, die zwar nicht töten, aber doch Schaden zufügen können wie das Stachelschwein, die Wildkatze oder, zu Recht oder zu Unrecht, die neapolitanische Tarantel.

Da sind auch die Tiere, deren Haut oder Fleisch ein Gift enthält, das tötet, wenn es eingenommen oder inokuliert wird (wie das Gift jenes Frosches, das als Pfeilgift den stärksten Jaguar zur Strecke bringt). Oder die, deren Anblick (in bestimmten Zivilisationen) als abschreckend gilt: Kröten, Spinnen, Nattern. Oder den Geruchssinn beleidigen: Wanzen, Iltis, Skunk. Oder die Haut reizen: Mücken, diverse Insekten. Oder das Gehör: iahende Esel, quakende Frösche. Oder Allergien hervorrufen: Katzenhaare.

Und schließlich die Parasiten. Die sichtbaren, blutsaugenden, von außen angreifenden (Vampire, Blutegel, Läuse, Filzläuse, Flöhe, Wanzen, Zecken, Stechmücken, Sandmücken usw.) und die im Körper lebenden (Bandwürmer, Springwürmer, Peitschenwürmer, Trichinen, Leberegel, Krätzmilbe). Die zuletzt genannten und viele andere unendlich gefährlichere Arten wurden, da sie wegen ihrer geringen Größe und ihrer Verstecke im Körperinnern fast nicht auszumachen sind, von den menschlichen Gesellschaften am spätesten erkannt und identifiziert, obwohl ihr Vorhandensein sich durch sichtbare Symptome verriet. Im Gegensatz zu den erkennbaren Feinden, die zwar oft sehr kurz und unerwartet, aber einzeln angreifen und gegen die sich Verteidigungs- oder Abwehrmaßnahmen ausdenken und ergreifen lassen, zeichnen sich die gefährlichsten Parasiten dadurch aus, daß sie massenhaft angreifen; ihre mikroskopische Kleinheit und die Schnelligkeit ihrer Reproduktion, mithin ihre gewaltige Anzahl befähigen sie dazu. Viele innere Parasiten, auch solche, die gar nicht so schwer zu entdecken sind, können tödlich sein: Die Trichine verursacht Abzehrung, Ödeme und den Tod; die Darm-Peitschenwürmer begnügen sich nicht damit, Blut zu saugen, sie sondern auch Gifte ab, die zu sehr schwerer Anämie führen; der einen Millimeter dicke und bis zu einem Meter lange Medinawurm löst die Bildung der Filariosegeschwüre aus; der *Onchocerca volvulus* ist der Überträger der Onchozerkose, die zu den bekannt schweren Schädigungen des Auges und manchmal des Gehirns führen kann...

Am schlimmsten sind die kleinen parasitären Organismen, die die mörderischsten Endemien der Menschheitsgeschichte hervorrufen. Im Gegensatz zu den Epidemien (hauptsächlich von Mikroorganismen vom Typ »Bakterie« oder »Virus« verursacht), die periodisch die menschliche Spezies dezimieren (doch immerhin Atempausen gönnen), zehren Urtierchen und winzige Würmer ganze Bevölkerungen permanent aus und schädigen sie schwer auf Dauer. Wie es sich für richtige Parasiten gehört, ernähren sie sich von ihnen, bevor sie sie sterben lassen. Der bekannteste und zugleich schrecklichste ist der Blutparasit (*Plasmodium*) des Paludismus (Malaria), der den Tod von vielleicht der Hälfte der Weltbevölkerung verschuldet oder beschleunigt hat und der auch heute noch die Gesundheit von mehr als einer Milliarde Menschen bedroht. Von den Trematoden oder Saugwürmern (bestimmte zu ihnen gehörende Leberegel töten durch generalisierten Befall der Leber und der Lungen) sind die gefürchtetsten die von Bilharz entdeckten Schistosoma. Sie sind die Ursache des ägyptischen Blutharnens und der Darm-Bilharziose, mit dramatischen Folgen für das ganze Afrika, dessen schwarze Bevölkerung auch unter den für die Schlafkrankheit verantwortlichen Trypanosomen zu leiden hat. Genannt seien auch die Leptomonen *(Leishmania)*, die sich in den weißen Blutkörperchen und den lymphoiden Organen (Milz, Knochenmark, Lymphknoten) entwickeln und die *Toxoplasmen*, die über den Befall der Eingeweide und den Angriff auf das Nervensystem für Säuglinge verhängnisvoll werden.

Wir werden natürlich auf den exemplarischen Fall des Paludismus zurückkommen, doch muß auch die Tatsache hervorgehoben werden, daß diese kleinen Organismen im allgemeinen andere Tiere benötigen, um sich zu entwickeln oder den Menschen überhaupt befallen zu können. Es bildet sich also eine Art Tierkette, die aus einem Glied bestehen kann (wie bei den von Mücken übertragenen Fadenwürmern, den von Wanzen übertragenen Leptomonen, den von der Tsetsefliege übertragenen Trypanosomen oder der von der Pappatacimücke übertragenen Leishmania). Meist besteht aber die Kette aus mehreren Gliedern: Die Leberegel oder die Bilharzia (Pärchenegel) können zunächst nur in einer Lungenschnecke leben (Posthornschnecke, Blasenschnecke, gemeine Schlammschnecke, Weinbergschnecke usw.), bevor sie als Zerkarie (oder auf einer Pflanze haftende Metazerkarie) das Säugetier befallen kann, das die Pflanze frißt, die Ameise, die sie schleppt, oder auch den Menschen, der ein infiziertes Gewässer durchquert. Die Blutparasiten des Paludismus benötigen das fettreiche, den Darm der Anophelesmücke umgebende Muskelgewebe, bevor sie in deren Speicheldrüse gelangen und dem Menschen eingeimpft werden können. Die

Trichine, typisch für die Ratte, benützt als Zwischenwirt das die Ratte fressende Schwein, welches sie wiederum an den Menschen weitergibt, der rohes oder ungenügend erhitztes Schweinefleisch ißt. Die Toxoplasmen benützen auch häufig die Katze als Wirt. Für die Geschichte dieser Tiere ebenso wie für die Geschichte der Krankheiten und der Medizin, der Demographie und des Menschen ist die Feststellung von Interesse, daß das Fehlen oder Verschwinden (durch Zufall oder durch bewußtes oder unbewußtes menschliches Handeln) eines einzigen Glieds dieser Kette (Zwischenwirt Weichtier z.B.) den parasitären Feind zurückdrängt, ihn verschwinden oder ungefährlich werden läßt.

Es bleibt uns noch von den sehr schweren Epidemien zu sprechen, die von Bakterien, Pilzen oder Viren verursacht, jedoch über tierische Zwischenstationen übertragen werden: Fleckfieber durch Flöhe oder Läuse der Nagetiere und des Menschen; Onchozerkose durch Kriebelmücken; das Arborvirus des Gelbfiebers durch quergestreifte Gelbfiebermücken; die Pest durch die Läuse der Hausratte und einiger anderer Nager; Tollwut vor allem durch Füchse, Wölfe und Hunde; verschiedene (oft septische) Infektionen durch Tiere über Fangzähne, Krallen, Stachel, Rüssel und zwar nicht giftige, jedoch schmutzige Zungen; Streptokokken, Trypanosomen, Brand, Cholera, Trachome usw., mit Fliegen oder Stechfliegen als Überträger. Die Ansteckung mit Trichinosen, Bandwurmkrankheiten, Brucellosen, Toxoplasmosen usw. kann geschehen durch das Streicheln des Fells (Echinokokkose des Hundes), durch den Kontakt mit der Haut oder der abgestorbenen Wolle (Brand), mit Kadavern, Gerippen, Urin oder Exkrementen; durch den Verzehr von Fleisch, Milch oder Eiern von erkrankten Tieren. Die Geschichte dieser von Tieren verursachten, übertragenen oder ermöglichten, sehr gefährlichen Erkrankungen, dieser »Zoonosen« (»die natürlich von Wirbeltieren auf den Menschen übertragen werden und umgekehrt«), ist also ganz besonders kompliziert, weil sie verschiedene Tiere mit sehr verschiedener Ökologie ins Spiel bringt und weil sie nicht nur die Kenntnis der Geschichte der Zoologie, der Medizin, der Pharmazie, der Biologie und der Wissenschaften im allgemeinen voraussetzt, sondern auch der Menschen, ihrer Leukozyten- und Blut(gruppen)systeme, ihrer Lebensweise u.a.m.

Man sieht, wie simplifizierend für den Historiker oder Ökologen das monokausale Prinzip ist, das von den theoretischen Wissenschaften stammt und das viele Ärzte, immer noch unter dem Eindruck der revolutionierenden Entdeckungen Pasteurs, glauben auf die Geschichte anwenden zu können, die sie mit einer reinen Chronologie gleichsetzen. Wie die Tiere und wie jedes lebende Wesen, das von der Geschichtswissenschaft in die Zeit eingeordnet wird, beruhen die Krankheiten auf einem gewaltigen Bündel von Faktoren. Isoliert man im Bemühen um Klarheit eine vielleicht besonders bedeutsame und augenfällige Faktorenkette, so darf man weder die äußerste Kompliziertheit der sie bildenden Elemente vergessen noch die Tatsache, daß keine Geschichte, auch die Geschichte der Tiere nicht, losgelöst werden darf von der Geschichte des Lebens insgesamt und insbesondere der allgemeinen Geschichte der Umwelt. Die Geschichte der Pest zum Beispiel, die wir allmählich besser kennenlernen durch die

Medizinhistoriker und die Analyse der Beziehung zwischen der Geschichte und der Medizin (wie sie D. Sournia mit so feinem und sicheren Gespür vorgenommen hat), impliziert unter anderem die Geschichte der Ratte und der Nager, die Geschichte der Rattenflöhe und der Menschenflöhe *(Xenopsylla cheopis* und *Pulex irritans)*, die Geschichte des Bazillus *(Yersinia pestis* und eventuelle Mutanten), ganz zu schweigen von den unauslotbaren Tiefen des menschlichen Geschicks.

Der indirekte Angriff

Manchmal schädigt das Tier den Menschen nicht an Leib und Leben, sondern an seinem Eigentum; dieser Angriff, augenfälliger und eher punktuell, wird sogar heftiger empfunden als jeder andere. So ist die Geschichte des Wolfs zum großen Teil an die Geschichte des Schafes gebunden, die feindselige Haltung des Menschen ihm gegenüber geht denn auch auf die indoeuropäischen Hirten zurück, während, wie M. Ortalli gezeigt hat, der Wolf vor dem Hochmittelalter den Menschen praktisch nicht angegriffen hat. Fuchs und Marder rauben hauptsächlich Federvieh; der Löwe reißt Hausrinder, die mehr Fleisch haben als die menschliche Spezies und weniger kämpferisch sind als Wildrinder, deren mächtige Bullen eingekreiste Löwen mit Leichtigkeit umbringen würden. Adler und Raben stoßen auf Jungtiere der Herde oder des Hühnerhofs herab; der Bär frißt alles (nicht nur Honig). Wildschweine, Rot- und Schalenwild und das Wildkaninchen verwüsten die Saaten und die Kulturen; der Biber stört den Waldbauern, der Fischotter entvölkert die Teiche und die fischreichen Bäche; Wildkatze, Wolf und Luchs verfolgen das Wild, das sich der Mensch für sein Vergnügen, seine Nahrung oder seinen Gelderwerb vorbehalten möchte; Wühlmäuse und Mäuse fressen und verunreinigen die Getreidevorräte; Vögel machen sich an die Saatkörner, Ähren, Trauben und Früchte heran. Am begehrtesten sind Konsumgüter, insbesondere die unentbehrlichen Nahrungsmittel, und gerade sie sind am verletzlichsten. Obwohl Termiten, Ameisen, Motten oder Küchenschaben erhebliche Unannehmlichkeiten bringen, sind deshalb die schlimmsten Geißeln der menschlichen Gesellschaft jene Tiere, die sich über die Kulturpflanzen hermachen, und am schrecklichsten sind die Insekten: Die Heuschrecke kommt in ungeheuren Schwärmen und verwüstet, wie eine Strafe Gottes, alles auf ihrem Weg. Der Maikäfer entwickelt in manchen Jahren in der Maienzeit eine furchterregende Geschäftigkeit. Der Rüsselkäfer und der Kornkäfer sind die Hauptschädlinge der Getreidevorräte, zusammen mit dem Mehlkäfer, der das Mehl verdirbt. Dadurch, daß dann eine Ernte nicht bis zur nächsten reicht, können sie ganze Menschengruppen in eine Hungersnot treiben. Ohne Zahl sind endlich jene Insekten oder »Würmer«, die diese oder jene Pflanze »bevorzugen«: Apfelblütenstecher, Nußbohrer, Rübenfliegen, Kohlweißling, Eulenfalter, Bohnenblattläuse und Schildläuse brachten im mittelalterlichen Abendland die Ernte der Zusatz- und Ersatznahrungsmittel in Gefahr. In neuerer Zeit haben zwei Insekten Grundnahrungsmittelkulturen befallen: Einerseits die Reblaus, die kurz vor 1868 auf aus Amerika importierten Pflanzen in Frankreich festgestellt wurde, innerhalb weniger Jahre die Hälfte der französischen Weinberge vernichtete und die Weinernte auf ein Drittel zurückgehen ließ. Andererseits der Colorado-Kartoffelkäfer: Drei Generationen von Larven und Vollinsekten jährlich fressen Blätter und Stengel des Grundnahrungsmittels Kartoffel und der wertvollen Tomate.

Weit gefährlicher als Wölfe und große Räuber sind andere Tiere, die die Haustiere bedrohen. Es sind vor allem Insekten und andere Gliederfüßler wie die Spinnen, die Pferde-, Rinder- und Schweinebandwürmer, die Schafs-Leberegel, die Katzen-Toxoplasmen, die Kokzidien der Hühner und Kaninchen *(Eimeria perforans*, die zusammen mit *Eimeria stiedae* jene schwere Tierseuche hervorruft, die die jungen Stallhasen hinwegrafft).

Tierseuchen und Pflanzenseuchen, durch parasitäre Lebewesen, Pilze, Algen oder Bakterien hervorgerufen, werden oft von Tieren oder Tierketten übertragen. Wir werden noch von der Pebrine reden, die sich für die Seidenraupe und ihre Zucht vor 1865 katastrophal auswirkte, außerdem vom Fall der dramatischen Verbreitung der Myxomatose in Frankreich und Australien in den Jahren 1952 und 1953.

Die Reaktion des Menschen: das Tier wird zum Feind

Auf diese verschiedenartigen Angriffe, die wir absichtlich in ihrer ganzen Vielfalt aufgezählt haben, haben die Menschen je nach Epoche und Zivilisation verschieden reagiert. Zwar waren da auch psychologische Reaktionen: Angst, Bewunderung, Vorsicht, Haß, Wut (wir werden noch darauf zu sprechen kommen), doch man kann sie nicht von den zahlreichen anderen Komponenten trennen. Physische Reaktionen, vor allem gegen den tierischen Feind: In der ersten Zeit griff der Mensch zur Abschreckung, er versuchte, die Raubtiere mit Gesten, Geräuschen, Steinwürfen fernzuhalten. Als er das Feuer beherrschte, legte er Feuergürtel an. Dann versuchte er es mit der Vogelscheuche, die im Abendland jahrtausendelang in Gebrauch blieb. Vor allem aber ging er von der Verteidigung zum gezielten Angriff über, wie der Assyrerkönig Assurbanipal, der, wie berichtet wird, im 7. vorchristlichen Jahrhundert in Mesopotamien die Löwen ausrotten wollte, weil er sie für zu gefährlich hielt, obwohl sie im Lande als heilig galten. Karl der Große hielt gegen die Biber *beverarii*, die im Mittelalter von den Otterjägern abgelöst wurden. Der gegen den räuberischen Wolf geführte Krieg ist in dieser Hinsicht typisch: Vom in der Gruppe mit dem Messer oder dem eisenbeschlagenen Stock geführten Abwehrkampf geriet er zum heimtückischen Angriffskrieg mit Fallen, Gruben und Giftködern, um schließlich zum offenen, planmäßigen, auf Leben und Tod geführten Vernichtungskrieg auszuarten, mit Hunden, Pferden, Treibern, Schußwaffen (das Gewehr ist deren jüngste Spielart) oder langen Spießen und Säbeln, mit denen man dem Feind in einem letzten Nahkampf am Boden den Gnadenstoß gab.

Der bewußte und direkte Kampf gegen die giftigen Kriechtiere bestand vor allem in Abschreckung, wurde aber mit lautem Lärm vorgetragen, um die Tiere zu beunruhigen und zu vertreiben und, falls man eines Exemplars habhaft wurde, es mit biegsamen Stöcken, mit Steinen und Grabscheiten zu töten. Bei Ausrottungskampagnen größeren Maßstabs schritt man zusätzlich zur klassischen Treibjagd (mit geschützten Beinen und bewaffneten Händen) und zur Vernichtung der Eier oder der Jungen, man erschwerte die Paarung oder die Befruchtung, man schützte ihre natürlichen Feinde wie den Sekretär und den Adler, man hielt Katzen und Mangusten in den Häusern. Natürlich versuchte man gleichzeitig, chirurgische und therapeutische Maßnahmen zu entwickeln, um gebissenen Menschen und Tieren zu helfen.

Während man immerhin mit einigen Erfolgschancen gegen relativ große Tiere vorgehen konnte, war der Kampf gegen die zahlreichen, schnellen und manchmal winzigen Insekten fast hoffnungslos. Zwar hatte man gelernt, wie Marco Polo berichtet, Mücken, Bienen und Wespen mit beliebigem oder speziell hergestelltem Rauch fernzuhalten, zu vertreiben oder zu betäuben. In Lateinamerika wandte man das Prinzip auch auf die Ameisen an, die man umlenkte, indem man ihnen widerstrebende Flüssigkeiten verschüttete. Doch nur die gefürchtete Heuschrecke ließ die Menschen schon in der griechischen Antike eine wirksame Strategie entwickeln, die in der systematischen Vernichtung entweder der Eier (wie in Kyrene) oder der Jungen (wie auf Lemnos) bestand, was den Vormarsch dieser Tiere aufhalten konnte. Dasselbe Prinzip sollte erst im 20. Jahrhundert wieder angewandt werden, als versucht wurde, die Larven der Anopheles zu ersticken!

Als dem Kampf gegen die Insekten zugehörig wollen wir noch das traditionelle, überall gepflegte Lausen erwähnen, das viele Jahrhunderte lang fast wie ein eheliches, elterliches oder gesellschaftliches Ritual gepflegt wurde und das nicht ohne Zärtlichkeit war. Eine gewisse Hygiene verursachte einen teilweisen Rückzug dieser Parasiten, gegen die man vorher durch Gewöhnung unempfindlicher, wenn nicht gar immun war, was die gute innere Reaktion auf äußerliche toxische Substanzen beweist (wogegen die Toleranz gegen innere Einwirkungen mit einer allgemeinen Schwächung bezahlt werden muß, die das Individuum auch für geringfügige Krankheiten anfälliger macht).

In jüngster Zeit hat der Krieg des Menschen gegen seine Tier-Feinde und seine Parasiten eine neue Wendung genommen, dank der Fortschritte der Chemie und der Biologie, aber auch der Zoologie, die die Entdeckung und Identifizierung des zu vernichtenden Tieres und das Auffinden der geeigneten Mittel erleichtert. Vom Strychnin zum DDT und HCH – man weiß inzwischen, wieviel Segen und Unsegen diese nur selten selektiven Methoden gebracht haben, die Haustieren und Schädlingen ohne Unterschied Krankheitskeime einimpfen und sie vergiften, die Nutz- und Schadinsekten zugleich dezimieren, die ganze Nahrungsketten verseuchen und darüber hinaus die Entwicklung von resistenten Stämmen oder

Verhaltensänderungen fördern: Wir erleben die Chininresistenz bestimmter Blutparasiten, die DDT-Resistenz von Insekten; man stellt fest, daß die zur Plage gewordenen Kaninchen inzwischen immun sind gegen die Myxomatose, daß die Ratten und Wölfe so mißtrauisch geworden sind, daß sie den Giftköder verschmähen, daß der europäische Biber keine Staudämme mehr baut, sondern sich einen Bau gräbt. Die Schwächung, Ausrottung oder das Verschwinden von schädlich gehaltenen oder als nicht eindeutig nützlich angesehenen Tieren bewirkte bei deren Beutetieren eine ungehinderte Vermehrung, die neue Probleme entstehen ließ und die empfindlichen Gleichgewichte von Biotopen beträchtlich störte. So begünstigte das Verschwinden des Wolfs das Überleben der Frischlinge, worauf Wildschweine die Felder verwüsteten. Der Kampf gegen die Viper nützte der Entwicklung der Ratte ... Von den »Schönheitsfehlern« des biologischen Kampfes ganz zu schweigen, auf die wir später zu sprechen kommen und die unerwartete Umorganisationen nach sich ziehen können.

Ob siegreich oder nicht, der Kampf gegen den tierischen Feind hat sich also nicht nur auf die demographische Expansion des Menschen ausgewirkt und die Mentalitäten, die Haltungen und die Phantasie tief geprägt; er hat auch viel zur schnellen Veränderung der Umwelt beigetragen.

3. Die Nutzung der Tiere

So groß die Zahl der Tiere auch sein mag, die sich dem Menschen gegenüber indifferent verhalten, so grundlegend die Bedeutung jener Tiere, die ihm feindselig gegenübertreten, so groß die Menge derer, die von ihm profitieren, so weitreichend die Umweltveränderung, die die menschlichen Abwehrmaßnahmen auslösen können – eine sich uns heute aufdrängende Hauptbeziehung zwischen Mensch und Tier ist die menschliche Nutzung des Tieres, und diese hat mit den ersten Zivilisationen begonnen.

Erstes Ziel des Menschen war sicherlich die Ernährung, das Essen bis hin zur Feinschmeckerei. Doch er wußte auch anderes zu nutzen: Rohstoffe, formbare wie das Wachs, harte wie das Horn, die Knochen und das Elfenbein; geschmeidige wie den Schwamm oder belastbare wie die Sehne; dazu Schmuck oder edles Material wie Korallen, Perlen, Schildpatt, Perlmutt, Straußen-, Tukan-, Quetzal-, Kiwi-Federn; oder Kleider aus Leder, Häuten, Pelzen, Vikunjawolle, Biberhaar, Wildseide; Farbstoffe wie das Purpur der Purpurschnecke, das Zinnober- und das Karmesinrot der Koschenilleschildlaus; Parfums aus der grauen Ambra des Pottwals, sogar Münzen (Kaurischnecke). Das Tier gab ihm auch Gelegenheit, seine Energien, seine Tatkraft, seinen Geschäftssinn, seinen Sadismus, aber auch seine Religiosität, seine Dankbarkeit und seine Sorgen auszudrükken. Aus der bloßen Nutzung von Wildtieren wurde nach und nach eine zum Teil planvolle Nutzung von gehüteten, gezähmten und domestizierten Tieren. Es entstanden daraus bestimmte typisierte Verhaltensweisen dem Tier gegenüber, die aber viel von ihrer ursprünglichen Eigenart und von den Beweggründen behalten haben, die der Sammler, der Fischer, der Jäger, der Wettkämpfer oder der Opferpriester vererbt hatten.

Das Sammeln

So erstaunlich es scheinen mag, zahlreiche Tiere lassen sich bequem »aufsammeln«, sie müssen dazu nur unbeweglich oder langsam genug sein. Schnecken, Weichtiere in seichtem Wasser (Miesmuscheln, Austern, Seeohr und andere Muschelarten), Seeigel, die großen Engerlinge und die dicken Raupen, diverse Insekten, Schildkröten, Jungtiere, die bei der Flucht leicht einzuholen sind (tapsige junge Bären, verirrte Rehkitze, noch nicht flügge Vögel), unter großen Steinen verkrochene, mit der Hand gegriffene Fische oder auch jene großen Vögel, die nichts von Raubtieren wissen, wie die Taube der Kapverdischen Inseln oder die Dronte der Insel Mauritius, und das sind nur einige Beispiele unter vielen. Diese Fangtätigkeit, deren einziges Motiv die Nahrungssuche ist, ist so alt wie der Mensch selbst.

Eine andere Art des Sammelns besteht darin, daß man sich der Vorräte bemächtigt, die von verschiedenen Tieren gehortet werden. Die von den Menschen der Altsteinzeit gemachte Entdeckung der gewaltigen Vorratslager des Hamsters, die zentnerweise Korn, Wurzeln und andere Pflanzenbestandteile enthalten können, soll nach einigen Autoren die Menschen erst dazu bewogen haben, sich selbst Vorräte anzulegen. Freilich kann das Sammeln von tierischen Stoffen auch über die reine Nahrungsbeschaffung hinausgehen. Selbst das einfache Aufsammeln von Eiern kann im Rahmen des Kampfes gegen feindliche Arten geschehen oder die Zucht von Tieren bezwecken, die man zähmen will. Das Wachs, erster und sehr lange Zeit einziger plastischer Werkstoff des Menschen, war wegen seiner Seltenheit lange wertvoller als der Honig. Weichtiere und Schildkröten waren ebenso begehrt wegen der Perlen, des Karneols, des Schildpatts und des Perlmutts, Stoffe, die in Schmuckherstellung des abendländischen Mittelalters sehr hoch geschätzt wurden. Und die rote Koralle des Mittelmeers, die, wie S. Reinach meisterlich bewiesen hat, schon in der keltischen Kunst sehr breite Verwendung fand, diente dem mittelalterlichen Handwerk Italiens, der Provence und Kataloniens als Rohstoff und ging als Ware eines (gewinnträchtigen) Handels in die Länder des Islam und des Fernen Ostens. Das Meer liefert auch die legendäre Stachelschnecke, die den Purpur von Tyros abgab: Mit ihm wurden in der Antike edle Stoffe gefärbt, vor allem die Seide, die aus eingesammelten wilden Kokons auf der Insel Kos gewonnen wurde.

Ebenso wie das Beispiel des Wachses der Wildbienen, der Korallen und der auf dem Wasser des Indischen Ozeans treibenden grauen Ambra des Pottwals zeigt auch dieses letzte Beispiel, wie schon einfaches Sammeln erfindungsreiche Gewinnungsmethoden und eine verfeinerte Zivilisation voraussetzt. Beobachter aus der Antike, wie zum Beispiel Aristoteles (der teilweise von Clemens von Alexandrien übernommen wird), erwähnen jene große Raupe, die nach sechs Monaten »kampe«, dann »bombylis«, dann »nekydalos« wird und deren Seidenfäden von Frauen entrollt, abgehaspelt und verwebt wurden. Pamphylos soll in Kos der erste gewesen sein, der sich dieser Beschäftigung widmete. Plinius berichtet, daß sich die Raupen auf den Zypressen, Terebinthen, Eichen und Eschen aufhielten. Heutzutage befindet sich der *Pachypasa otus Drury* auf denselben Bäumen (und auf Wacholderbäumen), doch seine weißen oder weißgrauen, schlecht vor Vogelfraß geschützten Puppenkokons interessieren niemanden mehr. Hingegen wurden die wildlebenden Seidenraupen bis in die Mitte des 20. Jahrhunderts von den Indern und den Chinesen beständig gepflegt: Die Eier der *Antherea paphia L.* und der *Antherea pernyi* wurden sorgsamst eingesammelt, nach dem Schlüpfen wurden die Raupen auf die verschiedensten Bäume ausgesetzt, verpflanzt, wenn die Blätter aufgefressen waren, und vor Vogelfraß geschützt. Bestimmte Kokons von verwandten Arten gaben bis zu 1200 oder 1400 Meter Faden (also fast so viel wie beim Echten Seidenspinner, der seit Jahrtausenden gezüchtet wird). Die Gewinnung dieser Shantung- oder Tussahseide zeugt also bereits von planvollem Vorgehen. Die Seide des riesigen *Attacus Atlas*, die sogenannte Fagaraseide, verschwand, als die systematisch angebauten Tee- und vor allem Chinarindenbaumpflanzungen drastisch die Schäden bewiesen, die die Raupe vor der Verpuppung anrichtet.

Die Geschichte des Sammelns tierischer Stoffe erlaubt also die Rekonstruktion der Geschichte der gesammelten Tiere selbst und ihrer Beziehung zum Menschen. Und es ist allgemein bekannt, daß diese primitive Tätigkeit zu einer kontrollierten und organisierten Verwertung geführt hat: Austern- und Hummerzucht, Imkerwesen, Seidenraupenzucht.

Der Fischfang

Ähnlich steht es mit dem Fischfang, der ein schon entwickelteres Sammeln ist, denn er erfordert im allgemeinen ein Werkzeug (Angel, Netz, Dreizack, Pfeil, Harpune) und sehr häufig ein Mittel, um auf dem Wasser zu schwimmen (aufgeblasener Balg, Holzstück, Floß) oder sich darauf fortzubewegen (Kahn, Boot).

Eigentlich führt die Geschichte des Fischfangs zur Geschichte der Fische, doch wenn man ihre Bedeutung auf das Fangen jeglicher Art von lebendem Getier in jeglichem Gewässer ausdehnt, sieht man, daß sie das Bindeglied zwischen dem Sammeln (Seeigel, Schalentiere, Weichtiere) und der Jagd (Wale, Fischotter, Robben) darstellt. Gleichwohl muß unterschieden werden einmal zwischen der weitläufigen Geschichte der Fischereitechnik (vom knöchernen Angelhaken bis zu Schleppnetz, zum Sonar und Tiefseelot), dann der vom Segel zum Motorantrieb führenden Geschichte der Navigationstechnik und schließlich der Geschichte der Konservierungsmethoden und der Fischvermarktung, ganz zu schweigen von den vielschichtigen Verhaltensweisen des Menschen gegenüber den Wasserbewohnern.

Zunächst beschränkte sich der Mensch auf die Fische, die er antraf, die er (relativ) leicht fangen und gefahrlos oder sogar lustvoll verzehren oder sonstwie verwenden konnte. Auch hier befinden wir uns wieder im Grenzbereich zur Geschichte der Ernährung oder der Gastronomie, die wechselnde Vorlieben und die Einordnung dieser Vorlieben in Raum und Zeit mit einbezieht. Daraus ergibt sich eine Auswahl von fischessenden Populationen, deren vollkommenste Ausprägungen sich in Afrika, bei den südamerikanischen Indianern und vor allem bei den Eskimos finden, die deshalb eine bestimmte Hautfarbe, eine bestimmte Körpergröße und ein bestimmtes, sehr typisches physiologisches Gleichgewicht aufweisen.

Man kann die Naturgeschichte der Fische aber auch mit deren Lebensräumen anfangen: Süßwasser, seichte Gewässer, lichter oder felsiger Meeresgrund, Küstengewässer; Konzentration in gewaltiger Zahl zu bestimmten Jahreszeiten zur Laichablage, Vereinzelung (an Orten, wo sie manchmal eine leichte Beute sind) oder zyklisches, natürliches oder endgültiges Seltenwerden (durch direktes oder indirektes menschliches Einwirken oder durch irgendwelche anderen Faktoren), das sich abgeschwächt niederschlägt in Versorgungsschwierigkeiten oder in steigenden (bzw. sinkenden) Preisen; Wassertemperaturen und Verschiebung der Ströme (die Sardellenfischerei vor der peruanischen Küste sank durch Störungen im El-Nino-Strom von 12,6 Millionen Tonnen im Jahre 1970 auf 1,2 Millionen im Jahre 1978).

Der Fischfang hat sich so im Laufe der Zeiten je nach Art verschieden stark gewandelt. Der überall, auch im Mittelmeer vorkommende Thunfisch wurde immer gefischt, der Hering praktisch nicht vor dem ausgehenden abendländischen Hochmittelalter; der Kabeljau selten vor dem 16. Jahrhundert und bevor man die Neufundlandbänke erreichen konnte; der Krill (3–5 cm lange Garnelen) und die Heringsfische des Pazifiks werden heute noch nicht gefischt. Andererseits sind an verschiedenen Orten der Lachs, der Stör, die Alse und die Forelle erheblich seltener geworden, manchmal innerhalb weniger Jahrzehnte, wie die Untersuchungen X. Halards am Beispiel des nordischen Lachs im ausgehenden 15. Jahrhundert zeigen. Auch die Verwendung wandelte sich, denn der Fisch dient nicht nur zu Nahrungszwecken. Heute werden 30 % des Fischereiertrags zu Futtermehl verarbeitet, für die Landwirtschaft, für Haus- und Labortiere. Ein beträchtlicher Anteil dient zur Herstellung von Leim, verschiedenen Ölprodukten, biologischen, kosmetischen und pharmazeutischen Erzeugnissen. Bedenkt man noch die Verwendung von Häuten, die Haltung von Goldfischen und verschiedener Aquarienfische, so gewinnt man eine Vorstellung von der breitgefächerten Zielsetzung der Fischerei.

Der Fischfang hat nicht nur die Vorstellungswelt des Menschen im allgemeinen und der Gesellschaft der Seeleute und Fischer im besonderen mitgeprägt, sie hat auch deutlich spürbare Folgen gezeitigt. Sie nötigte unter anderem dazu, sich des

Tiers selbst anzunehmen und es zu schützen: gegen schädliche Pflanzen (die zur Eutrophierung der Seen führen), gegen die verschiedensten Umweltverschmutzungen (sinkender Sauerstoffgehalt, Konzentration von meist chemischen Schadstoffen in der Nahrungskette, Einleitung von Öl und Industrieabwässern, Sickerwässer von gedüngten Landwirtschaftsflächen, Radioaktivität, Anstieg der Temperatur in der Umgebung von Kohle- oder Kernkraftwerken usw.), gegen Raubtiere wie Fischotter oder bestimmte Raubfische (Hecht, Katzenwels, Barrakuda) und gegen den Menschen ...

Man versuchte also, die Fischerei mit Vorschriften zu begrenzen oder zu regulieren, da sie immer zerstörerischer wurde, vor allem durch die Grundschleppnetze, mit denen man die Kontinentalsockel rücksichtslos leerfischte und dadurch die Reproduktion der erwachsenen und das Aufwachsen der jungen Tiere gefährdete.

Zum menschlichen Hinzutun ist auch das Anlegen von Fischteichen zu rechnen, das Wiederbevölkern von Bächen und Seen oder gar Lagunen, Tätigkeiten, die den großen, zum Teil gelungenen Versuchen der Fischzucht seit 2000 Jahren vorausgegangen sind. Das Ideal wäre hier die Beherrschung der Laichablage, der Larvenaufzucht und des Wachstums der Setzlinge, was übrigens im Süßwasser weniger schwierig ist als im Meer, wo beträchtliche Gefahren bestehen, weil es unmöglich ist, einerseits Raubfische und Epidemiegefahren fernzuhalten und andererseits die Qualität des Wassers und der Nahrung sicherzustellen. Außerdem sollen die gezüchteten Fische nicht in die freie Wildbahn, sondern zum Verkauf gelangen. Die gegenwärtigen Bemühungen zielen indessen nur auf sofortigen Gewinn ab, nicht auf die Wiederherstellung des Umweltgleichgewichts, und man fängt gewöhnlich Jungtiere auf offener See, mästet sie in Lagunen (Goldbrasse und Mittelmeer-Seewölfe), in Becken (Meeräsche, Katzenwelse des fernen Ostens), sogar in schwimmenden Käfigen, in denen sie gefüttert werden (Barben oder Riesenbarsche in Thailand und Hongkong). Diese Techniken machen auch hier deutlich, wie die Fischerei zwar nicht zur Domestikation, doch zumindest zur Zucht geführt hat; und wie sehr unausgewogenes Eingreifen des Menschen in verschiedene Glieder der Nahrungskette dazu beiträgt, die Geschichte der Arten in die unterschiedlichsten Abläufe zu lenken. Wir werden dies noch bei der Geschichte des Herings sehen.

Die Jagd

Das Fischen wird manchmal als Jagd aufgefaßt (es ist es tatsächlich bei Walen, auch bei Schwertfischen oder Haien), weil es bisweilen dieselben Kennzeichen aufweist, die zu Lande die Jagd charakterisieren: Es ist (angreifende) Verteidigung, Broterwerb oder Vergnügung. Doch im Gegensatz zur Fischerei, die meist auf Millionen und Abermillionen von Individuen abzielt, wird die Jagd als individueller Kampf empfunden, bei dem der Mensch sogar sein Leben riskieren kann. Die ständige Gefährlichkeit des Fischens auf hoher See geht manchmal zwar auch vom Tier selbst aus (Wal, Schwertwal, Hai), doch meist ist sie dem Wasser, dem Sturm, dem Ertrinken, dem Anschwellen der Flüsse zuzuschreiben. Gleichwohl können bestimmte Arten des Fischens im Süßwasser (oder im Meer, siehe Hemingway), von der Lachs- bis zur Gründling-Angelei, jenem Kampf zweier Individuen ähneln, der sich bei der Jagd zwischen dem Jäger und seinem Wild abspielt.

Der Kampf gegen ein schadenstiftendes Tier, bei dem Gefühle wie Haß, Rachedurst, Angst, Ärger, Ekel mitspielen oder ganz einfach die Sorge bestimmend ist, künftigen Schäden vorzubeugen, nimmt gewöhnlich die Gestalt der Jagd an, doch nicht immer. Der Unterschied ist augenfällig zwischen der Treibjagd eines oder mehrerer Verfolger auf ein gefährliches Tier – Wolf, Tiger, Löwe, Krokodil, Hai – und dem gemeinschaftlich geführten Kampf gegen Ratten, gegen die Ernte bedrohende Vögel, gegen den Kartoffelkäfer, gegen Schlangen, Fliegen oder Würmer.

Gewöhnlich bedeutet die Jagd Verteidigung oder Erwerb von Nahrungsmitteln oder anderer Güter: Das Wild soll ein Festschmaus werden oder es soll, an andere verkauft, das Auskommen verbessern oder einen Luxus ermöglichen. Sein Fett dient auch als Grundstoff in der Küche und speist die Lampen, es macht die Gesichtshaut geschmeidiger, schützt vor Frostbeulen. Weiter sind da die Hörner, Zähne und Stoßzähne, Knochen, Sehnen, Därme, Geweihe; auf den Häuten kann man schreiben, sie schützen vor der Kälte, vor dem Regen, vor dem bösen Blick; sie schmücken und verschönern als Zeichen des Reichtums, des gesellschaftlichen Ranges und Ansehens; die Haare polstern, und die Federn sind in der indianischen Welt hochbegehrt. Denken wir an das Beispiel des indianischen Büffels, der alles lieferte: das Leder für die Bekleidung und die Zelte, das Horn für die Küchengeräte, die Sehnen für die Stricke, das Haar für die Kissen und Decken, die Zähne und Hufe als Rohmaterial für Schmuck und anderen Zierat.

Betrachten wir indessen den reinen Nahrungsaspekt der Jagd etwas eingehender. Wir stellen fest, daß sie in der Geschichte des Abendlandes in bestimmten Bereichen – und zunehmend – von einem Verbot eingeschränkt wird: Vom 8. bis zum 18. Jahrhundert bleibt sie mehr und mehr dem Adligen, dem Herrn, dem Krieger vorbehalten. Vielleicht auch, weil die Jagd in kühlen und feuchten Waldgebieten zusätzliche Energie erfordert, erhöht der Fleischgenuß (vor allem der Genuß von rotem, wildem, kräftigem Fleisch) in dieser fleischessenden Zivilisation das Ansehen der Herren. Und diese brauchen viel Fleisch, denn sie sind ebenso große Esser wie Gastgeber. Und sie brauchen gutes Fleisch, denn das Wild verleiht zwar Kraft, aber die Jagd verbraucht auch welche. Der Mächtige kann ohne Fleisch nicht leben, und die größte Strafe ist, es ihm wegzunehmen: Der Marquis d'Ivrée wird für den Mord an einem Bischof mit dem Verbot bestraft, Fleisch zu essen und seine Waffen zu gebrauchen.

Hier wird eine der Grundbedingungen der Jagd sichtbar, nämlich der Waffenbesitz, und dieser ist das Privileg des Kriegers. Das seit den großen Einfällen des 5. Jahrhunderts bekannte germanische Recht erwähnt keinerlei Jagdrecht, weil alle freien Männer Krieger waren und der Wald 90 Prozent des wenig dicht

Auf der Rückseite zeigen die Siegel der adligen Herren ein Motiv, das sich bei den Damensiegeln auf der Vorderseite befindet, nämlich die Jagdart mit den Symbolen des Friedens: Pferd, Hund und Falke (die Rückseite zeigt die Symbole des Krieges). Der Reiher erinnert an die Zusammenarbeit zwischen dem Falken (der ihn »herunterholt«) und dem Hund, der ihn am Boden niederringt (nach L. Blanchard, *Iconographie des sceaux et bulles conservés dans la partie antérieure à 1790 des archives départementales des Bouches-du-Rhône,* Marseille, Paris, 1860).

besiedelten Landes bedeckte. Es ist nicht einmal gewiß, ob das Besitzrecht den Jäger einschränkte, dieser durfte wahrscheinlich das Wild auch auf Ländereien verfolgen, die ihm nicht gehörten, sofern er für eventuelle Schäden aufkam. Verboten war lediglich, auf fremdem Grund Fallen zu stellen.

Doch die Falle erfordert weder besonderen Mut noch hohen Kraftaufwand. Allein die Hetzjagd schult den Krieger, erfordert Geländekenntnis, Geschick in der Handhabung der Waffen, Übung im gemeinsamen Vorgehen, geschicktes Reiten und vor allem Mut und Kraft, um so gefährlichem Wild wie Auerochse, Bär, Bison, Eber, Hirsch, Elch und Wolf gegenüberzutreten. Diese edlen Fähigkeiten sind absolut Pflicht, so daß praktisch kein König des Abendlandes sich der Jagd entzogen hätte und nicht passionierter Jäger gewesen wäre. Es sei an die lange Liste der Könige erinnert, die, von Theoderich und Ludwig IV. bis hin zu Philipp dem Schönen, auf der Jagd oder an der Folgen der Jagd starben. Absolut gesehen, war die Jagd nicht unbedingt und ausschließlich dem Herrscher und seinem ritterlichen Gefolge vorbehalten, doch die Ausweitung des Besitzrechts, das die Wälder dem Herrn und König »vorbehält«, die sich ausweitenden, die Wälder verkleinernden Rodungen, das demographische Wachstum, das bei Hungersnöten insbesondere dazu zwang, sich in den herrschaftlichen Wäldern

Nahrung zu beschaffen, dies alles führte etwa ab dem 9. Jahrhundert zur Bildung und Weiterentwicklung eines Jagdrechts, das schon von Bischof Jonas von Orleans erwähnt wird. Dieser Kirchenfürst erkannte sehr wohl, daß die Großen, wenn sie die Wälder mit Verbot belegten, den »Kleinen« die Nutzung der Natur verwehrten: Die Jagd führe zur »Vernachlässigung der Sache des Armen« und beraube ihn des »Wildes, das Gott allen gegeben hat«. Zwar blieb (noch lange Zeit, vor allem dort, wo die Machtentfaltung weniger extensiv war) vielerorts die Jagd frei, vor allem auf der iberischen Halbinsel und in Norditalien, wo Wilderei kaum verfolgt wurde. Noch um 1180 zählte der in Paris lehrende englische Gelehrte Alexander von Neckham in der Schrift *Du nom des outils (Über den Namen der Werkzeuge)* unter den Werkzeugen des Bauern Netze und Schlingen auf, mit denen Hasen, Rehe oder Hirsche gefangen wurden. Doch ab dem 10. Jahrhundert wurde die große Jagd mehr und mehr zum Vorrecht einer Minderheit, einer Elite, des Adels. Aus einem ganzen Bündel von Gründen: Ausdehnung der Machtbefugnisse, Herrschaft über Großgrundbesitz, Niedergang der freien Krieger-Bauernschaft, Beschränkung des Waffentragens, steigende Kosten (für das Pferd, die Waffen, das Abrichten der Falken, den Unterhalt der Meute und der Dienerschaft), Rückgang des Großwilds und der großen Waldgebiete. Der Feudalherr und der Ritter üben sich im Kampf bei der Jagd und zeigen dabei nicht nur ihren Mut und ihr Geschick, sondern auch ihren Reichtum und ihre Macht. Sie beweisen ihre gesellschaftliche Überlegenheit gegenüber den armen »Waffenlosen« und dämpfen damit mögliche Aufruhrgelüste.

Dieses Jagdrecht, das in Frankreich 1789 von der Revolution unverzüglich abgeschafft wurde, ist im Abendland nicht völlig verschwunden. Doch hier erscheinen nun neue Faktoren wirtschaftlicher und psychologischer Natur: Es geht nicht nur um Wahrung der Tradition, um den Stolz auf eine Trophäe, die die Erinnerung an eine Heldentat wachhält, den gesellschaftlichen Status und die »Vornehmheit« desjenigen hervorhebt, der die Zeit, das Geld, das Recht und den Mut hat, sich mit dem wilden Tier zu messen. Es geht auch um das persönliche Vergnügen, überschüssige Energien abzureagieren und seinen Scharfsinn, seine Kraft, List, seine Geschicklichkeit, seine geistigen und körperlichen Fähigkeiten zu beweisen. Selten blickt dabei man noch dem Tod ins Auge, wie einst Fébus, der mit eigenen Augen ansehen mußte, wie mehrere seiner Gefährten von einem Eber auf einen Schlag getötet wurden, und der selbst mit dem Bären, mit dem Auerochsen, mit dem Wolf und mit dem Luchs gerungen hatte, oder wie mancher Jäger vom Elefanten, vom Tiger oder vom Löwen getötet wurde, gegen den er ausgezogen war. Im allgemeinen machen die perfektionierten (vergifteten, sehr scharfen, durchdringenden und schnellen) Waffen, die Jagd in Gruppen, die wirksame Hilfe der Hunde und der zu alledem wenig aggressive Charakter der meisten Wildtiere die vom Tier ausgehende Gefahr zweitrangig. Gefährlich ist das Reiten (der Jäger stürzt vom Pferd, ein niedriger Ast sticht ihm ein Auge aus oder erschlägt ihn), das Gelände (Sumpf, Steinschlag, Begegnung mit anderen, giftigen oder angreifenden Tieren), die Erschöpfung (der Jäger verirrt sich, ist verletzt ohne Hilfe, erleidet einen Herzanfall), der verirrte Schuß, kurz das Abenteuer,

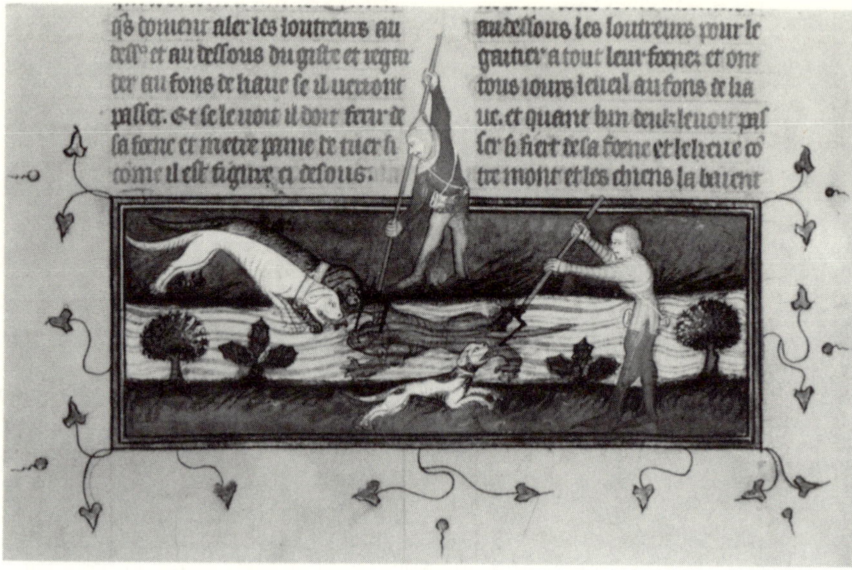

Den Fischotter, der von Hunden an eine seichte, gut einsehbare Stelle im Wasser getrieben wird, erwarten die Jäger mit ihrem Zweizack (*Le Livre du roi Modus et de la reine Ratio qui parle des déclins et de pestilence*, 1379, Paris, Nationalbibliothek).

Fasanenfallen sollen den Vogel weder töten noch irgendwo verletzen. Die Fangmethode mit dem Käfig, bei der er mehr oder weniger unversehrt bleibt, wird deshalb weitaus am meisten angewandt (*Le Livre du roi Modus*..., loc. cit.).

das Ungewisse, das in unserer genormten Gesellschaft einen der Reize des Lebens ausmacht. Die Freuden der Jagd beruhen auf der Befreiung von zahlreichen Zwängen, auf der Gelegenheit zur Selbstbestätigung, zur Kompensierung von mehr oder weniger bewußten Frustrationen, aber auch auf der Liebe zur unberührten Natur und, so paradox es scheint, zum Tier. Einerseits zum Tier, das man zwar jagt, aber auch achtet und der Mühen für würdig hält, andererseits zum Tier, mit dem man in vollkommener Gemeinschaft jagt: Pferd und Hund natürlich, aber auch Gepard und der so sorgfältig abgerichtete und umsorgte Falke, der schelmische Fischotter, sogar das Frettchen. So bringt die Jagd den Jäger dem Tier auf psychologischer und emotionaler Ebene näher, bindet es vollkommen ein in die körperliche oder seelische Anstrengung, durch die man über sich selbst hinauswächst, in die mehr oder minder bewußte innerste Befriedigung, die sie verschafft und die im übrigen sublimiert werden kann in Fotosafaris (mit der Freude, das Gewehr bei sonst gleichbleibenden Bedingungen mit der Kamera zu vertauschen). Es besteht wirklich ein Unterschied zwischen diesen traditionellen und modernen Formen der Jagd, zwischen der heutigen »Safari«, bei der Amateure in Begleitung von schnell angewiderten Jagdhütern und Berufsjägern eine bunte Mischung von Abenteuer, Massaker, Tourismus und Exotik suchen. Weil sie reich oder mächtig sind, lassen Unternehmen gewisse »Killer« ohne jedes Risiko und ohne jeden »Gewinn« die schönsten unter den letzten Wildtieren abknallen, die in freier Wildbahn bislang der Ausplünderung Afrikas entgangen sind. Man kann nicht anders, als darin das Wiederaufleben der Gewalt, des Sadismus, der Mordlust zu sehen, Triebe, welche die meisten Menschen sehr viel ökonomischer in Horror-, Gewalt- und Kriegsfilmen abreagieren.

Wie dem auch sei und welche auch immer die Techniken sein mögen, vom Zweikampf mit der Stichwaffe bis zur Hubschraubersafari und dem Maschinengewehr, welches auch immer die Produkte und die Gewinne seien, vom Elfenbein zum Hackfleisch für Zwerghunde, vom gesunden und bereichernden Sport zur nackten Lust am Töten, die Jagd hat sich sehr folgenreich – und weit sichtbarer als andere Umweltveränderungen – auf das Werden der Arten und auf das Leben des Menschen ausgewirkt.

Die Anthropologen haben in dieser Hinsicht sowohl die Beziehung zwischen der Gruppe und ihrer natürlichen Umwelt als auch die gesellschaftlichen Beziehungen gewürdigt, die sich unter Jägern in der Jagdorganisation und der Wildverteilung herausbilden: Verglichen mit der beharrenden Langsamkeit der bäuerlichen Gesellschaft spielen sich hier die Prozesse fast augenblicklich ab. Eine der keineswegs paradoxen Folgen davon ist der bewußte Schutz wenigstens der zum Leben benötigten Arten. Oft trifft dies auf Totemtiere zu, die ihren Völkern ihr Fleisch spenden und deren Tötung folglich begrenzt oder durch gewisse Tabus und Riten geregelt ist. *Rabbit Boss,* ein neuerer amerikanischer Roman von Thomas Sanchez, gibt schöne Beispiele dafür, und im Zusammenhang mit dem Elefanten und dem Bären werden wir weitere anführen. Hier liegt auch der Grund für die Jagdreservate und die Naturschutzparks der assyrischen und persischen Zivilisationen (schon im 7. Jahrhundert v. Chr.), der Chinesen und

Eine Bärenfalle. Über dem Baumloch, in dem die Bienen nisten, hängt eine Keule; in seiner Honiggier schiebt der Bär sie mit einer heftigen Kopfbewegung beiseite, worauf sie ihm die Halswirbel zerschmettert (Olaus Magnus, *Historia de gentibus septentrionalibus,* loc. cit.).

der Inkas, die Forsten und Wildgehege in Europa, in denen die Jagd streng überwacht wurde, damit der Mächtige auch gewiß immer Wild vorfand, das er hetzen oder töten konnte. Von daher auch in neuerer Zeit das generelle Verbot der Tötung bestimmter Tiere, wo immer sie sich befinden, und der Beschluß, ihnen Orte zuzuweisen, wo sie vor Jägern und Umweltveränderungen geschützt überleben können. Dieser Schutz von Tierarten kurz vor ihrer Ausrottung kann übrigens selbst künstliche Veränderungen der betreffenden Umwelt auslösen. Man denke nur an die manchmal vom Hubschrauber aus gefütterten Wölfe in den Abruzzen oder an die auf dem Kaibab-Plateau in der Nähe des Grand Canyon konzentrierten Hirsche, derentwegen man sogar ihre natürlichen Feinde (Kojoten, Pumas, Wölfe) ausrottete und deren Zahl infolgedessen übermäßig wuchs.

Andere Arten, die zu Sorge Anlaß gaben, wurden in letzter Minute durch entschiedene Maßnahmen gerettet. So überlebte zwischen Kamtschatka und den Aleuten unerwartet der vom Pelzhandel bedrohte Meerotter, ebenso der Zobel, der im hohen Norden durch Zucht gerettet wurde. Doch der Schneeleopard, der Ozelot und sogar der Biber sind in starkem Rückgang begriffen, ebenso Tiger, Panther, Luchs und Otter. Bestimmte Tiere sind nach wie vor sehr gefährdet, wie der Wolf, der Bartgeier, der Steinadler, der kalifornische Kondor und der amerikanische Grizzlybär. Der Appetit auf Wildbret und die Großwildjagd haben im 17. Jahrhundert (1627) die letzten Auerochsen und diejenigen Elche zur Strecke gebracht, die sich noch nicht in den Norden geflüchtet hatten, außerdem die meisten europäischen Bisons. Und der amerikanische Bison, dessen einstiger Bestand vielleicht etwas zu optimistisch auf sechzig Millionen geschätzt wurde, ist nach Buffalo Bill und anderen Schlächtern auf wenige Tausend Exemplare reduziert, die man mühsam in Reservaten hält. Erwähnen wir noch die Saigaantilope, die jetzt zwar wieder »zum Leben erweckt« wurde, doch zu Beginn unseres Jahrhunderts beinahe ausgestorben wäre, den Anoabüffel auf Celebes, das arktische Walroß, die Mönchsrobbe und schließlich den Elefanten, der den Wilderern und Billardspielern zum Opfer zu fallen drohte.

Beim oft spät einsetzenden Schutz bestimmter Tiere waren zunächst schädliche Auswirkungen der Jagd bestimmend; erst lange danach setzte ein Wandel im menschlichen Verhältnis zum Tier ein, und es kam ein Umweltbewußtsein auf. Es betraf zuerst bekannte, sichtbare Tiere, die vom Menschen bewußt gejagt wurden, erst später wurde es ausgeweitet auf ganze Arten der Tier- und Pflanzenwelt, sogar auf Mineralien, die aus irgendwelchen Gründen bedroht waren. Wieviele tausend Arten sind erloschen, bevor sie überhaupt registriert werden konnten? Doch nicht nur die Jagd, die trotz dieser negativen Aspekte ein bis zur bewußt schützenden Hege gehendes Verständnis für das Tier mit sich brachte, auch andere, sportliche oder spielerische Aktivitäten mit Tieren waren bestimmend für die Entwicklung des Verhältnisses Mensch-Tier, und manchmal waren sie weniger todbringend.

Sport und Vergnügung

Das Tier kann direkt zur »sportlichen« Betätigung des Menschen beitragen. Das Pferd ist das Beispiel par excellence, denn das Reiten ist ein von der Jagd unabhängiges Vergnügen, eine Beschäftigung jenseits von Krieg und Personenbeförderung: Der Reiter, der mit diesem begeisternden, hochsensiblen Tier in wildem Galopp über Stock und Stein jagt, übt einen vollwertigen Sport aus, ebenso wie der Mehariretter auf seinem prächtigen Rennkamel, dessen Führung noch gefährlicher ist, ganz zu schweigen vom Elefantenführer, dem Kornak, dessen Beziehung zu seinem Tier von Kraft, Intelligenz, Verständnis und Zuneigung geprägt ist. Wir werden darauf zurückkommen.

Das Tier kann auch selbständig Sportanlaß sein, vor nur zuschauenden, selbst keine Leistung vollbringenden Menschen: das Pferd, das im Rennen allerdings noch den Jockey braucht; der Windhund in England, der dem mechanischen Hasen nachläuft; der Hahn mit dem grausamerweise mit Rasierklingen bewehrten Sporn, auf den Wetten abgeschlossen werden bei diesen blutigen Kämpfen, die man noch vor kurzem in Flandern sehen konnte und die heute noch im Fernen Osten viel Volk anziehen. Die grausamen Spiele und Kämpfe zwischen Tieren, die vom Menschen gegeneinander gehetzt werden, haben eine lange Tradition. Ein zweieinhalbtausend Jahre altes griechisches Flachrelief zeigt einen Hund an der Leine, der auf eine ebenfalls an der Leine gehaltene Katze losgeht. Und vor ebensolanger Zeit entwickelten die Chinesen die berühmten Grillenkämpfe, über

Im 14. und 15. Jahrhundert wurde in Europa der Gepard zur Mode; er war nicht nur treu wie ein Hund und ein unvergleichlicher Jäger, sondern hob auch den gesellschaftlichen Rang seines Halters hervor. Die Venezianer ließen sie vor allem aus Djerba kommen, und gekrönte Häupter wie Ludwig XI. von Frankreich, Giuliano de' Medici und Ludovico Sforza, genannt »Il Moro«, kauften die Tiere zum eigenen Gebrauch oder um sie als kostbares Präsent zu verschenken (Benozzo Gozzoli, *Zug der heiligen drei Könige,* Ausschnitt, Florenz, Kapelle des Palazzo Medici-Riccardi).

Der Hase unter dem Buchstaben L ist an seinen kräftigen Schenkeln zu erkennen. Preisfrage: Was sind die anderen Tiere? Zusatzfrage: In welchen Sprachen wäre eine Zuordnung zu den Buchstaben möglich? Man beachte die übergroße Mehrheit der Vögel (Johann Romberch, *Art de la mémoire*, 1533, Musée d'Histoire de l'éducation).

die wir Abhandlungen, Handbücher, Ratschläge und verschiedene andere Quellen besitzen.

Die heute noch gebotenen Zirkusspiele sind nach wie vor zwiespältig. Bären auf Mopeds im Moskauer Staatszirkus, tanzende Pferde, zählende Hunde, durch Flammenringe springende Tiger, bekleidete, den Menschen »nachäffende« Schimpansen, das alles erinnert an die ein wenig groteske und anthropozentrische Komponente der antiken Spiele, wo man über Elefanten lachte, welche kreißende Frauen, Krankenträger mit einem Verletzten auf der Bahre oder einen Text entziffernde Intellektuelle mimten. Es war nur ein kleiner Schritt zu den Zirkusspielen, in denen vor gebanntem, ja begeistertem Publikum Tiere auf Leben und Tod gegeneinander kämpften: Elefanten gegen Tiger, Löwen gegen Nashörner, Stiere gegen Löwen oder, in neuerer Zeit, gegen Bulldoggen. Diese Kämpfe, denen die große Elisabeth I. an ihrem Lebensabend so gerne zuschaute, wurden erst im ausgehenden 18. Jahrhundert als öffentliche Belustigungen verboten, und auch nur in England. So wird aus Paris berichtet, wie ab dem 16. April 1781 »auf der Straße nach Pantin, außerhalb der Schranke von Saint-Martin« von den Metzgern Stierkämpfe veranstaltet wurden, bei denen »Frauen von einigem Stand« zu sehen waren, »die nach dem Vorbild römischer Damen ihr Vergnügen dabei fanden, wenn Blut floß und das Tier von den rasenden Hunden zu Tode gebracht wurde«. Hier wurden römische Zirkusspiele geboten, das Abdecken an Hunde delegiert und vielleicht auch eine blutige Parodie gespielt auf das Halali der Adligen, wo Hirsch und Eber von der hetzenden Meute umstellt und zerrissen wurden. Die Pariser *Place du Combat* (Kampfplatz), die erst seit 1945 *Place du Colonel Fabien* heißt, empfing sonntags und montags nicht nur Stiere, sondern auch Esel, Maultiere, Wölfe, Bären und sogar angeblich Tiger und Löwen, gegen die von den Metzgergesellen scharfe Hunde gehetzt wurden. Erst 1833 wurden diese blutigen Spektakel abgeschafft.

Die Kämpfe zwischen verschiedenartigen Tieren gingen manchmal in Kampfspiele über, bei denen keine Dressur, sondern vor versammeltem Publikum ein wirklicher Kampf Mensch gegen Tier (Bär, Stier, verschiedenste wilde Tiere) stattfand. Die Komponenten Mut, Kraft, Geschicklichkeit, Sportlichkeit waren hier augenfälliger als bei bestimmten Spielarten der Jagd, eben weil der Kampf im geschlossenen Raum vor Publikum stattfand und nur einen Ausgang kannte, nämlich den Tod eines der beiden Kämpfenden.

Im Römischen Reich schlachteten nach längerem oder kürzerem Kampf gut bewaffnete Männer diese meist exotischen, mit hohem Kostenaufwand aus fernen Ländern herbeigeschafften Tiere ab, die vom römischen Volk zugleich für ihre Gestalt, für ihre Kraft und für ihren Tod bewundert wurden. Man nimmt an, daß die ersten, die so zu Tode kamen, jene Elefanten waren, die zu Beginn des Pyrrhus-Krieges die römische Legion »zermalmt« hatten. Es war Politik, dem Volk vor Augen zu führen, wie diese Tiere nun von den römischen Soldaten besiegt, getötet, entmystifiziert und übertroffen wurden. Sehr schnell hauchten auch andere, ebenso gefährliche Tiere in sehr viel größerer Zahl ihr Leben vor dem Volk aus. Im Jahre 55 v.Chr. soll Pompeius zur Eröffnung seines Theaters

Die Mode, exotische Tiere (vor allem aus Afrika und Amerika) zu halten, griff im 16. Jahrhundert auch auf die Niederlande über. Dieses Gefängnisfenster gibt den Blick frei auf die Weite des Meeres mit den Schiffen und den Himmel, an dem Vögel frei von Ketten fliegen (Pieter Bruegel, *Zwei Affen*, Berlin, Gemäldegalerie, Staatliche Museen Preußischer Kulturbesitz).

Der Edle jagt zu Pferde und läßt den Falken auf »Reiher und Drossel und jeglichen anderen großen Vogel« fliegen, während ein »Hühnerhund« sich bereit hält, den »heruntergeholten« Vogel am Boden zu meistern, ohne den wertvollen Falken zu verletzen *(Le Livre du roi Modus* . . ., loc. cit.).

20 Elefanten, 410 Panther und 600 Löwen (darunter 315 mit Mähne) dem Tode geweiht haben. Cäsar weihte im Jahre 48 den Circus maximus mit 20 Elefanten und 400 männlichen Löwen ein. Die Eröffnung des Kolosseums soll 9000 wilde Tiere das Leben gekostet haben! Wenn so viele Krokodile, Giraffen, Kudus, Nashörner, Elefanten und andere Großwildtiere lebend in Rom ankamen, so muß man sich fragen, wie viele Tiere in ihrer Heimat verletzt oder getötet wurden, wie viele auf dem Transport umkamen oder am Bestimmungsort erschlagen wurden, weil sie für die römischen Massen nicht geeignet waren. Es ist nicht auszuschließen, daß durch diese Tierfänge die nordafrikanischen Elefanten oder die ohnehin im Rückgang befindlichen maghrebinischen Löwen so dezimiert wurden, daß ihr Überleben (und ihre Fortpflanzung) problematisch und ihre Anpassung an selbst geringfügige Umwelt- und Klimaveränderungen unmöglich wurde.

Bisweilen wurden in den Amphitheatern auch Menschen nackt diesen Tieren ausgeliefert, von ihnen inmitten von Blutlachen vor der gaffenden Menge zerrissen und zerfleischt, bevor den Siegern selbst der Todesstoß versetzt wurde. Gewiß, es gab auch die Begegnung zwischen Androclus und dem Löwen, den er einmal gepflegt hatte, der ihn nun wiedererkannte und ihm (und sich selbst) das Leben rettete; und bei Sienkiewicz konnten Ursus und einige andere nackte Herkulesgestalten ihre Kraft beweisen, indem sie Stiere zu Boden warfen; und Kaiser Commodus soll selbst in die Arena hinabgestiegen sein, um seine ungewöhnliche Muskelkraft zur Schau zu stellen. Dennoch liegen diesen *circenses*, die der römischen Menge so wichtig waren wie das Brot, eine Vielzahl von oft betrüblichen Motiven zugrunde, wie Paul Veyne so glänzend herausgearbeitet hat.

Wir dürfen den neuzeitlichen Stierkampf nicht übergehen, der in Andalusien von Pedro Romero oder Pepe Hillo neu eingeführt wurde, doch vielleicht schon auf die kretischen Wettkämpfe der Initiation in die Gefahr (vor vier oder viereinhalb Jahrtausenden) und auf den Mithra-Kult zurückgeht, zumindest aber auf das 13. Jahrhundert und vielleicht auch auf ein aristokratisches Ritual, das seit dem 16. Jahrhundert mit der Lanze ausgeübt wurde *(alanceo,* später *rejoneo).* Vielleicht ersetzte der Adlige auch den zu selten gewordenen Löwen im klassischen (und tödlichen) Kampf gegen den Stier, und die aus dem Volk kommenden Berufstoreros haben sich erst mit der Zeit durchgesetzt.

In Frankreich wurden ab dem 18. Jahrhundert »Stierspiele« in den damals noch bestehenden Heidelandschaften der Gascogne und des Baskenlandes abgehalten (wo es eine so extensive Zucht gab wie im benachbarten spanischen Baskenland), außerdem im Languedoc, in der Provence und in der Camargue. Es handelte sich um einen sehr prosaischen »Lauf« hinter den Stieren her, um sie irgendwohin zu treiben oder sie mit dem Brandmahl zu zeichnen. Später kam das sehr populäre *razet* auf, das darin bestand, eine Schleife oder Bänder von den Hörnern zu holen, ohne sich zu verletzen. Wenn Blut floß, so war es Menschenblut. Es brauchte den weitreichenden Einfluß der Eugénie de Montijo, den Aufenthalt des kaiserlichen Paares in Biarritz im Jahre 1854, die schwärmerische Begeisterung für die

»spanische Seele« bei bestimmten Gebildeten, Mérimée und Théophile Gautier zum Beispiel, aber auch das politische (oder demagogische) Geschick des Volksfeste fördernden Napoleons III., um die Begeisterung zu schaffen für den Stierkampf, für die Schönheit dieser Tragödie in drei Akten mit aufgerissenen Pferdebäuchen, mit knapp dem Tod entgehenden Menschen und mit dem Mord am *toro bravo* als Höhepunkt.

Die Interpretation der Corridas ist selten objektiv. Sicherlich werden sie als Zeremonien empfunden, bei denen der Torero sein Leben aufs Spiel setzt und es manchmal auch verliert, wie Manolete vor Islero. Doch der Stier hat überhaupt keine Chance angesichts der allgegenwärtigen, verachtenswerten Menge der Picadors und Banderilleros, eine traurige Bewährungsprobe für den Adel dieses Tieres. Goya hat diese abstoßenden, ungeheuerlichen Gestalten neben dem stolzen und starken Tier dargestellt, das bereits mehrere von ihnen aufgeschlitzt hat. Dennoch darf man sich nicht fehlleiten lassen: Die Gefühle und die Begeisterung der Zuschauermenge sind nicht auf einen einfachen Nenner zu bringen, und sie sind sicher auch nicht rein negativ zu werten.

Die Tieropfer

Jedenfalls gibt es bei den Corridas noch das Spiel des Zufalls und eine Komplexität, die sie weit von jenen Massenexekutionen abheben, die in den Amphitheatern zur größten sadistischen Befriedigung des römischen Publikums stattfanden. Doch glichen diese Massaker auch gigantischen Opfern zu Ehren des Kaisers, der Götter, des Volkes, des lange den Tieren unterlegenen, jetzt über sie obsiegenden Menschen. In allen Zivilisationen hatte die Opferung von Leben ganz präzise Bedeutungen, es war Dankesopfer, Sühneopfer, um die Gunst des Gottes zu erhalten. Und nach Marcel Mauss kann durch diesen Ritus die unmögliche Verbindung zwischen dem Heiligen und dem Profanen hergestellt werden. Weil die direkte Berührung mit den religiösen und lebenspendenden Mächten zu gefährlich ist, kann sich ihnen der Opfernde nur mittelbar durch das an seiner Stelle sterbende Opfer nähern. Er weiht sich dadurch nicht im selben Grade den Gottheiten, doch er bleibt am Leben; er gibt sich also nicht hin, sondern er gibt, um zu erhalten. Es findet Trennung, Unterscheidung und innerste Durchdringung, Transzendenz und Immanenz von Heiligem und Profanem zugleich statt. Die Eingangsriten lassen den Opfernden das Heilige erwerben; die Ausgangsriten (Sühne, Reinigung) befreien von einem Makel, erfüllen ein Gelübde; auch hier geht der Makel des Opfernden auf das Opfer über und wird mit dessen Tod getilgt. Hier wird deutlich, wie sich die Opfer des Sündenbocks, des Mithra-Stiers, des reinen Lamms oder der teuflischen Katze in die großen Zusammenhänge des Sakralen einordnen (worüber Jean Cazeneuve, Roger Caillois und andere viel gesagt haben).

Vom Realen und Profanen gelangen wir also zum Sakralen und Göttlichen, wobei die Bereiche verschieden und zugleich untrennbar verbunden sind. So verlangt das Wahrsagen, wie die Leber- oder Eingeweideschau bei den Etruskern und Römern, daß das Tier geopfert wird, während der Flug der Raben, das Auftauchen von Adlern, der weiße Hirsch als günstiges und die vom Himmel fallende Kröte als ungünstiges Zeichen zwar Zeichen, doch stark dem Konkreten verhaftet sind. Der Nahrungsaspekt des Tieropfers, allerdings sehr viel später erscheinend als der rituelle Aspekt, ist zweifellos ein anderer unwiderlegbarer Beweis für diese ewige Verquickung: Nach und nach ließen die Götter die Menschen bei ihrem Mahl mithalten, bis ihnen schließlich nur noch die Eingeweide und die schlechten Stücke übrigblieben, mit denen sie nun vorliebnehmen mußten.

4. Herdenhaltung, Zähmung und Domestikation

In zahlreichen Fällen wurden also die Opfertiere von den Menschen, die dem Opfer beiwohnten, gegessen. Dieser Nahrungsaspekt der heiligen Liebesmahle (die, wie die christliche Eucharistie, eminent religiöse Handlungen sind) soll nicht überbetont, doch auch nicht unterschlagen werden, denn ganz allgemein dient das Tier nie ausschließlich einem einzigen Zweck. Und weil die Ziele vielfältig sind, nutzte der Mensch sehr oft und schon sehr früh das Tier ohne kurzfristig zerstörerische Absicht, er verschaffte ihm vielmehr geeignete Lebensbedingungen, um den Nutzen und die Erzeugnisse, die er sich von ihm versprach, auf Dauer zu genießen. Damit spielte der Mensch nicht mehr beim Tod des Tieres eine aktive Rolle, sondern bei dessen Existenz; im Grenzfall schuf er sie neu oder veränderte sie grundlegend.

Die lenkende Nutzung

Bei den Tieren, die unbedingt wild leben wollen und von denen der Mensch nur begrenzt »Leistungen« oder Produkte erwartet, reduziert sich die Arbeit der Nutzung auf den Schutz, das Hüten, das Lenken der Tätigkeit oder eine bestimmte Art der Produktentnahme. Sehr viele wild lebende Tiere dienen so, wie sie sind, zu Zwecken, die nicht direkt mit dem Verbrauch zusammenhängen. Man denke an die Wetterfrösche, die Schwalben, die den Frühling oder den Regen ankündigen, den Honiganzeiger (ein Vogel, der den Bären und den Menschen den hohlen Baum zeigt, in dem die wilden Bienen nisten), die Pferde, die von den Chinesen beobachtet werden, weil sie Erdbeben ankündigen oder jenen Fisch, der so sensibel auf die Verunreinigung von Gewässern reagiert, daß er in einigen deutschen Städten das Trinkwasser testet...

Im übrigen haben Feindschaften (spezifische oder unspezifische) zwischen

Im Mittelalter war der Bär den Menschen wohlvertraut, vor allem durch die Gaukler, die ihn dazu brachten, auf Seilen oder schmalen Balken zu balancieren. Im Volksglauben hat er einen guten Ruf, weil er selten angreift und dem Menschen Schaden zufügt, doch vor allem wegen seiner Ähnlichkeit mit dem Menschen (*Heures du Nord,* v. 1280, Paris, Nationalbibliothek).

Tieren sehr früh auf das Vorhandensein von »biologischen Kämpfen« aufmerksam gemacht und den Nutzen gezeigt, den der Mensch davon erhoffen konnte. Hier wäre der heilige Ibis zu erwähnen, der die ägyptischen Schlangen bekämpfte, oder die Tag- und Nachträuber, deren Nutzen in der Bekämpfung der Nager man jetzt wiederentdeckt; der Löwe, der die Verbreitung von Tierseuchen verhindert, indem er bevorzugt das schwache oder kranke Tier anfällt, oder ganz allgemein die »Nützlinge« gegen bestimmte »Schädlinge«. So zieht man jetzt die Insektenfresser wie den Maulwurf, den Laufkäfer, den Marienkäfer, die Leuchtwürmer, die Libellen, die Gottesanbeterin, die Wespen um so mehr den Insektiziden vor, als einige von ihnen auch Weichtiere, andere Kot, Verfaultes oder Aas fressen.

Mit einem Wort, diese gemeinsamen Interessen des Menschen und bestimmter Tiere führten manchmal dazu, daß man diese als »nützlich« betrachteten Arten nicht nur schützte (zumindest passiv), sondern auch zielstrebig begünstigte, um aktiv und bewußt jene biologische Bekämpfung zu organisieren, die allgemein definiert werden kann als »die Nutzung von lebenden Organismen durch den Menschen, um Schäden, die dem Menschen und seinem Besitz durch Lebewesen entstehen, zu begrenzen, zu vermindern oder auszuschalten«.

Gegen die für Mensch und Vieh gefährliche Schlange oder den Skorpion wurden (außer dem Ibis) der Ichneumon, die Manguste und vor allem die (schon im alten Ägypten zu unserer Hauskatze gewordene) nubische Wildkatze gehalten. Auf die die Vorräte vertilgenden Mäuse und Ratten wurden schon im alten Griechenland Wiesel angesetzt, später Ringelnattern, Katzen und Hunde. Und heute erwägt man, Delphine gegen die sich den Badestränden nähernden Haie einzusetzen. Leider sind die »Schädlingsbekämpfer« - Werre, Raubvögel, Maulwurf oder Fuchs – selten auf eine bestimmte Beute »spezialisiert«, so daß man manchmal auch bereut, sie zu Haus- oder Halbhaustieren gemacht zu haben. So hatte man die Manguste auf verschiedenen Inseln eingeführt, um die Schlangen auszurotten, doch als sie ihre Aufgabe erfüllt hatte, spezialisierte sie sich auf die Eier und das Federvieh der Hühnerhöfe.

Soll die biologische Schädlingsbekämpfung gelingen und will man unliebsame Nebenwirkungen vermeiden, muß man Räuber einsetzen, die wirklich aufgrund eines faktisch blockierten genetischen Programms spezialisiert sind. Das führt im allgemeinen dazu, Säugetiere und Wirbeltiere auszuschließen, mit Ausnahme von Fischen, die heute noch im französischen Languedoc wie ehemals im französischen Indochina die Mückenlarven fressen. Die beste Wirkung läßt sich erreichen mit Gliederfüßlern, und hier natürlich mit den unendlich kleinen. So hat der Einsatz von Endoparasiten wie des *Aphelumus mali* (gegen die Apfelblattlaus, einen Apfelbaumschädling) oder die Kombination eines Endoparasiten mit einem Räuber, dem Puppenräuber, gegen zwei Arten von Seidenspinnern gute Erfolge gezeitigt. Gleichwohl kann, wie die Myxomatose beweist, der Einsatz von Mikroorganismen oder Viren sowohl zu ökologischen Katastrophen (wie in Frankreich) als auch zur Wiederherstellung eines Gleichgewichts (wie in Australien) führen.

Vergessen wir indessen nicht, daß einerseits die biologischen Antagonismen zu Impfstoffen verhelfen können (der Impfstoff gegen die Lepra kann vom entsprechend behandelten siebenbändrigen Gürteltier kommen), daß andererseits die erfolgreiche Serumtherapie lange Zeit auf dem kräftigen Naturell des Pferdes und seiner weißen Blutkörperchen beruhte und daß schließlich die Labortiere (von der Ratte bis zur berühmten Taufliege) Fortschritte in zahlreichen Natur- und Humanwissenschaften gebracht haben und immer noch bringen. Doch das Beispiel des medizinischen Blutegels, mit dem im 19. Jahrhundert einige Jahrzehnte lang die meisten Aderlässe durchgeführt wurden, zeigt auch, welche Nachschubschwierigkeiten eine so massive Nutzung mit sich bringen kann. Da Domestikation nicht in Frage kam, baute man in Frankreich, Italien, Spanien und vor allem in Ungarn regelrechte Blutegelzuchten auf, um den jährlichen Bedarf von Zehntausenden von Tieren zu decken. Neben speziellen Vertriebsstrukturen und vielen Kapitaltransfers – diese Tiere wurden sehr teuer bezahlt – erforderte dies die Suche nach geeigneten Orten, wo sie sich vermehren konnten (die Naturmoore bewährten sich besonders), sowie die Bereitstellung von Rindern, Schafen und vor allem von alten Pferden, an denen sie sich mästen konnten. Dann wurden sie gefangen, um sie sechs Monate fasten zu lassen, bevor man sie dem Kranken ansetzte. Als man entdeckte, daß das trächtige Weibchen des Goldfisches vom Blutegel »ausgesaugt« werden konnte, richtete man speziell dafür Karpfenzuchten ein, was die Preise erheblich zurückgehen ließ.

Wie dünn die Trennungsline sein kann zwischen der Nutzung eines wildlebenden Tieres und seiner »Zucht«, wird durch die Teiche bewiesen, die seit dem Mittelalter Fische (auch Karpfen) in jeder gewünschten Menge und Qualität bereithielten. Man holte sich den Fisch, indem man sie entweder entleerte – mit den nötigen Vorsichtsmaßnahmen gegen den Fischotter und den Hecht – oder nach Bedarf einzeln fischte. Nach dem gleichen Muster wurden auch schon Jagdreservate angelegt, d.h. Wälder, in denen sich die Wildtiere stark vermehren konnten, wie in Frankreich die *garennes* für die Wildkaninchen. Schon die Römer kannten übrigens diese *leporaria*, in denen sich Wild aller Art vermehren konnte; sie hatten auch Austernbänke, an denen sich die Tiere überwachen ließen.

Sobald man sich um die Austern kümmert und die Füchse daran hindert, in den Kaninchenreservaten zu wüten, sobald man andere Tiere füttert und Schnecken vor dem Genuß mästet, betreibt man gewissermaßen Zucht. So kann man sagen, daß die verschiedenen Arten der Koschenilleschildlaus, die zerquetscht eine schöne rote Farbe liefert, nicht nur eingesammelt, sondern regelrecht gezüchtet wurden, sowohl auf dem mexikanischen Koschenille-Feigenkaktus von Oaxaca als auch auf der Kermeseiche des Mittelmeers und (seit mehr als zweieinhalb Jahrtausenden) auf indischen Pflanzen.

Von der Zucht ist es wiederum nicht weit zur Domestikation, wie der Fall der Biene zeigt: Das Insekt ist eigentlich ein Wildtier, das alljährliche Ausschwärmen erinnert uns immer wieder daran. Wenn das ausgeschwärmte Volk eingefangen und in den Bienenstock zurückgebracht wird, wird es wieder zum Haustier, doch wenn es sich in einem hohlen Baum, in einem Felsspalt oder anderswo niederläßt, bleibt es ein Wildbienenvolk. Gleichwohl bedeutet »Haustier« nicht domestiziert: Die Biene wird gehegt, gepflegt, gefüttert und geschützt, damit sie möglichst viel Wachs und Honig liefert (seit neuestem auch Pollen, Bienenharz und Gelée royale); sie gehört zu Haus und Hof, »trägt Trauer«, wenn der Imker stirbt. Doch die meisten Kennzeichen der Domestikation fehlen ihr trotz viertausendjährigen engen Kontakts zum Menschen: Es fand keine Rassen- oder Genselektion statt, keinerlei Veränderung im Verhalten dem Menschen gegenüber, und die Züchtung neuer Rassen steckt heute noch im Versuchsstadium.

Nur ein Insekt wurde wirklich domestiziert, wie wir noch sehen werden: die Seidenraupe. Die in China jahrtausendelang nach immer gleichen Kriterien praktizierte Auslese durch Auswahl der Kokons und Selektion der schönsten Exemplare hat hier ein Tier hervorgebracht, das ohne den Menschen überhaupt nicht mehr leben kann.

Die Insekten verdeutlichen exemplarisch den Übergang von der regelmäßigen Nutzung zur Domestikation, weil der Mensch ihr so gut wie blockiertes genetisches Programm nutzen konnte, ohne es jedoch wesentlich verändern zu können. Es sei angemerkt, daß kein Insekt durch sein Verhalten zu bekunden scheint, daß es Menschen oder zumindest seine menschliche Bezugsperson erkennt. Niemand würde erwarten, daß die Seidenraupe »wedelt«, wenn sie ihren Pfleger erblickt, doch hat man angenommen, es wäre Zuneigung zum Imker, wenn sich die Bienen auf ihn setzen, ohne ihn zu stechen, oder wenn sie beim Einholen des Schwarms den berühmten Imkerbart bilden. Tatsächlich scheint, auch wenn man eine mögliche Gewöhnung an den Geruch berücksichtigt, nur der Imker seine Bienen zu kennen, umgekehrt nicht. Wenn er selten gestochen wird, so liegt dies an der Behutsamkeit, mit der er ohnehin arbeiten muß, und wenn die Stiche für ihn nicht schlimm sind, so ist es Gewöhnung.

Die wirkliche Domestikation läßt eine besondere und unnormale Bindung zwischen dem Tier und dem Menschen entstehen. Zähmung hat es lange vor der Domestikation einer ganzen Art oder gar Schaffung neuer Arten gegeben.

Unter den wirbellosen Tieren scheinen die Kopffüßler die Menschen zu erkennen, wenn auch nicht einen einzelnen Menschen. Vom kleinen Mittelmeer-Kraken nimmt man an, daß er mit den Tauchern und Schwimmern »spielt«. Ansonsten sind solche Fähigkeiten eher bei den Wirbeltieren zu suchen, die auch verschiedene Zeichen der Zuneigung oder des Zutrauens geben können: Bei den Fischen reicht dies vom Karpfen und dem Goldfisch im Glas, der die ihn betreuende Person zu erkennen scheint, bis zu jenem Hai, der, wie behauptet und gefilmt wurde, den jungen Perlenfischer Tikoyo beschützte. Bei den Amphibien und Reptilien, angefangen von den Fröschen und Eidechsen, die aus der befreundeten Hand fressen, bis hin zur zahmen Python, die sich elegant um den Hals ihres Halters schlängelt, sind die Beispiele schon vielfach. Sie sind Legion bei den Vögeln und den Säugetieren.

Zähmen heißt zunächst, die zwischen Mensch und Tier bestehende Scheu oder Aggressivität zu überwinden. Hat man dieses Problem gelöst, so kann man mit einem erwachsenen Löwen oder einer Boa constrictor spielen, weil man sie aufgezogen hat oder mit ihnen groß geworden ist; man kann mit einer weißen Maus im Ärmel herumlaufen oder sie um das Gesicht streichen lassen, einen kleinen Luchs im Arm tragen, eine spöttische Elster vom Himmel herunterholen oder sich von einem kleinen Raubvogel zärtlich in die Ohrläppchen picken lassen.

Es ist sogar möglich, die Reaktionen der Tiere so weit zu verändern, daß man sie das Gegenteil dessen machen läßt, was für sie natürlich ist – von der Zähmung ist es nicht weit zur Dressur. Einen Löwen dazu zu bringen, daß er zärtlich zu einer Gazelle ist, anstatt sie zu töten, und die Gazelle, daß sie das hinnimmt, anstatt zu flüchten, heißt sicherlich, daß man die Schwierigkeiten sucht, es setzt aber auch besonders begabte, ausgesuchte oder schon aneinander gewöhnte Tiere voraus. Nur selten sind solche Übungen völlig absichtslos. Im allgemeinen verfolgen sie einen Nutzen und manchmal werden sie durch Zwangsmittel »unterstützt«: Der japanische Kormoran erhält einen Ring um den Hals, damit er den seinem Herrn apportierten Fisch nicht verschlucken kann, das Trüffelschwein trägt einen Ring um den Rüssel, der es daran hindert, in den Trüffeln zu wühlen und sie zu fressen, und das in das Kaninchengehege gebrachte Frettchen wird von seiner durchbohrten Lippe daran gehindert, seinen mörderischen Trieben zu gehorchen.

Der Fischotter hingegen fischt ohne jeden Zwang, aus Spieltrieb oder aus Zuneigung zu seinem Herrn. Sehr anhänglich, leicht zu zähmen, sehr treu, weswegen er in den fernöstlichen Zivilisationen völlig domestiziert wurde, führt er uns zu jenem Kreis der Tiere, die im Erwachsenenalter gefangen werden und schnell zu zutraulichen und tatkräftigen Helfern werden können. Man kennt es vom Igel, der ebenfalls ein Halb-Haustier ist und den die abessinischen Völker gegen Heuschrecken und Schlangen einsetzten, und insbesondere von den edlen Geparden und Falken, die heute noch die orientalische Jagd beleben. Das Abrichten der Falken erfordert großes Geschick, das man nicht leicht erwirbt, wie das berühmte Werk Kaiser Friedrichs II. *De arte venandi cum avibus (Von der Kunst des Jagens mit Vögeln)* bezeugt. Doch so lernen viele Raubvögel nach langer und behutsamer Dressur, mit einem Herrn im Tiefflug (Habicht) oder im Hochflug (Falke) zu jagen. Es wird sogar berichtet – auch Marco Polo behauptete es –, daß die Adler der Mandschurei auf Wölfe abgerichtet wurden (haben sie ihnen die Augen zerstochen?). In diesem komplizierten und wohldurchdachten Ritus werden die Raubvögel von »Hühnerhunden« unterstützt, die den Falken zu Hilfe kommen, um vor allem mit »heruntergeholten« Reihern oder Störchen fertigzuwerden. Es ist eine der Jagdarten, die im Mittelalter häufig von den Damen ausgeübt wurden, wie ihre Siegel vielfach beweisen.

Auch andere Wildtiere sind dem Menschen eine tätige und vielfältige Hilfe. So der Elefant, der nach einer langen Kindheit und Jugend in Freiheit immer als vierzehn- bis zwanzigjähriges Wildtier eingefangen wird. Wird er für die Arbeit, den Transport, die Jagd oder den Krieg abgerichtet, ist er dem Elefantenführer (Kornak) und den ihn pflegenden und fütternden Personen treu, wenngleich sein (manchmal gefährliches) Mißtrauen dem Rest der menschlichen Gattung gegenüber wachbleiben kann. Das Kamel behält, selbst wenn es von Geburt an mit dem Menschen Berührung hat, sein ganzes Leben lang einen schwierigen Wildtiercharakter, und der Kameltreiber braucht ein ganz ähnliches Einfühlungsvermögen und eine ganz ähnliche Selbstbeherrschung wie der Falkner oder der Elefantenführer.

Die Domestikation

Ein Haustier ist nicht einfach »gezähmt«. Der Versuch einer Definition stößt von vornherein auf unüberwindliche Schwierigkeiten. Keine ist wirklich zutreffend, jede ist an den Rändern unscharf, denn die Kriterien der Domestikation sind alles andere als eindeutig, vor allem wenn man bedenkt, daß Haustiere wie die Katze oder die Biene überhaupt nicht »domestiziert« sind, im Gegensatz zur Seidenraupe oder dem Hund.

Wenn Geoffroy Saint-Hilaire sagt, »ein Tier zu domestizieren bedeutet, es an das Leben und die Reproduktion in oder nahe den menschlichen Behausungen zu gewöhnen«, so berücksichtigt er damit zwar das etymologische Element *domus*, Haus, schließt aber den Elefanten und den Gepard aus. Hingegen bezieht er außer dem Karpfen und dem Kanarienvogel tausend Parasiten ein, darunter die Stubenfliege. Zweifellos deswegen betont R. Thévenin, ein Tier sei dann domestiziert, wenn es »von Generation zu Generation unter der Obhut des Menschen aufgezogen worden ist und sich so entwickelt hat, daß es eine Art oder zumindest eine Rasse bildet, die von der wildlebenden Ausgangsart verschieden ist«. Dem kann man entgegenhalten, daß wiederum Elefant, Gepard und Falke zu Unrecht ausgeschlossen werden und daß die Bienen, Büffel, Rentiere und Hasen sich kaum von ihren wildlebenden Brüdern und Schwestern unterscheiden, oder allenfalls erst seit neuester Zeit. Wir brauchen also ein ganzes Bündel von Kriterien, von denen einzeln keines hinreichend ist, deren Gesamtheit jedoch die abgeschlossene Domestikation definieren und deren einfache Mehrheit allenfalls Zeichen einer schon weit gediehenen Domestikation sein kann (Schaf, Kaninchen). Bekannt sind die »Regeln«, die S. Bökönyi vor etwa zehn Jahren bezüglich des Beginns der Domestikation aufgestellt hat. Einige betreffen die Archäologie und die Archäoosteologie; andere zielen auf die Unterscheidung der auf dem Wege zur Domestikation befindlichen Tiere von ihren wildlebenden Artgenossen, wobei auf die Bedeutung des Alters- und Geschlechtsaufbaus hingewiesen wird, der bei menschlicher Betreuung anders ausfällt als in der Natur. Das Grundprinzip bleibt das gleiche wie bei Thévenin, nach dem die Domestikation auf der genetischen Isolation beruht, also einerseits auf den morphologischen (und physiologischen) Veränderungen, auf der Schaffung von neuen Arten und Rassen durch (bewußte oder unbewußte) Einwirkung des Menschen, andererseits auf der räumlichen Abschirmung der Haustiere, die immer verschiedener werden von ihren wildlebenden Verwandten und immer abhängiger vom Menschen. Um genauer zu sein, müßte man noch die generelle und eigentümliche Vertrautheit des Menschen dem Tier gegenüber und die zwar relative, doch vorhandene Zahmheit des Tieres erwähnen. Und um die Sache abzurunden und die gezüchteten Wildtiere nicht auszuschließen, müßte man noch die menschliche Pflege berücksichtigen, welche ermöglicht wurde durch die räumliche Nähe der Häuser *(domus)* zum Kanarien- oder Papageienkäfig, zum Goldfischaquarium, Nerzgehege, Bienenstock, Karpfenteich oder auch zum Austernpark.

Das Bündel dieser drei Grundregeln läßt sich schon an der Mehrzahl der Haustiere (Hund, Katze, Kaninchen, Pferd, Schaf, Rind, Schwein usw.) verifizieren, auf die restlichen ist es zumindest anwendbar. Doch die Definition muß natürlich auch die Leistungen enthalten, die der Mensch von diesen Tieren erwartet, denn sie sind der Hauptgrund für ihre Domestikation und der Zweck ihrer Nutzung. Zugleich definieren sie drei weitere Kriterien, die nicht unbedingt zusammenfallen müssen, sondern sich lediglich aus der Feststellung ergeben, daß diese Tiere zu etwas nützlich sind. Die umfassende, ideale Definition müßte Zahmheit und Nutzung lebender Tiere vereinen.

Domestiziert werden die Tiere hauptsächlich wegen der Produkte, die ihr Körper liefert (für Ernährung und Industrie), wegen der von ihnen (bei ihrer Arbeit) gelieferten Energie , wegen ihres Verhaltens (sie säubern, helfen bei der biologischen Schädlingsbekämpfung, bewachen Hof und Herde, leisten Gesellschaft und sorgen für Unterhaltung). Vergessen wir aber auch nicht, was sie dem Menschen bedeuten: Sie stellen einen Marktwert dar, sie spiegeln den gesellschaftlichen Status, sie spielen eine Rolle beim Opfer, bei der Totemisierung und beim Wahrsagen, wobei die beiden letzten Aspekte mehr vom Menschen als vom Tier abhängen.

Es mag überraschen, daß die Zahl der gezähmten Arten abnimmt, während die Zahl der Rassen gewaltig wächst. Im Vergleich zum alten Ägypten ist der Unterschied äußerst beeindruckend. So wurden in den letzten vergangenen Jahrhunderten lediglich die Domestikation des Kaninchens und der Katze abgeschlossen und die Zucht (ohne Domestikation) von einigen wildlebenden Tieren begonnen, vor allem von Pelztieren. Der Delphin, dieser Säuger, dessen schon im Altertum bekannte Anthropophilie man sich eben erst zunutze zu machen beginnt, zählt nun zur Kategorie der gezähmten Wildtiere, ähnlich wie der Elefant. Mit einem Wort: Heute tritt die überlegte, schnell rentable Nutzung allenthalben an die Stelle der langen, Jahrtausende währenden Domestikation.

1. Die Anfänge der Domestikation

Bis zu den ersten Anfängen zurück läßt sich beobachten, daß die Tiere nicht alle aus demselben Grund domestiziert wurden, daß aber die Domestikation ebenso die gesellschaftlichen und ökonomischen Beziehungen innerhalb der menschlichen Kollektive verändert hat, wie sie die Beziehungen Mensch-Tier sich hat fortentwickeln lassen.

Halten wir uns nicht bei der Frage auf, wo das Sammeln zur Produktion wird und wo die Jagd zur Zucht; beides gehört zur Thematik der Landwirtschaft und der wirtschaftlichen und gesellschaftlichen Gesamtstruktur der menschlichen Zivilisationen. Uns interessieren vielmehr die Gründe für die eigenartige Interessensverschiebung vom toten zum lebenden Tier, und vor allem zu seiner Hauptproduktion, seiner Nachkommenschaft. Aber auch zu dem, was bald einmal dazukommt (besonders beim Rind und beim Schaf), nämlich die Milch, die Butter und der Käse, Produkte, die unverkennbare Zeichen der Domestikation sind, weil sie eine kontrollierte Reproduktion voraussetzen. Die Konzentration auf diese Bereiche führt übrigens heute zu einer raschen Fortentwicklung der Rinder- und sogar der Schafrassen.

So ist es, um zu den Anfängen der Domestikation zurückzukommen, keineswegs ausgeschlossen, daß es einen kontinuierlichen, unmerklichen Übergang gegeben hat von der unspezifischen Jagd zum selektiven Bejagen umherziehender

Herden, dann zum Einfangen dieser Tiere in Gehege, zum Hüten, zur Zucht und schließlich zur Domestikation dieser Tiere. Das erste domestizierte Tier war indessen der Hund, der selbstverständlich lebend nützlicher ist als tot, selbst wenn sein Fleisch einst auch gegessen wurde. Doch der Nahrungsaspekt scheint weniger ausschlaggebend gewesen zu sein als seine hervorragenden Dienste bei der Jagd und bei der Beseitigung der Abfälle.

Dasselbe gilt vom Schaf und vom Rind. Beide wurden früher domestiziert als das Schwein, obwohl dieses doch nur geschlachtet Nahrung gibt, während die ersteren ihr ganzes Leben lang Milch, Wolle und Arbeitskraft liefern. Übrigens hat die Jagd (und das Wildtier) lange Zeit den größten Anteil der von den menschlichen Gesellschaften geforderten »toten« Produkte bestritten; einer Zucht bedurfte es dazu nicht.

Da die Domestikation – und die Sonderstellung des lebenden Tiers – also nicht nur die Beschaffung von Fleisch, Häuten und Knochen zum Ziel haben konnte, braucht auch kein schneller, bruchartiger Übergang zwischen Jagd- und Viehzuchtwirtschaft angenommen zu werden.

Bevor wir die Stufen der eigentlichen Domestikation betrachten, müssen wir uns vorstellen, daß die Jäger, ähnlich bestimmten Raubtieren, gegebenenfalls ihre vielleicht absichtlich verstümmelte Beute am Leben ließen, um einen Vorrat zu haben, was notwendigerweise zu einer gewissen gegenseitigen Vertrautheit führte. Wenn Tiere auf freier Wildbahn in Herden oder in enger Lebensgemeinschaft mit Artgenossen leben, so nehmen sie ja, wenn sie von diesen getrennt werden, jegliche andere Gesellschaft an. Besonders deutlich wird dies beim Hund und beim Schaf, doch auch beim Rind und beim Pferd, und häufig wird – lange vor Konrad Lorenz' Graugänsen – auf das Beispiel der jungen Bisons verwiesen, die nach der Trennung von ihrer Mutter sich verzweifelt an das berittene Pferd klammerten, auch wenn sie dessen Hufe noch so schmerzhaft zu spüren bekamen. Auch viele andere Wildtiere zeigen sich in ihrer Jugend sehr anhänglich an das Wesen, das sie geborgen, gefüttert oder gar gesäugt hat.

Ihre zwar mögliche und manchmal auch erfolgreiche Domestikation bleibt indessen ohne Zukunft, weil sie wenig Gewinn bringt, außer vielleicht auf emotionaler Ebene.

Was auch immer die Gründe dafür gewesen sein mögen, die Zivilisation des alten Ägypten ist jedenfalls bekannt dafür, daß sie eine erstaunliche Vielzahl von Tieren nicht nur gezähmt, sondern auch domestiziert hat. Wir haben von ihr bestimmte Hunderassen und vor allem die Katze geerbt. Die Gazelle wurde vielleicht in Palästina domestiziert, der Hirsch in Germanien vor der Völkerwanderung, der Fischotter in China. Th. Poulain hat auch unermüdlich auf die Domestikationen im Vorderen und Mittleren Orient im 7. Jahrtausend hingewiesen (die dort lebenden kleinen »Torfarten« machten es besonders leicht: Es gab dort kleine Rinder mit kurzen, runden Hörnern und das kleine asiatische Schwein; beide Arten sollen zwei- bis viertausend Jahre älter sein als das große Rind mit langen, nach vorn geschwungenen und spitzen Hörnern wie beim verwandten Auerochs, und das große Schwein mit Hauern und starken Zähnen, das dem westeuropäischen Wildschwein geglichen haben muß). Das kräftige, reaktionsschnelle und widerspenstige Pferd mit seinem schwierigen Charakter und seinen gefährlichen Reaktionen scheint noch später domestiziert worden zu sein (um 3500 v. Chr.), dank einer besseren Beherrschung von Techniken, die für dieses besonders schwierige Unternehmen erforderlich waren.

Während einige Tiere besonders wild sind, gehen andere von selbst auf den Menschen zu, zumindest als Parasit oder um mit ihm in Symbiose zu leben: Da ist zunächst der Schakal, der Unrat und Abfälle aller Art vertilgt, dann das Ren, das von der Konzentration menschlichen Urins stark angezogen wird. Dasselbe gilt für die Wolfs- und Wildhundrudel, die früher mit dem Menschen gemeinsame Sache machten bei der Jagd auf Herden, bei kleinerem oder größerem Beuteanteil. Doch damit allein war noch nicht die – keineswegs uneigennützige – Gunst des Menschen zu gewinnen. So führte die Schwierigkeit der Ernährung von Raubtieren oder von fleischfressenden Haustieren dazu, daß viele Arten abgedrängt und nur jene zugelassen wurden, die sich gewissermaßen mit Wenigem oder Beliebigem zufriedengaben, wie etwa der Hund, der auch mit Abfällen zufrieden ist, oder das allesfressende Schwein; sehr viel später auch die Katze und vor allem viele pflanzenfressende Arten bis hin zum Ren, das sich bei Schnee mit Flechten, und dem Kamel, das sich in der Wüste mit Dornengestrüpp zufriedengibt.

Neben diesen prosaischen Beweggründen wußte der Mensch vermutlich auch zu schätzen, daß die in seiner Nähe lebenden Tiere die Verbindung zu den Göttern erleichterten und ihm bei der Jagd eine Hilfe waren. Zudem war er wohl nicht unempfänglich für die Anhänglichkeit oder erklärte Anthropophilie des Hundes (oder des Delphins), für deren Fähigkeit, den Menschen zu akzeptieren, sich von ihm schützen zu lassen, was den beiderseitigen, auf hierarchischen Ordnungen beruhenden Herdentrieb verstärkte, und dies zu einer Zeit, in der der Mensch in stärkerer Naturverbundenheit lebte.

2. Die Gründe für die Domestikation: Nahrung

Der Zusammenhang zwischen Jagd und Viehzucht hat uns gezeigt, in welcher Form sich die Frage der Fleisch- und Fettversorgung stellt. Doch ist auch bekannt, daß sich Zivilisationen der Vergangenheit und der Gegenwart im Genuß von tierischen Produkten unterscheiden. So ernähren sich die Massai zu 85 % von Fleisch, Blut und Milch, während die Eskimos denselben Nahrungsanteil vom Fisch, von der Robbenjagd und, seit neuerer Zeit, von der Rentierzucht beziehen.

Unsere abendländische Zivilisation ist übrigens entschieden als fleischessend einzustufen im Vergleich zu den Reis-, Mais- oder Weizenzivilisationen; überall sind jedoch gleichermaßen Speck, Talg, Schweineschmalz, tierisches Fett, Butter und pflanzliches Fett Grundstoffe der Küche. Das will nicht heißen, daß die Germanen zum Beispiel nur von Fleisch und Milch lebten. So berichtet Tacitus, daß bestimmte Bauern lieber pflügten als jagten und daß das Salische Gesetz zwar bis zu sechzehn Paragraphen den zehn Schweinekategorien widmet, daß es aber auch die Landwirtschaft als normale Beschäftigung erwähnt. Das bedeutet vielmehr, daß im Vergleich zu anderen die abendländische Zivilisation mehr Fleisch aß und daß in ihren Anfängen, im Mittelalter, eine Reihe von Völkern in der Hauptsache Hirtenvölker waren, die allenfalls zusätzlich ein Minimum an Getreide gegen Erzeugnisse ihrer Viehzucht eintauschten. Heute trifft dies, wie früher schon, auf die Wüstenvölker zu, von den Sahara-Nomaden über die Belutschen bis zu den Mongolen, bei denen jede Familie über 130 Schafe verfügte, die ihnen Nahrung und die Mittel gaben, im Tauschhandel Getreide gegen Wolle, Teppiche, Stoffe, Schmuck und Metalle einzuhandeln.

Im Abendland hat man die römische Kultur des Getreides, des Weins und des Öls von einer sich von Fleisch, Milch und Fett ernährenden Zivilisation unterschieden. Doch selbst im äußersten Norden, in Tromsö, sind Sicheln, Pflugscharen und Gerstenpollen gefunden worden. Zwar waren in Island die Menschen infolge einer Klimaverschlechterung immer mehr auf Schaf und Fisch angewiesen, doch haben auch sie mit dem Verkauf von Falken, Fellen und Häuten Getreide zum Brotbacken, Breikochen und Bierbrauen erworben. In Grönland, im 13. Jahrhundert, oder im hohen Norden Skandinaviens, im 9. Jahrhundert unter Ottar, hat es trotz 3000 Rindern oder 600 Rentieren keine Fleischnahrungs-Zivilisation gegeben. Wobei die Herde trotzdem Zeichen des Reichtums sein konnte, wie schon das Wort »Kapital« (von *caput*, Kopf eines Rindes) oder das lateinische *pecunia* (von *pecus*, die Herde) beweist. Im hochmittelalterlichen Irland war die Kuh die Geldeinheit: Eine Milchkuh war zwei, eine erwachsene Sklavin sechs Färsen wert...

Im mittelalterlichen Abendland, wo sich vom 11. bis zum 13. Jahrhundert die Getreideäcker immer weiter in die Wälder hineinfraßen, während die Herden die Lichtungen besetzten, die Stoppeln abweideten und im Winter das Heu der Naturwiesen fraßen und sogar den für die Pferde bestimmten Hafer, bewegte sich der Fleischkonsum auf normalem Niveau, war aber unterschiedlich je nach gesellschaftlicher Schicht. Ab dem 11. und 12. Jahrhundert scheint nach neueren Untersuchungen Rindfleisch an erster Stelle gestanden zu haben, gefolgt vom Schweine- und vom Schaffleisch.

Im 9. Jahrhundert bestanden auf achtzig Landgütern in der Gegend von Brescia 89 Prozent des Viehs aus Schweinen und Schafen, zu etwa gleich großen Teilen, allerdings wogen die Schweine etwa das Dreifache der Schafe. Im Jahre 822 erlaubte Adalard von Corbie in einer Verordnung zwei Schweine pro Person und Jahr, sowie mindestens ein Lamm. Rinder wurden gemästet und geschlachtet, wenn sie zu alt waren; Pferde hingegen, als edle Reittiere der Ritter, wurden dies seltener, weil sie gemeinhin zu den Tieren zählten, »die des Menschen Mühsal erleichtern«, während die *oves et porci* »zu seiner Nahrung beitragen«. Im übrigen wurden diese Tiere sehr spät geschlachtet: die Schweine mehr als einjährig, manchmal erst mit drei bis vier Jahren; Ziegen und Schafe zwischen drei und vier Jahren.

Dieser beispielhafte Konsum von Fleisch und tierischen Fetten führte zu den klassischen Problemen der Haltbarmachung von Speck und Fleisch, das eingesalzen, geräuchert oder durch Trocknen an Sonne und Wind bukaniert wurde, aber auch der Zubereitung, bei der das Kochen bei weitem überwog, da es das harte Fleisch weich und zugleich keimfrei machte. Nach diesem konservierenden Kochvorgang (wobei manchmal Essig, Kräuter, Gewürze und Honig verwendet wurden), wurde das Fleisch geschmort, am Spieß gebraten oder gebacken. Kraft und gesellschaftliche Macht symbolisierend, unterschied sich Fleischgenuß eher in den verzehrten Mengen als in der Qualität, die durch Wildbret eine Abwechslung erfuhr. Bekannt ist in dieser Hinsicht die Gegenüberstellung der beiden Kaiser (der Fleisch essende Otto der Große im Westen und der schmächtige Vegetarier Nikephoros Phokas in Byzanz), und wir erwähnten schon, daß die höchste Strafe, die Strafe schlechthin, die faktische gesellschaftliche Degradierung, darin bestand, daß man dem adligen »Sünder« das Fleich entzog. Man glaubte einen ursächlichen Zusammenhang feststellen zu können zwischen diesem übermäßigen Fleischkonsum und dem »sanguinischen« Temperament, der Heftigkeit, den aggressiven und kriegerischen Neigungen der herrschenden Klasse, die ja auch häufige Aderlässe brauchte, durch Ärzte oder blutige Kämpfe. Diese bestechende Hypothese ist zwar schwer zu beweisen, doch läßt sich im Verbot des Fleischgenusses am Freitag und während der ganzen Fastenzeit, auch im ständigen Fleischverbot in gewissen Mönchsorden, eine Reaktion auf die allgemeinen Eßsitten sehen, insofern die religiöse Askese auf die Abtötung des Körpers und auf die Beschränkung der körperlichen, insbesondere kulinarischen Genüsse abzielte. Chrodegang von Metz beläßt zwar Ende des 8. Jahrhunderts in seiner *regula* den Kanonikern etwas Fleisch, doch die aus dem 6. Jahrhundert stammende benediktinische Regel, die ab 817 für alle Klöster des westlichen Abendlandes galt, verbietet das Fleisch, außer für Kranke, ganz und gar.

Neuere Untersuchungen belegen, daß diese Verbote nicht sehr gewissenhaft eingehalten wurden, vor allem nicht im 11. und 12. Jahrhundert. Die Nahrung war völlig fleischbezogen, wobei das Fleisch, ausgenommen vielleicht Hasenfleisch, ausschließlich von Haustieren stammte. Vor allem durch expandierende Schafzucht wuchs die Bedeutung des Fleisches ständig, nicht nur in der Küche, sondern auch in der Heilkunde und in der Magie. Die Schweine-, Schaf-, Pferde-, Rinder- und Hasenställe der Klöster gab es nicht ohne Grund!

Die Domestikation des Federviehs wurde eingeleitet durch das Eiersammeln, die Vogeljagd und die Beobachtung der eigentümlichen Verhaltensweisen der Graugans, die auf ihrem Zug zur Nahrungsaufnahme Halt machen muß. In Ägypten, in China und in Indien praktiziert und in der Homerischen *Odyssee* zitiert, vollzog sich die Domestikation der Gans früher als die des numidischen Kranichs und der Ente, die in Ägypten wild bleibt und in Rom zur Zeit Columellas kaum gezähmt wird. Das wahrscheinlich aus Indien stammende, bei den Griechen und den Römern seit dem 6. Jahrhundert v. Chr. bekannte Huhn tritt gackernd mit dem »gallischen« Hahn auf den Plan (*gallus* hieß unter anderem Hahn). Nur die Taube gab es früher als die Gans, während der Pfau vermutlich nicht vor Alexander dem Großen aus Indien kam. Das Perlhuhn, das »indisches Huhn« hieß, kam etwa zur gleichen Zeit aus Afrika; es darf nicht verwechselt werden mit dem gewichtigen Truthahn, der im 16. Jahrhundert aus Mexiko nach Westeuropa importiert wurde.

Wir können annehmen, daß der Hühnerhof neues Gewicht erhielt in christlicher Zeit, als Vogelfleisch manchmal wie Fisch an Fasttagen erlaubt war (die Vögel und die Fische wurden von Gott am selben Tag erschaffen) – wobei allerdings das Ei als unreines Produkt sexueller Tätigkeit meist tabu war: nach langer Fastenzeit deshalb die Ostereier.

Selbstverständlich bezweckt die Domestikation nicht nur die Gewinnung tierischer Produkte (Eier, Milch, doch auch Urin zu den verschiedensten Zwekken, Geflügelkot und Pferdemist für die Düngung der Böden, getrocknete Kuhfladen als Brennmaterial, als Abwehrmittel gegen bestimmte Insekten, für bestimmte Heilmittel, für das Gerben von Leder und Häuten). Auch vom geschlachteten Tier wird nicht nur das Fleisch gegessen. Schon die Jagd hatte den Menschen daran gewöhnt, auch andere Teile des Tierkörpers zu verwerten, insbesondere die Knochen, die Zähne, die Hörner, Krallen, Hufe, selbst die Sehnen und die Därme, und natürlich das Fell und die Borsten. Diese Produkte mögen gegenüber dem Nahrungsaspekt als zweitrangig erscheinen, doch sie waren keineswegs nebensächlich, ja man kann sich sogar fragen, ob sie nicht einer der Gründe für die Domestikation waren, denn Fleisch war ja ausreichend und leicht durch die Jagd zu beschaffen. Die Tatsache, daß nach der Domestikation des Hundes das Schaf (oder das Lama) als erstes Tier gezüchtet wurde, wirft die Frage auf, ob hier nicht ein Bekleidungsmaterial ausschlaggebend war, das man vom lebenden Tier gewinnen wollte, die Wolle nämlich.

Diese gewagte, vor allem in bezug auf das Lama vorgebrachte Hypothese läßt sich kaum auf das Schaf übertragen, das allerdings nachweislich schon in der Bronzezeit geschoren wurde; doch sie kann die Wahl (oder Züchtung) bestimmter Rassen im Hinblick auf die Wollgewinnung erklären.

3. Kleidung und Schmuck

Die Jagd hatte den Menschen längst gelehrt, daß ihn die entsprechend verarbeitete Hülle des getöteten Tiers vor Kälte und vor Dornengestrüpp schützen, daß sie seine ständig paarungsbereiten, keine Brunftzeit kennenden Geschlechtsorgane bedecken konnte, daß sie ihn schmückte, begehrenswerter, mächtiger, stärker erscheinen ließ.

So setzt die Verwendung des leichten Schafvlieses, der weichen Schweinehaut (mit oder ohne Borsten) oder des schweren, kräftigen Rinds- oder sogar Pferdeleders die Tradition der Jägergesellschaften fort. Auch wenn die Häute nicht vorrangig zur Domestikation führten, so waren sie doch eines der begehrtesten Produkte und begründeten seit dem Neolithikum ein reges Handwerk.

Die Gewinnung des tierischen Haarkleides vom lebenden Tier stellte eine Revolution dar im Vergleich zur einfachen Enthaarung getöteter Tiere zum Zwecke der Faden-, Borsten- oder Haargewinnung. Wahrscheinlich sammelten die Menschen zunächst nur die von Schafen oder Kamelen in Gebüschen zurückgelassenen Wollbüschel, doch an den sehr frühen Beginn der Schafhaltung (vor 9000 Jahren) beziehungsweise Lama- und Alpakazucht (vor mehr als 6000 Jahren) schloß sich bald die Entdeckung der regelmäßigen Schur und der Wollstoffherstellung an, der in den ersten Anfängen des Wirtschaftslebens entscheidende Bedeutung zukam. Im übrigen zeigten pathologische oder natürliche Abgänge die außerordentliche Feinheit des Fells der »Fehlgeburten«, denen die Neugeborenen bald den Rang streitig machten, so daß die schönsten von ihnen gleichermaßen ihres Fells, ihres zarten Fleisches und der nun verfügbaren Milch des Muttertiers wegen geopfert wurden.

Hier liegen auch die Gründe für die Zucht und die Auswahl der verschiedenen Schafrassen: Das Karakulschaf, das den berühmten Persianerpelz gibt, wird wahrscheinlich seit sechstausend Jahren immer besser. Bevor das Merinoschaf kam, hat sich im mittelalterlichen England dank geduldiger Zuchtwahl der im 12. Jahrhundert auf die Insel gekommenen Zisterziensermönche eine der bestangepaßten Rassen ausgebreitet. Die außerordentliche Ausdehnung der Schafwirtschaft, die im 14. Jahrhundert mindestens acht Millionen Tiere auf 2,5 Millionen Einwohner kommen ließ und die gewaltigen Gewinne, die den Besitzern daraus zuflossen, gehören zu den Gründen für die Vertreibung der Bauern von den zu Weideland umgewandelten Äckern. Sie wurden in die Städte abgedrängt, wo sie seit dem 14. Jahrhundert als Proletariat in Manufakturen die Wolle weiterverarbeiteten und jene wertvollen Tücher herstellten, die England an die Spitze der abendländischen Industrienationen bringen sollte. Die regelmäßigen Herdenwanderungen (Transhumanzen) aus dem südlichen Mittelmeerraum haben ebenfalls die menschliche Geschichte tiefgreifend beeinflußt. So brachen im mittelalterlichen Südspanien riesige Schafbestände auf, um etwa 850 km weiter nördlich in weniger trockene Gebiete zu ziehen. Die Bewegungen dieser *mesta*, die bis zu drei Millionen Tiere umfaßte, bestimmten nicht nur den Rhythmus des gesellschaftlichen Lebens in Gemeinde oder Herrschaft, sie veränderten auch die Landschaft, denn obwohl die Herden gehütet und die Zugrouten festgelegt waren, wird ihnen eine Mitschuld an der Zerstörung der Wälder und der Versteppung der Meseta, der zentralen iberischen Hochebene, gegeben.

Die Schur wurde nicht nur an den Schafen oder an den Kamelarten der Anden (zu denen auch das Vikunja zählt) vorgenommen, auch das Haar des Kamels der Alten Welt wurde verwebt. Im mittelalterlichen Abendland ist schon seit dem 6. Jahrhundert der feine »Kamelin« bekannt, ein Stoff, dem später wohl auch andere Tierhaare beigemischt wurden. Das Statut von Modena aus dem 14. Jahrhundert erwähnt übrigens Mischgewebe »aus dem Haar des Rinds, der Ziege, des Esels, des Ziegenbocks, des Zickleins und des Hundes«. Die Pferde liefern das Polsterhaar für Matratzen und die Schweine die Borsten, mit denen Schuhe genäht und später meist Bürsten hergestellt wurden. Alle domestizierten Säuger liefern Haar, allerdings wird ein Teil davon als Agglomerat oder Filz verwendet, der in den Zelten der Mongolen ebenso Verwendung fand wie in Schuhen und in den »Filzen« der abendländischen Mönche. In dieser besonderen Verarbeitungsform fand neben Ziegenhaar auch Kaninchenhaar Verwendung, erst von Wildkaninchen, dann von Stallkaninchen, vor allem von den Angorarassen, deren Haar auch gewebt wird.

Auch das Federvieh bleibt nichts schuldig, da es neben Eiern und Fleisch auch Federn und Daunen für Kissen, Decken und Matratzen liefert. Über diese nützliche, doch prosaische Verwendung hinaus waren bestimmte, besonders große und schöne Federn ein so begehrter Schmuck, daß die Vögel ihretwegen halb oder ganz domestiziert wurden. Es ist nicht sicher, ob dies auch für den Scharlachspint zutrifft, der im ausgehenden Mittelalter so in Mode war, oder für den Pfau, der seines Fleisches wegen gezüchtet wurde und dessen Federn nur den Prunk festlicher Tafeln erhöhte. Doch es ist eindeutig der Fall beim Strauß, einem ebenso schnellen wie gefährlichen Tier, dem die Federn beim Laufen ausgerissen werden mußten. Angesichts seines atemberaubenden Tempos begriffen die Afrikaner sehr schnell den Nutzen, der ihnen aus der Zucht des sie auf Trab bringenden Vogels erwachsen mußte, und sie schickten seine Federn über die Handelswege durch die Sahara oder den Maghreb in die Länder des Islam, später auch in das mittelalterliche Abendland. Im 19. Jahrhundert begannen die Europäer selbst mit der Zucht in großem Maßstab, von Algerien bis nach Südafrika. Das dämmte das Massaker an den wildlebenden Arten ein wenig ein, die für die Schönheit unserer Urgroßmütter und der sie schmückenden Federboas ihr Leben lassen mußten.

In gleicher Weise führte die Pelzmode, die wahrscheinlich im 16. und 17. Jahrhundert die ersten Zuchtselektionen der englischen Kaninchen, dann auch der »Gold«- oder »Indienlämmer« bestimmte, ab dem 19. und vor allem im 20. Jahrhundert zur Halbdomestikation der schönsten wildlebenden Arten: Silberfuchs und kanadischer Biber, amerikanischer Marder und Skunk, Fischotter, der äußerst seltene sibirische Zobel, die Biberratte (Nutria), das samtweiche Chinchilla aus Südamerika und der berühmte »Farmnerz«, der in der Natur unbekannte Farben wie Pastell und Turmalin annahm.

Der Hang zu Luxusstoffen veranlaßte auch direkt eine der am weitesten getriebenen Domestikationen und der ältesten und raffiniertesten genetischen Selektionen, nämlich der Seidenraupe. Ihre lange Geschichte ist in neuerer Zeit vom japanischen Forscher Hiroshi Wada geschrieben worden.

Es ist nicht ausgeschlossen, daß die Isolation des Echten Seidenspinners auf das Jahr 2689 v. Chr. zurückgeht, seitdem angeblich die Kaiserin Hsi Ling-shi, die Frau des Huang-ti, als Göttin der Seide verehrt wurde. Wie es scheint, haben ab diesem Datum die Kaiserinnen und die Frauen der kaiserlichen Familie unmittelbar mit der strengen Auslese der Kokons begonnen, in denen sich die Raupe vor der Metamorphose einpuppt. Obwohl wir archäologische Angaben besitzen (von P. Li für die Zeit zwischen 2200 und 1700 v. Chr.), von denen wir allerdings nicht mit Sicherheit wissen, ob sie sich auf *Bombyx mori* oder *Bombyx mandarini* beziehen, ist es schwer zu eruieren, wie die 1200 bis 1400 Meter Faden beschaffen waren, die sich von ihren gegenwärtigen Nachfahren abspulen lassen. Und es ist anzunehmen, daß sich damals die Raupe noch selbst von den Blättern des

Maulbeerbaums ernähren konnte, wozu sie seit Jahrhunderten völlig unfähig ist, was wiederum intensive und geschulte Handarbeit bedeutet, um die frischen Blätter zu pflücken und sie an die Raupe zu verfüttern, die sich nicht einmal von einem Blatt zum anderen bewegen kann. Die schönsten Kokons werden zu Reproduktionszwecken (nach ihrem Farbton) ausgesondert, die anderen in kochendes Wasser geworfen, wonach sie beim Abhaspeln diesen feinen, durchgehenden Faden liefern, aus dem man früher die wertvollsten Stoffe für die Kleiderherstellung, für die Kalligraphie und die Malerei wob. Erwähnen wir noch, daß in jüngster Zeit der natürliche Prozeß von japanischen Wissenschaftlern »verbessert« wurde: Statt einem Jahreszyklus erreicht man jetzt drei, was die Produktion verdreifacht und die Selektion beschleunigt.

Die Geschichte der Seide und die Geschichte ihrer Raupe sind nicht deckungsgleich. Mindestens zweitausend Jahre lang wurde die Raupe eifersüchtig im kaiserlichen Palast gehütet und vor Diebesgelüsten mit der Androhung höchster Strafen geschützt, wohingegen die wertvollen Stoffe und Fäden schon zur Zeit der Östlichen Chou (770–256 v. Chr.) ziemlich verbreitet waren und in so großen Mengen gehandelt wurden, daß dadurch die »Seidenstraße« berühmt wurde, die, in der Westlichen Han-Dynastie (206 v. Chr.–220 n. Chr) bereits bestehend, China mit Baktrien, Indien, dem parthischen Königreich und dem römischen Kaiserreich verband.

Annaeus Florus spricht von Zelten aus Seide und Gold; die parthischen Heerführer Silatius und Surenas sollen 53 v. Chr. seidene Standarten gehabt, und Cäsar soll über den Zuschauern des Hippodroms ein Zeltdach aus Seide gespannt haben (wobei insofern Skepsis angebracht ist, als dies uns von Dion Cassius drei Jahrhunderte später berichtet wird, zu einer Zeit also, als die Seide schon weniger selten war). Tatsächlich ist ab Properz, Horaz, Statius, Martial, Tacitus und Seneca regelmäßig von der Seide die Rede, und unter den Kaisern Augustus und Tiberius werden *sericarii* und *negotiatores sericarii* erwähnt. Der Codex Justinianus nennt die drei Grenzorte (Artaxata, Nisibis und Callinicum), durch die der Handel gegangen sein muß.

Auch wenn die Einfuhr leicht war, blieb die Seide sehr teuer: acht Nomisma das Pfund, das sind etwa 36 Gramm Gold. Doch es war sehr schwer, diesen Preis zu senken oder den Abfluß des Edelmetalls in den Orient zu verhindern, denn die Seide konnte nirgendwo anders als in China hergestellt werden. Und hätte man auch eine lebende Raupe erhalten, die Zucht wäre unmöglich gewesen, denn nach den verschiedenen Selektionen konnte sie nur bei einer Luftfeuchtigkeit zwischen 50 und 70 Prozent und bei einer Temperatur von 17–18 und 22–23 Grad gedeihen, in einem feuchten Frühling ohne starke Temperaturunterschiede. Sie brauchte unbedingt Blätter vom Maulbeerbaum, möglichst vom Weißen, der wiederum sechs bis sieben Jahre lang in nicht zu großer Höhe wachsen mußte. Sicherlich hätte es der in Griechenland schon seit dem 5. Jahrhundert bekannte Schwarze Maulbeerbaum auch tun können. Doch das schwierigste Problem war, das Tier die Reise überleben zu lassen: Schmetterling, Puppe und Raupe, deren Entwicklungszeit sehr kurz ist, wären tot gewesen vor ihrer Ankunft am Bestimmungsort.

Ein Transport konnte also nur im Eistadium in Frage kommen, das 90 bis 180 Tage dauert. Die Reise hätte dazu an einem Ort beginnen müssen, der weniger als 3000, allerhöchstens 4000 km von Konstantinopel entfernt gewesen wäre, und es hätten dort Maulbeerbäume wachsen und Seßhafte wohnen müssen, da nur sie die »Kultur« und die ununterbrochene Pflege des wertvollen Tiers gewährleisten konnten. Wir müssen deshalb annehmen, daß die Seidenraupe nur langsam herangeführt wurde, mit Karawanen über die Oasen Zentralasiens (Tarim) bis Khotan, Samarkand und das Kaspische Meer; der Seeweg über Ceylon war wegen der fehlenden Maulbeerbäume ausgeschlossen.

Trotz dieser Hemmnisse gelang es nicht nur, die Raupe aus China herauszubringen, sondern auch, sie zur Zeit Justinians nach Byzanz zu bringen. Prokopios von Caesarea behauptet sogar, es sei um 552–553 geschehen und das Versteck sei der hohle Wanderstab zweier Athos-Mönche gewesen. Als im Westen noch Gelehrte wie Isidor von Sevilla und der Angelsachse Adelmus vorerst nur – aber richtig – mutmaßten, die Seide stamme von einem Tier, pflanzte man im byzantinischen Reich schon Maulbeerbäume an (vor allem auf dem Peloponnes, der auch Morea, d.h. der Maulbeergarten hieß), und der Kaiser regelte mit strengen Vorschriften die Gewinnung, das Weben, das Färben und den Handel mit der Seide, vor allem mit dem barbarischen Westen (zu Preisen, die einen wahren Aderlaß an Edelmetallen zur Folge hatten).

Mit dem Islam, über Spanien und Sizilien, wahrscheinlich erst Mitte des 12. Jahrhunderts unter dem in Sizilien herrschenden König Roger I., kamen Maulbeerbaum und Seidenraupe endlich auch ins Abendland. Das Tierchen ließ hier die Seidenindustrie von Lucca, Florenz und Venedig aufblühen, um sich dann ab dem 16. Jahrhundert auch in der Lombardei, in Piemont, Savoyen und vor allem in Frankreich anzusiedeln, wo es von Ludwig XI., Franz I., dem Agronomen Olivier de Serres und von Colbert gefördert wurde. Das goldene Zeitalter der Seidenraupenzucht in den Cevennen und im Rhonetal währte fast drei Jahrhunderte und brachte die berühmte Lyoner Seidenindustrie hervor, die jeder Konkurrenz standhielt und alle Krisen überlebte. Eine der schwersten Krisen wurde von der Pebrine verursacht, einer Krankheit, die schwarze Flecken auf dem makellosen Kokon hervorruft; sie wurde von Pasteur zwischen 1865 und 1870 besiegt.

Die Landschaft der Ardèche und das Bild des Lyoner Seidenarbeiters sind eine der vielen Folgen der weiten Reise dieses versklavten, aber anspruchsvollen Insekts. Von den synthetischen Fasern verdrängt, verschwindet es jetzt allmählich wieder; die einst von der Seidenproduktion belebten Gegenden veröden, und die Wirtschaft ist zu schwierigen Umstrukturierungen gezwungen.

Ob die Sorge um die Nahrung am Beginn der Domestikation gestanden hat, ist umstritten. Gesichert ist hingegen, daß die Nutzung der Tiere als Energiequelle bei weitem nicht primär war: Ochse, Esel, Pferd, Maultier, Kamel, Lama und Hund haben erst sehr spät den Pflug gezogen, Packlasten getragen oder sich an den Sattel gewöhnt.

Es ist vorerst sehr schwer festzustellen, wann und wo der Mensch zum ersten Mal sich bei der (körperlichen) Arbeit von einem Tier helfen ließ oder ihm die Arbeit übertrug. Schon im alten ägyptischen Reich stand der Ochse unter dem Joch und der Esel war allgegenwärtig. Die Felsbilder in der Sahara zeigen Reiter, die verschiedene Tiere verfolgen (unter anderem das in dieser Gegend seit Jahrtausenden ausgestorbene *Rhinoceros camus*). Da archäologische Entdeckungen, wenn sie nicht von der Ikonographie verifiziert werden (und umgekehrt), selten definitive Aussagen erlauben, stehen die Datierungshypothesen auf sehr schwachen Füßen.

Etwas mehr weiß man über das Pferd, dessen einstige Bedeutung unsere mechanisierte Zivilisation vergessen hat. Dabei war es seit alters die, wie Buffon sagt, »edelste Eroberung«, die der Mensch je gemacht hat, denn es war wirklich eine Mut, Kraft und Geduld erfordernde Großtat, ein so widerspenstiges, schnelles, kapriziöses und gefährliches Tier zu domestizieren, dessen Reproduktions- und Wachstumszyklus zudem außerordentlich lang ist. Sicher ist das Pferd lange Zeit gejagt und gegessen worden; auch domestiziert hat es wohl weiterhin zur Nahrung beigetragen. Die Felsbilder der Sierra Morena, in denen Henri Breuil einen Mann und zwei Frauen zu erkennen glaubte, jede am Halfter ein friedliches Pferd führend, dessen Schwanz gestutzt zu sein scheint, stellen vielleicht den Gang zum Opfer oder zur Schlachtbank dar. Was auch immer sein Schicksal gewesen sein mag, die Ägypter jedenfalls bilden das Pferd erst gegen Ende des 2. Jahrtausends ab, zu der Zeit also, als die Hyksos einfielen, durch die sie es wahrscheinlich kennenlernten. Doch ihre Nachbarn, insbesondere die Mykener und Hethiter, scheinen es mehrere Jahrhunderte früher gekannt zu haben, wogegen die Hebräer es erst im 1. Buch Samuel erwähnen, wo die Reiterscharen der Philister beschrieben sind; später sahen Moses und Salomon die ägyptischen Kriegspferde.

Wenn wir S. Bökönyi folgen, so ist das Pferd erst gegen 3500 v. Chr. domestiziert worden, wahrscheinlich in der Ukraine, was der Schädel von Dereiwka bestätigen würde, und in den Steppen Innerasiens. Und zwar nicht des Fleisches wegen, das man auch von den Wildpferden bekommen konnte, sondern zum Ziehen und Lastentragen, Arbeiten, bei denen es an Schnelligkeit bei weitem den längst dazu verwendeten Ochsen übertrifft.

Mehr noch als der Hund (oder der Falke) nahm das Pferd eine Sonderstellung in unserer abendländischen Zivilisation ein, vor allem durch die Entwicklung der Ritterschaft. Zwar wird es weiterhin als Lasttier verwendet, das viermal mehr als ein Mann tragen kann (doch zweimal weniger als ein Ochsenfuhrwerk). Die

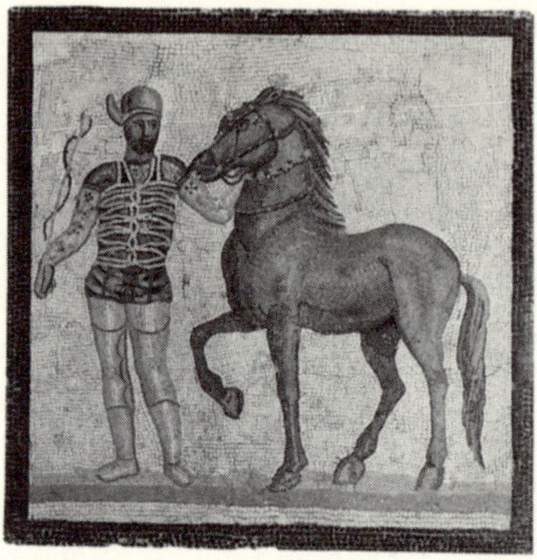

Die Parteien auf der römischen Pferderennbahn waren an ihren Rennwagen und an den prächtigen Pferden zu erkennen, die sie am Halfter hielten (Rom, Museum der Thermen).

Beispiele dafür sind sehr zahlreich aus der Zeit Karls des Großen, Ottos des Großen und Ludwigs VI.; es ist sogar die Rede von in vier Teile zerlegten Schiffen, die die Franzosen auf Lastpferden transportierten und zu Flußüberquerungen wieder zusammenbauten, um über ihre Feinde einen Zeitvorteil zu gewinnen. Das Pferd wird auch als Zugtier verwendet, vor allem seit dem Aufkommen des Kummets, das statt auf dem Hals auf den Schultern ruht und so das Tier beim Ziehen nicht würgt, wie es bei den Römern und zur Zeit des Salischen Gesetzes noch der Fall war. Es zieht auch den Pflug, allerdings erst ab dem 12. und 13. Jahrhundert, und ohne den Ochsen zu verdrängen, der langsam, aber stark und zudem genügsam ist, weil er nicht den teuren Hafer braucht. Schon die Goten weisen auf seinen Adel hin: Sein Fleisch wird nicht gegessen, es ist die Ehre seines Herrn und es muß an seiner Statt leiden, wenn man diesem Schmach zufügen will, indem man ihm, wie das Salische Gesetz vermerkt, die Nüstern spaltet, die Ohren abschneidet, die Augen zersticht und die Geschlechtsteile abschneidet oder verletzt. Die Erfindung des Steigbügels Anfang des 8. Jahrhunderts, der eisernen Sporen Ende des 8. Jahrhunderts und Verbesserungen am Sattel im 12. Jahrhundert machten das Pferd zum Kriegs- und Jagdtier schlechthin, zum Attribut des freien Mannes, des Adligen und des Kriegers, selbst wenn nach M. Bachrach die Bedeutung des schwerbewaffneten Ritters im Kampf viel zu hoch eingeschätzt wurde, da er zu schwerfällig war im Vergleich zum leichten Bogenschützen zu Fuß oder zu Pferd und zum schildbewehrten Fußsoldaten. Wenn der Unterhalt eines Ritters und seines Pferdes wirklich die Arbeit von zwölf Bauern erforderte, so darf man behaupten, daß diese enormen Kosten möglicherweise die wirtschaftliche Entwicklung des Abendlandes bis zum 12. Jahrhundert behinderten. Um so höher thronte – im wörtlichen wie im übertragenen Sinn – dieser Ritter auf seinem Reittier über dem an seine Scholle gebundenen Bauern.

Man kann nicht von der harten Arbeit dieser Bauern sprechen, ohne ein Wort über den Ochsen zu sagen, der, mit seiner geduldigen Kraft den schweren Pflug mit Schar und Scheidbrett ziehend, in knapp zwei Jahrhunderten (im 11. und 12.) den Wäldern und den Mooren jene Millionen Hektar abrang, die einen großen Teil unserer heutigen Landschaften bilden. Er war unersetzlich auf den schweren, zähen Talböden, ebenso auf den Waldböden, in denen mächtige Strünke von Laubbäumen ihre feinverzweigten Wurzeln unter einer dicken Humusschicht ausdehnten. Angespannt mit einem an den Hörnern befestigten Joch, konnten die Ochsen Zweier-, Vierer-, sogar Achtergespanne bilden. So gab es in England ein »Pfluggespann« genanntes Ackermaß, das in acht »Ochsengespanne« unterteilt wurde. Schon im 10. Jahrhundert erwähnen die Mirakeltexte noch größere Gespanne: In großen Transporten karrten sie das Salz in Lothringen, die Weinfässer für das Kloster Sankt Gallen, die Bäume und die Balken für den Bau von Peter und Paul in Rom; eine Glocke wurde von 24 Ochsen hochgezogen. Die meisten Transporte für die Armeen im Feld benützten ebenfalls Ochsen, die außerdem die Belagerungstürme und andere Kriegsmaschinen auf Rundhölzern in Stellung brachten. Auch wenn er nicht das Prestige des Pferdes genoß, so hatte der Ochse doch Anteil am edlen Kriegshandwerk.

Mit gleichem Nutzen wie Wind- und Wasserkraft, doch fast ebenso wendig wie der viel schwächere Mensch, haben Tiere Mühlen und Schöpfräder angetrieben, Wagen und Schlitten, Pflüge und anderes landwirtschaftliche Gerät gezogen. Sie haben das Korn auf der Scheune gedroschen, die Ackerscholle über der Saat festgetreten, Ritter, Lastengestelle und Sänften getragen. Erst zu Beginn des 20. Jahrhunderts konnten kleine Dampfmaschinen und vor allem der Explosionsmotor – mehr als der Elektromotor – diese tierische Energie ersetzen, die der Mensch fünf oder sechs Jahrtausende lang genutzt hatte und die drei Vierteln der Menschheit heute noch dient.

5. Nützliche Verhaltensweisen

Pferd, Auerochse, Kamel – nichts schien diese nur mehr oder weniger schmackhaften Fleischmassen für die harte Feldarbeit, für die Last des Krieges, für die langen Wege unter der Last der Reiter und der Güter zu prädestinieren. Ihre Domestikation war natürlich weit schwieriger zu bewerkstelligen als die des Hundes, denn im einen Fall verlangte sie vom Tier Ungewohntes, im anderen wurden nur bestimmte natürliche Verhaltensweisen weiterentwickelt.

Die biologische Schädlingsbekämpfung – Katze gegen Schlangen und Hausratten, Hund gegen Wanderratten, Falke gegen Reiher – nützt lediglich eines dieser Merkmale aus. Das Leben im Rudel, die Verteidigung des Besitzes der Sippe, die Vertilgung von Abfällen oder auch die Verfolgung eines (lebendigen oder mechanischen) Hasen sind normale Tätigkeiten des Hundes. Eine Herde zusammenzutreiben, entspricht ebenfalls seinem Jagdinstinkt; sie gegen Raubtiere zu schützen, gehört zur Verteidigung der Sippe. Erst sehr spät wurden Hunde dressiert und neue Rassen geschaffen, die Aufgaben übernehmen sollten, für die sie von

Natur aus kaum gerüstet waren: im Tretrad des Scherenschleifers laufen, den Schlitten ziehen, Bündel tragen, Botschaften übermitteln, nach Trüffeln und Drogen suchen, Spuren verfolgen, verlorene Gegenstände suchen. Neufundländer und Bernhardiner als Lawinenhunde oder der Labrador als Blindenhund sind neu, ebenso natürlich die jüngsten Spielarten bei den Katzen, Hunden, Kaninchen, Meerschweinchen, Ponys, Wellensittichen, Käfiggirlitzen, Kanarienvögeln und Aquariumfischen, kurz alle »Haus«-Tiere von welcher Art auch immer, von der weißen Maus zur anschmiegsamen Python, die im Haus im vertrauten Umgang mit dem Menschen aufgezogen, gefüttert und behütet werden und ihren »Herrchen« oder »Frauchen« oft anhänglich Gesellschaft leisten. Auch in dieser Hinsicht werden wir noch auf die exemplarischen Fälle der Katze und des Hundes zurückkommen, hier wollen wir lediglich auf die Bedeutung hinweisen, die diesem Novum für unsere in zubetonierten Städten von der Natur nichts mehr wissenden Konsumgesellschaft zukommt.

Die Selektion der »Haus«-Rassen tendiert dazu, die äußerliche »Schönheit« einseitig zu betonen. Auswahlkriterien sind die Farbe (Vogelfedern, farbenschillernde Fische, kontrastfarbenes oder einfarbiges Fell der Säuger), ein zum Streicheln einladender, kuscheliger Pelz, harmonische Formen, zierliches Aussehen (Zwerghasen, Kleinsthunde), Stimmlosigkeit (Kaninchen, Meerschweinchen), melodischer Gesang (Singvögel) oder ausgefallene Laute (Wellensittich, Beo) usw. Hier vermengen sich Sinnenfreude, Sentimentalität und die naive oder eitle Lust an der Zurschaustellung von Reichtum und gesellschaftlichem Rang, nicht anders als einstmals bei den Feudalherren mit ihren Hunden, Pferden, Falken und exotischen Menagerien mit Löwen, Straußen und Dickhäutern. Die Aufmerksamkeit müßte hier weniger den Tieren gelten als vielmehr dem Menschen, der sie erworben hat und mit ihnen lebt. Die Domestikation ist nicht mehr einseitig: Das gehätschelte Tier ist bisweilen nicht nur ein Spiegel des Menschen, es domestiziert ihn auch.

Die Mehrzahl der Haustiere bringt also nur selten einen einzigen Nutzen. Mit Ausnahme derer, die in jüngster Zeit als Lebensgefährten selektiert wurden, und der Katzen, die kaum mehr gegen Mäuse gehalten werden, sind alle Tiere polyvalent. Das Schwein liefert außer dem Fleisch mindestens auch Fett, Leder und Borsten. Das Pferd arbeitet, gibt Fleisch und Leder; die Kuh darüber hinaus Milch, Butter und Käse; das Huhn Eier, Federn und Fleisch; das Schaf Fleisch, Milch, Wolle, Leder und Pelze usw. In Zivilisationen unter besonders strengen Umweltbedingungen können Tiere eine noch grundlegendere Rolle spielen, so das Ren im äußersten Norden und das Kamel in den kalten oder warmen Wüsten. Das Kamel (Dromedar) ist nach den Differenzierungen im Quartär von Indien aus nach Arabien, Ägypten, in die Sahara und in den Maghreb gekommen; im Mittelalter wurde es in Andalusien, auf den Kanarischen Inseln und auf Zypern eingeführt, und in heutiger Zeit auch in Südafrika, Australien und Nordamerika. Die Rassen und Aufgaben haben sich differenziert nach Zugkamelen, die vor Pflüge und Karren gespannt werden, nach Lastkamelen, die Lastsättel oder diese herrlichen, »Bassour« oder »Hattouch« genannten Tragsessel tragen, sowie nach

Reit- und Rennkamelen vom Typ des Mehari. Sie liefern die Wolle für den Burnus, für Teppiche, Taschen, Stricke und Zeltplanen. Aus ihrem Leder werden nach dem Gerben Wasserschläuche, Schnüre und Taschen hergestellt. Ihre Milch wird als Sauermilch, als Butter (auch ranzig) oder als in Sand geformtes Gerinnsel konsumiert. Ihr Fleisch wird gegrillt, geröstet und getrocknet, auch ihre Knochen (Schädel, Rippen, Schulterblätter, Oberschenkelknochen und »Kamelelfenbein«) und die Harnsteine aus ihrer Leber werden verwendet. Sie liefern außerdem Dung und Urin, Gedärme (mit dem »Pansen« und dem Wasser, das man daraus gewinnen kann) und manchmal frisches Blut. Und schließlich ist da die Freundschaft, die häufig den Kameltreiber und sein Tier, den Meharireiter und seinen herrlichen weißen Gefährten, verbindet.

5. Der Mensch und das Tier

Es stellt sich nun die Frage, was das Tier für den Menschen ist: Räuber, Parasit, ausgebeutetes Objekt, Hausgenosse, Geschenk Gottes oder Gott selbst? Im Licht der Realitäten und der Geschichte müssen wir neu befragen und nuancieren, was vom Imaginären in der Ikonographie und der Literatur durchscheint.

Die Tiernamen

Am Anfang der geschichtlichen Beziehung zwischen Mensch und Tier steht der individualisierende, unterscheidende Name. Er kann lautmalerisch sein wie das ägyptische »mumu« oder unser »Mieze« für die Katze; das »brr brr« des spanischen Hirten, der seinen Hund ruft (und das zum *perro* geworden ist); das »grr«, das aus dem lateinischen *ranuncula* das französische *grenouille* ergeben hat; der Kuckuck, der Uhu... Übrigens verstehen und betrachten die verschiedenen Völker der großen indoeuropäischen Familie des Westens nicht alle Tiere in derselben Weise. So nennen die Franzosen das sibirische Eichhörnchen *petit-gris* (»Grauchen«), während es für die Russen das »Weißchen« *(belka)* ist; und im Silberfuchs (französich *renard argenté*) sehen die Russen einen Schwarzfuchs *(černoburaja lisa)*; tatsächlich ist sein schwarzes Fell von weißen Haaren durchsetzt, und beim sibirischen Eichhörnchen ist der Rücken grau und der Bauch weiß.

Der Name drückt oft ein Erscheinungsbild aus, eine Farbe oder eine Funktion, die einer festgelegten Sicht des Tiers entspricht: *musilegus* oder *musipulus* ist das Tier, das »die Mäuse fängt« (die Katze); der *medvēd* »weiß, wo der Honig ist« (der Bär), und das Ungeheuer des *Beowulf* (Bienenwolf) ist wohl das die Bienen bestehlende wilde Tier gewesen, also ebenfalls der Bär. Und im Spanischen ist *carnero* das »fleischreiche« Tier, das Schaf, und *ternero* das Tier mit dem »zarten« Fleisch, das Kalb.

Der Tiername bezeichet wiederum bestimmte Orte oder Gegenden: Colombelles (*colombe* = Taube), Cantalupo (*lupo* = Wolf), Hirschfeld, Eberland usw. Er gibt auch Pflanzennamen ab: Storchenschnabel, Löwenzahn, Hahnenfuß. Und manchmal findet man eine (nicht immer zutreffende) etymologische oder totemistische Verbindung zwischen einem Ortsnamen und einem Tiernamen; so bilden merowingische Münzen für das französische Laon (Lugdunum) einen Raben *(lug)* und für Langeais (Alegavias) eine Möve *(gavia)* ab.

Wir sind also umgeben von Tiernamen, und ihre Bedeutung ist in unserer Zivilisation um so größer, als nach der Bibel die Tiere zweimal erschaffen wurden: Erst als namenlose Masse von Gott am vierten und am fünften Tag der Schöpfung, dann eines nach dem anderen von Adam, der ihnen Namen gab, jene Namen, die vor allen Zeiten in Gottes Geist schon existierten und deshalb genau der Natur der Tiere entsprachen, denn sie bezeichnen seine Vorzüge und Mängel in der einheitlichen und anthropozentrischen Sicht, wie sie der jüdisch-christlichen Weltanschauung eigen ist. Die göttliche Harmonie, die nach Remigius von Auxerre von Christus als dem neuen Adam erfüllt wurde, beweisen für Clemens den Apologeten die *connaturalitas* des Menschen mit dem Tier, das nach Duns Scotus an der universalen Seele teilhat. Kurz, der Tiername ist mehr als nur ein Zeichen, denn er birgt in sich die Tiernatur. Man kann darüber hinaus mit Augustinus in den Vögeln die sich auf Erden vermehrenden Botschafter des Wortes Gottes sehen oder mit Hrabanus Maurus die flatternden Seelen der Heiligen; man kann auch, dem *Physiologus* folgend, die Entsprechungen, Bedeutungen, den verborgenen Sinn der Tiernaturen zu erfassen suchen. Schließlich und vor allem sind – nach einer Theorie, die für einen Durchschnittschristen eher zugänglich ist – Gleichsetzung und Vergleich nicht immer unterscheidbar, so daß der, der den Namen eines Tiers trägt, neben seinen eigenen Eigenschaften auch die dieses Tiers haben kann. Wir stoßen hier auf das sehr allgemeine Problem der Personennamenkunde, das unverändert aktuell ist in einer Welt der Nachfahren von Weißvogel, Bärental, Meisennest, Rossignol, Fouquet (Eichhörnchen), Cervo, Leone...

Im antiken Rom, das seine Bürger drei Namen tragen ließ, waren *nomen* und *cognomen* oft von einem Haustier entlehnt – Porcius (Schwein), Vitellus (Kalb), Taurus (Stier), Asinus (Esel) – oder aber von einem Wildtier – Aquila (Adler), Musca (Fliege), Coluber (Ringelnatter). Die christliche Welt erbte sie zunächst über die heiligen Märtyrer als Namenspatrone. So wurde *columba*, die Taube, als Symbol der sich zum Himmel erhebenden, reinen, weißen Seele durch die Heiligen Columbianus und Columbinus verewigt, während die »kleine Bärin« durch die heilige Jungfrau und Märtyrerin von Köln, Ursula, geheiligt wurde. Erst später, nach der Jahrtausendwende, tauchen aus verschiedenen Gründen wieder Tiernamen auf, wohl um den Willen zu bekunden, sich die Natur und vor allem die Tiere untertan zu machen: Mastino (großer Wach- und Jagdhund), Cangrande (großer Hund) Della Scala oder Squarcialupo finden sich neben Eberhard und Arthur (Bär). Es sind Namen, die aus der keltischen oder germanischen Tradition kommen, in der man sich mit bestimmten totemistischen oder magischen Tieren gleichsetzen wollte. Vor dem 5. Jahrhundert sind in der germanischen Welt am geläufigsten die Bezüge zum Adler *(aran)*, zur Schlange *(wûrmi*, weiblich *lind)*, zum Schwan (weiblich *swana)*, zum Bären *(bern*, davon Bernhard), zum Raben *(hraba, chramm*, das sich im großen karolingischen Schriftsteller Hrabanus Maurus, »schwarzer Rabe«, findet), zum Stier *(uru)*, zum Eber *(ibar*, in Eberhard und Ibor, lombardischer Heerführer), zum Pferd (die Anführer der Jüten sollen nach Beda Venerabilis *Horsa* und *Hengist* geheißen haben), vor allem aber zum Wolf, der zu Loup de Ferrières wurde, einem Freund Hraban Maurus', aber auch zu Ulfilas (der kleine Wolf), dem berühmten Übersetzer der Bibel ins Gotische, zu Wolfram (»Wolfsrabe«), Wolfgang (der einhergeht wie der Wolf, im Krieg wie im Frieden), überhaupt zu allen mit -ulf und -wulf endenden Namen, wie Hariulf (»Wolf des Heeres«). Man sieht, die meisten dieser Tiere, deren Fell man vielleicht auch überziehen konnte, bedeuten Stärke, Schnelligkeit, Mut, todesmutiger Kampf, Tod. Eine genauere und neuere Untersuchung scheint auch für den germanischen Raum nachzuweisen, daß die auf den Bär anspielenden Namen recht wenig geläufig sind in England (wo das Tier zur Zeit Bedas, d.h. im 7. Jahrhundert, am Aussterben ist), doch sehr verbreitet in Skandinavien, wo sie den auf den Eber bezogenen Namen den Rang streitig machen oder sie sogar übertrumpfen. Es wird auch angemerkt, daß die Tiere, die nördlich des 55. Breitengrads leben, so gut wie gar nicht vorkommen zu einer Zeit, da der germanische Lebensraum da aufhörte, wo die Tiere unter dem Schnee ihre Nahrung nicht mehr finden konnten.

Man glaube nicht, es sei heute psychologisch belanglos geworden, wenn ein Mensch den Namen eines Tiers trägt. Zwar denkt man kaum mehr an einen Löwen beim Namen Leo, an den Bär bei Eberhard oder an den Wolf bei Wolfgang, doch Familiennamen wie Wiesel, Roß, Ochs oder Hirsch verleiten immer noch zu Anspielungen, die man schon als Kind tausendfach hören mußte und die einem den Namen gründlich verleiden können.

Ein noch helleres Schlaglicht auf die Geschichte der Tiere und der Menschen wirft die allmähliche oder plötzliche Veränderung eines Tiernamens – wie im Französischen sich der *goupil* (von *vulpiculus*, Fuchs) zum *renard* wandelt – oder die Verdrängung eines angestammten Tiernamens durch einen aus einem anderen Sprachbereich stammenden neuen Namen: der lateinische *meles* wird von *taxus* abgelöst, daraus entsteht das spanische *tejon*, das italienische *tasso*, das (alt)französische *taisson* und das deutsche *Dachs*. Das bedeutsamste Ereignis in dieser Hinsicht war das Vordringen von germanischen Namen, die eine Reihe von lateinischen Namen verschwinden ließen. Man darf auch annehmen, daß die Römer für Tiere, die sie kaum oder gar nicht kannten – zum Beispiel jene, die Cäsar in den herzynischen Wäldern entdeckte, Elch, Bison, Auerochs – direkt die germanischen Namen verwendeten.

Neben der Wald- und Gewässerfauna trifft dies vor allem für das Vokabular der Jagd, des Fischfangs, des Hirtenlebens und des Waffenhandwerks zu. So hat eine

Zweihöckriges Kamel aus Baktrien, typisch für die kalten Wüsten; den asiatischen Völkern diente es als Lasttier. Es läßt sich mit dem einhöckrigen Kamel des Südens (dem Dromedar, dem »Laufenden«) kreuzen, das erst kurz vor Christi Geburt nach Afrika gelangte und von Indien bis Arabien verbreitet war (Grabbeigaben, China, 7.–8. Jahrhundert, Paris, Musée Cernuschi).

Reihe von deutschen und französischen Bezeichnungen eine gemeinsame Wurzel: Sperber und *épervier*; Gerfalke und *gerfaut* (von *garfalko)*; Luder (Federspiel bei der Beizjagd) und *leurre* (von *luoder)*.

Auf dem Gebiet der Viehzucht wurde das germanische *prop* zum französischen *troupeau* (Herde), *fulk* zu *foule* (Menge, Masse; was beweisen würde, daß das einzelne Tier weniger galt als die Menge des gelieferten Fleisches), und *fodar* wurde zu *fourrage* (Futter). Vor allem sind es Wörter, die sich um das Pferd drehen, was ganz der zentralen Rolle entspricht, die dieses Tier in der germanischen Zivilisation innehat: *étalon* (Hengst) kommt von *stalo, éperon* (Sporen) von *sporo, crèche* (Krippe) von *krippa, étrier* (Steigbügel) von *streb, estrope* und *bride* (Zügel) von *brigdi*. Bekannt ist auch, was in Frankreich und in Deutschland aus dem *marahscalc* geworden ist: Vom Diener des Pferdes, dem Stallknecht, der die

Schindermähren *(marah)* antrieb und statt des Schwerts kaum eines Stocks würdig war, hat er mehr und mehr »Sterne« gewonnen und ist zum ranghohen Marschall oder *maréchal* avanciert. Etwas südlicher ist der *mariscalco* lediglich der Hufschmied, der *menescal* der Tierarzt.

Die Sprachgeschichte Westeuropas, ein Spiegel der Mentalitäten und Lebensformen, aber auch der suggestiven Kraft des lebenden Tieres, ist durchsetzt mit Anleihen bei den Tiernamen, mit Neu- und Umbenennungen von Tieren. Wollte man sich in Frankreich mit dem Fuchs versöhnen, als man ihm den Vornamen »Renard« (»Reginhard«) gab? Die Untersuchung ließe sich auf alle Bereiche der Linguistik in allen Epochen ausweiten; da sie sich auf ein grundlegendes Bindeglied zwischen Mensch und Tier bezieht, ist sie äußerst ergiebig.

In Berührung mit dem Tier

Die Benennung der Tiere und ihre Kennzeichnung durch den Menschen beruhen außerdem, wie wir gesehen haben, auf einer Menge von Gehör- und Gesichtsempfindungen, aber auch auf Tast- und Geruchsempfindungen – wie etwa beim »Stinktier« – und auf der mehr oder weniger gründlichen Kenntnis ihres Verhaltens. Das »bezeichnende« Gefühl ist natürlich nicht ausschließlich, es ist vielmehr oft Teil eines ganzen Bündels von Gefühlen, die durch den unmittelbaren Kontakt mit dem Tier ausgelöst werden. Und dieser ist sehr erhellend im Hinblick auf das menschliche Verhalten dem Tier gegenüber, denn oft sind die dabei entstehenden Eindrücke verfälscht von zahllosen Vorurteilen und konfusen Empfindungen wie Abscheu oder Angst. Der Anblick einer Spinne, einer Kröte, eines Kraken oder einer Katze, der Geruch einer Wanze oder eines Skunks, der Ruf einer Eule, das Heulen eines Wolfs oder das Summen einer Mücke, das Berühren einer Ratte, eines Regenwurms oder einer Eidechse oder das Berührtwerden von einer Fledermaus können Erregung, Entsetzen, Ekelgefühle hervorrufen, und bestimmte Menschen fallen wegen einer Katze im Raum in Ohnmacht, selbst ohne sie zu sehen. Einige dieser Reaktionen sind physisch bedingt, so die Katzenhaar-Allergie oder ein Gehör, das auf ungewöhnliche Obertöne, wie sie ein heulender Wolf ausstößt, empfindlich reagiert. Unbekannte Gerüche, die als ekelerregend empfunden werden, drehen einem »den Magen um«, während andere einschläfern oder wohlige Gefühle hervorrufen. Bestimmte Phobien werden durch individuelle Erfahrung hervorgerufen. So kann eine einzige summende Mücke strapaziöse Nächte und schmerzhafte Stiche in Erinnerung rufen. Andere Reflexe haben ihren guten Grund, denn es ist ganz normal, daß man entsetzt einem Tiger, einem wilden Elefanten, einer Kobra oder einer Vogelspinne gegenübersteht. Auf dem Foto oder im Film hingegen betrachtet man diese Tiere mit einem angenehmen Nervenkitzel oder einem lustvollen Schauer. Angst empfinden, ja, aber nicht zu schlimm! Den Tiger oder den Stier von ferne sehen, im Zoo oder in der Zirkusarena, mit einer schützenden Mauer, den untersten Zuschauerreihen oder einem soliden Stacheldrahtzaun dazwischen, das macht den Eindruck weniger dramatisch. Wie einstmals die Schlächtereien in den Amphitheatern, so soll die Dressur der wilden Tiere die Angst in Erleichterung ummünzen, damit man sich an der Niederlage oder der Unterwerfung des Ungeheuers freuen kann, als ob es die eigene Tat wäre.

Schließlich gibt es noch rein kulturelle Reaktionen, vor allem dort, wo die Phantasie schreckliche Ungeheuer hervorbringt, die das Fürchten lehren sollen: ein Riesenkrake, der mit seinen Fangarmen das Schiff umschlingt und es in die Tiefe zieht, der die Schätze hütende Drache Fafner oder der angelsächsische Beowulf. In diesen Fabeltieren mit ihren Raubtierzähnen, ihrem Schlangenschweif, ihren glitschigen Saugnäpfen, ihrem Flammenhauch und Schwefelgeruch finden wir die Impulse einer Epoche kristallisiert; sie sollen ja auch ihren Siegfried finden, den rettenden Helden, der sie erschlägt und uns das Gefühl der Sicherheit gibt.

Ob physiologisch, kulturell oder psychologisch begründet, Angst und Abscheu wurzeln sehr tief in unserer Geschichte. Wir sehen dies, wenn wir dem von J.-J. Barloy entworfenen Überblick folgen. Angstauslösend ist oft das Weiche, Kalte, Schleimige (Nacktschnecke, Qualle, Kröte); das Behaarte, Schuppige, Schwarze oder Nachtaktive (Ratte, Spinne, Schabe, Schlange, Fledermaus, Eule); das Sonderbare und Fremdartige, Tiere mit Fangarmen, mit vielen oder gar keinen Beinen (Krake, Assel, Ohrwurm, Kriechtiere); die Gefahren in graugrünem, trübem und gefährlichem Wasser, auf dessen Grund wir nicht sehen können und in dem Haie oder Krokodile lauern könnten. Andere Ängste sind natürlicher, selbst wenn sie auf bloß rudimentärem, bruchstückhaftem Wissen beruhen, denn sie beziehen sich auf unmittelbare Gefahren und drohende ernsthafte Erkrankungen (gegenüber Keimträgern wie Fliegen, Ratten, tollwütigen Füchsen); auf Verletzungen (gegenüber starken oder bösartigen Tieren wie dem Stier, dem Büffel, den Raubkatzen, verwilderten Hauskatzen, aggressiven Hunden); auf Vergiftungsgefahren (gegenüber allen giftigen Tieren wie Skorpionen, Wespen, Hornissen, Spinnen und Schlangen).

Dieser ganze Komplex von Ängsten wurde zur Grundlage für verbreiteten Aberglauben und viele Hausmittel, oft mit fließendem Übergang zur Hexerei.

Die Ikonographie dieser Tierängste ist im Abendland sehr dicht in den mittelalterlichen Darstellungen der Hölle, wo die Verdammten von Ungeheuern mit Schlangenschwänzen, Adlerkrallen und Raubtierklauen gemartert werden; ihre Vollendung findet sie in den Visionen von Hieronymus Bosch und Matthias Grünewald. Doch die Grausamkeit findet ihren Ausdruck auch im Löwen oder im Tiger, der eine Gazelle oder ein Pferd anfällt, oder im Kampf auf Leben und Tod von Enkkidu und Gilgamesch gegen den Stier, dem sie schließlich das Herz aus dem Leibe reißen. Dennoch flößen die sogenannten wilden Tiere längst nicht nur Angst ein, ihr Mut adelt sie auch in den Augen eines Rubens, eines Delacroix, eines Goya, in dessen Bildern sie nur der Überzahl und dem spitzen Stahl unterliegen, oder in den Gedichten eines Vigny, in denen Bewunderung, Mitleid für ihre Niederlage und Verachtung für den unfairen, von vornherein entschiedenen Kampf zum Ausdruck kommen. Das Gefühl des Mitleids hat auch die

Unschuld des Lamms, der Taube oder des verwundeten, den Tod erwartenden Rehs geschaffen.

Andere Tiere zeigen vertraute Gemeinschaft oder kindliches Spiel, wie etwa der große Hund, der in Veroneses *Hochzeit zu Kana* friedlich zwischen kleinen Kindern spielt, oder jener andere Hund, den Reynolds in den Armen der Jane Bowles, einem dreijährigen Mädchen, gemalt hat; auch die schöne Katze, die vollkommen die Jugend, Schönheit und Anmut von Renoirs Mädchen widerspiegelt.

Schließlich gewinnen viele Tiere – zu Recht oder zu Unrecht – die Sympathie des Menschen. Einer der interessantesten Fälle ist der Bär, der als naiv und gutmütig gilt, vor allem bei Kindern, die sich diesem mächtigen, menschenähnlichen Kuscheltier am liebsten in die Arme werfen würden. Da die Bären in den westeuropäischen Naturparks leider wesentlich seltener sind als in den nordamerikanischen, birgt diese Fehleinschätzung gegenwärtig kaum Gefahr in sich. Doch der »liebe« Bär hat eine lange Tradition in unserer Zivilisation, vor allem als gutmütiges Wesen, das sich vom Gaukler brav am Strick führen läßt. Der Braune im *Roman de Renart*, der sich eigentlich kaum von Gevatter Bär bei Walt Disney unterscheidet, ist ein Honigschlecker; er läßt sich manchmal vom Fuchs an der Nase herumführen, kann es ihm aber auch tüchtig heimzahlen, ohne dabei (allzu) böse zu werden. Und von der Antike bis zu Walt Disneys Tierfilmen ist die Bärenmutter, wie sie so auf ihrem Hintern sitzt, ihre »süßen« kleinen Bärchen ohrfeigt, ableckt und selbst gegen einen Puma verteidigt, das Gestalt gewordene Mutterbild, wie man es sich hierzulande gerne vorstellt.

Das Tier, das sich wohl am beständigsten des besten Rufs erfreuen konnte, ist jedoch, wie gesagt, der Delphin mit seinem kahlen Schädel, seinen »spitzbübischen« Augen, seinem ständigen »Lachen«, seinen »Possen«, seinen »übermütigen« Pfiffen und seinem kameradschaftlichen Verhältnis zum Menschen, das von den Legenden und Anekdoten der Antike (Amphion, das Kind der Hippone) bis zu den Delphinarien und den Versuchen der US-Marine bestätigt wird: Er rettet Ertrinkende (vielleicht ein Spieltrieb, der ihn alles, was auf dem Wasser treiben kann, vor sich herschieben läßt), führt verschiedene Aufgaben aus und kann selbst Haie töten, die einen Badestrand bedrohen. Diese auf Legenden wie auf genauen Schilderungen gründende Gunst, in der der Delphin steht, ist um so erstaunlicher, als man im europäischen Inland und selbst an der Nordküste das Tier nie zu Augen bekommen hat. Doch vielleicht liegt darin gerade das Geheimnis dieser Begeisterung.

Die menschliche Haltung dem Tier gegenüber

Es zeigt sich so in immer schärferen Umrissen die Einstellung vieler Zivilisationen dem Tier gegenüber.

Viele haben das Tier sakralisiert, haben es als Totem genommen, es als wohlwollenden, beschützenden Ahnen betrachtet, als mächtigen, hilfreichen

Bruder, als Reinkarnation in der Seelenwanderung anderer Geschöpfe oder als Spiegel der menschlichen Gesellschaften. Nennen wir ohne Reihenfolge die ersten Ägypter, die Sagenwelt Homers, die Indianer Nordamerikas, die afrikanischen Zivilisationen, die tausendfältigen Brahmanenkulte und ihren Einfluß auf den (vom Sohn des Elefanten und der Königin Maja gegründeten) Buddhismus.

Diese heiligen Tiere sind Freunde der Götter, sie werden von ihnen geliebt, von den »sanften Alkyonen, der Thetis liebe Vögel«, über die Eule der Minerva und das Pferd des Neptun bis hin zum Pfau der Juno. Sie können sogar selbst zu Göttern werden wie im alten Ägypten die Katze Bastet, der Falkengott Horus, der Schakal-Hund Anubis und die Kuh Hathor, der Ibis oder der Pavian Thot, aber auch der Fliegengott Belzebuth der Philister oder die gefiederte präkolumbianische Schlange.

Gegenüber diesen lebenden oder mythischen Tieren, die durch die fehlende Sprache noch geheimnisvoller und undurchdringlicher werden, schwankt die Haltung der meisten Zivilisationen zwischen Bewunderung, Anbetung oder Verehrung wie einem Bruder oder Vater gegenüber, zumindest aber wird ihnen eine Eigenpersönlichkeit zugesprochen: Bei Homer stirbt der Hund Argos vor Freude bei Odysseus Rückkehr, und Achilles Pferde beweinen ihren toten Herrn. Zwar wird vereinzelt noch an diese antiken Themen angeknüpft, wenn etwa Piero di Cosimo einen Hund malt, der über Prokris Tod betrübt ist, oder Landseer den Kummer eines Hundes neben dem Leichnam seines toten Hirten darstellt; doch im allgemeinen kann man sagen, daß in der christlichen Symbolik das Tier bestenfalls ein verkappter Mensch oder sein Spiegelbild, meist aber sein Sklave ist.

Wohl verbieten oder empfehlen nationale Gesetze und internationale Abkommen die Jagd auf diese oder jene Art, wohl nimmt der Gesetzgeber den Tierhalter in die Verantwortung, schützt die körperliche Unversehrtheit der Tiere und bestraft Mißhandlungen und Quälereien, doch der westliche Mensch mit seiner anthropozentrischen Weltanschauung gebärdet sich als Herr über sie, ganz nach dem Bilde des jüdisch-christlichen Gottes, der ihm Macht über die Natur gegeben hat.

Diese Auffassung ist verhältnismäßig neu, denn sie hat sich erst zu Beginn unserer Zeitrechnung herausgebildet und im Verlauf des Mittelalters verstärkt, zu einer Zeit also, in der die Barbareneinfälle und der Zusammenbruch des Römischen Reichs zu Umweltveränderungen und demographischen und gesellschaftlichen Umwälzungen führte, die den Menschen teilweise die Kontrolle über die Umwelt verlieren ließen. Der Konkurrenzkampf mit dem Tier erfuhr dadurch erhebliche Veränderungen, und das Auseinanderklaffen der objektiven Umweltbedingungen und des theoretischen Gebäudes des Christentums zeigte sich besonders deutlich. Der Mensch wurde in die Defensive gedrängt, während er sich einbildete, der Herrscher zu sein, wo ihn doch sein beängstigend mangelhaftes Wissen unfähig machte, sein Denken mit seiner Position als Unterlegener in Einklang zu bringen. Wir können mit M. Ortalli feststellen, daß sich dieser grundlegende (und damals so manches rechtfertigende) Widerspruch auf vielfältigste Art äußert: Zunächst bei den Haustieren, von denen einige Arten nach begonnener Domestikation wieder in den Wildzustand zurückkehren, so der Storch, der Kranich und der Hirsch. Dann in der Viehzucht, wo man die Rassen nicht mehr auseinanderzuhalten, auch nicht mehr zu selektieren versteht, ausgenommen bei den Pferden und den Hunden. Und schließlich bei den Wildtieren, bezüglich derer die Unsicherheit und Unwissenheit des Menschen vollkommen ist. Bison, Auerochs und Büffel werden verwechselt; für B. von Worms ist *muriceps* nicht die Katze, sondern ein Vogel, und *mures* sind manchmal Fledermäuse. Nur der Wolf ist ein konkreter Begriff, da er Vieh reißt und den Menschen bedroht. Und die wilden Tiere vermehren sich in dem Maße, als sich die Menschen bekriegen. Pferde- und Rinderkrankheiten wie die »Pest« von 810 wüten, ohne daß sich die darniederliegende Tierheilkunde gerührt hätte.

Man bekam die Dinge langsam wieder in den Griff dank einer tieferen Kenntnis der Natur und des Bemühens, das Wissen zu ordnen, aber auch dadurch, daß man gefühlsmäßig an die Geschöpfe Gottes heranging, worin allerdings auch naive Anmaßung lag, denn in dieser Einbahn-Interpretation verkündeten oder verwirklichten alle mehr oder weniger beiläufig beobachteten Erscheinungen die Heilsgeschichte. Bestimmte Tiere genossen einen recht guten Ruf: das mystische Schaf, der Löwe des Evangelisten Markus, der Hund des heiligen Rochus, das Schwein des Eremiten Antonius, der Adler des Apostels Johannes oder der Stier des heiligen Matthäus. Andere galten als verdorben und wurden physisch vernichtet (Wolf, Kröte, Katze, Ziegenbock) – oder exkommuniziert, wie die Schlangen durch Hugo von Grenoble, die Maikäfer durch den Bischof von Genf, die Fliegen, die menschenfressenden Wölfe oder die Heuschrecken durch andere. Man richtete, verurteilte und exekutierte Tiere, die den Tod von Menschen verursacht hatten oder der Mittäterschaft beim Verbrechen der Sodomie schuldig befunden worden waren.

Jules Michelet bemerkte ganz richtig, daß das Christentum »ein judäisches Vorurteil bewahrte(...), die tierische Natur in unendlichem Abstand vom Menschen hielt und sie purifizierte«. Der Mensch kann über Leben und Tod aller Tiere gebieten, und der von M. Agulhon zitierte Kardinal Manning bewegt sich durchaus in der Orthodoxie, wenn er erklärt, daß die Tiere »Dinge sind und für uns nur insofern existieren, als es uns beliebt, sich ihrer ohne Schonung für unsere Bedürfnisse und unser Wohlergehen zu bedienen, freilich nicht für unsere Bosheit«.

Sich auf die Bibel und die Offenbarung stützend, hat dieses Herrschaftsdenken das ganze abendländische Denken durchdrungen und sogar den beherrschenden Einfluß der Kirchen überdauert. Auf dieser jüdisch-christlichen Anschauung beruhte die Brutalität unserer Vorfahren gegen die Tiere und unsere gegenwärtige Gleichgültigkeit gegenüber ihrem Leiden.

Es ist noch gar nicht so lange her, daß sich die Rohheit völlig ungestraft austoben konnte. Wir werden es am Beispiel der Katze sehen, wenn wir Hogarths berühmten Zyklus *Erste Stufe der Grausamkeit* betrachten, der in England im 18. Jahrhundert die Torturen schildert, die verschiedene Tiere von Halbwüchsigen und Erwachsenen bei regem Interesse des belustigten Publikums zu erleiden hatten. Zeitlich noch näher stehen uns die Beispiele, die M. Agulhon aus Frankreich im 19. Jahrhundert gibt: bei lebendigem Leibe verbrannte Ratten, Schlangen, Kröten und Katzen; Wettschießen mit Steinen auf einen lebenden Hahn. Im zentralfanzösischen Département Allier gab es den Brauch, daß Matrosen sich an den Hals einer mit dem Kopf nach unten aufgehängten Gans hängten. Volksheilmittel verlangten das Herz einer lebenden Elster oder den aufgeschlitzten Bauch eines Hahns. Ganz zu schweigen vom alten Aberglauben, nach dem man Käuzchen über das Scheunentor nageln soll. Unter der Restauration, Anfang des 19. Jahrhunderts, kreuzigte man vor den Stadtmauern von Paris lebende Ratten auf Scheiben, auf die man mit Wurfspießen schoß, und in Irland pflegte man mit dicken Spitzen die Füße der Gänse auf den Boden zu nageln, um sie bequem nudeln zu können. Ganz alltäglich war, daß man auf offener Straße Vieh schlachtete und Schweine vor den Augen der Kinder stach, die teils starr vor Entsetzen waren, teils ihre helle Freude daran hatten. Alte Pferde wurden geschunden und nicht mehr gefüttert in den Tagen vor ihrem Tod, und alltäglich war auch das Martyrium der Pferde, auf die betrunkene Fuhrknechte eindroschen, um ihnen die letzten Kräfte abzuverlangen. Victor Hugo beschrieb eine solche Szene:

> Montag; gestern trank der Mann in den Spelunken
> Wein, der voller Wildheit, Schreie und Flüche,
> Und der Kärrner ist ein einziger Hagel von Schlägen
> Auf diesen Schinder, der am Zaumzeug zerrt.

Hugo schreibt auch ein Gedicht des Mitleids für eine Kröte, die von Kindern gesteinigt wird, während ein Esel versucht, sie nicht zu zertreten, obwohl auf ihn selbst eingedroschen wird.

Die Tierschutzgesetze konnten gewisse besonders empörende Grausamkeiten abmildern, doch sie bewirkten keine grundlegende Änderung im Herrschaftsdenken der westlichen Zivilisation, das den Menschen zum unangefochtenen Gebieter über die Natur setzt. K. Thomas sieht in England leichte Fortschritte auf theoretischem Gebiet, aufgrund sehr verschiedener Faktoren: Die Reformation (und der Puritanismus) hat gelehrt, die Natur sei dem Menschen von Gott anvertraut worden, und zwar in dem Sinne, daß er den höchsten Gewinn daraus ziehen solle. Zwar drängte die industrielle Revolution das Tier an den Rand des Produktionsprozesses, doch die herrschende Klasse wollte dem »Mob« auch die blutigen Schauspiele verbieten, weil darin seine »niederen und groben Instinkte« bestärkt würden. Ein Anflug von Gefühl oder Sentimentalität kam dazu und führte zu den ersten Tierschutzvereinen. Gleichwohl sind dies lächerlich kleine Schritte, nicht nur, wenn man den Vergleich zu den asiatischen, afrikanischen oder indianischen Zivilisationen zieht, sondern auch gemessen an unserem guten Gewissen in bezug auf die Vivisektion, die Schlachthöfe und den Mord an den Seehundbabys.

Der individuelle Kontakt zu bestimmten Tieren, den Haustieren nämlich, die eng mit ihrem Halter zusammenleben, vermochte die Kriterien etwas zu differenzieren und dem Hund, Ihrer Majestät der Katze, dem Hamster, der Schildkröte, dem vertrauten Fisch oder Vogel eine bisweilen übersinnliche Persönlichkeit zu verleihen. Die Art von Geselligkeit, die man von diesen Tieren erwartet, die zahlreichen Übertragungen, die sie ermöglichen und die Anhänglichkeit, die sie nicht immer äußern, lassen diese Tiere eine Stellung einnehmen, die dem, der hierin anders denkt, unverständlich sein mögen. Doch zu Spott besteht kein Anlaß, wenn Tränen vergossen werden über den gestorbenen Dackel, den entflogenen Kanarienvogel oder das kranke Meerschweinchen, denn sie sind das nur wenig übersteigerte Eingeständnis der menschlichen Emotionalität, die auf ein zur Antwort fähiges Tier übertragen wird, und der Ausdruck von Gefühlen, die vielleicht egoistisch, doch weniger entwürdigend sind als Gleichgültigkeit, Verachtung oder Grausamkeit.

Insgesamt bleibt die westliche Zivilisation, selbst wenn sie in ihrem Brauchtum und in ihrer Geschichte tausend Einflüsse und vielfältigen Aberglauben aus der jüdisch-christlichen Tradition aufnimmt, tief durchdrungen von der eindeutigen Herrschaft des Menschen über das Tier, über das sie nach ihrem Gutdünken verfügen zu können glaubt. Wenn sie beschlossen hat, einige vom Aussterben bedrohte Arten zu schützen, so zum Teil deshalb, weil deren Verschwinden sie einiger Möglichkeiten und einiger ästhetischer oder ethischer Genüsse berauben, sie um etwas ärmer machen und Umweltveränderungen anzeigen würde, die sich am Ende schädlich auswirken könnten. Die für diese Arten eingerichteten Reservate, Nationalparks und zoologischen Gärten sind nicht minder zwiespältig. Zweifellos freut sich der Durchschnittsbesucher (und -steuerzahler) in seinem Innersten, hier seltene, »schöne«, »lustige« oder gefährliche Wildtierarten eingesperrt zu sehen. Bestenfalls denkt er in naivem Stolz, daß durch den Zoo (und durch ihn selbst) Tiere gerettet werden; an den lächerlichen Lebensraum, in den man sie hineingezwungen hat und von dem sie nun so abhängig sind, daß sie wohl sterben würden, gäbe man ihnen die Freiheit zurück, denkt er kaum. Sicherlich konnte durch dieses System, zusammen mit der Domestikation – sofern die Reproduktion nicht streng kontrolliert und gelenkt wurde – ein Teil des genetischen Bestands erhalten werden. Doch das Recht über diesen Bestand, das sich der Mensch angemaßt hat, und die Manipulationen an ihm bringen Labormonstren hervor oder Wesen, die nur in dem Milieu leben können, für das sie geschaffen wurden. Und die Vivisektion, selbst wenn sie mit Gewinn, wissenschaftlichem Nutzen oder neuen Erkenntnissen gerechtfertigt wird, beweist zur Genüge die Verachtung der Qual und des Lebens der erforschten Wirbeltiere – sie ist durchaus im Sinne von Kardinal Manning.

Ganz allgemein hat die maß- und planlose Über-Nutzung der Tierwelt oft unvorhergesehene Auswirkungen, die die Fragwürdigkeit und die Vermessenheit der menschlichen Vernunft beweisen. Aus der Berrschung wurde bisweilen Vernichtung von bestimmten Arten mit schwachem oder langsamem Regenerationsvermögen, vor allem bei Wirbeltieren, Säugern, Vögeln, sogar Reptilien.

Un insecte fort bien mis et beau danseur.

»Ein sehr elegant gekleidetes Insekt und schöner Tänzer.« Daß Grillen den Sommer lang tanzen – freilich ohne »Käferfrack« –, weiß seit La Fontaine jedes Kind. Man beachte den Pfau auf der Sessellehne. (Granville, *Scènes de la vie publique et privée des animaux*, 1842, Privatbesitz.)

Hingegen hat sie – Ironie der Natur – da versagt, wo das Übel geringer gewesen wäre, d.h. bei sich rasch vermehrenden Säugern wie der Ratte und dem Kaninchen, ebenso bei wirbellosen Tieren, vor allem bei vielen Insekten und gefährlichen Parasiten. Die Entwicklung der Konsumgesellschaft und, in ihrem Gefolge, Frustrations-, Unsicherheits- und Einsamkeitsgefühle, die zum Verlust emotionaler Ausgeglichenheit führen, haben dieser Herrschaft im Handel mit Haustieren zu einem ebenso naiven wie unverhüllten Ausdruck verholfen. Da gibt es Übertragungen aller Schattierungen: Überlegenheitsgefühle, Aggressivität, Kontaktscheu, Zärtlichkeit, Körperkontakt- oder Streichelbedürfnisse, Zurschaustellung des gesellschaftlichen Standes, Absage an die Technikflut zugunsten des Natürlichen. Auch hier könnte man eine zwar unvollständige, doch altruistische Rehabilitation des Tieres erhoffen, bei der nicht die Bedeutung ausschlaggebend wäre, die es in der Nahrungsmittel- oder Industrieproduktion einnimmt, sondern die Abscheu der Menschen angesichts der Ausbeutung der Tiere und der Massaker an ihnen; es würde unser (verborgenes) »Bestes« (!) offenbaren. Tatsächlich ist aber zu befürchten, daß in unserer Gesellschaft das Tier als Spekulations- und Renditeobjekt oder Garant gegen gesellschaftswidriges Verhalten mehr und mehr zum Untertan des Menschen wird, der viele Triebe an ihm abreagiert und es belastender, manchmal undurchsichtiger Zuneigung oder Tyrannei unterwirft.

Der Kontrast zu den anderen Zivilisationen wird dadurch um so erschütternder.

II

Die wirbellosen Tiere

Klassischer Blumen- und Insektendekor um ein Madonnenbild. Auffallend ist hier die Heuschrecke, die sehr viel seltener vorkommt als Schmetterlinge, Fliegen und Raupen (Flämische Schule, um 1500, Paris, Collection Wildenstein, Musée Marmottan).

Von den Urtierchen zu den Kopffüßlern

Mehr als drei Viertel der lebenden Arten werden allein von der Klasse der Insekten gebildet, und diese gehören als Gliederfüßler auch nur einer der vielen Abteilungen der Wirbellosen an. Trotz ihrer Fülle haben diese, mit Ausnahme der unverrottbaren Muschelschalen, nur wenige Spuren hinterlassen.

Die Geschichte der Wirbellosen gehört fast ausschließlich in den Zuständigkeitsbereich der Paläontologie. Ihre Veränderungen und Variationen sind über kurze Zeiträume kaum wahrnehmbar, da das genetische Programm seit vielen Millionen Jahren festliegt und zu 98 oder 99 Prozent blockiert ist, so daß Tiere, die aus der Primärzeit stammen, heute noch scheinbar unverändert existieren.

Ihre neuere Geschichte ist also abhängig erstens von Umweltveränderungen, welche die geographische Verbreitung jener Arten durcheinanderbringen können, die an ein bestimmtes Biotop gewöhnt sind; zweitens von der strengen natürlichen Auslese, die der Art eine um so bessere Anpassung ermöglicht, je schneller und massenhafter sie sich reproduzieren kann; drittens von der willentlichen oder unwillentlichen Einflußnahme des Menschen. Wir haben dies schon kurz beim Regenwurm, beim Blutegel und bei der Anopheles gesehen, auch bei den Mikroorganismen, vor allem beim Blutparasiten *(Plasmodium)* der Malaria. Wir besitzen zwar über diese unzähligen Arten zahlreiche Quellen aus Menschenhand (Schriften, Darstellungen), doch muß sich die Untersuchung ebenso auf das Studium der gegenwärtigen Tiere stützen (die sich kaum oder gar nicht verändert haben, uns also unentbehrliche und bedeutende Informationen liefern), und schließlich auf die wenigen vorhandenen Überreste.

Wenn wir von den Mikroorganismen, den Protozoen-Parasiten und den in der Paläontologie zu untersuchenden Tieren absehen, können wir so versuchen, die Geschichte einiger Tiere zu schreiben. Der vom dürstenden Jesus am Kreuz geheiligte Schwamm wurde schon mehrfach erwähnt. Sein Alter bestätigen die mit seinen unzerstörbaren Kieselnadeln verzierten Versteinerungen. Sein Gebrauch war in den Mittelmeerländern schon in der griechisch-römischen Antike weit verbreitet, und über die Methoden der Schwammfischerei sind wir sehr detailliert unterrichtet. Gesprochen haben wir schon von der roten Koralle (der Kelten, der Italiener des frühen Mittelalters, der islamischen Welt ...), auch von den Austern, die für die römischen Gastronomen seit dem 1. Jahrhundert v. Chr. gezüchtet wurden, während ihre wildlebenden Schwestern den verwegenen Perlfischern die Perlen für die verfeinerten Zivilisationen lieferten. Die Stachelschnecke wurde nicht nur verspeist, sie wurde auch wegen ihres wertvollen Purpurfarbstoffes schon von den Phöniziern in der Gegend von Tyros verwendet, und von den Weinbergschnecken fand man riesige Schalenhaufen an Stränden des westlichen Mittelmeeres. Regenwurm, Blutegel, einige Spinnen, die das

Vieh schädigten und angeblich jenes Gift verspritzten, das die Napolitaner im »Tarantella« genannten Tanz ausschwitzen mußten, wurden ebenfalls schon kurz gestreift.

Wir haben, zu Recht oder zu Unrecht, unsere Monographien auf drei Insekten konzentriert, die wir für beispielhaft halten. Die Anopheles ist es gleich in doppelter Hinsicht, denn einerseits ist sie nicht zu trennen von dem die Malaria erregenden Urtierchen, andererseits ist sie, wie die Fliegen, Läuse und Flöhe, Zwischenwirt von Epidemien. Anstelle der Heuschrecke hätten wir auch andere Wanderinsekten wählen können, jene weißen Schmetterlinge zum Beispiel, die manchmal zu Millionen über dem Atlantik zugrunde gehen, den einfachen Maikäfer oder andere Schädlinge. Doch die Wanderheuschrecke hat als biblisches Tier so viele Erinnerungen in der jüdisch-christlichen Mentalität hinterlassen und mit ihren Verheerungen so lange die Menschen mitten im Abendland heimgesucht, daß sie uns ganz besonders typisch vorkommt. Schließlich haben wir vor der Koschenilleschildlaus und der Seidenraupe der Biene den Vorzug gegeben, dieser keuschen Tautrinkerin, deren Honig und Wachs sehr lange den Alltag und die Vorstellungswelt der menschlichen Gesellschaften mitgeprägt haben.

Die Mücke. Anopheles und Plasmodium. Der Kreislauf der Malaria

Es mag gewagt erscheinen, eine Geschichte der Tiere mit einer der schlimmsten Geißeln anfangen zu lassen, die die Menschheit zu erdulden hat, seit sie in den fruchtbaren und feuchten Zwischenstrom- und Deltagebieten seßhaft wurde. Doch die Anopheles ist ganz und gar typisch für jene verheerenden Krankheiten, bei denen zwei oder mehrere Tiere gemeinsam Endemien aufrechterhalten oder Epidemien und Epizootien ausbrechen lassen.

Man könnte natürlich ebensogut die scheinbar besser bekannte Geschichte der Hausratte *(Rattus rattus)* behandeln, deren Flöhe *(Xenopsylla chaeopis)* als Überträger der Pest gelten, wonach die zu Beginn des 18. Jahrhunderts am Kaspischen Meer aufgebrochene und zwischen 1720 und 1730 an der Atlantikküste angelangte Wanderratte dadurch, daß sie die Hausratte verdrängte, mitgeholfen hätte, das Abendland von einer Geißel zu befreien, die zu eben dieser Zeit, im Jahre 1720, in Marseille zum letzten Mal, furchtbar gewütet hat. Diese Verbindung von Hausratte und Floh ist vergleichbar mit dem Gespann Anopheles und Plasmodium der Malaria, mit dem Unterschied, daß sie noch ein drittes Glied benötigt, nämlich den Pestbazillus *(Yersinia pestis)*. Die Gemeinschaft Nager-Floh *(Pediculus humanus)* ermöglicht immer noch die Ausbreitung des Fleckfiebers und diverser Rekurrenzfieber, wie von Ch. Nicolle gezeigt wurde. Die Trichine schließlich infestiert die Wanderratte, diese gibt sie an das Schwein weiter, von dessen unzureichend erhitztem Fleisch sich der Mensch die Trichinose zuzieht.

Zwischenwirte können Weichtiere oder Schalentiere sein: Der Medinawurm *(Dracunculus medinensis)* benötigt kleine Ruderfußkrebse *(Cyclops)*, um sich entwickeln zu können, während bei der anderen großen Geißel der Tropen, der Bilharziose, aus den Eiern der Saugwürmer (Schistosomen oder Bilharzien) im Wasser von Bächen erst die Wimperlarve *(Miracidium)* schlüpfen muß, die eine Süßwasserschnecke (Blasenschnecke) als Zwischenwirt benützt und sie als Schwanzlarve *(Cercarie)* wieder verläßt, um dann den badenden Menschen zu infizieren.

Die meisten Krankheiten werden jedoch, wie man schon seit sehr langem weiß, von Fliegen und Mücken verursacht oder verbreitet. Es fehlt nicht an religiösen Hinweisen: Es sei an die biblischen Plagen erinnert, von Moses als Strafe für die Halsstarrigkeit des Pharao über das Land gebracht, dessen Volk sehr wahrscheinlich von Mücken mit schmerzhaftem Stich und den schauerlich schwirrenden Kriebelmücken heimgesucht wurde, während dem Vieh die Gemeine Stechfliege zusetzte. Auch »Beelzebub«, der Fliegengott der Philister, bleibt in düsterer Erinnerung.

So biblisch müssen die Fliegeninvasionen gar nicht immer sein, ihre Auswirkungen sind gleichwohl nicht geringfügiger: Frankreich erlebte noch 1871 riesige Schwärme von schwarzen Fliegen (Haarmücken), die man natürlich von der preußischen Armee ausgesandt wähnte. Der Angriff des *Tabanus taraudi* vertreibt periodisch die Rentiere aus der schwedischen Dalarna und zwingt die Lappen, mit ihren Herden auf Wanderschaft zu gehen. Seit dem 19. Jahrhundert macht der *Tabanus molestus* die Tiere des Missouri verrückt. E. Séguy erwähnt auch den Angriff der Kriebelmücken in der Gegend von Lyon im Jahre 1863, bei dem im Kanton Condrieux 80 Prozent der Rinder innerhalb von vier bis zwölf Stunden nach dem Stich verendeten. Mit Stichen in Mund, Luftröhre, Nasenhöhle und empfindliche Hautpartien tötete 1923 die Kriebelmücke von Golubac im Banat, in Siebenbürgen und in der Walachei innerhalb weniger Tage mehr als sechzehntausend Haustiere, dazu Tausende von Hasen, Rehen und Füchsen; es erkrankten oder starben auch Säuglinge und kleine Kinder.

Ihre Stiche wären schon Elends genug, doch die Fliegen übertragen auch sehr gefährliche Krankheitserreger: Die Schmetterlingsmücke *(Phlebotomus)* überträgt die Leishmania, die Tsetsefliege die Trypanosomen der Schlafkrankheit, die Kriebelmücke bestimmte Fadenwürmer *(Onchocerca volvulus)*, die große Geschwülste unter der Haut und ernste Erkrankungen des Auges (Onchozerkose) verursachen, ganz zu schweigen von den zu Milzbrand und Cholera führenden Infektionen.

Über die allgemein bekannten Unannehmlichkeiten hinaus verursachen die Mücken als Zwischenwirte ebenso verheerende Krankheiten. In den Tropen Afrikas, Mittelamerikas und Südamerikas überträgt die Gelbfiebermücke *(Aedes aegypti, Stegomya fasciata)* das auch »typhus amaril« oder »vomito negro« geheißene Gelbfieber, an dem 7 bis 10 Prozent der befallenen Eingeborenen und 25 bis 80 Prozent der Fremden sterben, wenn sie nicht behandelt werden. So sollen im Jahre 1509 von den 800 Soldaten, die Veracruz besetzten, 600 innerhalb der ersten Tage gestorben sein; fünf Tage später zählte man nur noch 60 Überlebende. Zehn- oder Hunderttausende starben in den Vereinigten Staaten bei der Epidemie, die Ende des 18. und Anfang des 19. Jahrhunderts wütete. Im Jahre 1821 verlor Barcelona einen Großteil der Einwohner, vielleicht zwanzigtausend Menschen, als das Übel auf Europa übergriff.

Neben dem Gelbfieber übertragen die Mücken auch die Fadenwürmer, das sind kleine Nematoden, deren Vermehrung in den Lymphgefäßen Ödeme, Lymphdrüsenentzündung, Lymphgefäßentzündung, Lymphvarizen, sogar die Elephantiasis *(Wuchereria bancrofti)* hervorrufen kann.

Und schließlich ist da die Anopheles, in deren Speicheldrüsen sich die Plasmodien entwickeln können, die beim Stich ins menschliche Blut gelangen, sich von dessen Hämoglobin ernähren und die roten Blutkörperchen aufplatzen lassen ...

Malaria: die Plasmodien

In der Menschheitsgeschichte ist die Malaria vermutlich diejenige Krankheit, die die meisten jungen Leben dahingerafft hat. Noch heute bedroht sie Milliarden von Mitmenschen und befällt dreihundert Millionen tatsächlich. Zu 10 oder 15 Prozent geht die Kindersterblichkeit direkt oder indirekt auf ihr Konto. Wir müssen sogar annehmen, daß die Hälfte der vorzeitig sterbenden jungen Menschen in der Dritten Welt durch Malaria so geschwächt ist, daß sich der Körper gegen schneller fortschreitende Krankheiten nicht mehr wehren kann.

Ziemlich selten bringt die Malaria den raschen Tod. Indem sie die Sauerstoffversorgung des Bluts herabsetzt, führt sie immer tiefer in Anämie mit mindestens lähmender Müdigkeit und Depression. Wie oft wurde vom »traurigen Blick und dem schleppenden Gang« genau jener Völker gesprochen, die früher den Kolonisatoren »apathisch« und »fatalistisch« vorkamen.

Diese grausame Plage sucht nicht nur die armen Länder heim. Die Zivilisationen in feuchten und fruchtbaren Niederungen, von China und Indien über Mesopotamien und Ägypten bis hin zum antiken, mittelalterlichen oder modernen Abendland, alle wurden sie hart von der Malaria gebeutelt. Auch Westeuropa, von Holland bis Sizilien, wurde nicht verschont. Und die anläßlich der großen Eroberungskriege und der Kolonisation massenhaft in die Malaria-Länder verfrachteten Europäer wurden buchstäblich dezimiert: Von den 40000 Engländern, die 1809 in Walcheren an Land gingen, erlagen 4000 sofort der Krankheit, 27000 wurden angesteckt, 12000 hatten Rückfälle. Von den 24000 Mann, die 1894 zur Eroberung Madagaskars aufbrachen, starben mindestens 6000. Und Gelbfieber und Malaria zusammen forderten beim Bau des Panamakanals in den Jahren 1881 bis 1889 an die 50000 Menschenleben. Während des Pazifikkriegs erklärte General MacArthur, daß »von drei Divisionen eine im Feindkontakt, eine im Krankenhaus und eine in Rekonvaleszenz« sei, und dies zu einer Zeit, als Atebrin, Chloroquin und Santoquin schon isoliert und die ärztliche Versorgung sehr leistungsfähig waren, die gut genährte Armee unter Moskitonetzen schlief, DDT einsetzte und perfekt mit Chinin behandelt wurde.

Die Malaria, auch Sumpffieber oder Paludismus genannt, verdankt ihren Namen den Italienern, die schon lange bemerkt hatten, daß die Leute, welche die *mal aria*, die »schlechte Luft« der Feuchtgebiete einatmeten, von der Krankheit bedroht waren. Sie wird von einem Urtierchen oder Protozoon (Unterabteilung der Sporentierchen oder Sporozoen, Klasse der Kokzidiomorphen), einem Hämosporidium der Gattung *Plasmodium* verursacht. Dieses winzige Tier, das zwischen dem 66. nördlichen und dem 60. südlichen Breitengrad lokalisiert wurde, entwickelt sich vor allem in über 20 °C warmen Gegenden. Es ernährt sich von Hämoglobin, d.h. von dem in den roten Blutkörperchen (Erythrozyten) enthaltenen Pigment, durch welches das Blut in den Lungen Sauerstoff aufnehmen, ihn in den Geweben wieder abgeben und von dort das Kohlendioxid in die Lungen abtransportieren kann. Wenn das Plasmodium die Leberzellen erreicht, vermehrt es sich in ihnen ungeschlechtlich, läßt sie aufplatzen und entläßt eine

Menge beweglicher »Schizozoiten« in die Blutbahn. Viele von ihnen werden von den weißen Blutkörperchen (Makrophagen) unschädlich gemacht (phagozytiert), doch einige gelangen in die roten Blutkörperchen, entwickeln sich in ihnen, »pumpen« ihr Hämoglobin auf und lassen sie, je nach der Art des Plasmodiums, nach 24, 36, 48 oder 72 Stunden platzen. Dann können giftige Stoffe in das Blutplasma gelangen und es vergiften. Gleichzeitig ereignet sich ein allergischer Schock, begleitet von hohem Fieber, mit dem der Organismus auf fremde Proteine (hier Zytoplasmareste) reagiert.

Kennzeichen der Malaria sind also eine Reihe von Fieberanfällen und eine zunehmende Schwächung des an Blutarmut leidenden Kranken, was unmittelbar zum Tod führen kann, wenn sich die vom Parasiten befallenen roten Blutkörperchen in den Blutgefäßen des Gehirns anhäufen und eine Embolie hervorrufen. Je nach Art des Plasmodiums variieren die Periodizität des Fiebers und die Schwere der Krankheit; man spricht deshalb vom Dreitagefieber *(Malaria tertiana)*, vom Viertagefieber *(Malaria quartana)* und vom bösartigen Tropenfieber *(Malaria tropica)*.

Erst am 20. Oktober (oder 6. November) 1880 identifizierte der französische Arzt Laveran in Constantine (Algerien) den amöboiden, sichelförmigen und mit Geißeln bewehrten Körper der *Oscillaria malariae*, die bald in *Plasmodium falciparum* umbenannt wurden. Golgi und seine Schüler klassifizierten daraufhin die anderen Plasmodien, und 1912 versuchte Bass ihre Kultur in vitro, allerdings noch ohne großen Erfolg; der Durchbruch gelang erst 1975. Bis zu diesen späten Entdeckungen läßt sich dennoch eine Geschichte der verschiedenen Infektionstypen weit zurückverfolgen. Man unterscheidet vier verschiedene, die auf die vier verschiedenen Plasmodien zurückzuführen sind: Das *Plasmodium falciparum*, die verbreitetste und leider schlimmste Form, deren Zyklus höchstens 48 Stunden dauert und die das bösartige Tropenfieber, die *Malaria tropica* auslöst; das *Plasmodium ovale* und das häufigere *Plasmodium vivax*, das ebenfalls innerhalb von 48 Stunden das Dreitagefieber auslöst; schließlich das *Plasmodium malariae* mit dem nach 72 Stunden auftretenden Viertagefieber.

Korrekte Beschreibungen der Formen des Dreitagefiebers, mit Milz- und Leberschwellungen, finden sich schon im wedischen Indien, außerdem in Palästina (wo der Jerusalem belagernde Sanherib 701 v. Chr. vielleicht von der Malaria besiegt wurde), in der hellenistischen Welt (der Begründer, Alexander der Große, an einem Malariaanfall starb), im Imperium Roms (vor dessen Toren die Pontinischen Sümpfe lagen, die ganz besonders verseucht waren, und zwar lange bevor die Soldaten des Marius nach einer hartnäckigen Legende den Paludismus in sie hineingebracht haben sollen). Das vielsagendste Bild stammt jedoch aus Südchina: Drei Drachen mit einem Hammer, einem Eimer voll eiskaltem Wasser und einer glühenden Stirn symbolisieren eindrucksvoll die plötzliche Müdigkeit, den kalten Schweiß und die Fieberwellen, die den drei Stadien des Dreitagezyklus der *Malaria tertiana* entsprechen.

Über Einzelfälle besitzen wir zahlreiche Berichte, namentlich über die Krankheit von prominenten Persönlichkeiten, die mehr oder weniger plötzlich vom

»römischen Übel« dahingerafft wurden. Zehn aufeinanderfolgende Briefe von Alkuin, dem berühmten Ratgeber Karls des Großen, geben uns regelmäßig Nachricht über seine Gesundheit, die angegriffen ist von, wie er es nennt, seinem »römischen Gefährten« oder »Herrn«, den er vor 798 von einer seiner Romreisen zum Papst mitgebracht hatte. Er beschreibt sich als immer müder werdend, mit wechselnden Fieberanfällen und Ruhepausen, »die es ihm nach und nach verbieten, weiter auf dieser Welt zu leben«. Nach Ostern 801 erleidet er einen schweren Rückfall, dem er zu erliegen glaubt, von dem er sich aber erholt, allerdings sehr geschwächt, »auch wenn ohne unmittelbare Lebensgefahr«. Das Fieber verläßt ihn kaum mehr. Er findet noch die Zeit, seinen Adressaten vor der »Luftpestilenz« von Benevent und vor übermäßigem Weingenuß zu warnen, der dem Fieber Vorschub leiste. Im Jahre 804 stirbt er, entweder an der Malaria selbst oder an einer anderen Krankheit, gegen die sich sein geschwächter Körper nicht mehr wehren konnte.

Fast vierhundert Jahre später beschreibt ein Gedicht von Petrus von Eboli den Tod Kaiser Heinrichs VI. im Jahre 1197: Hohes Fieber, Besserung am dritten Tag mit großem Schweißausbruch, Nachlassen des Fiebers und erholsamem Schlaf, dann neue, für den Herrscher »fatale« Fieberanfälle (und schließlich der offensichtlich durch Gehirnembolie verursachte Tod).

Trotz der Schwierigkeit nachträglicher Diagnosen läßt sich noch eine ganze Reihe von großen Persönlichkeiten anführen, bei denen die Malaria zu mehr oder weniger raschem Tod geführt hat: Alarich nach der Plünderung Roms im Jahre 410; Kaiser, Päpste, Kardinäle, hohe Herren, Soldaten, Pilger aus Deutschland und aus dem Norden, Lothar II., Otto III., Heinrich VIII. von Luxemburg, Papst Hadrian VI., Dante, Nelson, Lord Byron, Jakob I. Bekannt ist, welche Folgen die Malaria für Cesare Borgia hatte: Beim Tod seines Vaters, des Papstes, war er ans Bett gefesselt und konnte nichts gegen die Machenschaften unternehmen, die Machiavelli sehr genau berechnet hatte. Erwähnt sei auch, daß etliche Päpste, Kardinäle und Bischöfe ihr Apostolat mit dem Leben bezahlten. Ohne es auf ein Wortspiel anzulegen, kann man sagen, daß sie die Tradition der urchristlichen Märtyrer forsetzten und sich Tieren vorwerfen ließen, diesen Mücken nämlich, die einen so sicheren Tod wie die Löwen bedeuteten.

Nur wenige Beobachter sahen in der heimtückischen Mücke die Ursache des Übels, doch alle prangerten einmütig die große Gefährlichkeit eines besonders verderblichen Klimas an. Petrus Damianus, Kardinal und Bischof von Ostia, ereiferte sich schon im 11. Jahrhundert dagegen: »Rom, die Menschenverschlingende, verdirbt die stärkste Menschennatur, Rom, die Fieberbringende, trägt die reichste Todesfrucht. Dem römischen Fieber wurde unverrückbar und unverjährbar dieses Recht zuteil: Wen es einmal ergriffen hat, den verläßt es nimmermehr sein Leben lang.« Dieses mittelalterliche Rom ist so schädlich, daß der heilige Anselm, Bischof von Canterbury, gegen Ende des 11. Jahrhunderts von Papst Urban II. das Recht erwirkte, den Sommer über nicht mehr dort residieren zu müssen, denn »an diesem Ort verbrannte die Sommerhitze alles. In Rom zu wohnen, war zu ungesund, ganz besonders für Fremde«. Ptolemäus von Lucca berichtet, daß im Sommer 1194 sechs oder sieben Kardinäle gestorben seien. Im Jahre 1240 bedeutet der Kanzler Kaiser Friedrichs II. den Prälaten, in Rom erwarte sie »die Hitze von unerträglichen Hundstagen, verfaultes Wasser, derbe und ungesunde Kost, eine stickige Luft, eine unermeßliche Zahl von Mücken und Skorpionen. Die Stadt hat in ihrem Untergrund giftige Würmer [Insekten], die mit den Dunstschwaden des Sommers hervorkommen«.

Dieser unnachsichtige Zeuge ist auch einer der ersten, die unmittelbar nicht nur die Luft, sondern auch die Fauna verdächtigen. Gleichwohl gab es nichts, womit man sich gegen dieses widerwärtige Klima hätte schützen können, und so hat Salimbene da Parma achtzig Bischöfe oder Äbte mit Mitra zu beklagen, die zwischen Ostern und Mariä Himmelfahrt des Jahres 1284 hingeschieden seien. Dasselbe im Jahre 1387. Unter den Opfern des Jahres 1623 werden sechzehn Kardinäle und dreißig Ordensobere gezählt. Daß sich die Klippen der Malaria als ebenso tragisch für die in die Stadt strömenden Pilgerwellen erwiesen, braucht nicht eigens betont zu werden.

Den fremden Heeren erging es nicht besser. Im *Leben des Papstes Hadrian III.* liest man, daß 1055 »die Sommerhitze zu hoch angestiegen war und daß deshalb der größte Teil [des germanischen Heeres] Gefahr lief, an den Unbilden einer Luft, an die es nicht gewöhnt war, zu verderben oder verhängnisvoll zu erkranken«. Im Jahre 1167 verläuft eine neue kaiserliche Expedition ebenso unglücklich: »Der größte Teil seines Heeres war krank; es starben so viele, daß man ihre Zahl nicht nennen kann und nur wenige (...) nach Deutschland zurückkehrten.« Ein Dichter-Arzt aus der Zeit Barbarossas folgert daraus scharfsinnig: »Rom läßt sich mit dem Schwert nicht verteidigen, doch das Fieber ist der beste Helfer zu seiner Rettung. Der gestern noch gefürchtete Soldat stirbt [heute] am Fieber.«

Den Heerführern blieb als einziger Ausweg, das mörderische Umland zu meiden und an einem gesunden Ort das Abklingen der Epidemie abzuwarten. Die Christenheit wich eine Zeitlang dem Problem aus: Im 14. Jahrhundert fanden die Päpste und ihr Hof für siebzig Jahre in Avignon einen der körperlichen Gesundheit zuträglicheren Aufenthaltsort. Von den danach wieder in Rom residierenden Päpsten starben alle nach kurzer Zeit. Wenn später, vierhundert Jahre lang, ausschließlich Italiener zu Päpsten gewählt wurden, so kann ein mehr oder weniger bewußter Grund dafür die Notwendigkeit gewesen sein, sich Oberhirten zu geben, die in einem Malariagebiet auch überleben können.

Von diesen individuellen Fällen aus können wir uns leicht ein Bild von den Ausmaßen, Formen und Rhythmen machen, in denen sich Endemien oder Epidemien entwickelten. Doch die Plasmodien allein können einen Menschen nicht anstecken, da die Parasiten – und die Malaria – nur von Mutter zu Kind oder durch Transfusion direkt weitergegeben werden können. Sonst braucht es einen Zwischenträger, die Anopheles, die hauptverantwortlich ist für das Fortdauern der Endemien und die Ausweitung der Epidemien.

In diesem Zusammenhang wollen wir eine gewagte Interpretation der Ödipussage anführen: Von Psychoanalytikern stammt die These, die Sphinx, die jeden verschlang, der ihren Sumpf durchquerte und ihr Rätsel nicht lösen konnte, sei nichts anderes gewesen als die Anopheles, die Überträgerin der Malaria. Ödipus habe das Rätsel gelöst, indem er die Sümpfe trockenlegen und die Landplage der Mücken verschwinden ließ. Mit dem Mord an seinem eigenen Vater Laios habe er den Repräsentanten der alten Ordnung bestraft, der durch seine Unfähigkeit für viele Tode verantwortlich gewesen sei und durch seine Schwachheit der Sphinx Schutz in ihrem Lebensmilieu geboten habe.

Die Anophelesarten

Zwar argwöhnten die Menschen schon seit langem, die Mücke sei bei der Malaria irgendwie im Spiel, doch erst die entscheidenden Arbeiten des Engländers Ross (1895–1898), der Vorarbeiten von Manson und Koch ergänzte und kritisierte, brachten den Beweis dafür. In den darauffolgenden Jahren lieferte Grassi mit seiner Untersuchung der Anophelesarten von Maccarese bei Rom eine eklatante Bestätigung.

Ross erhielt 1902 den Nobelpreis, Golgi erhielt ihn 1906 und Laveran 1907. Diese Auszeichnungen zeigen, wie bedeutend der Kampf gegen die Malaria war, sie verdeutlichen aber auch, daß es auf die Identifizierung des Überträgers noch mehr ankam als auf die Identifizierung des Plasmodiums selbst.

Wir haben schon gesehen, daß beim Aufplatzen der roten Blutkörperchen ein Teil der freigewordenen und dabei nicht von den weißen Blutkörperchen phagozytierten Schizozoiten sich in geschlechtliche Zellen (Gameten) differenzieren. Sticht nun eine weibliche Anopheles den Träger und saugt einen Tropfen Blut von ihm, so verdaut sie zwar die roten Blutkörperchen und die Plasmodien, nicht jedoch die Gamonten, die in ihrem Mitteldarm entweder direkt zu weiblichen Gameten werden oder, durch Zellteilung, zu langen, schlangenförmigen männlichen Gameten. Es kommt zur Befruchtung und zur Bildung einer amöboiden Kopula, die durch die Darmwand hindurchwandert und zum Ei wird, das sich einkapselt (Ookyste), sich teilt und Sporozoiten (Sichelkeime) bildet. Beim Platzen des Eis fallen die Sporozoiten in die Leibeshöhle des Insekts. Viele von ihnen gelangen bis in die Speicheldrüsen und vor allem in den Speichelkanal. Beim ersten Stich gelangen sie mit dem Speichel in das Blut des Säugetiers und infestieren es. Damit also die Malaria (d.h. die Plasmodien) eine Population befallen kann, braucht es unbedingt die Anopheles als Zwischenwirt. Und von allen Mücken kann nur die Anopheles, die Schizozoiten und Plasmodien zersetzt, aber ihre geschlechtliche Vermehrung ermöglicht, die Malaria übertragen.

Die Endemie herrscht da, wo die infizierte Anopheles seit Jahrhunderten oder Jahrtausenden eine mehr oder weniger gut überlebende Eingeborenenbevölkerung sticht. Der Mechanismus der Endemie sieht sehr einfach aus: Kommen Individuen, die noch keine Plasmodien hatten, an einen Ort, wo die Anopheles herrscht, ist ihr Immunsystem zur Abwehr unfähig. Sie können zum Großteil innerhalb weniger Tage sterben, und die übrigen werden bis zu ihrem früheren oder späteren Tod malariakrank bleiben.

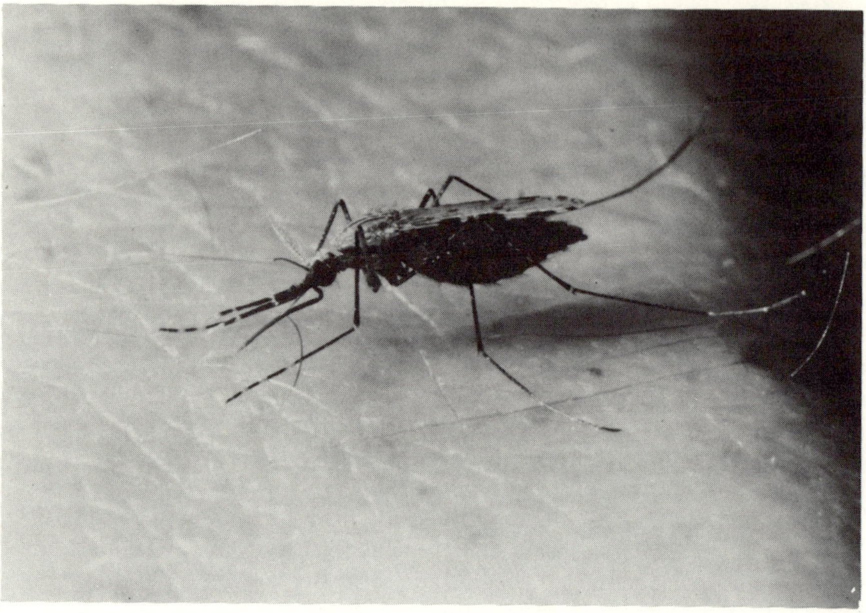

Diese *Anopheles gambiae,* die aus Afrika nach Brasilien gelangte und sich dort verheerend ausgewirkt hat, ist der *Anopheles maculipennis* sehr ähnlich, die mit ihren Unterarten in Europa, vor allem im Mittelmeerraum, vorherrschend ist. Das Plasmodium der Malaria braucht diese Mücke zwingend als Zwischenwirt.

Damit es zur Epidemie kommt, braucht es also außer den Plasmodien und den Menschen die Anopheles. Doch auch das genügt nicht, die Anopheles muß auch stechen! Das männliche Tier, das übrigens nur pflanzliche Säfte saugt, besitzt nämlich keine Mandibula; nur das Weibchen saugt Blut, und zwar nur, wenn es befruchtet ist, und auch dann nur während der wenigen Tage, in denen es in fünf oder sechs Malen seine knapp hundert Eier legt. Zum Blutsaugen benützt es seinen Stachel-Rüssel, der mit sechs die Haut verletzenden Borsten versehen ist und der auch den giftigen, gegebenenfalls kontaminierten Speichel in die Haut bringt. Der Zyklus der Eireifung und des Heranwachsens, der etwa zwei Wochen dauert, erfordert nicht nur eine Temperatur, die im allgemeinen 20 °C übersteigt, sondern auch stehendes Süß- oder Brackwasser, zumindest wassergetränktes Erdreich, wo die Eier mit ihren seitlichen Luftblasen schwimmen, die durch eine kurze Röhre atmenden Larven sich von kleinen Algen und Bakterien ernähren und die Puppen ihre Metamorphose vollenden können. Das mittelalterliche Rom mit seiner Sommerhitze über den Küsten und den Sümpfen war also für die Anopheles geradezu ideal!

Das genetische Programm der Anopheles, besonders der in den westlichen Sümpfen heimischen *Anopheles maculipennis* oder der zum Beispiel in Brasilien verheerenden *Anopheles gambiense*, scheint, wie bei den anderen Insekten, seit

Jahrmillionen festgelegt zu sein. Bis zu den jüngsten von den Menschen geführten Generalangriffen war keinerlei schnelle Anpassung durch Selektion von resistenten Stämmen erforderlich. Dasselbe gilt für die Plasmodien vor dem 20. Jahrhundert und vor allem vor 1957.

Malariagebiete, unzureichend entwässerte Landstriche, über denen normalerweise eine Temperatur von über 16 °C herrscht, gibt es in ganz Europa: Spanien, Portugal, Italien (in besonderem Maße), die griechischen Inseln, das Donautal bis zur Dobrudscha, ganz Südrußland und die Schwarzmeerküste bis zum Kaukasus, aber auch die Mündungsgebiete des Rheins, der Mosel, der Schelde, ein Teil Hollands und Englands (hier gab es 1657 eine Epidemie). In Frankreich waren besonders exponiert der Languedoc, der Roussillon, die Rhonemündung, die Salzsümpfe an der Westküste und das östliche Korsika.

In allen diesen Gegenden gab es allerdings epochenweise Schwankungen bei den Anophelespopulationen und dadurch auch bei der Malaria. Sie waren weniger durch die Anopheles selbst bedingt, deren genetisches Programm so gut wie blockiert ist, als durch die Umwelt (in der der Mensch nur ein mehr oder weniger aktiver Bestandteil ist). Temperatur und Luftfeuchtigkeit sind zwar jahreszeitlich schwankende Klimafaktoren, doch auch insgesamt haben sie im Lauf der Zeiten spürbar variiert. Seit den Ende des 19. Jahrhunderts durchgeführten deutsch-russischen Untersuchungen, die ab 1955 von Skandinaviern und Engländern mit weit umfangreicherem und zuverlässigerem Datenmaterial fortgeführt wurden, wissen wir, daß die mittlere Temperatur auf der Nordhalbkugel zu geschichtlicher Zeit, d.h. in den letzten, auf die vierte Würm-Eiszeit folgenden 7000 Jahren, sich mehrfach verändert hat. Die Kernbohrungen im grönländischen Binneneis beispielsweise haben die Bestätigung erbracht, daß sich die Klimazonen gegen Norden verschoben haben, d.h. es gab einen Temperaturanstieg insbesondere vom 6. bis zum 12. Jahrhundert unserer Zeitrechnung.

Es gab also Zeiten, wo bei sonst gleichbleibenden Bedingungen die Anopheles weiter nach Norden und in die Höhen vordringen konnte.

Neueste Forschungen konnten übrigens diese Verbreitung durch die Bestimmung von Unterarten besser erklären: Neben der *Anopheles gambiae* Schwarzafrikas gibt es die *Anopheles maculipennis* Westeuropas; die *maculipennis* unterscheidet sich wiederum geringfügig von der *Anopheles atroparvus*, der *Anopheles sacharovi*, der *Anopheles melanoon*, der *Anopheles subalpinus* oder der *Anopheles labranchiae*, jener gefährlichsten Unterart, die sich in Italien, Sardinien und Sizilien wohl fühlt. Von diesen Unterarten reproduzieren sich die einen im Spätfrühling, andere im Herbst, wieder andere im Hochsommer; einige mögen nur Tierblut, für andere muß es Menschenblut sein, die dritten nehmen, was sich bietet ... Einige Unterarten leben vorzugsweise im Innern der Häuser (oder der Ställe), sie suchen die feuchte Wärme; anderen gefällt das Leben an der frischen Luft. Die Verbreitung dieser Anophelesarten richtet sich also nicht nur nach der Geographie, sondern auch und besonders nach den Umweltbedingungen: Diese brauchen sich nur geringfügig von einem Ort zum anderen oder von einem Jahr zum anderen zu unterscheiden, damit eine Art von einer anderen abgelöst wird

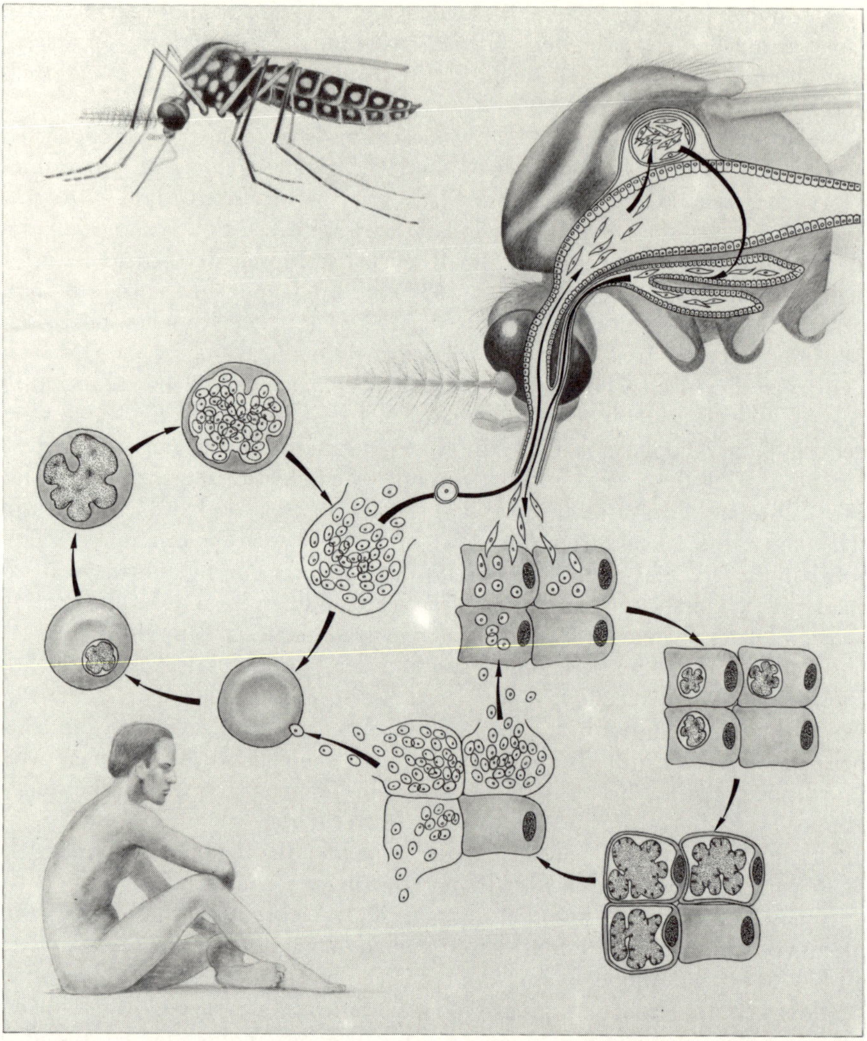

Der Entwicklungsgang des Paludismus-Erregers Plasmodium weist zwei Zyklen auf: Eine Phase der ungeschlechtlichen Vermehrung im Menschen, die zum Ausbruch der Krankheit führt, und eine Phase der geschlechtlichen Vermehrung, die sich bei einer Überträgermücke vom Typ Anopheles abspielt und die Voraussetzung zur Ansteckung neuer menschlicher Opfer schafft. Beim Menschen lebt das Plasmodium in den roten Blutkörperchen, wo es sich vom Hämoglobin ernährt, sich vermehrt und in zahlreiche Teilsprößlinge (Schizozoiten) zerfällt. Das Blutkörperchen platzt auf, und die freigewordenen Schizozoiten befallen andere, gesunde Blutkörperchen. Das Aufplatzen der roten Blutkörperchen führt zu den Fieberwellen. Die Schizozoiten entwickeln sich zum Teil zu geschlechtlichen Gamonten. Sticht ein Mückenweibchen einen Malariakranken, nimmt sie mit dem Blutstropfen auch die Gamonten auf, die sich in seinem Magen in männliche und weibliche Gameten verwandeln. Es kommt zur Befruchtung, das daraus entstehende Ei kapselt sich ab und wächst zur Oozyste heran, in der sich durch Teilung zahlreiche Sichelkeime (Sporozoiten) bilden. Wenn das Ei aufplatzt, fallen die Sichelkeime in die Leibeshöhle der Mücke, einige gelangen in die Speicheldrüsen. Sticht die infizierte Mücke einen gesunden Menschen, so überträgt sie ihm durch ihren Speichel die Sichelkeime und infiziert ihn dadurch. Bevor die Sichelkeime ins Blut und in die Blutkörperchen gelangen, vermehren sie sich in den Leberzellen (*La Recherche,* Nr. 115, Oktober 1980).

und, je nachdem, die Gefahr des Ausbruchs einer mehr oder weniger gefährlichen Epidemie zu- oder abnimmt.

Beschränken wir uns auf die oft genannte Bedingung »stehende Gewässer« und ein einziges Merkmal derselben: ihr Salzgehalt. Eine geringfügige Schwankung dieses Salzgehalts genügt, um eine Art zu vertreiben und eine andere einzuladen. Erinnern wir nun daran, daß in jüngster Zeit die Tektonik der Kontinentalschollen das langsame Abkippen der tyrrhenischen Küste »erklärt« hat durch die nachschiebende Scholle des afrikanischen Kontinents, die sich unter der Scholle »Europa« oder »Dekkan« hindurch unter Eurasien drängen wollte und dabei die Falte des Himalaya vor sich aufschob. Es ist einer der Gründe für die Alluvionen der Flüsse, für das Versanden trichterförmiger Flußmündungen, das Entstehen oder den Bestand von Sümpfen und Lagunen, und dies just zu der Zeit, als leicht erhöhte Temperaturen die Isotherme und, durch das Abschmelzen der Polarkappen, den Meeresspiegel ansteigen ließen. Zu gegebener Zeit konnten an gegebenem Ort die schlimmsten Voraussetzungen zusammentreffen, nämlich die für das *Plasmodium falciparum* (der perniziösen Anfälle) und die *Anopheles labranchiae*, welche die Menschen in der Wärme und der Dunkelheit der Häuser aufsucht.

In der Bucht von Neapel haben sich vulkanische Bewegungen überlagert (sinkender oder steigender Boden), doch sehr eindeutig festzustellen ist das Phänomen im Umland von Pisa (das im Mittelalter durch den Arno versandete), von Rom (Tiber) und von Luni, ebenso an der französischen und spanischen Mittelmeerküste (Giens, Hyères, Salses, Leucate, Perpignan et Ruscino, Ampurias usw.). Diese natürlichen Alluvionen, die seit Jahrtausenden im Gange sind – nur Klimaveränderungen hätten sie bremsen oder rückgängig machen können, bei denen die Gletscher gewachsen und dadurch der Meeresspiegel abgesunken wäre –, tendierten in die gleiche Richtung, zumindest ab der Römerzeit bis ins 16. Jahrhundert. Mit einem Wort, alles begünstigte die Vermehrung der Mücken, denn diese Phänomene spielten sich ja in einem Breitengrad ab, in dem die Klimaschwankungen vom 17. bis zum 19. Jahrhundert, genausowenig wie die der vorkarolingischen Zeit, diese Regionen nicht aus der über 16 °C warmen Zone geraten ließen.

Die Umweltbedingungen sind also unbestreitbar günstig, doch die Mücken haben auch natürliche Feinde, deren Geschichte ebenfalls zu schreiben wäre. Zunächst pflanzliche Feinde: Dichte Teppiche der Wasserlinse lassen die Larve nicht atmen, fleischfressende Pflanzen fangen und verdauen sie (Sonnentau) oder schließen sie in ihre Bläschen ein. Unter den Insekten, die sie in allen Stadien vertilgen, befinden sich der Teichläufer, der Rückenschwimmer, der Gelbrandkäfer, die Hornisse und ganz besonders die Libelle, deren Gefräßigkeit – sowohl als Larve wie ausgewachsen – jede Vorstellung übersteigt. Denken wir auch an die Süßwasserfische, an die Amphibien (Salamander, Molche, Kröten, Frösche), die sich schon als Kaulquappen daran weiden. Harte Konkurrenz machen ihnen die Vögel: Sperlingsvögel, Meisen, Fliegenschnäpper, Nachtigallen, Drosseln, Stare, Schwalben und Enten; zu ihnen gesellen sich Säugetiere wie Spitzmaus und vor allem die Fledermaus. Die besten Anophelesjäger bleiben aber eigenartigerweise

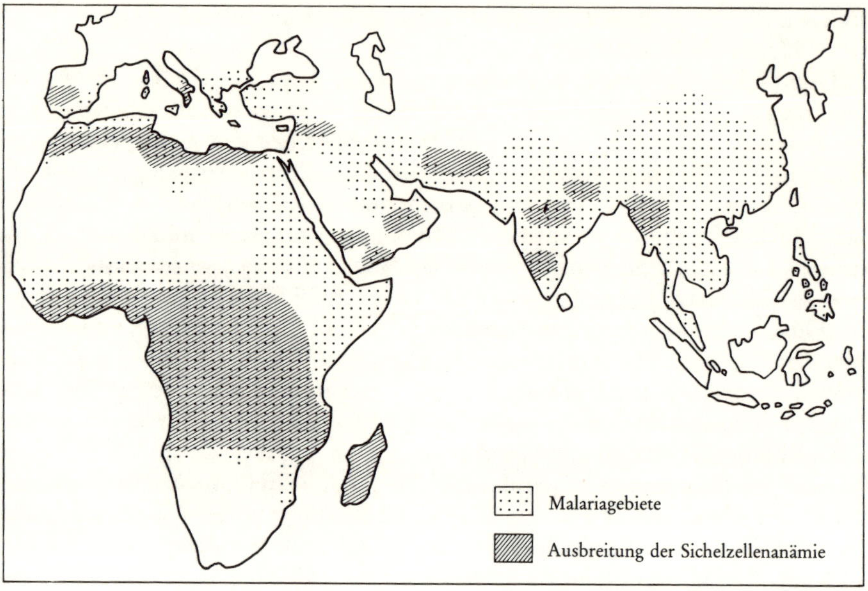

Malariagebiete – Verbreitungsgebiete der Sichelzellenanämie (Drepanozytose). Die Sichelzellenanämie ist eine Anomalie des Hämoglobins, die dazu führt, daß sich die roten Blutkörperchen zu sichelförmigen Gebilden zusammenziehen. Sie ist eine schwere Erbkrankheit, denn sie beeinträchtigt die Sauerstoffaufnahmefähigkeit des Blutes; sie verhindert oder verzögert hingegen auch die Vermehrung des Plasmodiums. In den Malariagebieten haben Menschen, welche die Sichelzellenanämie nur von einem Elternteil geerbt haben und deshalb zur Hälfte runde und zur Hälfte sichelförmige Blutkörperchen besitzen, bessere Überlebenschancen als Menschen mit 100 Prozent gesunden Blutkörperchen (die von der Malaria bedroht sind) oder Menschen mit 100 Prozent sichelförmigen Blutkörperchen (die an Sauerstoffmangel leiden und meist vor der Pubertät sterben). In den Malariagebieten besteht die Sichelzellenanämie nicht nur fort, sie weitet sich sogar aus; gleichzeitig läßt das Vorhandensein der Sichelzellenanämie auf frühere Malariaepidemien schließen. So läßt sich anhand des Blutes heute lebender Menschen die Geschichte der Anopheles zurückverfolgen.

die seit neuestem in den Westen eingeführte Biberratte und die Bisamratte: Sie »säubern« radikal die pflanzenbewachsenen Teiche. Ihr Auftreten ist in bestimmter Hinsicht katastrophal, aber eben auch für die Anopheles, von der sie auf ihrem Wege nichts übriglassen.

Wir gelangen hier wieder an den Punkt der mehr oder weniger prekären Gleichgewichte in den Biotopen und der vielfältigen und widersprüchlichen Folgen der Vermehrung eines Tiers zu Lasten eines anderen oder der Vegetation.

Allerdings hat die Malaria auch verschiedene Verbündete, insbesondere die Warmblütler, deren Hämoglobin das Grundnahrungsmittel der Anopheles bildet. Unter diesen Warmblütlern spielt der Mensch eine Sonderrolle, in mehrfacher Hinsicht: Unfreiwillig gibt er der Anopheles Nahrung, und teils begünstigt er ihre Ansiedlung, teils bekämpft er sie.

Malaria: Der Mensch und die Natur

Zu Zeiten demographischer Expansion rodet der Mensch vor allem Wälder, um neue Anbauflächen zu gewinnen. Die Lichtungen, die er bei der Holzentnahme schlägt, die Sümpfe oder Niederungen, die er beläßt, um sein Vieh darauf weiden zu lassen, die Rinder, die er hält, die Bewässerungskanäle, die er anlegt, die Bäume, die er in den Bergen samt Wurzeln beseitigt, wodurch die Erde nicht mehr zurückgehalten wird und die Alluvionen der Flüsse anwachsen, all dies kommt der Anopheles wunderbar zustatten, der darüber hinaus das Bevölkerungswachstum und neue Altersklassen Opfer ihrer Wahl bieten: Die Endemie breitet sich aus. Andererseits wirkt sich das Roden und Trockenlegen der feuchten Tieflagen und der nach Entsalzung und Entwässerung sehr fruchtbaren Sümpfe für das Insekt fatal aus.

Allgemein kann man annehmen, daß eine wachsende Bevölkerung die Malaria insgesamt zurückdrängt, in dem Maße, als seit der Römerzeit die Meinung bestand, man könne, wenn schon nicht die Anopheles, so doch die »schlechte Luft« vertreiben, indem man die Sümpfe entwässerte und bebaute. Allerdings scheinen genaue, die Zeit von der Antike bis heute berücksichtigende Untersuchungen über Mittelitalien die Malaria an die Bevölkerung eines Raums zu binden, wobei auch, wie in den ersten Jahrhunderten unserer Zeitrechnung, sich das Problem umgekehrt darstellen kann und ein biologisch, natürlich oder klimatisch bedingtes Vordringen der Anopheles möglicherweise dazu beigetragen hat, den Menschen zurückzudrängen oder die demographische Deflation zu beschleunigen.

Landwirtschaftliche Urbarmachung und Melioration sind von entscheidender Bedeutung, doch die Viehzucht steht dem nicht nach. Das Fell des Schafes und selbst eine dünne Speckschicht beim Schwein erschweren das Blutsaugen, die Anopheles zieht deshalb das Rind vor. Vor allem im Umland Roms und in Süditalien ergaben sich daraus einander widerstrebende Folgen: Einerseits Vermehrungsmöglichkeit und Konzentration von stechenden Weibchen in den dunklen, warmen Ställen, andererseits gute Möglichkeiten, sie in großen Mengen zu vernichten.

Seit der Hausbüffel, dem der Stich der Anopheles wenig anhaben kann, im 6. Jahrhundert n. Chr. aus dem Indusdelta in die küstennahen Sümpfe zwischen Pisa, Neapel und Salerno kam, haben sich diese Umweltbedingungen möglicherweise erheblich verändert.

Eines der besten Mittel, die Malaria-Epidemie zu bekämpfen oder zu besiegen, besteht darin, den Kontakt zwischen dem Malaria-»Miasma« und der Bevölkerung (vor allem den Zugezogenen) zu vermeiden. Die römischen Aristokraten und der päpstliche Hof hatten dies begriffen: Während der schlimmsten Sommerhitze flüchteten sie in die reine Luft der Albaner Berge. Dasselbe taten einige Heere unter kluger Führung, wie anscheinend die Streitmacht Heinrichs IV.

Vor den Malaria-Endemien floh übrigens die Bevölkerung bestimmter feuchter Tiefebenen oder Talsohlen ebenfalls in die weniger drückende Höhenluft. Es wäre interessant zu untersuchen, ob im mittelalterlichen Latium die Malaria ein Grund (unter anderen) oder eine Folge des *incastellamento* war, jener Ansiedlung der Bauern rund um das Schloß auf befestigter Anhöhe.

Bleibt die Frage, wie in Malariagebieten Bevölkerungen überleben konnten, die endemisch unter der Krankheit litten. Wir haben gesehen, daß die Plasmodien bestimmte Wirte zu verschonen scheinen. Das führte zur Hypothese, ihr Organismus habe ein Immunsystem entwickelt. Der Gedanke war, daß auf lange Sicht nur Menschen überlebten, die ein Blut geerbt hatten, welches mehr oder weniger vollständig der Zerstörung der roten Blutkörperchen widerstehen konnte. In der Tat kommt in der Mittelmeerregion (die früher ein Malariaherd war) in signifikanter Proportion eine Blutanomalie vor, von der angenommen wird, daß sie partiell vor den Verheerungen der Plasmodien schützt. Der Angesteckte produziert durch einen Irrtum in der genetischen Kodierung ein sogenanntes »S-Hämoglobin«, das ein Zusammenziehen des roten Blutkörperchens bewirkt, welches nun nicht mehr rund ist, sondern sichelförmig (deshalb die Bezeichnung Sichelzellenanämie oder Drepanozytose – vom griechischen *drepanon* – für die Krankheit, die es hervorruft). Man hat festgestellt, daß die Malaria bevorzugt die Träger von normalen Blut befällt, dessen rote Blutkörperchen aufplatzen. Da jedoch die Sichelzellenanämie zu sehr schwerer Anämie führt (das S-Hämoglobin kann Sauerstoff schlecht transportieren), folgerte man, daß in Malariagebieten am besten die Individuen überlebten, deren rote Blutkörperchen zum Teil rund waren (und eine gute Sauerstoffversorgung gewährleisteten), zum Teil sichelförmig (und dadurch die Entwicklung des Plasmodiums hemmten): Heterozygoten also, die von einem Elternteil die normale, vom anderen Elternteil die anormale Form geerbt hatten.

Für die meisten afrikanischen Herde scheint diese Hypothese nicht zu gelten, doch sie wird bestätigt durch einen hochinteressanten Beweis: Ein aus einer Plantage geflohener schwarzer Sklave soll im 16. oder 17. Jahrhundert die Sichelzellenanämie an einen brasilianischen Indianerstamm weitergegeben haben. Als die Malaria die anderen Stämme dezimierte, wurden die »Sichelzellen-Stämme« zwar durch das Plasmodium und die Blutanomalie geschwächt, sie überlebten jedoch und blieben fruchtbar.

Im Mittelmeerraum soll die Sichelzellenanämie – oft mit einer anderen Blutkrankheit, der Thalassemie, gleichgesetzt, die zu einer an alten Knochenfunden tatsächlich vorgefundenen schwammigen Hyperostose des Schädels führen kann – im 6. Jahrhundert von Hunnensöldnern im Dienste Justinians und des byzantinischen Reichs verbreitet worden sein. Es wird auch behauptet, sie sei eventuell durch die Begleitpersonen jener Büffel übertragen worden, die aus den Sümpfen des Indus an die tyrrhenische Küste Italiens kamen. Es sei gleich gesagt, daß die eine Annahme nicht besser fundiert ist als die andere: Das hämatologische Rätsel ist ungelöst.

Die Geschichte der Malaria ist also sehr vielschichtig. Es spielt eine große Zahl von Elementen hinein, deren Verbindung und Zusammenhang untereinander nicht immer offensichtlich und deren konstatierbare Folgen oft widersprüchlich sind.

Der Einfachheit halber unterscheidet man zwei Zyklen der Malaria: Die *kleinen* Rhythmen hängen von der Entwicklung der Plasmodien und der Befruchtung der Anopheles ab; die *großen* Rhythmen gehorchen Veränderungen abiotischer (klimatischer) und menschlicher Faktoren. Den Menschen ist dies seit langem bewußt. In seiner Beschreibung der Küstengebiete von Luni und der Maremmen bis nach Kampanien beobachtet G. Villani kurz vor 1348, daß blühende und einst bevölkerungsreiche Städte nunmehr »aufgezehrt und zunichte gemacht wurden durch eine Luftfäulnis«, die von einer periodischen, die Beschaffenheit von Erde und Luft verändernden Wandlung des Himmels herrühre.

Obwohl er vom Plasmodium und von der Rolle der Anopheles bis 1880 nichts wußte, hat der Mensch bemerkenswerterweise doch mit gewissem Erfolg sowohl den Erreger als auch den Überträger der Malaria bekämpft. Die Kampagnen gegen das Sumpffieber haben denn auch lange Tradition: Leistungsfähige Verwaltungen und politische Strukturen verstanden es, Entwässerungsmaßnahmen durchzuführen, den Unterhalt der Kanäle zu überwachen und mit mehr oder weniger Konsequenz und Effizienz für allgemeine Hygiene zu sorgen. In der von A. Celli approximativ skizzierten Kurve scheint die Malaria beträchtlich zurückgegangen zu sein in der Blütezeit der römischen Republik und des Kaisertums, also vom 2. Jahrhundert v. Chr. bis ins 2. Jahrhundert n. Chr. Und die Orontesebene bei Antiochia wurde von der Plage erst erfaßt nach der Eroberung durch die Araber, als auch die Büffel kamen und eine klimatische Wärmeperiode einsetzte. Dennoch fand man bis ins 17. Jahrhundert außer der Trockenlegung der Sümpfe, den Vorsichtsmaßnahmen während der Sommerhitze und dem dringenden Verdacht gegen die Mücken nichts, mit dem man sich spezifisch gegen die Malaria hätte wehren können.

Weil man das Plasmodium nicht kannte und auch nicht bekämpfen konnte, behandelte man das Fieber und die Anämie. Einige Mittel waren durchaus nicht wirkungslos, wie fiebersenkende Tees, stärkende und kräftigende Mittel, Aufenthalt in Höhenlagen usw. Diese Rezepte halfen schlecht und recht bis zur Entdeckung eines wahren Wundermittels, einer von südamerikanischen Indianern entdeckten Baumrinde, mit der sich Malariakranke sehr wirksam behandeln ließen. Zahlreiche Legenden wurden gesponnen um den neubekehrten, auf den Namen Pedro getauften Indianerkaziken Calisaya, der das Geheimnis einem Jesuiten in Peru, Juan Lopez, verraten haben soll. Lopez soll den Vizekönig und dessen Frau, die Gräfin von Chinchon, benachrichtigt haben. Jedenfalls hat der Name des Paares den von Calisaya ins Abseits gedrängt, als der heilbringende Baum benannt werden sollte und die Bezeichnung *Chinchona* (von daher »Chinarindenbaum«) erhielt. Über ihre weltweiten Verbindungen brachten die Jesuiten wahrscheinlich die Rinde in Pulverform nach Rom, damit man dort die Kardinäle und andere prominente Patienten des Ospedale de Santo Spirito behandeln konnte. 1649 organisierte die Generalversammlung der Jesuiten systematisch die Ernte des Chinarindenbaumextrakts, um die Missionare und ihre Wohltäter abzusichern. Zwei Jahrhunderte lang büßten einheimische Indianer und ausländische Abenteurer Kräfte, Gesundheit und Leben auf der Suche nach diesen Bäumen ein, die in den Wäldern der Anden nur vereinzelt und selten vorkommen. Einmal entdeckt, wurde der Baum sofort geschlagen und seiner Rinde beraubt, die an Ort und Stelle über dem Feuer getrocknet und anschließend auf menschlichen Schultern in die tiefer gelegenen Regionen getragen wurde, wo sie vermarktet wurde. Die Zwischenhändler hatten keine Skrupel, das Gewicht (und damit den Preis) der spärlichen Ernte durch verschiedene Zusätze zu erhöhen; sie brauchten um ihren Markt nicht zu fürchten, denn sie hatten das Monopol, da es den Chinarindenbaum nur in den Anden gab. Um die Nachfrage zu befriedigen, hätte man Kulturen anlegen müssen, doch die Andenstaaten (wie Bolivien) wachten eifersüchtig über ihre Goldgrube und verhinderten, daß Pflanzen oder Samen außer Landes gingen.

Nach vielen gescheiterten und etlichen nur halbwegs gelungenen Versuchen (wie etwa der des jungen homosexuellen Indianers, der die für seinen Freund bestimmten Samenkörner in seinem Haarknäuel versteckt haben soll) gelang es den Amerikanern und vor allem den Holländern, sich Pflanzen zu beschaffen und sie zu akklimatisieren, vor allem auf dem Malaiischen Archipel ab 1854. Vor dem Zweiten Weltkrieg stammten 90 Prozent des weltweit extradierten Chinins aus Java.

Die andere Lösung bestand in der Synthetisierung und Herstellung von genauso gründlich wirkenden Ersatzmitteln: 1820 isolierten die französischen Apotheker Pelletier und Caventou aus der Chinarinde zwei der vier wirksamen Alkaloide (Chinin und Chinchonin). Doch ihre Synthese gelang erst mehr als hundert Jahre danach. Außerdem stellte man später fest, daß die Kombination der vier Alkaloide, aus denen die Chinarinde zusammengesetzt ist, wirksamer ist als das Chinin allein. Gleichwohl reichte das Chinin, das die Vermehrung der Schizozoiten im Blut hemmt, vollkommen aus zur Behandlung der Krankheit, und dadurch konnten die, die es sich leisten konnten (Forschungsreisende, Kolonisatoren), von Europa aus sich die Welt untertan machen. Sein Nachteil ist, daß es kaum auf die Leberzellen wirkt, so daß diese ein Plasmodien-Reservoir bleiben, was im Falle einer zu späten Behandlung die ständige Gefahr eines Rückfalls bedeutet. Es galt deshalb, wirksame Substanzen zu finden, die die Plasmodien überall vernichteten, wo immer sie sich versteckten. Parallel zur Kultur des Chinarindenbaums, die auch prompt weniger vorangetrieben wurde, intensivierte sich die Laborforschung: Bevor er sich der Behandlung der Syphilis widmete, glaubte P. Ehrlich 1891 dem Paludismus mit dem Methylenblau Einhalt gebieten zu können, während Wagner von Jauregg 1887–1918 feststellte, daß mit dem Paludismus die von der Syphilis hervorgerufene fortschreitende allgemeine Lähmung behandelt werden könne; eine schwere Krankheit sollte eine noch schwerere heilen ...

Es waren wiederum deutsche Chemiker, denen die Teilsynthese des Chinins gelang (Rabe, 1918) und die das Primaquin (Roehl, 1927) und das Atebrin (Kikuth, 1932) entdeckten. Das Primaquin war zunächst so giftig, daß es den Patienten im selben Maß gefährdete wie seine Parasiten, doch es gelang, das Mittel schließlich praktikabel zu machen. Als 1944 das Chinin endlich synthetisiert werden konnte, hatten sich Santoquin und vor allem Chloroquin und Nivaquin (komplizierte Derivate des Chinolins) bereits als wirksamer erwiesen, da sie die Schizozoiten sowohl in der Leber als auch im Blut vernichteten. Seit 1949 hat sich das Pyrimethamin in der Vorbeugung gegen das Plasmodium durchgesetzt.

Man möchte annehmen, die Malaria sei danach definitiv besiegt gewesen. Tatsächlich hatten sich, wie üblich, parallel zur Therapie resistente Plasmodium-Stämme entwickelt. Bereits 1908–1910 war in Brasilien ein auf Chinin nicht reagierendes *Plasmodium falciparum* aufgetaucht. 1957 war auch das neue Mittel Proganil nicht mehr wirksam, und heute widersteht der Paludismus in Brasilien, Kolumbien, Indochina und auf dem malaiischen Archipel jedem »klassischen« Medikament. Man kann die Plasmodien lediglich dadurch (einigermaßen) unter Kontrolle halten, daß man während der Behandlung das Mittel wechselt (Sulfon, Sulfonamide, Retard-Verbindungen usw.). Man muß natürlich die Plasmodien früh genug im Blut entdecken und vor allem verhindern, daß sie auf andere Menschen übertragen werden, nachdem sich das Risiko durch die Transfusionen beträchtlich erhöht hat.

Hauptproblem bleibt die Anopheles, gegen die man, wie wir gesehen haben, seit der Antike bis ins 17. Jahrhundert empirische, nichtspezifische Maßnahmen ergriff; es ging mehr darum, Ländereien urbar zu machen, als die Mücken zu töten.

Die ersten gezielten Schläge wurden im frühen 18. Jahrhundert geführt. In *De noxiis paludum effluviis eorumque remediis* (1717) empfahl Lancisi als Lösung die endgültige Trockenlegung der Sümpfe, und zwar in der erklärten Absicht, die Malaria zu bekämpfen. Es bestand ein gewaltiger Unterschied zwischen der bloßen Ahnung, der Nebenabsicht und der absoluten Gewißheit, die alles andere untergeordnet erscheinen ließ. Leider ließ die den Wohlhabenden gebotene Möglichkeit einer Behandlung das Grundproblem der Endemien etwas vergessen, welche nicht nur in den »menschlichen Ameisenhaufen« Indiens und Chinas wüteten, sondern auch rings um das Mittelmeer, auf Korsika, Sardinien, Sizilien, in Süditalien, Griechenland usw., auch noch nach den Entdeckungen von Ross und Grassi. Erst der Kampf gegen die das Gelbfieber übertragenden Mücken zog auch den Kampf gegen die *Anopheles gambiense* nach sich, zunächst in Brasilien (1931–1932), dann in Ägypten (1943–1945). Man wurde ihrer mit einem Wunder-Insektizid Herr, das unter dem Namen Dichlorodiphenyltrichloraethan, kurz DDT, bekannt ist und vom Schweizer Paul Müller kurz vor Ausbruch des Zweiten Weltkriegs entdeckt wurde. Da die Amerikaner riesige Mengen des Pulvers gelagert hatten, wurde es 1943–1945 systematisch ausgebracht, als die vom Ausmaß der Infektionsherde erschreckten alliierten Streitkräfte auf Sizilien und auf der italienischen Halbinsel langsam vorrückten. Später bekamen auch die Mücken auf Sardinien, Zypern, der Insel Mauritius das Insektizid mit dem durchschlagenden Effekt zu spüren. Indien profitierte wohl am meisten von der Aktion, da in diesem Land innerhalb von dreißig Jahren die Zahl der Malariakranken angeblich von 100 Millionen auf 100000 zurückging.

Man weiß aber inzwischen um die ökologischen Schäden durch das DDT, das durch die ganze Nahrungskette hindurch vom Insekt bis in den menschlichen Körper gelangt. Überdies hat der massive Einsatz des Giftes rasch eine Reihe von resistenten Mücken selektiert. Man mußte also auf ein neues Mittel, das Hexachlorohexan (HCH), ausweichen oder auf die biologische Bekämpfung setzen: Fische, die die Larven fressen (schon vor 1936 in Indochina eingesetzt), Fledermäuse, Libellen, selbst Parasiten und Krankheiten der Anopheles. Man versuchte sogar, das männliche Insekt mit Strahlen oder chemischen Stoffen zu sterilisieren (was leider seine sexuelle Aktivität vermindert) oder die Geschlechtsreife des Weibchens zu verzögern, so daß es die Paarung verweigert, wenn das Männchen danach verlangt.

Trotz aller dieser Mittel scheint die totale Ausrottung der Anopheles unmöglich zu sein. Man tut deshalb alles, um sie so weit wie möglich auszuschalten und den Malaria-Endemien Einhalt zu gebieten. Die von der Weltgesundheitsorganisation WHO geführten Kampagnen laufen im allgemeinen mehrphasig ab: Erst werden die erwachsenen Anophelesmücken in den Häusern mit DDT, dann die Larven in den Sümpfen mit HCH vernichtet. Anschließend wird die Bevölkerung mit synthetischen Antimalariamitteln behandelt. Die intensive Bekämpfung dauert drei bis vier Jahre, dann folgt eine dreijährige Phase der genauen Beobachtung, während der jeder neue Fall unverzüglich behandelt und jeder neue Herd sofort erstickt wird. Schließlich folgt die Phase der Stabilisierung.

Solche Kampagnen sind sehr teuer und setzen eine aufgeklärte Bevölkerung voraus. Und trotz aller Vorsichtsmaßnahmen ist heute weder das Plasmodium noch die Anopheles besiegt, denn die trockengelegten, jetzt kultivierten und besiedelten Sümpfe lassen die Anopheles vom Blut der örtlichen Fauna zum viel schmackhafteren Menschenblut übergehen. Die Verstädterung bringt, ohne es zu lösen, das Problem der Abwasserentsorgung mit sich. Die demographische Explosion, der Gastarbeiterstrom nach Nordwesteuropa, der Tourismus kreuz und quer durch die Welt, die schnellen Verkehrsmittel und das Fehlen von Gesundheitskontrollen bringen unablässig Plasmodium und Anopheles an Orte zurück, an denen sie im Prinzip verschwunden waren.

Das Laveran-Symposium in Straßburg stellte 1980 fest, daß Indien innerhalb eines Jahrzehnts von 100000 auf 5 Millionen Fälle »vorgerückt« war. Zwar schien der Paludismus in zwanzig Ländern (mit insgesamt 436 Millionen Einwohnern) ausgerottet zu sein und 1260 Millionen Menschen durch Medikamente und Insektizide einigermaßen geschützt, doch blieben immer noch 352 Millionen Menschen ohne Schutz vor dem schrecklichen Paar Plasmodium-Anopheles.

Und seit 1980 hat sich die Situation erheblich verschlechtert, mancherorts grenzt sie an eine Katastrophe. Die Geschichte ist also alles andere als abgeschlossen: Die Hunderte von Millionen Malariaopfer der vergangenen Jahrtausende geben zu äußerster Wachsamkeit Anlaß, und diese Opfer von gestern rechtfertigen heute die gewaltigsten Anstrengungen zum Schutz der Menschen von morgen.

Heuschreckenbekämpfung. Illustration in: Guillaume de Dampierre, *Voyage autour du monde*, Amsterdam 1750 (Paris, Nationalbibliothek).

Die Wanderheuschrecke

Im Jahre 873 erwähnen fast alle Quellen des christlichen Abendlandes die Heuschreckenschwärme, die Germanien, Gallien, Italien und Spanien überflogen und dabei verheerende Schäden anrichteten. Dreizehn voneinander unabhängige, doch im wesentlichen übereinstimmende Berichte ergänzen sich gegenseitig und erlauben es, die Katastrophe in ihren Hauptzügen kurz zu skizzieren.

Für die Zeitgenossen war es eine Geißel »von neuer Art«, »noch nie dagewesen in unserer fränkischen Nation«. Die Verfasser der *Annales* (und die Autoren, die später daraus schöpften, wie Otto von Freising) hatten wahrscheinlich noch nie solche Schwärme gesehen und nirgends sonst von ihnen gehört als in der Heiligen Schrift und in den Werken ihrer Vorgänger wie Paulus Diaconus oder Gregor von Tours. So mußte man bei diesem Anlaß die Erinnerung an die beiden Heuschrekkenarmeen wachrufen, die 560 über die Auvergne und die Gegend von Limoges gezogen waren, bevor sie sich in Romagnat vereinigten und dort verendeten. Oder an ihre Verheerungen in den Jahren 584 bis 589 in der Provinz von Toledo und den angrenzenden Landstrichen, insgesamt 15 000 Quadratmeilen; an ihren Einfall in die Lombardei und in Venetien, hauptsächlich in der Trienter Gegend in den Jahren 591 und 592. Ebenso frappierende Einfälle gab es auch später noch: 941, 1031, 1195, 1242, 1337, 1353, 1374, von 1472 bis 1478 ...

Die achte ägyptische Plage

Diese Plage ist zwar nicht außergewöhnlich, doch immerhin selten. Sie beeindruckt um so nachhaltiger, als sie nicht vorherzusehen ist: Sie bricht aus heiterem Himmel herein, niemand weiß woher. Sie ist eine Strafe Gottes, davon sind durch ihre Vertrautheit mit der Heiligen Schrift die Annalisten und Chronisten ebenso überzeugt wie ihre Leser im Umkreis des germanischen Herrschers und überhaupt der Großteil der Christenheit. Vielleicht kennen sie nicht jeden Vers der Bibel oder haben die Stelle im Buch Joel vergessen, wo Jahwe als Strafe für die Sünden Israels Heuschrecken schickt, doch jeder kennt die Kapitel im Buch Exodus, wo Gott durch Moses eine Plage nach der anderen über das Land Pharaos bringt. Die Strafen werden subtil gesteigert: Erst verwandelt sich das Wasser des Nils in Blut, dann kommen die Frösche, dann Bremsen und Mücken, die noch eher lästig sind als Verderben bringend; die Rinderpest und die Blasen schaden schon dem Menschen an Leib und Gut; der Hagel zerstört sodann einen Teil der Ernte. Doch dann kommen die Heuschrecken, die alles verwüsten. Es ist die letzte Plage vor der Finsternis und dem Tod aller Erstgeborenen der Menschen und der Tiere. Sie droht mit dem wahrscheinlichen Tod, bevor die nächste Plage

Diese fromme Geschichte, lateinisch und in französischer Übersetzung, ordnet den biblischen Geschichten jeweils eine bestimmte Bedeutung zu. So werden die Heuschrecken »alles abnagen, was auf den Feldern wächst«; und sie bedeuten »die Schlechten, die durch ihre Gegenwart und schlechtes Beispiel« die anderen verderben werden (ms. fr. 166, Paris, Nationalbibliothek).

unmittelbar tötet. Es ist die vor-vorletzte und achte Plage, bei der gerade noch Zeit zur Umkehr ist, vor der totalen Vernichtung.

In Europa nehmen sich die Heuschreckeneinfälle schon deshalb wie eine biblische Plage aus, weil ständig und in schneller Folge immer neue Wolken hereinbrechen (in Franken 873 zwei Monate lang fast täglich, in Kastilien fünf Jahre lang, von 584 bis 589; in der Lombardei zwei Jahre lang, von 591 bis 592). Das Schlimmste ist aber, daß diese Insekten unterschiedslos alles kahlfressen: grüne Triebe, Wiesen und Felder, Ernten und Bäume, die härteste Rinde hält ihnen nicht stand. Die Heuschrecken, von denen Paulus Diaconus berichtet, verwüsteten hauptsächlich Wiesen und Sümpfe, doch die von Gregor von Tours beschriebenen ließen rein gar nichts übrig, »weder Baum noch Weinrebe, noch Wälder, noch Früchte, noch Ernte, noch Grünes von irgendwelcher Art«. Albert der Große sagt von ihnen, sie hätten »alle Früchte der Erde« vernichtet, und die *Annales* des heiligen Rudbert von Salzburg stellen sie in drastischer Verkürzung dar als »selbst die Pferde und die Tiere auf der Weide verschlingend«(!).

Dieses Hereinbrechen buchstäblich aus heiterem Himmel ist also etwas ganz anderes als der massenhafte Befall von auf eine bestimmte Pflanze spezialisierten

Insekten wie dem Rüsselkäfer oder, in neuerer Zeit, der Reblaus oder dem Kartoffelkäfer. Außer einigen Nadelbäumen, dem Loorbeerbaum und der kleinen Pflaume verschont die Wanderheuschrecke absolut nichts. So erlebte Algerien 1866 die Vernichtung von vier Fünfteln seiner gesamten Kulturen, einschließlich der Bäume, insbesondere der Weinreben, Orangenbäume und Olivenbäume, die alle bis aufs Splintholz abgenagt wurden. Die Obstbaumkultur war auf Jahre hinaus ruiniert, die dezimierte und unterernährte Bevölkerung mußte neu anpflanzen, und die Bäume trugen erst nach fünf oder zehn Jahren wieder. Das Vieh fand keine Nahrung mehr, verhungerte oder mußte geschlachtet werden, wodurch die Menschen nicht nur seine Arbeitskraft, sondern auch seine Milch und sein Fleisch verloren. Mit einem Wort, es war, als hätte eine Feuersbrunst die Erde verbrannt. Der Vergleich mit dem Feuer findet sich schon in der Bibel, und er wird im Abendland oft aufgegriffen, sogar verstärkt durch das lateinische Wortspiel, das einige Autoren mit den Wörtern *Locusta* und *Loca usta* (verbrannte Orte) anstellen. Auch Kaspar Bauhin schreibt, die Wanderheuschrecken »verbrennen mit ihrem Fraß wie durch Feuer die Dinge, die sie anrühren, zumal ihre Exkremente scharf und beißend sind voller Gift, und ihr Speichel wie ein gewisses gelbes Gift, das von ihrem Mund trieft«.

Die Verwüstung geschieht schnell, sogar blitzartig (in Amerika wurden im 19. Jahrhundert 18000 Tabakpflanzen in höchstens zehn Sekunden gefressen), und doch erstreckt sich der vom Himmel fallende Tod über Monate oder gar Jahre, und er kommt in verschiedenen Gestalten: Als Hungersnot und Elend, aber auch als Infektionen, die um so mehr wüten können, als der Organismus zerrüttet ist. Aus banalen Krankheiten werden schlimme, und neue Krankheiten entstehen im Gefolge der Verschmutzung durch den Kot und die verwesenden Kadaver von Milliarden von Insekten, die auf hoher See ertrinken und von den Strömungen an Land gespült werden. In seinem Buch *De prodigiis* berichtet Julius Obsequens, nach Titus Livius, daß 123 v. Chr. »diese große Menge von Heuschrecken, die vom Wind ins Meer geworfen und vom Fluten und Wogen der Wellen wieder an Land gespült wurden, in Kyrene durch ihren unausstehlichen Gestank und die todbringenden Dämpfe bei Mensch und Vieh eine sehr schwere Pestilenz verursacht« hätten. Brehm erzählt, in den Jahren 1794–1797 hätten sich an der südafrikanischen Küste die toten Heuschrecken in drei bis vier Fuß hohen und sich über mehr als 50 Meilen erstreckenden Bänken aufgehäuft und ihr übler Geruch sei 150 Meilen weit zu riechen gewesen.

Die Zahl der Opfer hängt von der Ausdehnung der betroffenen Gebiete und von der Bevölkerungsdichte ab. Das dünn besiedelte und, nach den *Annales* von Xanten zu urteilen, nur stellenweise verwüstete Germanien war wohl nicht allzusehr betroffen.

In Gallien und vor allem in Italien und Spanien waren die Schäden vermutlich höher, doch wir besitzen keinerlei sichere Zahlenangaben. Und es ist auch recht schwer, Julius Obsequens, Titus Livius, Augustinus oder Orosius Glauben zu schenken, wenn sie von 800000 Toten in der Kyrenaika im Jahre 123 v. Chr. und von 200000 bis 300000 Opfern in Utika sprechen. Die Million Tote, die Brehm für die Lombardei in den Jahren 591–592 annimmt, ist mit Sicherheit übertrieben; sie ist keinesfalls mit Paulus Diaconus zu belegen, der im Gegenteil behauptet, die Ernte sei verschont geblieben. Auch bei zeitgenössischen Schätzungen ist Vorsicht angebracht: Einige sprechen von »einem Drittel der menschlichen Gattung« oder von »dreißigtausend Tausend« Opfern durch die Einfälle in Venetien im Jahre 1478. Im Falle Algeriens erscheint allerdings für das Jahr 1866 (das weniger grauenvoll gewesen zu sein scheint als das Jahr 1780) die Angabe von 500000 Toten glaubhaft (?). Man kann daran ermessen, welch entsetzlicher Aderlaß es für dieses arme, nicht allzu dicht bevölkerte Land gewesen sein muß, das doch einerseits den Vorteil der Erfahrung hatte und solche Invasionen voraussehen, sich also etwas vorsehen konnte, andererseits Hilfe von der französischen Armee und Kolonialverwaltung erhielt.

Der Kampf gegen die Wanderheuschrecke

Am Boden scheint jede Abwehr hoffnungslos. Sicherlich kann man die Insekten zu Tausenden und Millionen totschlagen, doch für die Ernte, die Sprößlinge und die Bäume ist es dann schon zu spät. Während man im mittelalterlichen Europa im Kampf gegen die Wanderheuschrecke überhaupt keine Erfahrung besaß, nahmen die Algerier und andere afrikanische Völker sofort einen verzweifelten Kampf auf, wenn sich die Wolke niedergelassen hatte. Man kann immerhin Gräben ausheben, an deren Rändern Tücher spannen und die Insekten in die Rinne darunter fallen lassen. Die Zyprioten (und die Franzosen) hatten diese Methode verfeinert und Wachstücher oder Glasplatten verwendet, die den Heuschrecken keinerlei Halt boten und sie von alleine in ihr Grab fallen ließen. Und die in Algerien eingesetzten Legionäre entdeckten sogar den alten Besen wieder!

Zu Beginn des 17. Jahrhunderts gibt Moufet einen Überblick über andere Methoden: Tödliche Schwefeldämpfe, Geruch von Kuhmist, Hirschhorn, Absud von bestimmten Lupinen, von Waldgurken, vom Tausendgüldenkraut oder vom Wermuth, dessen Geruch das Insekt fernhält; Rauch, der die Flügel der Tiere verbrennen und sie am Boden dem Zorn der Menschen und der Sonnenhitze ausliefern soll. Moufet erwähnt auch, daß drei am Fuß der Weinrebe keimende Senfkörner diese durch ihren Geruch dauerhaft vor der Larve schützen.

Doch diese Mittel, die schon gegen am Boden kriechende Insekten von sehr beschränktem Wert sind, taugen so gut wie gar nichts gegen ganze Wolken von sich niederlassenden Tieren. Wenn die Schwärme herankommen, kann man nur noch versuchen, sie zu erschrecken, indem man Sand wirft und Lärm macht mit Gongs, Trompeten, Geschrei, heftig flatternden Tüchern und Sturmgeläut. Moufet betont, diese Methode sei 1534 in Spanien erprobt worden, doch ist anzunehmen, daß die Aktion bestenfalls das Insekt zum nächsten Städtchen oder Zeltdorf umgeleitet hat.

Prozessionen, bei denen die Geistlichkeit und das Volk gemeinsam aus Leibes-

Dem bösen Hirten, der dem Vater der heiligen Barbara verrät, wo sich die Jungfrau versteckt hält, werden zur Strafe die Schafe in unfruchtbare Heuschrecken verwandelt (Meister Francke, *Barbara-Altar,* dritter Flügel, Helsinki, Nationalmuseum).

kräften Psalmen und Hymnen sangen, Kreuze und Reliquiare in der Augustsonne blinkten, Glocken und Musikinstrumente ertönten, haben wohl hier und dort, lokal und auf kurze Distanz, die Geißel im Jahre 873 abgewendet. Allgemein wird von den Chronisten behauptet, Gottheiten hätten manchmal Milde bewiesen oder Heilige hätten Fürbitte eingelegt. Auf Zypern waren seit den Zeiten Hugos I. von Lusignan die Ikonen der Heiligen Christophorus, Tarasin und Tryphon besonders hilfreich. Ein berühmter Stich aus dem 16. Jahrhundert von Schelte van Bolswert stellt Augustinus dar, wie er im Jahre 1268 über Toledo am Himmel erscheint und durch ein Zeichen mit seinem Bischofsstab die Unheil bringenden Heuschrecken in den Tajo fahren läßt.

In Wirklichkeit blieb als einzige und stärkste Hoffnung, die Vorsehung möge sich erbarmen und einen starken Wind aufkommen lassen, der die Horden des Himmels ins Meer oder in die Wüste abdrängen würde. Auf diese Weise erlöst Jahwe im Buch Joel die Hebräer, nachdem sie mit Prozessionen Buße getan hatten. Er befreit auch die Ägypter von der achten Plage mit einem Westwind, der die Heuschrecken ins Rote Meer fegt. Auch die Heuschrecken des Jahres 873 ereilte, Gott sei Dank, im bretonischen Meer ein ähnliches Schicksal.

Auf jeden Fall verenden die todbringenden Schwärme von selbst: Sie begehen kollektiven »Selbstmord« im Meer oder anderswo, sie erliegen Krankheiten und Parasiten oder werden von Raubtieren gefressen. Die Menschen waren diesen Heuschrecken-Feinden dankbar, auch wenn nur Vögel wirklich als solche bekannt und die Arbeit von Insekten, beispielsweise der Kantharide (Spanische Fliege), unbekannt blieb. Nach Plinius hatte Jupiter diese »Seleukiden« (Rosenstare) auf die Gebete der Bewohner des Monte Cassino hin gesandt: »Man weiß nicht, woher sie kommen und wohin sie gehen, man sieht sie immer nur, wenn man ihre Hilfe braucht.« Diese hilfreiche Vorsehung ist in Wirklichkeit nichts anderes als das heute den Zoologen wohlbekannte Gesetz, wonach eine Vermehrung bei den Beutetieren eine Zunahme der Raubtiere nach sich zieht. Massenhaft auftretende Schwalben, Störche, Lerchen und Stare können eine Heuschreckenwolke vollständig vernichten, und ein einziger amerikanischer Stelzvogel mit Weibchen und vier Jungen vertilgt angeblich 8100000 Exemplare in einem Monat!

Gefährlichster Feind der Heuschrecke bleibt aber nach wie vor der Mensch. Der Kampf gegen die Wolke ist zwar ungleich und, hat sie sich einmal niedergelassen, wie gesagt so gut wie hoffnungslos. Doch vereint haben Menschen mit entsprechender Erfahrung beträchtliche Handlungsmöglichkeiten, wenn sie wissen, wo sie die Eier vor dem Schlüpfen oder die Jungtiere vor dem Auffliegen finden können. Das gilt hauptsächlich für die schwach wandernden Heuschreckenarten. So bot nach Plinius ein Gesetz in Kyrene dreimal jährlich die ganze Bevölkerung auf: erst zur Bekämpfung der Eier, dann der Larven und schließlich der erwachsenen Tiere. Auf Lemnos mußte anscheinend jeder Soldat täglich eine bestimmte Menge Heuschrecken beim Magistrat abliefern. Zweitausend Jahre später versammelten in Algerien und Marokko die Kaids ebenfalls ihre Dorfgenossen und führten persönlich die Bekämpfung an. In den Jahren 1890 und 1891 halfen französische Kolonisatoren und Soldaten bei einer Operation, in deren Verlauf 1500 Kilometer Sperren errichtet, 1450 Milliarden Jungtiere und 560 Milliarden Eier vernichtet wurden; die Eier im Körper der getöteten Weibchen mitgezählt, wurden so insgesamt 2720 Milliarden Heuschrecken umgebracht! Bereits 1613 zahlten die Städte Marseille und Arles Prämien für das Einsammeln und Vernichten von 122 Tonnen Insekten und 12 Tonnen Eiern. In Saintes-Maries-de-la-Mer in der Camargue schätzte man 1824 die »Ernte« auf 65 Tonnen ... Verschiedene Methoden wurden dabei nebeneinander angewandt: Flüsse wurden umgeleitet, um den Boden zu durchnässen und die Eier abzutöten, der Sand wurde mit den Füßen, mit Ackerwalzen oder sogar mit Kriegswagen festgetreten; man griff auch zum simplen Pflug, um die Heuschreckennester auseinanderzureißen und die Eier der Sonne und der Witterung auszusetzen.

Der verspeiste Vielfraß

Die Anstrengungen beschränkten sich nicht auf Verteidigungsmaßnahmen, der Mensch verband vielmehr das Notwendige mit dem Nützlichen, und so wurde der Vielfraß selbst verspeist. Johannes der Täufer lebte bekanntlich in der Wüste von Heuschrecken und wildem Honig, und die Bibel erklärt mindestens vier Heuschreckensorten für genießbar. In Nordafrika und in Griechenland zur Zeit des Aristophanes gab es, selbst wenn Menschen anderes zu essen hatten, Heuschrecken auf dem Markt zu kaufen. Auch die Hottentotten nutzten, wenn es Heuschrecken »regnete«, die Gelegenheit zum ausgiebigen Heuschreckenmahl.

Es ist ein unverhofftes, reizvolles gastronomiegeschichtliches Thema, die verschiedenen Arten der Zubereitung von Heuschrecken zu beschreiben: In Butter oder in Öl ausgebacken, in Wasser gekocht und gesalzen, im Ofen gebraten und gegrillt, an der Sonne getrocknet und anschließend in einer Tonschüssel gebraten, mit Salz und Kümmel gewürzt, auch zu Mehl zerstoßen für Kuchen und andere Leckereien ... Übrigens wurde das lateinische Wort *locusta* im Spanischen zu *langosta*: Die Languste und vor allem die Garnele sollen ähnlich schmecken. Brehm erwähnt ein Heuschrecken-Reis-Gericht: eine Paella. In Assyrien ließ König Sanherib sie am Spieß auftischen, wie Gambas. Die Heuschrecke ist also durch ihren Fettgehalt nicht nur nahrhaft, die Kochkunst kann sie auch schmackhaft machen.

Andere Verwendungen der Heuschrecke werden von Dioskurides, Plinius und Columella beschrieben und Ende des 16. Jahrhunderts von Moufet zusammengefaßt: Ihre zu Pulver zerstoßenen und mit Bocksblut gemischten Schenkel heilen die Lepra; in Verbindung mit Wein schützen sie vor Skorpion-, Hornissen- und Wespenstichen; mit wenig Salz genossen, sollen sie ein Aphrodisiakum sein; lange in einem ehernen Gefäß mit Primelwurzel und Fenchel in Wein mazeriert und durch ein Tuch abgegossen, sollen sie eine Reihe von Augenkrankheiten heilen. Kurz, die Heuschrecke war nun einmal da, und so versuchte der Mensch, sie zu nutzen, und sei es als Stickstoffdünger oder Kleintierfutter.

Kolorierter Stich aus dem 19. Jahrhundert (Paris, Nationalbibliothek).

Mag sein, daß Diodoros von Sizilien sich mehr von der Phantasie als von historischer Gewissenhaftigkeit leiten ließ, als er jenes Extrembeispiel anführte, bei dem die Geißel regelrecht erwünscht, herbeigelockt und zum Manna gemacht wurde. Nach ihm soll das schwarze Volk der *Akridiphagoi* (»Heuschreckenesser«) die ihr Land überfliegenden Heuschreckenschwärme abgepaßt und sie mit qualmenden Feuern buchstäblich »vom Himmel geholt« haben. Die warm und fertig gebraten aus dem Feuer geholten Insekten wurden zum Teil an Ort und Stelle verzehrt, zum Teil gesalzen, um sie haltbar und noch schmackhafter zu machen. Dieser Grenzfall von Heuschrecken-Liebhaberei schließt den Kreis vom allesverzehrenden und selbst verzehrten Insekt.

Dieser kurze Überblick über die Heuschreckeneinfälle im Abendland und in der Mittelmeerregion hat uns nicht nur zu Fragen der Chronologie und der Geographie, sondern auch der Gastronomie, der Volkskunde und der Mythologie geführt. Wollen wir aber ihren Ursprung und ihre Phasen darstellen und erklären, müssen wir uns an die Zoologie, die Physiologie der Tiere und an die historische Ökologie wenden.

Eine so gut wie unveränderliche Art

Glücklicherweise verfügen wir hier über eine gute Ausgangsbasis: Die karolingischen Verfasser der *Annales* und nach ihnen die Naturforscher des Abendlandes von Albert dem Großen bis zu Thomas Moufet machen Angaben von einer Detailgenauigkeit, die Bewunderung verdient nicht nur für ihren Forschergeist, sondern auch für die Wahrhaftigkeit und Wissenschaftlichkeit, mit der sie es sich versagen, einfach von Aristoteles oder Plinius abzuschreiben. Anatomie und Verhalten der Insekten werden exakt beschrieben, so daß wir nützliche Vergleiche zu unseren Arten ziehen können.

Halten wir uns an die Quellen aus dem karolingischen Rheinland, so handelt es sich wirklich um Heuschrecken mit sechs Beinen und vier Flügeln (zwei graue und harte, als Deckflügel fungierend, und zwei sehr breite, die nach dem Flug zusammengefaltet werden und den Anschein erwecken können, sie würden sich verdoppeln, weshalb von »sechs Schwungfedern« die Rede war, was Moufet so irritierte). Sie sind daumengroß, der Mund ist breit, Darm (und Kropf) sind überdimensioniert und können eine Ähre samt Grannen verschlingen (zwar war der Weizen längst nicht so üppig wie heute, dennoch bedeutet dies eine ganz andere und vor allem wesentlich höhere Fraßfähigkeit als bei den normalen Heuschrecken). Die Mundgliedmaßen sind so kräftig ausgebildet, daß sie nach Albert dem Großen sowohl Lippen als auch Zähne ersetzen. Der farbliche Gesamteindruck erinnert an Schnee, sowohl durch die hellen Flügel als auch dadurch, daß die Tiere wie Flocken vom Himmel fallen und alles bedecken. Die Wanderheuschrecke bewegt sich in großen Schwärmen weiter, die ein mäßiges Geräusch erzeugen und richtig den Himmel verfinstern können. Wandern sie in Teilschwärmen, in aufeinanderfolgenden Wolken, so erwecken sie den Eindruck eines geordneten Heeres (ein häufiger Vergleich in der Bibel und bei christlichen Autoren), das allerdings, im Unterschied zu den Bienen und den Termiten, keinen Anführer kennt. Die alten Autoren glaubten Kundschafter beobachtet zu haben, die vorausfliegen, um geeignete Landeplätze auszumachen: Man sieht sie landen gegen Ende des Nachmittags zur neunten eines zwölf Stunden zählenden Tages (d.h. etwa 17 Uhr an einem Augustabend). Der Sonnenaufgang weckt sie, macht sie munter und läßt sie wieder auffliegen. Die Fortbewegung scheint langsam zu sein, etwa 5 Meilen am Tag.

Im wesentlichen decken sich diese Angaben völlig mit dem Verhalten der heutigen Wanderheuschrecken; eine vergleichende zoologische Untersuchung kann also interessant sein. Natürlich muß überprüft werden, ob die heutigen Arten exakt identisch sind mit den Arten, die in biblischer oder römischer Zeit, im abendländischen Mittelalter oder im vorkolonialen Maghreb lebten. Wieder haben wir das Glück, daß uns die Paläontologie die faktische Gewißheit gibt. Wir besitzen einige fossile Exemplare. Die einen konservierte an der Ostsee das Harz der großen Wälder des Tertiärs, das, langsam erhärtend, zum durchsichtigen Bernstein wurde und den Blick auf die eingeschlossenen Insekten freigab; andere, sehr »junge«, gab das Eis des Mount Look (Montana) frei. Die Heuschrecke wurde auch immer wieder abgebildet, schon in ältester Zeit auf Bison-Knochenfragmenten in der Höhle »Trois-Frères« im französischen Département Ariège oder in einem 4000 Jahre alten Grab von Sakkarah, später auch auf assyrischen und römischen Stelen, auf antiken Gemmen und schließlich in den Stichen von Moufet.

Aus der paläontologischen Untersuchung (deren Einzelheiten wir uns hier sparen können) ist zu schließen, daß sich dieses Tier seit Jahrmillionen kaum weiterentwickelt hat. Wir dürfen also mit gutem Recht annehmen, daß die Heuschrecken, unter denen der Mensch in historischer Zeit zu leiden hatte, den heute zu beobachtenden Arten um so ähnlicher sind; für die höheren Wirbeltiere könnte solches nicht behauptet werden – sie sind empfänglich für Umweltveränderungen und menschliche Eingriffe – auch nicht für zahlreiche Mikroorganismen, die durch Mutationen in Myriaden von Generationen tiefgreifende Veränderungen erfahren können. Für die Insekten, und die Heuschrecken insbesondere, können wir annehmen, daß 99 Prozent ihrer Reaktionen auf die Umwelt angeboren sind und daß diese Prozesse an ein genetisches Programm gebunden sind, das seit vielen Millionen Jahren festgelegt ist. Es folgt daraus, daß in der Geschichte der Insekten und ihrer Implantation im Verlauf der letzten Jahrtausende sehr viel weniger Veränderungen der Art als Veränderungen der Umwelt bestimmend waren. Es hat sich nicht die Wanderheuschrecke einer neuen Umwelt angepaßt, sondern die sich verändernde Umwelt hat diese oder jene Art begünstigt oder zurückgedrängt. Natürlich müssen zoologische und physiologische Betrachtungen am Anfang stehen, doch sie sind mittelfristig definitiv und unveränderlich; grundlegend sind demnach ökologische Untersuchungen. So können wir auf die Erkenntnisse der modernen Akridologie und die revolutionierende Entdeckung aufbauen, die 1921 vom genialen Wissenschaftler Boris Uvarov gemacht wurde. Seine Forschungen über die Wanderheuschrecken ließen ihn »Phasen« annehmen, eine Hypothese, die sich auf der ganzen Linie bestätigte und auch auf eine Reihe von anderen Insekten ausweiten ließ. Forscher der ganzen Welt, deren Erkenntnisse sich in der neuen Ausgabe von *Grasshoppers and Locusts* (1966–1977) finden, konnten auf der Grundlage dieser Entdeckung eine Vielfalt von Fragen beantworten, die durch die Tatsache aufgeworfen wurden, daß sich die Heuschrecken in geographisch lokalisierbaren, im allgemeinen recht engen Räumen vermehren und von dort ausschwärmen.

Die Verwandlungsheuschrecke

Uvarov hat nämlich bewiesen, daß ein und dasselbe Insekt verschiedene Formen annehmen kann, je nachdem, ob es sich in der *solitären Phase*, in der *»gregären«* oder *Wanderphase* oder in der *Übergangsphase* von der einen zur anderen befindet. In der solitären Phase haben wir zum Beispiel ein grünliches, wenig aktives, genügsames und vollkommen harmloses Insekt, das sich nur wenig und nur in einem begrenzten Bereich bewegt: nach der Linnéschen Klassifikation ist es die *Locusta danica*. Andererseits kennen wir die gefürchtete *Locusta migratoria*, die dunkel gefärbt, deutlich größer, sehr aktiv und gefräßig ist, dazu auch die nötigen Mundwerkzeuge und breite, doppelt paarige Flügel besitzt, mit denen es sich in ungeheuren Schwärmen über Hunderte oder gar Tausende von Kilometern fortbewegen kann. Die grundlegende Tatsache ist, daß sich die grüne Heuschrecke, wenn sie in genügend großer Konzentration mit Artgenossen zusammenlebt, in die schwarze Wanderheuschrecke verwandelt, und dies in wenigen Generationen und mit allen betreffenden Merkmalen: Farbe der Larven und der Jungtiere, Körpermaße, Aktivität, Appetit, Flugfähigkeit usw. Umgekehrt schrumpft die Kolonie nach ihrer ungeheuren Entfaltung in todbringenden (doch selbst dem Tod geweihten) Schwärmen auf wenige Individuen zusammen. Dann wird die Farbe der Larven nach und nach wieder grünlich: Die Heuschrecke kehrt zur solitären Phase in ihr »gregarigenes« Ursprungsrevier zurück, in dem sie und ihre Nachkommen jahrelang bleiben, bis die Bedingungen für den Übergang zur Wanderphase wieder günstig sind.

Andere Wissenschaftler, die Uvarovs Werk fortsetzten, arbeiteten dieses Phasenphänomen genauer heraus, definierten und verallgemeinerten den Gruppeneffekt auf die Individuen, der bei diesen eine beschleunigte Entwicklung in Gang kommen läßt, sobald sie sich auf genügend engem Raum konzentrieren.

Eine der ersten Folgen dieser Entdeckung war, daß gregarigene Zonen nachgewiesen werden konnten, in denen die komplexen Bedingungen – Temperatur, Luftfeuchtigkeit, Luftdruck, Vegetation, Bodenbeschaffenheit usw. – in bestimmten Momenten für die Gregarisierung der hier normal lebenden Heuschrecken günstig sind. In Osteuropa zum Beispiel benötigt die Wanderheuschrecke im Juni eine mittlere Temperatur von über 20 °C; die Weibchen erreichen am schnellsten die Geschlechtsreife, und ihre Fruchtbarkeit ist am höchsten bei einer relativen Luftfeuchtigkeit von 70 Prozent. Man sieht, wie aus dem in Raum und Zeit eingeordneten Wissen über die Physiologie der Wanderheuschrecke Grundlegendes auf den Gebieten der Ökologie und der Geschichte geschlossen werden kann. Die Einfluß der Photoperiode, der Sonnenstrahlungen, der atmosphärischen Turbulenzen und der Niederschläge ist mitverantwortlich dafür, daß geflügelte Jungtiere vom Ort, wo sie geschlüpft sind, über Tausende von Kilometern hinweg zu neuen Reproduktionsgebieten ziehen. Dort kann ein einziges Weibchen während seines kurzen Lebens 80 bis 500 Eier legen, mehr also, als Mohammed in der berühmten Koran-Sure sagt, in der es heißt: »Jedes Weibchen legt 99 Eier. Legte es 100, würde die Welt überschwemmt.«

Nach einer Schlüpfzeit, die je nach Art und Umweltbedingungen von zehn Tagen bis fünf Wochen oder zehn Monate dauern kann, setzen sich die gregarisierten Larven erst kriechend, dann hüpfend in Bewegung und fressen alles kahl. Erst legen sie einige hundert Meter, dann bis zu mehreren Kilometern am Tag zurück. Nach etwa sechs Monaten wachsen die Flügel, und wenn sie funktionstüchtig sind, kommt es zum Abflug.

Im Jahre 1536 »wurden in diesem Teil Sarmatiens, der in neuerer Zeit Podolien genannt wird, unzählige Heerscharen von Heuschrecken durch die Macht der Winde vom Pontus Euxinus hergetragen [...]. Diesen Heuschrecken von ungewöhnlicher Größe fehlten zunächst noch die Flügel, doch als ihnen Flügel wuchsen, flogen sie, wie es ihnen beliebte ...«

Wir sehen, daß nur die gregarigenen Zonen und die unmittelbar angrenzenden Gebiete von den Jungtieren verwüstet werden. Wenn die Wolke aufsteigt, wird das überflogene Gebiet verschont. Den größten Schaden richten die Insekten an, wenn die Wolke sich niederläßt, vor allem, wenn die Eier an Ort und Stelle aufgehen und kurze Zeit später eine zweite verheerende Generation heranwächst.

Die schlimmen Winde

Zwar fallen die Wanderheuschrecken auch heute noch wie Horden vom Himmel ein, doch dank neuerer Untersuchungen wissen wir, aus welcher Richtung sie kommen. Die Zoologie gestattet uns nämlich, unter der Gesamtheit der Wanderheuschreckenarten einige Arten und Unterarten zu unterscheiden, für die neben bestimmten anatomischen und physiologischen Eigenheiten auch ein spezifisches, an verschiedene Biotope gebundenes Verhalten kennzeichnend ist. Drei von diesen Arten interessieren uns besonders, und ganz an erster Stelle die Wüstenheuschrecke *(Schistocerca gregaria Forsk)*, die an den nördlichen und südlichen Randzonen des afrikanischen Wüstengürtels (Sahara, Lybien, Somalia) sowie der asiatischen Wüsten (Arabien, Irak, Iran, Pakistan) lebt. Sie war es, die von Jahwe gegen den Pharao gesandt wurde. Die Schwärme entstehen im Süden dieser Regionen im Spätsommer (Sahara oder Arabien), der Wind trägt sie dann nach Norden, und in diesem nördlichen Streifen werden die Eier abgelegt, die im nächsten Frühjahr schlüpfen. Die Wolken werden dann wieder vom Maghreb südwärts und von der arabischen Halbinsel und dem Irak ostwärts (Pakistan) getragen.

Wir wissen also heute nicht nur, daß es sich bei der Heuschrecke, die in geschichtlicher Zeit im mittelalterlichen Abendland, vor allem in Spanien und Italien, Verheerungen anrichtete, um die Wüstenheuschrecke handelte, sondern auch, daß die Schwärme oft aus Afrika kamen, wo sie im Sommer oder im Frühherbst die ausdorrende Sahara und anschließend das Meer überquerten. Das wird uns übrigens von Plinius in seiner *Historia naturalis* bestätigt, auch von Strabo, der ebenfalls von West- oder Südwestwinden schreibt, die im Frühjahr die Heuschrecken nach Norden und nach Lybien geweht hätten. Auch die Gelehrten des Mittelalters wissen, daß die Heuschrecken »nach einer entsetzlichen Trockenheit aus dem Süden kommen, durch die Macht der Winde von Afrika hergetragen«. Moufet, der um 1590 von den in Spanien angerichteten Verwüstungen berichtet, ist der gleichen Ansicht. Wir haben allen Grund zur Annahme, daß es in den Jahrhunderten zuvor genauso war: in der Gegend von Capua (201 v. Chr.) oder, wie von J. Obsequens erwähnt, in den Pontinischen Sümpfen (171).

Aus einigen maghrebinischen Schriften, zum Beispiel dem 1326 am Hofe von Fez vom Imam Abu Mohammed Salah ibn Abd el Halim verfaßten *Garten der Blätter*, wissen wir, daß die Jahre 971, 987, 1220, 1227 und 1279 Heuschreckenjahre waren. 1355 war ein Heuschreckenjahr für ganz Nordafrika und Zypern.

Im 16. Jahrhundert gelang es, Wolken zu verfolgen, die aus Arabien nach Ägypten, nach Numidien, in die Berberei und nach Spanien wanderten. Am 14. und 16. März 1663 wurde die Gegend von Nefta in Tunesien verwüstet; im Jahre 1710 Marokko und das südliche Algerien; 1724–1725 Algerien von der damals brachliegenden Mitidja aus, wo die Larven Mitte Mai schlüpften. Die Jahre 1760–1768 waren nur ein Vorspiel zur Katastrophe, die von 1778–1780 andauerte. Nur Algerien wurde anschließend regelmäßig heimgesucht: 1799, 1816, 1845, 1849, 1866, 1870, 1872, 1874, 1875, 1877 und von 1884 bis 1888. Die schrecklichsten Katastrophenjahre waren 1866, 1874 und 1888.

Wüstenheuschrecke, Marokkanische und Europäische Wanderheuschrecke

Die Wüstenheuschrecke hat nicht aufgehört, die Menschen in allen diesen Regionen zu bedrohen. Ihre letzten explosionsartigen Vermehrungsjahre waren 1913, 1926, 1940 und 1949. Sie beschäftigt nach wie vor sehr stark die Fachleute der Heuschreckenbekämpfung.

Eine andere große Art ist die Marokkanische Wanderheuschrecke *(Dociostaurus maroccanus Tünberg)*, die vor allem in den Mittelmeerländern (Syrien, Libanon) und im westlichen Maghreb vorkommt. Sie wandert zwar nicht ausgeprägt, dennoch kann sie sogar die Kanarischen Inseln und Südeuropa erreichen: Zypern, Sardinien, Korsika, sogar die Provence, die sie anscheindend im

16. Jahrhundert (1543, Arles und das Umland) und im 17. Jahrhundert (zum Beispiel 1613) befallen hat, aber auch noch 1918 und 1921 (Crau) sowie 1943 (Avignon). Sie ist sogar in Zentralasien beim Aralsee gesehen worden. Vielleicht war sie die Heuschrecke des Buches Joel, die, allerdings nicht fliegend, aus den Steppen Palästinas und Syriens kam. Ihre Invasionen begleiten manchmal die der Wüstenheuschrecke, und im nachhinein kann der Unterschied nicht mehr festgestellt werden. Die in jüngster Zeit von R. Skaf formulierte These erlaubt ein gutes Verständnis der historischen Bedingungen ihrer Gregarisierung ab der zweiten Hälfte des 3. Jahrtausends (Ende der Pluvialzeit): Danach begünstigte die fortschreitende Aridisierung die Herdenwirtschaft und steigerte den Druck der Menschen und der Tiere auf eine immer kargere Vegetation, so daß die solitäre Heuschrecke zusehends bessere Bedingungen vorfand in einer Bodendecke, die bis zur Erschöpfung der Böden geschunden, von den Herden abgeweidet und zudem für Brennzwecke verwendet wurde (Tonwaren- und Ziegelbrennerei, Metallherstellung). Unter römischer und byzantinischer Herrschaft erblühten dank der Bewässerung die Kulturen zwar wieder, doch der Krieg mit den Sassaniden brachte die Unsicherheit in diese Regionen zurück und ließ sie zum Dauerzustand werden. Ein neuer Kreislauf mit Rückgang der Landwirtschaft, Ausweitung des Nomadentums – und damit Aridisierung – begann, vor allem ab dem späten 19. Jahrhundert, wodurch sich insbesondere zwischen 1920 und 1948 die gregarigenen Zonen ausweiteten.

Die Europäische Wanderheuschrecke *(Locusta migratoria)* entsteht in weniger trockenen Gebieten der Alten Welt. Als *Locusta migratoria migratorioidis* bevölkert sie das Nigerbecken und die gesamte Zone zwischen den Wendekreisen; in Südostasien, Australien und Neuseeland ist sie ebenfalls bekannt. Ihre Unterart *Locusta migratoria migratoria* ist jene gefürchtete Heuschrecke, die mit dem Ostwind kam und im Verlauf der Geschichte periodisch im Herzen Europas Verwüstungen anrichtete. Wir identifizieren sie völlig zweifelsfrei im Jahre 873 und in den meisten Fällen des Mittelalters und der Neuzeit.

Die heute bekannten und erforschten gregarigenen Zonen sind der Unterlauf der Donau von Rumänien bis Aserbaidschan, die Deltas und Trichtermündungen Südrußlands und der Krim (pontische Zone), sowie der Raum zwischen dem Schwarzen Meer und dem Kaspischen Meer, insbesonders die Deltas des Terek und des Sulak zwischen Kisljar und Mahačkala, von wo aus die Schwärme in seltenen Fällen bis in den Westen gelangen. Zu nennen sind auch Gebiete in Rußland, Ungarn, in der Schweiz, in der Rhein-Main-Furche, am Ufer der Elbe und der Weichsel, die der sogenannten »russischen« Wanderheuschrecke *(Locusta migratoria rossica)* als Ruheplätze (für Eiablage, Schlüpfen, manchmal Auflug) dienen, sowie das Gebiet südwestlich von Bordeaux als Gebiet der »französischen« Wanderheuschrecke *(Locusta migratoria gallica)*, wobei beide Arten sich nur geringfügig unterscheiden (zum Beispiel in den Körpermaßen).

Die Heuschreckenplätze

Ausgehend von der gegenwärtigen Verbreitung dieser Wanderheuschreckenarten kann man die großen Linien der Geschichte des Insekts im ökologischen Zusammenhang aufzeigen. Die Ruheplätze, an denen sich die »russischen« oder verwandten Formen erhalten haben, sind nicht zusammenhängend; es sind »Flekken«, die wahrscheinlich durch kalte und schneereiche Winter und nachfolgende sonnenreiche Sommer (Alpen), durch abgeschirmte Täler, trockene Heidelandschaften mit leichten Böden und kontinentalerem Klima als in den angrenzenden Gebieten entstanden sind. Im Boreal (6800–5500) mit seinem trockenen, gemäßigten Klima, das auf die letzte Eiszeit (Würm) folgte, erstreckten sich die Steppen im Westen wie im Osten sehr viel weiter als heute. Die Art war deshalb weit über die pontisch-kaspischen Ebenen hinaus verbreitet. Das Atlantikum (5500–2500) mit seinen vordringenden Wäldern könnte dann alle gregarigenen Gebiete weiter nach Süden geschoben haben, so daß nur an »Flecken«, wo die ökologischen Mindestanforderungen gewahrt blieben oder durch Rodungen wiederhergestellt wurden, diese Heuschrecke des »russischen« Typs überlebt hätte, die durch die feuchteren und kühleren Sommer auch kleiner geworden wäre. Andere »Flecken« sind im Zusammenhang mit einst versteppten Böden zu sehen, auf denen manchmal auch andere südliche Insekten überlebt haben. Die noch kleinere »französische« Wanderheuschrecke hat sich 1944–1947 in einem jüngeren Waldgebiet behauptet, das abgebrannt und teilweise wieder zu Heide wurde, und zwar nach vier feuchten Wintern, denen sehr warme und sehr trockene Frühlinge und Sommer folgten, wobei die in der Kriegszeit nachlassende Aufmerksamkeit des Menschen diese natürlichen Bedingungen noch verstärkte. Der bewegliche Sandboden, auf dem Pflanzen wie das Pfeifengras die Stelle der verbrannten Kiefern einnahmen, war hervorragend geeignet für die Eiablage. Die Schwärme, die daraufhin zusammenkamen, gelangten manchmal bis nach England. Am 20. Juli 1945 wurde auf der Straße von Bordeaux nach Saint-Jean-d'Illac ein Schwarm beobachtet, der 20 Kilometer lang war und sich mit einer Geschwindigkeit von 12 Stundenkilometern in 3 bis 10 Meter Höhe fortbewegte. Er umfaßte viele Millionen Insekten. Doch wenn auch diese Standorte oder Flecken zeitweise wiederaufleben, die Westeuropa betreffenden gregarigenen Hauptzonen liegen im pontisch-kaspischen Raum.

Die Wege des »Feuerdrachens am Himmel«

Drei Hauptwege, die hauptsächlich durch das Relief und das Windsystem vorgegeben sind, werden von den Schwärmen aus dem westlichen pontischen Raum benützt. Der nördliche Weg führt ins Innere Rußlands: Aus den ältesten russischen Chroniken wissen wir, daß am 26. August 1094 und am 28. August 1095, erst im gesamten Rußland, dann lediglich in der Gegend von Kiew, »die

Das Wunder von Toledo (1286), bei dem der heilige Augustinus die Heuschrecken in den Tajo fegte, wurde im 16. Jahrhundert vom niederländischen Kupferstecher Schelte van Bolswert dargestellt (*Vie illustrée de saint Augustin,* Paris, Nationalbibliothek).

Insekten wie eine Schicht den Boden [bedeckten] und alles Gras und die Hirse verschlangen«. Auch am 1. August 1103 kamen die Heuschrecken in die Kiewer Gegend, und 1195 in »alle russischen Lande«. Die Geschichte dieser Einfälle bis ins kleinste Detail nachzuzeichnen, ist schwierig. Erwähnen wir lediglich die Jahre 1536–1542, 1680–1686, 1689–1691. Im 19. Jahrhundert wurden sie wesentlich besser beobachtet (1800–1801, 1803, 1812–1816, 1820–1822, 1829–1831, 1834–1836, 1844, 1847, 1850–1851, 1859–1861 ...). Es ist nicht gesagt, daß die Einfälle nun häufiger und mörderischer wurden als in den voraufgegangenen Jahrhunderten, sie wurden jetzt nur vollständig erfaßt. Es müßte mehr Klarheit geschaffen werden in dem Wenigen, das wir über die Zeit vom 12. bis zum 16. Jahrhundert wissen (trotz der bis 1352 reichenden Untersuchung von V. T. Pasuto und der ab 1332 beginnenden Studie von Z. Waloff). Das gilt auch für die Frage, ob dieser russische Weg möglicherweise vier Jahrhunderte lang »abgeschnürt« war und weshalb sich die Wege ins Innere Rußlands und nach Europa nicht decken (Ausnahme: 1195). Halten wir auch fest, daß es im Jahr 1094/95 im Abendland eine furchtbare Hungersnot gab, die Heuschrecke jedoch in den uns zur Verfügung stehenden Quellen nicht erwähnt wird (es sei denn, mit dem »Feuerdrachen am Himmel« sei sie gemeint).

Der zweite Weg führt vom Norden des Karpaten-Bogens, von Bessarabien aus (wo das Heer Karls XII. von Schweden unter der Last und der Gewalt der Insekten zu leiden hatte), bis in die deutsch-polnische Tiefebene hinein (wo die letzten bedeutenden Flüge auftauchten: 1850 in der Lüneburger Heide, 1856 bei Breslau und 1859 in Pommern). Auch dieser Weg wurde regelmäßig benützt: Von 1333 bis 1339 (Polen, Schlesien), von 1472 bis 1477 (Polen, Schlesien, Sachsen), 1542 (Polen–Litauen), 1543 (bis Witebsk), 1680–1686 und 1689–1691. Das von Z. Waloff gezeichnete Bild ist sehr aufschlußreich bis zum Ende des 19. Jahrhunderts, außer daß er der Vollständigkeit wegen keinen Unterschied macht zwischen katastrophalen Einfällen und nur kurz dauerndem Auftauchen.

Der dritte Weg führt ins Herz Europas; er nimmt das Donautal bis zu den Alpen und zum Rhein-, Rhone- und Romanchetal und den Schweizer Seen. Auf der Höhe der Leitha zweigt ein Ast ab, der ins Innere des Böhmischen Vierecks führt und von dort in die Main-Rhein-Rinne und in die Moselebene. Es ist zweifelsfrei der Weg, den die große Invasion von 873 genommen hat. Bei der Welle von 1195 »gelangte eine Art vierflüglige Heuschrecke, die von entfernten Gegenden kam, in das Abendland«, und zwar durch Ungarn, Krain und Mähren. 1242 sahen die Ungarn »große Heuschrecken nach Österreich fliegen, die die Obstgärten und Weinberge verwüsteten und selbst Tiere und Pferde auf der Weide fraßen«. Die Katastrophe von 1333–1341, fast ebenso bedeutend und umfassend wie die von 873, kam ebenfalls von Ungarn her und erreichte über Mähren, Böhmen, Österreich, Tirol, die Schweiz und die Lombardei, das Elsaß, das östliche Frankreich und sogar England (1339). Einen neuerlichen Einfall bis nach Frankreich und England mußten die Menschen 1346 und 1347 erleben ...

Es wird kaum möglich sein, alle Heuschreckeneinfälle auszumachen und aufzuführen. Ihre Häufigkeit nimmt ab, dadurch werden sie immer weniger vorhersehbar und um so schrecklicher, als sie, immer weiter von den gregarigenen Zonen entfernt, im Herzen Europas stattfinden. Beschränken wir uns auf die Nennung der wichtigsten: In den Jahren 1472 bis 1477 gelangen sie bis nach Tirol und Böhmen (nachdem sie Polen 1476 ausgeblutet haben). 1478 wurden Venetien und die Gegend von Brixen verwüstet, entweder von der Wüstenheuschrecke oder von der »russischen« Wanderheuschrecke, vielleicht auch von einer verwandten Art, die in den Alpen selbst entstanden oder von voraufgegangenen Schwärmen zurückgelassen worden wäre. Ab 1536 werden die Flüge ab dem Schwarzen Meer beobachtet; sie durchqueren Podolien, die Moldau, die Walachei und Deutschland. Sie vernichten alles bis in die Gegend von Mailand, und nachdem sie diese leer gefressen, wenden sie sich nach Polen und Schlesien zurück. Schließlich werden sie von der Novemberkälte besiegt, doch sie verbreiten einen solchen »Gestank«, daß Italien und Deutschland Gefahr laufen, nach der Hungersnot auch noch durch die Pest entvölkert zu werden. Aus den in Sachsen abgelegten Eiern schlüpfen die Schwärme des Frühjahrs 1543, die bis nach Tirol kommen und in Mähren und Meißen alles kahlfressen. Deutschland wird 1546 heimgesucht, die Schweiz von 1545 bis 1547. Vom Ende des 17. Jahrhunderts bis zum Ende des 19. Jahrhunderts ist Waloffs Aufstellung fast vollständig. Ihre Betrachtungsweise ist leider mehr quantitativ als qualitativ und eher zoologisch und chronologisch als historisch.

Die Heuschrecke und die türkische Gefahr

Im 20. Jahrhundert sind die Hinweise nur noch selten. Die Donaurinne und der nordkarpatische Weg, auf denen so oft solch riesige Mengen von Insekten durchzogen, scheinen seit mehr als einem Jahrhundert vom Unheil früherer Zeiten verschont geblieben zu sein, sonst fänden sich entsprechende Hinweise in amtlichen Dokumenten, vor allem in den Wirtschafts- und Steuerakten. Wir müssen daraus schließen, daß die pontisch-kaspischen Heuschrecken zwar weiterhin wanderten, daß sie aber nicht mehr so zahlreich und angriffslustig waren. Natürlich sind die Abwehrmittel am Boden und in der Luft wirkungsvoller geworden, und mit Lagerhaltung, modernen Transportmitteln und staatlichen Hilfen kann man sich gegen Hungersnöte leichter vorsehen. Doch diese Gründe allein können das Phänomen des fortschreitenden Verschwindens nicht erklären. Es stellt sich also die Frage, ob nicht, zumindest im letzten Jahrhundert, die gregarigenen Gebiete abgenommen haben. Da sich das Insekt selbst in so kurzer Zeit nicht verändern konnte, müssen wir das Augenmerk auf die Umweltbedingungen der Gregarisierung richten, vor allem auf die Temperatur und die Luftfeuchtigkeit. Wir besitzen nur wenige Angaben über die hydrologische Entwicklung im Verlauf der Jahrhunderte. Hingegen wissen wir durch die Bohrungen im Grönlandeis von 1971 und durch andere Methoden, daß auf der ganzen Erde die mittleren Temperaturen vom Ende des 16. Jahrhunderts bis in die Mitte des 19. Jahrhunderts gesunken sind, um dann wieder anzusteigen. Es läßt sich aber keinerlei nennenswerter Einfluß dieser globalen Temperaturschwankungen auf die Periodizität der Heuschreckeneinfälle feststellen. Wir müssen also andere Hypothesen ins Auge fassen, insbesondere menschliches Eingreifen. Nur, Russen, Rumänen und Ungaren haben wohl kaum aus reiner Menschenfreundlichkeit die Entstehung der Heuschreckenwolken unterbunden, um Polen, Deutschland, Österreich oder ganz Westeuropa Verheerungen zu ersparen; es werden also, zumindest teilweise, andere Motive den Ausschlag gegeben haben. Eines der eigenartigsten und wirksamsten zugleich scheint die Angst vor der türkischen Gefahr gewesen zu sein: Nach der Niederlage von Mohács (1526), der Entstehung von Österreich-Ungarn, der Belagerung von Wien und dem Sieg am Kahlenberg (1683) wurden die südöstlichen Grenzen des deutschen Reiches von Grenzregimentern bewacht. Ihr Status, schon 1630 im wesentlichen festgelegt, blieb erhalten bis 1873, dauerte also von Ferdinand II. bis zu Franz Joseph. Die Grenzzone wurde also von Soldaten gesichert, zu denen man Frau und Kinder nachziehen ließ und in deren Umgebung Bauern angesiedelt wurden; sie erstreckte sich von der Adria über Kroatien, Slowenien, Siebenbürgen und die Bukowina bis nach Galizien. 1873 zählte man 76 205 deutschstämmige Hausgemeinschaften. Von Anfang an mußte man die Melioration eines Teils der Landschaft ins Auge fassen, wenn man sie besiedeln wollte. So wurden riesige Sümpfe trockengelegt (unter anderen das berühmte 800 Quadratkilometer große Widowajer Meer), und vor allem wurden Steppen, Heiden und Sandböden aufgeforstet, und zwar zu 70 Prozent mit Eichen, der Rest mit Birke, Ahorn, Linde, Espe und Pappel. Kurz, an den Ruheplätzen hat sich möglicherweise der Feuchtigkeitshaushalt so verändert, daß die Gregarisierung der Heuschrecken auf Dauer gehemmt wurde. Tatsächlich finden die letzten großen Einfälle 1749 in Niederösterreich und 1780 im Tirol statt; sie deuten darauf hin, daß der Weg unpassierbar wurde.

Diese interessante Hypothese, zu deren eifrigsten Verfechtern E. Schimitschek gehörte, ist sicherlich nur eine Teilerklärung. Sie vernachlässigt vor allem die subtilen Veränderungen in den lokalen oder globalen Umweltbedingungen, die wir noch nicht erkennen können. Doch zusammen mit den geläufigeren Erklärungen, die in der zunehmenden Kultivierung der pontischen Steppe, Südrußlands und der Krim sowie in der direkten Bekämpfung der Eier und der Larven den Grund für den Rückgang sehen, unterstreicht sie die grundlegende und unerwartete Tatsache, daß Nordwesteuropa durch die geduldige Arbeit von österreich-ungarischen Soldaten, deutschen Siedlern und russischen und rumänischen Bauern allmählich von der Wanderheuschrecke erlöst wurde.

Die Geschichte beweist also – so es des Beweises noch bedarf –, daß die Bekämpfung in den gregarigenen Zonen ansetzen muß, wenn sie die Verheerungen durch die Wanderheuschrecke unterbinden will. Freilich können wir nicht auf glückliche Zufälle bauen, und die Gegenden, in denen die Schwärme entstehen, sind selten dieselben, in denen auch die Schäden entstehen; international solidarisches Handeln muß also den Kampf organisieren. Die Aufgabe ist gewaltig: Es gilt, die Heuschrecken im ganzen, vom Niger über Somalia bis zur Arabischen Halbinsel reichenden Wüstengürtel zu vernichten, um den Zerstörungen in Äthiopien und Pakistan zuvorzukommen. Doch das ist nicht alles: Es gibt zahlreiche Zonen, die gregarigen werden können. Wenn der Mensch bestimmte Umweltkomponenten verändert (oder nicht achtgibt), kann die Geißel im Vorderen Orient ebenso (wieder)aufleben wie in den *Landes* der französischen Atlantikküste. Ein knapper Überblick über die Schäden, die Westeuropa im Mittelalter und in der Neuzeit zu erleiden hatte, verdeutlicht das Ausmaß der Katastrophen, von denen in der Dritten Welt Wirtschaftssysteme die zum Teil mit den Zuständen in der europäischen Feudalepoche vergleichbar sind, bedroht werden. Und wenn wir versuchen, die Vergangenheit mit den Erkenntnissen moderner Wissenschaft zu erklären, sehen wir auch, welche Wege in naher Zukunft zu meiden sind.

Die Biene

Was die Biene auszuzeichnen scheint, in der älteren wie in der neueren Geschichte, ist ihre Vorrangstellung unter den Nutzinsekten. Natürlich sind da auch die Maulwurfsgrille, die Laufkäfer und die Blattkäfer, die eine Menge »Schadinsekten« vernichten; die Kanthariden, die als Parasiten für die Wanderheuschrekken tödlich sind und gleichzeitig das bekannte Zugpflaster und ein Aphrodisiakum abgeben; oder die Marienkäfer, die 1892 der San-José-Schildlaus, eines schlimmen Schädlings der kalifornischen Orangenbäume, Herr wurden; die Zünsler oder Lichtmotten, die in Australien einem zur Landplage gewordenen Rankkaktus Einhalt geboten; die Koschenilleschildlaus, aus der man so lange das leuchtende Scharlach des Karmesinrots für Tücher gewonnen hat; ganz zu schweigen von den Larven der Eichgallwespe, aus deren Pflanzengalle Tinte und Gerbsäuren hergestellt werden; von der Eichgallwespe selbst, die die Blüten des Feigenbaums befruchtet, von den Orchideen bestäubenden Schwärmern, von den Klee-, Luzerne- und Süßkleesamen transportierenden Hummeln, von den frisch oder als Konserve verzehrten mexikanischen *Megathymidae*-Raupen, vom heiligen Pillendreher und von der wilden und der domestizierten Seidenraupe.

Doch die Biene ist nicht nur das Insekt mit den genießbaren Larven; sie ist vor allem die Bestäuberin unzähliger Blüten und die große Pollensammlerin. Darüber hinaus liefert sie uns die verschiedenen Toxine ihres Gifts, Honig, Wachs, Bienenharz und Gelée Royale. Sie ist auch das Insekt, von dessen menschlicher Nutzung wir die ältesten Beweise besitzen. Sehr früh gesammelt, gezüchtet, gehegt und gepflegt wegen ihrer mannigfaltigen Nützlichkeit, ist die Biene im Gegensatz zur Seidenraupe doch kein wirklich domestiziertes Insekt. Sie bleibt, wie ihre Schwarmzeit jedes Jahr beweist, ein Wildtier, das ohne das mindeste menschliche Hinzutun leben kann. Sie ist auch nicht gezähmt; die Selektion von »Honigrassen« ist ganz jüngsten Datums.

Die Biene ist also sehr wohl jenes außerordentliche, göttliche, einmal wilde, dann wieder domestizierte, nützliche und geheimnisvolle Insekt.

Wie alle Insekten so scheint auch die Biene ein seit Jahrmillionen festgelegtes genetisches Programm zu haben; und wie bei allen Insekten kann sich durch die rasche Generationenfolge auch bei ihr umweltbedingt dieses oder jenes Merkmal, diese oder jene günstige Mutation im Verlauf der Jahrtausende herausgebildet haben. Es ist also sehr schwierig, heute eine Geschichte der Biene zu schreiben, beginnend mit den ersten sozialen Formen *(Electrapis apoidae Manning)*, von denen wir vollständige, im baltischen Bernstein konservierte Individuen aus dem oberen Eozän besitzen, und bis zur heutigen Biene führend, die wir *Apis mellifica Linné* nennen (wir ziehen diese Bezeichnung dem *Apis mellifera L.* vor, da »die Honigmachende« zutreffender ist als »die Honigtragende«). Wir haben nur

Die vor der Französischen Revolution gebräuchlichen Bienenstocktypen sind auf dieser Illustration aus Diderots *Encyclopédie* zu erkennen. Ausschwärmende Völker versucht man durch regelmäßiges Anschlagen von Gongs oder Pfannen (9) aufzuhalten; haben sie sich niedergelassen, werden sie mit einem speziellen Behältnis (10) eingefangen und in einen Bienenkorb gebracht (Paris, Nationalbibliothek).

einige wenige Anhaltspunkte in Westdeutschland (unteres und oberes Miozän) und im französischen Aquitanien (Oligozän). Bahnbrechende, mit der Züchtung von primitiven Bienen beginnende Untersuchungen des Norwegers Ove Meidell (1935) haben indessen zur jüngsten Synthese von C. Plateaux-Quénu geführt, die Hinweise auf eine mögliche Evolution ab den Ahnenformen gibt: In der Ordnung der Hautflügler zweigt die Überfamilie der *Apoidae* (20 000 Arten) nicht von den *Sphecoidae* oder den *Vespoidae* (Wespen) ab, sondern von einem allen gemeinsamen Stamm. Drei Familien *(Collectidae, Andrinidae* und *Halictidae)* haben gemeinsame primitive morphologische Merkmale (Mundwerkzeuge, Pollensammelapparat), ein ohne Fremdmaterialien gebautes Habitat direkt in der Erde, in hohlen Bäumen oder im Reisig; ihr Verhalten ist freilich alles andere als primitiv. Obwohl die *Collectidae* solitär sind, bauen sie ihre Nester in kleinen Kolonien, und manchmal benützen mehrere Weibchen denselben Eingang. Am interessantesten sind die *Halictidae*, denn sie sind in voller Evolution. Die Begründerin eines Nestes baut es und lebt darin ihr ganzes Leben lang, d.h. mehrere Jahre. Sie muß also ihr Leben mit ihren Nachkommen arrangieren, und es scheint sich nach und nach eine Gesellschaft herauszubilden, die entweder matrifilial oder aber polygyn organisiert ist, d.h. mehrere Gründerinnen von ein und derselben

Generation leben in einem Nest zusammen, mit zunehmender funktionaler Differenzierung. Über die Gesellschaftsformen der *Apoidae* gibt auch das Studium der Hummeln und der Meliponen sehr bereichernde Aufschlüsse, auch genauere als das Studium der anderen Hautflügler (Wespen, Ameisen) oder der sozialen *Isoptera* (Termiten).

Domestiziert oder wildlebend

Bienen, Honig, Wachs, dies alles hat bis zum heutigen Tag sowohl zum Bereich der Wildtiere als auch zum Bereich der Haustiere gehört. Auch heute noch gibt es die Nutzung von vollkommen wildlebenden Arten, zum Beispiel der stachellosen Melipone *(Melipona quadrifasciata Lepelletier*, in Südamerika) oder der Megapis *(Megapis dorsata Fabr.)*, einer großen, sehr aggressiven Biene, die in Asien, von Indien bis Japan, verbreitet ist und eine einzige, riesige Wabe im Freien baut. Man weiß übrigens, daß die Meliponen schon von den Mayas (7. Jahrhundert n. Chr.) genutzt, ja sogar gezüchtet wurden und daß vor allem die Wildbienenschwärme schon im Neolithikum beobachtet und ausgeplündert wurden. Die bekannten Felsmalereien der Höhle der Spinne bei Valencia in Spanien, die, wenn nicht aus dem 12., so doch aus dem 5. Jahrtausend v. Chr. stammen, sind ein unzweifelhafter Beweis dafür, der im Zusammenhang gesehen werden muß mit Malereien in Höhlen in Südafrika und anderen, jüngeren Abbildungen von Natal bis Zimbabwe. Man erkennt einen Sammler oder eine Sammlerin mit einer Art Eimer, die eine dreifache Liane (oder einen stilisierten Baumstamm) entlang zur Nesthöhle der sie umschwirrenden Bienen hinaufklettert; eine zweite Person scheint ihr von unten mit einem anderen Behältnis nachklettern zu wollen. Schriftstücke aus der Zeit Ramses' III. (1198-1166 v. Chr.) beschreiben die Wildhonigernte in Ägypten.

Die Nutzung der Bienen gibt es im übrigen bei sämtlichen waldbewohnenden Tier- und Menschengesellschaften: Bären, Bienenfresser, Grünspecht, verschiedenste andere Vögel, Nagetiere, Rosenkäfer, Totenkopfschwärmer, Ameisen usw. holen sich ihr Teil. »Zeidler« durchstreiften im mittelalterlichen Europa die königlichen oder herrschaftlichen Wälder; sie mußten, wie zum Beispiel 1462 in Lothringen, »Fliegen, Honig und Wachs nehmen« und »die Bäume bezeichnen, schlagen und fällen, wo sie sich aufhalten«, um sich der Völker und ihrer Erzeugnisse zu bemächtigen.

Der polnische Wissenschaftler R. Žukowski untersuchte für die Zeit vom 16. bis zum 19. Jahrhundert in Ost-Masowien (Zagajnica Łomžynska) den Fang und die Nutzung der Waldbienen unter der Aufsicht des Fürsten (später des Königs) und seiner Hofbeamten. Es nahmen teil: Bauern, niederer Adel und vor allem Bürger der Städte (aus Koho, Nowgorod und Łomza). Sie handelten nach altdeutschem und magdeburgischem Recht und nach dem polnischen Grundrecht, doch die Bürger bildeten schließlich eine Art Honigsammlerzünfte nach der Art der Handwerkszünfte und Handelsgilden. Das Privileg König Sigismunds II. vom 20. Dezember 1630 gewährte so den Bürgern von Nowgorod (neben dem Recht zu fischen, Kleinwild zu jagen, trockenes Holz zu sammeln und die Wiesen zu mähen) die Nutzung einer bestimmten Anzahl von Bäumen, in denen Bienenvölker wohnten. Eine Form der Abgabe bestand in einem Bienenzehnt von 12 Maß Honig, die von 60 Völkern stammten.

Man kann hier nicht festlegen, ob die Bienen »wild« oder »domestiziert« sind, da sie vom Menschen zwar genutzt und sogar implantiert werden, doch das geschieht weitab jeglicher Ansiedlung, mitten im tiefen Waldgebiet. Auch Meister Colerus behandelt in seinem herrlichen Werk von 1592, das das Moskauer Großfürstentum und die wendischen, mehr oder weniger germanisierten Gegenden von Fürstenwalde, Storkow, Beskow und Köpenick berücksichtigt, die Imkerei und gibt einen Jahreskalender für die Imkerarbeit, der für den Winter die Arbeit an den »häuslichen« Bienenstöcken verzeichnet; er spricht natürlich auch von den großen Kiefern und anderen Bäumen der brandenburgischen Wälder, »in denen man Höhlungen macht oder zurichtet, damit die Bienen in ihnen nisten und darin Honig machen«.

Auch die schwedischen Bauern streiften durch die Wälder, und die Zahl der Prozesse um strittige Bienenvölker zeigt, daß die »Domestikation« üblich war. Für Rußland besitzen wir ab dem 12. Jahrhundert Hinweise auf die ganz alltägliche Gewohnheit, in der Taiga die hohlen Stämme *(bort)* ausfindig zu machen und zu kennzeichnen, in denen es Honig und Wachs gab. Der Ertrag dieser Bienenvölker gehörte nämlich dem, der sie zuerst entdeckt hatte und sie, mit Steigeisen den Stamm hinaufkletternd, »erntete«. Die zahlreichen und schwer aus ihrer Höhle zu vertreibenden Schwärme wurden im Spätherbst erstickt, wodurch man die gesamten Vorräte an sich nehmen konnte. Im 14. und 15. Jahrhundert war das Honig- und Wachssammeln schon geregelter: Auf kleinen Landgütern ließen die Leibeigenen des Gutsherrn den halbfreien Bauern den Vortritt, dann, zu Beginn des 15. Jahrhunderts, wurden im Großfürstentum Moskau die Zeidler des Fürsten in »Gilden« *(Vasil'tsevosto)* zusammengefaßt und die Produktion stärker zentralisiert.

Für die meisten Länder ist es illusorisch, »domestizierte« Bienen und »wilde« Völker unterscheiden zu wollen. Meist stammten die Völker nämlich direkt (in erster Generation) oder indirekt von benachbarten Völkern ab und umgekehrt. Es gab einen ständigen Austausch und eine ständige Vermischung zwischen wilden und domestizierten Völkern, so daß die festgestellten Rassen immer denen entsprachen, welche die Imker kannten und »pflegten«. Bei den Rassen der *Apis mellifica* gibt es leichte Abweichungen nach Gegenden: Eine dunkle Rasse *(Apis mellifica mellifica Linné)* bevölkert Westeuropa (Frankreich, Spanien, Deutschland, Großbritannien); eine hellere Rasse *(Apis mellifica ligustica Spinola)* herrscht in Italien; die »krainische« Rasse *(Apis mellifica carnica Pollmann)* schwärmt von der jugoslawischen Krajina bis zur Schwarzmeerküste; die »kaukasische« *(Apis mellifica caucasica Gorbatschef)*, die mit ihrer sehr langen Zunge (7 mm) Honig aus Blüten mit sehr tiefem Kelch saugen kann, ist vor allem im Kaukasus und in Georgien verbreitet. Erwähnen wir noch die afrikanische Biene

(Apis mellifica adansoni Latreille), die in subtropischen Regionen gezüchtet wird und bis ins 20. Jahrhundert Westeuropa nicht erreicht, die europäischen Rassen also nicht beeinflußt hat.

Kreuzen unmöglich

Ganz allgemein waren bis ins 20. Jahrhundert Kreuzungen außerordentlich kompliziert und vom Zufall abhängig. Bei Hunden oder auch Schafen (das Karakul- oder Breitschwanzschaf ist der älteste, mehrtausendjährige Beweis dafür) läßt sich noch relativ leicht und mehr oder weniger schnell das erwünschte Merkmal erzielen. Doch auch bei ihrem schnellen Generationenwechsel ist es so gut wie unmöglich, jene ideale Biene zu erhalten, die sich eine neuere Untersuchung als »fromm, leistungsfähig, wenig schwärmend, wenig krankheitsanfällig, mit gutem Verhalten im Rahmen« vorstellt.

Ist es schon schwierig, diese Merkmale überhaupt zu definieren, so ist ihre kontrollierte Verstärkung über Generationen hinweg nach wie vor nicht zu bewerkstelligen. Die noch jungfräuliche Königin wird nämlich – wir wissen dies erst seit kurzem – nicht von einer einzigen, sondern von mehreren (sechs, sogar zehn) Drohnen befruchtet, die aus einem Umkreis von Dutzenden von Kilometern zu jenem berühmten Bienentanz kommen, der dem Hochzeitsflug vorausgeht. Es folgt daraus, daß, selbst wenn die Königin nicht mehr begattet wird, die Bienen eines einzigen Volks, um so mehr die eines ganzen Bienenhauses, verschiedene Väter (und zur Hälfte verschiedene Gene) haben. Übrigens erben die Drohnen, die durch Parthenogenese aus nicht befruchteten Eiern der Königin entstehen, eine Hälfte ihrer Gene von deren Vater, ihrem eigenen Großvater also. Das Grundproblem bleibt demnach, daß angesichts der Unmöglichkeit einer kontrollierten Befruchtung und des großen Zufallsspielraums die Selektion neuer Rassen (durch Auswahl von kontrollierbaren Zuchttieren) nie Menschenwerk gewesen sein konnte. Nur die Umwelt insgesamt konnte, in größeren geographischen Maßstäben, zu einigen besonderen Merkmalen führen, zu Bienenrassen, die sich ebenfalls in Abhängigkeit von dieser Umwelt verändert haben. Insgesamt gesehen, handelt es sich eher um Nuancen als um Merkmalsänderungen.

Der Mensch konnte zwar komplette Völker oder Königinnen von einem Ort zum anderen bringen. Auffälligstes Beispiel dafür sind Bienen, die durch die europäische Kolonisation in den vergangenen Jahrhunderten in Amerika und Australien heimisch wurden. Ein anderer, enger umgrenzter Fall ist die Akklimatisierung der hellen italienischen Biene in Frankreich um 1860, ermöglicht durch die Erfindung des beweglichen Rahmens und die Eingliederung Savoyens in Frankreich. Physiologische wie emotionale Gründe waren mitbestimmend in der Konkurrenz zwischen der dunklen und der hellen Biene, die nie wirklich zur dauerhaften Kreuzung wurde und nach dem Zweiten Weltkrieg zur Verdrängung der hellen führte. Zu erwähnen sind auch die häufigen Verkäufe und Exporte von krainischen Bienen nach Mittel- und Südeuropa.

Die einzige Möglichkeit, neue Rassen zu erhalten (durch genealogische Auswahl), besteht in der künstlichen Besamung der Königin, wobei dunkle mit hellen oder dunkle mit kaukasischen Bienen gekreuzt werden. Unter guten Voraussetzungen ist dies heute möglich. Doch ist nicht nur die künstlich besamte Königin weniger fruchtbar als die natürlich begattete, die Ergebnisse werden auch schon in der zweiten Generation enttäuschend, weshalb man nur die Hybriden der ersten Generation behält. So neigt man hauptsächlich immer noch zur früher schon praktizierten Massenselektion: Man begünstigt die robustesten, »produktivsten« und am besten an die örtlichen Verhältnisse angepaßten Völker. Überdies haben die »fremden« (hellen) Rassen und vor allem die Hybriden auch Gegner auf den Plan gerufen und zum mehr oder weniger berechtigten Vorwurf der »genetischen Verschmutzung« geführt, der ihre Verbreitung in größerem Maßstab hemmt oder ganz verhindert. Die Transhumanz und das Wandern mit den Bienenstöcken, schon im ägyptischen, griechischen und römischen Altertum bekannt, wird nach wie vor in ganz Europa praktiziert. Trotz mehrfachen Standortwechsels in der Jahreszeit, auf Lastkraftwagen mit hundert oder hundertfünfzig Stöcken, haben diese Wanderungen immer noch zu keinen bemerkenswerten Veränderungen geführt, weder bei den ortsfesten noch bei den herumgefahrenen Insekten.

Letzter Versuch einer wirklichen Domestikation der Biene: die Dressur, die auf individuellen Anpassungsfähigkeiten und vor allem auf der »Geruchslenkung« aufbaut. Russische Imker um N. Ioiriš versuchten, die Geruchsempfindlichkeit der Bienen auszunützen, indem sie ihnen Honig eines bestimmten Parfums anboten, um sie am folgenden Tag selektiv zu dieser oder jener Pflanze lenken zu können und so beispielsweise reinen Buchweizen-, Karotten- oder Lindenhonig zu erhalten. Man entwickelte auch »Schnellhonig«-Verfahren, bei denen in »Mastkästen« Melasse verfüttert wurde. Angesichts des »an der Haustür« vorgefundenen Kraftfutters entwickeln alle Bienen (Flugbienen, Arbeitsbienen und Jungbienen) eine hektische Aktivität und produzieren Honig in riesigen Mengen. Ein anderer Vorteil ist, daß man der Melasse Medikamente zusetzen kann, die, im Honig aufgenommen, von den Patienten besser vertragen werden. Freilich hat diese »Dressur« manchmal ungeahnte Folgen: Nachdem man am Vorabend Melasse aus stark nach Dieselöl riechendem Ausschußzucker verfüttert hatte, gingen am nächsten Tag solche Massen von Bienen an sämtlichen Fahrzeugen, vor allem an den Traktoren der Nachbarkolchose, ihrer »Sammeltätigkeit« nach, daß die Arbeit auf den Feldern ernsthaft beeinträchtigt wurde.

Kurz, im Gegensatz zur Domestikation des Geflügels, der Säugetiere oder selbst der Seidenraupe, die ohne die eifrige Pflege des Menschen nicht mehr leben kann, wurde bei der Biene keine einzige wirklich neue Rasse erzielt. Man beschränkte sich darauf, die bestehenden Möglichkeiten optimal im Hinblick auf den erwünschten Zweck zu nutzen. Man spricht also besser von einer »Teilzucht« wildgebliebener Tiere, die allerdings seit langem der Pflegearbeit des Menschen bedarf, und sei es nur, um die Bienen gegen äußere, den erwarteten Gewinn möglicherweise mindernde oder zunichte machende Gefahren zu schützen. Da die Haltung eines oder mehrerer Bienenstöcke keine großen Investitionen erfordert, kann die Biene zum ganz üblichen »Kleinvieh« des Bauern gehören, weshalb seit Jahrtausenden das Wachs und der Honig, woher sie immer bezogen wurden, zum täglichen Konsumgut gehörten, das eine als Koch-, Back-, Getränke- und Speisezusatz, das andere als Rohstoff für die Beleuchtung, für das Brauchtum und die bildnerische Gestaltung zahlreicher Kulturen.

Die alten Geheimnisse der Imkerei

Wir besitzen zahlreiche historische Quellen zur Imkerei, aus China, aus der Mayakultur, aus dem subtropischen Afrika, aus Mesopotamien, Assyrien, Israel, dem Hethiterreich und dem alten Ägypten. Eine chinesische, von einem Konfuzius-Schüler verfaßte Schrift aus dem 6. Jahrhundert v. Chr. enthält die Abbildung einer Biene. Die hethitische Legende stellt die Biene als Rächerin der Götter am flüchtigen Telepinu dar. Und wir wissen, daß sie bereits vor fast 6000 Jahren das Symbol des unterägyptischen Königs war. Ein 4600 Jahre altes ägyptisches Flachrelief zeigt einen »Imker«, der in Rohre bläst, um die Bienen zu ersticken und ihren Honig zu holen, was, zusammen mit aufgefundenen »Bienenstöcken« aus gebranntem Ton, zu beweisen scheint, daß man in Ägypten die Biene nicht nur kannte, sondern auch züchtete. Bodenheimer und andere haben überzeugende Beweise dafür gesammelt.

Die Geschichte der abendländischen Biene, ihrer Zucht und ihrer Zoologie (die schwer davon zu trennen ist) beginnt erst mit der griechisch-römischen Antike und den zahlreichen Autoren, die zwanzig Jahrhunderte lang in der wissenschaftlichen Bienenkunde dominierend waren. Da jedes unzweifelhaft datierte archäologische Zeugnis fehlt, wurde auf interessante, doch zu gewagte Weise versucht, die Anfänge der Bienenzucht zwischen der Zeit der *Ilias* (wo die Biene als Wildtier erwähnt wird) und der Zeit der *Odyssee* (wo sie bereits in Stein- oder Tonstöcken gehalten zu werden scheint) anzusetzen. Der Wendepunkt könnte chronologisch gut passen, doch er ist leider wenig gesichert. Auch der indoeuropäische Sprachschatz hilft uns kaum weiter. Er enthält zwar das Tier, das »sticht«, was zum altdeutschen *impi* (davon »Imme«) und zum lateinischen *apis* wurde (bisweilen inkorrekt *avis*, der Vogel, das fliegende Tier), woraus das italienische *ape* und, über dessen Diminutiv *apicula*, das spanische *abeja* und das französische *abeille* entstanden. Er kennt auch den Honig *(mel, med*, daraus das griechische *melitta)* und den *met*, doch fehlt in ihm jeglicher Ausdruck aus der Bienenzucht, was bestätigt, daß diese unbekannt war und der Honig nur im finsteren Wald gesammelt wurde.

Hesiod erwähnt vor allem die in hohlen Eichen gefundenen Wildbienen, doch von den Bienen, die um Platons, Sophokles' und Pindars Lippen schwirrten, die im 6. Jahrhundert in Ephesus, Amorgos, Erythrea, auf Rhodos und anderswo Tetradrachmen und andere Münzen, auch die Gemme von Kaneiros zierten, die neben der Ziege Amaltheia als Ammen des Zeus galten und den etruskischen Städten Chisra (zu Caere, dann Cerveteri geworden) und Velathri (Volterra) das

Wachs lieferten, von diesen Bienen dürfen wir annehmen, daß sie teilweise Nachkommen jener Tiere waren, in deren Aufzucht und Erziehung Aristaios von den Nymphen selbst unterwiesen worden war. Auch der Honig von den Hängen des Hymettos, aus Sizilien (Hybla) oder Kreta und das Wachs aus Spanien oder vom Pontos stammten mindestens zum Teil aus häuslichen Bienenstöcken. Und die Kenntnisse, auf die Aristoteles im 4. Jahrhundert aufbaute, wenn er von den Bienen und den Bienenstöcken sprach, scheinen in dunkle Vorzeiten zurückzureichen. Die europäischen Bienenzüchter zu Beginn des 20. Jahrhunderts, genauso wie die Zoologen vor Réaumur (18. Jahrhundert), kannten übrigens kaum mehr als jene Rezepte und Ratschläge, die sich in den Jahrhunderten der mediterranen Antike herausgebildet hatten und die Aristoteles als einer der ersten, doch nicht als einziger, übersichtlich dargestellt hatte. *Melitourgoi*, professionelle Bienenzüchter, vielleicht Sklaven, stellten die Stöcke in der Nähe eines Bachs oder einer sauberen Quelle auf, an einer Stelle, wo es im Winter warm und im Sommer kühl war. Sie verwendeten Mehl und Rauch (vom *galbanum*, von getrocknetem Kuhmist oder vom Bovist), um die Bienen zu besänftigen, bevor sie Honig und Wachs entnahmen, sie machten Lärm, wenn die Schwärme zu weit weg fliegen wollten. Sie wußten die Zahl der Schmarotzerbienen zu begrenzen, indem sie ihnen Fallen stellten, und sie bekämpften die ausgesprochenen Bienenfeinde: Sie lockten die diebischen und räuberischen Wespen mit Fleischbrocken in geflochtene Körbe, deren kleines Schlupfloch verstopft wurde, bevor das Ganze ins Feuer geworfen wurde; sie verfolgten die Schwalben, hielten Frösche und andere Amphibien fern, welche die Bienen an der Tränke schnappten. Sie kannten sich nicht nur im Bau der Stöcke aus, wußten, wann man am besten Wachs und Honig erntete, sie versorgten auch die Völker mit Ersatznahrung für den Winter. Schon vor mehr als zweitausend Jahren wußten die griechischen Imker Besseres zu tun, als ihre Bienen zum Winteranfang umzubringen und alles auszuplündern, wie man es in den germanischen und slawischen Wäldern bis ins 19. Jahrhundert tat. Fügen wir noch hinzu, daß der Ertrag pro Stock damals eher höher war als bei vergleichbaren Stöcken zu Beginn des 20. Jahrhunderts. Hat man den Bienen in Griechenland eine intensivere Pflege angedeihen lassen, und wurden mehr Bienen auf weniger Stöcke verteilt gehalten? Vielleicht gehörte die Biene der Griechen zur hellen Rasse und nicht zur dunklen, und vielleicht war die Flora des Hymettos trachtreicher als die Wälder und Wiesen in Deutschland? Der Vergleich ist faszinierend genug: Der Ertrag eines Bienenstocks soll nach Varro 5000 Pfund betragen haben, das wäre die Produktion von hundertzehn traditionellen Stöcken zur Zeit der Weimarer Republik!

Über die Bienenhaltung haben uns die Nachfolger von Aristoteles und Theophrast, auch ihre lateinischen Nacheiferer, vor allem ergänzende Einzelheiten mitgeteilt. Wir finden sie bei Cato, der Zensor und Bauer war, bei Vergil, den sie ebenso inspirieren wie den Punier Mago (dessen achtundzwanzig Bücher nach der Zerstörung Karthagos 146 v. Chr. ins Lateinische übersetzt wurden), ferner bei Columella, der bei Hyginus oder Celsus abschreibt, bei Palladius, der Columella wiedergibt, und bei Plinius, der die gesamte griechische und lateini-

Vergils *Georgica* (Landleben) wurden immer gelesen und als eines der ersten Bücher schon gegen Ende des 15. Jahrhunderts gedruckt. Hier eine Illustration zur ausführlich kommentierten Passage über den »Bienenkönig«, die Arbeitsbienen und das schwärmbereite Bienenvolk. Im Bildzentrum der König mit seinem großen Stock, davor eine Eidechse und Ratten, daneben der Imker; am Himmel stehen Zeichen (Paris, Nationalbibliothek).

sche Literatur seiner Zeit gelesen zu haben scheint. Interessant ist die Feststellung, daß bereits Stöcke von Achaia nach Attika, von Euböa oder den Zykladen nach Skyros, von Sizilien nach Hybla, Spanien oder in die Po-Ebene gebracht wurden. Alle Autoren bestätigen auch, daß immer im Winter zugefüttert wurde. Varro läßt 10 Pfund fette Feigen in sechs Kongien Wasser (etwa 20 Liter) kochen und eine Art Pasteten daraus machen, die vor den Bienenstock gelegt werden. Andere tränken Wolle mit Honigwasser (damit die Bienen nicht ertrinken oder zu viel Wasser aufnehmen), wieder andere machen aus Trauben und Feigen eine Art süße Fladen. Auf jeden Fall entnimmt Varro nie mehr als neun Zehntel der gesamten Honigernte. Höchste Sorgfalt wendet man auf die Herstellung und den Unterhalt der Stöcke an. Die *Geoponica* (ein im 10. Jahrhundert zusammengestelltes Konglomerat aus antiken Schriften) erwähnen, daß sie aus Rotbuchen-, Fichten- oder Eichenbrettern hergestellt wurden. Einige waren quadratisch, aus Feigenholzbrettern, 3 auf 1 Fuß; andere waren rund, aus Weide geflochten oder aus Rinde hergestellt, zum Beispiel von der besonders gut isolierenden Korkeiche; schließlich baute man sie auch direkt in hohle Stämme.

In einem von Napoleon und den Habsburgern regierten Land, dessen Amtssprache nicht die ihre war, gaben die Slowenen ihrer Verschiedenartigkeit insbesondere durch die Bemalung ihrer Bienenstöcke Ausdruck. Wie in Deutschland und in Rußland, so meint auch hier das volkstümliche Thema des Jägers, der von seinen Opfern zu Grabe getragen wird, die Rache der Unterdrückten (Claude Rivals, *L'Art et l'Abeille,* Radovlica, Bienenmuseum).

Der Bienenstock

Es ist zwar möglich, eine Karte der geographischen Verteilung der verschiedenen Bienenstocktypen zu zeichnen, doch es ist schwierig, einen genauen geschichtlichen Überblick zu geben, denn alle Formen haben nebeneinander existiert, und zwar nicht nur bis zu den Anfängen der modernen Bienenhaltung (Mobilbau) um die Mitte des 19. Jahrhunderts, sondern bis auf den heutigen Tag.

Bei den Bienenstöcken oder »Beuten« mit fest eingebauten, aus einem Stück gefertigten Waben (Stabilbau) kann man verschiedene Familien unterscheiden. Die älteste Form ist vielleicht die, welche den lateinischen Namen *rusca* (die Baumrinde; daraus das französische *ruche*) und das deutsche »Bienenstock« abgegeben hat: ein fast bis auf die Rinde ausgehöhlter Baumstrunk. Zum selben Typ gehören die Beuten, die aus Brettern, aus aneinandergefügten oder verflochtenen Weiden-, Schneeball-, Klematis- oder Brombeerruten oder aus Haselspan gefertigt sind und die stehend oder – an der Mittelmeerküste und in Korsika – wie Särge liegend aufgestellt werden. Oft sind sie geschmückt, manchmal sehr kunstvoll, vor allem in den slawischen Ländern, wo sie manchmal die Form eines Hauses, eines Tier- oder Menschenkörpers haben; andere, die mehr der Zucht der krainischen Rasse als der Honigproduktion dienen, sind wunderbar bemalt, in Slowenien zum Beispiel, in der Gegend von Radovljica und Kranj. Nach C. Rivals hatten diese farbigen Verzierungen die Aufgabe, die Bienen in ihren Stock zurückzulenken; die religiösen, folkloristischen oder politischen Inhalte der Abbildungen wären demnach sekundär. Tatsächlich waren diese Werke bienenzüchtender Priester oder Bauern, die ihren katholischen Glauben mit heidnischen

Elementen vermischten, für die zu lange unter der Herrschaft fremder Kulturen und Sprachen (vor allem der deutschen, eine Zeitlang auch der französischen) stehenden Slowenen eine Möglichkeit der Selbstbehauptung, ebensogut wie die Treue zur Sprache. Es gibt zahlreiche andere Beispiele für ein ähnliches Verhalten, man denke nur an die ausgemalten Kirchen der rumänischen Maramureš.

Die Beute aus geflochtenem Stroh muß in Ländern mit teilweiser ackerbaulicher Bestimmung entstanden sein, denn sie setzt voraus, daß Roggen angebaut wird, dessen Halm lang und geschmeidig ist. Die Westgermanen, Alemannen und Franken (deren Salisches Gesetz den Diebstahl von Bienenstöcken streng bestrafte), doch auch die Slawen haben diese Form möglicherweise bevorzugt verwendet, und es scheint, daß im Kapitular Karls des Großen *De villis* solche Bienenstöcke gemeint sind. Um sie dichter zu machen, bestrich man sie mit Kuhfladen, Gips, Strohlehm oder fettem Ton, vor allem ab November, um die Völker zu schützen, die der Bienenhalter über den Winter bringen wollte. Aus der Antike besitzen wir zahlreiche Angaben dazu.

Erwähnen wir noch die Beute aus ausgehöhltem Stein, die einen leicht bearbeitbaren Kalkstein voraussetzt, und die Beuten aus gebranntem Ton, die im alten Ägypten und in schlammreichen Gegenden üblich war.

Alle diese Beuten, die zu Dutzenden oder Hunderten in Stände gruppiert und gegen die Kälte, die Hauptwindrichtung und die Niederschläge geschützt im Freien, manchmal auch innerhalb der Hausmauern aufgestellt wurden, hatten im Innern ein Kreuz oder verschiedene Vorsprünge, an denen die Bienen ihre Waben befestigen konnten. Der Imker mußte sie natürlich öffnen können, damit er nicht das ganze Volk töten mußte, wenn er die Ernte entnehmen wollte. Wenn Pierre de Crescent so zu verstehen ist, kam man vielleicht schon vor dem 14. Jahrhundert auf den Gedanken, auf den Bienenstock einen Deckel, eine Kappe aufzusetzen, der über kleine, verschließbare Löcher mit dem Innern der Beute kommunizierte und in dem die Bienen einen Zusatzvorrat anlegten. Man brauchte also nur das Volk einzuräuchern, die Löcher zu verschließen und den Aufsatz abzuheben, aus dem man die letzten Bienen entweichen ließ, um in aller Ruhe – man hatte den Brutraum ja nicht angerührt – die Waben herauszunehmen. Vermutlich im 18. Jahrhundert tauchten die stapelbaren Ringaufsätze auf, auch die beweglichen Waben, die vielleicht schon den alten Griechen bekannt waren. 1814 erfand ein Genfer namens Huber die Beute mit beweglichen Platten, und um 1850 entdeckte man im Zeitraum von wenigen Jahren in Frankreich, Deutschland und Amerika sämtliche moderne Techniken. So enthielt 1851 die Beute von Langstroh, 1852 der Kasten von Berlepsch und gegen Ende des 19. Jahrhunderts auch der Kasten von Dadant die modernen beweglichen Rähmchen, die der Imker nach Belieben herausnehmen und wieder hineinhängen kann und die es den Bienen ersparen, jedesmal neue Waben bauen zu müssen. Natürlich privilegiert eine solche Beute die Honigproduktion zu Lasten des Wachses, was bislang kaum vorstellbar war.

Die Gewinnung des Honigs bei gleichzeitiger Erhaltung der Waben wird heute ermöglicht durch die Zentrifugen (mit Hand- oder Motorantrieb) und das Entdeckeln der Waben (mit dem Messer oder maschinell). 1857 fand Mehring es

Der durch ein Ziegeldach geschützte Bienenstand enthält Klotzbeuten, aus denen Bienen in Vogelgröße herauskommen. Die Imkerin hat den Honig geerntet, auf den der Braunbär besonders lüstern ist (*Tractatus de herbis*, 15. Jahrhundert, Modena, Biblioteca Estense).

rationeller, den Bienen zwar nicht fix und fertige, so doch vorbereitete Waben in Form von Wachsplatten mit Wabenmuster anzubieten.

In jüngster Zeit sind auch Bienenstöcke aufgetaucht, deren Neuartigkeit alleine im Material liegt: Zement, sogar Hartschaum oder Aluminium.

Es ist interessant festzustellen, daß das wissenschaftliche Wissen über die Biene kaum beigetragen hat zu den meisten dieser technischen Innovationen und daß die Züchter ihre Bienen gepflegt, genutzt und geliebt haben, ohne viel über sie zu wissen oder sie zu verstehen. Auf der anderen Seite haben Gelehrte wie der Italiener Aldrovandi oder der Engländer Moufet im späten 16. Jahrhundert, und, nach der Erfindung des Mikroskops und der Mikrosektion, noch mehr der Holländer Swammerdamm (1737–1738), der Franzose Réaumur (1734–1742) oder der Schweizer Huber (1750–1792) der Zoologie ganz wesentliche Fortschritte gebracht.

Doch die Biene wird nicht erst seit gestern beobachtet: In der Antike sollen reiche Halter Bienenstöcke aus durchscheinendem Horn oder durchsichtigem Kristall besessen haben, die vielleicht nicht gerade sehen, doch zumindest ahnen ließen, was sich im Innern abspielte. Dennoch wußte man bis ins 19. Jahrhundert hinein nicht, wie die Bienen entstehen. Die Königin wurde gemeinhin für einen König gehalten, und jahrtausendelang glaubte man an die »Rinderzeugung«, d.h. daß die Bienen nach einunddreißig Tagen aus zersetztem Stier-, Färsen- oder Ochsenblut entstehen. Diese Legende – vielleicht das Produkt einer Verwechslung mit einer der Drohne ähnelnden Fliege *(Eristalis tenax)*, die ihre Eier in Aas ablegt – wurde unbefragt bis in die Neuzeit kolportiert.

Lange Zeit war es eines der großen Probleme der Bienenhaltung, wie man die ausgeschwärmten Völker aufhält und einfängt. Vergil rät, der Königin die Flügel zu entfernen oder wenigstens zu stutzen, damit sie, langsam und nur mühsam fliegend, sich mit ihrem summenden Staat ganz in der Nähe des Stocks niederläßt. Weil doppelt genäht besser hält, empfiehlt er außerdem, Blechinstrumente zu blasen und die Trommel zu schlagen, denn beides sei der Göttin Demeter angenehm. Diese Art Katzenmusik wurde in neuerer Zeit nicht mehr als Scheingewitter interpretiert, durch das sich die Bienen niederlassen sollten, sondern als lautstark hinausposaunter Besitzanspruch des Imkers über seine vorübergehend wieder in den Wildzustand zurückgekehrten Bienen. Schließlich schlägt Vergil vor, den Schwärmen parfümierte Bienenstöcke in den Weg zu stellen, damit sie, von den Düften angezogen, sich in ihnen niederlassen. Das Mittelalter erweitert das Instrumentarium: Die Bienen wurden mit Sand, Wasser oder Erde beworfen.

Ein göttliches Symbol – mit Stachel

So nützlich sie ist, die Biene ist auch gefürchtet. Der Imker schützt sich, indem er zusieht, daß er sie nicht durch verlockende Gerüche erregt, außerdem Netz und Handschuhe trägt. Bei Stichen hilft er sich mit Salbeiblättern. In weniger behutsamer Manier haben manche auch die bösen Säfte des Insekts zu Angriffszwecken mißbraucht, indem sie Bienenbomben auf ihre Feinde warfen: So geschehen in der Antike in Themiskyra, bei den Kreuzzügen in Marra bei Aleppo, im Dreißigjährigen Krieg gegen die Schweden in Attendorn. Von einem Korsaren wird behauptet, er habe auf die ihn verfolgende türkische Galeere Bienenstöcke geschleudert und daraufhin, behandschuht und behelmt, seine fünfhundert zerstochenen und in Angst und Schrecken versetzten Feinde gefangengenommen ... Doch dürfte es schwierig sein, bei solchen Erzählungen Geschichte und Legende auseinanderzuhalten.

In der Antike, und vor allem seit der Renaissance, treten diese Stachel freilich meist im Zusammenhang mit sehr viel charmanteren Begegnungen auf. Als Amor sich über einen schmerzenden Stich bei seiner Mutter beklagte, soll Venus ihm ja geantwortet haben, das sei noch gar nichts im Vergleich zum Schmerz, den seine Pfeile zufügten. Und weil die Biene mit ihrem Stachel die Liebe erweckt oder wachhält, muß der Imker, um sich vor den Pfeilen des Eros zu hüten, sich streng der Liebe und des Weins enthalten, er darf weder Knoblauch noch Zwiebeln noch Gepökeltes essen. Etwas schlichter gefaßt: Er soll sich die Hände waschen, bevor

»Die Rose gibt den Bienen den Honig«, 1629 (Paris, Nationalbibliothek).

er sich den Insekten widmet. So erdnah diese Vorschriften sind, sie haben ihr Teil beigetragen zu den Symbolen und Legenden über die Göttlichkeit des Honigs und das Geheimnis seiner Erzeugerinnen:

> Keusch am Tau ihr euch labet (...)
> Bienen, Töchter des Lichts
> (... Ihr fliegt)
> Dem Azur des Himmels entsprießend
> Auf der Rose geöffneten Mund
> Und auf Platons Lippen (...)
> Oh ihr, deren Arbeit nur Freude,
> Die ihr andere Beute nicht kennt
> Als die Düfte, Odem des Himmels (...)
> Die ihr der Blumen Ambra entwendet (...)
> Um den Menschen den Honig zu geben (...)

Victor Hugo, mit der antiken Literatur wohlvertraut, berührt hier die wichtigsten Rätsel und Eigenschaften, die man mit der Biene verband: Der Zauber von Platons Worten vermag sie anzulocken, sie entsprießen dem Licht und dem Blau des Himmels, und sie sind so unsterblich wie diese.

Die Reinheit über alles liebend? In der Tat werden Ausscheidungen und Tote aus dem Bienenstock geschafft, und die bakterientötenden Eigenschaften des Bienenharzes (auf die wir noch zurückkommen) sind hinlänglich bekannt. Keusch? Aber ja doch, denn sie sind alle jungfräulich, mit Ausnahme der Königin (die, wie gesagt, früher meist für einen König gehalten wurde). Ihre Gesellschaft (für Cicero), ihr Staatswesen (für Vergil), ihre Behausung und ihre Gütergemeinschaft, die Gleichheit und vor allem die monarchische Staatsform machten sie um so nachhaltiger zu Archetypen der Menschheit, als sie auch Vorbilder hinsichtlich Mut, Mäßigung, Effektivität, Rührigkeit und Arbeitseifer waren. Der Gottheit teilhaftig, besaßen sie auch die Orakelgabe, wie schon die homerische Hermes-Hymne belegt; Drusus soll es vor dem Angriff der Germanen, Hannibal vor Zama erfahren haben. Diese in der abendländischen Vorstellungswelt bis ins 19. Jahrhundert so lebendig gebliebenen Attribute sind ein Erbe der Antike; schon bei Aristoteles sind sie fast vollständig zu finden.

Das bekannteste Attribut ist das vom »Modell einer wohlgesitteten Republik (... wo) sie alle einem König gehorchen«. Olivier de Serres und seine Nachfolger übernehmen das anthropomorphe Bild des arbeitsamen, gehorsamen und in Harmonie lebenden Bienenvolkes mit seiner Hierarchie, seinen bewundernswert disziplinierten und opferbereiten Heerscharen unter einem gerechten und milden König. Im Jahre 1653 wurde im belgischen Tournai ein Schatz entdeckt, der durch einen Siegelring Childerichs, eines der ersten Merowingerkönige, Vater von Chlodwig I., identifiziert werden konnte. Zum Schatz gehörten dreihundert Bienen aus Gold, die Granate eingefaßt und vermutlich einen Mantel aus Broché-Seide geschmückt haben. In diesem Emblem kann man, neben der (heute gut bekannten) germanischen Tradition, »Zikaden« sehen, deren graphische Stilisierung die Lilie, das Emblem der Bourbonen, ergeben haben soll. Auch Napoleon machte sich 1804 bei der Begründung seines Imperiums dieses Symbol zu eigen, das zugleich an die Merowinger und an den ergebenen Arbeitseifer der ihm untertanen Völker erinnern sollte. Auch die Revolutionen, die Industriegesellschaft und die Sozialisten projizierten auf die Biene und den Bienenstaat ihre mehr oder weniger utopistischen Wünsche hinsichtlich Arbeitseifer, manchmal Gleichheit, doch mehr noch hinsichtlich einer harmonischen Arbeitsteilung in Solidarität, wie sie im 19. Jahrhundert in den Arbeitervereinen, Versicherungen auf Gegenseitigkeit und Genossenschaften Gestalt angenommen hatten.

Die Biene symbolisiert auch die Familie, die Rechtschaffenheit. Sie gehört zum Hausstand, leidet unter Spannungen zwischen den Eheleuten und nimmt Anteil an der Trauer um den toten Vater. Im übrigen trägt sie zur Tugendhaftigkeit bei, insofern sie die Sünder sticht und dem hilft, der sich um sie kümmert.

Die Komponenten der Keuschheit, der Spiritualität und der Göttlichkeit wurden nur teilweise von den Neuplatonikern übernommen; sie setzten die Biene mit der Seele gleich, die davonfliegt, ohne den Körper, den angestammten Bienenstock, zu vergessen. Ausgeweitet wird das Thema vor allem von der christlichen Kirche: Die sanfte und fleißige, jungfräuliche Biene stellt Maria dar; sie ist nicht nur das Symbol der Keuschheit, sondern auch das des gottgefälligen Tugendeifers. Die einzelne Biene ist das Vorbild des Klerikers, das Bienenvolk ist das Bild der Kirche. In seiner Untersuchung mit dem Titel *Apis est anima, Apis est Ecclesia* zeigt M. Misch, wie dieses Thema ständig reicher wurde seit Origenes und Athanasius, vor allem mit Ambrosius, der Vergil und biblische Texte interpretierte. Isidor von Sevilla, *De bestiis et aliis rebus* des Pseudo-Hugo von Saint-Victor (12. Jahrhundert) und *Bonum universale apibus* von Thomas von Cantimpré (1260) vermehren diese Literatur bis hin zu den Schriften Alberts des Großen, der, auf eigene Beobachtungen gestützt, ein wirklichkeitstreueres Bild der Welt der Bienen zeichnet.

Die Befruchterin

Das sich um die Biene rankende Imaginäre läßt sich geographisch und diachronisch verfolgen. Es steht teilweise im Zusammenhang mit der ebenso bedeutenden Vorstellungswelt, die sich auf die von der Biene hergestellten Stoffe bezieht, Wachs und Honig vor allem.

Schon seit langem weiß man, daß der hauptsächliche Gewinn eines Bienenstandes – er ist auf das Fünfzehn- bis Zwanzigfache der eigentlichen Produktion zu beziffern – von der Bestäubungstätigkeit ausgeht, d.h. von der Befruchtung von Obstkulturen in seiner Nähe. Bei jedem Ausflug bestäubt die Biene 1000 bis 1500 Blüten. Da ein Bienenstock 50000 bis 80000 Tiere und ein Bienenstand Hunderte von Stöcken enthalten kann, werden also jeden Tag viele Milliarden Blüten befruchtet. Verständlich also, daß die Obstbauern heute die »Beweidung« ihrer Pflanzungen nicht nur kostenlos anbieten, sondern auch ansehnliche Beträge pro geliehenen Bienenstock zahlen.

Die Bienen liefern auch eine Reihe von Stoffen, die einmalig und unersetzbar sind. Schon in der Antike kannte man das Bienenharz (Propolis), eine Art bakterizider, fungizider und antibiotischer Lack oder Kitt, mit dem Risse ausgebessert werden. Die Bienen stellen es mit ihrem Speichel und Enzymen aus harzigen und balsamischen Substanzen her, die sie auf Blättern (Pappel, Birke, Weide, Esche, Erle, Eiche, Roßkastanie) oder Nadeln (Fichte, Lärche, Kiefer, Tanne) finden. Noch nicht lange weiß man, daß es aus 50 Prozent Harz, 10 Prozent ätherischen Ölen, 5 Prozent Pollen, 5 Prozent Holzstaub, Bienenteilen und 30 Prozent Wachs besteht. Es war Bestandteil des Lack-Geheimrezepts Stradivaris und der Cremoneser Geigenbauer; die Parfumhersteller verwenden es in geringem Umfang, und die Tierärzte wenden es bei der Maul- und Klauenseuche, bei Bronchopneumonie und bisweilen als Lokal-Anästhetikum an. Die deutschen Rezepte des 16. Jahrhunderts empfehlen es für Dampfbäder bei Husten und als Zugsalbe bei Dornen und Splittern in der Haut. Bei Verletzungen bewährt es sich als gutes Antibiotikum und als blutstillendes, die Wundheilung förderndes Mittel, das breite Verwendung fand, vor allem im Burenkrieg. Die Imker parfümieren auch heute noch damit die Stöcke, um Schwärme zurückzuhalten, und die Mongolen lackierten damit ihre Schlitten.

Der mit den »Fersenbürsten« gesammelte, wie ein Polster in den »Körbchen« der hintersten Beine transportierte und in den Wabenzellen gelagerte Pollen ist als Futter für die Brut gedacht. Die Imker ernten ihn heute sorgfältig mit besonderen Vorrichtungen in den Bienenstöcken; die Ausbeute beträgt 2,5 bis 4 Kilo jährlich. Er enthält Spurenelemente, Wachstumshormone, Vitamine, Enzyme, Diastasen, Eiweißstoffe und Kohlenhydrate, sogar einige Fette. Er wird als Entgiftungs- und Stärkungsmittel, als »funktionsstabilisierender«, sogar euphorisierender Stoff verwendet. Er soll auch auf die Nebennieren, die Bauchspeicheldrüse und angeblich besonders auf die Prostata eine günstige Wirkung haben.

Ein anderes Wundermittel, das bislang mit dem Honig verzehrt wurde und einen Teil seiner Eigenschaften ausmachte, wird seit neuestem abgetrennt: das Gelée Royale. Es hält die Königin vier oder fünf Jahre lang am Leben (eine Arbeiterin ist in fünf oder sechs Wochen »aufgebraucht«). Es soll die Müdigkeit vertreiben, Magersucht, Unfruchtbarkeit, Impotenz und Alterserscheinungen heilen. Der Stoff, den die mit der Brutpflege beschäftigten Arbeitsbienen in ihren Kopfspeicheldrüsen herstellen, ist ursprünglich für die Königinnenzucht bestimmt. Er ist reich an Vitaminen und Bakteriziden und hat einen außergewöhnlichen Nährwert: Im Vergleich zur Kuhmilch enthält er, außer 60 bis 70 Prozent Wasser, 18 Prozent Proteine (Milch: 3,3 Prozent), 10 bis 17 Prozent Zucker (Milch: 4,6 Prozent), 5,5 Prozent Fett (Milch: 4 Prozent) und 1 Prozent Mineralsalze. Seine Seltenheit – und der erzielbare Preis – hat einige Imker dazu verführt, das Leben in ihren Bienenstöcken durcheinanderzubringen und möglichst viele Königinnenlarven zu züchten, die dann frühzeitig von ihrer gehaltvollen Kost entwöhnt werden.

Die Bienenlarven enthalten übrigens zahlreiche Proteine und Lipide sowie die Vitamine A und D. Je nach Geschmack gebraten, gebacken oder geschmort, sollen sie sehr nahrhaft und dazu eine Köstlichkeit sein.

Das Bienengift schließlich, das Histamine, Mellitine, Apamine und verschiedene Enzyme enthält, stimuliert in schwacher Dosierung Herz und Nebennierenrinde, regt also die Kortisonproduktion an; von daher rührt seine Wirksamkeit bei arthritischen und rheumatischen Beschwerden. Die Imker scheinen seit alters von dieser unfreiwilligen »Apitherapie« profitiert und sie auch geschätzt zu haben; Nicht-Imker übrigens auch, denn von Karl dem Großen wird behauptet, er sei durch einen Bienenstich von einem Gichtanfall geheilt worden. In den Vereinigten Staaten sind, wie auch in Deutschland, Bienengift-Injektionen heute statthaft und durchaus alltäglich. In Rußland zieht man die rüdere, doch sehr viel billigere Injektion durch die Biene selbst vor: Ist der Patient nicht allergisch, so läßt er sich im Durchschnitt täglich von fünf Bienen stechen. Die Kur, die bis auf zwei Monate ausgedehnt werden kann, wirkt manchmal Wunder!

Doch wie wertvoll auch immer diese verschiedenen Erzeugnisse der Bienen sind, die wichtigsten sind und bleiben der Honig und das Wachs. Bis zur Erfindung der Honigschleuder behalf man sich mit dem Zerstampfen und Auspressen der Waben, es gab also den ersten, den Scheibenhonig, den zweiten, den Preßhonig, und den dritten, den Seimhonig, der aus den Preßkuchen durch Erwärmen gewonnen wurde; zum Schluß gab es noch einen durch ein Tuch gefilterten vierten Tropf- oder Senkhonig. Übrig blieb das Wachs. Doch obwohl der Honig, in der Antike wie heute, das typischste und begehrteste Bienenerzeugnis war und ist, war das Wachs vor allen anderen das gesuchteste, da es lange Zeit das einzige plastische Material war, zu den verschiedensten Zwecken diente und außerordentlich leicht zu transportieren war. Dabei war es immer rar: Auf zehn Kilo Honig kommt nur ein Kilo Wachs, und auch heute kostet es doppelt so viel, selbst wenn die Honigproduktion wertmäßig das Fünffache beträgt.

Das Wachs

Das Wachs wird ausschließlich von den Arbeitsbienen hergestellt, die es aus ihren acht Wachsdrüsen sekretieren und dann ausscheiden, als sehr dünne Lamellen, die an der Luft erstarren. Diese Art Schuppen werden auf dem Hinterleib gebürstet, zum Mund gebracht, durchgeknetet und mit Speichel vermengt. Dann beginnt der Bau der berühmten sechseckigen Zellen durch eine Art lebende Halskette, bestehend aus mehreren hundert Bienen (die »Wachskette«); die Ausrichtung des Baus besorgen das Magnetfeld und andere komplizierte Einflüsse, darunter die Pheromone der Königin (und vielleicht der Drohnen). Die Zellen für die Arbeiterinnen sind kleiner (850 pro dm^2) als die Zellen für die Drohnen (530 pro dm^2). Für ein Kilo dieses Wachses arbeiten etwa 30000 Bienen zehn Tage lang; es ist zunächst weiß, vergilbt ziemlich schnell unter dem Einfluß des Bienenharzes, wird dann braun und mit der Alterung schwarz. Der Wachssammler (oder der Imker) formt es zu ziemlich großen Klumpen, die unverändert transportiert oder verwendet, oder aber von den »Wachsziehern« verfeinert werden, je nach Verwendungszweck und Epoche.

Das Wachs spielte in der abendländischen Zivilisation eine außerordentlich große Rolle. Zunächst als Schriftträger: Über zweitausend Jahre lang haben unzählige Generationen von Griechen und Römern, auch noch die Kinder des Mittelalters, auf wachsbeschichteten Holztäfelchen das Schreiben gelernt und dann darauf Notizen gemacht, wobei die Zeichen mit einem Griffel ins Wachs eingeritzt und bei Bedarf mit einem Spachtel wieder gelöscht wurden. Manchmal blieb die letzte Beschriftung solcher Notiztafeln erhalten, sogar Haushaltspläne der französischen Könige des 14. Jahrhunderts finden sich dabei.

Das Wachs war auch das hauptsächliche Siegelmaterial. Erwärmt und weich gemacht, empfing es in der Antike den Abdruck des Siegelrings, dann einer Art Bügeleisen und schließlich eines beidseitig prägenden Geräts in der Art eines Waffeleisens. Zu einer Zeit, da viele nicht lesen und schreiben konnten, war das

Siegel das Zeichen der Obrigkeit und, so wie später die eigenhändige Unterschrift, Bürge für die Echtheit.

Im ausgehenden Mittelalter siegelten die französischen Könige mit verschiedenen Farben: gelb für die laufenden Geschäfte, grün für ewig geltende Charten, rot für ihre persönliche Korrespondenz. Dank der Siegelkunde sind uns sehr zarte Motive, Beschriftungen, Wappen, manchmal regelrechte Kunstwerke zu Hunderttausenden erhalten geblieben. Die Formbarkeit des Wachses bot auch, wie Plinius bestätigt, schon lange vor den Wachsfigurenkabinetten die Möglichkeit, sich von den Vorfahren ein Bildnis oder eine jener faszinierenden Totenmasken zu erhalten. Auch Kinderspielzeug aus Wachs gab es. Zwar besitzen wir nichts derartiges mehr aus der Zeit vor dem 15. Jahrhundert, doch wir wissen, daß diese Verwendungen schon in Assyrien, Ägypten, Griechenland und Rom sehr verbreitet waren. Zur Zeit Alexanders des Großen fertigte Lysistratos, der Bruder des großen Lysippos, zahlreiche Wachsmodelle, die er, wahrscheinlich durch Zufügung von Öl und Pulver, einfärbte. Wir kennen auch die Scherze Heliogabals, der zu üppigsten Gastmählern lud, bei denen die Gerichte vollkommen wirklichkeitsgetreu aus Wachs nachgebildet waren. Ab dem 16. Jahrhundert sind uns immer mehr künstlerische Wachsfiguren aus Italien, Deutschland, Frankreich und England erhalten geblieben; eine neuere Studie von D. Reilly hat sie untersucht. Es gibt ab dieser Zeit auch Herzen, Krippenfiguren, Kruzifixe von naiverer Machart, ebenso Votivgaben, die in Wachs die geheilten Körperteile nachbilden. Wir wissen, daß ab der Antike bis ins 14. Jahrhundert hinein Wachspuppen bei Behexungen benützt wurden; das Handbuch des Inquisitors Bertrand Guy erwähnt sie ausdrücklich. Und eine Totenmaske aus Wachs diente als Modell für eines der schönsten Porträts des von den Pazzi ermordeten Giuliano de Medici.

Meisterwerke antiker Bildhauerkunst wie der Wagenlenker von Delphi oder der Ephebe von Antikythera wurden bereits in der berühmten Technik der »verlorenen Form« *(à cire perdue)* geschaffen, die in der europäischen Kultur seit fast viertausend Jahren angewandt wird und im Golf von Guinea, von der Elfenbeinküste bis nach Kamerun (Yoruba-Reich) ab dem 12. Jahrhundert wiederentdeckt oder neu belebt wurde, ebenso in China (vor allem ab dem 7. Jahrhundert). Dabei wird ein Wachsblock geformt und bis in die kleinsten Einzelheiten modelliert; dann wird er mit einem Formmantel aus nassem Sand oder Lehm umgeben (die feinsten Details werden vorher mit einer dünnen Lehmschicht zugeschmiert). Das Ganze wird langsam erhitzt, wobei der Formmantel gebrannt wird und das schmelzende Wachs durch dafür vorgesehene Öffnungen herausfließt. Daraufhin wird geschmolzenes Metall (Bronze, Messing, manchmal Silber oder Gold) in den entstandenen Hohlraum gegossen; das Metall tritt also unmittelbar an die Stelle des Wachses. Ist es erstarrt, wird der Formmantel weggebrochen, an der Oberfläche noch haftende Sand- oder Lehmreste werden weggeschliffen. Bei großen Skulpturen können einzelne Teile gesondert gegossen und anschließend aneinandergeschweißt werden; so ging man in China ab dem 7. und 8. Jahrhundert vor. Der »Kern« bestand hier aus Holz oder Ton, er wurde mit mehreren Wachsschichten überzogen, auf die feuerfeste Erde aufgetragen wurde; die flüssige Bronze füllte also den Hohlraum zwischen Kern und Formmantel aus; nach dem Polieren wurde mit Quecksilber amalgamiertes Blattgold aufgelegt.

Die meisten Formen der darstellenden Kunst verwenden Wachs: Wachsmalereien von Pompeji, Wachsfilm auf da Vincis *Madonna in der Felsengrotte*, Wachsüberzug auf Keramikbemalungen und auf den chinesischen Stoffen des 14. Jahrhunderts, Bienenharz- und Wachslacke, wie schon erwähnt, auf den Cremoneser Geigen. Natürlich diente Wachs auch zum Verschließen der Urnen. Mit Wachs waren die sieben Rohre der antiken Panflöte aneinandergeklebt, mit Wachs befestigte Dädalus die Flügel des Ikarus. Mit ihm als wetterbeständigem Kitt wurden Risse geschlossen, Pfropfreiser eingekittet, Taue verstärkt, Boote lackiert. Mit Wachs wurden die Tücher imprägniert (sie wurden nicht nur wasserdicht, sondern auch lichtdurchlässig), die in die Fensteröffnungen der Paläste gespannt oder um die Ballen der mittelalterlichen Händler geschlagen wurden. Später wurden auch Böden und Leder eingewachst, um sie zum Glänzen zu bringen; auch Parfums wurden damit eingedickt. Wenn die Skythen ihre Toten einbalsamierten und mit wachsgetränkten Streifen ihre »Mumien« *(mûm* heißt in Persisch Wachs) bandagierten, so kannten sie zweifellos die keim- und pilztötende Eigenschaft dieses äußerst beständigen Materials.

Erwähnen wir noch, daß sich die antiken Athleten mit dem *keroma*, einer Mischung aus Öl und Wachs, einsalbten, bevor sie die nackt ausgeführten Übungen oder Wettkämpfe begannen. Diese Öl-Wachs-Emulsion ergab auch eine Wachssalbe, die, mit verschiedenen anderen Substanzen wie Zinnober oder Menninge vermischt, insbesondere auf Wunden, Verbrennungen und Geschwüre aufgetragen wurde.

Im 10. Jahrhundert empfiehlt Avicenna sie auch als Wundpflaster, und mit gutem Grund: Das Wachs ist sehr reich an Vitamin A (4096 internationale Einheiten in 100 Gramm, vergleichsweise enthält das Rindfleisch nur 60). Wachsbouillon lindert oder heilt auch die Ruhr, Wachsbutter oder Wachsöl hilft ausgezeichnet bei Erfrierungen, und heute würde man besser daran tun, es zu Kaugummi zu verarbeiten als zu Sprengstoff ...

Bei all der Vielfalt der Verwendungen war das Wachs seit der Antike doch hauptsächlich Lichtquelle, welche mit der bekannt reinen Flamme brennt und, statt wie Talg, Harz und selbst Öl beißend zu rauchen, den süßen und angenehmen »Kerzengeruch« verbreitet. Im abendländischen Mittelalter wurde es auch außerhalb der Kirche allgemein verwendet, und die Wachszehnten und -käufe finden sich durchwegs sowohl in den Rechnungsbüchern der Feudalherren als auch bei den Abgaben und Gebühren, die für die Zunftzugehörigkeit zu entrichten waren. Das Wachs ist ein sehr deutliches Zeichen der Zugehörigkeit zu einer bestimmten gesellschaftlichen Schicht: Der Herr, der Reiche, die Gemeinschaft unterscheiden sich vom Bauern, vom Armen, vom Einzelnen in der Beleuchtung genauso wie in der Nahrung, der Kleidung und der Lebenshaltung. Natürlich erstrahlt der Göttliche Herr im Kerzenlicht seines Hauses; ein Teil des Wachses der Zünfte und der geistlichen Herren gehört der Kirche, und bis heute sind Kerzen aus Bienenwachs, das nicht zur Gänze durch Paraffin ersetzt werden darf, für bestimmte Zeremonien vorgeschrieben.

Zum Teil erhielt die Kerze ihre Bedeutung schon im Hochmittelalter: Sie war das Licht, das die Finsternis zerstreut, so, wie Christus mit seinem Wort die Menschen erleuchtet. Das unbefleckte Wachs, von jungfräulichen Insekten geerntet, stammt aus den reinsten Blumen, der aus weißer, reiner Baumwolle geflochtene Docht versinnbildlicht die Seele, die Flamme stellt Gott dar, der sich als Mensch geopfert hat, um das Licht in die Welt zu bringen. So entsteht die Osterkerze, die feierlich gesegnet und mit fünf Weihrauchkörnern (die fünf Wunden) besteckt wird, ein Bild des leblosen Leibes Christi; wie der Auferstandene bringt sie das Licht, wenn sie angezündet wird. Die Kerzenflamme, welche die Eucharistie begleitet oder den kirchlichen Würdenträgern vorausgetragen wird, bezeichnet als Sinnbild den geheiligten Raum. Die Beispiele dafür sind zahlreich und vielschichtig: von der Kerze vor dem Marien- oder Heiligenbild, die gestiftet wird, um deren Fürsprache zu erbitten, über die Kerzen beim Segen und an Mariä Lichtmeß bis hin zu den geweihten Kerzen, die, bei Tag wie bei Nacht, die Häuser der Gläubigen beschützen und Pilgerfahrten oder Prozessionen begleiten sollen.

Bei anderen Gelegenheiten sind Wachs und Licht nicht eins. Wir haben schon von den Wachspuppen gesprochen, die zu Behexungen dienten. Die Christianisierung dieses Brauchs zeigt sich in der angezündeten Kerze, die einen Gefährten suchen helfen oder einen Treulosen zurückbringen sollte (den man gegebenenfalls bestrafte, indem man die geweihte Kerze mit Nadeln spickte). Das für einen Toten verbrannte Wachs soll ihn auch sehr oft symbolisieren, so beim *Candélou* in den Pyrenäen und im Baskenland: Ein langer (bis 60 oder 80 Meter) gezogener Wachsstrang wird noch warm um eine Holzkeule gewickelt, die je nach Gegend verschiedene Formen aufweist. Die Frauen oder Töchter des Verstorbenen zünden ihn während der Totenmesse an. Es gibt aber auch stilisierte Formen, die direkt den Toten darstellen, den *Lourquet*, eine Art Spitzenweberei, die man auch auf Inseln der Antillen antrifft, oder ein kleines Wachskreuz, das auf der Insel Ouessant vor der bretonischen Küste an die Matrosen erinnert, die das Meer verschlungen hat. Zu Fäden gesponnenes Wachs bedeutet aber nicht immer Trauer, es gibt auch *Candélous*, die Kranke heilen, vor Gewittern bewahren oder Schutz über das ganze Jahr gewähren sollen (die grüne Lichtmeßkerze in der Provence). Jeder kennt auch die Kerzen zur Geburt, zur Taufe, zur Erstkommunion, zur Hochzeit. In Brabant, Österreich, Deutschland, in der Schweiz und den meisten christlichen Ländern ist die Kerze Bestandteil des Sakralen. Übrigens braucht sie nicht immer angezündet zu werden: Der *Candélou*, der während der Pest von 1362 genau auf die Länge der Stadtmauern von Montpellier gezogen wurde, wurde vielleicht angezündet, jedenfalls gibt es ihn nicht mehr; doch in der Kirche von Marsat in der Auvergne (Zentralfrankreich) existiert noch die Rolle mit der Wachsschnur von angeblich 3000 Metern Länge (das ist genau die Entfernung Riom-Marsat), welche die

Bürger des benachbarten Riom während der Pest von 1661 der Schwarzen Madonna von Marsat gestiftet hatten.

Wachs wurde, vor allem im christlichen Abendland, in solchem Umfang, zu so vielen Zwecken und so allgemein verbraucht, daß mannigfache Schwierigkeiten entstanden. Man beherrschte zwar perfekt alle Techniken – Läutern, Bleichen, Rollen, Ziehen um einen Docht (diese Arbeiten wurden von den seit dem Mittelalter allgemein bekannten Licht- oder Kerzenziehern ausgeführt) –, doch die Versorgung der chronisch zu wenig produzierenden Länder war außerordentlich schwer zu bewerkstelligen. Schon die Etrusker von Chisra (dem späteren Caere), später auch die Römer, mußten es sich von den Korsen liefern lassen (Titus Livius spricht von Abgaben in Höhe von erst 100000, dann 200000 Pfund Wachs) oder es importieren: aus dem Pontos, aus Kreta, Sizilien, dem Balkan, Zypern und zudem noch aus Spanien (Strabo) und aus Karthago (Plinius). Das Ausmaß dieses Handels läßt sich schwer abschätzen für diese Zeit, selbst für das Mittelalter, das doch gleich viel Olivenöl wie Wachs verbrauchte und in dessen sehr weitläufigen Wäldern es viele Bienen gab. Später, besonders im 14. und 15. Jahrhundert, schwoll infolge der allenthalben praktizierten Rodungen der Import noch an: Die Bienenwirtschaft konnte die erforderlichen Mengen nicht mehr liefern. Da die Pollen in den Zehntausenden von Wachssiegeln nicht analysiert sind, kann man leider weder den Ursprung des Wachses bestimmen noch die Methoden der »Melissopalynologie« anwenden, mit denen die Art der Blüten festgestellt werden kann, aus denen der Honig stammte. Es sind allerdings einige Handelsbücher erhalten geblieben. Häufig werden Importe aus dem kleinen maghrebinischen Königreich Bidschāja erwähnt (von daher das französische Wort *bougie* für Kerze). Die toskanischen und venetischen Händler des 14. und 15. Jahrhunderts, wie Francesco di Marco, Datini de Prato oder Giacomo Badoer, kauften in der Berberei, an der dalmatinischen Küste und in Spanien (dort vor allem auf Mallorca). Größter Lieferant des stark verstädterten Nordwesteuropa war Rußland mit seinen unendlichen Wäldern: Es konsumierte zwar seinen Honig selbst, »bezahlte« aber das aus dem Westen eingeführte Salz, Silber und Tuch weniger mit seinen Handelswaren Holz, Bitumen, Pech und Aschen als mit Fellen und Wachs.

Schon im 11. Jahrhundert brachten die gotländischen Händler-Bauern, die den skandinavischen Expansionsrouten in Rußland folgten, Wachs aus Norwegen, wo sie eine Niederlassung an der dem heiligen Olaf geweihte Kirche besaßen; sie verkauften es in Sachsen ebenso wie in England. 1237 gewährte ihnen Heinrich III. zahlreiche Privilegien im ganzen Reich und in den Häfen Yarmouth, Lynn, Boston und Hull, bald auch in London. Es gab in diesem Handel auch betrügerische Machenschaften, denn wir wissen, daß im Jahre 1309 die Hanseaten (durch Assoziation Nachfolger der Gotländer) beschuldigt wurden, den Preis dieser Ware verdoppelt zu haben, weshalb sie von der Krone vor eine Untersuchungskommission gebracht wurden. Im 14. und 15. Jahrhundert transportierten große hanseatische Geschäftsleute wie Wittenborg, Veckinchusen und Castorp riesige Mengen nach Brügge. Wachs war auch von 1390 bis 1405 die wichtigste Handelsware des Deutschritterordens in Flandern, lange vor dem Amber (dessen Monopol er innehatte) und den Pelzen. Ende des 15. Jahrhunderts und Anfang des 16. Jahrhunderts war England mit Abstand der wichtigste Abnehmer: 1528–1529 waren es 8455 Zentner, das ist ein Viertel der gesamten hanseatischen Importe. Zur selben Zeit zogen die Fugger über ihre Faktorei in Lübeck einen Teil der über Dorpat und Livland gekommenen Ware an sich. Die dänischen Sund-Bücher, in denen die Ladungen der die Meerengen passierenden Schiffe verzeichnet sind, beweisen die große Bedeutung des Wachshandels im ausgehenden 16. Jahrhundert. Und sowjetische Historiker haben nachgewiesen, daß das Wachs, welches lange Zeit ausschließlich über Nowgorod exportiert wurde, tatsächlich aus ganz Rußland kam und, im Gegensatz zu den Pelzen, zum Ausbau der Verbindungen von Nowgorod ins Landesinnere beigetragen hat, wodurch die russischen Händler weniger abhängig von den Hanseaten wurden.

Honig im Munde

Auch wenn jahrtausendelang das Wachs materiell das teuerste und gefragteste Erzeugnis des Bienenstocks war, so denken wir bei der Biene zuallererst an den Honig. Die Geschichte und Ethnologie »vom Honig zur Asche« oder die Darstellung sämtlicher »Honigzivilisationen«, von den Guyaki-Indianern bis ins mittelalterliche Rußland, würde Bände füllen und wäre dennoch hoffnungslos unvollständig. Beschränken wir uns auf einige verstreute Einzelheiten in der langen Zeitspanne von der Antike bis zum 20. Jahrhundert, an deren Anfang und Ende der Honig den Vorrang gegenüber dem Wachs zu haben scheint.

Der große Honighandel fand vor allem zu diesen Zeiten statt. In Rom und wie in Antiochia kaufte man Honig vom Hymettos, aus Sizilien (Hybla), Kreta, den Kykladen, von Kos, von Zypern, aus dem spanischen Turdetanien und aus dem Pontos. Im Mittelalter hingegen importierte nur noch Rußland Honig. Wollte man ihn dort in die arabischen Reiche weiterverkaufen? Begehrte man statt des eigenen herben Fichtenhonigs den Blütenhonig und das Beste vom Scheibenhonig? Oder verbrauchte man ganz einfach mehr, als man selbst produzierte?

Jedenfalls gelangten über die Ostsee Jahr für Jahr Hunderte von Fässern mit reinem Honig aus Pommern, Brandenburg, Mecklemburg und Niedersachsen nach Nowgorod, und Braunschweig war ein regelrechtes Zentrum des Honighandels. In Westeuropa deckten sich Produktion und Nachfrage weitgehend bis ins 18. Jahrhundert, wo ein Nachfrageeinbruch beobachtet wurde. Der in neuester Zeit wieder auflebende Verbrauch führt im nichtkommunistischen Europa zu Importen einerseits von Luxushonig (aus Kanada, Kalifornien u.a.), andererseits von Armeleutehonig (Argentinien) ...

Der Honig, den die Bienen scheinbar in den Blüten ernten, stammt in Wirklichkeit aus deren Nektar (70 bis 80 Prozent Wasser, Mineralsalze, verschiedene Zuckerarten, die von der Biene durch diverse Diastasen und Enzyme in Fruchtzucker und in Traubenzucker zerlegt werden). Übrigens können die Bienen, da sie keinen Stech-Saugrüssel haben, von Bäumen mit dicker Rinde nicht direkt ernten; sie verwerten deshalb die süßen Exkremente von Läusen, die sie auf Eichen, Linden, Fichten oder Lärchen aufnehmen; dieser »Honigtau« ist die zweite Honigquelle. Im Bienenstock reift der Honig durch häufiges Behandeln mit den Mundwerkzeugen der Bienen, auch durch Belüftung, die den Wassergehalt auf 20 oder gar 17 Prozent absinken läßt. Er wird dann in den Honigzellen gespeichert, die mit einer feinen Schicht Wachs gedeckelt werden. Neben dem Zucker enthält der Honig über siebzig Inhaltsstoffe: Von den Pflanzen oder den Bienen sekretierte Enzyme, zahlreiche Aminosäuren, Glykolsäuren, die Vitamine B, B2, B6 und C, Antibiotika wie Inhibin, Antikryptogamika u.a. Er ist sauer (pH-Wert 4), das Kilo enthält 3150 bis 3350 Kalorien. Geschmack, Farbe, Aroma, Viskosität und seine zahlreichen anderen Eigenschaften hängen stark von den beflogenen Pflanzen ab: Klee, Thymian, Rosmarin, Lavendel, Erika, Linde, Kastanie, Akazie, Fichte ... Es gibt sogar giftigen Honig; Xenophons Soldaten auf Kolchos und die Truppen des Pompeius fielen ihm zum Opfer; die Bienen hatten vielleicht Azaleen, Stechapfel, Lorbeer oder Eisenhut beflogen. Der Rhododendronhonig enthält ein starkes Gift, das Andromedin; in Japan ist der Honig einer Art Heidekraut *(hotsutsaia)* gefürchtet.

Zum Glück sind dies seltene Ausnahmen, und was viel mehr zählt, sind die vielen Verwendungszwecke und Funktionen, die der Honig in der Geschichte innehaben konnte: Nahrungsmittel, Gewürz, Süßstoff, Heilmittel. Außerdem hat er die Vorstellungswelt stark angeregt. Der Honigwein, das *melikraton* und der Met sind gegorene Getränke auf Honigbasis. Schon die indoeuropäischen Völker scheinen sie gekannt zu haben, zumindest findet man sie bei ihren skandinavischen, germanischen, slawischen oder gallischen Nachkommen, wo es neben dem manchmal honiggesüßten Kräuterbier getrunken wurde. Die häufig sehr herben Weine der Antike wurden auf dieselbe Art gesüßt, und schon im abendländischen Mittelalter war fester Bestandteil des Speisezettels der Gewürzwein, dem heutigen Glühwein ähnlich, mit Honig gekocht und mit Zimt gewürzt. 1563 gibt Pictorius als Rezept für den Gewürzwein zwei Drittel Wein und ein Drittel Honig an; sein Honigweinrezept – ein Teil Honig auf acht Teile Wasser – soll aufbauend und gut gegen Asthma sein: »Innen Met und außen Öl erhält gesund und stets fidel.« Er spricht auch von einem Honigwasser, das schon seit langem destilliert wurde. Die Honiggetränke (und der Honigessig) wichen nach und nach dem Wein und dem Zucker, in Westeuropa schon im 19. Jahrhundert, in Osteuropa Anfang des 20. Jahrhunderts. Heute gibt es zaghafte Neuansätze.

Honig versüßt gar vieles

Als Nahrungsmittel kann der Honig roh gegessen werden, in vielen Zivilisationen wurde er in kleinen Mengen auch allein zu sich genommen. In Georgien hatten im 11. und 12. Jahrhundert die Soldaten immer ein kleines Säckchen Honigpaste *(koumeli)* bei sich, als Nahrung und als Stärkung vor dem Gefecht. Doch der

Honig ist vor allem für seine Süße bekannt. Wie viele Liebende haben nicht, lange vor dem »Honigmond«, von den Lippen ihrer Angebeteten »honigsüße« Küsse genossen?

Als Süßstoff par excellence hatte der Honig eine lange Karriere hinter sich, bevor er vom Rohrzucker (und der Plantagenwirtschaft auf den Antillen), vor allem aber vom billigen, inländischen Zucker aus dem im 19. Jahrhundert aufkommenden Zuckerrübenanbau beträchtlich zurückgedrängt wurde. Allerdings ist anzumerken, daß Süßes und Gesüßtes nicht unbedingt unverzichtbarer Bestandteil der Geschmacksvorstellungen früherer Zeiten waren und daß vor der Französischen Revolution »gesalzen«, selbst »bitter« oder »sauer« mindestens ebenso geschätzt war wie »süß«. Der Honig diente also in Westeuropa ebenso als Gewürz, in allen Soßen zu Fleisch-, Fisch- und Gemüsegerichten, wo ein zu saurer oder bitterer Geschmack gemildert werden sollte. Er hält übrigens Butter und Fleisch über ein Jahr lang frisch und macht beides nach dem Urteil der Singhalesen auch wesentlich schmackhafter. Zu Beginn unserer Zeitrechnung stellt Apicius gesalzenes Fleisch und mit Honig konserviertes Frischfleisch in einem Vergleich gegenüber. Ausschließlich die Konservierungseigenschaft betrachtend, wollen wir auch daran erinnern, daß Alexanders Leichnam in Honig eingelegt wurde, damit er nicht in Verwesung überging.

Jedenfalls wurde dieser Honig, wenn auch bisweilen in geringen Mengen, überall im gesamten Europa verzehrt, auf dem Land wie in der Stadt und in den Schlössern, denn er war ebenso einfach zu beschaffen wie anzuwenden. In einigen Ländern Europas zählte er zum begehrtesten Leckerbissen, vor allem in Rußland, wo vielsagende Sprichwörter behaupten: »Mit Honig ißt du einen alten Schuh«, oder »verschluckst du sogar einen Meißel.« Seine Verwendung beim Kochen und beim Backen, bei der *Kutja* ebenso wie bei der in vielen einheimischen oder von anderswoher stammenden Formen existierenden, köstlichen *Baklava* zeigt die ganze Raffinesse der russischen Würzkunst.

Honigkuchen, vor allem in der Art von Lebkuchen, wurden schon im alten Ägypten gebacken. Die klassische Antike kannte neben dem Schinken in Honigkruste auch die Verbindung von Käse, Mehl, Ei und Honig, und das griechische *melitounta* war ein Brot aus Sesammehl, das mit reinem Honig bestrichen wurde. Selbst Cerberus, den furchterregenden Wächter der Unterwelt, konnte man sich geneigt machen, indem man ihm einen kleinen Honigkuchen anbot. In der heutigen Zeit hat der Lebkuchen oder Pfefferkuchen – als »Honigkuchen« muß er mindestens 50 Prozent Honig enthalten – allem anderen mit Honig hergestellten Gebäck oder Konfekt den Rang abgelaufen. Seit dem ausgehenden Mittelalter gibt es ihn in mannigfachen traditionellen Rezepten, vom Nürnberger Lebkuchen und den »Basler Läckerli« bis zum französischen *Pain d'épices*; in seinen Formen, Geschmacksnoten, Farben, Zuckerguß-Überzügen – darunter sogar Farbdrucke – offenbart er ein reiches Brauchtum.

Der Honig als geheimnisvolle, göttliche Substanz, die berauscht, süßt, nährt, hat noch eine andere bemerkenswerte Eigenschaft: er heilt. Seine Anwendung als Heilmittel oder Kur bei allen möglichen Erkrankungen ist allgemein verbreitet,

Imker in Schutzkleidung versuchen ausgeschwärmte Völker wieder einzufangen. Ein Volk hat sich gleich auf dem Baum neben dem Bienenstand niedergelassen und kann in einen konischen Bienenstock gefegt werden, ein anderes fliegt zum großen Kummer der Bäuerin davon, obwohl der Mann und das Kind auf Metallgefäße schlagen, um die Bienen durch diesen »Gewitterlärm« zum sofortigen Aufsetzen zu veranlassen (Stich von Jean Stradan, Ende 16./Anfang 17. Jahrhundert, Paris, Bibliothèque des Arts décoratifs).

und meistens muß man anerkennen, daß er hilft. Rosenhonig, ein Gemisch aus weißem Honig und roten Rosenblättern, das man in kochendem Wasser ansetzt und zwölf Stunden lang ziehen läßt, nimmt man zum Gurgeln. Mit Honigsirup, in dem Honig und Blüten zusammenwirkten, half man sich früher bei Bronchial- und Halsleiden; ein Gebräu aus Honigessig, Knoblauch, Herbstzeitlose, Narzisse und Alkohol war früher berühmt als Mittel vor allem gegen Keuchhusten. Doch auch pur oder in Milch genossen, wirkt Honig Wunder: Es gibt nichts Besseres gegen das Altern. Diese von den alten Chinesen und Indern ebenso wie von Pythagoras und Ovid bestätigte Eigenschaft wird heute werbewirksam herausgestrichen, um den Verbrauch anzukurbeln. Denken wir aber daran, daß seit neuestem das Gelée Royale von ihm abgetrennt wird; früher waren im Honig alle Inhaltsstoffe enthalten. Die Babylonier, die Assyrer (vor allem zur Zeit Assurbanipals, im 7. Jahrhundert v. Chr.) und, wie ein Papyrus aus der Zeit um 1500 v. Chr. beweist, insbesondere die Ägypter heben hervor, daß der Honig auch Wunden, Verdauungs-, Nieren- und Augenkrankheiten heilt; er wurde als Packung auf Geschwüre aufgelegt und bei Magenkrebs oral und als Klistier verabreicht. Hippokrates, Aristoteles und in ihrem Gefolge Galen, Plinius und Dioskurides erwähnen seine Heilkraft bei Fisteln, infizierten Wunden und Bauchschmerzen.

Die islamische Tradition ist nicht minder reich, angefangen mit Mohammeds Skarifikationen und Kauterisationen mit Honig bis hin zu Avicennas Philosophen-Latwerge: »Bei übermäßigem Nasenschleim stärkt er die Seele, kräftigt, fördert die Verdauung, erleichtert das Aufstoßen, gibt Appetit.« Man sagt ihm auch nach, er würde das Gedächtnis schärfen, den Geist verfeinern und die Sprache lösen. Der germanisch-slawische Kulturkreis, der sowohl die Lebensgewohnheiten der großen Waldgebiete als auch den griechisch-römischen Wissensschatz erbte, hat uns verschiedene Abhandlungen hinterlassen, die im 16. Jahrhundert besonders zahlreich und gelehrt sind: Die Schrift von Meister Colerus (1592), zum Teil auf Pictorius (1563), Villingen und vor allem auf den Schlesier Nikol Jacob (1586) aufbauend, bezeichnet den Honig als wirksam bei »Abzessen, einzugipsenden Verletzungen, Hühneraugen, Hautkrankheiten, Ohrensausen, Husten, Entzündungen aller Art (vor allem in Hals und Augen), Schwindelgefühlen, Bronchopneumonie, Schlangenbissen, Pilz- und Fischvergiftungen, sogar gegen Läuse und Katzenjammer«. Die dem Honig beim Backwerk so zugetanen Russen verwenden ihn mit ebensolchem Gespür in der Heilkunde. Schon die Bylinen, altrussische Heldenepen aus dem 10. und 11. Jahrhundert, berichten vom Paladin Ilja Muromez, er sei mit dreiunddreißig Jahren gelähmt gewesen und von einem Honiggetränk geheilt worden. Diese Heilkräfte gerieten übrigens nie in Vergessenheit: Heute noch werden Honigkuren zur Hebung des Allgemeinzustands verschrieben (zwei Monate mit Dosen von maximal 200 Gramm täglich).

Wissenschaftlich ist heute nicht nur seine äußerliche Wirkung auf Augen, Haut und Geschwüre erhärtet, sondern auch seine seit Hippokrates bekannte Wirksamkeit bei Husten, bestimmten Verdauungsstörungen, Blutarmut, inneren Geschwüren, sogar rheumatischen Erkrankungen. Mit Süß- oder Salzwasser verdünnt, wird er auch heute noch bei Darmträgheit empfohlen (Einnahme zwei Stunden vor dem Frühstück oder drei Stunden nach dem Abendessen); ferner zum Inhalieren, da er die Atemwege günstig beeinflußt; in Kräutertee mit Zitrone genossen, hilft er bei Erkältungen; mit Gelée Royale und Pollen vermischt, wirkt er auf Herz und Leber; schließlich hat er eine wohltuende Wirkung auf das Nervensystem und die Nieren (er enthält kein Salz und wenig Protein). Mit einem Wort: ein richtiges Allheilmittel.

In unserem ausgehenden 20. Jahrhundert entdecken wir den Honig wieder. In den Vereinigten Staaten ist er schon in Klebstoffen, Golfbällen, Handschuhen, Seifen, Zahnpasten und Zigaretten enthalten! Von den Produzenten und vor allem vom Zwischenhandel geschickt in die Wege geleitet, bemächtigt sich der Mythos Honig mehr und mehr der Konsumgesellschaft. Als die göttliche Nahrung, als *divum epulis* der Gott-Menschen der Antike, der Jünger des Johannes und des Jesus von Nazareth, erscheint der Honig (und damit auch der Pollen, das Bienenharz, das Gelée Royale und das Wachs) als Gegensatz schlechthin zum Künstlichen, Chemischen, Verseuchten, selbst Sexuellen. Bedrängt von den immer raffinierteren Erzeugnissen seiner eigenen Industrieproduktion und manchmal auch aus dunklem Entsetzen über den Verlust von Sinnprinzipien, bewahrt sich der moderne Mensch ein wenig Nostalgie für das »Saubere« und Natürliche in der Gestalt des jungfräulich-reinen Insekts und des Blumendufts.

III

Die wildlebenden Wirbeltiere

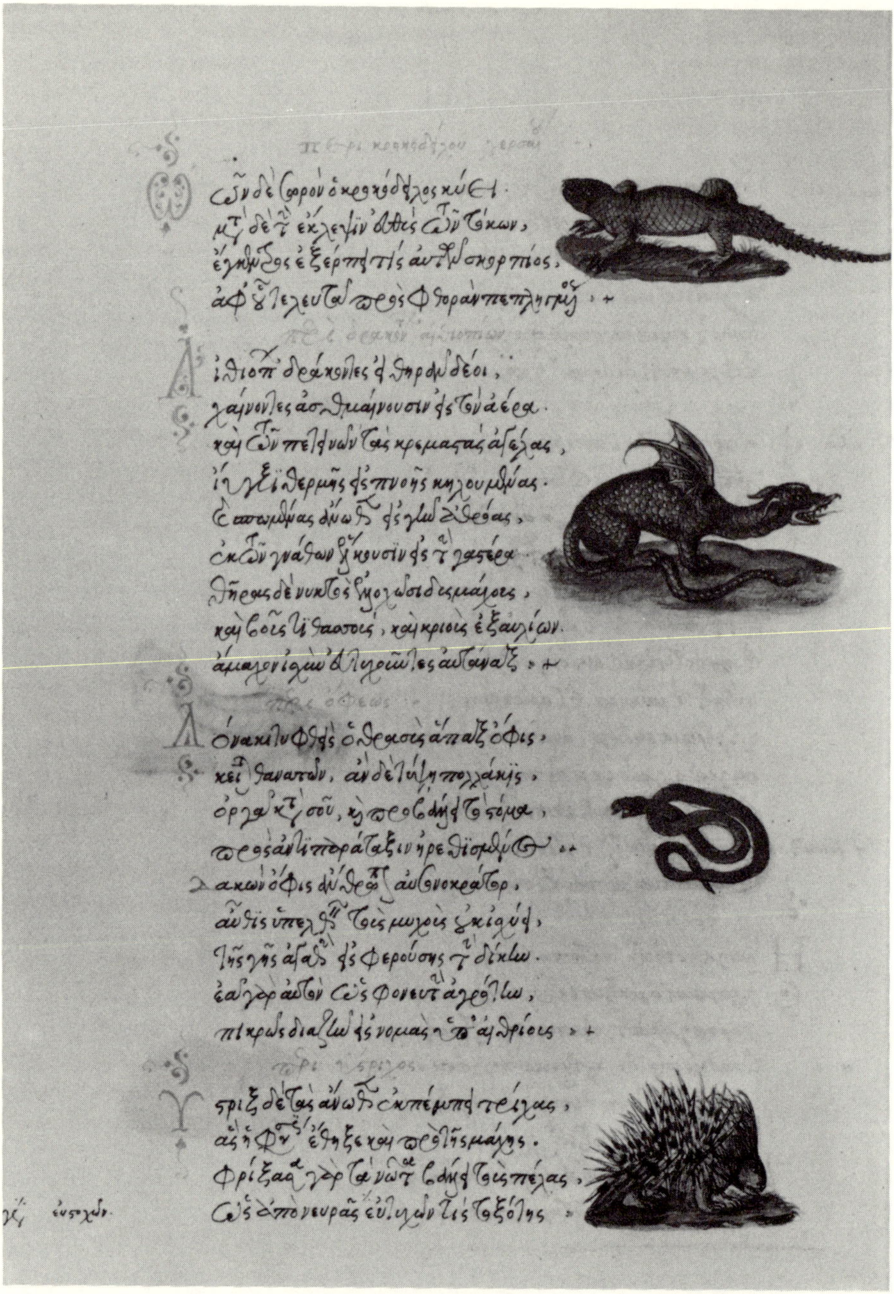

Oppianus, *De venatione*, 1554 (Paris, Nationalbibliothek).

Vom Neunauge zum Gorilla

Die Geschichte der Wirbeltiere unterscheidet sich von der Geschichte aller anderen Stämme insofern, als wir uns bei ihr an Zeugen halten können, die kaum oder gar nicht verrotten: Knochen, Zähne, eventuell Haare und Häute.

Diese Tiere, von meist deutlich wahrnehmbarer, bisweilen auch beachtlicher Größe wurden vom Menschen auch eher registriert: Oft lieferten sie schmackhaftes Fleisch, oder andere Teile ihres Körpers waren zu einem mehr oder weniger augenblicklichen Verzehr oder sonstigen Gebrauch geeignet, so daß sie gefischt oder gejagt wurden, seit der Mensch in Gruppen lebt. Umgekehrt war der Mensch zu Land (oder, wenn er sich dorthin wagte, zu Wasser) das Opfer artspezifisch angreifender großer Raubtiere, gegen die er Leben und Gut verteidigen mußte, indem er selbst angriff, sich verteidigte oder sich der Hilfe (oder planmäßigen Nutzung) erst von gezähmten, dann von domestizierten Tieren bediente.

Die Welt der Wirbeltiere war dem Menschen von Anfang an auch am besten bekannt. Die zoologische Einteilung in Klassen, die sich zwar auf Kriterien mit wissenschaftlichem Anspruch stützt, tatsächlich aber die Entwicklung der Nerven- und Kreislaufsysteme (und die Kompliziertheit der großen, vom Menschen »gekrönten« Organismen) privilegiert, spiegelt ein immer ausgeprägteres Interesse des Menschen für die Wirbeltiere, von den Neunaugen bis zu den Gorillas, wider.

Wenngleich die domestizierten Wirbeltiere für den Menschen von grundlegender Bedeutung sind, so ist doch die überwältigende Mehrheit dieses Stamms nach wie vor wildlebend. Aus ihr eine kleine Zahl für charakteristische Monographien auszuwählen, unter all den vielen, die zu schreiben wären, war also nicht leicht. Die unbedachte Wiederbesetzung der großen amerikanischen Seen mit Neunaugen hat in neuerer Zeit die Aufmerksamkeit wieder auf diese fischähnlichen Rundmäuler gelenkt, und die Wanderungen der Aale, Alsen und Lachse bleibt für die Geophysiker ebenso ein Rätsel wie für die Biogeographen und die Zoologen. Und was wäre nicht alles über die menschenfressende, von den römischen Kaisern als Leckerbissen geschätzte Muräne zu sagen? Oder über den Hausen, den großen Stör mit dem kostbaren Kaviar, über die hundertjährigen Karpfen in den Teichen der Schloßparks von Versailles und Fontainebleau, über ihre Verbreitung durch Mönche des Mittelalters, über ihre köstliche Zubereitung durch chinesische und jüdische Köche; über den Hecht, diesen gefräßigen Dieb des himmlischen Feuers; über die Forelle, blau oder gebacken, und in Musik gesetzt durch Schubert; über den Gründling, mit dem sich der Rentner die Zeit vertreibt und der die Soziologie ebenso beschäftigt wie die Geschichte?

Die Symbolik, das Imaginäre und die Geschichte der Mentalitäten lenken unsere Aufmerksamkeit zunächst und von neuem auf das nahe dem Grund schwimmende Neunauge, das für die Benediktiner Sinnbild des Menschen mit unreinen Gedanken war, doch auch auf den Rochen mit seinen Unterwasserflügeln und seinen giftigen Stacheln; auf den Lachs und seine ungewöhnlich lange Lebensdauer, das Symbol der geistigen Nahrung und der Prophetengabe; auf den Hai, welcher, bevor er zum gefürchteten Tiger der Meere wurde, der sich im Blut von arm- und beinlos gegen den Tod kämpfenden Schiffbrüchigen suhlt, in der Antike (die ihn schlecht kannte) als treuer Gatte und vor allem als guter Vater gegolten hatte; schließlich auf die meeresbewohnenden Säuger, den Menschen verschluckenden (aber nicht zerfleischenden) Wal mit seinem Rücken, so breit wie eine Insel, und den Delphin, den Freund des Menschen und heiligen Fisch – von Amphion und Apollon von Delphi an bis zum gekreuzigten Christus –, den Entführer der Seelen, der die Kirche auf dem Rücken trägt oder sie zum ewigen Leben fortzieht ...

Andere Fische prägten die menschlichen Zivilisationen noch tiefer, obwohl ihre Geschichte bis in die Mitte des 20. Jahrhunderts vom Menschen unabhängig war. So der Thunfisch, der noch vor Sardelle, Makrele, Meeräsche und Sardine derjenige Fisch war, der in Europa und an der afrikanischen Atlantikküste am frühesten und am meisten verzehrt wurde. Doch obwohl er der erste war, ist er von geringerer Bedeutung als der erst spät in den Neufundlandbänken entdeckte Kabeljau und insbesondere der Hering, der fast ein Jahrtausend lang die hauptsächliche und zwiespältige Fastenfleischnahrung des christlichen Abendlandes war.

Amphibien und Reptilien lassen uns an die kulinarisch (seit wann?) geschätzten Froschschenkel denken, an Schildkrötenfleisch und Schildkrötenpanzer, aber auch an das Krötengift, an die reiche Symbolik um Salamander, Molch, Blindschleiche und Schlange. Doch auch an die so faszinierende, sich über viele Millionen Jahre erstreckende Geschichte des Krokodils, dem wir schon in den ersten Zivilisationen des alten Ägypten begegnen.

Erst bei den Vögeln beginnt eigentlich die Zweiteilung in eine Welt der Wildtiere und eine Welt der Haustiere, noch begrenzt, mit Huhn, Hahn, Truthahn und Pfau, spezieller bei Gans, Ente, Taube, Schwan, und noch seltener bei Wellensittich, Papagei, Kanarienvogel usw. Nach und nach gezähmt und domestiziert, sind sie heute vollkommen verschieden von den Wildformen, die sie hervorgebracht haben und die größtenteils immer noch existieren. Wir können dann an die Symbolik, an die Soziologie, an die Geschichte denken. Andere Vögel – Raben, Elstern, Meisen, Feldlerchen, Reiher, Möwen, Albatrosse, Pelikane, Pinguine und Kiwis – haben sich mehr oder weniger, auf Dauer oder nur zeitweilig, dem Leben der Menschen angeschlossen, doch führen sie auch heute noch ihr Wildleben, welches der Mensch hauptsächlich als Umweltfaktor beeinflußt hat, indem er zum Beispiel den »Glücksbringern« Storch und Schwalbe half, seit Anfang des 20. Jahrhunderts die vordem verfolgten Eulen schützte, in Japan Kormorane zum Fischfang abrichtete oder Strauße züchtete, um mit ihren prächtigen Federn einen schwungvollen Handel zu treiben. Von diesen Vögeln

Friedrich II. von Hohenstaufen, *De arte venandi cum avibus,* Ende 13. Jahrhundert (Paris, Nationalbibliothek).

Le livre de la propriété des choses (Das Buch von der Eigenschaft der Dinge) behandelt hier »alle Arten von Vögeln«, die »zur Zierde des Himmels gehören«. Im Hühnerhof gibt es auch Pfauen, die man als Augenweide ebenso schätzte wie als Gaumenfreude. Die Schlangen vertilgenden Störche haben sich auf dem warmen Kamin niedergelassen; das Wasser ist dicht bevölkert von verschiedenen Arten, die Reiher am Ufer werden von Falken belauert. Der Adler thront zuoberst auf dem Felsen (Paris, Nationalbibliothek).

haben wenige eine so autonome und so tragisch endende Geschichte wie der Adler, der König der Lüfte, oder der Bartgeier und der Kondor, die größten aller Vögel. Denken wir auch an den erstaunlichen Werdegang des wilden und widerspenstigen Falken, den die Zivilisationen der Wüste und der offenen Landschaft dressiert und gezähmt haben (mit welcher Geduld und zu welchem Zweck!).

Mit den Säugetieren hatte der Mensch natürlich den engsten Kontakt, auch die meisten Affinitäten. Unter denen, die wildlebend geblieben sind, eine Auswahl zu treffen, fällt schwer: Känguruh, Manguste, Delphin oder Vampir, Hyäne, Wal, Hermelin, Igel oder Giraffe? Mit Walroß, Gürteltier, Maulwurf, Schnabeltier, Seehund, Eichhörnchen und Fledermaus verbinden sich ebenso viele Assoziationen wie mit Hirsch, Reh, Hase, Eber, Bär, Fuchs oder Löwe oder auch mit der Ernten vernichtenden, Schmutz und Pest verbreitenden Ratte.

Dennoch war es keine willkürliche Wahl, wenn wir uns angesichts all dieser Tiere, deren Geschichte (relativ) leicht zu schreiben ist, zunächst für den Wolf entschieden haben: Wir hatten den erstaunlichen Parallelismus im Auge, der zwischen ihm und dem Menschen besteht, von dem er, mehr als Adler und Schlange, unabhängig und doch nicht zu trennen ist. Der Elefant schließlich, der, ähnlich dem Falken und mehr noch als der Delphin, die Geschichte eines Wildtiers demonstrieren soll, das an zwei Naturen teilhat, das sich zähmen, sogar domestizieren läßt, dessen Nutzung sich aber nicht auf die Arbeitskraft beschränkt und das deshalb am Aussterben ist.

Der Hering, der Wolf, der Elefant – ein Fisch und zwei Säugetiere. Kein Vogel, kein Reptil, keine Amphibie. Welches auch immer die Gründe für diese Auswahl waren und selbst wenn sie objektiv und reichhaltig erscheinen mögen, es ist schwer zu leugnen, daß die Entscheidung für diese Tiere symptomatisch ist und vom anthropozentrischen Bezug nicht loskommt.

Der Hering

Eine der ersten Tätigkeiten des Fleischessers Mensch war es, Fische zu fangen und sie als Nahrung zu verwenden. Beweise dafür gibt es in Fülle, schon ab der Altsteinzeit. Es ist deshalb nur natürlich, wenn der Fisch in den menschlichen Zivilisationen bereits sehr früh ganz spezifische Bedeutungen hatte. War aber das landbewohnende, vierfüßige Tier, selbst als Wildtier, immer noch vertraut, so blieb der Fisch in seinem so vollkommen fremdartigen Lebensraum immer etwas, das eigenartig faszinierte. Zweifellos deshalb wurde selbst die mythische Vogel-Sirene mit der Zeit entthront von der noch fremdartigeren Fisch-Frau.

Fisch ist (einschließlich Fischotter, Biber, Seehund und Muschel) alles, was im Wasser lebt, in diesem Urelement, dem wir entstammen und ohne das wir nicht leben können. Diese Ansicht hat sich kaum gewandelt, seit den Babyloniern, seit Thales, Anaximander, Manu, seit der biblischen Schöpfungsgeschichte und Jonas' Wiedergeburt aus dem Bauch des Walfischs und bis zu den modernsten Biologen oder Astrophysikern. Der Mythos des Oannes, der, halb Fisch, halb Mensch, alles Wissen lehrt, wurde uns von Berossos überliefert, und das Sternzeichen des Wassermanns bedeutet für den Astrologen Geduld, Schweigen und Geheimnis oder, nach einer neueren Interpretation, das kollektive Unbewußte und die ihm entspringenden Intuitionen. C. G. Jung unter anderen hat versucht, die Symbolik des Fischerkönigs in der Gralssage zu durchdringen.

Heiliger Fisch

Im christlichen Universum hatte der Fisch eine ganz besondere Bedeutung. Das griechische Wort *ichthys* enthält – Augustinus wies darauf hin und Franz Dölger widmete dem Thema eine Untersuchung – der Reihe nach die Anfangsbuchstaben von *Iesus Christos Theou Yios Soter,* das heißt Jesus Christus, Gottes Sohn, Erlöser. Der Fisch war deshalb das Emblem und das Erkennungszeichen der ersten christlichen Gemeinden. Tertullian sieht Christus als großen, dem Wasser entsteigenden Fisch, der von kleinen Fischen, seinen Jüngern, umgeben ist, und Herrad von Landsperg stellt ihn im 12. Jahrhundert als Fischer dar, der mit Rute, Angel und Kreuz den Chaosdrachen Leviathan überwindet. Vergessen wir auch nicht, daß die ersten Apostel, unter ihnen Simon Petrus, Fischer waren, denen Jesus zum wunderbaren Fischfang verhalf. Fisch ist die Speise schlechthin, die er, zusammen mit dem Brot, wunderbar vermehrt. Den Fischgenuß bei diesen »heiligen« Mählern, sogar beim Abendmahl, hat man nachträglich rechtfertigen zu müssen geglaubt: Dieses Tier reift in den reinen Tiefen des – auch im Sinne der Taufe – lebenspendenden Wassers heran; zweifellos zählte auch, daß sich seine

Fortpflanzung, bar jeden sündhaften Makels, auf geheimnisvolle und verborgene Weise vollzieht. Zu den Fastenzeiten, die zunächst nur gepredigt, dann mehr und mehr verpflichtend für die christliche Askese wurden, mochte sich übrigens, von wenigen besonders strengen Büßern abgesehen, niemand ganz diese Proteinzufuhr in der Nahrung versagen. Cäsarius von Arles verbietet den Fisch nicht, und Benedikt verbannt lediglich das Fleisch der Vierfüßler, für welches – eine zu lebendige Erinnerung an die heidnischen Opfer – Blut vergossen werden muß, dessen Genuß überdies als die Sinne aufreizend galt, im Übermaß gefährlich und dem Gaumen zu sehr schmeichelnd, um sich mit der Buße vereinbaren zu lassen.

Bemerkenswerterweise sind die Zeiten des erlaubten Fleischgenusses auch die, zu denen der Fisch wenig genießbar (Laichen, Eier) und vor allem durch die sommerlichen Temperaturen weniger haltbar ist. Von H. Zug-Tucci stammt eine neuere Studie über diese Korrelation zwischen den biologischen Gegebenheiten, der Ökologie und dem Sakralen, wie sie namentlich dem Hochmittelalter eigen war.

Natürlich konfrontierte das Fleischverbot jene meerfernen Gebiete mit harten Problemen, in denen es auch kaum Flüsse und Seen gab. Auch überstieg der Verbrauch in der Fastenzeit sicherlich die unmittelbar verfügbaren örtlichen Ressourcen. Deshalb spielte in zahlreichen Gegenden Westeuropas der Fisch eine recht untergeordnete Rolle, bevor der Heringshandel organisiert wurde. Dort, wo trotz Beschaffungsschwierigkeiten ein strenges Fastengebot galt, aber auch nicht unerhebliche Einkünfte vorhanden waren, in den Mönchsklöstern nämlich, fand man einen Ausweg, indem man Fischteiche anlegte, wie das *vivarium* Cassiodors und die zahlreichen, im allgemeinen mit Süßwasserfischen besetzten *piscatoriae* belegen, die in den Steuerprivilegien Ludwigs des Frommen so oft auftauchen. Wir haben Angaben lediglich über die Mengen, nicht aber über die Arten, weil es ja um Grundnahrung, nicht um Feinschmeckerei ging. Allerdings stoßen wir oft auf den Karpfen, dessen Setzlinge sich auf lehmigem Grund wohlfühlen und der unter Karl dem Großen langsam nach Germanien, Böhmen und in die slawische Welt vordrang. Es lassen sich auch jene in den Strömen gefangenen Meeresfische feststellen, die durch Trocknung haltbar gemacht werden können, so das Neunauge, der Lachs, der Stör und der Aal, der allerdings unbekannt ist in den Flüssen, deren Systeme oder Mündungen zu weit von der Sargassosee und den Stellen entfernt liegen, von denen aus die Glasaale ihre Wanderung antreten. Das Abendland kennt auch eine Reihe von anderen Fischen beim Namen: Das Epos *Ruodlieb* zählt um 1050 etwa vierzig Arten auf, und Hildegard von Bingen (1098–1179), eine der ersten Beobachterinnen der mittelalterlichen Fauna, führt sechsunddreißig Arten an (viele mit ihrem deutschen Namen, wenn sie dessen lateinische Übersetzung nicht kennt). Fast alle sind Süßwasserfische, nur vier sind Meeresbewohner: Seeteufel, Hering, Wal und Tümmler – der Fischfang auf dem Meer betrifft, wo es ihn überhaupt gibt, nur einen schmalen Küstenstreifen.

Unter diesen Bedingungen wird der Fischverzehr im Hochmittelalter zu einem »Symbol der Identifikation und des Zusammenhalts, aber auch der Unterschei-

Im europäischen Inland sorgen Flüsse und Fischteiche für die Versorgung mit frischem Fisch. Hier lobt man besonders die Fische, die zwischen Steinen und Felsen gefangen werden, sowie die kleinen, die, mit Wein und Rosinen zubereitet, zu Wein besonders köstlich schmecken (Paris, Nationalbibliothek).

dung und des Ausschlusses« (H. Zug-Tucci). In einem massiv agrarisch bestimmten, auf eine geringe Zahl von Ressourcen beschränkten Wirtschaftssystem heben sich die Menschen, die Fisch essen können, deutlich von denen ab, für die diese Nahrung nur schwer zugänglich ist. Und wo es reichlich Fisch gibt, können einige die guten, teuren, seltenen, schmackhaften Sorten essen, die anderen müssen sich mit dem Rest begnügen.

Grausames Meer

Das Meer ist zweifellos jenes gigantische Reservoir, dessen Größenordnungen Sidrach mit den Worten umschreibt: »Auf einen Menschen kommen mehr als tausend Vierfüßler, mehr als zehntausend Vögel und mehr als hunderttausend Fische.« Doch dieses so bevölkerte Meer ist gefürchtet und sehr schlecht erforscht: Zwar kann Isidor von Sevilla, der von Hrabanus Maurus in *De universo* in etwa kopiert wird, in Anlehnung an die Autoren der Antike etwa vierzig verschiedene Arten aufzählen, doch der Ozean, sein Bodenrelief, seine Flora und seine Fauna (die ja nicht mit in der Arche Noah war!) werden als Spiegelbild der Erde betrachtet, und die wasserbewohnenden Arten erhalten ihren Namen meist nach ihrer angeblichen Entsprechung zu einem Vierfüßler: Seewolf, Seehase, Seepferd usw. Mangels eigener Beobachtung sind Sirenen und Seeschlangen schnell erfunden. Die Unkenntnis ist entschuldbar: Lange Zeit entfernen sich die Fischer kaum von der Küste, und die Möglichkeiten der Erforschung sind sehr beschränkt. Der heilige Brandan konnte sie nur dank einer wunderbaren Durchsichtigkeit des Wassers betreiben, und eine Glasglocke als »Tauchkugel«, einzig in ihrer Art, ermöglichte es Alexander dem Großen, Kämpfe zwischen Fischheeren zu beobachten, woraus er, wie behauptet wird, nützliche Lehren für seine eigenen Siege zog.

So erhielt das Meer Könige (Wale) und unzählige, von Befehlshabern geführte Armeen (Heringe), die Gesetzen gehorchten und sich Beistand leisteten. Das Ganze ist nicht ungefährlich für den Menschen: Der Schiffshalter hält jedes Schiff auf, der Schwertfisch durchbohrt es, der Sägefisch zersägt es, der Zitterrochen lähmt den Schwimmer und den Schiffbrüchigen, der auch von Hummern und Krebsen bedroht wird, individuell wie in Gruppen. Wale verschlucken den Menschen oder täuschen ihn grausam, wenn sie in Ruhestellung ihren Rücken wie eine rettende Insel darbieten. Zwar gibt es die hilfsbereiten Delphine, und wenn auf dem Schiff eine Messe gelesen wird, steigen die Fische herauf, um ihr beizuwohnen. Doch alles in allem ist diese glitschige, so milliardenfach bewohnte, Gefahren durch Gewitter und Getier bergende Welt abstoßend. Die mit dem Meer zusammenhängende Symbolik ist denn auch wenig komplex, recht pauschal und undifferenziert. In der Bibel gibt es kaum Bezüge, die Jonas-Episode ist eine Ausnahme; auch der *Physiologus* in allen seinen Versionen weiß wenig zu sagen: Neben Biber, Frosch, Salamander, Krokodil und Flußpferd sind da nur noch die Nilpolypen, der Wal und der Delphin (wovon keiner wirklich ein Fisch ist). Ihre symbolische Interpretation möge man am Beispiel des Delphins beurteilen, der beim Anblick eines Schiffes seine Flügel ausbreitet, mit ihm um die Wette schwimmt, nach einem kurzen Lauf seine Flügel wieder faltet und ins Wasser zurücksinkt, was bedeutet: »Das Meer ist das Zeitalter, die Schiffe sind die Apostel und Propheten, die das Zeitalter durchfahren haben; der Delphin beginnt ein gutes Werk, besitzt aber keine Ausdauer, weil er hinabgezogen wird von den Begierden, dem Stolz, dem ungerechten Gut, dem Haß, der Unzucht [...], und die Fluten lassen euch zur Hölle fahren«(!). Die Predigt, die sich in dieser selben Weise auf den Wal bezieht, ist ebenso elementar und auch nicht freundlicher.

Der Aprilfisch

Nirgends findet man dieses reiche Brauchtum, das sich um so viele Säugetiere flicht. Die wenigen Bezüge sind ungenau und tendieren im allgemeinen zum grobschlächtig Phantastischen.

Erst spät, im 16. Jahrhundert, erscheint in Frankreich der *poisson d'avril* (»Aprilfisch«), der als Aprilscherz im 17. Jahrhundert England und Deutschland, dann auch Polen und Rußland und schließlich, Mitte des 19. Jahrhunderts, Italien und Sizilien erobert. Der Phantasie sind keine Grenzen gesetzt, in jeder Gesellschaftsschicht darf jeder jeden in den April schicken: Buchhändler bieten unter ihren Sonderangeboten Phantasietitel an, Unteroffiziere lassen ihre Rekruten nach dem Schlüssel zum Schießplatz laufen, der Polier läßt sich eine neue Blase für die Wasserwaage bringen. Leichtgläubige, Lehrlinge und Erstsemester an der Universität waren schon immer die Hauptopfer dieser Späße, und die Tradition gewinnt neue Dimensionen, denn heutzutage lassen sich Journalisten und Fernsehmoderatoren an den Lesern und Zuschauern aus, denen sie die unwahrscheinlichsten Meldungen verkaufen.

Man kann sich fragen, wie es zu diesem seit fünf Jahrhunderten solide verankerten Brauch gekommen ist: Im April kehren die Fischer oft zurück, ohne einen Fang gemacht zu haben; naive Menschen, die sich foppen lassen, werden ganz ähnlich »in den April geschickt« usw. Bedenken wir auch, daß im 16. Jahrhundert der Jahresbeginn von Ostern auf den 1. Januar verlegt wurde: Vielleicht haben einige Menschen auch danach noch im April ihre in Frankreich, wo der Aprilscherz entstand, üblichen Neujahrsgeschenke erwartet. Und möglicherweise spielte auch die Libertinage hinein: Der galante Kuppler, in Frankreich früher *mercureau* genannt, später als Zuhälter *maquereau* (»Makrele«, er gebietet über die *morues*, die »Dorsche«), trug in der antiken Komödie ein Gewand, welches an den gefleckten Leib des Fisches erinnerte, dessen Fangzeit im April begonnen haben soll: Auf diese Weise mögen sich die angewiderten Mägen von der Tyrannei des Herings befreit haben, der während der langen Fastenwochen (weil er haltbar war) ausschließlich auf den Tisch kam.

Man sieht, wie der Fisch in den Augen der Menschen zwischen dem Göttlichen und den irdischen Gelüsten hin und her schwankt. Der Hering aber war über viele Jahrhunderte der westlichen Zivilisation hinweg der Fisch par excellence, und wir wollen ihn zuerst als Fisch einordnen.

Ein sehr denkwürdiger Satz des großen Etienne de Lacépède (1756–1825) hilft uns dabei: »Der Hering ist eines der Erzeugnisse, dessen Verwendung über das Schicksal ganzer Reiche entscheidet. Die Kaffeebohne, das Teeblatt, die Gewürze der Trockenzone, die Seidenraupe haben weniger Einfluß auf den Reichtum der Nationen als der Hering des nördlichen Ozeans.« Daneben stehen Überlegungen

Voltaires: »Obwohl dieser Fischfang und die Kunst des Einsalzens durchaus nicht als sehr bedeutender Gegenstand der Weltgeschichte erscheinen mögen, liegt darin doch die Grundlage für die Größe Amsterdams insbesondere.« Tatsächlich ist das außerordentliche Schicksal dieses Hafens auf Heringsgräten gegründet. Und wenn die Niederlande (die Vereinigten Provinzen) im 17. Jahrhundert eine so bedeutende Stellung in Europa und in der Welt einnahmen, so lag dies namentlich daran, daß sie den Hering millionenfach fingen, trockneten, salzten, verpackten und in ganz Europa verkauften, wobei die hundert von der Religion gebotenen Fastentage ebenso bestimmend waren wie Geschmacksfragen oder der Proteinbedarf.

Doch abgesehen davon, daß die Niederländer längst nicht nur Fischhändler waren, würde eine von dieser Optik bestimmte Geschichte des Herings in unzulässiger Weise die Geschichte des Menschen in den Vordergrund stellen. Natürlich beinhaltet sie auch das Studium der Schiffe, der Netze, der Fangtechniken, und sie hat Rückwirkungen auf die Versorgung mit Salz und vor allem mit Holz, das für Trocknung, Räucherung und insbesondere für den Bau der Fässer benötigt wurde. Es wären auch die Ernährungsgewohnheiten, die Kochrezepte und die regionalen Ausprägungen zu betrachten ... Es erscheint also am folgerichtigsten, wenn wir von der Zoologie und vom Fisch selbst ausgehen. Und hier überrascht, daß der Mensch zwar teilweise vom Hering abhängig war, daß menschliches Handeln jedoch bis vor wenigen Jahren keinerlei Einfluß auf ihn hatte.

Wir können also zunächst einmal davon ausgehen, daß bis in die Mitte des 20. Jahrhunderts die Geschichte des Herings, wie übrigens die Geschichte aller Meeresbewohner mit Ausnahme der Schalentiere, ausschließlich von seiner Genetik und seiner Ökologie bestimmt wurde.

Der Hering

Der Hering *(Clupea harengus)* gehört zur Unterklasse der Strahlenflosser in der Klasse der Knochenfische. Er ist also »ein wasserbewohnendes, durch Kiemen atmendes, wechselwarmes Wirbeltier mit zwei Paar zahlreiche Strahlen aufweisenden Extremitäten (Flossen), nicht hornartiger Epidermis, einem nur venöses Blut enthaltenden Herz« (P.-P. Grassé). Als Strahlenflosser besitzt er paarige Flossen mit sehr kurzer Achse, aber stark entwickelten Strahlen, deren zahlreiche, aus umgewandelten Schuppen stammende Glieder die Knochen- und Knorpelteile verlängern. Als Knochenfisch besitzt er insbesondere einen vollkommen verknöcherten Schädel und (arkozentrische) Wirbel, biegsame, zykloide Schuppen, die nur in der warmen Jahreszeit wachsen; es weist also jede Schuppe ebenso viele enge und durchscheinende Ringe auf, wie der Fisch Winter erlebt hat, so daß man recht gut das Alter eines gefangenen Fischs feststellen kann. Die Knochenfische sind zu Beginn des Erdmittelalters erschienen und haben ab dem Tertiär alle

Den Hering, um den sich hier alles dreht, sieht man kaum. Freilich geht es auch um den Fang (und die Netze), um das Räuchern, die Herstellung der Fässer und nicht zuletzt um das Salz und das Holz, das in großen Mengen benötigt wird (Diderot, *Encyclopédie,* Paris, Nationalbibliothek).

anderen Fischarten überflügelt; heute gehören 96 Prozent aller Fischarten dieser Klasse an.

Die Geschichte des Herings von seinen Ahnen bis in die prähistorische Zeit ist im großen und ganzen bekannt. Das Tier selbst scheint sich seit Millionen von Jahren kaum verändert zu haben. Sein Skelett stützte vor dieser Zeit wahrscheinlich dieselben Weichteile wie heute; seine Körpermaße sind so gut wie identisch, d.h. relativ gering, da das Lebendgewicht etwa 170 Gramm beträgt. Und was seine Ethologie betrifft, so beweist nichts, daß sie sich verändert hätte seit dem Auftreten des Menschen; verändert haben sich jedoch die Umweltbedingungen. A. Thomazi bemerkt richtig, daß »das Fangergebnis immer von Bedingungen abhängt, auf die der Fischer keinen Einfluß nehmen kann«. So fehlte zum Beispiel im Jahre 1394 »durch eine dieser scheinbaren Launen, die durch Schwankungen der Temperatur und des Salzgehalts erklärbar sind«, der Hering im östlichen Teil der Nordsee, gleichzeitig gab es ihn reichlich im Westen. Man könnte nicht besser zeigen, wie die Geschichte eines Tiers, das seit Jahrmillionen genetisch »programmiert« ist und auf das der Mensch so gut wie keinen Einfluß hat, praktisch nur von Umweltveränderungen bestimmt wird.

Wonach das »Programm« des Herings zu untersuchen wäre, das leider nicht mit der wünschenswerten Genauigkeit bekannt ist. Man weiß immerhin, daß er in den kontinentalen Gewässern mit niedriger Temperatur und schwachem Salzgehalt lebt, grob gesprochen im östlichen Atlantik bis auf die Höhe von La Rochelle, nördlich der Garonne-Mündung, außerdem in den norwegischen und irischen Gewässern, in der Nordsee, in der Ostsee und im Ärmelkanal; seine Grenze sind die »atlantischen« Gewässer, in die er nicht eindringt.

Er führt drei verschiedene Arten von Wanderungen aus: Die normalen Wanderungen während des langsamen Aufsteigens der warmen und salzigen Ströme in nördliche Breitengrade und beim Zurückfließen in tropische Regionen (von Mai bis Oktober). Die Laichwanderungen führen ihn zu den Laichablageplätzen; diese liegen in Küstennähe, zum Beispiel im Südwesten Norwegens, in geringer Tiefe, wo die nicht schwimmenden Eier an Steinen, Algen usw. haften können. Die Fruchtbarkeit der Weibchen ist enorm, jedes legt zwischen 40000 und 70000 Eier jährlich. Die Larven und die Jungtiere werden von den Strömungen fortgetragen, besonders nach Norden bis hinauf zu den Lofoten; sie bilden dabei riesige Schwärme mit vielen Milliarden von Individuen gleichen Alters und gleicher Herkunft, die zusammenbleiben und denselben Weg wieder zurückgehen: Sie brauchen mehrere Jahre, bis sie wieder am Ort ihrer Entstehung angelangen. In der Zwischenzeit haben sich neue Schwärme gebildet, die ebenfalls auf Wanderung gehen.

Zu diesen Bewegungen kann man die Bewegungen zur Nahrungsaufnahme hinzurechnen, die schon im 12. Jahrhundert von Hildegard von Bingen beobachtet wurden: »Der Hering hält sich in den Tiefen des Wassers ebenso auf wie an seiner Oberfläche.« Die Fische der Schwärme tauchen am Tag, ohne sich weit zu entfernen, auf den Meeresgrund zur Futtersuche und steigen nachts wieder auf. Diese vertikalen Bewegungen werden stark von der Art der Gezeiten beeinflußt, die in geringer Tiefe spürbar sind. Es folgt daraus, daß die besten Bedingungen für die Begegnung mit dem Menschen nachts gegeben sind, bei Nipptide, über einem Laichplatz oder aber auf dem Durchzugsweg eines Schwarms. Für den Fischer ist es grundlegend, daß er die verschiedenen Typen des Herings sowie Zeit und Ort kennt, wo sie sich sammeln. Lange Zeit wurde unterschieden zwischen dem Frühjahrs- oder Küstenhering (Laichablage April/Mai), der im gering salzhaltigen Wasser der Küsten Norwegens, der Ostsee und der Doggerbank lebt, und dem Herbst- oder Hochseehering, der auf hoher See und in der Nähe Islands und Irlands, in der Nordsee und im Skagerrak anzutreffen ist und dessen Laichzeit sich vom August bis in den Februar erstreckt.

In Abhängigkeit von diesen Gegebenheiten galt vor dem Zweiten Weltkrieg als normaler Fangkalender (nicht für die Ostsee, Neufundland und die Mündung des Sankt-Lorenz-Stroms):

Juni: Shetland- und Orkney-Inseln (»Johannis-Heringe«)
Juli: Östliches Schottland (»Jakobi-Heringe«)
September: Humber, Doggerbank (»Sankt-Bartholomäus-Heringe«)
Oktober: Yarmouth, Suffolk
November: Themse, Flandern, Boulogne
Dezember: Dieppe
Januar: Fécamp
(Oktober bis Januar:) »Heilig-Kreuz-Heringe

Hauptfaktoren der Geschichte des Herings sind kurzzeitige oder langfristige Fluktuationen in der Umwelt. Man hat deshalb sehr genau einen elfjährigen Zyklus untersucht, bei dem die Sonnenflecken, die Wirkung von Veränderungen in der Ostsee und des Wasseraustauschs zwischen ihr und der Nordsee usw. berücksichtigt wurden. Es wurden auch katastrophale Auswirkungen von starken Zuflüssen salzhaltigen Wassers aus tropischen Gebieten beobachtet; 1921 starben zum Beispiel Heringe in großen Massen, und die, welche sich an die Ostküste Englands retten konnten, waren ungewöhnlich mager. Man vermutet, daß das Massensterben von 1781 denselben Ursprung hatte. Was die langfristigen Bewegungen betrifft, hat man angenommen, daß eine leichte Abkühlung der Ostsee seit dem 16. Jahrhundert, parallel zu einer generellen Klimaverschlechterung, die Ursache für das massive Abwandern zahlreicher Heringsschwärme nach der norwegischen Südwestküste war, was die Fangbedingungen stark verändert haben kann: Die Dänen und Deutschen hätten es schwerer, die Holländer leichter gehabt.

Es wurde auch festgestellt, daß sich der Hering seit dem 18. Jahrhundert jedes Jahr ein wenig weiter südlich fischen läßt: 1788 zum Beispiel galt ein Fang vor der Halbinsel Rhuys (südlich der Bucht von Morbihan an der bretonischen Südküste) noch als sehr ungewöhnlich und selten; es ist die Zeit, wo so ziemlich überall Schwärme festgestellt wurden (1782 bis 1789). Vielleicht drangen die warmen Ströme nicht so weit nach Norden vor. Die Geschichte der Meeresströme und ihrer Entwicklung infolge klimatischer oder geographischer Ereignisse ist übrigens noch nicht geschrieben. Es besteht kein Zweifel, daß die Fischforschung im allgemeinen und die Heringsforschung im besonderen beträchtlich davon profitieren würden.

Der Vollständigkeit halber müßte auch von den Feinden des Herings gesprochen werden, vor allem vom Hai und vom Wal (ab dem 13. Jahrhundert im Golf von Biskaya), auch vom Kabeljau, der mit Vorliebe in sehr kaltem Wasser lebt (zwischen 2 °C und 4 °C, nie wärmer als 8 °C) und der möglicherweise in ebendiesem 13. Jahrhundert nach Neufundland zurückwich. Lange Zeit hatte die große oder geringe Zahl seiner meeresbewohnenden Feinde mehr Einfluß auf den Hering als direktes menschliches Einwirken. Dennoch muß natürlich die Geschichte des Herings auch das Interesse berücksichtigen, das der Mensch diesem Fisch entgegenbrachte.

Der Hering und der Mensch

Zwar fanden sich neben Kabeljau-, Aal- und Klieschenfragmenten auch Heringsgräten oder Heringsskelette in den dänischen Kjökkenmöddinger, aus der Ethologie des Herings wird aber verständlich, weshalb die Zivilisationen der klassischen Antike, die ihn vielleicht kannten, ihn nicht bestimmen und studieren konnten. Selbst wenn es eine flüchtige Erwähnung (aus dem 3. Jahrhundert) des *Aringus sale duratus* gibt, so bezeichnet der Begriff *halex, allec*, von dem Isidor spricht, doch den gesalzenen Fisch im allgemeinen, dessen Prototyp der Hering erst später wird. Was den Fischern und Naturkundlern des Nordens am stärksten auffiel, war sein Trieb zu gewaltigen Ansammlungen. Im 13. Jahrhundert war er für Albert den Großen das Beispiel schlechthin für die Vielheit »in den englischen, deutschen und slawischen Meeren«. Vor Alaska sollen die Schwärme so dicht gewesen sein, daß die Eingeborenen aus ihren Kähnen heraus nur mit spitzen Stangen ins Wasser zu stoßen brauchten, um sie in großer Zahl zu fangen.

In der Spätantike merkt Solinus an, die Bewohner der Hebriden lebten von Milch und Fisch (vielleicht war es Hering). Die slawischen Traditionen, die im ausgehenden Mittelalter auf der Insel Rügen noch sehr lebendig sind, kreisen um den Hering, in noch sehr heidnisch geprägten Riten wird dem Gott der Winde, dem Beschützer der Seefahrer und Fischer, geopfert. Auch sind die Fische, die in den skandinavischen Sagas, z.B. von Olav Tryggvason, besungen werden, mit Sicherheit teilweise Heringe.

Es ist also anzunehmen, daß der Mensch, seit er sich auf die nördlichen Meere wagen konnte, dem Hering begegnet ist. Doch sichere Hinweise besitzen wir erst ab dem 8. Jahrhundert: 709 mit dem Reglement des Klosters von Evesham, 735 mit der Schaffung der Fischplätze durch den heiligen Wandrill in der Mündung der Béthune (Normandie), 741 mit der Charta Ethelberts von Kent. Im darauffolgenden Jahrhundert werden sie bestätigt: 888 auf Helgoland, 966 im Bereich der Abtei von Barton, 960 und 978 in Skandinavien; 965 und 990 stoßen wir auf die Rente von 6000 Heringen, die Waleran, Graf von Meulan, der Abtei von Valaise gewährt.

Das Räuchern der Heringe. Zu acht, zehn oder zwölf Stück auf Stöcken aufgereiht, hängen die Fische einige Stunden oder Tage lang im dichten Rauch von schwelendem Sägemehl oder Spänen von Buchen oder Eichen; bei der mäßigen Räuchertemperatur (24 bis 28 Grad) kocht das Fischfleisch nicht, es wird dennoch haltbar (Diderot, *Encyclopédie*).

Ab der Jahrtausendwende sind die Hinweise jahrhundertelang sehr zahlreich, und sie betreffen alle Küsten, vom Ärmelkanal über die Nordsee bis zur Ostsee. Gesner bezeichnet den Hering als »außerordentlich häufig im Ozean rund um Frankreich, England, Deutschland und Dänemark«. In Frankreich scheinen sich die Gegenden, die von den Seefahrervölkern besetzt wurden – Sachsen im Boulonnais und Skandinavier in der Normandie –, als erste für diesen Fischfang interessiert zu haben, der wohl Gewohnheiten, Eßsitten und Techniken voraussetzte, die vor noch nicht langer Zeit importiert oder angeeignet wurden; dasselbe gilt für das angelsächsische England mit den Grafschaften des Danelaw und für Schottland in den Niederungen am Fuß der Highlands.

Neben Yarmouth in England, wo der Hering ab 1040 gefischt wird, gehen vor allem die Völker der nordfranzösischen Küste, des Boulonnais und der Normandie auf den Heringfang. Nach Dieppe am Ende des 10. Jahrhunderts folgen Fécamp (1088, der Name kommt vielleicht von *Fisk havn*, »Fischhafen«), Veules und Pont-Audemer (1156–1159), Etaples (1162), Le Tréport (1170), Veulettes und Yport (1215) u.a., auch Boulogne (1121) und Calais (1173) werden erwähnt. Jede dieser Jahreszahlen ist natürlich ein *terminus ante quem*, wodurch anzunehmen ist, daß ab dem 11. Jahrhundert die Heringfischerei an den Südküsten des Ärmelkanals aufgebaut war. Die Fangtätigkeit war intensiv, dauerte jedoch nur kurze Zeit, nämlich sechs bis acht Wochen höchstens, da es sich um den »Küstenhering« handelte, dessen Fangzeit im Prinzip am 1. Oktober in Dieppe begann, um am 6. Dezember in Boulogne zu enden.

Sicherlich gab es Ausnahmen, denn eine Anordnung Karls VI. bestimmt Michaeli (29. September) als Beginn der Fangzeit und Lichtmeß (2. Februar) als deren Ende; eine englische Urkunde von 1403 legt sie auf die Zeit vom 1. Oktober bis zum 1. Januar fest, und zwar »vom Hafen von Gravelines und der Insel Tanet [isle of Thanet] bis zum Fluß Seine und zum Hafen von Southampton«. Auf jeden Fall war die Fangsaison kurz, und die Bevölkerung mußte auch anderen Tätigkeiten nachgehen (Makrelenfang, Küstenschiffahrt, Weberei, Landwirtschaft usw.). Dennoch blieb der Hering von grundlegender Bedeutung, selbst auf nationaler Ebene. Am 8. April 1399 sagt Karl VI. von Dieppe, daß »in besagter Stadt eine sehr große Menge Heringswaren und Seefisch gemacht, gesalzen und zubereitet wird, was den größten Anteil an seinem Handel ausmacht und womit ein großer Teil unseres Reiches versorgt wird«. Im Jahre 1463 »waren und sind noch immer vornehmliches Werk und Handel der besagten Stadt (...) Herings- und andere Seefischwaren«. Die Zahlen bestätigen es, denn 1477 scheinen 174 Schiffe von Dieppe mindestens 4000 Tausend Heringe gefangen zu haben (davon 300 Tausend allein am 15. November), während Saint-Valéry-en-Caux 422 Tausend im Jahre 1420, 337 Tausend im Jahre 1427, 6500 Tausend im Jahre 1520 gefischt hat, wobei jedes »Tausend« 1020 oder 1240 Heringe zählte.

1517 und 1532 sollen in Le Havre 30 000 Faß Heringe und Makrelen umgeschlagen worden sein, 1516 in Rouen 50 000 Faß. Das Faß zu etwa 140 Kilo mit etwa tausend Fischen gerechnet, wären dies 7000 Tonnen und 50 Millionen Heringe gewesen. Zu Beginn des 17. Jahrhunderts schlägt Rouen mit 120000 Faß vielleicht 120 Millionen Heringe um.

In Boulogne und vor allem in Calais sind die Mengen durchaus vergleichbar. 1339 erfordern alleine die Renten des Grafen von Boulogne und der Abtei 150 Tausend Heringe; von Allerheiligen 1420 bis Lichtmeß 1421 mindestens 12 Millionen Heringe in Calais. Und die Bücher des Herzogs von Burgund der Jahre 1341 und 1342 besagen, daß auf sein Geheiß bis zu 110 Tausend Heringe (im Februar 1432) von Calais nach Dijon geschafft wurden.

Natürlich kann bei dieser Riesenmenge ein Teil des Herings von benachbarten Häfen, von Dünkirchen, Ostende oder Nieuwpoort, also aus der Nordsee gekommen sein, wo er seit sehr langem gefischt wurde und auch milliardenfach entstand. Wir werden noch auf die Legende vom holländischen Bauern zurückkommen, der auf seiner Wiese einen Hering fand und schnell sein Land verkaufen ging, weil er zu Recht annahm, es könne nicht mehr lange dauern, bis es vom Meer überschwemmt würde. Erinnern wir in diesem Zusammenhang an das riesige Ijsselmeer, das sich Ende des 13. Jahrhunderts nach dem apokalyptischen Bruch des Deichgürtels bildete, worauf der Hering kam und um 1340 auch Fangbetriebe entstanden. Die holländische Heringsfischerei wird allerdings erst nach Dänemark und Deutschland im Spätmittelalter zu ihrer Hochblüte gelangen.

In der Tat werden die Heringe der Ostsee schon im 11. Jahrhundert erwähnt, in den Schriften Adams von Bremen und Helmolds von Bosau, etwas später auch bei Saxo Grammaticus: Es gab sie dort in solchen Mengen, daß sie mit der Hand zu fassen waren und angeblich sogar die Schiffahrt behinderten. Doch zu ihrem von Spanien bis Rußland reichenden Ruf gelangten sie dadurch, daß sich ab dem beginnenden 13. Jahrhundert bis zum Ende des 16. Jahrhunderts in den Meerengen und zwischen den Inseln um das damals dänische, heute schwedische Schonen (Skåne) skandinavische Fischer und deutsche, Salz aus Lüneburg bringende Seefahrer und Händler begegneten. Ende des 14. Jahrhunderts beschrieb Philippe de Maizières dem französischen König Karl VI. das Phänomen in einem kaum übertreibenden Bericht: »Der Hering wechselt vom einen Meer zum anderen durch den Sund in solcher Menge, daß es ein wunderbares Schauspiel ist; es passieren [...] diesen 15 Meilen langen Arm ihrer so viele, daß man sie mit dem Schwert durchhauen könnte.« Es sollen zwei Monate lang 40000 mit sechs bis zehn Personen besetzte Boote und 500 große Schiffe unterwegs gewesen sein, um die Heringe einzusammeln und sie in Fässer einzusalzen ...

Zahlreiche zuverlässigere Quellen schildern die beachtliche Aktivität der fast ausschließlich dänischen Fischer, das Einbringen der Netze am Tag, die regelrechten Holzstädte, die während dieser Monate voller Leben sind, mit Frauen, die einsalzen, Kaufleuten, die ihre Erzeugnisse verkaufen kommen (Salz, Mehl, Bier, Wein), um den kostbaren Fisch einzuhandeln.

Die Zubereitung und das Einsalzen geschahen auf einer kleinen, die königlichen Schlösser von Skanör und Falsterbo umgebenden Halbinsel unter der Aufsicht dänischer, holländischer und vor allem deutscher Kaufleute, denen der dänische König *fed* genannte, einige Hektar umfassende Grundstücke gewährt hatte, auf denen die Barackenstädte standen; bis zu 65 von ihnen waren den Dänen, 109 den Deutschen anvertraut. Die bedeutendsten waren die der Hansestädte: Hamburg, Bremen, Ijsselmeer-Städte (Deventer, Kampen, Arnheim), Kiel, Lübeck, Danzig, Reval. Einige *fed* besaßen eine Kirche, einen Friedhof, eine autonome Verwaltung und einen von der Inhaberstadt ernannten Vogt. Ein dänischer Vogt übte die Oberaufsicht aus. Der Verkauf wurde auf dem Markt getätigt, der von Ende Juli bis Ende Oktober dauerte und der nach der Besetzung Schonens durch die Hanseaten (1368–1385) fast ausschließlich deutsch wurde. Die in Skanör, Falsterbo, Malmö oder Dragör anlegenden Schiffe waren Legion: Im Jahre 1400 kamen 550 allein von Lübeck, mit 900 Händlern an Bord, und sie nahmen zwischen 80000 und 90000 Fässer mit. Der Fang betrug, die realistisch scheinende Zahl von 200000 bis 300000 Faß zugrunde gelegt, insgesamt vielleicht 350 Millionen Heringe. Doch diese Mengen schwankten erheblich: 1485 gab es kaum mehr als 6000 Tonnen, doch von ausgezeichneter Qualität; 1494 sollen 202 Hanseaten etwa 8000 Tonnen, d.h. 56 Millionen Heringe, gekauft haben. Um 1520 sollen insgesamt 37000 Fischer und 7500 Boote gezählt worden sein; 1537 erbrachte der Fang mindestens 60 Millionen Heringe.

Das Steuerwesen des dänischen Königs, dessen Kodex *(motbok)* ab 1352 erhalten ist und das bis ins 15. Jahrhundert die Zahlungen in dänischer Währung entrichten ließ, sowie die klug angelegten Gewinne der Herren von Holstein beweisen, daß nicht nur die Hanse von dieser Heringswirtschaft profitierte. Indessen scheinen in der Tat veraltete Strukturen mitverantwortlich gewesen zu sein für den im 15. Jahrhundert eintretenden Rückgang des Ostseeherings gegenüber dem »holländischen«. Über die Gründe dieses Verfalls lassen sich verschiedene Hypothesen formulieren: Einerseits die leichte Veränderung der Temperatur und des Salzgehalts in der Ostsee, welche die Laichplätze nach dem südwestlichen Norwegen und, vor allem nach 1560, in die Sandbänke der Doggerbank verschob; andererseits der Niedergang des hanseatischen Zwischenhandels (durch die allgemeine Konjunktur mindestens ebenso bedingt wie durch Heringsknappheit). Die Folge war eine Verschlechterung der Beziehungen zu Dänemark. Für den parallelen Aufschwung der Niederlande, insbesondere Hollands, gibt es also vielfältige Gründe, nicht nur die Erfindung und Verbreitung eines neuen, besser konservierenden und die Vermarktung in ganz Europa ermöglichenden Eintonnsystems. Übrigens werden die Meerengen zur Ostsee von 1556 bis 1589 weiterhin frequentiert – vom Hering und von den Holländern. Und die deutschen Fischer, die diesen Sektor nie ganz aufgaben, verdoppelten ihre Anstrengungen Ende des 19. und Anfang des 20. Jahrhunderts: Der Hering war immer noch da.

Die Niederlande, insbesonders die Stadt Briel, beherrschten indessen diese Tätigkeit mindestens zweihundert Jahre lang. Dazu muß man wissen, daß ihre Heringe schon im 14. Jahrhundert das Rheinland eroberten und daß sie ab dem 15. Jahrhundert sogar denen aus Skanör im Ostseeraum Konkurrenz machten. In Hamburg begann man schon bald mit der Vermarktung der Fische aus Amsterdam, wo man, wie im übrigen Land, ungeheuer gut ausgerüstet war: Es wurde

Der Hering lebt in Schwärmen, die manchmal Milliarden von Individuen zählen. Beim Passieren der Meerengen waren die Fische oft so dicht gedrängt, daß die Netze rissen und »eine Hellebarde im Wasser aufrecht stehen geblieben wäre«. Philippe de Maizières behauptete, man hätte sie »mit dem Schwert durchhauen« können. Der dänische König, die dänischen Fischer und die deutschen

behauptet, daß es Mitte des 17. Jahrhunderts 3000 Schiffe und 50000 Fischer allein in Holland gegeben habe, die 2000 Schiffe und 30000 Matrosen nicht mitgerechnet, die mit dem Salz- und Lebensmittelnachschub sowie dem Transport der Heringsladungen beschäftigt waren. Sehr seriöse Untersuchungen, die in jüngster Zeit durchgeführt wurden, vor allem über Rotterdam und Enkhuizen, sprechen von mindestens 500 Schiffen mit Spezialdeck, jedes mit einer besoldeten Besatzung von etwa 20 Mann, das wären 10000 Fischerei-Seeleute. 80 Prozent der Produktion wurden exportiert. Zu Beginn des 17. Jahrhunderts zählte man 1500 *Buyssen*, Schiffe, die groß genug waren, um den Hering noch auf See verarbeiten, salzen und eintonnen zu können; Kähne pendelten hin und her, um die Ladung an Land zu bringen. In den beiden Fangzeiten, von Johanni bis Jakobi und von Kreuzerhöhung bis St. Katharina, zählte man mehr als 12000 Fischer für 300000 Faß Fisch, das sind 350 bis 400 Millionen Heringe. Nach J.-P. de La-Court machte diese Goldgrube mehr als die Hälfte des gesamten holländischen Handels aus.

Johan de Witt, der als holländischer Ratspensionär eine Zeitlang die Regierung seines Landes führte, schrieb Mitte des 17. Jahrhunderts: »Da die meisten Nachbarvölker wegen ihrer Religion ein Viertel des Jahres zur Fleischenthaltsamkeit gezwungen sind, ruft dies einen solchen Fischabsatz hervor, daß die Holländer jedes Jahr mehr als 1000 Schiffe von 20 bis 30 Registertonnen und 170 mit

Kaufleute machten im 14. und 15. Jahrhundert beträchtliche Gewinne, bevor die Holländer die Produktion und den Handel an sich rissen (Olaus Magnus, *Historia de gentibus septentrionalibus*, loc. cit.).

geringerem Ladevermögen einsetzen, die alle zum Heringfang zur Insel Texel fahren. Die 1000 Schiffe, die für drei Fahrten ausgerüstet sind (...) fischen jedes Jahr 40000 Faß Heringe zu je 200 Pfund, sie bringen in Holland 8 Millionen ein.« Diese Dynamik erlahmt allerdings im Lauf des Jahrhunderts, einerseits durch steigende Lohnkosten am Ort, andererseits durch die skandinavische und französische Konkurrenz, vor allem aber durch die Navigationsakte Cromwells und den ersten englisch-holländischen Seekrieg (1652–1654). Der Aufschwung Englands, sein Rivalisieren mit Holland, seine Herrschaft über die Meere und die Kolonialreiche im 18. und 19. Jahrhundert, all das ist eine komplexe Wirklichkeit mit vielfältigen Zusammenhängen; jedenfalls erobert das Vereinigte Königreich, insbesondere Schottland (das seit Jahrhunderten immer den Hering gefischt hatte), den ersten Platz im Verbrauch, im Fang und im Handel mit dem Hering. 1908 waren zwei Drittel der englischen Fangproduktion Heringe: 570000 Tonnen, das sind etwa 4 Milliarden Heringe. Gleichwohl wurden 40 Prozent seines Verbrauchs importiert! Im Vergleich dazu fischte Frankreich 1905 nur höchstens 75000 Tonnen, kaum mehr als 500 Millionen Heringe.

Das Ausmaß dieser Fangtätigkeit liegt nicht nur im reichen Vorkommen begründet, sondern auch an den angewandten Techniken. Lange Zeit die beste war das Treib- oder Schwebnetz, mit dem die Fische in der Nähe der Wasseroberfläche gefangen werden. Wir kennen seine am Ende des 14. Jahrhunderts gültigen

Maße: Maschenweite ein Zoll (2,7 cm), Gesamtlänge 20 französische Ellen (knapp 24 Meter) für das einfache, 45 mal 10 Meter für das doppelte Netz. Die Besatzung bestand aus sieben oder acht Mann auf Schiffen von zwölf bis fünfzehn Registertonnen. Erst um 1850 vertauschten die Schotten dieses schwere Hanfnetz gegen ein einfacheres und leichteres Netz aus Baumwolle; gleichzeitig kletterte das Raumvolumen der Schiffe auf 100, sogar 180 Tonnen; die Fässer an Bord konnten bis zu einer Million Heringe (140 Tonnen) aufnehmen. Später, um 1894, tauchte der Heringslogger mit Dampfantrieb auf, der Hinfahrt, Fang und Rückfahrt in insgesamt zweiundzwanzig Tagen bewältigte, wogegen die kleineren Segellogger noch vierzig Tage benötigt hatten. Schließlich vollendete das Schleppnetz, mit dem der Hering nachts an der Wasseroberfläche, tags am Grund (mit der nötigen Vorsicht, um die an Steinen oder Algen haftenden Eier nicht zu vernichten) gefischt werden kann, die Fangtechnik: Innerhalb weniger Jahrzehnte verzehnfachte sich die Produktion, das Tiefkühlen der Fische auf See erhöhte sie um ein Weiteres. Gleichwohl verlor der Hering in Europa seine absolute Vorrangstellung, weil ihm hier die Makrele, dort die Sardine, der Kabeljau oder der Thunfisch den Rang streitig machten. Er erfuhr auch Konkurrenz von der eigenen Art, denn 1980 lieferte der Pazifik 166000 Tonnen, zu denen der Pilchard hinzukam: 1933000 Tonnen aus japanischer, 1855000 Tonnen aus chilenischer, 155000 Tonnen aus kalifornischer und 129000 aus südafrikanischer Fangtätigkeit – gegenüber ärmlichen 935000 Tonnen aus dem Nordatlantik.

Der Primat, die absolute Herrschaft des europäischen Herings dauerte demnach nur wenige Jahrhunderte. Unsere Zivilisation hat er hauptsächlich vom 12. bis zum 20. Jahrhundert tief geprägt.

Die Hering-Zivilisation

Es genügt nicht, daß ein Fisch sich relativ leicht in Mengen und innerhalb weniger Wochen im Jahr fangen läßt, daß er auch wirklich gefischt wird. Zuerst muß er ein geschätzter Speisefisch sein. Doch dem Hering halfen neben natürlichen Vorzügen auch spirituelle Umstände: Den europäischen Völkern als ausgeprägten Fleischessern war, wie wir schon gesehen haben, durch ihre Religion das Fleisch von landlebenden Tieren ebenso wie Milch, Eier und Geflügel an gut hundert Tagen im Jahr verwehrt (Fastenzeit, Freitage, Fastentage ...). Nur Lebewesen aus dem Wasser waren erlaubt. Die große Schwierigkeit war demnach, genug Fische zu beschaffen, frisch oder konserviert, und nicht zu teuer, um periodisch eine Massennachfrage befriedigen zu können.

Aus vielfältigen Gründen, die zur Mehrzahl im 1654 in Lübeck erschienenen, »die außerordentliche Vortrefflichkeit und das höchste Lob des Fürsten der Fische« besingenden Buch mit dem Titel *De harengo* aufgeführt werden, konnte nur der Hering dies tun.

An sämtlichen dichtbevölkerten Küsten des Ärmelkanals und der Nordsee konnte er frisch vom Meer weg verzehrt werden. Von ihrem Kloster am Rhein aus riet Hildegard von Bingen allerdings davon ab, es sei denn, man mariniere ihn eine Stunde lang in Essig oder koche oder brate ihn in seinem Saft und salze ihn lange. Gesner war da anderer Meinung: »Nichts ist dem Magen angenehmer als ein gesalzener Hering, roh, mit Zwiebeln und Essig.«

Dieser »grüne« Hering konnte auch recht schnell das Hinterland erreichen, auf Pferderücken, in Lastsätteln, mit Algen abgedeckt. Um 1260 wurden in Paris die Märkte regelmäßig beliefert, und über die speziellen Fischtransporter, die sie anlieferten, gibt es Untersuchungen. Auch Einzelpersonen erhielten den Fisch als Rente, die oft während der Fangzeit entrichtet wurde. 1080 versprach Gilbert de Clare in Suffolk zweitausend Heringe, desgleichen Robert Courteheuse, der Sohn Wilhelms des Eroberers (letzterer einem Kloster von Rouen, das die Fische seinem Lehen von Hastings entnehmen sollte). 1162 lieferte Mathieu de Boulogne zehntausend jährlich den Mönchen, auf deren Grund er das Schloß Etaples baute.

Die von der Kirche und von einigen Herren erhobene Zehnten beliefen sich bisweilen auf Zehntausende von Heringen, welche natürlich nicht sofort verzehrt, nicht einmal weiterverkauft werden konnten vor der Fastenzeit. Der Fisch wurde also, selbst wenn er als frisch galt, wahrscheinlich vor dem Transport leicht gesalzen. Und die mageren Tage, an denen es nur Fisch gab, verteilten sich ja über das ganze Jahr, während die Fangsaison sich nur über zwei oder drei Monate erstreckte. Man mußte also vorsorgen. Anlandungen in großen Mengen wären aber nicht sinnvoll gewesen, hätte man nicht die Möglichkeit der Konservierung gehabt und den Absatz gesichert.

Rondelet berichtet also 1558, daß »man sie salzt, während man die anderen, die schwach gesalzen sind, zum Räuchern verwendet, die französisch *harengs sorets* oder *harengs de la nuit* («Nachtheringe») heißen, weil sie schwarz sind oder weil nachts der Fang am größten ist; sie sind am besten haltbar; die anderen nennt man weiße [deutsch: «grüne»] Heringe«. Es sind dieselben Unterscheidungen, die sich schon in den Erlässen der französischen Könige von 1320, 1340 und 1351 finden.

Das Salzen der Heringe machte keine besonderen technischen Schwierigkeiten. Es erforderte aber zahlreiche Handgriffe, viel Zeit und ein besonderes Salz. Die besten waren auf das Salz von La Baie (Bourgneuf) oder von Brouage geschichtet. Die im weißen, trockenen Salz aus Portugal konservierten waren weniger begehrt, ebenso die mit dem wäßrigen, stark verunreinigten Salz aus der Normandie gesalzenen Fische, die überdies nach Algen rochen. Man unterschied so den *Francalais*-Hering (aus dem Pas de Calais), den Boulogne-, den Fécamp-, den Garnisy- (Guernesey-), den Suffolk- und natürlich den Schonen-Hering.

Die besondere Technik, die vermutlich ab dem 12. Jahrhundert den Hering von jeder anderen Einsalztechnik abhob, war das Räuchern. Es macht ihn unverweslich, gibt ihm Farbe und außerdem, durch beim Prozeß entstehende neue Stoffe, einen feinen Geschmack und ein feines Aroma. Man salzt ihn acht oder zehn Tage lang ein, entsalzt ihn dann ein oder zwei Tage lang in Süßwasser, läßt ihn abtropfen und trocknen, worauf man ihn schließlich mehr oder weniger lang im Rauch aus schwelendem Sägemehl oder Hobelspänen (Buche, auch

Eiche) aussetzt, der nicht heißer als 24 °C bis 28 °C sein darf, damit der Fisch nicht kocht. Nach acht Stunden erhält man den in Frankreich gebräuchlichen *hareng bouffi*, nach zwölf bis achtzehn Stunden den *franc saur*, den »Bückling« (oder, wenn er nur wenig gesalzen ist, den »Kipper«). Ein mehr als ein Jahr gelagerter Bückling ist »überjährt« und wird separat verkauft. Heringe in Öl, gerollt und gewürzt (Rollmopse) sind als Zubereitungsart ebenso neueren Datums wie der eingelegte Bismarck-Hering oder die Heringsfilets.

Ein Problem blieb der Transport dieser in großen Mengen anfallenden, begehrten und lange haltbaren Ware. Der Holländer Beukels (von dem man nicht weiß, ob er 1397 oder 1447 gestorben ist oder ob er 1308 bis 1312 Bürgermeister war) mag der Erfinder des berühmten »Eintonnens« gewesen sein, wenngleich eine deutsche, auf Schonen Bezug nehmende Quelle von 1339 auch schon davon spricht und eine französische Verordnung vom 17. Februar 1351 *le tonnel de quaque* erwähnt. Das Verfahren besteht in einem exakten, eine spezielle Mischung einhaltenden Einschichten der größtmöglichen Zahl von Heringen auf kleinstmöglichem Raum. So konnten die Fische wochenlang auf holprigen Fahrzeugen über Hunderte von Kilometern transportiert werden, ohne den geringsten Schaden zu nehmen. Diese Spezialität verhalf, neben dem Fischfang selbst und der Dynamik ihrer Seefahrt, ihres Handels und ihres Bankenwesens, den Holländern zu ihrer fast zwei Jahrhunderte dauernden Vorherrschaft im Heringsgroßhandel.

Dieser Handel war immer schon streng geregelt. So anerkennt 1203 eine Urkunde aus Boulogne die Praxis des *hôtage*: Sie besteht in einem Vertrag zwischen einem *hôte bourgeois* der Stadt (der das Kapital zum Bau und zur Ausrüstung des Schiffs bereitstellt, wofür er einen Sou pro verkauftem Pfund Hering einnimmt) und einem *hôte marinier*, einem Fischereiunternehmer, der das Fanggerät liefert und dafür, ebenso wie seine Seeleute, einen Anteil am Verkaufserlös erhält. Er bietet die angelandeten Heringe den Handels- und Einsalzunternehmen in Boulogne oder den aus der Picardie oder anderswo kommenden fliegenden Händlern an. Weine aus Burgund und aus der Champagne für den Export nach England sind eine interessante Rückfracht.

Das Absatzgebiet für den Hering aus Boulogne ist außerordentlich weitläufig: Außer Paris, Orleans und die Weingebiete deckt es einen Bereich von Flandern über Lothringen, die Provence, Italien bis nach Spanien und Portugal ab (wogegen der aus Schottland, von den Orkney-Inseln oder der Doggerbank kommende Hering über Holland nach Italien und von dort via Venedig die östlichen Mittelmeerländer erreicht). Man sieht, wie auf diese Weise Hunderte von Millionen Heringe auf den Tisch der siebzig, nach dem großen von der Pest verursachten Bevölkerungsrückgang im 14. Jahrhundert immer noch vierzig oder fünfzig Millionen Europäer gelangen konnte. Der Hering wurde ja nicht nur von den Herren und ihrem Gefolge verzehrt; 1339 zum Beispiel verteilte die Gräfin von Boulogne um die 160000 Fische an etwa zwanzig Empfänger. In den Küchenbüchern des päpstlichen Hofes von Avignon, des Herzogs von Burgund oder des Grafen von Savoyen findet er sich ebenfalls millionenfach. Und das Volk konnte ihn, wenn es ihn nicht von freigebigen Herren erhielt, auch direkt und für wenig Geld kaufen.

Bei diesem Konsum entwickelte sich natürlich auch eine ganze gastronomische Tradition, angefangen vom gebratenen und mit saurem Traubensaft begossenen frischen Hering bis hin zum angegangenen Hering, der mit einer Soße aus Mehl, saurem Traubensaft oder Essig, Senf, feingehackter Zwiebel, Pfeffer, Salz und Wasser übergossen wurde. Auch die Nebenprodukte des Herings fanden weithin Anklang, wie zum Beispiel das »Heringschmalz«, das durch Erhitzen und Pressen gewonnen wurde und seit dem 13. Jahrhundert durch seine Vermarktung aus dem Ostseeraum bekannt ist. Die Heringsmilch half bei Kehlkopfentzündung; die Schwimmblase des Herings galt als harntreibend; die Salzlake wurde als Klistier bei Ischiasentzündung und Wassersucht verabreicht, äußerlich angewandt pflegte und »veränderte« sie sogar fötide Geschwüre, beugte dem Brand vor, löste Skrofeln auf und heilte »die mit Honig eingeriebene Bräune (Diphtherie)« – eine antiseptische Behandlung, die meistens wirksam zu sein schien. Hildegard von Bingen empfahl bei Schorf, Krusten oder Flechten, die befallenen Stellen im Abstand einer Stunde zweimal mit dem Wasser abzuwaschen, in das man einen langen Salzhering eingelegt hatte; tags darauf brauchte man sie nur noch mit einer Buchenaschenlauge abzuwaschen und wieder einen Tag später mit einer Bocksfettsalbe einzureiben.

Heringsasche wurde bei Blasenstein angewendet; Salzhering auf den Fußsohlen galt als abführend und fiebersenkend; als Breiumschlag drei Tage lang auf Bißwunden aufgelegt, schützte sie gegen die Tollwut (von allen medizinischen Anwendungen scheint dies die zweifelhafteste zu sein). Und wenn der frische Hering in großen Mengen im Hafen angelandet wurde, soll sich, man wußte nicht wie, mit Pestilenz oder sonstwie infizierte Luft sogleich verflüchtigt haben ...

Es wäre reizvoll, auf das reiche Brauchtum einzugehen, das sich um *Saint Harenc* gerankt hat, die Feste und Prozessionen zum Auftakt oder Beschluß der Fangsaison in Fécamp und Boulogne, die Bräuche von Schottland bis zur Ostsee. K. Jagow, Autor einer Kulturgeschichte des Herings, hat zahlreiche Sprichwörter und Bräuche im deutschen Sprachraum gesammelt; so war es ein gutes Vorzeichen, wenn ein Hering, den man an die Decke warf, dort klebenblieb. In Franken aßen die heiratswilligen Mädchen einen Salzhering, ohne dazu zu trinken, damit sie nachts vom Glas Wasser träumen konnten, das ihnen ihr Zukünftiger reichte. In Schottland wurde geheiratet, sobald der Hering da war; in Fraserburgh sollen 1871 in den auf die Fangsaison folgenden drei Monaten die Trauungen um 80 Prozent zugenommen haben. Um so schlimmer, wenn die Saison schlecht war: *No herring, no wedding* (kein Hering, keine Heirat). Allenthalben bringt der Hering Wohlstand, Glück und Gesundheit, nur der Arzt hat das Nachsehen: *Haring int land, de Dokter aan kant.* In Frankreich gab es nicht nur an der Küste die kirchlichen Zeremonien der Fangzeit und den von Collin de Plancy zitierten heiligen Hering von Rouen, auch im Hinterland wurde der Fisch gefeiert, in Reims zum Beispiel, wo man einen an einer Schnur gezogenen Hering mit dem Fuß bedecken mußte. Ganz zu schweigen von den umgangssprachlichen bis ordinären Ausdrücken, für die der Hering herhalten mußte.

Der Hering hat auf Europa in vielfältiger, oft überraschender Weise eingewirkt. Durch das Räuchern sind zahlreiche Buchen- oder Eichenwälder in Rauch aufgegangen; deren Übernutzung und Rückgang soll im Umland von Calais und Fécamp schon im 13. Jahrhundert festgestellt worden sein. Noch sehr viel zerstörerischer wirkte sich die Herstellung der Hunderttausende von Fässern und Tonnen aus, die jedes Jahr für den Hering und das Salz benötigt wurden. Salz wurde übrigens in riesigen Mengen gebraucht. Die Hanse beherrschte die Heringsproduktion in der Ostsee, weil sie zur Konservierung das Salz hatte, zunächst aus Lüneburg, dann zunehmend aus Bourgneuf oder Brouage, später aus immer entfernteren Gebieten, aus Portugal, sogar Ibiza.

Wir müßten auch an die Kriege erinnern, die mit dem Hering in Zusammenhang standen. Allein die Lebensmittelversorgung der Truppen war der Anlaß zur denkwürdigen Heringsschlacht vom 12. Februar 1429, bei der die auf den Fisch erpichten Engländer die Truppen Karls VII. zurückwarfen und blamierten: Jeanne d'Arc mußte kommen und die Ehre retten, den Belagerungsring brechen und Orleans befreien!

Häufiger waren Auseinandersetzungen um die Steuern, mit denen Fangproduktion und Handel belegt waren: großer Streit um die von der Kirche und dem Papst seit Alexander III. (1170) auf allen Schiffen erhobenen Zehnten; Händel um Anlege-, Anker- und Löschrechte; Streitigkeiten an Straßenzollstellen, um Marktgebühren; Gefährdung der Groß- und Einzelhandelspreise, in Paris ebenso wie auf allen Märkten Mittel- und Westeuropas. Impliziert waren auch die Salzsteuern, die in Frankreich wie anderswo bald erlassen, bald erhöht wurden. Und Heringskriege, die normalerweise auf einen Waffenstillstand hinausliefen oder auf die Bewaffnung von Begleitschiffen, gab es nicht nur im Mittelalter zwischen Frankreich und England, sie spielten auch in die wirtschaftliche Konfrontation zwischen den Niederlanden und England hinein; selbst im Ersten Weltkrieg versenkten die deutschen Zerstörer einen Großteil der britischen Heringslogger, für welche die *Home Fleet* an keinen ausreichenden Schutz gedacht hatte.

Nachdem seine Eier mehr oder weniger der Umweltverschmutzung entgangen, seine Hauptfeinde im Schwinden und andere Fische in die Gunst des Verbrauchers gelangt sind, hat sich der Hering dank seiner phantastischen Vermehrungsfreudigkeit in Zahl und Stärke halten können, selbst an den Orten, wo er seit Jahrhunderten am meisten gefischt wird. Ein beredtes Zeugnis dafür, daß ihm, bis in die Mitte des 20. Jahrhunderts, auch unbedachte menschliche Nutzung praktisch nichts anhaben konnte. Doch je besser man seine Geschichte und seine Ökologie kennenlernt, desto mehr erscheinen diese systematischen und erbarmungslosen Aderlässe als besorgniserregend, insbesondere seit der Indienstnahme von schwimmenden Tiefkühlfabriken. Bereits 1966 stellte der Cushing-Bridger-Bericht für das voraufgegangene Jahrzehnt eine alarmierende Abnahme sowohl der gefangenen Tiere als auch ihrer Bestände in der Nordsee fest.

Das Phänomen verstärkte sich örtlich: 1972 wurden noch 500000 Tonnen Hering im nordöstlichen Atlantik und in der Nordsee gefangen (das sind 3,5 Milliarden Fische); 1980 waren es – in denselben Fanggründen – nur noch 65000 Tonnen (weniger als 500 Millionen). Die Tatsache wiegt um so schwerer, als ja gleichzeitig Millionen von Feinden des Herings verschwanden (Vögel, Kabeljau, Wal, vor allem Finnwal, der bis zu 5000 Heringe am Tag verschlingt). So schlimm dieser Rückgang an sich ist, er hat immerhin Milliarden von Heringen verschont. Trotz allem ist aber das Gleichgewicht noch nicht wiederhergestellt.

Diese Zahlen, die in den japanischen, chilenischen und nordamerikanischen Rekordfangmengen völlig untergehen, sind nicht dramatisch, weil auch Veränderungen in der Temperatur und im Salzgehalt mitspielen. An einigen Orten ist die Lage aber ernst. Erst nach fünf Jahren strenger Überwachung der Fischerei im Nordatlantik sind 1984 die Bestände dort wieder gestiegen. Der Schutz des Herings (wie der meisten Fische) erfordert, fast im selben Maße wie der Schutz des aussterbenden Wals, die lückenlose Einhaltung einer Seerechtskonvention auf breitester Basis.

Der Wolf

Der Sprichwörter, Redensarten, Lieder, Spiele, Fabeln, Erzählungen, Volksbräuche, Ortsnamen, Eigennamen, die den Wolf namentlich beschwören, gibt es unzählige, ganz besonders in den romanischen Ländern, wo sie alle sehr doppelsinnig sind. So heißt man in Frankreich heute noch sein Schätzchen *loulou*, die ehrgeizigen Absolventen der Eliteschulen streben als *jeunes loups*, als »junge Wölfe«, forsch in die Schaltzentralen von Wirtschaft und Politik, und in den Vororten der Großstädte werden die *loubards* der jugendlichen Banden zum immer größeren Problem.

Wir begegnen dem Wolf zweifelsfrei auf prähistorischen Felsmalereien, natürlich ebenso in den französischen *Bestiaires* des Mittelalters, wo er noch nicht so sehr das »Untier« ist, welches Vieh, Frauen und Kinder verschlingt, sondern eher ein *frater lupus*, ein Bruder Wolf, von dessen Geschichte wir noch hören werden. Auch in der Literatur entspricht er mehr dem dummen und bösen Vielfraß Isegrim als einem grausamen, starken, listigen und furchterregenden Raubtier. Nur einige Jagdbücher – längst nicht alle – zeugen von einer etwas wirklichkeitstreueren Kenntnis.

Von der Antike hingegen haben wir verschiedene Bilder: Einerseits ist er natürlich dem blutrünstigen Kriegsgott Mars beigesellt, andererseits tritt er aus dem finsteren Wald hervor wie das Licht aus der Finsternis, als heiliges Tier des Apollon-Lykeios (*lykophos* oder *lykauges* war das »Wolfslicht«, die Morgendämmerung) oder von Städtegründern: Miletos, Sohn des Apollon, gründete Milet, und Romulus, Sohn des Mars, von einer Wölfin im *Lupercal* am Fuß des Palatins gesäugt, gründete Rom. Und war nicht Belen oder Belenos (gallisch »der Wolf«) der Wolfsgott der Gallier?

Fügen wir dem noch die Geschichte vom Rotkäppchen hinzu, deren Wurzeln in graue Vorzeit zurückreichen. In ihr entdeckt der französische Anthropologe Georges Dumézil den indoeuropäischen Dämon, der Buttertopf und Fladen (Speisen der Unsterblichkeit wie der Nektar) raubt; die Psychoanalytiker finden darin aber auch den hinterhältigen, durchtriebenen, sich einschmeichelnden männlichen, »wölfischen Menschen«, der kleine Mädchen auszieht und sie mit brutaler Gewalt und im (roten) Blut ins Erwachsenendasein zwingt, nachdem er zuvor bei der kannibalistischen Ausschaltung der ausgedienten alten Frauen Regie geführt hat.

Ja, der Wolf ist dies alles und anderes mehr, was noch viel widersprüchlicher ist. Ein Angstobjekt, das man lächerlich machen, vergöttlichen, sich geneigt machen, aber auch bekämpfen und vernichten wollte. Immer wieder stoßen wir auf ihn: Man hat mit den Wölfen heulen gelernt, jeder hat schon einen Wolfshun-

Auch wenn der große Naturforscher Conrad Gesner weniger voreingenommen war als der zwei Jahrhunderte später lebende Buffon, der Wolf, den seine *Historia animalium* illustriert, erweckt nicht eben Gefühle der Sympathie: Die eingefallenen Flanken und der buschige Schwanz lassen die Krallen, die hungrig heraushängende Zunge und das Gebiß nur um so eindrucksvoller zur Geltung kommen (Paris, Nationalbibliothek).

ger verspürt, ist vielleicht auch unter die Wölfe geraten, und »wenn man den Wolf nennt, kommt er gerennt«.

In der Geschichte des Menschen hatte der Wolf allemal seine Rolle. Und welche Rolle hat doch der Mensch in der Geschichts des Wolfs gespielt!

Der Wolf

Wie alle Fleischfresser stammt der Wolf vom *Meacis* ab, der im Paläozän lebte und sich grob gesprochen im Oligozän in den *Cynodictis*, im Miozän in den *Tomarctis* und ab dem Pliozän in den *Canis* differenzierte, der wiederum die Gattungen Kojote *(Canis latrans)*, Goldschakal *(Canis aureus)* und Abessinischer Wolf *(Canis sinensis)* bildete. Vom gewöhnlichen Wolf *(Canis lupus)* gibt es verschiedene Rassen: Der Rotwolf *(Canis lupus niger)*, den es immer noch in den Vereinigten Staaten gibt; der Rohrwolf *(Canis lupus minor)*, dessen Art in Mitteleuropa erst im 20. Jahrhundert erloschen ist; der ebenfalls ausgestorbene Japanische Wolf *(Canis lupus hodophilax)*; der gefährdete Indische Wolf *(Canis lupus pallipes)*, der wie der Goldschakal als Stammvater unseres Haushundes *(Canis familiaris)* in Frage kommt; schließlich unser Grauwolf, der seit mindestens 200000 Jahren unermüdlich von Eurasien nach Alaska und Kanada trabt, die Eiswüste der manchmal wasserlosen Behringstraße durchquerend. Er bevölkert noch den nordamerikanischen Raum, die Sowjetunion, Polen, Jugoslawien und Rumänien. In Spanien und in Italien gibt es noch einige wenige Grauwölfe, vor allem in den Apenninen, wo sie die Ratten jagen, von denen es in den Mülldeponien wimmelt. Wird diese kärgliche Beute zu knapp, müssen sie manchmal vom Hubschrauber aus versorgt werden. In England gibt es den Wolf seit dem Mittelalter nicht mehr, und nach Frankreich verirren sich nur äußerst selten über die Ardennen oder die Vogesen ein oder zwei Exemplare. Der Wolf ist also überall im Rückgang begriffen oder am Aussterben, ausgenommen in der Sowjetunion und in Kanada, wo der Mensch ihn nach wie vor ungehemmt jagt, notfalls auf Extra-Safaris.

Die Knochenfunde aus Deutschland oder Amerika scheinen zu beweisen, daß sich das Aussehen des Wolfs in den vergangenen 200000 Jahren kaum verändert hat. Über die Entwicklung seines Verhaltens hingegen können wir nichts sagen, es sei denn, wir gehen empirisch von der heute lebenden Art aus, was jedoch äußerst gewagt erscheint, wenn man bedenkt, wie gewaltig sich die Umwelt verändert hat: Wir brauchen uns nur zu vergegenwärtigen, daß sich auch die Anatomie des Menschen im Zeitraum von 40000 Jahren recht wenig gewandelt hat im Verhältnis zu den spektakulären Veränderungen, die in seinen Sitten eingetreten sind und die ihn von den Höhlen in die heutigen Wohnsilos gebracht haben.

Vom Körperbau her war der Wolf schon immer ein beeindruckendes Tier: 60 bis 80 Kilo schwer, 1 Meter bis 1,15 Meter lang, 0,7 Meter Schulterhöhe; unsere schönsten heutigen Wolfshunde vermitteln uns ein recht gutes Bild von ihrer Statur. Beachtlich vor allem das Vorderteil, beherrscht vom Kopf mit den leuchtenden Augen und den Kiefern mit ihren starken Eckzähnen und ihren gewaltigen Reißzähnen, die mit einem Druck von bis zu 15 kg/cm^2 die stärksten und härtesten Knochen zermalmen können.

Sein sehr muskulöser Hals und seine nicht zusammengewachsenen Wirbel ermöglichen es ihm, ein an der Körpermitte gepacktes Schaf oder Kind im Maul zu halten. Seine breite Brust und seine schräg verlaufenden Schulterblätter erlauben die geschmeidigsten Bewegungen und machen ihn, indem sie die Lungen freihalten, zu diesem phantastischen »Langstreckenläufer«, der sein mageres und leichtes Hinterteil mühelos mit 40, sogar 50 Stundenkilometern fortbewegen und vor allem ein hohes Tempo über Stunden beibehalten kann. So wird von jenem alten Wolf berichtet, der, im Wald von Fontainebleau südlich von Paris aufgescheucht und pausenlos vom Sohn Ludwigs XIV. verfolgt, erst nach vier Tagen vor den Toren von Rennes in der Bretagne gestellt werden konnte. In wenigen Wochen können Wölfe aus Sibirien Deutschland oder die belgisch-französischen Ardennen erreichen.

Sein Appetit ist, dieser Ausdauer entsprechend, wirklich sprichwörtlich; doch, wie der Löwe, so tötet auch der Wolf mehr aus Notwendigkeit als aus Mordlust.

Das Leben im Rudel

Alleine könnte der Wolf niemals große Huftiere wie Moschusochse, Karibu, Elch, Hirsch oder Widder angreifen, noch weniger den ausgewachsenen Eber, der ihn mit einem Stoß töten, und natürlich auch nicht den Bären, der ihn zerfetzen könnte. Selbst der Einzelkampf gegen einen erwachsenen Biber, der sich ihm stellt, ist nicht von vornherein entschieden. Doch der Wolf hat den großen Vorteil, daß er gewöhnlich in gut organisiertem und strukturiertem Verband jagt, dem neben dem Leitpaar fünf oder sechs erwachsene Tiere angehören. Im Rudel herrscht eine sehr strenge, fein abgestufte Rangordnung, die sich in allen Lebenssituationen bewährt; neuere Studien über halbwild lebende Wölfe bestätigen dies ebenso wie die Beobachtung mit dem Teleobjektiv oder die Spurenanalyse von ganz frei lebenden Rudeln.

Die Grundlage dieser Gesellschaft ist das monogame Paar, das, wenn es sich einmal zusammengefunden hat, bis zum Tode unzertrennlich bleibt. Die Eltern widmen einen Großteil ihrer Zeit den Welpen, die nach neun Wochen Tragezeit in einer Art Nest aus Moos, Haaren und dürrem Laub in Würfen von vier bis sieben Jungen zur Welt kommen. Nachdem sie fünf oder sechs Wochen lang gesäugt wurden, werden sie erst von der Mutter, dann, ab zwei Monaten, vom Vater gefüttert und erzogen; ständig sind sie umgeben von ungepaarten Jungwölfen. Die Kleinen werden mit einem Jahr selbständig, mit zwei Jahren sind sie »Jungwölfe«, zu den erwachsenen Wölfen dürfen sie sich mit drei Jahren zählen, wenn sie die Geschlechtsreife erreichen, mit der sie erst richtig in das Rudel, mit allen seinen Rechten und Pflichten, eingegliedert werden. Jeder Wolf, ob einzeln oder im Paar lebend, hat sein persönliches, deutlich abgegrenztes Revier, in dem er während der wärmeren Jahreszeit jagt und zu dem er dem Nachbarn den Zutritt verwehren kann; das Rudel formiert sich vor allem für die Winterjagd.

Der Mut, die Solidarität mit den Kranken, Jungen und Verletzten, die vertrauensvolle Liebe, die sich die Paare entgegenzubringen scheinen, die liebevolle Art, mit der diese ihre Jungen behandeln, all dies ist heute allgemein anerkannt. Das fein modulierende Wolfsgeheul ist eine differenzierte Sprache, ein regelrechtes Kommunikationssystem, das früher von Jägern, heute von den Zoologen teilweise entziffert werden konnte.

Die Ähnlichkeiten zwischen dem Wolf und dem Menschen haben schon immer die Schriftsteller beeindruckt. Maupassant zum Beispiel sieht ihn »denkend wie ein Mensch«. Schon seine Umsichtigkeit, Tatkraft und Klugheit machen ihn zu einem außerordentlichen Tier, im selben Maße wie seine körperliche Leistungsfähigkeit. Doch sein soziales Verhalten, das von R. C. Hall und H. S. Sharp gründlich studiert wurde, führt zu einem noch viel substantielleren Vergleich, der einige Autoren nicht zögern ließ, den Wolf »moralisch« höher einzustufen als den Menschen, diesen so heillos hinterhältigen, unterwürfigen, untreuen, insgeheim hierarchiefeindlichen Egoisten und Übeltäter aus bloßer Lust.

Viele dieser Verhaltensweisen, vor allem die sozialen, haben wahrscheinlich keine nennenswerte Veränderungen erfahren in den vergangenen Jahrtausenden.

Allerdings mußte sich der Wolf, dessen Bewegunsspielraum im Lauf der Zeiten häufig eingeschränkt wurde, zum Teil an neue Umweltbedingungen anpassen. So haben ihn die verschiedenen Eiszeiten, deren letzte kaum zehntausend Jahre zurückliegt, zu Wanderungen und Anpassungen gezwungen, die zu seiner heutigen Allgegenwart führten. Nicht überleben konnte er freilich in Wüstengebieten und in den Urwäldern des Äquators, die deshalb seine äußersten und unüberwindlichen Verbreitungsgrenzen bilden.

Auch das Verhalten anderer Tiere mag ihn auf Distanz gehalten oder zu Veränderungen des eigenen Verhaltens veranlaßt haben: Einerseits verschwanden größere Raubtiere und überließen ihm ein freieres Feld, andererseits erschien neue, reichliche Beute wie das aus Spanien kommende Kaninchen oder verschiedene asiatische Rattenarten, die in seinen gewohnten, aus Vögeln, Nagetieren, manchmal Fischen, häufiger aber aus ihm unterlegenen Raubtieren bestehenden Speisezettel Abwechslung brachten. Größere Tiere greift der Wolf nur an, wenn sie erschöpft sind. Hingegen beschränkten ihn andere Raubtiere in seiner Verbreitung, indem sie ihm, wie der Bär und der Luchs, Konkurrenz machten oder ihm gefährlich werden konnten wie zum Beispiel der Tiger oder der Königsadler, der Welpen rauben oder, vor allem in der Mandschurei, angeblich dazu abgerichtet werden konnte, einen ausgewachsenen Wolf zu überwältigen und ihm die Augen zu zerhacken. Der Mensch war jedoch eindeutig das Lebewesen, das seit dem Neolithikum den größten Einfluß auf die Umwelt und damit auf den Wolf ausübte, wenn auch nicht unbedingt zu dessen Nachteil, da er Königsadler, Luchs, Bär und Auerochs stark zurückdrängte oder ausrottete und gleichzeitig große Schaf-, Schweine-, Rinder- und Pferdeherden hielt, die von den Hirten und den Hunden kaum oder gar nicht verteidigt werden konnten, selbst wenn Widder, Eber, Stier oder Hengst gegen den Eindringling mitkämpften. Und da der Mensch, dieser von der Vorsehung gesandte Züchter, überdies ein kriegerisches Wesen war und dazu neigte, seinen Nächsten umzubringen und Armeen aufzustellen, die sich gegenseitig abschlachteten und in den menschlichen Gesellschaften lang anhaltende Verheerungen anrichteten, mit Verwundeten, Leichen, Witwen, Waisen und Verhungernden in Hülle und Fülle, fand der Wolf, wenigstens in einer ersten Phase, Umweltbedingungen vor, die sein Überleben, ja sogar seine Vermehrung begünstigten.

Mit einem Wort, der seit 200 000 Jahren existierende Wolf hat in den letzten drei Jahrtausenden beträchtliche Umwälzungen in seiner angestammten Welt hinnehmen müssen. Bei vorsichtigem Umgang mit Verallgemeinerungen können wir sagen, daß sein »normales« Habitat die Steppe oder die große, offene Ebene wäre; doch der Mensch hat ihn, wie so viele andere Tiere, gezwungen, sich in die Wälder oder in den hohen Norden zurückzuziehen, in abgelegene Gebiete jedenfalls, in denen er noch genügend Beute finden kann, ohne allzuoft an den Menschen zu geraten. Dort lebt er entweder ungehindert mit seinem Rudel auf einem ausgedehnten Jagdgebiet (ca. 800 km^2), oder aber sein scheues, äußerst vorsichtiges Wesen bewegt ihn, sich tagsüber an einsamen Orten zu verbergen und diese nur nachts zum Jagen zu verlassen. Vom Aussterben bedroht wie viele andere Arten, wird auch der Wolf nur langfristig überleben, wenn entschiedene Maßnahmen zu seiner Rettung ergriffen werden. Doch im Gegensatz zu allen anderen bedrohten Arten sind der Einfluß, den er auf die menschlichen Gesellschaften ausgeübt, und die Eindrücke, die er in ihnen hinterlassen hat, auch heute noch nicht nur spürbar, sie werden auch immer noch auf ganz außerordentliche Weise wahrgenommen.

Eine uralte Rivalität

Eigentlich haben der Wolf und der Mensch nur Berührungspunkte am Rande. Gewiß fällt der Wolf auch den Menschen an. Doch, wie eine ausgezeichnete Studie von M. Ortalli zu belegen scheint, erst seit dem Mittelalter, und dazu noch sehr selten. Der Wolf zieht dem Menschen, wie wir gesehen haben, bei weitem die kleineren, wenig wehrhaften Beutetiere oder vereinzelte, schlecht geschützte Haustiere vor. Der Mensch seinerseits verabscheut das zu zähe, ekelerregende Wolfsfleisch; und das dichte, grobe Fell ist auch höchstens dann nütze, wenn es nichts Schöneres und Griffbereiteres gibt.

Im Prinzip ließe sich ein zwar wehrhaftes und von Mißtrauen geprägtes, doch immerhin friedliches Nebeneinander der beiden Räuber denken. Unglücklicherweise haben aber beide dieselben Vorlieben und sind hinter demselben Wild her, so daß sie zu Rivalen werden und sich gelegentlich in die Quere kommen. Unsere Vorfahren des 18. Jahrhunderts trafen den Kern der Sache, wenn sie schrieben: »Seine Bedürfnisse treten oft in Wettstreit zu den unseren. Er greift die Herden an, die der Mensch seiner Nahrung vorbehalten hat, und die wilden Tiere, die er zu seinem Vergnügen bestimmt.« Schon für die Vorgeschichte kann man mit einiger Plausibilität die Zusammenstöße zwischen den ersten Jägern und den Wolfsrudeln rekonstruieren, wie sie sich dieselben frisch erlegten Tierkörper streitig machten. Auch waren die starken sozialen Bindungen des Wolfs denen des Menschen zu ähnlich, um nicht als bedrohlich empfunden zu werden: Beiderseits erleichterte Geselligkeit das Überleben, erhöhte die Effizienz und die Konkurrenzfähigkeit. Vor allem aber seit der Mensch Viehzucht betrieb, wurde der Kampf gnadenlos. Der Wolf griff eine ausschließlich dem Menschen vorbehaltene Beute an; dieser fühlte sich unmittelbar an Hab und Gut bedroht, wenn es um seine Herden ging, denen er fortan seine Hauptmühe widmete. Dieser neue Antagonismus trug dem Wolf bei den indoeuropäischen Hirten die Bezeichnung *varka* ein, der Räuber, der Dieb par excellence; aus dem Wort entstand das tschechische *vlk*, das lateinische *lupus*, das deutsche »Wolf« und selbst das gallische *bleis*. Diese Hirtengesellschaften haben auch, selbst wenn sie weiterhin Gottheiten anbeteten und anriefen, von denen Erlösung zu erhoffen war, als erste Hunde dressiert und schlagkräftige Waffen erfunden, um sich gegen den Wolf zu verteidigen, der zum Prinzip des Bösen schlechthin geworden war.

Hüben wie drüben war alles klar: Für den Wolf war das Schaf eine leichte und üppige Beute, die sich ausgerechnet in der Nähe der nun ebenfalls interessant gewordenen Wohnstätten ansammelte, wo er neben dem Schaf im Vorbeigehen noch Hund, Katze, Geflügel, eine zähe Großmutter, ein zartes Töchterchen, eine liebenswürdige Bäuerin oder einen jungen Hirtenbuben reißen konnte. Für den Menschen war der Wolf der gefährliche und gut organisierte Feind, vor dem es die Herden und andere mögliche Opfer zu schützen galt, dessen Anblick ebenso gräßlich war wie seine Übeltaten und gegen den die beste Verteidigung, wie sich bald herausstellte, der Angriff oder, noch besser, die totale Vernichtung war. Die Verquickung führte beiderseits zur selben Besessenheit: beim Wolf: alle auf das Schaf! beim Menschen: alle auf den Wolf!

Wie jede Tragödie kennt natürlich auch diese Geschichte ihre Feinheiten, Querbeziehungen und Überläufer: Bei der Menschenpartei gibt es Leute, die sich mit Wölfen umgeben, Wolfsmenschen und andere Werwölfe, die mit dem Teufel paktieren; und dann eine aus grauer Vorzeit überkommene Urangst. Bei der Wolfspartei gibt es umsorgende Wölfinnen, die mit ihrem Rüden kleine Menschen wie Romulus oder Mogli säugen und aufziehen, trotz des eingefleischten Mißtrauens gegen den Menschen, der ja immer nur verletzen, nachstellen und töten kann.

Der Kampf ist erbittert, die Zusammenstöße werden immer häufiger, und das Untier wird um so unheimlicher, erschreckender und stärker, je mehr der Mensch durch Krankheit und Krieg geschwächt und je bitterer die Winterkälte ist. Scharfsinnige Historiker nahmen den Wolf als Barometer für die Gesundheit der Bevölkerungen: Ist diese im Sinken begriffen, kommt unweigerlich das Tier, vermehrt sich und reißt.

Dieser furchterregende Wolf ist überhaupt nicht zu vergleichen mit dem Luchs oder der Wildkatze, die beide auf Bäumen oder in den Bergen verschwinden, auch nicht mit dem nur mäßig angriffslustigen, wenig fruchtbaren und schnell zu vertreibenden Einzelgänger Bär, noch weniger mit Wiesel und Fuchs, diesen Unterwölfen, die ab und zu ein Huhn erwischen und das Kleinvieh erschrecken, doch vom geringsten Hofhund vertrieben werden.

Zum Hauptfeind erklärt, wird der Wolf schließlich im 19. Jahrhundert gnadenlos bekriegt, denn im Vollbewußtsein seiner Stärke und seiner zahlenmäßigen Überlegenheit duldet der Mensch fortan keine Übergriffe auf seine Herden mehr, nicht einmal mehr auf das Wild in den Bergen und im Tiefland. Noch weniger nimmt er die geringste Bedrohung seiner selbst oder seiner Kinder hin. Der Wolf wird zum Tode verurteilt und hingerichtet.

Dabei hatte vor 200000 Jahren alles in völliger Gleichgültigkeit gegeneinander begonnen.

Wild gab es reichlich, die Menschen waren nicht zahlreich und jagten nur für den Tagesbedarf. Sie waren also eine nur mäßig verlockende Beute, die Wölfe selbst sehr zurückhaltende Rivalen. Dennoch lernte der Wolf, den Menschen von seinen anderen Opfern zu unterscheiden. So wie er das Pferd von vorne anfallen mußte (um den ausschlagenden Hufen zu entgehen), das Rind von hinten (um nicht auf die Hörner genommen zu werden), das Schwein von der Seite (wegen der Hauer, die ihn in Sekundenschnelle aufgeschlitzt hätten), wußte er, daß er den

Menschen an der Kehle zu packen hatte, wie andere Wölfe oder einen Hund übrigens auch. Er wußte außerdem, daß die Jagd auf den (einzelnen) Menschen nicht anstrengend war: Dieser lief nicht schnell, er war in wenigen Sätzen aufgeholt und kletterte schlecht. In Jahren der Hungersnot und vor allem in Kriegszeiten boten sich sogar beeindruckende Ansammlungen von geschwächten, sterbenden oder toten Menschen dar, die man nur noch zu fressen brauchte: ein unverhofftes Glück für einen Wolfshunger! Gleichwohl war dieser Beute nie recht zu trauen: Ihre Reaktionen waren unberechenbar, ihre Waffen jedesmal anders und verwirrend, sie konnte sich, gelähmt vor Entsetzen, so laut- und kampflos ergeben wie ein Lamm (mit zarterem, doch weniger reichlichem Fleisch), sie konnte aber auch schreien, eine unbezwingbare Tür hinter sich zuwerfen oder sich gar dem Kampf stellen, eine Keule oder eine Axt schwingen, ihre Artgenossen zu Hilfe rufen, dazu ihre Hunde, sogar andere Haustiere: Wie viele Kühe haben nicht mit gesenkten Hörnern vereint den großen Wolf vom Gévaudan vertrieben und ihre Hirtin befreit! Also: Vorsicht, nur im äußersten Notfall angreifen!

In diesem unerbittlichen Kampf gab es manchmal auch einen Waffenstillstand, der zwar durch die beiderseitige Kampfeslust und Widerstandsfähigkeit begrenzt blieb, doch immerhin funktionierte, wenn auch unausgewogen: Auf die wenigen von Wölfinnen gesäugten und aufgezogenen Kinder kommen so viele geborgene und gezähmte Welpen! Der Haushund ist wahrscheinlich aus der Verbindung mit dem Wolf der Sümpfe entstanden, die Knochenfunde und die ersten Felsmalereien, auf denen er abgebildet ist, erlauben jedenfalls keine Unterscheidung zwischen Hund und Wolf. Im übrigen mögen die Jäger dem Wolf nicht gerade Hochachtung entgegengebracht haben (wozu auch?), doch lernten sie sicherlich die Gefährlichkeit und die Qualitäten dieses beeindruckenden, seine Stärke aus dem geselligen Leben beziehenden Tiers kennen: Vielleicht fürchteten sie es als besser gewappneten Rivalen und Räuber, bewunderten aber auch einige seiner Eigenschaften, erwählten es zum Totem, vielleicht sogar zum Gott, den sie um Hilfe für eine erfolgreiche Jagd anflehten oder um Schonung baten für die begehrte Beute oder für die mühsam aufgebauten und gezüchteten Herden.

In diesem Stadium ist also die Haltung des Menschen dem Wolf gegenüber ambivalent: Haß und Verehrung.

Der Wolf ist kräftig, mutig, heroisch, ein unermüdlicher Wanderer. Er ist der Inbegriff der Männlichkeit, fruchtbar, nicht geizend mit sexuellen Leistungen, welche die »Wölfin« bestens auszunützen und zu lenken versteht.

Diese Merkmale wurden ausführlich in der ägyptischen Zivilisation (um Lykopolis), im indoeuropäischen Raum, in den indischen Epen, in den germanischen Sagen und in der griechisch-römischen Mythologie studiert. Alle Daker, aber auch viele Gallier hielten sich für Söhne des Wolfs, und mehr als zweitausendzweihundert französische Familien wählten den Wolf zu ihrem Wappentier. Doch was wurde gegen diese Handvoll erstrebenswerter Tugenden an schlimmen Sünden aufgerechnet?

Der Wolf ist schon zu sehr mit bestimmten heidnischen Mythen und Riten, mit der Wildheit, dem Wald verknüpft, als daß er nicht besonders gefürchtet würde in einer christlichen Welt, welche die häusliche Ordnung hochhält und Viehzucht und Ackerbau betreibt. Ganz ohne Frage ist er das Tier, das von Gott gesandt ist, um die Menschen zu züchtigen und die verirrten Lämmer zu reißen, die sich vom guten Hirten entfernt haben. Sein dämonisches, bösartiges Wesen wird dadurch noch ausgeprägter. Dazu kommt, daß er, »toll vor Wut«, durch seinen Biß die höllische Krankheit überträgt, bei der man zusehen muß, wie der Nachbar, die Frau oder das Kind unter entsetzlichen Schmerzen und dem Wahnsinn nahe sterben, obwohl man sie nur leicht verletzt dem Rachen des Wolfs entreißen konnte, der auch nicht floh und sich totschlagen ließ. Das tollwütige Tier hatte ja alle Scheu verloren und wahllos zugebissen, und der treueste Hund wurde nun seinerseits Überträger des Unheils. Im Laufe der Jahrhunderte erhielt diese Schreckensbotschaft, die zunächst mehr Mythos als Realität war, immer zahlreichere und handfestere Bestätigungen: Es kam immer häufiger zu Berührungen auf den immer weitläufigeren, dem Wald abgetrotzten Feldern, bei den Schafspferchen und Schweineställen, auf den Schlachtfeldern, in den durch Krieg und Hungersnot verödeten Landstrichen, wo Kranke und Entkräftete zwischen Toten und Pferdekadavern umherirrten. Je deutlicher sich die Bedrohung abzeichnete, desto heftiger entbrannte der Kampf zwischen dem Menschen und dem Wolf, wovon die Hagiographie, das Brauchtum und schließlich auch die dokumentierte und datierte Geschichtsschreibung zeugen.

Solche Zusammenstöße mit dem Menschen werden schon in der großen Völkerwanderung der Burgunderzeit (in der die Jagd auf den Wolf organisiert wird) erwähnt, dann auch in der Merowingerzeit und vor allem unter der Regierung Karls des Großen, dessen Kapitular von 813 unter anderem in jeder Grafschaft zwei Männer speziell für die Bekämpfung des Wolfs und seiner Welpen vorsieht. Der Unterschied zur griechisch-römischen Antike ist so drastisch, daß man mit M. Ortalli annehmen muß, der Wolf der germanischen Wälder sei den großen Völkerwanderungen gefolgt, während er an der Mittelmeerküste seit langem nicht mehr stark vertreten war und nie den Kampf mit dem Menschen gewagt hatte.

Im Mittelalter und in der Neuzeit war der Kampf gegen den Wolf am erfolgreichsten auf den Inseln, zweifellos zunächst in England, wo König Edgar der Friedfertige sie im 10. Jahrhundert dadurch ausgerottet haben soll, daß er von der Bevölkerung einen Tribut in Form von Wolfsköpfen erhob. Durch das Meer von den großen eurasischen Nachzugsgebieten abgeschnitten, hört man in der Tat kaum noch etwas von den letzten versprengten Individuen unter Heinrich II. Plantagenet. Keine Wölfe auch auf den großen Inseln des Mittelmeers, Korsika, Sardinien und Kreta; sehr wenige nur auf Sizilien nach den von Friedrich II. angeordneten Vergiftungskampagnen (1239). Doch selbst wenn sich auf diesen Inseln die Spur des Wolfs verliert, die Erinnerung an ihn ist heute noch lebendig:

In der Stunde der Vendetta wird die Lupara von der Wand genommen.

Auf dem Kontinent hingegen konnten die Wölfe kräftig Fuß fassen: 1113 werden von Santiago de Compostela aus für die gesamte römische Christenheit Treibjagden angeordnet: »Jeden Samstag, außer am Vortag des Oster- und Pfingstfestes, haben Ritter, Priester und nicht arbeitende Bauern bei ihrer Vernichtung zu helfen.« Was nicht verhindert, daß häufig von Menschenfressern die Rede ist, so 1148 in der Genfer Gegend von einem Wolf, der »über dreißig Personen beiderlei Geschlechts und jeden Alters riß«. In der Bretagne, in Burgund, in Ligurien, in Latium, in Spanien und in Germanien sind die Archive voll von Berichtn über die Wölfe: In der Gegend von Murcia wird die Privatinitiative durch ein Prämiensystem angeregt: 10 Maravedis im 14. Jahrhundert, 15 zu Beginn des 15. Jahrhunderts, 100 für einen Rüden und 150 für eine Wölfin am Jahrhundertende. 1326 reorganisiert Don Borenguel, Erzbischof von Santiago de Compostela, die Wolfs- und Luchsjagd für Galicien. Ab 1538 steigen die Prämien beträchtlich in Andalusien, dann in Galicien (1548), in der Estremadura (1551) usw. In Italien spricht 1291 die Gesetzgebung von Sambuca Pistoiese, 1597 die von Val Sassio (bei Brescia) von Wölfen. Die Genueser Archive belegen, daß sie sich in Stadtnähe herumtreiben: Im Winter findet man oft täglich fünf oder sechs lebende Wolfsjunge im Umland. In Frankreich bezeichnen gegen Ende des 14. Jahrhunderts das *Jagdbuch des Königs Modus* von Henri de Ferrières und das Jagdbuch von Gaston Fébus, Graf von Foix, den Wolf als den Gegner par excellence, der noch gefährlicher sei als der Bär, und im Jahre 1395 erlaubt Karl VI. allen Personen »jeden Standes, jeglichen Wolf und jegliche Wölfin zu fangen, zu töten und zu jagen«. Ein Bürger von Paris beschreibt in seinem 1881 wiederaufgelegten Tagebuch sehr genau die Wölfe, die im Sommer 1421 in die Städte eindrangen, Leichen ausgruben und Hunde, Katzen, sogar Frauen und Kinder rissen. Dasselbe im Juli 1423, und nochmals im Winter 1438/39: Die Wölfe drangen in Paris ein; unter ihnen befand sich – leicht zu erkennen, denn ein schlecht gezielter Schlag hatte ihn den Schwanz gekostet – der schreckliche Courtaut, der Angst und Schrecken unter der Bevölkerung verbreitete. Achtzig Personen sollen damals gerissen worden sein, und im Dezember 1439 nochmals über ein Dutzend. Wir wissen auch von den Auswirkungen der Hungersnot von 1502, des Dreißigjährigen Krieges und des Winters 1709. Die Toten und Verletzten gingen in die Tausende. Es sei auch an das traurige Schicksal berühmter Persönlichkeiten, von Karl dem Kühnen bis zu den französischen Konventsmitgliedern Pétion und Buzot, erinnert, deren Leichname von Wölfen verstümmelt wurden.

Von Karl dem Großen bis zu Napoleon, von der Einsetzung der Wolfsjägermeister über den Krieg gegen das »Untier vom Gévaudan« bis hin zu den Kriegen der Französischen Revolution gab es im Kampf zwischen dem bald angreifenden, bald selbst angegriffenen Menschen und dem Wolf so manche Wechselfälle, und auf manchen Erfolg folgte eine Niederlage; lange Zeit war kein Sieg des einen über den anderen abzusehen, gab es weder Sieger noch Besiegte.

Begegnungen, bei denen sich ein einzelner Mensch plötzlich einem einzelgängerischen Wolf gegenübersah, waren ziemlich häufig. Der Wolf reagierte dabei gewöhnlich als erster, und je nach Appetit, Laune und Einschätzung der Situation nahm er den Kampf auf oder floh. Gegen ein Kind, eine Frau, einen Alten hatte er oft leichtes Spiel. Der wirkliche Zweikampf entspann sich zwischen dem Wolf und dem erwachsenen Mann. Maupassant schildert das entsetzliche Ringen des jungen Erville vor dem Leichnam seines älteren Bruders. In *La vie quotidienne en Auvergne au XIXe siècle* (Das Alltagsleben in der Auvergne im 19. Jahrhundert) von Jean Anglade wird auch die entsetzliche Begebenheit erzählt, bei der ein Bauer in eine Grube fiel, in der sich bereits ein Wolf befand. Die beiden kämpften die ganze Nacht miteinander, Mann gegen Tier, mit Klauen, Zähnen und Messer. Als am Morgen andere Bauern dem Unglücklichen zu Hilfe kamen, erkannten sie ihn nicht wieder: Blutverschmiert, mit aschfahlem Gesicht und Schaum um den Mund, mit gräßlichem Grinsen die gebrochenen Zähne bleckend, war er selbst schlimmer geworden als das Tier, so daß er auch nicht von ihm abließ, als die Überzahl es endlich besiegt hatte, und ihm unter wüsten Beschimpfungen das Fell vom Leibe riß. Das waren sicherlich außerordentliche Umstände, denn keiner der beiden Feinde konnte ja aufgeben und das Weite suchen. Dennoch sind sie bezeichnend für die leichte Überlegenheit des Wolfs, aber auch für eine gewisse Chancengleichheit, die erklärt, weshalb der Wolf normalerweise kaum angriff (außer er war tollwütig, also krank) oder aber sich nach einem Scharmützel zurückzog. Was den Menschen angeht, so hütete er sich anzugreifen, es sei denn, er wußte Hilfe in der Nähe oder er hatte eine den Sieg sichernde Waffe in der Hand (meist eine Holzhaueraxt, seltener eine Schußwaffe).

Bei einer anderen, häufigeren Form des Kampfes standen mehrere Menschen mehreren Wölfen gegenüber: Ein jagendes Rudel stieß auf eine Dorfhochzeit, auf ein mit mehreren Personen besetztes Fuhrwerk, auf eine Gruppe von Hirten, Kosaken oder Verunglückten, die sich allein auf weiter Flur befanden. Auch hier war der Ausgang ungewiß, er hing davon ab, wie gut die Menschen bewaffnet und wieviele Angreifer und Verteidiger sich gegenüberstanden, ob Pferde oder andere Tiere dabei waren und, als leichtere Beute, die Wölfe von den Menschen ablenkten.

Häufig rüsteten sich übrigens die Menschen entsprechend aus, wenn sie Gebiete durchqueren mußten, in denen es Wölfe gab, oder in abgelegenen Hütten wohnten: Sie bewegten sich nur in bewaffneten Gruppen und ließen sich von mächtigen Hunden begleiten, die durch ein mit Dornen bewehrtes Halsband vor dem Biß des Wolfs geschützt waren und ihnen wirksam beistehen konnten. In solchen Fällen ergriffen die Wölfe zwar immer die Initiative, doch waren sie selten siegreich.

Der Wolf im Schafspferch

Da mußte die Aussicht auf einen Pferch oder eine Schafherde dem Wolf schon wesentlich verlockender vorkommen. Doch diese wurden nicht minder verbissen verteidigt. Denn vom Mittelalter bis ins 19. Jahrhundert war das Schaf das Haustier par excellence, mehr noch als das Schwein (das nur Fleisch, Fett und Leder gab). Das Schaf war billig, fügsam, ließ sich leicht von Frauen und Kindern mit einem helfenden Hund hüten und lieferte alles: Außer Milch, Dickmilch und Käse hatte man von ihm die Schurwolle, die gesponnen und zu Kleidern verwebt wurde, außerdem die Haut, die als Flies dem Pelzhändler oder dem Kürschner verkauft, zu Jacken und Mäntel verarbeitet oder aber enthaart und zu Leder gegerbt wurde, das tausend Zwecken diente. Schließlich gab das Schaf auch Fleisch, das als einfaches Ragout oder als raffiniertes Gericht die Proteine lieferte. Auch die Därme, Hörner und Knochen waren verwertbar, aus ihnen entstanden Pfeifen, Hörner oder Leiern, denen die Hirten ihre bukolischen Klänge entlockten. Nicht zu vernachlässigen war auch der natürliche Dünger, der von den Ackerbauern so geschätzt wurde, daß Schafherden auf Brachland geradezu für ein Muß galten, weil die Tiere es mit den Füßen bearbeiteten und ihren eigenen Dung tief einarbeiteten. Die Vorzüge waren so groß, daß W. de Henley, J. de Brie und Pierre de Crescent ein wahres Loblied auf die »Goldfüße« sangen.

Dieses dem Bauern so teure Schaf wurde vom Wolf um so mehr geschätzt, als er es in großen Mengen, sozusagen haufenweise finden konnte. Der Widder hätte ihm zwar Paroli bieten, ihn sogar töten können, doch der Mensch hielt bloß einen davon, der überdies mitten in der Herde isoliert war, weil man keine Rivalenkämpfe wollte, so daß in der allgemeinen Aufregung das normale Schaf, das Mutterschaf oder Lamm, nicht die geringste Chance gegen einen, geschweige denn mehrere Wölfe hatte.

Es ist kaum übertrieben, den Schafspferch als befestigtes oder mobiles Lager zu bezeichnen, das ständig, besonders nachts, den Angriffen des Wolfs ausgesetzt war. Sein Schutz waren Hürden, Hunde und Hirten. Die Wölfe konnten freilich listig sein: Waren sie zahlreich, so lenkte einer die Aufmerksamkeit der Hirten und der Hunde nach einer Seite hin ab; und die Schafe durchbrachen in der Panik die Hürden und flüchteten nach der anderen Seite, wo sie in den Hinterhalt der Wölfe liefen.

Mit unglaublicher List konnte es auch ein einzelner Wolf fertigbringen, in einen Schafspferch einzudringen. Blieb er dort unentdeckt, tat er sich gütlich; wurde er entdeckt, konnte er immer noch das Risiko meiden und mit einem einzigen, aber gut gewählten Opfer den Rückzug antreten; wurde er entdeckt, bevor er Schaden anrichten konnte, mußte er einige Prügel und Bisse hinnehmen, konnte aber dennoch das Weite suchen. Nur selten endete es tödlich für ihn, denn bis zur Französischen Revolution durften die Bauern und Hirten keine Waffen besitzen; zu ihrer Verteidigung hatten sie also nur ihr Werkzeug (Hirtenstab, Dreschflegel, Hippe, Sense, Gabel, Messer, Axt), das nur bei einem längeren Kampf zur tödlichen Waffe werden konnte, und ein in flagranti ertappter, durch seine Beute behinderter Wolf war nicht so töricht, sich dem Kampf stellen zu wollen. Hirt oder Hirtin entrissen sogar vielfach das vor Schreck gelähmte, aber noch lebendige Schaf dem Rachen, und Meister Isegrim, oft übel zugerichtet von den ihn verfolgenden Hunden, gab Fersengeld.

Wirklich gefährlich wurde es für ihn nur, wenn er einem oder mehreren großen und gut dressierten Hunden gegenüberstand. Diese gut genährten, mutigen Tiere (eine der letzten Beschreibungen von ihnen stammt von George Sand) waren praktisch unverwundbar durch ihr Stachelhalsband, sie konnten einen einzelnen Wolf töten oder ihn mindestens so lange aufhalten, bis der Hirte kam, wobei es das Schwierigste war, ihm den Rückzug abzuschneiden und den Kampf aufzuzwingen. Da diese Hunde oft zu zweit oder zu mehreren waren und schnell Hilfe erhielten, hatten einzelne Wölfe keine Chance; im Rudel konnten sie den gefährdeten Artgenossen entlasten und ihm den Rückzug freihalten.

Übrigens lernten die Hirten ihren Gegner mit der Zeit auch besser kennen, vor allem sein sehr scheues Wesen. So erfanden sie das »Wolfshorn«, das, wenn es erklang, nicht nur die anderen Hirten alarmierte, sondern auch den Wolf erschreckte. Die »Wolfslaterne« mit ihren vielen Löchern gab nachts ein unruhig flackerndes Licht ab und hielt ihn ebenso fern wie in den Pyrenäen der »Wolfsrhombus«: ein fein geschnitztes Brett, das sich im Wind drehte und ein seltsames, abschreckendes Surren erzeugte. Ließ sich der Räuber immer noch nicht vertreiben, so schrie man, stampfte mit den Holzpantinen, warf Steine. Kam er auch jetzt noch näher, so hatte er die Tollwut, und da half nur eins: schnell seine Sünden bereuen und blitzartig zuschlagen.

Wagte er dennoch den Angriff, so zog der Mensch dem Kampf mit gleichen Waffen die hinterlistige Falle vor: Gruben von drei oder vier Metern Tiefe in der Form eines umgekehrten Trichters, mit oder ohne Pfähle; Giftköder; Nadeln, mit einer Sehne wie ein Bogen gespannt, die vom Tier mit einem Köder verschluckt wurden und ihm die Eingeweide durchbohrten, wenn die Verdauungssäfte die Sehne reißen ließen; locker gespannte, »Stellstatt« genannte Netze; Schlingen, die mit einem heruntergebogenen Baum verbunden waren, der emporschnellte, wenn sich das Tier mit einem Fuß oder mit dem Hals darin verfing; Wolfskammern, eine Art kreisrunder, sehr enger Gang mit hohen Wänden um ein Schaf herum: der Wolf gelangte durch die mit einer Fallklinke versehene Tür hinein und sperrte diese nach der ersten Umrundung selbst zu, da er immer nur in derselben Richtung gehen konnte; er mußte dann endlos um die unerreichbare Beute kreisen, bis die Jäger kamen. Die berühmten »Wolfseisen«, die mit ihren starken eisernen Zähnen über der Pfote (oder dem Fuß) zuschnappen, kamen erst später auf und waren vor allem sehr teuer. Bei allem mußte man immer mit der Witterung des Wolfs rechnen, der den leisesten Menschengeruch wahrnahm; man mußte diesen entweder mit einem Geruch überdecken, der stärker war, beispielsweise von Aas, oder aber anziehender – doch schwerer zu beschaffen – wie der Geruch von der Gebärmutter einer brünstigen Wölfin.

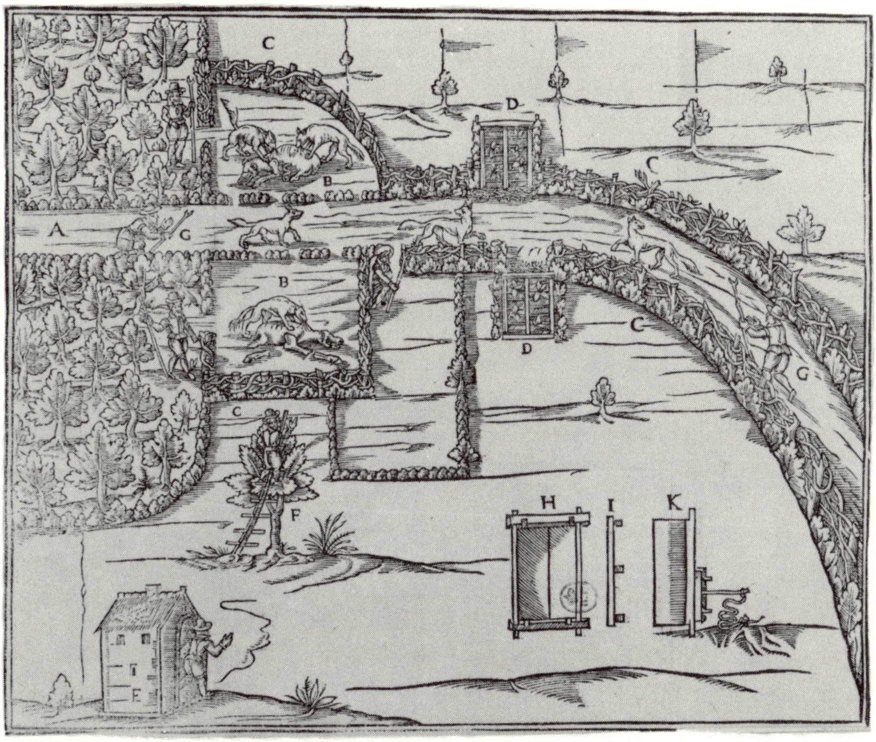

Eine Wolfsfalle. Durch ein totes Tier geködert (B) und von Treibern (G) in einen Gang von dichten Hecken (C) getrieben, müssen die Wölfe in die Grube (D) fallen (*Nouvelle invention de chasse pour prendre les loups en France,* 1613, Paris, Nationalbibliothek).

Gehetzt und gejagt

Bisweilen schließlich ging der Mensch zum offenen Angriff über, um Vergeltung zu üben. Das tat er dann gemeinschaftlich, oft zu Fuß, begleitet von seinen Hunden, und wenn ihm die großen Wölfe entgingen, so konnte er doch hoffen, die Jungwölfe und eventuell das sie verteidigende Elternpaar zu töten. 1538 ließ Heinrich III. dreimal im Jahr »aus jeder Pfarrei des Sprengels einen Mann pro Herdstatt mit zur Wolfsjagd geeigneten Waffen und Hunden« antreten. 1697 erging im Herzogtum Berry ein allgemeines Aufgebot, um »den Wolf zu hetzen und zu jagen«. Im selben Jahr erbrachten im Gebiet von Orléans Treibjagden über zweihundert getötete Wölfe. Bei solchen Feldzügen wurden die Wölfe unter allgemeinem Geschrei und Trommelwirbel Berufsjägern zugetrieben, die über spezielle und wirksame Mittel verfügten. Der Kampf war von vornherein ungleich: Entweder gingen die gehetzten Wölfe in die Falle, wo sie von allen Seiten unter Feuer genommen wurden, oder einzelne aufgescheuchte Tiere wurden pausenlos von einer bewaffneten und berittenen Mannschaft mit schnellen, speziell abgerichteten Hunden verfolgt, die häufig ausgewechselt wurden. Der Wolf konnte dann nicht mehr auf seine Kraft, seinen Mut und sein Gebiß zählen, nur Schnelligkeit, List und Ausdauer konnten ihm noch helfen.

Man kann sich leicht den Aufwand vorstellen, den das alles bedeutete: Spürhunde mußten in mehreren Wellen losgelassen werden, um dem Wolf auf die Spur zu kommen, ihn aufzustöbern, ihn nicht zu verlieren; dann mußte die Hundemeute wieder zurückgeholt werden, die im Vorbeigehen den Jungtieren die Kehle durchgebissen hatten. Die zahlreichen, berittenen Jäger hielten auf ebenen Plätzen, auf die man die Wölfe zu treiben versuchte, Ersatzhunde an der Leine. Dann kamen frische, sehr schnelle Windhunde, um das Tier aufzuhalten, das sich verteidigte, dabei aber ermüdete und langsamer wurde, worauf die großen, schweren und kräftigen Fleischerhunde losgelassen wurden. Der Wolf hatte dann nicht mehr die geringste Chance: Von allen Seiten eingekreist, von gewaltigen Gebissen geschunden, konnte er den Spießen nicht mehr ausweichen, die von überall her auf ihn eindrangen. Es sei noch angemerkt, daß man den Wolf oft, sobald man seiner ansichtig wurde, durch einen Schuß verwundete, um ihn langsamer zu machen und seine Flucht abzukürzen: Es wurde also auf ein körperlich bereits geschwächtes Tier eingestochen.

Solche Jagden wurden immer prompt organisiert, wenn es eine besonders schwere Missetat zu bestrafen galt, manchmal auch als Präventivmaßnahme oder ganz einfach als vornehmste aller Sportarten. Aus diesem Grund wurden schon sehr früh feste Institutionen geschaffen, welche die Aktionen gegen den Wolf zu koordinieren hatten, so in Frankreich die *Louveterie*, die sogar die Gesetzesreform von 1971 überlebte.

Die Gründung dieser Louveterie wird auf Karl den Großen zurückgeführt, der 813 in jeder Grafschaft zwei *luparii* vorsah, Spezialisten, die mit allen verfügbaren Mitteln (Gift, Gruben, Wolfsangeln und Hunden) im Mai die Wolfsjungen zu vernichten und dem Kaiser die Felle der getöteten Tiere zuzuschicken hatten. Sie waren vom Waffendienst befreit, wurden in Naturalien (Getreide) entlohnt und hatten Quartierrecht bei den Einheimischen der Grafschaft.

Auch unter den Kapetingern (987–1328) hatten diese Wolfsjägermeister, welche die königlichen Domänen durchstreiften, noch bei der örtlichen Bevölkerung freie Kost und Wohnung. Unter Philipp dem Schönen standen sie unter der Oberaufsicht des *Grand Louvetier de France*, dessen Aufgaben 1520 in einer Verordnung von Franz I. neu definiert wurden: Die Offiziere der Louveterie mit ihren Unteroffizieren, Spießträgern, Wachen und speziell abgerichteten Hundemeuten durchkämmten systematisch ganz Frankreich und veranstalteten dreimal jährlich Treibjagden. Sie erhoben von jedem im Umkreis von zwei Meilen wohnenden Steuerpflichtigen zwei Denare pro Wolf; die Vernichtung wurde von der Obrigkeit formell festgestellt, um jeden Betrug auszuschließen. 1787 wurde die Louveterie wegen der hohen Kosten abgeschafft, 1804 und 1814 wieder eingeführt. Im 19. Jahrhundert war sie ehrenamtlich den Inhabern von Patenten vorbehalten, die sich den Luxus der Wolfsjagd mit der dazugehörigen Hundemeute leisten konnten. 1971 wurden die Louvetiers zu Jagdberatern und Spezialisten der Schadtierbekämpfung.

Insgesamt gesehen, war die Jagd auf den Wolf oft Sache der Adligen und der Reichen, die sie zu ihrem Vergnügen betrieben; der Nutzen für die ländlichen Gebiete kann jedoch nicht bestritten werden. Sie brachte zwar dem Bauern Kosten und Flurschäden, schützte aber zum Teil das Leben seiner Tiere, sogar seiner Kinder. Die Geschichte vom »Untier vom Gévaudan« ist in dieser und manch anderer Hinsicht typisch.

Das »Untier vom Gévaudan«

Am 1. Juli 1764 wurde im Vivarais, in den östlichen Ausläufern der Cevennen, der halb zerfleischte Körper eines vierzehnjährigen Mädchens gefunden; bald darauf häuften sich die Fälle im westlich angrenzenden Gévaudan (heutiges Département Lozère, südlich der Auvergne): im August wieder ein Mädchen in Puy-Laurent, dann ein kleiner Junge in le Cheylard, ein weiterer in Pradels, eine sechsunddreißigjährige Frau in Arzenc-de-Randon; Ende September drei Kuhhirten (darunter zwei zwölfjährige Mädchen).

Mehrmals kamen Männer gerade noch rechtzeitig, um den manchmal nur wenige Meter von ihrem Haus entfernt angefallenen Frauen oder Kindern zu helfen; sie hatten das Untier gesehen, hatten ihm manchmal den Leichnam entrissen. Aussagen von Überlebenden gab es bald in Fülle. Zum Beispiel den Bericht der kleinen Heldin von Les Caires, die ihr Leben ihrem Mut und dem kleinen Beil verdankte, mit dem sie das Tier nach einem Kampf von einer Viertelstunde in die Flucht schlagen konnte. Oder den Fall jener Kindergruppe, die nach einem heldenhaften Kampf mit eisenbeschlagenen Stöcken die Bestie in ein Schlammloch drängte und ihr das Jüngste, das sie schon geschnappt hatte, wieder entriß.

Die Bevölkerung geriet in Panik, die Obrigkeit ließ sich rühren: Der Erzbischof von Mende setzte für das Unschädlichmachen des »alle Welt fressenden Untiers« öffentliche Bitt- und Bußgottesdienste an. Um ganz sicher zu gehen, setzte er eine hohe Belohnung für die Tötung des Tiers aus.

Da die Bauern keine Schußwaffen besitzen durften, hatten sie keinerlei Chance, die Bestie zu erlegen, die zu stark und zu schlau war, um sich erschlagen zu lassen. Man hatte nichts, womit man sie verwunden oder gar niederstrecken, mindestens aber bewegungsunfähig hätte machen können, und es hätte einer ein Herkules sein müssen, um ihr mit gezieltem und schnellem Axthieb den Kopf zu zerschmettern. Es mußten also Leute mit Schußwaffen her, Soldaten, Wolfsjäger oder sonstige Berufsjäger.

Die Dragoner des legendären Generals Soubise kamen als erste in dieses Land, in dem man sie aus dem Cevennenkrieg gegen die hugenottischen Kamisarden (1702–1705) in übelster Erinnerung hatte. Unter dem Kommando des Hilfsstabsarztes Duhamel bezogen sie bei den Einheimischen Quartier, ließen sich und ihre

Pferde verpflegen und verlangten etliche andere Privilegien für die Soldateska. Bei alledem erwiesen sie sich als völlig wirkungslos; ihre Pferde zertrampelten bloß die Felder, ansonsten taugten sie zu nichts in diesen mit Steinblöcken und Schlammlöchern übersäten, von meterhohem Schnee bedeckten Bergen. Die Bauern mußten nicht nur die Flurschäden hinnehmen, sie wurden auch zwangsweise zu gigantischen Treibjagden zu Fuß aufgeboten, an denen ungezählte Stunden lang dreitausend Mann teilnahmen, insbesondere am 11. Februar 1765. Wer sich weigerte, wurde ins Gefängnis geworfen. Selbst den Adligen des Gévaudan wurde es zu bunt, und Ende Februar wurden die Dragoner endlich zurückbeordert. Duhamel hatte sich nicht nur verhaßt, sondern auch lächerlich gemacht: Als letzte Großtat hatte er die Soldaten in Frauenkleidern antreten lassen, weil das Tier anscheinend eine Schwäche für die Weiblichkeit hatte; doch dieses vertraute natürlich mehr seinem Geruchssinn als seinen Augen, es witterte den Haudegenmief und weigerte sich zu erscheinen. Die Bilanz des Abenteuers war blamabel: Ein paar gewöhnliche Grauwölfe waren alles, was man zur Strecke gebracht hatte.

Worauf die Louvetiers, die offiziellen Wolfsjäger, kamen: Zunächst die von Enneval in der Normandie, voller Stolz auf ihre Erfahrung und die zwölfhundert Wölfe auf ihrem Abschußkonto. Sie brachten ihre Hundemeuten und ihre perfekt ausgebildete Sondertruppe mit, und der Adel der Auvergne geizte nicht mit Unterstützung. Trotz des ausgesprochen schwierigen Terrains, der winterlichen Jahreszeit und der Tatsache, daß man zu Fuß treiben mußte, wurden innerhalb weniger Wochen Dutzende von Wölfen umgebracht. Bloß das Untier nicht. Dieser Mißerfolg und Reibereien sowohl mit dem örtlichen Adel als auch mit den Bauern, die sehr bald gegen ihren Hochmut und ihre Härte aufbegehrten, ließen diese Leute nach drei Monaten in die Normandie zurückkehren.

Ludwig XV. schickte daraufhin Beauterne, seinen eigenen Büchsenträger und Jagdverweser, samt Hunden und Gehilfen. Auch diese Leute wollten nicht begreifen, daß man von den Pferden absitzen mußte, doch sie hatten riesige, kampferprobte Hunde aus den Abruzzen. Neben mehreren Dutzenden Wildtieren, die tödlich verletzt oder mit durchgebissener Kehle auf der Strecke blieben, wurde auf diese Weise auch endlich ein riesiger Wolf aufgejagt, eingekesselt und getötet: Er war offiziell das Untier, und Beauterne kassierte die erkleckliche Summe von 10000 Pfund, auf welche die Prämie inzwischen angehoben worden war. Die Wölfin und ihre beiden Jungen wurden in den darauffolgenden Tagen ebenfalls umgebracht.

Doch wenige Tage später kamen neue Schreckensmeldungen. Jetzt übernahm Marquis d'Apcher das Kommando über die Operationen: Ein zweiter, riesenhafter Wolf brach am 19. Juni 1767 unter den kirchlich gesegneten Kugeln des Jean Chatel zusammen. Die Wölfin wurde kurz darauf erschossen. Diesmal war wirklich Schluß. Die beiderseitigen Verluste waren hoch: Auf der einen Seite 101 in weniger als drei Jahren getötete Menschen, auf der anderen 200 Wölfe, vielleicht wesentlich mehr, die zusätzlich zu den beiden »Bestien«, deren Gefährtinnen und Jungen abgeschlachtet wurden.

War das »Untier vom Gévaudan« eine Hyäne? War es wirklich so groß? Packte es das Opfer von hinten am Schädel? Vor einem Hintergrund von zerfleischten Körpern, die an den vom heiligen Georg besiegten Drachen erinnern, reißt die Bestie das arme Mädchen vom Lande. In der Ferne spielen sich zwei berühmte Episoden ab: Die Mutter, die ihr Kind retten will und sich rittlings auf dem Tier hält, bis sie von einem Helfer befreit wird; der Kampf der vom kleinen Portefaix angeführten fünf Kinder, die mit eisenbeschlagenen Stöcken das Tier vertreiben. Der König belohnte den Ältesten, indem er ihn zum Soldaten machte. Auffällig ist, daß das Tier nur Frauen und Kinder angreift und daß der Hund nicht flieht, obwohl er viel kleiner ist; die Kuh erinnert unter anderem daran, daß die Rinder sich nicht nur selbst zur Wehr setzten, sondern mehrmals auch ihre Hirtin retteten, indem sie mit den Hörnern auf die Bestie losgingen (*Description de l'hyène,* Paris, Nationalbibliothek).

Die Geschichte mit dem »Untier vom Gévaudan« war in jeder Hinsicht symptomatisch; sie war der Wendepunkt zwischen zwei Epochen in der Geschichte des Wolfs und des Menschen.

Die großen bösen Wölfe

Was war das Untier nun? Die vom Entsetzen aufgebauschten und verzerrten Schilderungen stimmen nicht genau überein. Es war zumindest ein riesiger Wolf, der zudem eigenartige Besonderheiten aufwies, die an einen Luchs denken lassen könnten; Fell, »Grinsen« und Schnauze würden aber eher auf eine Tüpfelhyäne hindeuten (deren Kiefermuskulatur bekanntlich so stark wie die eines Löwen ist); nach der Art, bald an der Kehle, bald von hinten, an der Kopfhaut zuzubeißen und nach der aufrechten Haltung, die es angeblich einnehmen konnte, könnte es sogar ein Bär gewesen sein. Die einfachste Erklärung für diese Vielfalt von Merkmalen läge in der Annahme mehrerer Tiere, die von einem grausamen oder sexuell abnormen Geistesgestörten daraufhin dressiert worden wären, Frauen und Kinder anzufallen: So zwielichtige Gestalten wie Antoine Chatel, der Vater des Jean Chatel und Jagdhüter des Mont Mouchet, würden recht gut ins Bild eines solchen Übeltäters passen, und verschiedene Indizien weisen auch in diese Richtung. Ebenso einfach könnte man annehmen, es habe mehrere menschenfressende Wölfe gegeben, was im Gefolge des österreichischen Erbfolgekrieges und des Siebenjährigen Krieges in ganz Europa immer wieder vorgekommen ist. Für diese plausiblere Hypothese spricht auch im allgemeinen das Verhalten der Kühe: Tatsächlich sind sehr oft Rinder auf das Tier losgegangen und haben damit der jungen Kuhhirtin das Leben gerettet. Hätten sie es auch gegen einen Bären, einen Panther oder eine Hyäne getan, die ihnen vom Geruch und vom Aussehen her unbekannt waren und sie erschreckt hätten?

Doch der Krieg ist keine hinreichende Erklärung für das erstaunlich häufige Vorkommen von so außerordentlich großen Wölfen. So zahlreich, so mächtig und so wagemutig konnten sie nur werden, weil vielfältige politische, soziale und wirtschaftliche Faktoren ihre demographische Ausbreitung und ihre körperliche Entwicklung begünstigten. Neben dem strengen Waffenverbot, das im Gévaudan, wo die Erinnerung an den Aufstand der Kamisarden noch sehr lebendig war, besonders strikt gehandhabt wurde, kann man annehmen, daß das im 16. und 17. Jahrhundert mehr und mehr auf den Adel beschränkte Jagdrecht den Wolf begünstigte, weil die Adligen lieber anderes Wild jagten, das vergnüglicher, gewinnbringender und mit weniger Kosten und Unannehmlichkeiten zur Strecke zu bringen war. Dazu kam die Auflösung der gemeinwirtschaftlichen Strukturen, in deren Verlauf kurze Zeit zuvor die früheren Gemeinschaftsherden zum Teil in Kleinstherden aufgesplittert worden waren: Früher waren die Herden dicht beisammen, und sie wurden von erwachsenen Hirten mit großen Hunden gehütet; nun wanderten kleine, der Obhut von unerfahrenen Kindern anvertraute Grüppchen von drei oder vier Stück umher. Schließlich waren hier auch die geographischen und klimatischen Bedingungen unbestreitbar für den Wolf vorteilhafter als in anderen, weniger felsig-kargen und dichter besiedelten Gegenden, in denen auch der Adel residierte, der ihm die Beute streitig machte und große, ihm gefährlich werdende Hundemeuten unterhielt.

Es ist also kein Zufall, wenn diese Vorkommnisse, die drei Jahre lang die reichste Nation des damaligen Europa in Atem hielten, sich in dieser ärmsten aller Provinzen abspielte. Hingegen war es das erste Mal, daß diese Berggegend ein solches Aufgebot an Menschen und Material erlebte. Die Tragödie ließ nicht nur die Mittel fließen, sie entfesselte auch die Phantasie: Angst und allgemeine Hysterie, Prahlsucht und Eigennutz, lange Abende am Lagerfeuer und die Einbildungskraft des einfachen Volks und der »Gewährsleute« blähten die Berichte auf und schufen den Mythos des menschenfressenden, teuflischen Untiers, das in der christlichen Bilderwelt des Bauern ohnehin einen Vorzugsplatz hatte.

Hunderte von Wölfen büßten dafür: In drei Jahrzehnten spielte sich auf kleinstem Gebiet ein beispielloses Schlachten oder vielmehr die erste große Schlacht in einem Krieg ab, der mit der definitiven Niederlage des Wolfs enden sollte.

Beim Menschen reifte der Entschluß, den Wolf auszurotten, damit ein für allemal die Angst ein Ende hätte, von ihm angefallen zu werden oder an der Tollwut zu sterben. Zunehmend hatte er auch die Mittel dazu.

Die Jahrzehnte des großen Wolfsschlachtens

Mit dem Ende des Ancien Régime ist auch das Ende des Wolfs gekommen. Die Französische Revolution gibt den Bauern Waffen, und diese dürfen sie auch anwenden. Im Laufe des 19. Jahrhunderts, vor allem unter dem Bürgerkönig Louis-Philippe, erreicht zudem das demographische Gewicht der ländlichen Gebiete eine ungewöhnliche Höhe: Von überallher öffnen sich Wege, regelrechte Menschenmengen sind unterwegs und siedeln sich allenthalben an. Da nun die Gemeinschaft für den Schutz der bitter erkämpften Güter sorgt, sind die Treibjagden weniger schwer zu ertragen, auch wenn sie weiterhin Schäden verursachen, Arbeitstage kosten und der entscheidende (die Prämie sichernde) Schuß immer noch oft von Adligen und Reichen abgegeben wird. Dazu kommen technische Verbesserungen am Gewehr, es wird immer leichter, zielgenauer und schneller. Die Chancen des Wolfs sinken entsprechend.

Natürlich wirkten diese sich summierenden Ursachen nicht sofort. Die Emigration der Adligen, das Ende ihrer Meuten, die Vermehrung des Wildes – es darf zwar jetzt gejagt werden, doch man hat weder die Zeit noch die Kenntnisse und die Mittel dazu –, die Aufforstung der Staatsforsten auf ehemaligem Adels- und Kirchenbesitz, in denen das Wildern verboten ist, das Elend und die Kriege, das alles ließ die Wolfspopulationen erneut anwachsen, erst in den nördlichen und östlichen Grenzgebieten Frankreichs und in der Vendée, dann in ganz Westfrankreich und schließlich, mit Napoleon, auf dem ganzen europäischen Kontinent.

In Frankreich mußte der Nationalkonvent im März 1795 die Prämien erhöhen: 360 Pfund für die Wölfin, wenn sie trächtig, 250 wenn sie nicht trächtig war, 200 für den Rüden, 100 für jeden Jungwolf von mehr als Fuchsgröße. Die Revolutionsregierung führte im Februar 1797 die Treibjagden wieder ein, insbesondere in den Staatsforsten; aus der Erkenntnis heraus, daß nur Spezialisten mit ihren Meuten durchschlagende Erfolge erzielen, förderte sie schließlich private Jagdtrupps. Einige nicht emigrierte Adlige waren schon unter der Schreckensherrschaft der Guillotine entgangen, weil sie auf diese Weise dem Gemeinwohl nützten. Der Marquis de Haley aus dem Poitou und die berühmte Charlotte de Draeck aus dem Artois, genannt die Wolfsbaronin, wurden – unter gebührender Aufsicht – auf den Räuber angesetzt. Der napoleonische Adel, dessen Mitglieder zum Teil dem alten Adel entstammten (so Talleyrand und Bonaparte selbst), löste sie später ganz selbstverständlich ab. Schließlich wurde 1804 die Louveterie rehabilitiert, das Prämiensystem jedoch weiter beibehalten. Berthier, Generalstabschef und späterer Fürst von Neuchâtel und von Wagram, wurde zum *Grand Veneur* (Oberjägermeister) ernannt; ein gewisser Beauterne, Nachfahre des »Untier«-Töters, zum Büchsenträger ...

Die Einführung des Jagdscheins im Jahre 1806 hätte das Wolfsschlachten bremsen können. Doch da waren genug verwegene Wilderer, die oft mit dem Segen der Behörden handelten, wenn sie einen Wolf erschossen. Es waren Veteranen der Napoleon-Feldzüge unter ihnen, von denen einige vielleicht schon die Horden zurückgedrängt hatten, die der Großen Armee gefolgt waren. Verbesserte, systematisch und flächendeckend eingesetzte Fallen besorgten den Rest.

Seit dem Beginn des 19. Jahrhunderts soll in Frankreich allein die Louveterie 18 709 Wölfe erlegt haben, zu denen die Tiere hinzugerechnet werden müssen, die von Hunden tödlich verletzt wurden, in Fallen gerieten oder den Wilderern zum Opfer fielen. Selbst wenn letztere Zahl durch das Monopol der Louveterie niedriger als die erstere liegen sollte, so wurden bei vorsichtiger Schätzung mindestens 2000 Wölfe im Jahr getötet. 1878, als das »Untier vom Indre« sich an etwa zehn Personen vergriff und in den Ardennen ein Briefträger schwer verstümmelt wurde, wurden 555 Wölfe erschossen (und die Prämien dafür kassiert), 110 davon in der Bretagne, 167 im Norden und Osten Frankreichs, 159 im Zentralmassiv ... und 4 in der Pariser Gegend. Doch auch 1880 greifen in der Gegend von Orleans noch mehrere Wölfe an und verletzen 11 Personen. Das sagt genug über das Ausmaß des menschlichen Sieges, aber auch über die fabelhafte Widerstandsfähigkeit der Tiere, die übrigens ständig Nachschub durch Zuwanderer aus der eurasischen Taiga erhielten.

Dennoch wurde gegen die Art mit einem letzten Schlag ausgeholt, als sich der Mensch wissenschaftlich mit dem Problem der Tollwut beschäftigte. Pasteurs Forschungen führten zu den Entdeckungen von 1885; sie gingen Hand in Hand mit einer verstärkten Bekämpfung des Wolfs: Vom 3. August 1882 an wurden 150 Francs für die trächtige Wölfin und 100 Francs für einen Wolfsrüden bezahlt; im Vergleich dazu verdiente ein kleiner Beamter 70 Francs im Monat. Der Erfolg war unmittelbar: Schon 1883 wurden 1000 Prämien ausbezahlt ... Insgesamt wurden bis zum Jahrhundertende nochmals 10 000 Wölfe getötet. Für die wenigen Tiere aus Mittel- oder Osteuropa, die den deutschen Schützen entgangen waren, wurde es immer schwieriger, über die französische Ostgrenze hinauszugelangen. Und hatten sie dennoch die Ardennen oder die Vogesen passiert, so wurden sie erschossen, bevor sie den Atlantik oder das Zentralmassiv erreichten.

Die in der Bretagne und in der Auvergne noch bestehenden Isolate konnten sich nicht mehr erneuern und schrumpften bis zum völligen Verschwinden. Indessen ist nicht bewiesen, daß die Wölfe völlig ausgerottet worden wären: Das letzte menschliche Opfer, eine alte Frau in der Haute-Vienne, wurde zwar 1914 verzeichnet, doch von Zeit zu Zeit stößt man heute noch auf die Spuren eines Wolfs: 1978 in den Vogesen, 1981 im Ariège. Die wenigen Wölfe, die überhaupt noch überleben oder nach Frankreich einwandern können, sind so scheu und so selten, daß es außerordentlich schwierig ist, sie zu Gesicht zu bekommen oder ihre Anwesenheit überhaupt festzustellen. Vielleicht werden die Nationalparks, vor allem an der Grenze zu Spanien und Italien, wieder die Gelegenheit geben, zufällig ein Exemplar zu sichten.

Trotz allem ist die Erinnerung an den langen Kampf, seine Gefahren und die große Angst nicht erloschen. Jeden Moment kann sie wiederaufleben: Es genügt schon eine Tonbandaufnahme des Wolfsgeheuls oder der Film von einem Rudel, das ein geschwächtes Karibu verfolgt, sogar ein Lied.

Mehr Angst als Schaden

Das »Untier« ist tot, die Angst lebt weiter, am Leben erhalten durch die menschliche Einbildungskraft, die am Ende mehr bewirkt hat als alle Wissenschaft und Beobachtungsgabe. Niemand entgeht dem: In ihren Kompilationen geben die Zoologen sämtliche, schon vor Aristoteles entstandenen Fabeln wieder. Noch Ende des 18. Jahrhunderts dokumentieren die Naturkundler ausgiebigst, daß neben den Ergebnissen ihrer eigenen Forschung ungebrochen ein totales menschliches Unverständnis dem Wolf gegenüber fortbesteht, eine völlige Unfähigkeit, sich über die Dinge zu stellen und die Emotionen zu beherrschen, welche die wenigen anatomischen Kenntnisse, die er besitzt, auch noch entstellen.

Buffon ist ein oft zitiertes Beispiel dafür: »Insgesamt unangenehm, der Blick niederträchtig, das Aussehen wild, die Stimme erschreckend, der Geruch unerträglich, der Charakter verderbt, von blutrünstigem Wesen, ist er hassenswert und schädlich, wenn er am Leben, und zu nichts nütze, wenn er tot ist.«

Obwohl sie seinen Mut und seine Schlauheit anerkannten, hatten die Jäger kaum weniger schematische Anschauungen von diesem »klugen und falschen Tier« (Gaston Fébus), dem sie alle Widerwärtigkeiten anlasteten, die ihm auch schon die antiken Schriften und der abendländische Volksmund zuschrieben. Wie Fébus und Henri de Ferrières sahen Du Fouilloux, Clamorgan und viele andere im Wolf das »von allen wilden Tieren (...) böseste, das meiste Übel und Schaden anrichtende« Tier. Er lebt allein wie ein Straßenräuber und Gesetzloser, seine Missetaten heckt er im Dunkel der Nacht aus und schart dann ein paar andere Schurken seines Schlages um sich, um sie auszuführen.

Es ist da also etwas, was jegliche Neugier, jede menschliche Objektivität im Studium und in der Darstellung des Wolfs blockiert. Er wird immer wieder als der Feind schlechthin des Menschengeschlechts empfunden, noch zu Beginn der beiden Weltkriege: Wolf und *boche* (Schimpfwort für die Deutschen) waren dem Franzosen ein und dasselbe, und im Zweiten Weltkrieg gab es ein Lied *Les loups sont entrés dans Paris* (Die Wölfe sind in Paris).

Die christliche Literatur begnügt sich, wie wir gesehen haben, nicht damit, den Wolf zum abgrundschlechten und fürchterlichsten aller Lebewesen zu machen; sie schildert ihn auch in den schwärzesten Farben, dichtet ihm die absurdesten Eigenschaften an, um ihn noch widerwärtiger und verachtenswerter zu machen. Man rächt sich und macht ihn lächerlich, um die eigene Angst zu kompensieren.

Der *Roman de Renart* des 13. Jahrhunderts versieht Isegrim mit den entehrendsten Charakterschwächen: Zunächst ist er ein Feigling, eine Memme, die nur auf Schwache losgeht – in Wirklichkeit vermeidet er, mißtrauisch und umsichtig, wie er ist, nur sinnlose Anstrengungen und nutzlosen Energieaufwand. In erster Linie dumm, gerät er in die plumpesten Fallen, läßt sich den Schwanz im Eis festfrieren, springt kopfüber in Brunnen usw. Natürlich widerspricht dies diametral seiner tatsächlichen Umsichtigkeit, doch das stört niemanden. Die Tölpelhaftigkeit des Wolfs wird noch verstärkt durch den Kontrast zur Schläue des Fuchses, von dem der Mensch nichts zu befürchten hat, außer ein paar Diebereien. Zu denen Reineke Fuchs sich nicht bekennt, denn er ist meineidig, und das Volk, zitternd vor dem großen Herrn, sagt sich, die List werde schon siegen über die brutale Gewalt. Die Schadenfreude über das Unglück des Wolfs ist dafür um so größer.

Meister Isegrim ist immer hungrig, er ist gefräßig, ein gieriger und unersättlicher Vielfraß, der sich den Bauch so vollschlägt, daß er nicht mehr zum Loch hinauskommt, durch das er hereingekommen ist. Er macht sich der abscheulichsten Verbrechen schuldig: So verspricht er dem Zicklein, es am Karfreitag nicht zu fressen, wird wortbrüchig, mordet und verspeist es genüßlich just am heiligen Ostertag; zu Meineid und Mord kommt also noch Gotteslästerung hinzu. Die Moral verlangt, daß jedes einzelne Verbrechen bestraft wird. Der Wolf wird nur deshalb nicht getötet, weil er in der nächsten Episode wieder auftreten muß, doch er hat seinen Schwanz eingebüßt, leidet unter entsetzlichen Magenschmerzen, muß sich verbrühen und jämmerlich verprügeln lassen (oft haben Mönche die Hand im Spiel) und beschließt seine Rolle als lächerlicher Hanswurst. Der Mensch hat sich schadlos gehalten für seine Angst vor dem Wolf und seine Gottesfurcht.

Für die kleinen Kinder, die sich am wenigsten wehren können, alles glauben und einen gutmütigen Köter noch für einen Wolf aus dem tiefen Wald halten können, mußte man natürlich aus dem Wolf einen Kinderschreck machen, einen Nachfahren jener Wölfin Mormolykeion, mit der man schon vor 2500 Jahren den kleinen Griechen gedroht hatte. Das führt uns zur reichen Linie der Fabeln La Fontaines, des Rotkäppchens, der *Contes de lundi* von Daudet, die alle vor dem Verführer, dem starken, listigen und grimmigen Wolf warnen wollen, vor Vertrauensseligkeit unbekannten Leuten gegenüber (die böse Schurken sind), außerdem vor Unvorsichtigkeit und Ungehorsam gegenüber den weisen Ratschlägen der Eltern. Daß solche Geschichten den Wolf überlebt haben, liegt nicht nur an der überschäumenden Volksphantasie und dem reichen kollektiven Unbewußten, das der Wolf widerspiegelt. Es gab auch die Profanierung dieser Mythen im späteren 19. Jahrhundert, den Kampf gegen die Tollwut und den Endkampf gegen die Randgruppen, für die der Wolf stellvertretend stand.

Als einziges Tier, das immer böse war, wurde der Wolf zur Verkörperung des Bösen schlechthin, der finsteren Mächte, der Sünde, denn er verschlang ja das mystische Lamm, das Symbol Christi. Schon in der antiken Mythologie war er das Ungeheuer, das die Unterwelt füllte oder der Wächter des Totenreiches mit Hades, dem Gott mit dem Helm aus Wolfsfell. Bei den Etruskern brach er aus der

Höhle (d.h. aus der anderen Welt) hervor, um die Lebenden zu verschlingen. In den germanischen und skandinavischen Sagen erscheint der Wolf als blutrünstiges, gräßliches Raubtier, das die Toten verschlingt, als höllischer, furchteinflößender Feind wie der Fenrir, der in der Götterdämmerung wiedererscheint.

Das christliche Abendland vermengte einige dieser Elemente in seiner Literatur und assoziierte den Wolf mit der Sünde, dem Teufel, dem Tod, der Hölle. Im 13. Jahrhundert »stellt der Wolf den Teufel dar, denn dieser nährt einen immerwährenden Haß gegen das Menschengeschlecht und schleicht um die Gedanken der Gläubigen, um ihre Seelen zu täuschen«. In einer anderen Schrift ist er das »Sinnbild des verstoßenen Teufels«; und Gott schuf den Hund gegen den Wolf, die Ausgeburt der Hölle. Die Verbindung zu Magie, Hexerei, Nekrophagie, Kannibalismus, Kindermord und Sexualität ist offensichtlich. Auf wie vielen Wölfen wird rückwärts zum Hexensabbat geritten! Bei wie viel Hexerei, bösem Zauber und Giftmischerei geht irgend etwas vom Wolf ein! Wie viele Orgien im Bunde mit den Wölfen im Mondschein, in der dunklen Nacht, in der Höhle, im tiefen Wald! Und wie viel Argwohn, Terror und Haß gegen jene Menschen, die mit Wölfen Berührung haben! Und derer gibt es viele!

Gar nicht so dumm!

Es waren zuerst Wilderer, Hirten, Holzhauer, Einsiedler, Köhler, Straßenräuber, Vogelfreie und andere Waldgänger, die nicht nur die Wölfe kannten, sondern auch, wie gewisse Wolfsjäger, Tiere bargen, die es ihnen angetan hatten, vor allem Jungtiere nach der Tötung der Eltern, oder Bastarde einer Hündin und eines Jungwolfs. Man kann sich die mit Entsetzen gemischte Neugier leicht vorstellen, die diese »Wolfsführer« erweckten, wenn sie, umgeben von ihren furchterregenden, folgsamen Tieren, durch die Dörfer oder zu einsamen Bauernhöfen kamen, um Geld oder Nahrung zu betteln bei den Leuten, »die sie bedrohten und erschreckten«, wie ein Bericht eines französischen Präfekten noch 1878 hervorhebt. Wie hätte man diese Leute nicht für Hexer halten sollen, die die Wölfe mit ihrer Musik oder mit in der Heide gelegtem Feuer anlockten, die ihre Sprache verstanden und zu ihnen sprechen, sie nach Belieben gegen einen Pferch ausschikken oder sie auf dem Weg dazu aufhalten konnten? Es ist anzunehmen, daß Menschen, die junge Wölfe gerettet hatten, ihnen danach die Freiheit schenkten und daß diese ihre Wohltäter nicht vergaßen, sie wiedererkannten, verschonten, sich sogar anhänglich zeigten, wenn sie ihnen zufällig begegneten. Viele Berichte und Episoden aus dem 19. und 20. Jahrhundert könnten so eine Erklärung finden.

Jedenfalls teilt der »Wolfsführer« mit seinen glühenden Augen den schlechten Ruf mit dem Tier, das ihn begleitet, und bisweilen gerät er in die Nähe des unzähligen Kino- und Fernsehzuschauern, Radiohörern, Comicslesern und Liebhabern von phantastischer, sadistischer, pornographischer oder masochistischer Literatur so vertrauten Werwolfs. Schon das Wort läßt einen wollüstigen

Schauer über den Rücken laufen: Der Werwolf (*wer* = Mann, Mensch) ist obligatorisch ein Menschenfresser, seine Sexualität ist von ungehemmter Brutalität, seine Kraft mörderisch. Man hat versucht, ihn mit den antiken Wolfsgöttern in Zusammenhang zu bringen, deren Anhänger sich mit Wolfsfellen bekleideten und kultischem Kannibalismus huldigten. Andere, wie jene Wolfskrieger, die sich von wirklichen Wölfen begleiten ließen und mit wilder Kühnheit angriffen, kämpften und mordeten, tranken vielleicht, wie die Hexen des ausgehenden Mittelalters, einen Zaubertrank oder rieben sich mit einem Zaubermittel ein, das ihnen den unerschütterlichen Glauben verlieh, unter ihrem Wolfsfell wirkliche Wölfe zu sein, so daß sie auf allen Vieren, wie Wölfe heulend, Kindern und Säuglingen die Kehle durchbeißen gingen. Schon die Indoeuropäer und ihre Nachkommen, die Griechen, Römer, Perser und Inder, kannten die Bünde der Wolfssöhne oder Wolfsbrüder. Doch erst seit dem Ende des Mittelalters und mit dem Beginn der Neuzeit vervielfältigen sich in Europa die Werwölfe, zumindest erfahren wir seit dieser Zeit mehr Einzelheiten, da in den Archiven sowohl ihre Missetaten als auch die Zahl ihrer Opfer und die Art ihrer Bestrafung – gewöhnlich der Scheiterhaufen – festgehalten ist. Daß sie mit dem Teufel im Bunde stehen, ist für alle Zeitgenossen ausgemacht: Man wird zum Werwolf durch bösen Zauber oder aber zur Strafe für eine schwere Sünde; schlimmer noch, ein Verdammter, der in der Hölle keinen Platz findet, muß sieben Jahre auf der Erde als Werwolf für seine Sünden büßen. Der von van Gennep studierte und von Henri Pourrat literarisch verarbeitete Werwolf der Auvergne ist ein Mann, der sich nachts von seinem Lager erhebt, das Wolfsfell überwirft und auf allen Vieren mordend und reißend, allen Kugeln trotzend durch die Lande streunt. Wie kugelfest diese Leute tatsächlich waren, mag dahingestellt bleiben, sicher ist, daß viele den Wölfen angelastete Verbrechen von Menschen, mit oder ohne Wolfsfell, verübt wurden. Jedenfalls ist erwiesen, daß die Lykanthropie epidemisch war, häufig besonders in Zeiten der Hungersnot; ob es sich dabei um Symptome menschlicher Tollwut, um geistige Verwirrung, kannibalische Impulse in Zusammenhang mit Unterernährung, um Massenhysterie, rituellen Sühnemord oder um Halluzinationen handelte, hervorgerufen vom Verzehr bestimmter Pflanzen während der großen Hungersnöte, ist nicht zu ermitteln. Die Werwolf-Akte ist äußerst umfangreich; sie wurde auch tüchtig ausgeschlachtet und aufgebauscht für obskure Geschichten, mit der die Bevölkerung eingeschüchtert, Morde kaschiert oder bestimmte Kreise zu Terrorakten angestachelt werden sollten: In der Weimarer Republik gab es bekanntlich den Wehrverband »Werwolf«, der den politischen Mord praktizierte, lange bevor er 1933 in die SA eingegliedert wurde.

Der nette kleine Wolf und Sankt Lupus

Zwar gelten die Bosheit (und deren Nebenprodukte Aggressivität und Terror) allgemein als die Haupteigenschaften des Wolfs, doch das Volksgedächtnis hat nicht nur diese finsteren Seiten behalten.

Einige seiner Körperteile besitzen Zauberkraft: Ein Eckzahn als Amulett hilft den Kindern beim Zahnen; er schützt auch vor dem Wolf selbst, bringt Glück in der Liebe, genauso wie Streifen seines Fells. Bei den Pferden kuriert sein Fleisch den Durchfall, bei den Menschen die Gicht und die Epilepsie; es schützt vor der Pest und dem Kropf. Seine zu Pulver gestoßenen Knochen heilen Brüche, härten die Wirbel und machen die Muskeln weich; seine Zunge bringt Glück im Spiel; sein gebratener Penis ist ein Aphrodisiakum, das aber nichts hilft, wenn ein eifersüchtiger Nachbar mit bösem Zauber die Potenz lähmt. In Pfoten, Schwanz, Haaren, Fett, Kopf, Kot und Blut stecken ebenfalls Kräfte, besonders aber in der Leber, die nach entsprechender Verarbeitung bei Brand, Syphilis, Herzjagen, Wassersucht, Tobsucht, Leberleiden, Schwindel, Migräne und sogar Warzen helfen soll. Übrigens gibt es von Gott begnadete, »umgedrehte« Wölfe, wie der »grüne« Wolf der heiligen Austreberthe, der in Jumièges bei Rouen gefeierten Äbtissin von Pavilly. Diese wunderbare Bekehrung, nach der das Tier dem Bösen entsagt und sich dem Guten zuwendet, vollzieht sich gewöhnlich schlagartig und ist das Werk eines heiligen Beichtvaters. So überzeugte Franz von Assisi ein wildes Tier (einen bösartigen Gutsherren?), sich von den Bewohnern der Stadt Gubbio füttern zu lassen, anstatt im Umland zu wüten. Der heilige Hervé von der Bretagne, der heilige Remaclus von Flandern, der heilige Genis aus dem Comtat (heutiges Vaucluse in Südfrankreich), der heilige Mungo, Bischof von Glasgow, und natürlich der heilige Lupus, Bischof von Bayeux, sie alle sollen solch segensreichen Einfluß auf die Wölfe genommen haben.

Nur wenige Wölfe sind von Geburt an »umgedreht«. Selbst jener Wolf von Vernols hatte wahrscheinlich einem frommen, todkranken Einsiedler aufgelauert, um ihn zu reißen, als ein des Weges kommender Kreuzfahrer ihm in seinem goldenen Kreuz die Reliquie des heiligen Johannes anvertraute: Der Wolf bewachte dann den heiligen Schatz, den der sterbende Einsiedler noch berühren konnte, und am nächsten Tag fand man ihn treu ausharrend neben einem totgebissenen Banditen, der noch die Hand nach dem begehrten Reliquiar ausgestreckt hatte.

Mit zunehmender Seltenheit wurden die Wölfe nicht nur ungefährlicher, sondern auch in bestimmter Hinsicht sympathischer. Schon der Dichter und Jäger Alfred de Vigny (1797–1863) widmete ihm 1838 Verse voller Bewunderung für seinen Mut, seine Freiheitsliebe und seine Würde:

Er blickt uns noch an, legt sich wieder hin,
Leckt das Blut, das seinen Mund bedeckt,
Schließt seine großen Augen und stirbt dann ohne Schrei.

Seine feige Ermordung durch den Menschen und die Hunde, die ihm nicht die geringste Chance gelassen haben, die Liebe zwischen dem Elternpaar und zwischen Eltern und Jungen erwecken sein Mitleid und nötigen ihm Respekt ab:

Wären nicht die zwei Welpen gewesen, die schöne dunkle Witwe hätte ihn nicht
allein gelassen in der Stunde der Not.

Womit wir wieder beim zwar gefürchteten, aber auch geachteten Wolf der Antike wären. So zweischneidig die Wolfsjungen-Geschichten aus Indien, Frankreich und anderswo noch im 19. Jahrhundert sind, so bezeichnend ist es, daß Kipling mit seinem Jugendbuchhelden Mogli an den Adoptivsohn der römischen Wölfin anknüpft. Von Mutter Wolf und Vater Wolf aufgezogen, hat Mogli Zutritt zum Kreis der Erwachsenen unter der Führung des alten grauen Wolfs Akela: Er kennt ihr wildes, doch freies und geselliges Leben.

Symptomatisch für diese beispielhafte Rehabilitierung ist die Begeisterung, mit der Millionen von kleinen Pfadfindern als »Wölflinge« ihre tägliche gute Tat vollbringen und ständig »ihr Bestes tun« wollen. Der Wolf wird nun vollends sympathisch, und Walt Disney zeichnet mit seinen drei kleinen Schweinchen auf ebenso faszinierende wie simple Weise die Doppelnatur des Wolfs im Imaginären: Dem grobschlächtigen, lächerlichen, mehr dummen als grausamen, alten Ede-Wolf setzt er das so nette, immer hilfsbereite, sensible, intelligente, durch und durch gute Wölfchen entgegen: Ein Freund der drei kleinen Schweinchen und zugleich ehrerbietiger Sohn des alten Vaters.

Diese neuen Märchen sind Ausdruck einer leichten Verschiebug in der Mentalität, eines ansatzweisen Umschwungs zu Gunsten des Wolfs.

Nach Kipling, nach den Romanen J. O. Curwoods und nach Jack Londons *Wolfsblut* begann man, die exotischen Wölfe (Indien, Polarregion, Kanada, Alaska) besser kennenzulernen und zu verstehen. Man erklärte sie den Kindern der Generation vor 1914, die selbst schon keinen Wolf mehr gesehen hatten. Deren Kinder wiederum lernten die von ihnen zerstörte Natur und die meisten der vom Aussterben bedrohten Wildtiere wieder zu lieben: Neben so unbestritten sympathischen Tieren wie dem Elefanten, dem Bison oder dem Wal kann der Wolf einen Platz behaupten, der vielleicht nicht erstrangig ist, doch immerhin, und das ist schon bezeichnend, noch weit vor dem furchteinflößenden Tiger oder dem unheimlichen Hai kommt.

Als Erwachsene beginnen viele, sich für Umweltprobleme zu interessieren, wobei oft mehr Emotion als Realismus, Vernunft und Fachwissen ausschlaggebend ist. Unsere Aktionen zugunsten bestimmter Tiere können sich aber Unkenntnis nicht leisten! Die Bären zu schützen, die unser Volksglaube als gutmütige, kaum Schaden anrichtende Tollpatsche sieht, ist sicher eine gute Sache. Den Luchs wieder anzusiedeln, den unsere nachmittelalterlichen Großmütter überhaupt nicht kannten, mag auch angehen. Wir können davon ausgehen, daß diese seltenen Tiere, die sich langsam reproduzieren und deren Vermehrung in Nationalparks streng kontrolliert werden kann, kaum eine Gefahr für den Menschen bedeuten, vor dem sie im übrigen Angst haben und dem sie indirekt einen Dienst erweisen, indem sie Aas und kranke oder schwache Tiere beseitigen.

Aber der Wolf? Bei der heutigen Ausbreitung der Tollwut wäre eine Wiederansiedlung in Mitteleuropa sicherlich unklug. Wird man ihm, wenn eines Tages die »natürliche« Fauna sich wieder eingependelt hat und die Tollwutepidemie abgeklungen ist, wieder die Chance geben, hier oder dort aufzutauchen? Wie lange noch wird in den Tiefen der menschlichen Psyche die kindliche Nacht weiterleben mit ihren finsteren Wäldern und dunklen Höhlen, aus denen jeden Augenblick, teuflisch und schrecklich anzusehen, der große böse Wolf hervorbrechen kann? Werden die kleinen Kinder, wenn sie Prokofjews *Peter und der Wolf* lauschen, wieder fürchten, er könne plötzlich »richtig« erscheinen, um sie »mit Haut und Haar aufzufressen«, noch bevor sie in einer von Fehlalarmen abgestumpften Umgebung »der Wolf! der Wolf!« schreien können?

Bis zu diesem unwahrscheinlichen Tag, an dem die uralten Ängste in uns wieder aufleben, täten wir gut daran, in einer Zeit, wo mehr als je »der Mensch dem Menschen ein Wolf« ist, uns ein Beispiel an diesem respektgebietenden Wildtier zu nehmen, das immerhin für sich beanspruchen kann, nie einen Artgenossen zu zerfleischen.

Der Elefant

Ist das Flußpferd ein Tölpel, der Löwe ein Gewalttäter, der Hase ein Spaßvogel und der Panther ein übler Bursche in der Volksphantasie und im Brauchtum Schwarzafrikas, so ist der Elefant der Vater, der Patriarch, das Oberhaupt der Tiere. Mehrere Stämme, so die Samakes im Bambaraland oder die Ndowu bei den Bapimbwes in Tansania, haben ihn zum Totem erwählt wegen seiner konkurrenzlos dastehenden Kraft, seines friedlichen, gerechten, intelligenten Wesens, und das trotz der Schäden, die er an den Ernten anrichtet (in der Bambara-Sprache heißt der Elefant denn auch *sama* und in Suaheli *ndowu* oder *tembo*). Erst nach langen magischen Ritualen und lautstarken Totenklagen über ihr edles Opfer können sich das Volk der Krŭ am Unterlauf des Cavally oder die Mindassa am Oberlauf des Ogowe dazu entschließen, die sterblichen Reste dessen zu verwenden, der ihnen das Fleisch für ihre Nahrung, die Haut für ihre Panzer, die Schwanzborsten für die geflochtenen Armringe ihrer Frauen, das Horn seiner Hufe und vor allem seine Stoßzähne gibt, die – unbehandelt oder zu Trophäen, Schmuck oder anderem Zierat geschnitzt – von Nubien bis zum Kap und von Abessinien bis zur Elfenbeinküste Handelsobjekt sind.

Auch in Asien verarbeitet man diese kostbaren Stoßzähne zu feinstem Schnitzwerk, doch man beschränkt sich nicht auf die Verwertung des toten Elefantenkörpers, weswegen man hier auch ein vollständigeres Bild von seinen Fähigkeiten besitzt. Übrigens ist der »indische« Elefant, den es auch auf Ceylon, in Burma, Laos, Kambodscha, Thailand und auf den Sundainseln gibt (bis ins letzte Jahrhundert gab es ihn auch in Vietnam und Südchina, Guangxi, Sichuan und Yunnan), nicht genau identisch mit dem afrikanischen Elefanten: Er ist weniger hoch (nur 3 Meter statt 3,5 Meter), weniger schwer (3 Tonnen statt 4 oder 5), seine Stoßzähne sind feiner, seine Ohren kleiner und dreieckig, der Rüssel hat an der Spitze nur einen Greiffinger. Vor allem aber ist der asiatische Elefant teildomestiziert, und dies mindestens seit dem 3. Jahrtausend.

Der Freund der Götter

Weit besser als die Jagd oder der Wildtierfang, erlaubte das Vertrauensverhältnis zwischen dem Kornak (Elefantenführer) und seinem Tier, in die Psychologie dieses mächtigen, doch schüchternen, gelehrigen, lauteren, treuen, mit erstaunlicher Intelligenz und sprichwörtlichem Gedächtnis begabten Freundes einzudringen. Das erklärt wohl auch seine vielfältigen Darstellungen in den orientalischen Religionen: Indra, der Herr des Regens und des Gewitters, reitet auf dem Elefanten Airavata, dem ersten Wesen, das aus der auf acht Elefanten-Pfeilern ruhenden Welt der Brahmamuschel entstiegen ist. Buddha, der Sohn des (die Königin Maja mit dem Rüssel befruchtenden) Elefanten, wurde selbst als Elefant wiedergeboren. Und in Thailand ist der Kult des weißen Elefanten, der übrigens das Emblem der Nationalflagge ist, sehr lebendig geblieben.

Im Abendland und in der mediterranen Welt der klassischen Antike, in welche die Elefanten, die hier in grauer Vorzeit ausgestorben waren, gelegentlich aus Asien oder Afrika wiedereingeführt wurden, festigten sie ihren auf Aristoteles und die Kontakte mit Asien zurückgehenden Ruf als Tiere von kolossalen Körperkräften und einem Verhalten, das den edelsten menschlichen Tugenden nicht nachstand, namentlich was ihre liebevolle Behandlung der Jungen, die Gruppensolidarität, die Hilfsbereitschaft verletzten oder sterbenden Artgenossen gegenüber und ihre Gelehrigkeit betraf – Vorzüge, in denen man den Beweis für größten Scharfsinn sah. Sein geringes Schlafbedürfnis (nur wenige Stunden pro Nacht) und seine Gewohnheit, sich beim Mondschein mit Wasser zu bespritzen, wurden als Zeichen einer tiefen Religiosität gedeutet; seine dezente Weise, sich zu paaren – er tut es nur unter einem Wasserschleier –, ließ ihn zum Vorbild des keuschen Wesens werden, so daß das Verhalten des Elefantenpaars manchmal mit Adam und Eva verglichen wurde. Die Ehesymbolik des Mittelalters griff das Thema gerne auf. Schließlich wurde er durch seine Abscheu vor der Schlange, die er zertritt, um die Jungen zu schützen, zur Verkörperung des Guten, das das Böse besiegt. Es versteht sich von selbst, daß diese ganze Bilderwelt nichts mit direkter Beobachtung zu tun hatte, denn der Elefant war ja eine äußerste Seltenheit im mittelalterlichen Abendland. Das hat sich übrigens kaum geändert. Natürlich können wir heute Elefanten in Gefangenschaft, im Zoo oder im Zirkus sehen oder sie in einigen Gebieten Asiens und Afrikas in freier Wildbahn beobachten. Sie stehen dort als aussterbende Art unter Schutz, obwohl ihre Vorfahren, die Rüsseltiere, einstmals von Amerika bis Sibirien weit verbreitet waren. Im Eozän gab es bereits das *Moeritherium* – sein Name erinnert an den Mörissee unweit von Kairo –, das nicht kleiner und nicht größer war als die anderen Säugetiere (60 cm). Im Oligozän entwickelten sich die *Paleomastodontes* mit vier Stoßzähnen und einem starken Rüssel, die im Miozän zum *Tetrabelodon* und zum *Dinotherium* mit ihren eigenartigen, an die Hauer des Ebers erinnernden Stoßzähnen wurden. Im Pliozän verzweigte sich das *Stegodon*, das Spuren in Indien und in China hinterließ und nur noch ein Paar Stoßzähne besaß, in zwei große Familien: die eine mit dem afrikanischen Elefanten *(Loxodonta africana)* und Zwergformen wie dem fossilen Malta-Elefanten (ein oder zwei Meter Schulterhöhe) oder der Form, die im Maghreb bis zum Beginn unserer Zeitrechnung existierte und dessen Brüder (2–2,4 Meter) noch im Sudan und in den kongolesischen Wäldern vorkommen; die andere, komplexere Familie enthielt den asiatischen Elefanten *(Elephas maximus)* und die Arten mit zurückgebogenen Stoßzähnen, die zunächst ostjakisch, dann russisch *Mammut* getauft wurden.

Die Menschen der Vorgeschichte haben diesen behaarten Koloß oft auf ihren Felsmalereien dargestellt, so in Frankreich in Les Combarelles und in Pech-Merle. Vielleicht hat das Skelett mit dem einzigen Loch im Schädel (die Rüsselöff-

Rekonstruktion des Mammuts, des Vorfahren und Verwandten des asiatischen Elefanten.

nung) in der Antike die Zyklopensage hervorgebracht; später sind ganze Körper, mit Fleisch und Haut, im sibirischen Eis gefunden worden. Ihre riesigen fossilen Stoßzähne, die bis zu fünf Meter lang werden konnten, haben über Jahrtausende die Werkstätten der chinesischen Elfenbeinschnitzer versorgt.

Ein tödlicher Kälteschock

Die Mammuts sind erst in »jüngster« Zeit ausgestorben; die Gründe dafür kennen wir nicht. Wohl haben vermutlich Klimaveränderungen diese Tiere mit ihrem Pelz aus langen Haaren ins nordöstliche Eurasien abgedrängt, doch es muß einen sehr heftigen Kälteschock gegeben haben, um so viele Tierleichen tiefzugefrieren, bevor sie Raubtieren oder der Verwesung zum Opfer fielen. Einige sind eines plötzlichen Todes gestorben, mitten in der Nahrungsaufnahme, so daß man bisweilen in ihrem Magen vollkommen erhaltene Teile von Koniferen, Birken, Erlen, Weiden und verschiedenen Steppengräsern finden konnte, die den heute in diesen Breitengraden wachsenden Pflanzen sehr ähnlich sind. Man müßte sich demzufolge einen plötzlichen und fürchterlichen Kälteeinbruch vorstellen, der augenblicklich oder in so kurzer Zeit tödlich wirkte, daß diesen schweren Tieren keine Zeit mehr verblieb, in ein weniger lebensfeindliches Milieu auszuweichen. Ihre Körper waren so perfekt »tiefgefroren«, daß beim allmählichen Abschmelzen der Eisschichten in den letzten Jahrhunderten Wölfe, Eskimohunde und sogar ein russischer Forscher sich von diesem mehrere Jahrtausende alten Fleisch ernähren oder es wenigstens kosten konnten.

Der nächste Verwandte des Mammuts lebt in Asien: Es ist der »indische« Elefant, der in Herden noch bis ins 9. Jahrhundert v. Chr. Syrien, vielleicht auch Persien und Armenien bevölkerte. Einige ägyptische und assyrische Quellen erwähnen ihn oder stellen ihn mit seinen sehr spezifischen kleinen Ohren dar.

Pharao Thutmosis III. soll 1464 v. Chr. mindestens 120 von ihnen erlegt haben. Fossile Reste aus dem 16. und 15. Jahrhundert v. Chr., der Obelisk Salmanassars, die Urkunden Assurbanipals II. (859–833), in denen dreißig zum Teil in Tierparks gehaltene Elefanten erwähnt werden, all dies bestätigt ihr Vorkommen, ihren schnellen Rückgang und ihr schließliches Verschwinden, das zum Teil auf die ihren Lebensraum vernichtenden Rodungen, zum Teil auf die von der starken Elfenbeinnachfrage angeheizte Jagd zurückzuführen ist. In Vorderasien, natürlich auch bei den Kelten, Germanen, Griechen und Römern, war die Erinnerung an diese Tiere längst erloschen, als die Wechselfälle der menschlichen Geschichte sie an der Mittelmeerküste erneut auftauchen ließen.

Trotz seiner enormen Arbeitskraft, die zum Beispiel genutzt werden kann, um Bäume auszureißen und wegzuschleppen, den Pflug zu ziehen, Straßen zu bauen, schwere Güter oder mehrere Reisende auf einmal zu transportieren, wurde der Elefant außer in Indien und Indochina sehr selten in die tägliche Arbeit eingespannt. So beweist nichts, daß die Elefanten Tunesiens bei der Feldarbeit geholfen hätten. Hingegen wissen wir, daß der römische Kaiser Hadrian achtzig Dickhäuter einsetzte, um die Kolossalstatue Neros auf das später nach ihr benannte Kolosseum zu versetzen, und daß der Mongolenfürst Timur beim Bau der riesigen Moschee seiner Residenz Samarkand fünfundneunzig Elefanten in Dienst hatte. Die Bemühungen Leopolds II. von Belgien, gegen Ende des letzten Jahrhunderts in Zaire Elefanten arbeiten zu lassen, führten hingegen nicht sehr weit.

Im Militärdienst

Rein militärische Gründe bewogen die Zivilisation der Antike, in Europa wieder einige Truppen mit domestizierten oder domestizierbaren Elefanten einzuführen. Man gab also dem Sturmpanzer-Elefanten den Vorzug vor dem, was man heute vielleicht Traktor-Elefant oder Bus-Elefant nennen könnte, im Gegensatz zu den Indern, die ihn für die Landwirtschaft, den Verkehr und den Krieg zugleich verwendeten.

Die Kriegselefanten werden in den ältesten indischen Epen häufig erwähnt: Nach dem Mahabharata sollte die ideale Armee mehrere Tausend von ihnen enthalten. Die Grundeinheit einer solchen Armee umfaßte vierzehn Mann, fünf Pferde und einen Elefanten. Dieser für das 1. Jahrtausend v. Chr. sehr vielfach belegte Einsatz im Krieg soll auf die Zivilisationen am Indus um Mohenjo Daro (2500 v. Chr.) zurückgehen. Er dauerte das ganze Mittelalter hindurch und bis in die Neuzeit hinein fort, bei den Indienfeldzügen Mahmouds des Ghaznawiden (gestorben 1301) ebenso wie bei den Vorstößen Kublai Khans nach Burma, wo seine Truppen nach dem Zeugnis Marco Polos mit tausend Sturmelefanten fertigzuwerden hatten, ehe sie Delhi einnehmen konnten (1299). Timur mußte 120 mit Eisen gepanzerte Elefanten zurückdrängen; die indischen Großmogulen des 16.

In China spielte der indische Elefant eine große Rolle; weniger als Elfenbeinlieferant (man hatte das fossile Elfenbein der sibirischen Mammuts) denn als Kriegselefant und vor allem als Transportmittel: Er war ein viersitziges »Cabriolet«, das sogar auf entsprechende Musik tanzen konnte (Tang-Zeit, Paris, Privatbesitz).

und 17. Jahrhunderts verfügten angeblich über sechs- bis zwölftausend Elefanten und Siam über fast ebenso viele. Die Engländer, ebenso die Portugiesen von Albuquerque bis Malakka, wurden manchmal mit Tieren bekämpft, die schon an Arkebusen gewöhnt waren. Noch an der Wende vom 18. zum 19. Jahrhundert kämpften Hyder Ali und Tippoo Sahib mit Elefanten unter englischem Kanonenfeuer.

Diese Kriegstradition drang im 4. Jahrhundert v. Chr. nach Europa vor. Unzweifelhaft aus Indien stammten jene fünfzehn Elefanten, welche der in Bedrängnis geratene Perserkönig Darius bei Arbela (331 v. Chr.) gegen die Mazedonier ausschickte, die damit als erste Europäer diesen Tieren gegenüberstanden. Wenig später konfrontierte sie die berühmte Schlacht am Hydaspes nochmals mit hundert von diesen Ungeheuern, die der edle Poros, Herrscher des Reiches jenseits des Indus, dem genialen Alexander entgegenzusetzen versuchte. Der Eroberer brachte eine Anzahl besiegter Dickhäuter nach Susa zurück, bei welcher Gelegenheit Aristoteles sie vermutlich beobachten und seine äußerst genauen Beschreibungen verfassen konnte. Alexanders Generäle, für welche die Kraft und die Stärke dieser Tiere eine regelrechte Offenbarung waren, setzten sie systematisch in ihren Diadochenkämpfen ein (301 bei Ipsos). Seleukos I., der das obere Asien hielt, ließ sich von Chandragupta, einem der mächtigsten indischen Herrscher, fünfhundert von ihnen liefern. Durch seine geographische Position, die ihm die ausschließliche Nachschubmöglichkeit vorbehielt, verhinderte er, daß seine Rivalen sich diese Tiere beschafften. Bei dieser Sachlage kam Ptolemaios, dessen Kernland Ägypten war und der seine Elefantenbestände dahinschmelzen sah, auf den Gedanken, die afrikanischen Arten einzusetzen. Er und seine Nachfolger organisierten den Fang, die Sammellager und den Transport der kleinen Elefanten Nubiens und Abessiniens das Rote Meer entlang und ließ sie von indischen Elefantenführern abrichten. Die Ergebnisse waren zufriedenstellend, obwohl bei der Schlacht von Raphia (217) die afrikanischen Elefanten Ptolemaios' IV. Philopator von den indischen Elefanten des Antiochos aufgerieben wurden.

Der griechische Geschichtsschreiber Polybios hat uns diesen denkwürdigen Nahkampf in seinen *Historien* überliefert. Die Schlacht begann an den Flügeln, wo sich die beiden Heerführer befanden, Ptolemaios mit vierzig von seinen dreiundsiebzig Elefanten, Antiochos mit sechzig von seinen hundertzwei Dickhäutern:

»Als Ptolemaios, die Front abschreitend, mit seiner Schwester auf der Linken seiner ganzen Schlachtlinie angelangt war und Antiochos mit der königlichen Schwadron auf der Rechten, ließen sie zum Angriff blasen und eröffneten den Kampf mit den Elefanten. Nur einige von denen des Ptolemaios erreichten die Gegner: die Soldaten, die sie in Türmen auf ihrem Rücken trugen, lieferten sich ein schönes Gefecht aus allernächster Nähe, indem sie sich mit langen Lanzen durchbohrten und schlugen, doch die Elefanten lieferten sich ein noch schöneres Gefecht, indem sie sich von vorn angriffen und aufeinander losgingen.

Auf folgende Weise kämpfen diese Tiere gegeneinander: Während sie ihre

Ist dies wirklich eine Schachfigur? Der »Turm« kommt erst spät auf den Elefanten. Es ist sicherlich auch nicht das Geschenk des Kalifen von Bagdad, Harun ar-Rashid, an Karl den Großen: Dieser hatte dem Kaiser einen richtigen Elefanten geschenkt, der in Pisa an Land ging und zu Fuß den Weg nach Aachen zurücklegte. Das beschädigte Fragment zeigt aber gut, wie imponierend ein solcher gepanzerter, von Reitern flankierter Elefant gewesen sein muß: ein richtiger Kampfpanzer und zugleich ein komfortabler Autobus (Paris, Nationalbibliothek).

Stoßzähne kreuzen und sie ineinander verkeilen, stemmen sie sich mit ganzer Kraft gegeneinander und versuchen wie wild, sich wegzudrängen, bis einer von ihnen, der Stärkere, den Rüssel des anderen wegdrückt. Dann, wenn er ihn zum Weichen gebracht hat und ihn von der Seite nimmt, durchstößt er ihn mit seinen Stoßzähnen, so, wie es die Stiere mit ihren Hörnern machen. Doch die meisten Elefanten des Ptolemaios verweigerten den Kampf, wie es die afrikanischen Elefanten gewöhnlich machen. Denn sie ertragen den Geruch und den Schrei der indischen Elefanten nicht, sie fürchten ihre Größe und ihre Kraft, und ich glaube wohl, daß sie sofort vor ihnen flüchten, wenn sie in der Nähe sind. Und dies hat sich auch ereignet. Als sie in Unordnung zurückwichen, brachten sie die Schlachtlinien der Ihren durcheinander, die Wache des Ptolemaios begann, von den Elefanten zertrampelt, zurückzuweichen, und die Männer des Antiochos, welche die Elefanten umgingen und nach vorne stürzten, trafen auf Polykrates und seine Reiter.

Zu gleicher Zeit griffen hinter den Elefanten die griechischen Söldner, die der Phalanx zugeordnet waren, die Schildträger des Ptolemaios an und warfen sie zurück, nachdem die Elefanten schon deren Reihen durcheinandergebracht hatten. So wich die ganze Linke des Ptolemaios vernichtend geschlagen zurück.«

Obwohl Ptolemaios schließlich siegreich war, hinterließ dieser Titanenkampf in der Antike, später auch im Mittelalter, den bleibenden Eindruck, wonach der asiatische Elefant größer und stärker sei als der afrikanische; im gegebenen Kontext traf dies auch zu, denn der riesige Elefant Kenias oder der Elfenbeinküste, noch stärker als der indische, ist nie auf den Schlachtfeldern erschienen.

So wurden im 2. Jahrhundert v. Chr. die Elefanten in die im Vorderen Orient operierenden Heere eingegliedert. Jene zwanzig, die Pyrrhus, König von Epirus, nach Italien brachte, verhalfen ihm in prekärster Lage bei Herakleia (280) zum Sieg über die römischen Legionen. Zur selben Zeit schenkte Ptolemaios Euergetes wahrscheinlich einen Elefanten den Karthagern. Nun gab es aber in den Wäldern Numidiens (wo Pompeius kurz vor der Zeitenwende noch welche jagte), Mauretaniens und des Atlas noch reichlich Elefanten, deren Größe (man konnte sie aufgrund der Größe des Kornaks berechnen) vergleichbar war mit der Größe der anderen »afrikanischen« Elefanten (2–2,40 Meter). Bereits im Jahre 262 ließen die Karthager sechzig von ihnen in Sizilien kämpfen, und 255 mußte der Konsul Regulus, nachdem er alle Friedensangebote verächtlich abgeschlagen hatte, erleben, wie sein Heer von Xanthippos hundert Elefanten aufgerieben wurde. Als Besiegter zog er in Ketten mit seinen fünfhundert überlebenden Legionären in die Stadt ein, die er schon in seiner Hand geglaubt hatte.

Bekannt ist auch die Geschichte Hannibals, »des einäugigen Feldherrn, der auf dem *gätulischen* Elefanten ritt«. (Man kann sich fragen, ob dieser Elefant, der von den siebenunddreißig des Feldzugs als einziger überlebte und *Surus,* d.h. Syrier hieß, wirklich aus Gätulien in Afrika stammte oder nicht eher aus Indien; es gibt einen gesicherten Beleg für das Vorhandensein indischer Elefanten in Karthago; jedenfalls würde dies seine Größe, seine Ausdauer und seine vollendete Domestikation erklären.) Von Spanien brach Hannibal mit siebenunddreißig Dickhäutern

Neben dem grünen und dem schwarzen Nieswurz erscheint ein Elefant, den der Zeichner offenbar nie gesehen hat: Die Stoßzähne gleichen Eberhauern, der Rüssel weitet sich am Ende trompetenartig, der Dickhäuter steht auf Schweinsfüßen und hat keine Ohren (Rom, Vatikanische Bibliothek).

auf. Auf Flößen setzte er mit ihnen über die Rhone und überquerte dann die Alpen. Das unlängst in Frankreich gefundene riesige Skelett erinnert, wenn es wirklich aus dieser Zeit stammt, an die gewaltigen Schwierigkeiten und Verluste: Fast alle Tiere starben oder waren schon tot, als an der Trebia die Schlacht begann. Seine glänzendsten Siege (Trasimenischer See, Cannae) errang Hannibal ohne Elefanten. Nach den punischen Niederlagen setzte Rom die Dickhäuter gelegentlich noch ein: gegen Perseus und Philipp von Makedonien, dann in Spanien und schließlich 122 und 121 in der Nähe der Rhone gegen die Gallier, Allobroger und Arverner, deren scheuende Pferde die eigenen Reihen in die wilde Flucht und in den Tod trieben. Während des Bürgerkriegs benutzte die Partei des Pompeius in Thapsos die vierundsechzig Elefanten ihres Verbündeten Juba I. gegen Cäsar. Es war dies der letzte bekannte kriegerische Einsatz afrikanischer Elefanten. Gleichzeitig hatte die *pax romana*, die Friedensordnung des römischen Imperiums, die »indischen« Kriegselefanten im Orient und in den verbündeten Monarchien Kleinasiens nicht nur überflüssig gemacht, sondern auch mit Verbot belegt.

Eine zweischneidige Waffe

Mehrere Gründe erklären die relativ kurze Dauer, während der im Westen Kriegselefanten eingesetzt wurden. Man konnte mit ihnen im allgemeinen nur Truppen besiegen, die diese Tiere noch nie gesehen hatten; die entsetzten Soldaten und die scheuenden Pferde verloren dann ganz oder zum Teil ihren Kampfwert und wurden von den gegnerischen Schwadronen aufgerieben. Der Überraschungseffekt kompensierte die Schwerfälligkeit dieser Formationen, die jede ausgefeilte Taktik ausschlossen. Die zuvor (mit Alkohol?) aufgereizten Elefanten stürmten einfach los, traten alles nieder und ließen ihre Wut an Feinden, Palisaden, Bäumen aus, während die zwei oder vier Mann auf ihrem Rücken, bisweilen durch einen Turm aus Weidengeflecht oder Holz geschützt, mit Pfeilen, Speeren und Steinschleudern um sich schossen. Der angerichtete Schaden war zwar gewaltig, doch der im übrigen sehr exponierte Kornak konnte das Tier kaum beherrschen, es in seinem Sturmlauf anhalten oder wenden lassen, so daß Verteidigung und Gegenwehr relativ einfach zu bewerkstelligen waren. Neben dem mit anderen Elefanten geführten Frontalangriff gab es Möglichkeiten, die Kolosse zu neutralisieren, indem man ihnen mit spitz zulaufenden Äxten in die Kniekehlen hieb, mit Hippen die Rüssel abhackte, mit breiten, rasiermesserscharfen Speeren die Flanken durchstach oder mit Katapulten oder »Skorpionen« Felsblöcke auf sie schleuderte, die groß genug waren, um sie zu töten oder zumindest schwer zu verletzen. Auch die Soldaten selbst, die spitzenbesetzte Harnische trugen, wurden zur lebenden Waffe gegen den Elefanten, wenn dieser versuchte, sie mit dem Rüssel zu packen.

Als noch lohnender erwies sich, den Elefanten in Panik zu versetzen und ihn dann nach rückwärts zu treiben, wo er in den eigenen Reihen wütete. Man brauchte nur seinen Kornak zu töten oder ihn mit brennenden, mit Pech,

Bitumen und Naphta präparierten Speeren zu beschießen, die an seiner Haut klebenblieben und unerträgliche Schmerzen verursachten. Es wurden ihm auch mit einem brennenden Gemisch beschmierte Schweine entgegengetrieben, deren Gequieke ihm so unerträglich war, daß er sofort kehrtmachte. Pyrrhus mußte in Benevent, Hannibal in Zama solche bittere Erfahrungen machen. Natürlich konnte man das Tier besser schützen, ihm einen Harnisch anlegen wie jenen dreiunddreißig Elefanten Rustams, die sich in Quadisjja (634) den Muslimen entgegenstellten. Ihr Rüssel, nunmehr selbst mit Eisenspitzen bewehrt, war nicht mehr so leicht zu verletzen. Gegen die Angst vor dem Feuer und vor bestimmten Geräuschen war jedoch nichts auszurichten, so daß man darauf gefaßt sein mußte, das Tier mitten in der Schlacht zu opfern, wenn es für die eigenen Verbände gefährlich wurde. Titus Livius berichtet, wie Hasdrubal am Metauro den Kornaks Hämmer und Meißel ausgab, womit das Tier durch einen Stich in ein Halsgelenk blitzartig getötet werden konnte. Gustave Flaubert schöpfte daraus eine der schönsten Seiten seines *Salammbô*.

Der Elefantenfang

Elefanten sind nicht nur unsichere Kantonisten, die keineswegs unverwundbar, außerdem schwerfällig und schlecht zu lenken sind, sie ermüden auch schnell, sie sind anfällig und verlangen Futter nicht nur ihrem gewaltigen Appetit, sondern auch ihrem empfindlichen Magen entsprechend. Ihr Transport war immer problematisch, die Auffüllung der verletzten oder getöteten Bestände erforderte gewaltige Investitionen an Geld und Zeit. Der Elefant reproduziert sich ja nur alle drei oder vier Jahre, das Weibchen ist achtzehn bis vierundzwanzig Monate lang trächtig und während dieser Zeit zu nichts zu gebrauchen. Hinzu kommt, daß der Elefant nur im Alter zwischen vierzehn oder sechzehn und dreißig oder vierzig Jahren »produktiv« ist. Unter diesen Umständen schied die Möglichkeit einer Zucht immer aus. Man mußte also Wildtiere einfangen, indem man sie entweder mit Hilfe von domestizierten Elefanten in eine Umfriedung lockte – eine Methode, die man auch bei Stieren und Wildpferden anwendet – oder indem man sie einzeln in Fallen fing. Albert der Große vertraute Avicenna – der ihn seinerseits für einen »vertrauenswürdigen Greis« hielt –, wenn er dieses System in Einzelheiten beschrieb: »Die Inder errichten Gruben, in welche, durch irgendwelche Köder angelockt, die Elefanten hineinfallen. Ist ein Elefant in die Grube gefallen, so kommt ein Mann, der mit einer Peitsche wild auf ihn einschlägt. Er peitscht ihn lange Zeit, dann kommt ein anderer Mann, der sich dem Elefanten zeigt und so tut, als würde er den Folterknecht davonjagen, indem er ihn beschimpft und heftig zurückstößt. Kurze Zeit danach kommt wieder der Auspeitscher, der den Elefanten wieder schlägt. Dann wiederum kommt der, welcher ihn davongejagt hat und jagt ihn erneut davon und so fort (...). Schließlich fängt der Elefant an, sich zu freuen, sobald er seinen Befreier sieht. Daraufhin gräbt dieser ihm einen Ausweg aus seiner Grube, und der Elefant folgt seinem Befreier und gehorcht ihm

Dieses alphabetische Bestiarium zeigt, wie die einst lebendige Tradition der domestizierten, dressierten und Türme tragenden Elefanten nur noch in Fabeltierbildern weiterlebt: Ohren, Rüssel, Stoßzähne, alles ist Phantasieprodukt.

(...). Der Mann, der den Elefanten auspeitscht, bemalt sich den Kopf und das Gesicht mit einer furchterregenden Farbe und verändert sein Aussehen so, daß ihn der Elefant, wenn er domestiziert ist, nicht wiedererkennen kann. Denn er würde ihn umbringen.« Wie dem auch sei und welche Fangmethode man immer anwandte, es wurde im ersten Dressurjahr mit 50 Prozent Verlust gerechnet. Hinzu kam, daß nach einer langen und komplizierten Lernphase die Tiere zwar gelehrig und anhänglich, jedoch auch empfindlich, sogar eifersüchtig und rachsüchtig und auf einen einzigen Kornak fixiert waren, der im Kampf fallen konnte. In der Schlacht bei Zama wurde bekanntlich das Verhalten der zu hastig domestizierten karthagischen Elefanten den eigenen Truppen zum Verhängnis.

Die Römer brauchten auch gar keine Sturmelefanten. Ihre Jagden, nach denen der Karthager, und Umweltveränderungen im Gefolge der Aridisierung der Sahelzone führten zu Beginn unserer Zeitrechnung in kurzer Zeit zum Aussterben der Elefanten zuerst in Tunesien, dann in Marokko, und niemand hielt es für nötig, aus Indien welche zu importieren. Die römischen, byzantinischen und islamischen Soldaten mußten sich erst bei der Wiedererrichtung des persischen Reichs durch die Sassaniden im 3. und 4. Jahrhundert wieder mit Elefanten messen. Die Könige Sapor und Chusro verdankten ihren gepanzerten Dickhäutern große Siege, und die erste islamische Welle zerschellte 634 an den Elefanten Bahrams. Dessen Befehlshaber Abu Obayd wurde in der Schlacht am Ufer des Euphrats von einem dieser Kolosse zertrampelt. Als letzter setzte Timur in der

Schlacht bei Ankara (1402), bei der er den Sultan Bajazet schlug und tötete, Kriegselefanten am Rande des Abendlands ein. Doch schon eineinhalbtausend Jahre lang hatten die mediterranen klassischen Zivilisationen keine mehr verwendet; hier war der Elefant nur die knappen drei Jahrhunderte lang in den Krieg gezogen, die Alexander den Großen von Cäsar trennten.

In der Manege

Doch der Elefant trat weiterhin öffentlich auf, insbesondere in den Zirkusspielen. Metellus war der erste, der dort Dickhäuter abschlachten ließ, einerseits zum Beweis, daß sie nicht unverwundbar waren, andererseits um sie für die Schlappen büßen zu lassen, die sie seinen Legionären zugefügt hatten. In der Folge ließ man sie gegen Stiere, Tiger und Tierkämpfer antreten. Sie bestritten auch Nummern, bei denen sie lateinische und griechische Buchstaben zu schreiben, Steine auf ein Ziel zu werfen, auf Seilen zu balancieren und die »Pyrrhika« zu tanzen hatten. Manche setzten sich, als Männer und Frauen verkleidet, zu Tisch und tafelten mit grotesker Geschicklichkeit. Bei einer besonders glanzvollen Nummer trugen vier Elefanten einen fünften auf einer Bahre, und dieser mimte eine Gebärende.

Neben diesem »Affentheater« spielten die Elefanten aber auch die vornehme Rolle, die sie bei Ptolemaios innehatten: Als Vierergespann zogen sie den Prunkwagen und nahmen an den Triumphzügen teil (u.a. bei Aurelius). Ihr punischer Name klang ähnlich wie »Kaiser«, und Cäsar machte sich diesen Gleichklang zunutze, indem er Münzen schlagen ließ, die statt seines Profils die Umrisse eines Elefanten zeigten. Es wird auch behauptet, derselbe Cäsar sei 54 v. Chr., ebenso wie Claudius 43 n. Chr., auf dem Britannienfeldzug auf einem Elefanten geritten. Doch seit Aurelius wird der Elefant weder in Rom noch sonstwo im Mittelmeerraum erwähnt. Im 6. Jahrhundert erklärt Isidor von Sevilla: »(Sie) befanden sich früher in großer Zahl in Mauretanien (Marokko), doch heute werden sie nur noch in Indien geboren.« Die Art erlosch im Maghreb, und Tierfänger wollten oder konnten sie nicht mehr über die Meere heranschaffen.

So wird es im Abendland zur großen Seltenheit, daß dieses Tier überhaupt erwähnt wird, und sein Bild verschwimmt mehr und mehr, so daß die mittelalterliche Ikonographie es wüst entstellt mit seitlich weit heraufgezogenem Mund, falsch angesetzten Ohren und einem am Ende sich weitenden Trompetenrüssel. Obwohl doch Karl der Große 801 vom Kalifen von Bagdad, Harun ar-Rashid, den Elefanten Abu Abbas zum Geschenk erhalten hatte, der in Porto Venere das Schiff verließ und von dort nach Aachen marschierte, wo er, vom Kaiser gehätschelt, für mächtiges Aufsehen sorgte, bis er 810 plötzlich verstarb. Einer seiner Stoßzähne soll zu einem riesigen Horn verarbeitet worden sein (einer der berühmten Olifanten; das im Domschatz verwahrte Meisterstück ist aber leider eine sizilianische Arbeit aus dem 10. Jahrhundert). Wir können auch an den Elefanten erinnern, den Ludwig der Heilige aus Syrien mitbrachte, um ihn seinem

Diese Miniaturen sind zwar nicht immer ohne Zusammenhang mit dem Text, doch sie sollen in erster Linie eine Handschrift prachtvoll verzieren. Hier treten Affen, Vögel und vor allem der in die Grube gefallene Elefant auf, dessen Dressur hier so vonstatten geht, wie es Albert der Große nach Angaben von Avicenna beschrieben hat. Ganz offensichtlich hatte der Miniaturenmaler öfters Affen als Elefanten gesehen (Paris, Nationalbibliothek).

Schwager Heinrich III. von England zu schenken; Alphons V. von Portugal schenkte einen Dickhäuter Ludwig XI. von Frankreich, und Tristan da Cunha ließ einen ebensolchen aus Indien eskortieren, damit Manuel I. ihn Papst Leo X. schenken konnte. Wobei es zu einem kleinen Skandal kam: Nachdem es artig den Pontifex Maximus gegrüßt hatte, tauchte das schelmische oder einfach vom allgemeinen Gemurmel irritierte Tier seinen Rüssel in ein Becken und besprengte die ganze feine Gesellschaft, den Papst eingeschlossen, und dies nicht einmal mit Weihwasser! Berühmtheit erlangte auch der Elefant Ludwigs XIV., ebenso das liebende Paar, das, von der Ostindischen Gesellschaft den Niederlanden geschenkt, von der französischen Armee 1795 »konfisziert« und nach Paris geschickt wurde, wo es, nach mannigfachen Abenteuern angelangt, die staunende Menge ergötzte.

Im 19. Jahrhundert wurde mit dem Aufkommen moderner Transportmittel der Elefant in Europa weniger selten. In Zirkusnummern (Barum) zeigten sie ihre Geschicklichkeit, und im »Naturzustand« ließen sie sich in den Zoos von London, Hamburg und Paris bestaunen. Doch sehr schnell führte die Jagd auf das Elfenbein, mit immer perfekteren Gewehren geführt, zu Massakern, die die Art bedrohten. Zwar sicherten die afrikanischen Reservate, trotz Wilderern und heimlichen Safaris, das Überleben einiger großer Herden. Doch, Paradox des Naturschutzes, die Tiere richten in den Wäldern solche Schäden an, daß sie eine ihrerseits bedrohte Flora gefährden. In Asien ist die Situation nicht minder besorgniserregend durch die immer weiter in die Wälder vordringenden Kulturen, die Elfenbeinnachfrage und die Aderlässe, welche die Domestizierung erwachsener Elefanten für die wildlebenden Herden bedeutet.

In Europa, wo das Tier früher so exotisch war, daß nur Könige sich mit seinem Besitz brüsten konnten, und wo es auch heute noch durch seine »Sperrigkeit« den großen Zoos und Zirkusunternehmen vorbehalten ist, hat der Elefant allerdings einen Vorzugsplatz unter den Stofftieren, in den Bilderbüchern und Kindergeschichten erobert. Er ist ein Kamerad, der nie untreu wird. Kiplings Kala Nag, Babar und Jumbo sind bezeichnende Gestalten, und die Werbung benützt das Tier nicht ohne Grund besonders gern. Groß und Klein liebt diesen gutmütigen Riesen, weint über sein Unglück, lacht über sein Ungeschick im Porzellanladen und bewundert gerührt seine Feinfühligkeit im Auftreten. Doch jenseits dieser anekdotischen Sensibiliät beginnt die betrogene Menschheit, sich selbst zu entdecken hinter diesen ewigen »Wurzeln des Himmels«.

IV

Die domestizierten Wirbeltiere

Das tief bäuerliche Abendland gewährte den Tieren einen wichtigen Platz im häuslichen Leben, vor allem dem Hund und dem Schwein, doch auch dem Geflügel (Enten, Hühner), später auch der Katze (die zu Recht als gefährlich für kleine Kinder galt, weil sie sie in der Wiege ersticken konnte) und nicht zuletzt den Karpfen aus dem Fischteich (Martin van Cleve, *Bäuerliches Interieur,* Valenciennes, Palais des Beaux-Arts).

Die Domestikation: Geflügel, Schafe und Rinder

Die Kriterien der Domestikation sind, wie wir gesehen haben, recht unscharf, und die Zoologie interessiert sich nur in dem Maße für sie, als die Geschichte (oder die Tierzuchtkunde) sie dazu veranlassen. Tatsächlich stellen die »Haustiere« (nicht alle sind Wirbeltiere), die oft ihren wildlebenden Vorfahren noch sehr ähnlich sind, nur eine geringe Zahl von Arten dar. Allerdings hat der Mensch auf sie einen anderen Einfluß genommen, und ihr Verhalten hat sich anders entwickelt als das der Wildtiere: Anatomie, Physiologie, sogar die Pathologie veränderten sich dadurch in ganz anderen Größenordnungen.

Mit einem Wort, nur die Geschichte kann diese zoologisch sehr verschiedenartigen Tiere unter einem Nenner zusammenfassen, denn ihre einzige Gemeinsamkeit liegt in der besonders engen Beziehung zum Menschen und in der Bedeutung, die sie in den menschlichen Kulturen innehaben.

Erinnern wir kurz daran: Domestikation bedeutet einerseits, daß das lebende Tier genutzt wird, um seine Vermehrung zu steuern, um sich seine Jungtiere oder gar seine Arbeitskraft anzueignen, sich Wolle und Milch zu verschaffen oder sich seiner Anhänglichkeit oder seines Schutzes zu erfreuen. Andererseits bedingt sie Vertrautheit, manchmal des Tiers dem Menschen gegenüber, immer jedoch Vertrautheit des Menschen mit dem Tier, eine Vertrautheit, die sich darin äußert, daß der Mensch ohne Angst dem Tier gegenüber ist und daß er dessen Verhalten und Bedürfnisse kennt, weswegen er es pflegt und mit angepaßter Nahrung versorgt.

Die Domestikation geschieht auf der Ebene der ganzen Art (oder der Unterart), die Zähmung (gegebenenfalls Dressur oder Bändigung) betrifft hingegen nur ein einzelnes Individuum; die Zucht wiederum setzt nicht unbedingt Zahmheit voraus.

Genetische Selektionen bei weit vorangetriebener Domestikation gab es bis zum Beginn des 20. Jahrhunderts nur bei wenigen Arten: bei der Seidenraupe, dem Schaf, dem Hund, dem Pferd, dem Esel, dem Rind, dem Schwein, dem Huhn, der Gans, der Ente und der Taube; später auch bei der Katze und dem Kaninchen, sogar bei der Biene. Es sei daran erinnert, daß die sogenannten Haustiere nicht unbedingt domestiziert sein müssen und in kürzester Zeit in den Wildzustand zurückkehren können, so die Biene, die Katze, das Kaninchen und die Taube, auch einige Hunde und allesfressende (auch Fleisch) Schweine, vor allem in Gebieten, in denen große Raubtiere fehlen.

Die Geschichte der domestizierten Wirbeltiere ist recht gut bekannt, ebenso der Ursprung und die geographische Verbreitung der domestizierten Tiere, trotz einiger unvermeidlicher Lücken hinsichtlich des Beginns der Domestikation. Schon für die Vorgeschichte verfügen wir über eine Unzahl von Hinweisen; die sichersten verdanken wir der Archäologie (und der Osteologie). Hingegen liefern die schriftlichen Quellen kaum Einzelheiten, da sie nur auf die Beziehung Mensch-Tier eingehen und nur selten auf die Tiere selbst. Die Tiere werden zudem nach Kriterien beschrieben, die sich von Epoche zu Epoche ändern und sich mit Sicherheit von den unseren unterscheiden, vor allem sehr viel weniger streng wissenschaftlich sind.

Eine historische Untersuchung müßte mit dem Hund beginnen, der fast überall der älteste Gefährte des Menschen ist. Andere Disziplinen hingegen verlangen, daß man mit ihm als dem Höhepunkt der Domestikation abschließt und mit dem Tier beginnt, das zuletzt domestiziert wurde, dem Kaninchen nämlich. Das Kaninchen ist nicht nur der wildlebenden Ausgangsart noch sehr ähnlich, wir verfügen auch über zahlreiche Quellen aus den letzten Jahrhunderten, die uns über seine Zucht und seine Domestikation aufklären. Dasselbe ließe sich von der Katze sagen, die im übrigen, neben dem Hund, eine ganz besondere Stellung einnimmt durch die außerordentliche Bedeutung, die sie im Leben der Menschen spielt. Doch wir müssen auch an das erinnern, was wir über die »Komplett-Tiere« gesagt haben, die, wie das Ren oder das Kamel, die alleinige Stütze für ganze Kulturen waren oder gemeinsam, wie Schaf, Ziege, Esel, Pferd, Rind und Schwein, der Alten Welt zum Aufschwung verholfen haben.

Das Schwein wurde lange Zeit, im mittelalterlichen Europa beispielsweise, in halbwildem Zustand gezüchtet, in großen Gemeinschaftsherden, die in Gemeindewäldern von einem Schweinehirten gehütet wurden. Seine damalige Bedeutung muß betont werden: Man brauchte von ihm das Fleisch, den Speck, die Ferkel, das Leder, die Borsten, sogar die Milch.

Noch mehr traf dies für das Schaf zu, das, abgesehen vom Hund, bei den meisten Zivilisationen als das »kompletteste« Tier galt. Wir haben gesehen, daß es Milch (Käse), Wolle, Fleisch, Leder, Pelze, Mist, Horn, Knochen und Därme lieferte. Hier und dort wurde es auch als Last-, ja sogar als Zugtier eingesetzt, während das zarte Lämmchen der anmutigen Hirtin angenehmste Gesellschaft leistete. Dies alles bot das Schaf, einiges davon sogar seit den Anfängen seiner Domestikation ... Die Gattung *Ovis* bildete sich unter den Wiederkäuern, dann auch unter den Antilopenziegen im Verlauf der letzten Jahrmillionen heraus, und zwar in Ostasien, vermutlich im südlichen Himalaya. Von dort aus erreichte es mit einem großen, dem *Ovis ammon* ähnlichen Mufflon über die Behringbrücke Amerika und Westasien, schließlich Europa. Sichere Beweise für die Existenz eines wilden »Schafs« vor dem »Hausschaf« gibt es allerdings nicht.

Die Domestikation des Schafs begann wohl um das 8. Jahrtausend im anatolischen Vorderen Orient, der optimalen geographischen Lage für das *Ovis orientalis*. Die Ausgrabungen von Çayonii scheinen zu beweisen, daß die Domestikation zu Beginn des 7. Jahrtausends vollendet war. Von dort aus verbreitete sich das Schaf gegen Ende des 7. Jahrtausends nach Süden (Syrien), nach Südwesten (Irak, Mesopotamien) und nach Westen, doch man nimmt an, daß es in diesen Regionen

Anonymus, 16. Jahrhundert (Paris, Nationalbibliothek).

nicht domestiziert wurde. Seit dieser Zeit verbreitete sich dieses Schaf über den ganzen Westen und errang dort seine Vorrangstellung, wobei ihm allerdings zwei Jahrtausende später eine robustere Rasse den Rang streitig machte. Intensive Zuchtwahl wurde im 12. Jahrhundert n. Chr. in den englischen Zisterzienserklöstern betrieben, um Tiere mit schöner Wolle zu erzielen; in Spanien erscheinen die Merinoschafe, und es wurde die jährliche, über Hunderte von Kilometern führende Nord-Süd-Wanderung millionenköpfiger Herden organisiert, was das Leben und die Wirtschaft Kastiliens im ausgehenden Mittelalter tiefgreifend veränderte.

Eine spätere Errungenschaft war die äußerst schwer zu bewerkstelligende Domestikation des Pferdes; in den Kulturen, die sie übernahmen, bedeutete sie eine regelrechte Revolution.

Ein letztes Wort noch über das Rind, das schon sehr lange bekannt ist und dessen Arbeitskraft, Genügsamkeit und Ausdauer die Landwirtschaft tiefgehend beeinflußt hat. Es trat ein wenig in den Schatten des spektakulär die Szene betretenden Pferdes, beeinflußte aber möglicherweise dessen Dressur als Zugtier. Doch ganz verdrängt wurde es nie vom Pferd, und es hat dessen nicht minder spektakulären Abgang im 20. Jahrhundert unbeschadet überstanden, vielleicht weil sein Nutzen sehr viel breiter gefächert war und schon viel länger bestand.

Gregorios von Nazianz, *Homilien,* 11. Jahrhundert (Paris, Nationalbibliothek).

Die der Unterfamilie der Rinder (Familie der Horntiere) angehörenden Gattungen sind übrigens zahlreich. Wenn wir die Moschusochsen der sehr kalten Regionen des hohen Nordens außer Betracht lassen, so finden wir in gemäßigt kalten Regionen die Bisons, die unseren die Höhlen bemalenden Vorfahren in Altamira und im Périgord sehr vertraut waren. Aus ihnen entstand die heutige Art, die seit dem Versinken der Behringbrücke und dem Ende der Eiszeiten in zwei Gruppen gespalten wurde: einerseits der amerikanische Bison, der so gut wie schutzlos den Massakern im Stil Buffalo Bills zum Opfer fiel und auf einige zehntausend Exemplare zusammenschmolz; andererseits der europäische Bison, der wie durch ein Wunder überlebte und nach dem Zweiten Weltkrieg in den polnischen Wäldern »rückgezüchtet« wurde.

Wir kennen mehrere Arten von »Büffeln«, sie sind leicht zu unterscheiden und deutlich verschieden: den afrikanischen Büffel *(Syncerus caffer)* und den asiatischen Büffel *(Bubalus bubalis)*, der sich mit Vorliebe im Wasser und in den Sümpfen (oder Reisfeldern) aufhält und der domestiziert im frühen Mittelalter nach Italien eingeführt wurde.

Der Auerochs *(Bos primigenius)*, dessen Wildform in Westeuropa vermutlich um 1627 ausgestorben ist, brachte in gemäßigt warmen Zonen unseren heutigen Stier hervor, in Indien wahrscheinlich auch das Zebu, das sich deutlich vom Gayal *(Bibos)* unterscheidet – der unter der Bezeichnung Gaur auch noch als Wildform existiert –, ebenso vom Jak des Hochlands und Zentralasiens. In Afrika soll das Zebu erst spät, im 8. und im 12.–14. Jahrhundert, eingeführt worden sein, und zwar aus dem südwestlichen Iran und dem südlichen Pakistan. Nach den grundlegenden Arbeiten von Boessneck und Higgs soll die Domestikation vor ungefähr 8000 Jahren in Kleinasien und in Thessalien geschehen sein, also mindestens 4000 Jahre nach dem Hund, 2000 Jahre nach dem Schaf und 2500 Jahre vor dem Pferd. Andere Hypothesen lokalisieren sie eher südlich oder östlich der Sahara (Niger bzw. Oberägypten oder Nubien). Tatsächlich lebte der Auerochs dort seit einer Million Jahren, doch er war kleiner – eine Anpassung an die relativ dürren Gebiete?

Die ersten Beweise für eine solche Domestikation finden sich in Nabta Playa, einer armen Oase unweit von Assuan; möglicherweise handelt es sich nur um eine periphere Manifestation eines noch unentdeckten ägyptischen Zentrums. Selbst wenn man, wie A. Muzzolini, eine Datierung vor dem Jahr 9000 oder 10000 ablehnt, so scheint es den domestizierten Auerochsen dort schon vor mindestens 7200 Jahren gegeben zu haben, also schon relativ bald nach dem Auerochsen von Merimde am Nildelta, dessen Alter mit etwa 8000 Jahren zu veranschlagen ist.

Die meisten anderen Beweise kommen aus Gebieten zwischen Nubien und der Zentralsahara und sind etwa 6000 Jahre alt. Die Domestikation ist dort möglicherweise auf Klimaveränderungen zurückzuführen: Eine Verschlechterung könnte die Menschen bewogen haben, das knapper werdende Wild »aufzubewahren«; vielleicht erlaubte aber auch eine Klimaverbesserung die Anwendung von Verfahren, die anderswo entwickelt worden waren. Die herrlichen in der Zentralsahara, aber auch bis nach Marokko und im Rio de Oro entdeckten Darstellungen auf Höhlenbildern, geritzt (aus der sogenannten Wildtier- oder Bubalperiode) oder gemalt (aus der »Rinderperiode«), deuten auf eine schon sehr weit gediehene Domestikation hin, auch auf die Anwesenheit von paläoberberischen europiden Bevölkerungen, an deren südlicher Verbreitungsgrenze negride Hirtenvölker erscheinen. Das Studium der Rinderarten berührt hier die Klimaforschung (das feuchte Neolithikum von 4500 bis 2500 v. Chr.), das Studium der Wildfauna (Elefanten, Nashörner, Flußpferde, die es damals mitten in der Sahara gab), schließlich auch die Anthropologie, insbesondere hinsichtlich der (von J. Ruffié untersuchten) Verteilung der Blutfaktoren in den gegenwärtigen Bevölkerungen.

A. Muzzolini hat in seiner Arbeit über diese »Rinder der Zentralsahara im Neolithikum« den Zusammenhang zwischen »Felsmalerei und Chronologie« herausgearbeitet. Er zeigte die Bedeutung des Rindes in den Saharagesellschaften

Im Grab der Königin Nefertari, der Gemahlin Ramses' II., im Tal der Königinnen bei Theben in Oberägypten: die sieben himmlischen Kühe und der heilige Stier.

dieser Zeit auf, aber auch die Bedeutung der verschiedenen Rinder-»Rassen«, unter denen er den *Bos brachyceros* um die Zeit vor etwa 3000 Jahren, in der sogenannten Pferde- oder Wagenzeit, ausmacht, ebenso wie das Buckelrind, das bis zur »Kamelzeit« vor etwa 2000 Jahren präsent bleibt.

Über die ägyptischen Rinder, von der Kuhgöttin Hathor bis zum Ochsen Apis, besitzen wir für die letzten fünf Jahrtausende äußerst detaillierte Angaben. Wir verdanken sie einer bemerkenswerten Übereinstimmung von Mumien, Knochenfunden, bildlicher und schriftlicher Darstellungen, Urkunden usw., auch der Pionierarbeit Boessnecks. Wir können die Rassen und Varietäten feststellen, ebenso die Unterschiede zwischen Schlachttieren (sie wurden kastriert und gemästet) und Arbeitstieren sowie Milchtieren. Wir kennen auch die Zuchtstadien (Decken, Kalben, Säugen, Absetzen, Auswahl der Jungtiere). Die mesopotamischen Quellen über das Zebu, den asiatischen Büffel und den wackeren babylonischen Stier stammen aus derselben Zeit; die Quellen der kretischen und mykenischen Kunst, in welcher der maskuline, kraftvolle und fruchtbare Stier, der Arena-Auerochs und Verführer der Pasiphae dominiert, sind etwas jünger. Alle die klassische Antike und ihre Vorgeschichte betreffenden Zeugnisse dokumentieren übrigens die allgemeine Vorrangstellung der Rinder gegenüber sämtlichen anderen Haustierarten: Sie bilden die Grundlage der beweglichen Habe, die Stückzahl der Rinder ist Bezugsgröße für jede wichtigere Transaktion. Denken wir auch daran, daß Euböa die Insel »mit den schönen Rindern« war, Böotien das »Land der Rinder« und Italien – in seiner falschen, aber symptomatischen Etymologie – das Land der Stiere *(italos)*. Am berühmtesten für seine Rinder war der Epirus, einer der wenigen Flecken des Balkans, auf denen es fruchtbaren Boden, ausreichende Feuchtigkeit und dadurch »fette Weiden« gab.

Wie alle Haustiere – die Katze ausgenommen, doch einschließlich des Hundes und selbst des Pferdes – diente das Rind zunächst der Nahrung: Man aß seine Kälber und seine Milchprodukte; Milch, Dickmilch, Butter und Käse waren die Grundnahrung vieler Völker, namentlich der »milchessenden« Skythen. Doch es läßt sich schwer feststellen, wann genau es zum Last- und Arbeitstier par excellence geworden ist: die Kastrationsspuren auf den ausgegrabenen Knochenfunden reichen als Beweis nicht aus, denn man kann, wie es im alten Ägypten üblich war, auch Schlachttiere kastrieren. Und die Darstellungen und Funde aus dem 3. Jahrtausend – wie das schweizerische Joch aus der Zeit um 2000 v. Chr., die ägyptischen Malereien oder die Ritzbilder von Montbego oder Val Fontanalba – sind ein *terminus ante quem*, der mindestens einige Jahrhunderte vorausgehender technischer Verbesserungen einschließt. Zunächst Last- und Reittier, wurde der Ochse von den seßhaften Gesellschaften, die seine ruhige, bedächtige Kraft der des schwächeren und störrischen Esels oder Maultiers vorzogen, irgendwann auch vor den Wagen und vor allem vor den Pflug gespannt. Die fabelhafte Hilfe, die er für den Bauern war, ließen ihn nicht nur zur kostbaren Habe werden, auf deren Gesundheit und Leben man achtete, sie ließen ihn auch ein wenig am Sakralen Anteil nehmen.

Seit dieser Zeit wurde – auch außerhalb der hebräischen Länder, wo er als reines Tier galt und man sehr früh auch Mastrassen selektierte – sein Fleisch nur noch unter bestimmten Bedingungen gegessen: In der griechisch-römischen Welt bei einer Art rituellem Mord, durch den die Bevölkerung Zugang zu den Opferstieren erhielt, nachdem die den Göttern und den Priestern vorbehaltenen Stücke entnommen worden waren. Allerdings waren die legendären »Hekatomben« (»hundert Stiere« auf einmal geopfert) angesichts des Wertes des Tieres äußerst selten; ihre Kosten trug der Staat. Selbst der Kalbfleischgenuß war beschränkt, wenigstens bis zur Zeit des Kaisers Augustus, als die Herden größer wurden und der Überschuß den Bedarf an fleischlicher Nahrung befriedigen konnte.

Von den anderen Erzeugnissen des Rinds sei vor allem an die Milch und ihre Folgeprodukte (Butter und insbesondere Käse) erinnert; sie waren freilich knapp, denn die Kälber wurden spät abgesetzt, und die Menschen begnügten sich mit Ziegen- oder Schafsmilch.

Das Leder der verendeten oder geschlachteten Tiere mit seinen hervorragenden Eigenschaften war aus dem täglichen Leben nicht mehr wegzudenken; man nutzte es für Kleidung, Wohnungseinrichtung, Bewaffnung, zum Anschirren von Tieren usw.

So kennen wir zwar Details, doch mangels systematischer und präziser Studien müssen wir eingestehen, daß wir außer einigen Erwähnungen in der griechisch-römischen Literatur und dem Knochenmaterial aus einigen neueren Ausgrabungen schlecht über die Rinder der Antike Bescheid wissen. Regelrecht skandalös hingegen ist unsere Unkenntnis des mittelalterlichen Rindes, das in weniger als drei Jahrhunderten die Riesenarbeit der Rodung von Millionen Hektar Wald vollbracht hat, was nicht nur dem westlichen Europa erlaubte, seine Bevölkerung zu verdreifachen, sondern auch das uns vertraute Landschaftsbild schuf. Die Prähistoriker, Protohistoriker und Archäozoologen der Antike geben uns zwar einige gesicherte Antworten auf die sich stellenden Fragen, doch die Untersuchungen über die fünfzehn letzten Jahrhunderte stehen noch aus, für das Schaf, das Rind und das Pferd ebenso wie für das Schwein, die Ziege, den Esel und das Federvieh ... Trotz ihres engen Zusammenlebens mit dem Menschen kennen wir die Haustiere ebenso schlecht wie viele Wildtiere. Die Beispiele des Kaninchens, der Katze und des Hundes zeigen, wie schwer die Probleme zu fassen sind und wie sehr die Suche dem Detail, dem Zufall und dem Ungefähren verpflichtet ist.

Das Kaninchen

Zu Beginn der historischen Zeit gab es das Kaninchen praktisch nur in den Mittelmeerländern, vor allem in Spanien. Anfang des 1. vorchristlichen Jahrtausends war es so typisch für dieses Land, daß die Phönizier – die das Tier noch nie gesehen hatten, es aber mit einem Tier ihrer Heimat, dem heutigen Klippschliefer *(Hyrax syriacus)*, verglichen – ihm diesen »Weisen«-Namen *Saphan* gaben, von dem der Name Hisphania, Spanien abstammt: *i shephan im* (Land der Kaninchen). Von dort aus ist dieses unglaublich vermehrungsfreudige, doch sehr häusliche Wildtier vermutlich in den ganzen europäischen Mittelmeerraum vorgedrungen, mit einer Ausbreitungsgeschwindigkeit von einigen hundert Metern pro Jahr. Dem Menschen folgend oder von ihm unterstützt, erreichte es schließlich auch einen Teil der europäischen Waldgebiete. In den nördlichen und östlichen Randzonen ist das Kaninchen indessen auch heute noch unbekannt, und seine Domestikation ist ganz jüngsten Datums.

Das Königchen der Tiere

Alles ist eigenartig am Namen des Kaninchens. Die römische Antike sah in diesem Tier den Lochgräber und nannte ihn *cuniculus* (ein vielleicht aus dem Iberischen stammendes Wort), und daraus ergab sich das italienische *coniglio,* das kastilische *conejo,* das portugiesische *coelho,* das katalanische *conill,* das mittelfranzösische *connin,* das mittelenglische *coney* oder *conyng,* das mittelniederländische *conijn,* das mittelhochdeutsche *canin, Kanin(-chen)* oder *Koning*. Als die slawischen Länder (nach den Tschechen) dieses unbekannte Tier, welches ihre germanischen Nachbarn *Koning* nannten, auch bei sich vorfanden, tauften sie es »Königchen«. Und da für sie der König par excellence Karl (der Große), also Karol, Kral war, wurde das Kaninchen zum *Kralik* oder *Krolyk*. Was das englische *rabbit* betrifft, so soll es vom flämischen Wort *rabbe* abstammen, das sich auch im französischen *rabouillère* (Kaninchenbau) findet und das nach und nach an die Stelle von *cony* getreten sein soll.

Das französische *lapin* hat man vergeblich von *lièvre* (Hase – dessen lateinischer Akkusativ *leporem* lautet) abzuleiten versucht; die philologische Abstammungskette ließ sich auch mit dem germanischen *lappa* (Ohren), mit *lappa* (Stein – in Anspielung an den steinigen Boden, in dem es nistet), mit dem Verb *se clapir* (sich in ein Loch verkriechen) oder mit dem gallisch-römischen *lapparo* nicht herstellen, und es bleibt nach wie vor unverständlich, warum das Wort im 16. Jahrhundert plötzlich wieder aufgetaucht ist. Ebenso plausibel wäre eine Kontamination mit anzüglichem Hintergrund von *conin*, das, wie schon gesagt,

Jobst Amman, *Kaninchen* (Paris, Nationalbibliothek).

mit *cuniculus*, »das Loch«, verwandt ist – aber auch mit *con*, dem französischen Wort, das seit der Römerzeit die weibliche Scham bezeichnet, so daß *conin* praktisch zum Synonym für diesen Körperteil wurde. Die netten Kaninchen, die sich zu Evas Füßen hinkuscheln, sich neben den schönen Damen im Gras ausstrecken oder sich in ihren Armen streicheln lassen, sind also eine ziemlich direkte Anspielung an das schamhaft verhüllte primäre Geschlechtsmerkmal. Dem netten *connin* (männlich) das weibliche *la pine* (der Penis) zuzuordnen und dieses in die Form *lapin* zu maskulinisieren, wäre nur ein kleiner Schritt, an den die Philologen mangels schriftlicher Quellen und hieb- und stichfester Beweise nie gedacht haben, den aber die intuitiver vorgehenden, liberaler denkenden Historiker vorzuschlagen wagen.

Die sexuellen Anspielungen mit dem Wort sind denn auch im angelsächsischen Raum und in Frankreich sehr zahlreich. Lange vor den *Bunnies* der Playboy-Clubs amerikanischen Ursprungs gab es in Frankreich den *chaud lapin* (etwa: »geiler Bock«), nannte man sich gegenseitig zärtlich *mon lapin*, und schon in zartester Kindheit war man ein *petit lapin*. Wenn sich häufige Kontakte in vielen erfolgreichen Schwangerschaften niederschlagen, so ist die Frau eine *lapine*; auch das Ansehen ihres Partners kann davon profitieren, er wird zum *fameux lapin* mit unwiderstehlicher Männlichkeit. Seine Kinder können dann im Chanson von Aristide Bruant singen:

Während ihr Liebhaber schläft und Amoretten sich mit seiner Rüstung vergnügen, liegt die schöne Göttin entspannt und verträumt da, im Arm ihren geliebten Sohn. Die Tauben »schnäbeln« weiter, der Schmetterling ist auf das Knie der Göttin geflattert, das Sexualsymbol Kaninchen schmiegt sich an ihre entblößten Hüften (Piero di Cosimo, *Venus, Mars und Amor*, Berlin, Gemäldegalerie, Staatliche Museen Preußischer Kulturbesitz).

Mon père c'était un lapin
qui s'appelait ...

Mein Vater, der war ein Tausendsassa
und hieß ...

Beschäftigt man sich näher mit der Wirkung des Kaninchens auf unsere abendländische Literatur, Ikonographie und Kultur, sieht man das Kaninchen ab dem ausgehenden Mittelalter allenthalben auftauchen, manchmal im Gefolge des Hasen, oft aber unabhängig von ihm. Von La Fontaine bis zu *Alice im Wunderland* und zum *Bug Bunny*, diesem etwas hasenartigen Kaninchen der amerikanischen Comics und treu-dummen Kollegen der reizenden Geschöpfe eines Walt Disney, Benjamin Rabier oder Edmond-François Calvo.

Daß Frankreich und die angelsächsische Welt eher auf das Kaninchen fixiert, die Länder des deutschen Sprachraums hingegen ihrem Ostereier bringenden (und von Albrecht Dürer verewigten) Hasen treugeblieben sind, ist eine Folge der neuesten Tiergeschichte. Für den Franzosen evoziert der *lapin* nicht den Feigling, der sich schleunigst aus dem Staub macht, sondern das stumme und nette Wesen, die passive Anhänglichkeit, das reinliche Tier mit den aufgestellten Horchern und den blitzschnellen Reaktionen, das drollig-naive Herumhopsen in Garten und Wiese, vor allem aber das kuschelig weiche Fell. Gerade mit seinem unvergleichlich seidigen und warmen Fell entspricht dieses Tier am intensivsten dem Streichelbedürfnis der Kinder, die nach einer neueren Umfrage das Kaninchen deutlich dem Kuschelbären, manchmal sogar dem Schoßhund vorziehen.

Domestiziert wird dieses Kaninchen, in dessen Zucht und Konsum die Franzosen Weltmeister sind, erst ein knappes Jahrhundert lang, selbst wenn seine »Haltung« drei- oder vierhundert Jahre früher einsetzte als seine eigentliche Domestikation.

Mangels Informationen können wir seine Geschichte nicht auch außerhalb Europas studieren, was sehr bedauerlich ist, denn einerseits scheint es in der aztekischen Volkskunst zahlreiche Spuren hinterlassen zu haben, andererseits bevölkern noch zahlreiche, nicht importierte Verwandte Nord- und Südamerika (so der *Sylvilagus floridanus* oder der *Sylvilagus aquaticus*). Hinzu kommen schwierige Probleme der Chronologie und veschiedene bislang ungelöste Rätsel, die uns von seinen chinesischen Brüdern aufgegeben werden.

Unser europäisches Kaninchen wurde von Linné als *Oryctolagus cuniculus* klassifiziert, d.h. als grabender *(oryktes)* Hase *(lagos)* vom Typ *cuniculus* (unterirdische Gänge grabend). Diese Art *Oryctolagus* hat sich innerhalb der Ordnung der Hasenartigen schon sehr früh vom Hasen *(Lepus)* differenziert. Die beachtlichen morphologischen und physiologischen Gemeinsamkeiten sind hinlänglich bekannt, so die Coecotrophie, jene außergewöhnliche Resorption von Nahrungsbällchen, die, durch den After ausgeschieden, einer zweiten Verdauung zugeführt werden. Die Unterschiede sind ebenso deutlich, nicht nur beim Gebiß, bei den Apohpysen der Wirbelsäule und der Augenhöhlen, bei der willkürlichen Muskulatur (rot beim Hasen und weiß beim Kaninchen) oder bei der Zahl der Chromosomen (48 beim Hasen, 44 beim Kaninchen) ... Es sei vor allem daran erinnert, daß der Hase allein oder paarweise lebt und daß er ein weites Revier hat, während das Kaninchen gesellig und manchmal sehr zahlreich in unterirdischen Gängen lebt, an denen es hartnäckig festhält und die es nur verläßt, um seine Luftsprünge in einem sehr engen Umkreis zu vollführen.

In Spanien fanden sich die ältesten Fossilien sowohl der Gattung *Oryctolagus* (Ende des Miozäns) als auch der Gattung *Oryctolagus cuniculus* (mittleres Pleistozän, vor der ersten Mindel-Interglaziale vor ca. 500000 Jahren). Südfrankreich lieferte Fossilien, die etwas jünger waren (nach der Mindel-Eiszeit und vor allem ab der Riß-Eiszeit, vor ca. 120000 Jahren), insgesamt an die zweihundert Funde zwischen der Loire und den Pyrenäen, die vor das 2. Jahrtausend zurückreichen. Das Kaninchen war also zu dieser Zeit bereits im Begriff, Westeuropa zu bevölkern, doch es wurde von den letzten Eiszeiten aufgehalten, die durch gefrorene Böden einen Teil des Landes unbewohnbar werden ließen. Jedenfalls ist die Ausbreitung dieses so seßhaften Tieres außerordentlich langsam, auch wenn es durch seine unglaubliche Fruchtbarkeit zur Expansion gezwungen wird. Das Kaninchen scheint zudem leichte Böden, steinig oder nicht, zu bevorzugen, weswegen es mit Vorliebe die Mittelmeerküste besiedelt. Es mag lockere, gerodete Böden, akzeptiert zur Not auch Waldböden, doch harte und kompakte Lehmböden und Moränen, besonders solche mit Sandeinlagerungen, sind ihm ganz und gar zuwider, denn sie enthalten Wasser, und das Kaninchen scheint sehr wasserscheu zu sein. Flüsse und natürlich Meere sind denn auch die größten

Hemmnisse bei seiner Expansion. Ist ein Kaninchen zufällig auf eine Insel geraten oder hat es einen Fluß überquert (nachdem es zum Beispiel lebend den Krallen eines Raubvogels entkommen ist, vom Hochwasser abgeschnitten oder von Menschen dorthin getragen wurde), so gibt es auch kein Zurück mehr. Schon im 13. Jahrhundert beobachtete Albert der Große (lange vor den Australiern oder den »Anwendern« der Myxomatose in der Neuzeit), daß nichts – es sei denn eine Umweltveränderung – das Kaninchen (ebenso wie den Hasen) vom Ort vertreiben kann, an dem es sich niedergelassen hat. Seit dem Ende der Würm-Eiszeit hat es sich weiter ausgebreitet und heute hat es Südschweden und die Randgebiete Rußlands, das heißt die gefrierenden Böden erreicht. Der Mensch half ihm mehr oder weniger bei dieser natürlichen Ausbreitung, er brachte auch mehr oder weniger absichtlich das Wildkaninchen über das Meer, denn es besiedelte die Balearen, Sizilien, später England (vor allem im 12. Jahrhundert), 1418 Madeira, 1859 Australien, 1874 die Kerguelen und um 1910 Chile ...

Dieses naturgemäß langsame Vordringen – nur die Sprünge über das Meer bilden darin eine Ausnahme – läßt sich anhand der schriftlichen Quellen noch besser verfolgen als anhand der Archäologie der Antike. Vor Christi Geburt betreffen die Erwähnungen häufig vor allem Spanien. Im 2. Jahrhundert spricht Polybios von ihnen, im 1. Jahrhundert Varro, der auch die Gehege erwähnt, in denen sie gehalten werden: Eine gemauerte Umfriedung schützte sie gegen Wölfe, Katzen und andere Räuber, sie verhinderte aber auch, daß die Hasen und Kaninchen entwichen; Bäume mit dichtem Blätterdach hielten die Adler ab. Im 1. Jahrhundert n. Chr. erzählt Plinius die Geschichte von den Stadtmauern von Tarragona, die von Kaninchen untergraben wurden, und berichtet (wie zuvor schon Strabo) über die Schäden, die sie auf den Balearen anrichteten. Plinius beschreibt auch die Mittel, mit denen die Menschen der Plage begegneten, ebenso die interessanten Gebräuche der Römer, die sich ein köstliches iberisches Gericht zu eigen gemacht hatten, nämlich die *laurices* (das Wort ist vermutlich iberisch, es ist zweifelhaft, daß es von der durch ihre Minenstollen berühmten griechischen Stadt Laurion abgeleitet ist, ebenso, daß es mit dem Lorbeer zu tun hat, der die Sauce würzte): Dieser Gipfel der Feinschmeckerei bestand aus Kaninchenembryonen, die aus dem Bauch des Muttertiers waren, totgeboren wurden, oder sofort nach der Geburt getötet wurden. Zu kulinarischen Zwecken wurden außerdem »Hasen« aus den Gehegen genommen und in engen »Käfigen« gemästet.

Im Zusammenhang mit der Kaninchenbekämpfung rühmt Plinius auch – wie nach ihm im 6. Jahrhundert Isidor von Sevilla – die tätige Hilfe des Frettchens. Isidor beschreibt, wie man das Tier, mit Maulkorb versehen, auf die Kaninchenbaue losließ, aus denen es mit den Krallen die Tiere hervorzog, die von den Jägern dann erschlagen wurden.

So reichlich die Quellen für Spanien, selbst für das westliche Mittelmeergebiet, verfügbar sind, so bezeichnend ist es, daß Aristoteles, der Vater der Zoologie, ebenso wie die anderen Griechen das Kaninchen entweder gar nicht kannten oder es nicht vom Hasen unterschieden; vielleicht bestimmten sie es erst nachträglich als eine Unterart: *hemilagos* (Halbhase), *lagidion, lagideus, leberis* usw. Erst in der Spätantike nisteten sich die Kaninchen des Festlands auf einigen griechischen Inseln ein und vertrieben dort die Hasen, so daß die Türken das Kaninchen »Inselhase« nannten. Auf den Inseln, die das Kaninchen nicht erreicht hat, gibt es heute noch den ursprünglichen Hasen!

Das Fell über die Ohren gezogen

Vielleicht hielten in Gallien die Mönche, die nach Gregor von Tours große Feinschmecker waren, weiterhin Kaninchen in Ställen, um jederzeit die exquisiten »Laurices« auf Vorrat zu haben. Das rechtfertigt aber noch nicht die Annahme, Kaninchen seien damals schon domestiziert oder gar gezüchtet worden. Die angeführten mittelalterlichen Textquellen – unter anderen das Schreiben von 1149 des Abtes von Corvey an der Weser an den Abt von Solignac, er möge ihm zwei Kaninchenpaare schicken – besagen lediglich, daß die Mönche, genauso wie die adligen Herren und Damen, gern Kaninchen aßen, jagten und sich mit dem leichten, weichen Kaninchenfell bekleideten.

Die Wildgehege (in Frankreich *garennes* genannt, vom altdeutschen *war*, verteidigen, und *wardon,* bewahren) wurden erst spät ausschließliche Kaninchengehege. Vorher gab es »Wasser-, Land- und Waldgehege«, Gehege für Großwild und für Kleinwild, für Rotwild und für Schwarzwild (Hirsch bzw. Wildschwein) usw. Ihr Ursprung ist in den karolingischen, später normannischen, anglonormannischen usw. »Forsten« zu suchen, für die ein spezielles Recht und Jagdverbot galt. Erst mit fortschreitender Rodung und zunehmender Parzellierung der Jagdreservate, oft einhergehend mit der Verleihung von kleinen Lehen, entstanden Gehege für Hasen und (Wild-)Kaninchen. Sie wurden zur Selbstversorgung mit Kaninchen, zum Teil sogar für den Verkauf eingerichtet und betreut. Wir wissen, daß im burgundischen Forez im ausgehenden Mittelalter schon Gehege in Bauernhand waren: 28 von 209 *garennes*, außerdem 10 *clapiers* (von *clapes*, Steine, was bedeutet, daß es Gehege im allgemeinen Sinn, keine speziellen Kaninchengehege waren). Vier von diesen Gehegen waren »gebaut«, wie das von Guichard Assalie (1360). Aus dem Mailand der Visconti besitzen wir Darstellungen (1388); zahlreiche andere Beispiele scheinen zu beweisen, daß das Kaninchen vom Menschen in die Gehege gesetzt wurde, was allerdings immer noch nicht »Zucht«, noch weniger »Domestikation« bedeutet. Keines der Argumente, die für eine weiter fortgeschrittene Domestikation sprechen könnten, ist wirklich stichhaltig vor den Texten des 16. Jahrhunderts.

Was eine mögliche Zuchtwahl von Rassen betrifft, so werden zwar lange vor Agricola und Gesner (16. Jahrhundert) schwarze, weiße, schwarz-weiß gescheckte und Silberkaninchen erwähnt, doch die Biologen können keinerlei Schlüsse daraus ziehen, denn bei diesen Farben ist nur selten von lebenden Kaninchen die Rede (und dann wurden diese Tiere wahrscheinlich gerade wegen ihrer Seltenheit gefangen); meist gelten sie für Kaninchenfelle von verschiedenster

Herkunft, die für den Verkauf nach Farben sortiert worden waren. Es beweist übrigens, daß es keine spezialisierte und keine besonderen Rassen gab.

Die fabelhaften Preise, die im 15. und 16. Jahrhundert in England für Silberkaninchen erzielt wurden, beweisen ebenfalls, daß diese Rasse, die erst im 17. Jahrhundert wirklich aufkam, weder gezüchtet noch domestiziert war. Sie war eine ebenso große Seltenheit wie der Silberfuchs, bevor dieser zu Beginn unseres Jahrhunderts in Kanada gezüchtet wurde, und sie war als Varietät fast ebenso teuer wie der Zobel, so daß die wenigen vom Melanismus befallenen Exemplare unter jährlich zu Tausenden und Millionen anfallenden, gewöhnlicheren Fellfarben ausgewählt wurden.

Zahlreiche Handelsverträge, vor allem in den burgundischen und provenzalischen Archiven des 14. und 15. Jahrhunderts, beziehen sich auf Lieferungen von Kaninchenfellen an Pelzhändler. Der bei weitem größte Teil stammte von Wildkaninchen, einige wurden jedoch von Geflügelhändlern oder -züchtern geliefert (die gelegentlich auch Hasen anboten). Doch wie scharfsinnig die Hypothesen auch sein mögen, es ist kaum möglich, darin eher eine planvolle Zucht zu erkennen als eine zufällige Produktion im Gehege.

Nur eine sehr detaillierte Untersuchung der Knochenfunde könnte den Beginn der »Domestikation« unzweifelhaft feststellen. Leider stammen aber die meisten gefundenen Knochen entweder aus dem Mittelalter und von Wildtieren oder aber aus neuerer Zeit und von Hauskaninchen. Um auf die Fälle aus Burgund und aus der Provence zurückzukommen, so sind dort die Ergebnisse sehr unsicher: Bei den mittelalterlichen Ausgrabungen von Dracy in Burgund handelt es sich um Wildkaninchen; bei Rougiers und Cucuron in der Provence vielleicht um domestizierte Kaninchen, doch die dafür sprechenden Gründe sind nicht zoologischer Natur, weil es bisher nicht gelungen ist, einen signifikanten Unterschied zwischen der wilden und der domestizierten Form auszumachen. Daß 10 bis 30 Prozent der gefundenen Skelette von sehr jung gestorbenen Tieren – zum Teil von Neugeborenen – stammen, kann natürlich als eine mit Zuchtverhältnissen zu vergleichende »Kindersterblichkeitsrate« gewertet werden; doch es kann auch auf die Bedürfnisse der Gastronomie zurückgeführt werden, die immer das Jungkaninchen (und im besonderem Maße das Neugeborene) vorgezogen hat. Bestenfalls spielte sich eine solche »Zucht« in Gehegen, in Steinhaufen, in *clapiers* ab, in denen die Tiere beaufsichtigt, geschützt und aus denen sie mehr oder weniger regelmäßig entnommen wurden, ohne jegliche »Domestikation«.

Tatsächlich kann weder der Historiker noch der Zoologe auf diesem Gebiet kategorische Behauptungen aufstellen. Man kann allenfalls »Gewißheiten« in Frage stellen und annehmen, daß, sollten in Zukunft wirkliche (archäologische und osteologische) Beweise für einen vor das Mittelalter zurückreichenden Beginn entdeckt werden, es sich dabei nur um Beispiele handeln kann, die eine örtlich begrenzte Bedeutung haben und von einer Zucht im Wildgehege schwer abzugrenzen sind.

Es ist bezeichnend, daß Conrad Gesner, Zoologenfürst des 16. Jahrhunderts und deutscher Plinius, dessen Wissenschaftsverständnis ebenso beeindruckend

S. Beham, *Bethsabee im Bade* (Paris, Nationalbibliothek).

ist wie seine Gelehrsamkeit, um 1550 nur Wildkaninchen kennt, mit der (als selten empfundenen) Ausnahme bestimmter englischer Kaninchen, deren Zuchtmethoden er recht gut beschreibt: »In England gibt es Leute, die sich ihren Lebensunterhalt verdienen, indem sie Kaninchen züchten (*alendis*, also ernähren). Sie geben ihnen einen Raum *(cella)* in ihrem Haus *(domus)* oder eigene Häuser oder Ställe *(casa)* außerhalb ihres Hauses und stellen eine mit Löchern versehene, längliche Kiste *(capsa oblonga)* hinein«, worin sich einige gedeckte Weibchen befinden, die dort werfen sollen. Zahlreiche Einzelheiten bezüglich der Techniken, mit denen die Böcke abgetrennt (sie beißen die Jungen), Gitter und Zäune aus Holz hergestellt und die Tiere am Entweichen gehindert werden – man pflastert den Boden bis zu drei Fuß tief mit Steinen und füllt die Fugen mit einem Zement aus Steinmehl –, lassen annehmen, daß solche Gewohnheiten bereits einige Jahrzehnte alt waren. Gesner macht auch Angaben über das Futter (Brot, Kohl, Rüben, Salat, Klee, Gras, Eisenhut, Malve, Weinblätter) und vor allem über die Art, sie zu tränken: täglich, doch in geringen Mengen; auf keinen Fall darf gleichzeitig frisches Gras gefüttert werden, vor allem Jungtiere könnten sich eine tödliche Wassersucht zuziehen. Im Winter füttert man sie dreimal täglich mit Heu, Hafer und anderem mehr. – Hier handelt es sich eindeutig um Kaninchenzucht, vergleichbar mit der Bienenhaltung: Die Tiere bleiben Wildtiere, doch sie werden vom Menschen gehalten, betreut und genutzt. Die Stelle bei Gesner ist übrigens vergleichbar mit Passagen bei Olivier de Serres, die beweisen, daß es um 1600 eine solche Zucht nicht nur in England gab.

Kaninchensprünge

Das englische Beispiel ist allerdings besonders typisch. Nach der ausgezeichneten und exakten Untersuchung der Historikerin E. Veale, die an Untersuchungen von C. Mathesson über Wales anknüpfte, kann es als gesichert gelten, daß das Kaninchen in England vor dem Ende des 12. Jahrhunderts unbekannt war, daß es aber um diese Zeit begann, die kleinen Inseln des Südens mit ihren Sandböden zu bevölkern, wo es für größere Raubtiere keine Lebensmöglichkeit gab. Die ersten sicher datierten Hinweise beziehen sich auf die Scilly-Inseln, unter anderem der Kaninchenzehnt Richards von »Wyka« an den Abt von Tavistock, dann auf Lundy Island zwischen 1183 und 1219, schließlich auf die Isle of Wight vor 1225. Die ältesten Kaninchen-Knochenfunde in England selbst scheinen frühestens auf die allerletzten Jahre des 12. Jahrhunderts zurückzugehen (Rayleigh Castle in Essex), und auch diese könnten von Tieren stammen, die für Herrenhäuser aus den kleinen Inseln Foulness oder Wallasey oder gar aus der Normandie eingeführt worden waren. 1221 erwähnt ein *plaid* aus der Grafschaft Devon 6000 Kaninchenfelle, doch auch hier kann es sich um einen Import aus Spanien handeln.

Erst ab 1241 und 1268 ist von den königlichen Kaninchengehegen in Guildford und in Isleworth in Middlesex die Rede. Bereits 1235 spricht der König von den *lebenden* Kaninchen von Guildford, und wir wissen, daß im Verlauf des Jahres 1242 dreißig bis vierzig Tiere gejagt wurden (was ihre Anwesenheit und zugleich ihre Seltenheit beweist). Zwischen 1240 und 1254 führen plötzlich zahlreiche Quellen Kaninchen zu Hunderten auf, die an die Küchen der Herrschaftshäuser an vielen Orten Englands geliefert wurden ... Die Folgerungen daraus sind eindeutig: Um diese Zeit ist das Kaninchen zu einem der bevorzugten Gerichte der Engländer geworden, vielleicht unter dem Einfluß des Bischofs von Winchester, Pierre des Roches, der, wie viele englische Adlige, aus den französischen Gebieten des Ex-Kaisers Plantagenet stammte. Die aufgeführten Mengen nehmen sich gleichwohl bescheiden aus, und vor allem sind die Preise sehr hoch: Ein Kaninchen kostete das Vier- oder Fünffache eines Huhns, was wiederum bedeutet, daß es selten war.

Doch innerhalb weniger Jahrzehnte wandelte sich die Situation grundlegend, vielleicht weil sich das Kaninchen schnell verbreitete, nachdem Angehörige des Adels und des Klerus sich lebende Paare schenken ließen und sie in ihren Gehegen aussetzten. Die sprichwörtliche Vermehrungsfreudigkeit des Kaninchens und die ausgezeichneten Umweltbedingungen besorgten das übrige. Wir besitzen dafür den Beweis in der Tatsache, daß es noch im 14. und 15. Jahrhundert nur in bestimmten Gebieten Kaninchen zu geben scheint (daher die Preisunterschiede von einer Gegend zur anderen), daß sie aber an einigen Orten schon in der zweiten Hälfte des 13. Jahrhunderts als schädlich galten, was genug über ihre Populationsdichte aussagt. Ab dem 14. und 15. Jahrhundert beziffern sich die exportierten Kaninchenfelle auf Millionen; das Fleisch dieser Tiere (ebenso wie ein Teil der Felle) wurde an örtliche Verbraucher verkauft. Im 16. Jahrhundert sagt Gesner, die Kaninchen gedeihten in England am besten, sie wären dort auch am zahlreichsten und hätten die besten Felle. Aldrovandi weitet diese Feststellung auf Zeeland und Holland aus. Allein das Ostseegebiet importierte Ende des 16. Jahrhunderts Millionen von Kaninchenfellen, wesentlich mehr, als es Eichhörnchenfelle exportierte. Auch hier ist zu betonen, daß es sich um Wildtiere handelte, selbst wenn der Mensch bewußt ihr Ausbreitung unterstützte. Noch im 17. Jahrhundert bezeichnete Aldrovandi sie als *belluae* (wilde Tiere). Alle neueren Untersuchungen über das mittelalterliche Spanien, das wie gesagt ein Mittelpunkt der Verbreitung der Art war, sprechen von der Bedeutung dieses Tieres, sogar von einem Vorrang über alle anderen Wildarten. Das Jagdbuch von Alfons von Kastilien stellt das Kaninchen allein an die Seite des Hirsches, des Wildschweins und des Bären, und die *Conejeria* von Toledo zeigt seine Bedeutung für den Handel und die Ernährung schon vor dem 12. Jahrhundert.

Sehr detaillierte Studien gibt es für Sizilien. In Brucato bewiesen zum Beispiel neue Ausgrabungen, daß 40,23 Prozent der vom Menschen gejagten Wildfauna Kaninchen waren. Die mehr oder weniger überall gejagten Mengen waren beträchtlich: 1337 läßt sich ein Fellhändler von Palermo 10000 Häute liefern; 1352 liefern fünf Jäger innerhalb weniger Monate fast 850 Stück (Fleisch und Felle). Vor allem können wir anhand der Einkünfte aus der *Venatio cuniculorum*, von der wir verschiedene Abrechnungen besitzen, feststellen, daß das Kaninchen vielerorts sehr zahlreich war (was nicht besagt, daß es anderswo auf der Insel fehlte, denn die Zählung kann nicht erschöpfend sein). Die von Henri Bresc gezeichnete, sehr schöne Karte liefert uns so gesicherte Erkenntnisse, daß uns die Gegenwartszoologen zu Recht darum beneiden.

In den europäischen Randgebieten scheint das wichtigste Vorkommnis die »Überschreitung« der Weichsel im 13. und 14. Jahrhundert gewesen zu sein oder die ebenso wahrscheinliche Ausdehnung über die Weichselgegenden hinaus von Kaninchen, die eher aus dem heutigen Böhmen und Mähren als aus den germanischen Gebieten kamen. Die von S. Bökönyi durchgeführten Ausgrabungen im Zalavár und im Visegrád in Ungarn beweisen, daß das Kaninchen im 16. Jahrhundert gerade erst im ehemaligen Pannonien Einzug gehalten hatte, daß aber deutsche, germanisierte oder aus dem Westen kommende Mönche, Ordensleute und Adlige bewußt bei seiner Ausbreitung in Ungarn und in den slawischen Ländern halfen. So soll der Herzog von Mecklenburg 1407 auf einer Insel im Schweriner See welche ausgesetzt haben. Im 16. Jahrhundert sieht Scaliger in Masowien unzählige dieser Tiere.

Mit Frettchen und Schlingen

Man möchte die tiefen, komplexen und undurchsichtigen Gründe dafür kennen, daß der Mensch hier erstmalig einer Art so gewaltig nachhalf, die nicht domestiziert und in bestimmter Hinsicht sogar schädlich war. Zwei verschiedene Gesichtspunkte stehen gegeneinander: Für den Herren als Besitzer eines Geheges bot das Kaninchen den Vorteil, daß es leicht zu hüten war, denn es entfernt sich nie weiter als 500 Meter von seinem Geburtsbau; für den Bauern ist es eine Bedrohung seiner Ernte, die um so erheblicher ausfällt, als er gegen die Vermehrung der Tiere überhaupt nichts ausrichten kann. Das Kaninchen schafft also einen Interessenkonflikt zwischen dem Herrn und dem Bauern.

Was mag den Adel und den Klerus, die Besitzer der Gehege, dazu bewogen haben, sie mit Kaninchen zu besetzen und deren Ausbreitung zu schützen? Zu Beginn war sicherlich der Nahrungsaspekt ausschlaggebend: Der feine Geschmack des weißen, aromatischen Fleisches und seine anfängliche Seltenheit machten es in mittelmeerfernen Gebieten zum erlesenen Gericht auf dem Tisch der Mächtigen. Man pries die Milde, Süße und Schmackhaftigkeit dieses Fleisches, »das ein wenig an Katzenfleisch erinnert« (!) und das, mit Lorbeer oder Wacholderbeeren gewürzt, »wesentlich besser schmeckt als das des Hasen«.

Der italienische Humanist Platina gab im 15. Jahrhundert verschiedene Rezepte der Zubereitung, und die Ärzte verschrieben häufig Kaninchenhirn und -herz, sogar ein Rezept (gegen Angina oder Gifte), bei dem das Tier lebendigen Leibes in einen Topf geworfen, verkohlt und zu Pulver zerstoßen wurde. Was das jährlich millionenfach geschlachtete Kaninchen seit dem 14. Jahrhundert den Europäern an Proteinen zugeführt hat, braucht wohl nicht weiter ausgeführt zu werden.

Bei alledem galt das Kaninchen als edles Wild, dessen Jagd für die Damen ebenso wie für die Herren »erheiternd und leicht« war. Natürlich versagte es sich auch der Bauer nicht, ihm im Dunkel der Nacht Schlingen zu legen, womit er für sich selbst Nahrung beschaffte und gleichzeitig seine Kohlköpfe schützte. Doch das war ein heimliches, hinterhältiges Auflauern, keine Jagdlust am hellichten Tag, bei der unter großem Lärm die Kaninchen in ihre Löcher getrieben wurden. Man ließ anschließend die Frettchen los, denen man einen Maulkorb angelegt, die Zähne gezogen oder die Lippe mit einem Silberring durchbohrt hatte und die ein Schellenhalsband trugen, um die Tiere zu erschrecken und herauszutreiben. Bisweilen beschleunigte man den Prozeß, indem man kochendes Wasser in den Bau goß. Darauf koppelte man entweder die Hunde los oder hielt Netze und Säcke auf, um die Tiere darin zu fangen; oder aber man schoß auf sie mit dem Bogen, der Armbrust *(balestre)* oder einer Wurfwaffe, mit welcher der Jäger an dem in schnellem Zickzack flüchtenden Tier seine Geschicklichkeit vorführen konnte; manchmal setzte man auch Beizvögel auf sie an, Sperber oder Habichte. Bei Pierre de Crescent, Conrad Gesner, Gaston Fébus und im *Roi Modus* (von Henri de Ferrières) finden wir viele Einzelheiten darüber. Das Ergebnis einer solchen Jagd, bei der man oft in angenehmer Gesellschaft war und die sich immer in wohlversorgten Gehegen abspielte, ließ sich stets sehen: Nicht selten wurden mehrere Hundert Kaninchen auf einmal erlegt.

Das Jagdrecht wurde im allgemeinen ausschließlich vom Adel beansprucht. Die Konflikte mit den Bauern beruhten weniger auf der Großwildjagd (Hirsch, Eber), zu der man ja Pferde benötigte, als auf der Jagd auf Kaninchen, derer man leichter habhaft werden konnte und die auch mehr Schaden an den Kulturen anrichteten. Die einschlägigen Gesetzesbestimmungen gingen in Einzelheiten, waren allerdings von Gegend zu Gegend verschieden. In der Provence zeigen die Gerichtsakten von Manosque, wie weit im Jahre 1321 das »Adelsprinzip« eingehalten (oder verletzt) wurde: »Da die Kaninchen und die Jagd auf sie dem Hospiz von Saint-Jean-de-Jérusalem oder denen gehört, die das Jagdrecht erworben haben«, sind die Bußgelder sehr hoch: Da müssen vier Zuwiderhandelnde 20 Sous, das sind 240 Denar, für ein einziges getötetes Kaninchen bezahlen, das vielleicht 6 Denar wert ist; zudem werden sie drei Tage lang mit zwei Zeugen verhört. Die heimlichen (und so streng geahndeten) Unternehmungen versammelten bisweilen eine Menge Liebhaber (bis zu dreißig werden in einem einzigen Prozeß genannt) samt Hunden und Frettchen, manchmal auch nur drei oder vier Personen, die mit einfachen Messern, Knüppeln, Pfeil und Bogen oder Armbrust bewaffnet waren. Die Ausbeute dieser Wildereien war unterschiedlich, oft regelrecht mager, was beweist, daß Unternehmungslust oder gar Widerstandsgeist dabei eine größere Rolle spielten als der Kampf gegen Schädlinge oder der Proteinbedarf. Insgesamt aber ließen, legal oder illegal, mit Frettchen und mit Schlingen gejagt, die Kaninchen zu Hunderten ihr Leben.

Landeten sie immer im Kochtopf? Bei den Bauern ist es anzunehmen. Auch bei den Herren wurden Hasen und Kaninchen sehr häufig verspeist; das bezeugen die Kontenbücher beispielsweise eines Guillaume d'Ostrevant, eines Sohnes von

Antonio Pisanello, *Die Ausschweifung* (Wien, Graphische Sammlung Albertina).

Albert von Bayern, in Quesnoy 1397–1398. Indessen gibt es lokale Unterschiede. So sind sie beim burgundischen Hochadel nicht sehr geschätzt, wohl wegen ihrer Häufigkeit, die sie eher für den Gesindetisch prädestinierte; das übrige wurde von Kleintierhändlern in Dijon und in anderen Städten der Gegend verkauft.

Das Fell war zu dieser Zeit ein bloßes Nebenprodukt, allerdings dennoch genauestens in den Büchern sowohl der Herren als auch der Pelzhändler aufgeführt. Ohne Sorgfalt abgezogen, wurden die Häute zu Hunderten oder Tausenden verkauft und den Herren gutgeschrieben, in deren Habenkonten sie als Einnahmen gebucht werden. Im allgemeinen waren sie wegen des großen Angebots und ihrer relativ geringen Haltbarkeit billig, doch nicht allzu billig, da sie wegen ihrer Geschmeidigkeit, Flauschigkeit und Schönheit vor allem von Leuten mit bescheidenem Wohlstand (Bauern, Bürger, niederer Klerus) als Bekleidungsstoff geschätzt wurden. Natürlich waren sie je nach Gegend und Epoche verschieden begehrt. Im 13. und Anfang des 14. Jahrhunderts standen sie noch in so hohem Ansehen, daß so mancher Prälat, vom Abt von Saint-Denis bis hin zu den Bischöfen von Albi oder Toulouse, welche begehrte. Später verloren sie durch das größere Angebot den Charakter des Ungewöhnlichen und wurden zu den preiswertesten Pelzen. Die Preisspannen waren dennoch sehr weit und variierten im Verhältnis 1 zu 48. So zählte das Herkunftsland: Spanische oder portugiesische Kaninchenfelle mit wenig dichtem Haar, dünnem Leder und stumpfen Farben waren weit weniger gefragt als die »französischen« oder »englischen«. Es entschied auch der Körperteil: Das nicht sehr haltbare, aber flauschige Bauchfell war geschätzter als das schwerere, haltbarere Rückenstück. Ein Hauptfaktor war die Farbe: Dunkle oder gescheckte Felle zählten kaum; weiße wurden schon höher bewertet, doch Gesner berichtet um 1550, daß die Felle von glänzendem Schwarz am teuersten waren, vor allem in England, wo vier dieser Häute angeblich 3 Denare, das ist ein Silbersou, kosteten. »Und unter den schwarzen werden die vorgezogen, die verstreut einige sehr seltene weiße Haare haben.« Diese Silberhasen erzielten in der Tat, wie wir gesehen haben, beachtliche Preise. Der Wert ihres Fells stand in überhaupt keinem Verhältnis zum Wert ihres Fleisches: Es waren richtige Pelzkaninchen, die man zwar noch nicht züchten konnte, die aber vielleicht die Idee erster Selektionen oder spezieller Zuchten aufkommen ließen.

Vom Naturgehege zum Kaninchenstall

Mit dem englischen Silberkaninchen beginnt Ende des 16. Jahrhunderts eine neue Epoche in der Geschichte dieses Tieres. Während seine langsame und massive »natürliche« Expansion sich fortsetzt, beginnt zwar noch nicht die eigentliche Domestikation, doch zumindest die Haltung von Wildkaninchen: Mit Fallen oder Netzen eingefangen, werden die Tiere in spezielle Umfriedungen gesetzt, in denen man sie gefangenhält und füttert; bestimmte Merkmale wie Größe, Gewicht, Dichte und Weichheit des Fells können sich hier bereits ausprägen. Die Gehege sind »geschlossene« oder »Zwangsgehege« (in Frankreich *clapiers* genannt), das heißt, sie werden von einem Wassergraben, einer Palisade oder einer »mit Kalk und Sand« gemauerten, 9 bis 10 Fuß hohen und tief in die Erde eingelassenen Mauer umgeben. Inseln zum Beispiel, vor allem in Seen, für Raubtiere unerreichbar und leicht zu überwachen, sind besonders günstig für diese Zwecke. Eine Havel-Insel bei Berlin wird so zum »Kaninchenwerder«, als der preußische Kurfürst Friedrich Wilhelm 1683 ein Gehege darauf einrichtet.

Der mengenmäßige Ertrag ist ausgezeichnet: Olivier de Serres rechnet mit 2400 Kaninchen jährlich auf 2,5 Hektar Gehege. Doch weil die Tiere auf engem Raum zusammengepfercht sind und die Nahrungssuche zum Problem wird, läßt sich die Qualität schwer verbessern. Ihr Fleisch ist weniger schmackhaft und begehrt

Tizian, *Madonna mit dem Kaninchen* (Paris, Louvre).

als das von Tieren aus natürlichen Gehegen. Charles Estienne bemerkt 1564, man müsse die Jungtiere »in das (natürliche) Gehege bringen, um es zu bevölkern und (die Tiere) wild werden zu lassen: sonst werden sie, wenn man sie mit ihrer Mutter im *clapier* eingeschlossen und gefangenhält, zahm und werden immer wie schlafend und unbeholfen sein.«

Es handelt sich hier um eine bloß erdachte Zucht. Erst viel später, nämlich im 19. Jahrhundert, folgt der entscheidende Schritt zur wirklichen Domestikation, das heißt zur bäuerlichen Kaninchenhaltung mit einigen Weibchen und ihren Jungen im Käfig oder im *clapier*, wo die tägliche Fütterung problemlos zu bewerkstelligen ist. Die Bäuerin hat so, ähnlich wie mit dem Hühnerhof, eine ständige, jederzeit nutzbare Fleischreserve zur Verfügung. Was zählt, ist nicht eine besonders ausgesuchte Rasse, sondern gutes Fleisch, das die Köchin in Frankreich, aber auch in Flandern und in Holland, auf viele verschiedene Weisen zuzubereiten weiß, als Frikassee wie als Ragout. Etwa zu dieser Zeit beginnt man – ein anderes grundlegendes Merkmal der Domestikation –, bewußt Rassen nach verschiedenen Kriterien in kommerziell ausgerichteten Einrichtungen zu selektieren. Die zielbewußte Züchtung in Gehegen oder Ställen von verschiedenen, nach außen völlig isolierten und unter der Obhut des Menschen lebenden Varietäten läßt sich problemlos und wirksam erst seit etwa 1830 bewerkstelligen, als ein neues Haltungssystem auftaucht: Die Männchen befinden sich in kleinen Käfigen; die trächtigen Weibchen einzeln in etwas größeren Ställen mit Futterkorb, Trog und Versteck, wo sie ihre Jungen säugen können. Ein Gitter schützt sie wirksam gegen Räuber aller Art, vor allem vor den Katzen. Nach fünfunddreißig Tagen werden die Jungen von der Mutter getrennt; sie kommen, nach Geschlechtern getrennt, aus der Enge des Käfigs in geräumigere Gehege, wo sie ihre Ruhe, dunkle Versteckplätze und reichlich Futter finden. Wieder nach einigen Wochen kommen die am besten gediehenen Tiere auf die »Hühnerstange«, ein schwankendes Brett an der Raumdecke, auf dem sie sich nicht mehr zu bewegen trauen und im Nu fett werden. Zwei oder drei Wochen später sind sie schlachtreif.

1950, und nochmals 1960, wurden Ställe und Zuchttechniken modernisiert, vor allem in Frankreich, das (nach China) zum größten Produzenten von Kaninchenfleisch und Kaninchenfellen geworden ist. Der Grundsatz, Aufzucht- und Mastkäfige zu trennen, wird beibehalten, doch es wird besonders auf gute Belüftung, Temperatur, Luftfeuchtigkeit, optimales Futter, Hygiene und sanitäre Verhältnisse usw. geachtet. Die Optimierung oder »Schaffung« neuer Rassen ausgehend von den alten erweist sich als leicht und, angesichts der schnellen Generationenfolge, auch als schnell.

Diese Rassen wurden in weniger als hundert Jahren von einigen alten Basisrassen aus gezüchtet, die eigenartigerweise nicht im Hinblick auf ihr Fleisch, sondern im Hinblick auf ihr Fell selektiert und stabilisiert worden waren. Damit soll natürlich nicht behauptet werden, das Fleisch sei ein Nebenprodukt des Fells, doch es ist festzuhalten, daß bei gleicher Fleischqualität das Kaninchen mit dem schöneren Fell das wertvollere ist. Außerdem ist dieses Fell, das dem Kaninchen einen zweiten Wert verleiht, das am sichtbarsten und am leichtesten zu überprüfende Kriterium (Farbe, Form, Weichheit, Dichte, Langhaarigkeit usw.). Es ist bezeichnend, daß die erste Rasse, bei der wir uns auf reichliches Quellenmaterial stützen können, das Silberkaninchen ist, das »Reiche«, dessen Fell anfänglich deutlich mehr eintrug als das Fleisch.

Ein genaues Datum seiner Selektion läßt sich, wie wir gesehen haben, nicht nennen. Selbst Gesner (1550–1569), der genauere Angaben macht als Agricola , und der Darwin zu seinen scharfsinnigen Überlegungen von 1868 veranlassende G. Markham (1631) erlauben keine Aussage, wann diese Rasse isoliert und gezüchtet wurde. Die von den Zoologen, auch von Brehm (1868) kolportierte

Legende holt sie vom Himalaya via Rußland und Polen her, doch es gibt keinerlei Beweis dafür. Demgegenüber erlauben die zahlreichen englischen Gehege in Lincolnshire und in Yorkshire, in denen sie noch im 19. Jahrhundert fast im Naturzustand vorkommt, den Historikern die Annahme eines britischen Ursprungs: Diese seltenen und kostbaren Silberkaninchen wären demnach dort ausgesondert und in eigene Gehege gesetzt worden, wo sie sich vermehrt hätten. Darwin stellte auch fest, daß sie, wenn man sie in ein Gehege mit gewöhnlichen Kaninchen tat, nach einigen Jahren samt und sonders zu gewöhnlichen grauen Kaninchen geworden waren – eine bemerkenswerte Beobachtung bezüglich der mendelschen Selektion dominanter Merkmale und dem Zurücktreten der rezessiven Merkmale.

Das berühmte »russische« oder »Himalaya-Kaninchen« ist weiß und hat schwarze Ohren- und Schwanzspitzen. Es kursieren auch Legenden, die seinen Ursprung nach China verlegen und behaupten, es sei in Rußland durch die Bojaren eingeführt worden, die angeblich ihre Landgüter damit bevölkern wollten, und von dort aus sei es im 19. Jahrhundert nach Polen, Deutschland und Frankreich gelangt. Die Historiker können indessen versichern, daß man schon sechs Jahrhunderte früher in Deutschland, Polen, Rußland, Italien, Frankreich und England *witte Koninghe*, *chonigli bianchi* oder »weiße Kaninchen« kannte: Seine frühesten Darstellungen sind weit älter als die Bildteppiche *Coeur d'amour épris* und *Dame à la licorne* (15. Jahrhundert) oder Tizians *Madonna mit dem Kaninchen* (um 1530). Zudem gibt es auch weiße Hasen, so den norwegischen Hasen oder den »veränderlichen Hasen« der Alpen *(Lepores albi, Lepores cani)*, die schon von Albert dem Großen im 13. Jahrhundert beobachtet wurden, außerdem die »weißen Könige« (wahrscheinlich die polnischen oder russischen *Krolyk*), deren Felle im 14. Jahrhundert auf den westeuropäischen Märkten auftauchten. Vielleicht handelt es sich in diesen letzteren Fällen um eine Homochromie und um das dichte, weiße Winterfell der »Schneehasen«, das mit einer besonderen Unterart nichts zu tun hat. Doch die Gehege der Abtei von Saint-Denis in Frankreich lieferten zum Beispiel, ebenfalls im 13. Jahrhundert, schwarze Felle und weiße Felle. Es ist möglich, daß die Selektion der weißen parallel zu der Selektion der schwarzen (oder silbergrauen) geschah. Und die Tatsache, daß Zoologen und Genetiker, denen historische Studien verwehrt waren, mit Darwin der Ansicht sind, die weißen Kaninchen seien vor vielen Generationen aus den Silberkaninchen hervorgegangen, stützt sehr stark die Hypothese vom relativ weit zurückliegenden (und vielleicht englischen) Ursprung dieser Varietät.

Die Rasse der sogenannten »Angorakaninchen« soll ebenfalls auf eine Mutation des »russischen« Kaninchens zurückzuführen sein, doch es ist keineswegs bewiesen, daß sie aus Kleinasien und insbesondere aus der Türkei kommt, denn selbst wenn das heutige Ankara »Angora« hieß und die Engländer 1708 vom »türkischen« Kaninchen sprachen, so hat dem Tier wahrscheinlich nur das sehr lange Haar (ähnlich wie bei den »Angoraschafen« oder »Angoraziegen«) zu diesem Namen verholfen. Zudem ist auch hier wahrscheinlich England spätestens seit dem 17. Jahrhundert das Ursprungsland. 1723 soll es englischen Seeleuten gelungen sein, lebende Exemplare illegal in Bordeaux (gegen eine sehr hohe Summe) abzusetzen, und 1777 konnte Meyerbach es in Deutschland einführen.

Vom Angorakaninchen wird nicht das Fell, sondern das Haar verwertet, das 10 bis 40 cm lang werden kann und viermal im Jahr gewonnen wird, und zwar durch verschiedene Verfahren, die nach und nach verfeinert wurden: am Ende des 19. Jahrhunderts durch Enthaaren (oder »Rupfen«), dann durch Scheren (erst von Hand, später maschinell), schließlich durch Depilation. Bestimmte Kaninchen können heute jährlich bis zu 1,3 Kilo Haar liefern! Gesponnen und gewebt, wird das Haar zu Unterwäsche, Schuhen und Bekleidungsstoffen verarbeitet (1812 soll Napoleon seiner Gemahlin Marie-Louise einen herrlichen Angoramantel geschenkt haben). Je älter das Tier ist, desto mehr Haar liefert es. Da es sieben bis acht Jahre lebt, konnte Mitte des 19. Jahrhunderts in Saint-Innocent bei Aix-les-Bains in Savoyen ein Tier im Laufe seines Lebens 40 Goldfranken erbringen. Die Angorazucht verbreitete sich nach dem Anschluß Savoyens an Frankreich auch in Burgund, im Jura, in der Normandie und in der Bretagne. Vor dem Zweiten Weltkrieg war Nantes weltgrößter Exporteur dieser Handelsware, über die Frankreich mit 90 Prozent faktisch das Monopol hatte. Deutschland, Argentinien, später auch Japan, die Tschechoslowakei und schließlich China traten dann in scharfe Konkurrenz zu Frankreich, das nur noch 100000 Angorafelle (von 100 Millionen) produziert, allerdings von höchster Qualität.

Wir können nicht in die Details der in den vergangenen hundert Jahren zu Hunderten »kreierten« Rassen und Varietäten gehen, die freilich nun die wirkliche »Domestikation« des Kaninchens bedeuten. Erwähnen wir lediglich, daß in letzter Zeit ein Zwergkaninchen der Rasse Hermelin von grauer oder gelbbrauner Farbe isoliert wurde, das wie Hund oder Katze als Gesellschaftstier gedacht ist – ein typisches Merkmal für die vollendete Domestikation.

Kaninchenfelle

Ob erlesenes Rassetier oder gewöhnlicher Bastard, die meisten Kaninchen liefern seit Jahrhunderten nicht nur ihr geschätztes Fleisch, sondern auch ihr Fell. Viele Franzosen können sich noch an die fahrenden Händler erinnern, die mit dem Ruf »Kaninchenfelle!« durch die Dörfer zogen und sie aufkauften. Diese Felle wurde lange Zeit unbehandelt oder nur wenig lüstriert verwendet, weswegen man sie sortieren und die Rassen nach den jeweiligen Modefarben aussuchen mußte: weiß, schwarz, silber usw. 1832 hatte ein gewisser Cougny in der Rue de la Roquette in Paris die Idee, sie systematisch zu färben, und 1851 begann Chapal, sie vor dem Färben nach »verwandten« Farben zu sortieren. In dem von ihm gegründeten Familienunternehmen entstand später (1874) eine Abteilung, in der das Haar geschnitten wurde; Chapal verwendete auch als erster Anilinfarben (1882).

Der Großteil (60 Prozent) der Felle, aus denen die harten Grannenhaare

In mittelalterlichen Handschriften (sogar in Brevieren und Meßbüchern) finden sich am Rand oft burleske Szenen. Diese hier zeigt eine verkehrte Welt, in der ein Kaninchen König ist (Verdun, Bibliothèque municipale).

mechanisch entfernt werden, wird heute zu Kaninchenhaar verarbeitet, aus dem Stoffe und Filze hergestellt werden; aus dem enthaarten Leder wird Leim oder Dünger gewonnen. Die schönsten und kräftigsten Felle kommen als Rauchwaren in den Handel. Mit den modernen, 1929 erfundenen Entfärbungsverfahren, bei denen nicht mehr mit Schwefeldampf gearbeitet wird, kann man mit Kaninchenfell die schönsten und seltensten Pelze imitieren. Das weichste und dichteste Haar findet sich im Winterfell und im Fell der Rexrasse. Leider ließ die Ausrichtung auf die Fleischproduktion (spezielle, nach vier oder fünf Monaten schlachtreife Rassen) die Fellqualität erheblich sinken, wodurch die chinesische Produktion aufgewertet wird, die zwar sehr unterschiedlich ist, aber eine hervorragende erste Wahl auf den Markt bringt.

Die Myxomatose

Die Tatsache, daß die Domestikation des Kaninchens zu kommerziellen Zwekken ganz jüngsten Datums ist, führt zu einer völlig neuartigen Situation mit grundlegenden Unterschieden zur Geschichte anderer Arten, die bereits vor Jahrtausenden domestiziert wurden. Insbesondere ist die Wildform zwar verschieden, doch nach wie vor dynamisch, sie richtet sogar große Schäden an. Zwei denkwürdige, noch nicht lange zurückliegende Ereignisse unterstreichen die Bedeutung dieser autonomen Evolution des Tieres, wegen oder trotz des unbedachten Handelns des Menschen: Einerseits die Einführung des Kaninchens in Australien (1859), andererseits der abenteuerliche Einsatz der Myxomatose, in Frankreich (1952) und weltweit.

Wir wissen, daß Weihnachten 1859 nach verschiedenen erfolglosen Versuchen in Australien vierundzwanzig Kaninchen ganz bewußt ausgesetzt wurden. Gegenüber den sehr viel genügsameren Beuteltieren hatten diese äußerst vermehrungsfreudigen Plazentaltiere kaum Feinde (nur Dingos), auch kaum Konkurrenten in ihrer ökologischen Nische. Der Erfolg war rasant und tragisch: Hunderte Millionen von Kaninchen nagten bis auf die Wurzeln Kulturen, Bäume und Steppen kahl, die zu Wüsten wurden. Man mußte ihnen den erbarmungslosen Kampf ansagen. Erst versuchte man, sie mit tief in den Boden eingegrabenen Gittern abzuwehren, doch 1930 ging man dazu über, sie mit einer äußerst ansteckenden, normalerweise tödlichen Krankheit brasilianischen Ursprungs, der Myxomatose, zu infizieren. Zunächst ohne Erfolg. Als in Frankreich ein Dr. Armand-Delille den Kaninchen, die sein Landgut in Maillebois in der Gegend von Chartres unterhöhlten, den Garaus machen wollte und am 20. Juni 1952 in seinem von einer Mauer umfriedeten Gut ein infiziertes Paar aussetzte, dachte er nicht im mindesten daran, daß er damit eine ökologische Katastrophe auslöste. Doch im selben Jahr »griff« in Australien die 1950 erneut eingeführte Myxomatose, überwand selbst die Wüsten und wütete unter den Kaninchen mit solcher Heftigkeit, daß wahrscheinlich 99,8 Prozent der erkrankten Tiere innerhalb weniger Monate eingingen. In Frankreich war die Todesrate in den Gehegen ähnlich hoch, auch in den häuslichen Kaninchenställen gab es beträchtliche Verluste. Ein weniger virulentes Virus und resistente Kaninchen erschienen erst 1953 und vor allem 1954. Der australische Kaninchenbestand erholte sich nur langsam, und wahrscheinlich hat er nie mehr als 23 Prozent seiner früheren Stärke erreicht: Seit dreißig Jahren scheint die Seuche sofort wieder aufzuleben, sobald der Bestand diese Schwelle überschreitet.

In Frankreich mußte ein Impfstoff gefunden werden (1953), um die Hauskaninchen zu schützen, deren Bestand wieder ziemlich schnell auf 100 Millionen Stück anstieg. Die Kaninchen der Naturgehege jedoch erholten sich in den von der Seuche befallenen Gegenden nicht mehr von diesem Massensterben.

Die Gründe für die Katastrophe sind nicht ganz klar. Gewiß, es handelte sich um ein äußerst aktives Virus, und es befiel ja Organismen, die noch nie Berührung mit ihm hatten und über keinerlei Immunsystem dagegen verfügten. Doch die

Geschwindigkeit, mit der es sich über die Mauern von Maillebois hinaus ausbreitete, legt nahe, daß es nicht nur im direkten Kontakt von Kaninchen zu Kaninchen verbreitet wurde, sondern daß auch Mücken und Kadaver in den Fängen von Raubtieren, vor allem von Bussarden, zur Verbreitung beitrugen; vielleicht sogar absichtlich handelnde Menschen, die störende Naturgehege ausrotten wollten. Einige Gegenden, so die Sologne und der Hérault, wurden auf diese Weise völlig entvölkert. Andere, zum Beispiel die Mittelgebirge oder die Atlantikküste der Vendée, blieben mehr oder weniger verschont.

Bei der Katastrophe hatte so mancher Züchter den hundertprozentigen Verlust seiner Tiere zu beklagen. Jeder war zumindest von der Zurückhaltung der französischen Konsumenten betroffen, die sich vor infiziertem Fleisch fürchteten: Der Kaninchenfleischpreis fiel um 50 Prozent. Die Angorazüchter mußten ihre 100000 Tiere impfen, was auf die Haar- und Pelzproduktion nicht ohne Einfluß bleiben konnte.

Das Massensterben rief nicht nur Empörung hervor. Zwar bedauerte jedermann die toten Hauskaninchen, doch das Wildkaninchen hatte viele Bauern als Gegner, die seit dem tiefsten Mittelalter auf diese seßhaften, seelenruhig die Früchte ihrer Arbeit auffressenden Nager schimpften. Anläßlich des Prozesses gegen Armand-Delille wurde die Summe von 70 Milliarden alten Francs (700 Millionen heutige Francs) genannt, auf die sich angeblich die Schäden in der Landwirtschaft jährlich beliefen. Dazu kamen die Waldschäden, der Fraß von bestimmten Sämlingen, der Verbiß an bestimmten Laubbäumen wie Eiche, Hainbuche und Rotbuche, am Unterholz und sogar an einigen Nadelhölzern. Insgesamt gesehen, galt das Wildkaninchen also eindeutig als Schädling.

Woher erhoben sich also die Stimmen gegen den Verantwortlichen für den Massenmord in Frankreich, sieht man einmal von den geschädigten Züchtern und dem Kürschnerverband ab? Es waren zuerst und vor allem die Jäger, der *Saint-Hubert Club* und seine vielen Bundesgenossen, unter anderem die Büchsenmacher, deren Waffen- und Munitionsumsätze in vier Jahren um 20 Prozent zurückgingen (in Südfrankreich sogar um 60 Prozent). Die Zahl der Jagdpatente hingegen sank nur um 6,5 Prozent, und es erwies sich als unmöglich, die Verluste des Accessoires-Handels (Jagdtaschen, Stiefel, Jagdbekleidung), der Hotels in den Jagdgegenden usw. zu beziffern. In Wirklichkeit ging es in erster Linie um das unvergleichliche Jagdvergnügen. Und hier erwiesen sich die Jäger (deren Verbandsvorsitzende oft Angehörige des alten Adels waren) als würdige Nachfahren der umherziehenden Aristokraten, die ihre Wildgehege mit allen Mitteln gegen die sich wehrenden seßhaften Bauern verteidigten.

Die Jäger verstanden es, zusammen mit den Kürschnern und dem Rauchwarengewerbe, einen Teil der öffentlichen Meinung zu mobilisieren. Sie sprachen vor allem jene an, die am Straßenrand todkranke Kaninchen, enthaart und mit tränenden Augen, gefunden hatten: weichherzige, aber auch kurzsichtige Menschen, die einen »sauberen« Tod noch hinnehmen mochten, nicht aber dieses so sichtbare Leiden von todgeweihten Tieren. In ihrem Gefolge erschienen die ersten Naturschützer, die zwar ihr Anliegen noch schlecht artikulieren konnten, doch hinter diesem einzelnen und spektakulären Fall mit Erschrecken die von der modernen Wissenschaft angerichteten Zerstörungen sahen: Im Zeitraum weniger Monate und im eigenen Land wurde drastisch vorgeführt, welche Verheerungen der Mensch unablässig seit Jahrzehnten in der ganzen Welt anrichtet. Gestern war es dieses Tier, vorgestern jenes; heute ist es das Kaninchen – welche Tiere werden morgen dem Ungeschick eines einzelnen Zauberlehrlings zum Opfer fallen, heimtückisch vom Tod ereilt in einer selbst vom Tod bedrohten Natur?

Die Katze

»Die Katze ist das einzige Tier, das es fertiggebracht hat, den Menschen zu domestizieren.« Diesem Bonmot des französischen Soziologen und Ethnologen Marcel Mauss könnte man hinzuzufügen, daß die Katze selbst keineswegs domestiziert ist: Auch wenn sie mit ihrem Halter privatissime zusammenlebt, bleibt sie immer ein gezähmtes Wildtier. Aus dem außerordentlich reichen und bunten Schrifttum, das sie angeregt hat, wollen wir eine Beobachtung des französischen »Realisten« Théophile Gautier zitieren: »(Die Katze) legt sich ihr geregeltes, ruhiges, von Gewohnheiten geprägtes Leben zurecht, sie ist ein Freund von Ordnung und Sauberkeit und erteilt ihre Gunst nicht leichtfertig. Wen sie als würdig erachtet, dem beweist sie gerne ihre Freundschaft, doch nie Unterwerfung. Bei ihren Zärtlichkeitsbeweisen behält sie ihren freien Willen, und sie wird nie jemandem zuliebe etwas tun, was sie für unvernünftig hält. Doch hat sie sich einmal anvertraut, welch absolutes Vertrauen, welche unverbrüchliche Zuneigung!« Chateaubriand ist zwar zurückhaltender, dennoch liebt er »dieses unabhängige und beinahe undankbare Wesen, durch das sie sich an niemanden bindet, und diese Gleichgültigkeit, mit der sie von den feinen Salons zu ihrem angestammten Blechdach überwechselt. Man streichelt sie, sie macht den Buckel, doch sie empfindet Lust dabei und nicht, wie der Hund, diese alberne Befriedigung, seinen Herrn treu und brav zu lieben, der es mit Fußtritten dankt. Die Katze lebt allein, sie braucht keinerlei Gesellschaft; und sie gehorcht nur, wenn es ihr paßt« ... Unabhängig, reserviert, spröde und würdevoll, ist sie aber auch ein flinker, kühner und gleichwohl umsichtiger Jäger, dazu ein treuer Freund dem, der sie liebt: anschmiegsam, schön, weich und warm, von einer außerordentlichen Präsenz, die »durch ihre Schweigsamkeit eine ausgeglichene, warme Lebensqualität ausströmt« (A. Varagnac).

Mehr als das immer stumme Zwergkaninchen, das seine Gefühle nicht ausdrückt, und weniger als der Hund, der sie treuherzig zur Schau trägt, versteht es die Katze, ihre Seelenzustände auszudrücken und ihr Verhältnis zu den »Gesprächspartnern« persönlich zu gestalten.

Die Geschichte der Katze ist so voller Rätsel wie das Tier selbst. Wann und warum hat sie sich bereit gefunden, ihr Leben mit dem Leben der Menschen zu teilen? Warum hat zum Beispiel das Abendland sie bis in die Neuzeit hinein so schlecht gekannt und so unziemlich behandelt? Buffon, der Papst der französischen Zoologie des 18. Jahrhunderts, konnte noch mit seiner ganzen Autorität dozieren: »Die Katze ist ein untreues Haustier, das man nur aus Notwendigkeit hält (...) Und obwohl diese Tiere, vor allem wenn sie jung sind, Anmut besitzen, so ist ihnen doch gleichzeitig eine Bösartigkeit angeboren, ein falscher Charakter, ein widernatürliches Wesen, das mit dem Alter nur ausgeprägter wird und das die

Kaninchen, Katze und Hund, drei Momente der Vertrautheit und ein dreifaches Bündel von Symbolen in diesem wunderbaren Bild von Lorenzo Lotto mit dem Titel *Christi Abschied von seiner Mutter* (Berlin, Gemäldegalerie, Staatliche Museen Preußischer Kulturbesitz).

Erziehung lediglich kaschieren kann (...) Die Katze scheint nur für sich selbst zu fühlen, nur bedingt zu lieben und sich dem Umgang nur hinzugeben, um ihn für sich auszunützen.«

Miau Miacis oder Felis, die Katze

Katze, Bär, Wolf und Hund haben als gemeinsamen Urahnen den *Miacis*, der im Paläozän lebte. Ein später Miacide, der *Felis zitelli*, könnte vielleicht das Aussehen und die Größe unserer heutigen Katzen gehabt haben, doch bestenfalls wäre er dann ein Ururonkel gewesen, denn die Filiation ist äußerst unsicher. Wahrscheinlicher ist die Abstammung von einer sehr viel jüngeren Art, die vielleicht aus dem *Felis lunensis Martelli* hervorgegangen ist, nämlich dem *Felis silvestris Schreber*, jener Wildkatze, die lange Zeit die europäischen Wälder bewohnte, in Frankreich insbesondere den Oberlauf der Marne: Wir kennen ihre stattliche Größe und ihr Gewicht (8 bis 18 Kilo, 70 cm Länge), ihren kurzen, keulenförmigen Schwanz mit dem buschigen Ende, auch ihre »Grausamkeit« und Kühnheit beim Sprung auf das Beutetier (Rehkitz, junge Rehe usw.), beim Kampf gegen einen Hund (der allein überhaupt keine Chance hat), selbst gegen den Menschen, wenn sie verletzt oder bedroht ist. Sie ist ein kleiner Luchs, mehr noch, ein kleiner Tiger.

Wenn sie verwildern, zeigen gewisse Hauskatzen – bei entsprechend geringeren Körpermaßen und -kräften – in vielem dasselbe Verhalten. Gestützt auf die Ähnlichkeit und die offensichtliche Verwandtschaft zwischen Wolf und Haushund, war man sich deshalb so gut wie sicher, daß zwischen der Wildkatze und der Hauskatze oder *Felis domestica* dieselbe Verwandtschaftsbeziehung besteht. So dachte vor allem Albert der Große, dem allerdings im 14. Jahrhundert Gaston Fébus widersprach, nachdem er erhebliche Unterschiede zwischen den beiden Arten festgestellt und die Wildkatze mit dem Luchs in Verbindung gebracht hatte. Man weiß auch seit neuestem, daß sich diese Katzenarten sehr viel schwieriger kreuzen lassen als Wolf und Hund: Es gelingt zwar, doch die Bastardkätzchen sind schwächlich, erreichen nur selten das Erwachsenenalter und reproduzieren sich dann praktisch nicht; selbst wenn dies noch kein Beweis gegen eine frühere Bastardisierung mit anderen Katzenarten ist, so ist die direkte Linie doch wenig wahrscheinlich. Schließlich scheint die Wildkatze, im Gegensatz zu anderen Katzen und zum Wolf, auch nicht zähmbar zu sein, und sie reproduziert sich schlecht in der Gefangenschaft. Verwandtschaft ist also wohl gegeben, doch vertikal, nicht horizontal als Abstammung. Da sich zudem in den prähistorischen Fundstellen Europas keine Katzenknochen finden (außer vom Luchs und von der Wildkatze), kann gefolgert werden, daß sie von anderen Tieren abstammt.

Die ersten bekannten Katzentypen sind alle ägyptisch. Quellen, die sich auf sie beziehen, gibt es genug: Nicht nur wird sie von einer riesigen Ikonographie dargestellt, mit Halsband und sogar an der Leine, wir verfügen auch über

Conrad Gesner, *Historia animalium III* (Paris, Nationalbibliothek).

Knochenfunde und vor allem über Tausende von Mumien. Bei letzteren können wir allerdings von Glück reden, daß sie noch da sind: In Mengen wurden sie nach Manchester und Liverpool verfrachtet, um dort zu Dünger verarbeitet zu werden – eine im 19. Jahrhundert durchaus übliche Praxis, denn der Präfekt des Département Ariège in Frankreich verfuhr nicht anders mit den Tausenden von menschlichen Skeletten aus der Höhle von Lombrives, die wahrscheinlich die sterblichen Reste des gesamten von den Römern lebendig eingemauerten Stammes der

Salasser waren. Dem Mißtrauen einiger englischer Bauern ist es zu verdanken, daß eine Anzahl wertvoller Mumien vor allem ins British Museum gelangte, wo die Zoologen sie identifizieren und studieren konnten. Beim Großteil handelt es sich um »behandschuhte« Falbkatzen *(Felis maniculata)*, die vielleicht aus dem südlichen Nubien über Meroe eingeführt worden waren. Im ägyptischen Beni Hassan fand man ebenfalls die große »Kirmyschak-Katze« *(Felis chaus)*, den sogenannten Sumpfluchs. Hier läge also eine weit bessere Spur, um so mehr, als die Falbkatzen (inzwischen umbenannt in *Felis lybica Forster*, *Felis ocreata Gmelin* oder *Felis ornata Gray*) heute noch leicht zu zähmen sind, auch wenn Brehms Versuche vor hundert Jahren noch erfolglos waren (der allerdings nur einen alten Kater für seine Experimente zur Verfügung hatte).

Die ägyptische Katze, die direkt von der nubischen Falbkatze abstammt, scheint so der Urahn unserer heutigen Katzen zu sein: Nur die Größe der Ohren unterscheidet sie von dieser, doch dieses Merkmal stammt wohl von einer Kreuzung mit dem Sumpfluchs, der ebenfalls zähmbar ist. Es ist im übrigen wahrscheinlich, daß die Katzen, die den ägyptischen Jägern bei der Vogeljagd geholfen zu haben scheinen, entweder Luchse oder aber Bastarde aus Katze und Luchs waren.

In Nordafrika und Ägypten gibt es heute noch zahlreiche andere Wildkatzenarten: Den Serval, eine Buschkatze, die auf kretischen Fresken und auf einer apulischen Vase zu erkennen ist, hochbeinig, gefleckt und mit großen Ohren; außerdem den Karakal, den ungefleckten, in Afrika geläufigen Wüstenluchs, den man auf ägyptischen Abbildungen findet und mit dem noch im 19. Jahrhundert Wüstenhasen gejagt wurden.

Die asiatischen Katzen konnten nicht direkt zu Hauskatzen werden, denn der Manul *(Felis manul Pallas)* ist ebenso groß, stark und wild wie die europäische Waldkatze. Man weiß deshalb nicht, woher die Katze stammen soll, von der man Fragmente in Harappa, in der Nähe von Mohenjo Daro in Pakistan, gefunden hat und die mit absoluter Gewißheit beweist, daß die Kulturen am Indus ebenso früh wie die ägyptische (2000 Jahre v. Chr.) Tiere zu dem Zweck züchteten, die Nager von ihren gewaltigen Kornspeichern fernzuhalten. B. Prashad vertrat nach seinen Ausgrabungen 1936 diese Ansicht mit Bestimmtheit. Doch wir haben keinerlei andere Hinweise auf sie; der erste in Peshawar abgebildete Kopf einer indischen Katze datiert aus den letzten Jahrhunderten vor Christi Geburt.

Daß die amerikanischen Katzen, die verschiedentlich auf sehr alten Keramiken der Mochica aus der Vor-Inka-Zeit dargestellt sind, Haustiere waren, ist durch nichts bewiesen, entgegen der vom Leiter des archäologischen Museums von Trujillo, Hoyle, geäußerten Ansicht; es kann sich ebensogut um Wildtiere handeln.

Kurz, zu allen Zeiten hat es nichtgezähmte Katzen oder Kleinluchse gegeben: In Assyrien erwähnt Tiglatpilesar solche Tiere in seinen Jagdtafeln. In Kleinasien wird der von seinem Eunuchen Bagoas vergiftete Artaxerxes Ochos in Stücke gehauen und Katzen zum Fraß vorgeworfen. In Griechenland werden sie von Aristoteles beschrieben; in der römischen Welt schildert Aurelius Nemesianus

(3. Jahrhundert n.Chr.), wie sie sich in hohlen Bäumen verkriechen und von den Spießen der Jäger durchbohrt werden; schließlich wissen wir, daß die Kelten und Germanen sie wegen ihrer Unbezähmbarkeit und ihrer scharfen Krallen fürchteten.

Im Gegensatz zu den Zivilisationen Afrikas und des Orients, die neben den Raubkatzen auch weniger unheimliche, sogar zähmbare Kleinkatzen kannten, bevölkerte im abendländischen Europa nur die eine, besonders gefährliche Katze die Wälder und die Vorstellungswelt der Menschen, so daß hier lange Zeit der Wortschatz nicht zwischen ihr und der importierten, äußerlich so ähnlichen »Hauskatze« zu unterscheiden wußte.

Anderswo wimmelt es von sprachlichen Unschärfen: Aristoteles spricht vielleicht von der Wildkatze und Aristophanes von der (ägyptischen) »Hauskatze«. Äsop hingegen denkt vermutlich an die Wildkatze, doch Theokrit, der eine Dienerin mit einem »Wiesel« (γαλῆ) vergleicht, denkt offensichtlich an eine Kätzin. Tatsächlich ist in den Schriften die Verwechslung mit dem Baum- und dem Steinmarder sowie dem Wiesel sehr häufig. Selbst im ausgehenden Mittelalter benützen die Schriftstücke des Pelzhandels immer noch ein gemeinsames Wort für Felle von Wildkatzen und Hauskatzen *(gatti, cattinen felle, chats).*

Die griechischen und lateinischen Zoologen unterscheiden manchmal zwischen der Wildkatze (ἄγριος, *agrestis, ferus)* oder Waldkatze (ἔνδρυμος) und der im Haus geborenen Katze (οἰκογενῆς, *domestica*, Katze des häuslichen Herds), während andere, vor allem ab dem 6. Jahrhundert n. Chr. mit Isidor von Sevilla, lediglich den »Mäusejäger« *(musio, musipulus, musilegus)* erwähnen, ohne anzugeben, ob er ein Haustier ist oder nicht.

Das deutsche »Katze«, ebenso das französische *chat*, welches das lateinische *felis* ersetzt hat, soll nicht von *catus* (gewandt) oder von *catulus* (kleiner Hund) oder – wie Isidor schreibt – *captura* kommen, sondern aus afrikanischen Sprachen, vor allem vom nubischen *kadista* oder vom syrischen *qatto*, das arabisch zu *qett*, griechisch zu *kattos* oder *katta* und schließlich lateinisch zu *cattus* wurde, aus dem man *gato, gatto, cat, kac, kot', chat* und »Katze« abgeleitet hat.

Bestimmte Spitz- oder Kosenamen für die Katze sind Namen von Menschen oder umgekehrt. So wird *aelurio* Männern zugeteilt, »Mietze« und das französische *minette* soll von weiblichen Vornamen kommen. *Matou*, französisch für Kater, soll sich nach Darmstetter von Machtolf ableiten (?), andere bringen es in Zusammenhang mit der ägyptischen Katze (Matou?), die gegen die Schlange Apophis kämpft. *Puss, pussy, pussycat* soll ebenfalls aus der Transkription des Namens der ägyptischen Göttin Pachet oder Bastet entstanden sein ... Auch die Philologie führt uns also nach Nubien und Ägypten.

Die Falbkatze soll so vor weniger als 5000 Jahren im alten Ägypten gezähmt und nach und nach in die Häuser eingeführt worden sein. Nach dem Kaninchen wäre sie somit das »jüngste« Haustier.

»Gezähmt« ist übrigens wörtlich zu nehmen: Genauso wie das Hermelin oder das Wiesel den Menschen erkennt und sich von ihm zwischen zwei Mäusejagden vielleicht einige Zuneigungsbeweise holt, so wie der Gepard und der Elefant bei

Der »Realist« Jules Champfleury (1821–1889) kannte Darwins Thesen schon knapp zwei Jahre, nachdem dieser sie vorgetragen hatte. In seinem Katzen-Buch stellt er nicht nur seinen Humor und das Talent unter Beweis, der ihn berühmt machte, er stützte sich auch auf schriftliche und archäologische Quellen. Die zweite Auflage des für seine Zeit beachtlichen Werks ließ er mit sehr schönen Illustrationen versehen; das Umschlagbild mit der weißen und der schwarzen Katze stammt von Manet.

der Jagd oder bei der Arbeit helfen und dem Menschen zugetan zu sein scheinen, der Fischotter seinem Herrn auf die Schulter klettert und ihn zärtlich und sanft in den Nacken beißt, bevor er für ihn den Fisch holt, so sind Falbkatzen vielleicht als kleine Jungtiere mit Kindern zusammen aufgezogen worden, worauf sie dann freundschaftlich Vorräte und Hausbewohner gegen Ratten und Schlangen verteidigten ... Es wäre ein ebenso altes wie klassisches Beispiel für die menschliche Nutzung eines »nützlichen« Raubtiers, um ein anderes, »schädliches« abzuwehren, eine Art biologischer Kampf, den in Ägypten zähmbare Katzen ermöglichten.

Die heilige Katze

Dieses Tier war eine so große Hilfe, daß es den Menschen als Geschenk der Götter vorkommen mußte. Und die Funken, die nach ausgiebigem Faulenzen unter der afrikanischen Sonne aus seinem elektrostatisch aufgeladenen Fell sprangen, mögen seine magische Aura noch verstärkt haben.

Aus spezifischen, recht unklaren Gründen (Eigenheiten der Pupille im Sonnen- und im Mondlicht) wurde die Katze wohl auch zum Totem erwählt oder einer Gottheit gleichgesetzt, ähnlich wie andere Tiere, die übrigens, wie Schakal, Ibis, Falke, Krokodil, Nilpferd usw., alles Wildtiere waren. Der Sieg der von den Priestern von Heliopolis gestützten Dynastie (um 2500 v. Chr.) kann die Verehrung der Katze weiter gefördert haben: Sie war das Symbol des Sonnengottes Re, der die Schlange zertritt, so, wie die Sonne (das Gute) die Nacht (das Böse) vernichtet. In diesem wie gesagt noch rätselhaften Zusammenhang wird die Katze, die bereits mit dem Weiblichen gleichgesetzt ist, zur Göttin Bastet, der Schwester und Gattin (oder Tochter) des Sonnengottes Re; ihr Kultort ist Pe Bas (griechisch Bubastis), die Stadt der Katze, in der Nähe von Heliopolis, der Stadt der Sonne. Eine mehrfach bestätigte Legende schreibt ihr eine Wächterrolle zu: Re brauchte sie, um sich vor den nächtlichen Schlangen zu schützen. Er schickte Thot, den Affengott, nach Nubien, wo sie sich in der Gestalt einer Löwin verbarg, um sie von dort zu holen. Als sie den Nil herunterkam, badete sie zunächst in Philae (der Isis geheiligten Stadt) im Fluß, verwandelte sich dann in eine Katze und setzte ihre triumphale Reise nach Bubastis fort. Jahrhundertelang wurde mit großen Feierlichkeiten, die (so wird behauptet) bis zu 700000 Menschen versammelten, Jahr für Jahr diese Heimkehr gefeiert, von der uns Herodot Einzelheiten mitteilt.

Die Vertauschung (oder der Vergleich) von Löwe und Katze ist häufig. Ovid hat uns die Erinnerung überliefert, welche die römische Mythologie daran bewahrte mit der Metamorphose der Diana, als sie vor Typhon floh. Apollon soll so den Löwen geschaffen haben, während seine Schwester die Katze schuf. Und der Islam weiß zu berichten, daß der Löwe, als Noah sah, was die Ratte an Schäden angerichtet hatte, von diesem geohrfeigt wurde und die Katze auf die Arche ausnieste.

In Ägypten scheint Bastet anfänglich eine Löwen-Göttin gewesen zu sein. Die nubische Katze mit ihrem fahlgelben, ungefleckten Fell scheint als Löwin in verkleinertem Maßstab eine Ersatzrolle übernommen zu haben. Sie war leichter einzufangen, aufzuziehen und in den Tempeln zu halten als die angriffslustigen, gefährlichen Löwinnen, die bereits selten waren und sich in den Süden Nubiens zurückgezogen hatten. Doch der wilde Ursprung der Katze-Löwin-Gottheit scheint weiterhin gegolten zu haben.

Zu den Feierlichkeiten in Bubastis, über die wir Schilderungen aus sehr viel späterer Zeit besitzen (einige Jahrhunderte v. Chr.), strömten Pilger mit Katzenstatuetten aus Stein, Bronze, Silber, sogar Gold herbei; andere brachten die teure Mumie ihrer entschlafenen Katze. Im riesigen Katzenfriedhof, der in Bubastis ausgegraben wurde, meint man eine Art Hierarchie unter diesen Mumien erkennen zu können: Einige Tiere wurden alleine begraben, in farbigen Bandagen, auf denen ihr Lob gesungen wurde; andere waren im Grab der Familie, in der sie gelebt hatten, einbalsamiert; bei mehreren handelt es sich um Sumpfluchse. In Heliopolis, in der Nähe des Serapeions von Alexandrien und an zahlreichen anderen Orten Ägyptens fand man andere Friedhöfe dieser Art, in denen sich Knochen und Mumien zu Tausenden ansammeln. Vielleicht sind sie der direkte Beweis für den Kult der Göttin, deren Schutz sich über ganz Ägypten erstreckte, als Pharao Scheschonk im 10. Jahrhundert v. Chr. Bubastis zur Hauptstadt machte.

Jedenfalls kann auf die große Verbreitung der Katze geschlossen werden und demnach wahrscheinlich auch auf den allmählichen Übergang vom gezähmten Tier zum »Haustier« (ohne daß dadurch die »Wildheit« ihres Verhaltens berührt worden wäre, die ja gerade ihre Instinkte und ihre Jagdfähigkeit gewährleistete). Die anscheinend älteste Darstellung einer »Hauskatze« findet sich auf dem Papyrus von Knumothep (ca. 1900 v. Chr.). Doch muß ihr sakraler Charakter betont werden: Sie hat Anteil an der Gottheit und zählt zu den Gottheiten, sie sprüht Funken, ist ein Orakel, sagt das Wetter voraus, nimmt Zuneigungsbeweise entgegen, gibt selbst aber keine. Vor allem beschützt sie, natürlich das Getreide vor den Nagern, doch auch die Menschen vor Schlangen, Skorpionen, überhaupt vor versteckten, unbekannten Gefahren. Säuglinge, die manchmal der von der Katze symbolisierten Göttin Bastet geweiht wurden, sollen zusammen mit Kätzchen aufgezogen worden sein und einige Tropfen geweihten Katzenbluts eingespritzt bekommen haben, als Schutz vor Krankheiten und vor bösen Geistern.

Durch ihre Geschmeidigkeit, Zärtlichkeit und Schönheit stellt die Kätzin auch die geliebte Frau dar, deren Fruchtbarkeit Bastet fördern wird. Herodot erzählt uns, wie die Frauen, die den Nil herunter zu den Feierlichkeiten von Bubastis kamen, sich im Wortgefecht mit den Frauen der anliegenden Städte anlegten und in einer Art rituellem Schlagabtausch »ihre Röcke schürzten«. Die Katzengöttin ist so mächtig, daß sich ihr Schutz über den Tod hinaus erstreckt.

In den ägyptischen Häusern ist die Katze so wichtig, daß bei ihrem Tod die ganze Familie Trauer trägt und sich die Augenbrauen rasiert. Bei einer Feuers-

Arkesilaos II., König von Kyrene, beaufsichtigt von seinem Thron aus die Untertanen beim Abwiegen des kostbaren Silphions; hinter ihm ein großer Gecko und unter dem Thron eine zahme Luchskatze (Paris, Nationalbibliothek).

brunst wird als erstes das schützende Tier gerettet; kommt es in den Flammen um, so schwärzen sich die Überlebenden mit Ruß und leisten in der ganzen Stadt öffentlich Buße. Eine Katze zu töten, mit oder ohne Absicht, war ein Verbrechen, das vielleicht mit dem Tod, wahrscheinlich durch Steinigen, gesühnt wurde. Nur ganz ausnahmsweise konnte man sich durch eine hohe Buße loskaufen.

Als im Jahre 525 v. Chr. der Perserkönig Kambyses Pelusion einnehmen wollte, soll er seine vorrückenden Soldaten mit Katzen »ausgerüstet« haben, worauf die ägyptischen Soldaten sich lieber ergeben haben sollen, als möglicherweise eines dieser geheiligten Tiere zu verletzen. Fand ein Ägypter eine tote Katze, so mußte er sich entfernen und schreiend seine Unschuld beteuern. Diodoros von Sizilien berichtet, wie ein Römer, der aus Unachtsamkeit eine Katze getötet hatte, nicht mehr gerettet werden konnte, selbst von dem Ägypterkönig Ptolemaios nicht, obwohl dieser darauf bedacht war, Rom auch nicht den kleinsten Vorwand für einen Einmarsch zu geben. Und natürlich aß man bei einer Hungersnot lieber Menschenfleisch, als sich an einer Katze zu vergreifen!

Gewiß, die Ägypter hielten es mit allen Tieren wie mit der Katze. Es ist etwas sehr Charakteristisches für diese Zivilisation: Vergegenwärtigen wir uns den falkenköpfigen Horus, den hunde- oder schakalköpfigen Anubis oder den rindergestaltigen Apis. Wir werden auch sehen, daß nach Herodot der Tod des Haushundes einen noch strengeren und längeren Trauerritus nach sich zog als der Tod der Katze. Doch im Gegensatz zu diesen anderen Tieren kann die Hauskatze als spezifisch für die ägyptische Zivilisation gelten, denn anderswo kennt man sie gar nicht.

Über die Umstände ihre Verbreitung über Ägypten hinaus wissen wir wenig Genaues. Unter den phönizischen Städten scheint (nach den Ausgrabungen von 1937 zu schließen) Byblos schon gegen das Ende des 2. Jahrtausends Hauskatzen beherbergt zu haben, doch vielleicht gehörten diese Tiere zu einer kleinen ägyptischen Kolonie? Auch die unweit davon gefundene Elfenbeinstatuette (um 1700 v. Chr.) und die in Palaikastro auf Kreta entdeckte Terrakotta (1100 v. Chr.) sind weniger als Beweis für die Verbreitung der Katze denn als Hinweis auf enge Beziehungen zu Ägypten zu werten. Da das Tier heilig war, werden es die Ägypter auch nicht leichtfertig der Entweihung durch die »Barbaren« ausgeliefert haben. Bei diesen Gegebenheiten erstaunt nicht, daß ihr »Export« selten war, denn er konnte nur über wenige Händler oder bestimmte Diebe gehen.

Außerhalb von Ägypten kennen wir, aus dem 5. Jahrhundert v. Chr., interessante Darstellungen von Katzen auf rotfigurigen Vasen aus Großgriechenland: Zierliche, hüllenlose Damen spielen Ball oder ein anderes Spiel mit einem dieser graziösen Tiere; mehrere Städte des griechischen Raums prägten zu dieser Zeit auch Münzen mit ihrem Bildnis, und Aristophanes erwähnt in *Die Archarner* den Markt von Athen, wo Katzen (oder Katzenfelle) feilgeboten wurden. Auf dem Flachrelief von Polopulos (um 480 v. Chr.) wird eine an der Leine gehaltene Katze gegen einen ebenfalls angeketteten Hund gehetzt; auf der berühmten Arkesilasschale ist, schwarz auf rotem Grund, unter dem Thron ihres königlichen Besitzers liegend, eine große Katze abgebildet.

Ist es ein Hinweis auf ihre Seltenheit, daß es in der Literatur – außer der erwähnten Anspielung bei Aristophanes – weder Erwähnung noch Beschreibung, nicht einmal einen spezifischen Namen für die Katze gibt? Die Hypothesen, die sich über dieses Verschweigen aufstellen lassen, sind widersprüchlich: Es ist nicht sicher, daß die Katze ein Luxustier war, das mehr Erwähnung verdient hätte; übrigens hätten die Griechen (und später die Römer), die ohnehin wenig empfänglich für ihre Aura als Beschützerin waren, das Jägertalent der Katze kaum benötigt, da tödlich giftige Schlangen bei ihnen selten waren und Wiesel häufig genug, um die Mäuse niederzuhalten. Erst praktisch um die Zeitenwende taucht die Katze endlich in den griechischen und römischen Schriften auf, und zwar bei Plinius, Seneca und Plutarch, doch in Pompeji und Herculaneum fehlt jede physische Spur. Ihre Darstellungen lehnen sich an die alexandrinischen Werke an oder bilden wahrscheinlich Wildkatzen ab.

Erst der große religiöse Synkretismus im römischen Imperium, durch den ägyptische Einflüsse mit der römischen Tradition der Hausgötter und die Göttinnen Diana und Bastet miteinander verschmolzen, bringt die Rolle und Bedeutung der Katze mehr ins Bewußtsein. Ihr Mäusejägertalent scheint endlich Anerkennung zu finden, wenigstens nach einem im 19. Jahrhundert zerstörten Mosaik von Orange zu schließen, das von Jules Champfleury erwähnt wird. Man begegnet ihr vor allem in gallisch-römischen Skulpturen als schützendem Dämon, liebevoll von einem Kind in den Armen gehalten, das sie auch im Jenseits schützen muß (es sei denn, das Kind selbst sei nur eine andere Äußerung des *genius loci*). Knochenfunde von Hauskatzen gibt es in Montmaurin und im frühchristlichen Marseille. In England fand H. Jones in Silchester aus römischer Zeit Skelette von Hauskatzen und Fußabdrücke von Katzen in Ziegeln; andere Indizien und Skelette in Hambledon und insbesondere in Lullingstone (zweite Hälfte des 4. Jahrhunderts) sind ein klarer Beweis für ihre Domestikation. Erwähnen wir noch die Legende vom Griechen Gasthelos, dem Anführer der pharaonischen Heerscharen, die von Moses und den Wassern des Roten Meeres besiegt wurden: Sein Nachkomme Fergus I. soll nicht nur das von ihm verwaltete Land (Schottland) nach seinem ägyptischen Urahn benannt haben, er soll dort auch die Katze, das Symbol der ägyptischen Göttin Pachet (Bastet), eingeführt haben, worauf die große Tradition der schottischen *pussies* zurückgeführt wird.

Über die arabische Welt berichtet schon Plinius zu Beginn unserer Zeitrechnung, daß in Rhadata eine goldene Katze angebetet wurde. In der muslimischen Tradition galt die Katze auch als reines Tier, ganz nach dem Vorbild jener »zärtlichen« und »schönen« Muezza, der Lieblingskatze des Propheten. Wir wissen auch um die Gemeinsamkeiten zwischen der Katze und dem über der Wüste scheinenden Mond, außerdem mit den Djinn, den flatternden Dämonen.

In Japan, wohin die Katze vermutlich seit dem 6. Jahrhundert aus China gelangte, brachte man ihr schon im 11. Jahrhundert Zuneigung entgegen.

Paradoxerweise wissen wir über das Abendland am wenigsten Bescheid. Die archäologischen, künstlerischen und literarischen Spuren sind für eine lange Zeitspanne selten. Zwar wird in der spät entstandenen Lebensbeschreibung Papst Gregors des Großen ein Einsiedler des ausgehenden 6. Jahrhunderts erwähnt, der trotz seiner strengen Armut eine Kätzin besaß, die er oft mit zärtlichem Streicheln wärmte, in den Armen hielt und an die Brust drückte, und zwar als seine »Wohngefährtin« *(cohabitatrix!)*. In seinem westgotischen Spanien spricht Isidor von Sevilla um dieselbe Zeit ebenfalls von Katzen. Übrigens wurden bei den jüngsten Ausgrabungen in Brebières, Nordfrankreich, in den untersuchten fünfundzwanzig merowingischen Hütten die Überreste von zwei Katzen gefunden, und zwar von einem sehr jungen und einem erwachsenen Tier (neben sechs Hunden). Schließlich knüpfen verschiedene Quellen aus dem Byzanz des Konstantin Monomachos (11. Jahrhundert) an die mehr oder weniger humoristischen Szenen der Zeit Ramses II. oder Ramses III. an: Schlachten zwischen Katzen und Mäusen. Man begegnet ihnen wieder in Rußland nach Peter dem Großen.

Daß Quellenangaben über die Katze relativ spärlich sind, liegt sicherlich daran, daß man in den europäischen Dörfern und Wäldern in keiner Hinsicht dieses

Löwenkatze oder Katzenlöwin, nach Studien von Delacroix (Paris, Louvre).

seltenen Tieres aus fremden Ländern bedurfte, solange Ringelnatter und Wiesel spielend mit den Mäusen fertig wurden. Sicher, eine Ringelnatter ist kein Streicheltier und auch nicht treu, und das Wiesel und andere Marderartige wie Hermelin oder Iltis sind diebisch, gehen an die Hühner und stinken überdies. Wohingegen die Katze den Vorteil aufweist, daß sie auch den Maulwurf tötet, der sich vor allem in den (Palladius so teuren) Artischockenfeldern verheerend betätigt. Das – sehr unsicher datierte (11. Jahrhundert?) – Auftauchen (oder ein biologischer Zyklus) der Hausratte kann die Zuwendung zu einem Tier verstärkt haben, das kräftig und effizient ist und von der Jagd auch nicht abläßt, wenn es satt ist, sondern ebenso aus Spieltrieb tötet wie aus Notwendigkeit. Durch seine Größe hätte sich zur Not auch der Fuchs dazu geeignet, wenn da nicht seine Vorliebe für Geflügel und Eier gewesen wäre. Die schon domestizierte Katze aber hatte sich bei den Getreidelagerhaltern, insbesondere bei den Mönchen, den Ruf erworben, weniger auf Diebstahl aus zu sein. Schließlich ist es auch denkbar, daß, zugleich mit den Hausratten, von den Kreuzzügen und Pilgerfahrten in das Heilige Land auch einige Katzen mitgebracht oder mit einheimischen Tieren gekreuzt wurden. Das Schicksal der Katze als Rattenfänger war besiegelt, und dieser Rolle als Behüterin der Ernte und der Vorräte hat sie es wohl zu verdanken, daß sie einen Rest ihrer Aura bewahrte. Daß sie auch Kröten und Schlangen tötet, wie schon von Albert dem Großen hervorgehoben wird, trug sicherlich ebenfalls zu ihrem guten Ruf bei.

Glücksbringerin oder schlechtes Vorzeichen?

In den jüdischen Traditionen ist es weniger ausgeprägt, doch bei den »indoeuropäischen«, noch mehr bei den aus dem Ural und dem Altai stammenden Traditionen der Slawen, Germanen und Ungarn gilt es ausnahmslos: Das Bild der Katze als wilder und unzähmbarer Waldbewohner, der als grausamer Räuber dem Wild nachstellt und es reißt. Diese Katze, die tagsüber schläft, um nachts desto kräftiger den Mond anmaunzen zu können, wird dem Reich der Vampire, Dämonen und Hexen zugeteilt. Im germanischen Götterhimmel ist die Kätzin die Gespielin der Freia-Venus, um sie herum reiten Jungfrauen auf Katern. Ihr aphrodisisches Fell läßt die Männer – symbolisiert durch den Hund – schwach werden.

So wird verständlich, daß das obsiegende Christentum heftigstes Mißtrauen hegte gegen dieses Tier aus der finsteren Welt des Heidentums und der Barbarei, in dem die verführerische Lüsternheit und Arglist der Evastöchter herrschten.

Neben dem wenig gefestigten, von der Antike ererbten und wohl ihrer Nützlichkeit bei der Rattenbekämpfung zuzuschreibenden Ruf als Wohltäterin begegnet die Katze im christlichen Abendland einer starken Feindseligkeit, die sich gegen alles richtet, was sie verkörpert: Sexualität, Sinnlichkeit, Weib, Heidentum, Mond, Nachtfinsternis, Diana, List und Grausamkeit, Dämonen – kurz, fast das ganze Instrumentarium der Hexerei. Es entsteht daraus die große Ambiguität der mittelalterlichen und modernen Katze – ein Tier, »das ganz der Teufel ist (und) an einen Priester erinnert« (H. Chauvet).

Gleichwohl überlebte die segensreiche Seite der Katze teilweise die von ihr hervorgerufenen Ängste: Im 16. Jahrhundert besang Torquato Tasso sie mit bewegenden Versen: »In diesem widrigen Geschick wende ich mich, o schöne Katze, deinen geheiligten Augen zu, und es will mir scheinen, daß vor mir zwei Sterne sind und ich den Weg wiederfinde inmitten des Gewitters.« Und Jean Cocteau sah in der Katze die »sichtbare Seele des Hauses«.

Schon im Mittelalter zeigen uns einige Darstellungen hellfarbige, zusehends unbefleckter werdende Katzen, wie sie zum Beispiel in aller Seelenruhe zu Füßen des Bettes liegen, in dem die heilige Jungfrau des göttlichen Sohnes entbunden wird. Mrs. P. Dale-Green hat diese Symbolik der weißen Katze in allen ihren Aspekten untersucht: Manchmal ist sie mehrdeutig, wie in Dürers Bildern, wo sie zwischen Adam und Eva am Fuß des Lebensbaumes liegt, oder bei jenem deutschen Herrn, der den Keuschheitsgürtel seiner unbekleideten Frau verriegelt. Ganz allgemein symbolisiert sie das zweite Gesicht, Heilung, Jungfräulichkeit, Mutterschaft, Liebreiz, Musik, Unsterblichkeit, Opfergeist, Dienstbarkeit, Sonne und Mond – und zu alledem Glück im Leben.

In England wird die etwas sagenhaft anmutende Geschichte des Richard Whittington erzählt, der im 14. Jahrhundert mit einer Katze als einziger Habe ein Schiff bestieg. Nachdem ein Sturm das Schiff an einer unbekannten Küste Afrikas, vielleicht auch Indiens, scheitern ließ, wurde die Besatzung dem dortigen König vorgeführt, dessen Reich so sehr von Mäusen und Ratten geplagt war, daß sie sich sogar unter dem Thron tummelten. Der junge Richard brauchte nur seine Katze loszulassen, die so gute Arbeit leistete, daß der König, hocherfreut über die Dienste dieses wunderbaren Tiers, zur Belohnung ihren Herrn zum königlichen Berater machte. Einige Zeit später ließ er ihn nur unter der Bedingung wieder ziehen, daß er ihm seine Katze überließ, gegen reichste Schätze. Whittington wurde zu einer Berühmtheit in London, er wurde zum Lord Mayor ernannt (es werden sogar Jahreszahlen genannt: 1397, 1406 und 1409) und als »Milord Cat« und »Lord Pussy« zur Legende.

Um diese mehr oder weniger historischen Tatsachen herum rankte sich in vielen Ländern das berühmte Märchen vom gestiefelten Kater: Ein Müller liegt im Sterben und kann seinem jüngsten Sohn nur seinen Kater als Erbteil geben, dieser allerdings erweist sich als beschützender Geist: Dank seiner Schlauheit, Tatkraft und Treue wird der arme Waisenknabe für einen Edelmann gehalten und beerbt einen Riesen, den der Kater gefressen hat, worauf er die Tochter des Königs zur Frau erhält. Über dem sehr geläufigen Thema der Katze als Glücksbringerin schwebt allerdings ein leichter Schwefelgeruch. Der gestiefelte Kater selbst, der in den natürlichen Kaninchengehegen jagt wie eine richtige wilde Katze, wird schon mit allen seiner Art zugeschriebenen unchristlichen Attributen bedacht: Er ist arglistig, lügnerisch, unredlich gegen jedermann (außer gegen seinen Herrn und Meister), die Schwachen bedroht er und beim Anblick des Löwen-Riesen gibt er Fersengeld. Schließlich trennt ihn nicht allzuviel vom Matagot der savoyardischen Sagen, diesem schwarzen, wilden Kater, der mit einem Huhn an einem Wegkreuz gefangen wird und der, wenn man ihn gut füttert und respektvoll behandelt, seinem Gastgeber Glück und Vermögen bringt, doch das Gegenteil, wenn er vernachlässigt oder sonstwie schlecht behandelt wird. Dieses wechselhafte Glück gipfelt in der Erscheinung des Leibhaftigen in Person, der die Zahl seiner Erscheinungsformen um die der schwarzen Katze bereichert.

Auch das Verhältnis zwischen Katze und Tod ist schillernd: Bei einem Trauerfall im Hause erhält sie einen Trauerschleier (wie übrigens auch die Bienenstöcke); damit wird ihr Haustiercharakter, ihre enge Verbundenheit mit der Familie anerkannt. Ebenso legt man Trauer an, wenn die Katze gestorben ist, weil sie mit dem häuslichen Genius verwandt ist. Doch in die Trauer mischt sich Furcht: Hat sich das Tier zum Sterben nicht in ein Versteck zurückgezogen, so ist dies ein schlimmes Vorzeichen. Auch lebend umwebt die Katze eine Todesahnung, denn sie kann durch ihr Verhalten den Tod eines geliebten Menschen ankündigen oder ihn gar herbeiführen, wenn sie aufkreuzt.

Katze und Weib

In der sexuellen Vorstellung läßt sich am besten verfolgen, wie die weiße Katze nach und nach zur schwarzen wurde. Ihr Ruf als wollüstiges, weibliches Wesen, den sie aus grauen germanischen Vorzeiten und aus der ägyptischen Tradition geerbt hatte, verstärkte sich im Verlauf der letzten Jahrhunderte in dem Maße, als Rassen gezüchtet wurden, die durch ihr Prachtfell und ihre Häuslichkeit dazu prädestiniert waren, es sich schnurrend auf einem einladenden, wohlig-warmen Schoß gemütlich zu machen und sich von zartfühlenden Händen streicheln zu lassen. Wir können, um diesen Aspekt zu illustrieren, an den Einsiedler aus Gregors des Großen Zeiten erinnern, wir können aber auch Gedichte zitieren, so *Femme et Chatte* (Frau und Kätzin) von Paul Verlaine, vor allem aber Charles Baudelaires Sonett *Die Katze*, das ganz zitiert werden soll:

> Komm, meine schöne Katze, an mein verliebtes Herz; zieh nur die Krallen deiner Tatze ein und laß mich tief in deine schönen Augen tauchen, in deren Glanz Metall sich und Achat vermischen.
>
> Wenn meine Finger müßig deinen Kopf und deinen biegsamen Rücken streicheln und meine Hand sich an der Lust berauscht, deinen elektrischen Körper zu betasten,
>
> Dann seh im Geist ich mein Weib. Ihr Blick wie der deine, liebenswürdiges Tier, tief und kalt, dringt ein und spaltet wie ein Spieß,
>
> Und von den Füßen bis zum Scheitel schwimmt betörend ein zarter Hauch, ein Duft um ihren braunen Leib.

(Übersetzung: Friedhelm Kemp)

Alles wird hier angesprochen: Frau, Sexualität, Sinnlichkeit, Liebe, Geheimnis, dunkle Farbe, Bosheit und Gefahr – all die Eigenschaften, die seit Urzeiten die Frau ebenso wie die Katze als Nimbus umgeben. Bisweilen sind die Anspielungen nicht bloß andeutend, sondern ganz direkt, wie etwa im französischen Volkslied *Il était une fois une bergère* (Es war einmal ein Hirtenmädchen): Nach dem Drama – die Katze ist tot und die Jungfräulichkeit dahin – folgt geschwind der Schluß: »Die Buße ist süß, wir fangen von vorne an.« Da gibt es auch das Lied:

> Mein Vater gab mir einen Gemahl,
> Ach, welcher Mann, wie ist er klein.

Wenn es weiter heißt: »Die Katze hielt sie für eine Maus«, so wird damit deutlich der Mangel benannt: der arg kleine Penis, der von der anspruchsvollen Sexualität der enttäuschten Angetrauten verschlungen wird. Heiratete in Frankreich eine

Witwe wieder, so setzte man ihr am Polterabend Katzen unter das Fenster, um ihre Unersättlichkeit zu brandmarken. Schon Aelian hob das äußerst laszive Verhalten der Katze dem Kater gegenüber hervor, und lange Jahrhunderte hindurch konnte man ausgiebig die »Sittenlosigkeit« beobachten, mit der die Kätzin ihre Genüsse herbeiführt, vorbereitet und, nichts überstürzend, in die Länge zieht. Doch man registriert auch, wie vorsichtig und indolent sie ist und wie sie stundenlang schläft; in den *Syrakusanerinnen* vergleicht deshalb Theokrit die Faulenzerinnen mit einem Tier, das wohl eine Katze ist. Weiterhin gilt sie als geschmeidig, anschmiegsam und unerziehbar, aber auch als unbeständig, mondsüchtig, aufbrausend und zudem als falsch, betrügerisch, hinterhältig ... »Die Katze treibt ihr Spiel mit der Maus, die Frau mit dem Mann.« Man versteht so die Symbolik in der Sühne, welche der Ehebrecherin zuteil wird: Nackt mit ihrer verruchten Lüsternheit in einen Sack gesteckt, muß sie darin die Gesellschaft einer lebendigen, sich mit allen Krallen wehrenden Katze teilen, bevor das sündige Paar ins Wasser geworfen wird. Und so erkennen wir auch die Bedeutung der Katze zu Füßen des Judas in den Abendmahlbildern von Luini, Ghirlandaio, Benvenuto Cellini oder Bartolommeo »della Gatta«.

Die Katze kann auch den Wahnsinn versinnbildlichen, wie etwa in den Darstellungen des 15. Jahrhunderts, und – warum nicht? – den »sexuellen« Wahn, von dem La Fontaine spricht:

> Ein Mann wie von Sinnen seine Kätzin herzte,
> Er fand sie so artig, so schön und so fein,
> Wie sie miaute mit gar zartem Laut.
> Er war närrischer als die Narren.

Die grundlegende Tatsache ist und bleibt, daß die Katze wesensmäßig eine natürliche, wilde, unbezähmbare Kraft ist. Auf den Skizzen und Zeichnungen der Tiermaler, von Leonardo da Vinci bis hin zu Géricault, überstrahlt denn auch dieser animalische, an den Tiger oder den Löwen gemahnende Aspekt alles andere, auch die Feinheit und Grazie der Bewegungen. Man möchte diese Kraft auch einfangen, im wörtlichen Sinne: Damit ein Bau, und sei es eine Kirche, fest auf ihren Grundmauern bleibe, mauerte man eine Katze lebendig zwischen Steinblöcken ein. So wurden verschiedentlich Skelette von mittelalterlichen Katzen gefunden, an denen noch mumifizierte Hautfragmente hafteten, was bestätigt, daß sie beim Einmauern wirklich noch lebten und verdurstet sind (beim Austrocknen bleibt die Haut besser erhalten). Erst lange nach der Veröffentlichung von Chauteaubriands *Mémoires d'outre-tombe* entdeckte man im bretonischen Combourg das Skelett der (schwarzen?) Katze, deren Legende der Dichter erzählt. In Dänemark verscharrte man eine Katze lebendig unter der Schwelle des Hauses als Glücksbringerin. Miss M. Howard hat in England und in Irland, im Londoner Tower und unter der Orgel der Dubliner Christchurch Cathedral ausgetrocknete Katzenkadaver untersucht und nachgewiesen, daß ab dem 17. und vor allem ab dem 18. Jahrhundert die Katze manchmal schon vertrocknet

Ende des 15. Jahrhunderts symbolisierte die Katze häufig den Verrat. Der Maler hat sie hier Jesus zur Linken dargestellt, zu Füßen des Judas, der auch am fehlenden Heiligenschein zu erkennen ist (*Abendmahl,* Bartolommeo della Gatta zugeschrieben, Ausschnitt aus einer Miniatur, Ende 15. Jahrhundert, Paris, Collection Wildenstein, Musée Marmottan).

waren, bevor man sie einmauerte, und daß man bisweilen das Zeremoniell so weit trieb, daß man ihr eine ebenfalls vertrocknete Ratte zwischen die Zähne steckte. Diese Bräuche blieben in Europa bis ins ausgehende 19. Jahrhundert lebendig.

Die für einen widerspenstigen, zählebigen Kobold gehaltene Katze mußte in Europa immer wieder ihr Leben lassen, vielleicht schon seit der Steinzeit. Ihre Tötung, von der man langfristig Gutes erhoffte, bedeutete zunächst eine Gefahr. Ursprünglich waren es natürlich nur Wildkatzen. Später, ab dem Hochmittelalter, verband sich die Tötung von Hauskatzen zum Teil mit jenen uralten bäuerlichen Riten, die von Rußland bis nach Frankreich praktiziert wurden und die vielleicht bis auf die Anfänge des Ackerbaus zurückreichten, als bei den Nachkommen der Jäger die Erinnerung an die blutige Rivalität und die außerordentliche Vitalität der finsteren Waldkatze noch nicht verblaßt war. Die Katze wird zu Tode gemartert, indem sie lebendig an einer Weg- oder Furchenkreuzung vergraben oder nach der Ernte auf dem Dreschboden oder auf dem Hofraum mit Dreschflegeln erschlagen wird. Sie verkörpert wahrscheinlich den Geist des Samenkorns, der nach der letzten Garbe getötet wird, damit er im nächsten Jahr um so stärker und fruchtbarer wieder zum Leben erwache …

Doch wurden im Mittelalter und bis in die Neuzeit auch Katzen rituell geopfert: Gekreuzigt, in Säcke gesteckt und ins Wasser geworfen, in die Tiefe geschleudert von Stadtmauern und Türmen herab, von denen einige, namentlich der Kattestoet im Belgischen Ypern, noch etymologisch davon zeugen. Am häufigsten wurden sie lebendig verbrannt: Bei den großen Jahreszeitfesten, zum Frühlingsanfang im Karneval oder bei den Johannisfeuern zu Beginn der Erntezeit.

Der Schwarze Kater

Die lebendigen Leibes verbrannte Katze führt uns noch zu einem anderen Aspekt, den die Frazerschen Theorien weniger schlüssig erklären können: die Querverbindung zum Teufel und zur Hexerei. Wie schon gesagt, vereinigt die Katze eine ganze Anzahl von durch und durch antichristlichen Elementen in sich. Doch da ist auch das nächtlich-schauerliche Lustgeschrei, das dem Weinen eines Kindes so ähnlich klingt, da sind diese grünen Augen, »in denen ein Mondzaubertrank schlafen muß«, da sind diese Funken im dunklen, vom Sonnenlicht aufgewärmten Fell. Das Schwarz, das sie so gut zur Geltung bringt, dieses Gegenteil von Farbe und Licht, beschwört die Finsternis, die Höhle, das verwunschene Schätze bergende Erdinnere: Es ist »die Farbe des Bösen und der Schande«, in der die unheilbringende »schwarze Galle« herrscht. Als Sproß des reinen, lichten und luftigen Himmels erkannte das Christentum klar das »Heillose« der Katze, insbesondere in der ideologischen Perspektive, und seine Vorliebe galt ganz spontan dem weißen, gelehrigen, fügsamen Lamm als dem idealen Herdentier einer Gesellschaft der Ordnung – im Gegensatz zur schwarzen, unabhängigen, widerspenstigen Katze, zum brünstigen Bock, zum bösen Wolf und zur widerwärtigen Kröte.

Verkörperten die letztgenannten Tiere wesenhaft das Männliche, so war die ambivalente Katze mehr dazu berufen, das teuflisch Weibliche zu versinnbildlichen, die Hexe, die in Katzengestalt zum Hexensabbat huscht und dort ihre Untaten verübt. Der schwarze Kater hingegen, als männliches Tier, ist natürlich der Teufel, Satan höchstselbst, den man am Hexensabbat »am Hintern küßt« oder den man anbetet, wie 1307 dem Bischof von Coventry angelastet wurde.

Der erste wirkliche Hexensabbat soll nach N. Cohn um 1090 stattgefunden haben. Die Jahrzehnte davor soll der Teufel seine Gestalt eines gefallenen Engels mit Menschen- oder Tiergestalt vertauscht haben. Ordericus Vitalis ist ein wertvoller Zeuge dafür. Im 12. und 13. Jahrhundert gehen die Quellen sehr in Einzelheiten.

In *De nugis curialium* schildert um 1180 der englische Prälat Walter Map, wie die Häretiker schweigend das plötzliche Herabsteigen eines riesigen schwarzen Katers erwarten, dem sie dann in der Dunkelheit die Füße, die Geschlechtsteile oder die Stelle unter dem Schwanz küssen. In *Contre les hérétiques de son temps* (zwischen 1179 und 1202) schlägt Alain de Lille unter anderem eine originelle Etymologie für das Wort »Katharer« vor: Es soll vom lateinischen *cattus* kommen, denn unter der Gestalt eines Katers soll Luzifer diesen Irrgläubigen erscheinen und ihre obszönen Huldigungen empfangen. Guillaume d'Auvergne, Bischof von Paris, behauptet zwischen 1231 und 1236 sogar, Gott habe es

Diese *Offenbarung des Johannes* beginnt mit einer Initiale, die den heiligen Johannes mit dem Engel zeigt. Was bedeutet der schamlose schwarze Kater über der Miniatur? Soll er den Antichrist versinnbildlichen? (Wien, Nationalbibliothek).

zugelassen, daß Satan sich seinen Anhängern in der Gestalt eines schwarzen Katers (abscheulicherweise unter dem Schwanz zu küssen) oder einer Kröte zeige (entsetzlicherweise auf den Mund zu küssen). Am 13. Juni 1233 nennt Papst Gregor IX. in seiner berühmten Bulle *Vox in Rama* direkt den teuflischen Schwarzen Kater, der aus den Wolken fällt, und der Kater-Teufel findet sich beim heiligen Dominikus ebenso wieder wie bei Vincent von Beauvais oder im *Dialogus miraculorum* des Caesarius von Heisterbach. Viele Häretiker, wie etwa jener Piemontese von 1386, und viele Hexen, darunter die in Vesoul 1620 verbrannte Jeanne Boille, haben Teufel und schwarze Kater gesehen und an ausschweifenden Orgien teilgenommen. Der Pakt mit dem Höllenfürst wurde mit dem Abdruck einer Tatze auf dem Leib des Anwärters besiegelt; und der Geselle, der dabei behilflich war und die Zeremonie überwachte, war nicht selten ein schwarzer Kater, wie 1579 jener unheimliche »Gille«, welcher der Dewell de Windsor genannten Hexe gehörte. Auch 1586 verwandeln sich noch Hexen in schwarze Katzen, so in Bergheim, wo Anna Winkelzipfel verbrannt wurde, ebenso 1662 nach dem Geständnis der Isabel Gowdie von Auldearn in der schottischen Grafschaft Nairn. Schließlich berichtet der heilige Bernhardin von Siena im Jahre 1427, die Hexen behaupteten, sie würden sich in Katzen verwandeln, wenn sie sich mit einer Salbe aus an Johanni und an Christi Himmelfahrt gepflückten Kräutern einrieben – »wenigstens behaupten sie das«, fügt Bernhardin hinzu, »denn es ist nicht wahr«. Neuere Untersuchungen über die halluzinogenen Eigenschaften der Tollkirsche, der Alraune, des Bilsenkrauts, des Fliegenpilzes usw., bei innerlicher oder äußerlicher Anwendung, können solche Wahnvorstellungen durchaus erklären. Allerdings drehen sich bei den genannten Hexen die Wahnbilder ausschließlich um die Katze, die überdies in zahlreichen Zauberformeln und Beschwörungen vorkommt und verschiedene Zutaten zu bösen Zaubermitteln liefert.

Dem folgenden flott geschriebenen Bericht über den Riesenskandal von 1323 wurde die Ehre zuteil, in die *Grandes Chroniques de France* einzugehen. Das ganze Kapitel ist überschrieben mit: »Über eine schwarze Katze, die in einem Schrein vergraben wurde, an einer Wegkreuzung, aus Zauberei«.

»In diesem Jahr begab es sich auch, daß ein Abt von Cîteaux einer sehr großen Summe Geldes bestohlen wurde. Daß dies geschah, war das Werk eines zu Château-Landon wohnenden Mannes, der ebendort Propst war, weswegen er noch Johann Propst genannt wurde, indem eine Verabredung stattfand zwischen ihm und dem bösen Zauberer, (und) man setzte alles daran, um zu wissen, wer die Räuber waren, und wie man sie zur Wiedergutmachung zwingen könne, auf folgende Art und Weise: Erstens ließ er, mit Hilfe des besagten Johann Propst, einen Schrein machen und darein eine ganz schwarze Katze tun, dann ließ er sie in einem Loch auf dem Feld vergraben, mitten auf einer Wegkreuzung, bereitete ihre Nahrung zu und tat den Schrein für drei Tage hinein: das heißt in Rahm, heiligem Öl und Weihwasser aufgeweichtes Brot. Und damit die solcherart eingeschlossene Katze nicht sterbe, waren zwei Öffnungen am Schrein angebracht und zwei lange Röhren, die über die Erde hinausragten, welche man auf den Schrein geworfen hatte, damit durch die Röhren die Luft in den Schrein gelangen und die Katze atmen konnte. Nun geschah es aber, daß Hirten, die ihre Schafe auf die Weide führten, auf diese Wegkreuzung kamen, wie sie es gewohnt waren. Ihre Hunde begannen zu schnuppern und die Katze zu riechen; sie fanden bald den Ort, wo sie war, dann begannen sie zu wühlen und mit den Krallen zu kratzen, zu stark, als daß da nichts gewesen wäre oder nur ein Maulwurf; sie waren durch nichts von der Stelle zu bringen. Als die Hirten sahen, daß ihre Hunde nicht von der Stelle wollten, gingen sie näher und hörten die Katze miauen; sie waren baff erstaunt. Als die Hunde weiterscharrten, meldete ein Hirte, der klüger war als die anderen, diese Sache dem Richter, der sogleich an die Stelle kam und die Katze und die Dinge so vorfand, wie sie gemacht wurden. Er versetzte sich in sehr großes Erstaunen und mehrere ebenso, die mit ihm gekommen waren. Und da wurde dem Propst von Château-Landon bange und er überlegte bei sich selbst, wie er es anstelle, um nicht als Urheber einer so entsetzlichen Missetat entdeckt zu werden, denn er (der Richter) wußte wohl, daß diese Tat nur geschehen war, um eine andere Missetat zu vollbringen; aber wozu und von wem? Er hatte keine Ahnung. So kam es, daß er, wie er bei sich selbst dachte und den Schrein anschaute, der neu gemacht war, alle Zimmerleute der Stadt zusammenrief und sie fragte, wer den Schrein gemacht habe. Nachdem er dies gefragt, trat ein Zimmermann vor und sagte, er habe den Schrein auf Verlangen eines Mannes gemacht, den man Johann Propst nenne; doch, so wahr ihm Gott helfe, er wisse nicht, zu welchem Zweck er ihn habe machen lassen. Nach einiger Zeit wurde dieser Johann Propst verdächtigt, verhört und gefoltert; er gestand bald die Tat und beschuldigte einen Mann, Johann Persant genannt, daß er der Anführer sei und diese Missetat und Schlechtigkeit ausgeheckt habe. Danach beschuldigte er einen Mönch von Cîteaux, einen Abtrünnigen, dieser sei ein besonderer Anhänger von dem Johann Persant, der Abt von Sarquenciaux vom Zisterzienserorden, und einige regulierte Chorherren, die alle Mittäter seien bei dieser Missetat. Sie wurden ergriffen, gefesselt und nach Paris gebracht vor den Offizial, Erzbischof von Sens, und vor den Inquisitor. Als sie vor diesen standen, fragte man sie, zu welchem Zweck und weshalb sie diese Sache getan hätten, und vor allem die, von denen man sich dachte, daß sie die Meister der Teufelskunst waren. Sie antworteten, daß die Katze drei Tage lang an der Wegkreuzung gelassen wird, nach den drei Tagen hätten sie sie herausgezogen und ihr das Fell abgezogen. Dann hätten sie vom Fell Riemen gemacht und sie gestreckt, so lang es nur ging und aneinandergeknüpft, so weit es reichte und hätten einen Ring gemacht, in dem ein Mann Raum fand und darin enthalten und umfaßt sein konnte.«

Bis heute ist der schwarze Kater der teuflische und gefährliche Hexer geblieben: Wir begegnen ihm in Rabelais' *Pantagruel*, wo Panurge »sich aus schlimmer Angst vollschiß« beim Anblick des »großen Katers Rodilardus, weil er dachte, es wäre ein Teufel«, bis hin zu E. T. A. Hoffmann und Edgar Allan Poe, in dessen düsterer Erzählung der eingemauerte schwarze Kater den Mörder verrät.

Vergessen wir nicht die Hexensabbatbilder Goyas, Steinlens und Robidas, die Mephistopheles in Begleitung seiner Katze zeigen, oder, zeitgenössischer, die schwarze Katze auf der Etikette der italienischen Likörmarke *Strega* (Hexe).

Als ganzes Tier oder in Teilen seines geschlachteten Körpers ist die Katze bei so manch anderem Hokuspokus beteiligt. Selten bewirkt sie (einigermaßen) Gutes: Sie wird zwar gegessen, wie in China oder, noch im 16. Jahrhundert, in Spanien und in Südfrankreich; sie lindert auch Hämorrhoiden, und ihr Fell, mit dem Haar nach innen getragen, hilft bei Arthritis, wärmt die Hüften, bringt Rheuma- und Gichtkranken Erleichterung. Doch das ist mager im Vergleich zu anderen Tieren und im Verhältnis zur langen Sündenliste. Wird man von ihr gebissen, muß man die Wunde mit Honig, Terpentin, Rosenöl, gehacktem und mit Honig vermischten Tausendgüldenkraut behandeln. Ihr Atem ist ekelerregend, und wer sie mit sich im Bett schlafen läßt, kann davon sterben. Die Haare sind besonders giftig und schädlich: Gesner beschreibt schon im 16. Jahrhundert eine Reihe von »Allergien« und berichtet, daß Leute, auch wenn sie die Katze gar nicht sehen oder hören, »bleich werden, zittern und in Schweiß ausbrechen«. Wir wissen übrigens, daß Gesners Zeitgenosse König Heinrich III. von Frankreich ohn-

»Sein Sinn stand nur noch danach, mit dieser weißen Kätzin zu miauen...« – die weiße Kätzin stellt für die redliche, doch nicht sehr kritische Madame d'Aulnoy den weiblichen Reiz im positiven Sinn dar (im Gegensatz zum schwarzen Kater). Doch darf man nicht vergessen, daß Kopf und Pfoten der Katzenhülle ins Feuer geworfen werden mußten, als die Verwandlung und die Hochzeit stattfanden: Sie waren das dem Teufel Gehörende (Mme. d'Aulnoy, *La Chatte blanche*, 1882, Stich von H. Cottin).

mächtig wurde, wenn eine der ihm verhaßten Katzen zugegen war. Verschluckte man Katzengalle, Katzenblut oder Katzenkot, hatte man Schlimmes zu gewärtigen, und vom giftigen Hirn wurde man verrückt, »taumelig und blöde...«.

Armer Teufel!

Und weil von ihnen so viel Böses kommt wie von den Hexen, die ja oft in ihrer Haut einhergehen, so enden die Katzen auch wie die Hexen auf dem Scheiterhaufen. An der Grausamkeit ist im allgemeinen nicht viel herumzudeuteln, doch vermengt sie sich bisweilen mit alten Resten der schon angesprochen Riten, die Reinigung, Schutz vor bösen Kräften oder Fruchtbarkeit bezwecken. Die älteste dieser Zeremonien scheint der »Katzenmittwoch« zu sein, der in Metz in der Mitte der Fastenzeit abgehalten wurde: Das Datum 962 ist zwar unwahrscheinlich, doch weiß man zum Beispiel, daß 1344 dreizehn Katzen in einen eisernen Käfig gesperrt und lebendig verbrannt wurden. Der Brauch wurde erst 1777 aufgegeben (aber noch 1905 wurden angeblich in einer lothringischen Ortschaft Katzen ins Feuer geworfen). Am Tag der *Brandons* (»Brandfackeltag«), das heißt am ersten Fastensonntag (der im Canton von Hirson im Département Aisne auch *Bihourdi* heißt), am zweiten Fastenmittwoch oder auch am Aschermittwoch selbst baumelten in zahlreichen europäischen Städten an einer Stange über loderndem Feuer Katzen oder Katzenkörbe, die nach und nach ins Feuer fielen. Man entzündete dann an diesem Feuer Fackeln, mit denen man Bäume, Tiere und Felder berührte, um sie fruchtbarer zu machen. Dasselbe am Johannistag, um die einsetzende Ernte zu schützen. Die berühmteste Verbrennung fand in Paris auf der Place de Grève statt, wo ein Faß, in dem es von lebendigen Katzen nur so wimmelte, am Mast befestigt wurde, der aus dem Scheiterhaufen ragte. Der künftige König Ludwig XIII. bat, wie sein Arzt berichtete, am 24. Juni 1604 seinen Vater Heinrich IV. um Gnade für diese verurteilten Tiere. In der Gascogne in Südwestfrankreich wurden auch zu Weihnachten und am Tag der Wintersonnenwende Katzen verbrannt. Mit einem Wort, die finstere, immer schwärzer werdende Katze lud eine ganze Reihe von Symbolen und Eigenschaften auf sich, die von Mrs. Dale-Green aufgezählt werden: Hexe, Teufel, böser Geist, Vampir; verräterisch, falsch, räuberisch, zänkisch; schließlich Opfer.

Die auf altem Volksglauben beruhende und in graue Vorzeiten zurückreichende Katzenquälerei fand mit dem Erlöschen der letzten europäischen Scheiterhaufen noch kein Ende. Auf dem bekannten Bild des Engländers William Hogarth läßt ein Halbwüchsiger zur allgemeinen Belustigung zwei Katzen, die er an den Schwänzen zusammengebunden hat, einen Laternenpfahl auf- und absteigen. Und in Anvers verfielen noch 1966, also in ganz jüngster Zeit, Leute auf den grandiosen Einfall, ein Massaker von vorzugsweise schwarzen Katzen zu veranstalten, um sie nach allen Regeln der Kunst zu schlachten, zu braten und ... zu verspeisen!

So sind denn die berühmten Katzenorgeln zwar schockierend, doch kaum verwunderlich. Zur Begrüßung des spanischen Königs Philipp II. wurden 1549 in Brüssel, angeblich nach alter Tradition, zwei Dutzend Katzen in Kisten eingesperrt, die so eng waren, daß sich die Tiere darin nicht rühren konnten; die aus Öffnungen herausragenden Schwänze der Tiere waren mit einer Art Tastatur verbunden: Drückte man auf eine Taste, so zog man damit an einem Schwanz, und die Katze heulte auf. Natürlich hatte man die Tiere sorgfältig nach ihrer »Tonhöhe« ausgewählt.

Der Jesuit Athanasius Kircher soll dann ein verbessertes System gezeigt haben, bei dem der Schwanz mit einer Spitze gestochen wurde, und Jules Champfleury berichtet von einem Stich aus dem Jahre 1657, auf dem die »Katzenladen« der Orgel von G. Scott zu sehen sind.

Noch im 19. Jahrhundert ist die Katze unfreiwillig Mitwirkende im Theater: Soll in einem Melodrama ein Darsteller mit Blut besprengt werden, schneidet man ganz einfach einer Katze ein Stück vom Schwanz ab. Das mindeste, was man sagen kann, ist, daß die Katze vor dem ausgehenden 18. und dem beginnenden 19. Jahrhundert in Europa sehr wenig geliebt wurde: Ronsard schreit ihr seinen abgrundtiefen Haß entgegen; Diderot beschreibt uns die traurigen und mageren Katzen von Langres: »Selbst wenn sie etwas fressen, was ihnen gegeben wurde, wirken sie so mißtrauisch, als hätten sie es gestohlen.« Champfleury vergleicht auf den Bauernhöfen Katze und Hund: Die Katze wird nie gestreichelt, und man läßt sie halb verhungern, damit sie um so besser maust; der Hund erhält sein Futter und die Zuneigung sämtlicher Hausbewohner.

Einen Rest dieses tiefen, von unseren bäuerlichen Vorfahren ererbten Mißtrauens können wir noch im Bild erkennen, das wir unseren Kindern von der erwachsenen Katze vermitteln, vor allem, wenn wir es gegen das Bild vom großen Wauwau, dem zottigen Bären oder dem netten weißen Kaninchen halten. Und von der Fabel La Fontaines, in welcher der Kater Raminagrobis den Streit zwischen dem Wiesel und dem kleinen Kaninchen dadurch schlichtet, daß er beide auffrißt, bis hin zu den unsere heutige Jugend «bildenden« Comics und den bei Groß und Klein so beliebten Zeichentrickfilmen in Kino und Fernsehen mit Crazy Cat, Kater Felix, Tom und Jerry und den Aristocats – überall erkennen wir mühelos das Erbe einer langen und bewegten Geschichte.

Selbst wenn die Kätzin weiß wird wie die berühmte *Chatte blanche* in der Erzählung von Madame d'Aulnoy (1882), bleibt ein Zwiespalt: Die Geschichte beginnt höchst konventionell damit, daß eine reizende Kätzin mit ihrem makellosen Fell, ihrer keuschen Schönheit und ihrem außerordentlich musikalischen Miauen einen Prinzen verführt. Als sie ihn heiratet, verwandelt sie sich in eine zarte junge Frau. Doch was soll man vom Ausgang der Geschichte halten, wo die Merkmale der Katze (Kopf, Pfoten, Schwanz) ins Feuer geworfen werden?

Und sogar wenn unsere Kinder (wie lange noch?) Fangen spielen – in Frankreich heißt es *jouer à chat* –, geben sie nicht jedesmal eine Schuld ab, wenn sie einen Spielkameraden im Laufen anschlagen oder den »Makel« eines »vom Schicksal verordneten Sühneopfers«, wie es Roger Caillois so treffend ausdrückt?

Die Katze läßt das Mausen nicht

Die Sprichwörter und Redewendungen unserer europäischen Sprachen variieren unendlich um das Thema Katze, doch die Katze ist dabei meist suspekt und krallenbewehrt. Conrad Gesner hat uns alle deutschen Redensarten aus dem frühen 16. Jahrhundert überliefert, die sich auf die Katze beziehen. Fast alle spielen auf ihre niederträchtigsten Eigenarten an. Man urteile selbst: »Böse Katzen, die vorne lecken, hinten kratzen.« »Wer mit den Katzen jagt, fängt gern Mäuse« (schlechter Umgang verdirbt die Sitten). »Die Katze ißt wohl Fisch, sie will sie aber nicht fangen« (weil sie sich nicht naß machen will). »Die Katze ist gern, wo man sie strählt« (streichelt). »Bring eine Katze nach England, sie wird miauen.« »Das ist der Katz den Käs anvertraut« (es entsteht mehr Schaden als

PELLERIN & Cie, imp.-édit. **LA MÈRE MICHEL ET SON CHAT.** IMAGERIE D'ÉPINAL. No 43

Chanson populaire.

C'est la mère Michel qui a perdu son chat,
Qui cri' par la fenêtre qu'est-c' qui lui rendra ;
Et l'compèr' Lustucru qui lui a répondu :
Allez, la mèr' Michel, vot' chat n'est pas perdu.

C'est la mère Michel qui lui a demandé :
Mon chat n'est pas perdu ! vous l'avez donc trouvé ?
Et l'compère Lutucru qui lui a répondu :
Donnez un' récompense il vous sera rendu.

Et la mère Michel lui dit : C'est décidé,
Si vous rendez mon chat vous aurez un baiser,
Le compèr' Lustucru, qui n'en a pas voulu,
L[illegible] dit : Pour un baiser votre chat est vendu.

L[illegible] mère Michel est entrée en fureur,
Et [illegible] poursuivit chez lui, l'appelant vieill' horreur.
Vo[illegible] l'avez volé ? disait-ell', malôtru !
J'va[illegible] la[illegible]dre au commissaire et vous serez pendu.

Le compèr' Lustucru aussitôt lui répond :
Chez le père Rabat-joie est votre vagabond ;
A ses chats dans le grenier, il fait guerre, je crois,
Avec un fusil d' paill' et un sabre de bois.

La mère Michel fut chez le marchand de vin,
Boire un tout petit coup pour noyer son chagrin.
Lustucru la voyant, riait comme un bossu,
En disant pour attendre, ell' n'aura rien perdu.

Le père Rabat-joie était à son pétrin
Quand la mère Michel vint lui dire, Voisin,
J' viens réclamer mon chat, ce bijou si poilu ;
Répondez-moi, mon vieux, ne l'avez-vous pas vu ?

Lors, Rabat-joie étant patient comme un ourson,
A la mère Michel veut crêper le chignon ;
Mais Grégoire intervint en passant dans la rue,
Et, sans lui, la plaignante aurait été battue.

Avec d'autres amis l'chat coureur à deux pas
Criait mia ou, mia ou, puis faisait les beaux bras,
Il avait vu Minette, Minette ses amours,
Et Raminagrobis dressait son poil à r'bours.

L' compère Lustucru voulant faire un civet
Arrive à pas de loup et pince le minet ;
Puis lui tordant le cou, il répétait tout bas ;ats.
J' vais bien m'en régaler en en faisant der

Grégoire, de la rue avait vu le coquin
Et la mère Michel ayant payé du vin[illegible],
Vit' en duel il court provoquer Lus[illegible]enu.
Le tua, puis tout seul il s'en est

La mère Michel fut [illegible] content[illegible] ça,
Que dès le lendemain Grégoir[illegible] épousa.
Prends, dit-elle, mon vieux, [illegible]ais j'en ai l'cœur contrit
Oui, prends la peau d' mon chat [illegible]our faire un col d'habit.

Wie bei vielen Volksliedern, so wurde auch beim in Frankreich sehr bekannten Lied *La Mère Michel qui a perdu son chat* die Strophen nach und nach hinzugedichtet, jede auf etwas anderes anspielend. Auf dem Bilderbogen von Epinal findet sich zwar nur ein Teil von ihnen, doch auch die bedenkliche Schlußstrophe, in der Mutter Michel, nachdem sie den Schlächter ihrer Katze geheiratet hat, ihm deren Fell schenkt ... (Privatbesitz).

Nutzen, Richter und Prozeß sind teurer als der Schaden, den man ersetzt haben will).

Womit wir wieder bei Raminagrobis in Frankreich wären, wo man »wie eine Katze« schreibt, wenn die Schrift krakelig ist, »eine Katze im Hals« hat, wenn man heiser ist, und wo bei einer geringfügigen Sache »kein Anlaß besteht, eine Katze auszupeitschen«. Im Département Creuze in Zentralfrankreich mahnt noch eine Redensart: »Der Hund wacht nachts dreimal auf, um über seinen Herrn zu wachen, die Katze, um ihn umzubringen.« In England finden wir Ähnliches: »Man darf nicht eine Katze die Hühner hüten lassen.« »Eine eingesperrte Katze wird zum Löwen.« »Die Katze fängt die Mäuse nicht für den lieben Gott.«

Man sieht, wie in Europa erst nach und nach, sehr spät und nur unvollkommen diese Vorstellung von den Missetaten und Fehlern, die das mittelalterliche Christentum der Katze anlastete, abgelöst wird von einem Bild, das ihrem Wesen gerecht wird und sie als Haustier anerkennt.

So wird die Geschichte der Katze in Europa von einer gefährlichen Zweideutigkeit bestimmt, die der Chronologie ihrer Verbreitung und ihrer Domestikation weder entspricht, noch sich mit ihr deckt.

Im Hochmittelalter scheint die Katze noch selten gewesen zu sein, namentlich in Wales, wo das Gesetzbuch des Königs von Abersham, Harold Dha (der Gute), im Jahre 936 für den Diebstahl und die Tötung von Katzen sehr schwere Strafen vorsah. Doch nur drei Jahrhunderte später erhebt der Zolltarif von Ipswich einen Denar für das Dutzend Wildkatzenfelle, gegenüber nur 9 Denar für das Tausend Hauskatzenfelle, das heißt zwanzigmal weniger: Die Katze war also schon vollkommen geläufig und »entwertet«. In Deutschland und in Dänemark, wo man Knochen von Hauskatzen aus dem 10. und 11. Jahrhundert gefunden hat, ist es nicht anders. Aus der Zeit Hildegards von Bingen (12. Jahrhundert), Alberts des Großen (13. Jahrhundert), Konrads von Megenberg (14. Jahrhundert) und natürlich Conrad Gesners besitzen wir zahlreiche literarische Quellen, die uns die Gewißheit geben, daß die »häusliche und domestizierte« Katze »allbekannt« ist: Sie taucht in der Archäozoologie schon im 11. Jahrhundert (La Charité-sur-Loire) auf, begegnet uns wieder im *Roman de la rose*, in den altfranzösischen Verserzählungen *Fabliaux* und vor allem in den Novellen. In Frankreich und Italien werden ab dem 12. Jahrhundert auch die bildlichen Darstellungen häufiger. In Gradualen werden die verzierten Anfangsbuchstaben oft von Katzen gebildet, die den Buckel machen. Der französische Baumeister Villard de Honnecourt zeichnete solche Initialen im 13. Jahrhundert, und der niederländische Buchmaler Pol von Limburg welche im 14. Jahrhundert. Auch die Bildhauerei stellt Katzen dar, die nicht unbedingt Wildkatzen sind.

Insgesamt gesehen weiß man aber nicht, ob die ab dem 12. Jahrhundert so häufigen Bezüge auf die Katze einer Neugierde für das Ungewohnte entspringt oder ob es besagt, daß sie schon häufiger geworden ist, möglicherweise infolge der Ausbreitung der Hausratte oder infolge des Teufelswahns, der zur selben Zeit aufkommt.

Jedenfalls wird ihre Eigenschaft als Rattenvernichterin schließlich tragend und

Auch die Haustiere wissen am Silvestertag die Annehmlichkeiten des häuslichen Herdes zu schätzen: Der Hund rollt sich zusammen, und die Katze – an ihrem Schnurrbart sicherer zu erkennen als an ihren Ohren und an ihrer Haltung – leckt sich die Pfoten. Das im 13. Jahrhundert noch seltene Tier umwehte damals ein leichter Schwefelgeruch (Kalender von Bonmot, Bibliothèque de Besançon).

vorrangig: Colbert macht die Katze auf allen Schiffen zur Pflicht, und in neuerer Zeit gab es in den Postämtern Neuseelands die Vorschrift der Katzenhaltung zum Schutz des Postguts.

Wenn das Auftauchen der Hausratte im 11. Jahrhundert auf konjunkturelle Umstände zurückzuführen ist, so gibt es für die Invasion Europas durch die Wanderratte *(Rattus norvegicus)* vom Kaspischen Meer her (?) ein genaues Datum: 1727. Innerhalb weniger Jahre hat sie den Atlantik erreicht und in ein paar Jahrzehnten ganz Europa besetzt. Und diese Ratte wird für die Katze ebenso wie für den Menschen zum gefährlichen und gut gewappneten Feind. Unzählige Katzen haben beim Kampf mit ihr das Leben gelassen; ganz wurden sie zwar nicht aus ihrer Stellung verdrängt, doch sie erhielten bald Konkurrenz durch »schlagkräftigere« Tiere, die Rattenhunde.

Endlich geliebt

Paradoxerweise erst in einer Zeit, in der sie nicht mehr so »im Einsatz« steht, kann sich die Katze endlich der Zuneigung des Menschen erfreuen. Bis dahin war dieses Gefühl ihnen gegenüber so peripher, daß erst im 16. Jahrhundert Zoologen lehrten, wie man sie streichelt, um sie »anhaltend schnurren zu lassen«. Unsere heutige Sensibilisierung könnte übrigens in dieser »Einwirkung auf das Tier« eine neue Form der Quälerei sehen. Wenn gewisse Leute schon »mit ihrer Katze spielen«, so wird schnell betont, es handle sich eben »um Kinder und faule Leute«. Und wenn andere »sie mit ins Bett nehmen und mit ihnen zusammen schlafen, wie viele Mönche es tun«, so kann uns diese Zärtlichkeit dann nicht mehr suspekt erscheinen, wenn wir uns ausmalen, wie hart die Winternächte in den Klosterzellen ohne Heizung und ohne Bettgenossin gewesen sein müssen. Und nachdem Albert der Große im 13. Jahrhundert ihre Sauberkeit und Reinlichkeit rühmte, gestand man auch ein, daß Katzen zwar nicht Menschen, so doch Orten gegenüber treu sind, denn »wenn sie in Säcken weit weg getragen werden, finden sie den Weg zurück und ihr Zuhause wieder«. Zwar galten Celio Calcagnini, Torquato Tasso und die Königin Maria Leczinska als Katzenfreunde, doch allgemeiner wurde eine solche Zuneigung erst im 18. Jahrhundert. Die Aufklärung, welche die Diskussion über die Hexen entdramatisierte, »entdiabolisierte« auch die Katze; sie ließ die rituelle Katzentötung seltener und den Kontakt mit dem Tier weniger suspekt werden. Die Katze erhält endlich die Anerkennung als Haustier, als sanfte, kuschelige, anhängliche, stolze, neugierige, umsichtige, stille, verspielte, wollüstige und zärtliche Hausgenossin. Die Katze verdient, gehegt und gepflegt zu werden, denn sie »ist der Hausgeist ... ist vielleicht eine Fee, vielleicht ein Gott« (Baudelaire).

In der neueren Literatur überwindet die Katze allenthalben in Europa mehr oder weniger die jahrhundertealten Vorurteile. Sie erringt endgültig die Zuneigung der Menschen.

Erst durch diesen Status des Lieblingshaustiers konnten sich in allerneuester Zeit die verschiedenen Varietäten von Hauskatzen herausbilden. Bezeichnenderweise erklärte Brehm noch 1869, die Hauskatze weise nur eine kleine Zahl von Rassen und Varietäten auf, nämlich insgesamt acht (bei den Hunden waren es schon 195): die Angorakatze, die Mankatze, die Siamkatze und fünf andere Varietäten (Kartäuserkatze, chinesische Katze, kumanische Katze, rote Tobolsker Katze, siamesische Hauskatze).

Wie beim Kaninchen, so können auch bei der Katze alle Varietäten auf eine sehr kleine Zahl von Basisrassen zurückgeführt werden, alle Rassen sind ebenfalls sehr neu. Die Selektion fand auch hier nach Gesichtspunkten der Schönheit statt, und das Fell war das vorrangige Kriterium. So teilten die englischen und amerikanischen Katzenklubs die Katzen nach der Haarlänge in zwei große Gruppen ein.

Bei den kurzhaarigen Katzen findet man noch am ehesten Ähnlichkeiten mit der Falbkatze und den ägyptischen oder, richtiger, abessinischen Katzen, von denen erste Exemplare 1869 aus Afrika nach Europa gelangt sein sollen und die

1874 beschrieben wurden. Von der langschwänzigen Siamkatze wird angenommen, daß sie von einem anderen Wildkatzentyp abstammt, wohl von der Goldkatze oder von ziemlich späten Mutanten der indischen Katze, die ihr ihre Schönheit vererbt haben soll, aber auch ihre unberechenbare Reaktionen. Der König von Siam (heute Thailand) behielt sie ausschließlich seinem Palast vor und bestrafte (mit dem Tode?) jeden Diebstahl von jungen Kätzchen. Tatsächlich konnte erst 1884 Owen Gould ein Pärchen von Bangkok nach England bringen; 1885 kam dann ein zweites Paar an, von dem die Hälfte aller englischen Siamkatzen abstammen soll. Im selben Jahr schenkte der französische Minister in Siam, Auguste Pavie, ein Paar dem Pariser Jardin des Plantes.

Auch die europäischen Katzen gehören zu dieser Gruppe. Sie haben sich in Europa und, durch die europäische Weltherrschaft, auf der ganzen Welt derart verbreitet, daß es sehr schwer ist, ihre Filiation zu verfolgen. Man unterscheidet die schwarz-weiß gefleckten, die getigerten, die gesprenkelten, die zweifarbigen Katzen und andere mehr. Unter ihnen ist eine Kuriosität zu vermerken, nämlich die vielleicht aus dem Fernen Osten stammende Mankatze, zu erkennen an der deutlichen Einbuchtung, die sie statt des Schwanzes hat, und an ihrem hüpfenden Gang. Ein herrliches Tier ist die (blaue) Kartäuserkatze, die ein dichtes, seidiges Fell, ähnlich dem des Fischotters, besitzt; vielleicht entstammt sie einer Kreuzung (sie hätte vor dem 18. Jahrhundert stattgefunden) zwischen der afrikanischen Falbkatze und der »Manulkatze« der asiatischen Steppen, vielleicht wurde sie auch von den Kartäusern direkt aus Südafrika eingeführt. Die blau-graue russische Katze unterscheidet sich von ihr sowohl durch ihre schlanke, an die Falbkatze erinnernde Gestalt als auch durch ihr Fell, das an den Nerz erinnert. Auch bei ihr kennt man nicht mit Gewißheit das Herkunftsland; es ist sicher nicht Rußland, obwohl sie vielleicht von Archangelsk aus nach England gelangte. Bei den Birmakatzen unterscheidet man zwischen der kurzhaarigen, die vermutlich in den buddhistischen Klöstern um Mandalay selektiert wurde, und der herrlichen »heiligen Birmakatze« mit den Saphiraugen und dem langhaarigen, goldfarbenen Fell, aus dem sich die Pfoten, die Ohren und die Schnauze braun und die »Handschuhe« weiß abheben.

Die langhaarigen Katzen, auch »Angorakatzen« genannt (zum Beispiel von Buffon) oder »Perser« (von den englischen Zoologen), sind Luxustiere mit runden Augen und manchmal schwierigem Charakter. Die »blauen« Angorakatzen sollen im 16. Jahrhundert aus dem Mittleren Osten (Khorassan) nach Italien gelangt sein und von dort aus, dank dem Numismatiker und Astronomen Fabri de Peiresc, über die Provence nach Frankreich; die »weiße« Varietät soll in der Türkei, in der Gegend von Angora (Ankara) ausgewählt und gezüchtet worden sein, um die Harems von Konstantinopel zu erfreuen. Zu den schönsten gehören die »roten Perser«, die vor allem durch Konrad Hirschmann in den dreißiger Jahren unseres Jahrhunderts bekannt wurden; dann die »Marmelkatzen« (dunkel- oder silbergrau), die seit Anfang unseres Jahrhunderts im Rückgang begriffen sind; schließlich die bewundernswerten »Chinchillakatzen« mit dem weißen, in schwarzen Spitzen auslaufenden Haar. Zahlreiche und oft herrliche Rassen sind

»Wenn man auf seine Schöne wartet...« Verschiedene Aspekte in der Beziehung zwischen Herrn Hund und Frau Katze (Granville, *Scènes de la vie publique et privée des animaux*, Privatbesitz).

seit dem Zweiten Weltkrieg hinzugekommen und haben sich durch Kreuzungen aus diesen Grundrassen oder mit eigenen Varietäten stabilisiert; die Standardmerkmale für Körperform, Kopf, Augen und Haar sind streng genormt und werden überwacht, vor allem durch die Internationale Katzenzüchtervereinigung Europas.

Alle diese Katzenrassen behalten die spezifischen Merkmale des ersten Domestikationsstadiums. Sie können leicht zum Leben in freier Wildbahn zurückkehren, denn ihr ursprüngliches Wesen wurde noch nicht grundlegend verändert. Allerdings können die immer raffinierteren, auf Schönheit und Anhänglichkeit abzielenden Kreuzungen, die neue Lebensweise und die vollkommen neue Kost, bei der Milch, Brei, Fisch oder Dosenfutter an Stelle der kleinen Nager und Vögel den täglichen Speisezettel bilden, eine schnelle Evolution verursachen.

Welches Tierschicksal! Vom Himmel in die Hölle gestürzt, vom Nutztier zum Luxustier erhoben, vom zynisch gequälten Opfer zur Bettgenossin avanciert, von Ägypten, Indien, Siam und Birma nach Europa und von dort in die ganze Welt gebracht ... Doch bei aller Domestikation und beim anschmiegsamsten Verhalten haben diese »mächtigen und sanften Katzen, des Hauses Stolz« (Baudelaire) diese Reserviertheit und diese so faszinierende, zur Banalität des Alltags so kontrastierende Rätselhaftigkeit bewahrt, diesen Einblick in die elementare und geheimnisvolle Welt des Wildlebens –

> Ihre fruchtbaren Lenden sprühn von Zauberfunken,
> Und Goldkörnchen, wie feiner Sand,
> Besternen flüchtig ihre Rätselblicke.

Der Hund

Nach den altpersischen religiösen Texten des Awesta hatte »die Welt nur durch die Intelligenz des Hundes Bestand«; Gaston Fébus sah im Hund »das edelste, vernünftigste und klügste Tier, das Gott je erschaffen hat«; der impertinente Romancier und Freund Flauberts Maxime du Camp behauptete, »das Beste am Menschen ist der Hund«; und der Systematiker des »Tierreichs« Georges von Cuvier bezeichnete den Hund als »die bedeutendste, vollständigste und nützlichste Errungenschaft des Menschen überhaupt«, »das einzige Tier, das dem Menschen auf der ganzen Erdoberfläche gefolgt ist«. Wenn der Hund mit solchen Komplimenten überschüttet wird, dann muß er wohl außerordentliche Eigenschaften besitzen ... In der Tat haben ihn diese auch, lange Zeit vor dem Schaf, der Ziege, dem Rind oder der Katze, zum ersten Gefährten des Menschen gemacht.

Und der Mensch hat die Qual der Wahl unter einer unglaublichen Vielfalt von Hunderassen. Schon beim Gewicht muß er sich zwischen den 283 Gramm des Yorkshire-Terrier mit 9 Zentimetern Widerristhöhe und den 138,34 Kilo des Bernhardiners, »Benedictine« entscheiden. Bei keiner anderen Art gibt es solche Unterschiede zwischen den ihr angehörenden Rassen: Die Größen- und Gewichsverhältnisse betragen 1 zu 100, sogar 1 zu 500, wogegen sie beim Pferd maximal 1 zu 30 betragen.

Hunde für alles

Keine Art zählt auch so viele Varietäten, selbst wenn viele von ihnen in einer natürlichen Umwelt lebensuntauglich sind. In der Tat ist kein Tier so abhängig von menschlichem Handeln – und darin liegt wohl der Grund für seine so zahlreichen und vielfältigen Aufgaben: häuslicher Restevertilger, treuer Wächter über Haus, Hof und Herde, außerdem hervorragender Fährtensucher, der seinen Geruchssinn in den Dienst seines Herrn stellt, mag dieser nun Trüffeln suchen oder jagen, als Zöllner nach Drogen oder als Polizist nach Dieben und Ausbrechern fahnden. (Allerdings muß er nicht unbedingt auf der Seite von Recht und Ordnung stehen: Dem Dieb oder Schmuggler leistet er als Komplize ebenso hervorragende Dienste.) Doch er kann auch Schlitten ziehen, dem Scherenschleifer in der Tretmühle als Motor dienen, als Kriegshund griechisches Feuer oder Sprengstoff ins Ziel tragen, im Zirkus gegen Bären und Stiere kämpfen oder, wie heutzutage, im Tutu Kunststücke vollbringen und mit der Brille auf der Nase Mathematik betreiben. Er ist überdies ein großer Sportler, vor allem Wettläufer, im Jagdrevier ebenso wie auf der Hunderennbahn. Nicht verschwiegen sei, daß er in der Steinzeit sowie in den alten Kulturen Südamerikas, Chinas, Neuseelands,

Der Hund war schon immer ein Kinderfreund gewesen, doch im 16. Jahrhundert tauchten spezielle sanfte und kinderliebe Rassen auf, denen nichts lieber war als warme Betten und Häuser und die ausschließlich zum Liebhaben geschaffen waren (Tizian, *Bildnis der Clarissa Strozzi im Alter von zwei Jahren,* Ausschnitt, 1542, Berlin, Gemäldegalerie, Staatliche Museen Preußischer Kulturbesitz).

Ghanas und Kanadas auch Schlachttier war. Sein Fell wurde zu Mützen und Muffen verarbeitet, seine Haut zu Leder für Handschuhe und feines Schuhwerk. Nichts an ihm wurde früher verschenkt: Mit seinem Haar wurden Matratzen ausgestopft, mit seinem Fett Räder geschmiert, aus seinen Knochen und Sehnen ein starker Leim gekocht; selbst sein Kot war geschätzt, weil die Handschuhmacher mit ihm das Ziegenleder geschmeidig machen konnten. In neuester Zeit wurde er zum wissenschaftlichen Versuchstier, und er war als erstes Lebewesen im Weltraum. Alltäglicher ist sein Schicksal als Opfer der Vivisektion, aber auch als Blindenführer und Gefährte in Freud und Leid. Das sind nur einige von vielen Rollen dieses Tieres, dessen Schicksal vom Schicksal der Menschheit nicht mehr zu trennen ist.

Sag mir, welchen Hund du hast, und ich sage dir, wer du bist (Sir Thomas Lawrende, *Bildnis der Herzogin von Sussex,* Musée de Besançon).

Hündische Ansichten

Dieser eindrucksvollen individuellen und kollektiven Vielseitigkeit ist es wohl zuzuschreiben, daß kein anderes Tier in so hohem Maße unser tägliches Leben und unseren europäischen Sprachschatz geprägt hat. Kein Tier ist auch seit den Anfängen der historischen Zeit so eng mit dem Menschen verbunden.

Am nächtlichen Sternenhimmel stehen der Große und der Kleine Hund; wir stöhnen über die Hundstage oder über das Hundewetter, wir finden es einen dicken Hund, wenn uns jemand wie einen Hund behandelt; wir wissen, wo der Hund begraben ist, wollen aber weder selbst auf den Hund kommen noch von anderen auf den Hund gebracht und vor allem nicht wie ein Hund verscharrt werden.

Mit bestimmten Dingen kann man keinen Hund mehr hinter dem Ofen hervorlocken; es hat seine zwei Seiten, wenn man wie ein bunter Hund bekannt ist; eindeutig unangenehm ist es, müde zu sein wie ein Hund oder zu frieren wie ein junger Hund; manche Nachbarn sind wie Hund und Katz zueinander, und es ist allemal besser, man gilt als feiner denn als krummer Hund. Kurz und gut, leben wie ein Hund will niemand, und doch ist der Hund allgegenwärtig in den europäischen Sprachen ebenso wie im Brauchtum und im Alltagsleben. Die Frage ist nur, was er in all den Redewendungen oder Anspielungen verkörpert. Viele von ihnen gehen eindeutig in eine negative Richtung. Ein trauriges Beispiel dafür ist das deutsche Adjektiv »hündisch«: Sein doppelter Sinn von Kriechertum und Niederträchtigkeit deutet leider auf eine sehr starke und sehr alte Komponente der Verachtung, manchmal des Mißtrauens hin, wie sie für die Beziehung des Herrn zum Sklaven typisch ist; teilweise ist sie auf die Bibel und die semitische Welt zurückzuführen, in der sie vielleicht als Reaktion auf den heiligen Hund der Ägypter entstand. Und die Geschichte des Hundes ist nicht nur die Geschichte der Hunderassen in den verschiedenen Lebensräumen und menschlichen Kulturen, sondern auch die Geschichte seiner Abhängigkeit vom Menschen, und dies seit seiner sehr weit zurückliegenden Domestikation.

Zwischen Schakal und Wolf

Glücklicherweise wurde die Tyrannei etwas gemildert durch ein gewisses Treibenlassen, welches der Art den nötigen Spielraum beließ, um ein beachtliches genetisches Kapital zu bewahren. Hunderte Millionen von Fixkötern auf der ganzen Welt sind dessen ungewöhnliche »Inhaber«. Es lebe die Promenadenkreuzung! »Sie ist universellen Geblüts, sie ist jedes Blut gewesen. Das muß einen gewaltigen Betrag an Güte ergeben.« Pikanterweise hat der Hund diese glückliche Natur zweifellos entweder vom Schakal oder aber vom Wolf geerbt, beides Tiere mit gleich üblem Leumund. Für den Schakal spricht eine gewiße morphologische Ähnlichkeit, außerdem einige Charakterzüge: Der Schakal fürchtet sich kaum vor dem Menschen und greift ihn nie an; er läßt sich gerne streicheln und er war

Laufender Hund von Moudon, Kanton Wadt, Schweiz (Bern, Historisches Museum).
Masthund, der sich nicht bewegen soll, um zarter zu bleiben und schneller fett zu werden (Mexiko, Privatbesitz).

leicht zu zähmen. Wenn er dem jagenden Menschen folgte, um die Fleischabfälle (gelegentlich auch die Vorräte) zu vertilgen und die Ratten auf den Abfallhaufen zu jagen, so erwies er sich auch als Wachhund, der bei der leisesten Gefahr Laut gab. Er war also nützlich und konnte überdies dem Menschen den Gefallen erweisen, nach zwei oder drei mit ihm verbrachten Generationen seinen »abstoßenden« Geruch zu verlieren. Der Goldschakal *(Canis aureus)*, der heute noch von Sumatra bis nach Dalmatien und Ungarn verbreitet ist, bevölkerte einst Mesopotamien, Indien und Ägypten, die Wiegen der ersten Zivilisationen. Die Bestätigung dafür liefern uns namentlich älteste ägyptische Mumien. Es handelt sich wahrscheinlich um gezähmte Tiere *(Canis lupaster domesticus)*, die von den Anhängern des Totengottes Anubis mit dem Schakal- oder Hundekopf gehalten wurden.

Auf das Habenkonto der Abstammung vom Wolf ist die augenfällige äußere Ähnlichkeit zu schreiben, ebenso die Identität der Gebisse und einige Gemeinsamkeiten im geselligen Verhalten. Der kleine Indische Wolf *(Lupus pallipes)* verwischt allerdings die Filiationsspuren und verbietet jede eindeutige Zuordnung, denn durch seine Größe und seine Farbe ähnelt er ... dem Schakal. Dieser Spielverderber ruft uns in Erinnerung, daß wir die Möglichkeit der natürlichen Artvermischung nicht von vornherein ausschließen dürfen und daß wir uns mit der Aussage bescheiden sollen, daß einige Hunde eben dem Schakal, andere dem Wolf näherstehen. So haben heute noch die Eskimohunde ein Gebiß, das dem des Wolfs ähnlicher ist als dem der Hunde im Mittelmeerraum oder in den Tropen, die eher ein Schakalgebiß haben. Um unsere Verwirrung vollständig zu machen, soll darauf hingewiesen werden, daß es möglicherweise Wildhunde gegeben hat, die dem Wolf und dem Schakal nahe verwandt und doch von beiden verschieden waren; vielleicht waren sie die Urahnen unserer Haushunde. Tatsächlich tendieren Bastardhunde dazu, sich innerhalb weniger Generationen zu einem mittelgroßen, rotbraunen »Urtyp« zurückzuverwandeln, der dem australischen Dingo und dem indischen Pariahund recht nahekommt. Vom Dingo wiederum, der vor Jahrtausenden wieder (?) verwilderte, wurden alte Knochen ausgegraben, die seinen heutigen Knochen sehr ähnlich sind.

Von der Höhle zur Hundehütte in 10000 Generationen

Die Domestikation kann an mehreren Orten parallel geschehen sein, gleichzeitig oder in verschiedenen Epochen. Die Hunde selbst können in den jeweiligen Gesellschaften charakteristische Merkmale angenommen haben, sie können sich aber auch mit Hunden anderer Domestikationszentren gekreuzt haben, was um so leichter war, als sie nomadisierenden Menschen folgten.

Über das Datum der Domestikation schießen die Hypothesen ins Kraut. Einige nehmen sie vor 50000 Jahren an und stützen sich dabei auf spanische Felsmalereien, die aber vielleicht nur 10000 Jahre alt sind und ebensogut eine Jagd auf Hunde (oder Wölfe) wie eine Jagd mit Hunden darstellen können. Am sichersten wäre die Spur des Dingos, doch leider beweist nichts, daß er vor 50000 Jahren domestiziert worden wäre, auch wenn nicht auszuschließen ist, daß er dem Menschen über die Brücke gefolgt ist, die während der letzten Eiszeiten Australien mit dem asiatischen Festland verband. Selbst die auf der Krim oder in Sibirien gefundenen Koprolithen (versteinerter Kot) und die Hundefragmente von Afantova Gora am Jenissej in Sibirien, die in den Schichten des Jungpaläolithikums gefunden wurden (also aus der Zeit um 10000 bis 12000 v. Chr. stammen), müssen vorsichtig interpretiert werden, denn es gibt keinen direkten Hinweis auf eine Koexistenz. Diese Reste können nämlich ebensogut von Wölfen stammen, die sich in vorübergehend verlassenen menschlichen Ansiedlungen aufhielten. Und zu guter Letzt verweisen auch die in der Villefranche-Schicht, vor allem in Italien, gefundenen Knochen auf ausgestorbenen Arten wie *Canis falconeri* (wolfähnlich), *Canis etruscus* (zwischen Schakal und Wolf) und *Canis armensis* (eher schakalähnlich); womit jede Vergleichsmöglichkeit zwischen der Wildform und der domestizierten Form ausscheidet.

In Palästina und im Iran will man Beweise für die Domestikation vor 9500 Jahren v. Chr. gefunden haben (Belt cave); aus der Zeit um 8400 v. Chr. soll der älteste amerikanische Haushund stammen, der die charakteristischen, ihn vom Wolf unterscheidenden vorderen Backenzähne aufweist. Recht nah dem Wolf und dem Dingo, aber gleichwohl ein Hund ist das Tier, das zusammen mit Auerochsenknochen im deutschen Senckenberg gefunden wurde: Erst um das Jahr 9000 datiert aufgrund der Pollenanalyse (die Zusammensetzung von 85 Prozent Fichten-, 12 Prozent Hasel- und 2,5 Prozent Eichenpollen deuten auf das Ende der Eiszeit und den Beginn der Borealzeit hin), wurde es durch die Radiokarbonmethode um gut 1000 Jahre »verjüngt« und mit den Jahreszahlen 7538 und 7350 v. Chr. versehen. Der Hund von Starr Carr (England) aus etwa der gleichen Zeit zeigt eindeutige Anzeichen alter Domestikation. Als weitere älteste Funde sind zu erwähnen die Knochenfunde von Çayönii in Anatolien aus der Zeit um 7000 v. Chr., die etwas älter als die Funde von Jericho (6710 v. Chr.) und etwas jünger als die Funde von Argissa Magula in Südosteuropa sind. Zieht man in Betracht, daß es eine gewisse Mindestzeit und eine gewisse Generationenzahl brauchte, bis sich der Hund mit eindeutigen Merkmalen vom Wolf unterschied, so kann man mit Sicherheit annehmen, daß sich die Domestikation mehr oder weniger überall vor mehr als 10000, vielleicht vor mehr als 12000 Jahren abspielte.

Aus dieser Zeit lassen sich bereits identifizieren: der *Canis familiarius palustris*, mit Ringelschwanz, Stammvater der Spitze und der Windhunde; der *Canis familiaris ladogensis*, der *Canis putiatni* und der *Canis inostranzevi*, aus denen unsere Polarhunde und andere kräftige Hundearten hervorgegangen sind; der *Canis familiaris matris optimae* (vom *putiatni* abgeleitet, ein Schäferhund) und der *intermedius*, von dem unsere Jagdhunde Spaniel, Griffons und Pudel abstammen; schließlich der *Canis familiaris leineri*, der direkteste Vorfahr der Windhunde. Diese Arten sind meist ziemlich klein, doch es gibt Ausnahmen (Rözke-Ludvar), und bei den in Deutschland ausgegrabenen Hundeskeletten sind die

Größenunterschiede beträchtlich; in diesen Regionen handelt es sich vor allem um den *Canis familiaris palustris* und verwandte Arten. Es ist gesichert, daß ein Großteil dieser Tiere Nahrungszwecken diente: Auf den Knochen finden sich Zahnspuren, und die Schädel waren zur Entnahme des Hirns geöffnet worden. Andere, die zusammen mit ihrem Besitzer begraben wurden (42 Prozent der Fremdknochen in den Gräbern waren Hundeknochen, wie beispielsweise in Polgar Basatanya) hatten als Jagdhunde ein edleres Los. Die ersten Domestikationen bezweckten also die Beschaffung von Schlachttieren und Jagdhelfern. Bleibt die Frage, was den Hund bewogen haben mag, sich schon so früh dem Menschen anzuschließen.

Der Mensch war damals weder seßhaft, noch trieb er Ackerbau oder Viehzucht; er war ausschließlich Jäger. Man kann also annehmen, daß der Hund sich ganz natürlich einem anderen »Raubtier« angeschlossen hat, dessen gesellige Lebensform und Gewohnheiten den seinen sehr ähnlich waren: Ein Leben im Verband, eine strikte, fein abgestufte Hierarchie, Treue gegenüber dem Verband und dessen gemeinsame Verteidigung gegen Angreifer; auch die Treibtaktik beim Jagen war beiden Arten gemeinsam. Der Hund hat also vielleicht den Menschen als sein Leittier anerkannt und sich nach und nach an ihn gewöhnt, indem er zunächst seine Abfälle verzehrte und später mit ihm zusammen jagte. Als weiteres »Motiv« kommt auch eine tendentielle Anthropophilie, ein besonderes Hingezogensein zum Menschen in Betracht, wie es auch beim Delphin zu beobachten ist und für das es übrigens physiologische Gründe geben soll. Doch es ist unzweifelhaft, daß dieser Sympathie des Hundes für den Menschen »nachgeholfen« wurde, und zwar tatkräftig und mit zweifellos unerwarteten Folgen: Wenn der Mensch Hunde einfing und züchtete, um sie später essen zu können, so ist keineswegs ausgeschlossen, daß seine Kinder die verwaisten Welpen ins Herz schlossen (um sie später vielleicht selbst aufzuessen, als ob nichts gewesen wäre). Jedenfalls bringen die Gründe, mit denen sich das frühe Datum der Domestikation »erklären« läßt, eine Gegenseitigkeit von Anziehung und eigennützigen Interessen ins Spiel.

In einer solchen Perspektive erscheint es als nur natürlich, daß der Mensch versuchte, die Leistungsfähigkeit des Hundes zu steigern, um noch bessere Dienste von ihm zu erhalten. Doch angesichts der sehr fernen Zeit, in der dies geschah, läßt sich nur schwer bestimmen, in welchem Ausmaß das sehr große Spektrum der Hunderassen (schon im letzten Jahrhundert wurden hundertfünfundneunzig gezählt) natürlich ist, inwieweit der Mensch neue Varietäten schaffen wollte und unter welchen Gesichtspunkten er dies wirklich tat.

Durch seine verschiedenen Abstammungen war der Hund von Anfang an eine Art mit außerordentlich reichen Erbanlagen und einer hervorragenden Reproduktionsfähigkeit: Die Hündin ist sehr früh geschlechtsreif (mit sechs Monaten), sie kann zweimal im Jahr trächtig sein und wirft meist mehrere Junge. In 12000 Jahren sind sich also mindestens zehntausend Generationen gefolgt. Seit den Anfängen der an verschiedenen Orten geschehenen Domestikation – die nicht notwendigerweise auch Selektion bedeutete – gab es Grundrassen, die sich leicht und ohne Aufsicht vermischen konnten, je nach der Wanderroute des Menschen.

Besser als manchmal schwierig zu unterscheidende Knochenfunde erlauben uns bildliche Darstellungen (und gegebenenfalls Mumien), die Rassen zu identifizieren: Die ältesten amerikanischen Hunde und die jüngsten Mumien, die in der Nähe des *Canis palustris* und des *Canis matris optimae* anzusiedeln sind, stammen vielleicht vom kleinen mexikanischen Wolf ab, wahrscheinlicher ist eine Abstammung von den aus Asien herübergekommenen Eskimohunden. Die steinzeitlichen Knochenfunde von Jericho aus dem Jahr 6710 v. Chr. entsprechen hingegen eher den heutigen Windhunden. Die im Turkestan oder in Mohenjo Daro ausgegrabenen alten Hundearten kommen dem Pariahund *(Canis matris optimae)*, dem *putiani* und dem Dingo recht nahe, während der Hund von Harappa zum Wolf *pallipes* gehört. Schließlich ist auf den Täfelchen von Babylon eine Art Mastiff zu bewundern, der für den Krieg oder die Löwenjagd bestimmt war und vielleicht aus Indien oder Tibet kam.

Aus der Eisenzeit bescherte uns das keltische Oppidum von Manching in der Nähe von Ingolstadt vierhundertvierzig Knochenfunde. Ihre hypothetische Identifikation soll dem Leser erspart werden, da uns die herrlichen ägyptischen Malereien und Skulpturen weit genauere Auskünfte über die letzten Jahrtausende vor Christi Geburt geben. Wir finden dort Bassets, hochbeinige, den Sloughis ähnliche Windhunde mit langem Schwanz, und Doggen (mit den Hyksos gekommen) mit geschmiedeten, spitzenbewehrten Halsbändern für den Krieg. In Cynopolis (»Hundestadt«) fand man Mumien von Hütehunden, die dem *matris optimae* ähneln. Auf einer Stele aus der Zeit der 10. Dynastie schließlich sind ein grimmiger, niedriger und stämmiger Wachhund, ein dem Dingo ähnlicher Urhund sowie ein in schnellem Lauf Gazellen jagender Windhund zu sehen. Dieser außerordentliche Quellenreichtum ist auf die Stellung zurückzuführen, die der Hund in der ägyptischen Religion innehatte: Sirius, der »Hundsstern«, ist der hellste Stern des Sternbildes des Großen Hundes, das den Beginn der Nilüberschwemmung ankündigt; und der Kult des hunde- oder schakalköpfigen Anubis gelangte zusammen mit dem Isiskult im 1. Jahrhundert v. Chr. bis nach Rom.

In der griechischen Literatur erscheint der Hund schon bei Homer als seinen Herrn Odysseus wiedererkennenden Argos; in der griechischen Mythologie ist er der schreckliche, dreiköpfige Kerberos, von Hephaistos dem Göttervater Zeus geschenkt. Wir wissen auch vom äußerst seltenen und wertvollen Hund des Alkibiades, der ihm um 430 v. Chr. den Schwanz abschnitt, um ihn dadurch wieder zum Gesprächsgegenstand zu machen. Aristoteles zählt mehrere Rassen auf: der Malteser (Bichon), der Epirote, die indischen, die lakonischen, die ägyptischen und die kyrenischen Hunde sowie die scharfen Jagd- und Kriegshunde, gegen welche sein Schüler Alexander der Große in Indien zu kämpfen hatte und die auch vom Perserkönig Kyros in die Schlacht geschickt wurden. Es sind wahrscheinlich dieselben Rassen, die auch Varro zitiert und die sich unter den etwa fünfzig Skeletten der Ausgrabungen von Tâc in der römischen Provinz Pannonien (heutiges Ungarn) fanden, wo unter anderen zwei Windhunde, Schäferhunde, Bassets und bestimmte Doggen mit 67 cm Widerristhöhe identifiziert wurden.

Bei dieser Verbreitung mußte der Hund widersprüchliche Empfindungen hervorrufen: Seit der Antike und bis in die Neuzeit hinein schwankte die Haltung ihm gegenüber zwischen Verehrung und Feindseligkeit: Letztere schwingt in der Verachtung der Juden für Goliath mit, der wie ein Hund von David erschlagen wird (»Bin ich ein Hund, daß du mit Stöcken bewaffnet zu mir kommst?«), auch im Spott der Griechen, die die »Kyniker« verlachen, aber die Tollwut des Hundes so fürchten wie das Gift der Schlange; schließlich klingt sie in der Rache der Römer an, die an den »Hundstagen«, das heißt nach dem 22. Juli, wenn das Sternbild des Großen Hundes erscheint, dem Sirius einen rotbraunen Hund opfern und jedes Jahr einen Hund auspeitschen, zur Strafe für die mangelnde Wachsamkeit der Hunde auf dem Kapitol ... Verehrt wird der Hund hingegen in Ägypten und in Persien (wo Can, ein guter Geist, später zum großen Khan geworden sein soll), auch bei den Kelten, wo *cu*, das Wort für den Hund, in die Namen der Heerführer Cunobelin und Cymbelin eingegangen sein soll, und schließlich auch, und zwar ebenso tief, bei den Veroneser Nachfahren der Cisalpiner, zum Beispiel im Falle des Can Grande della Scale, dem Befreier-Windhund aus der Dante-Zeit.

Die nahöstlichen Kulturen sind nicht die einzigen, die dem Hund ein solches Übermaß an Ehre und schändlicher Behandlung zugleich zuteil werden ließen: In Japan wird der Hund zwar geehrt, doch findet man immer noch Hundefleisch auf den Märkten von Kanton ... und anderswo, denn Brigitte Bardot protestierte im September 1983 energisch gegen die verruchten Eßsitten der französischen Polynesier, die trotz aller »zivilisatorischen Bemühungen« Frankreichs weiterhin großen Geschmack an Hundefleisch fanden. Uns sind diese Bräuche tatsächlich seit langem fremd: Das Abendland verzichtete schon in der Bronzezeit darauf, sieht man von einigen exzentrischen Feinschmeckern ab, denen beim Anblick ganz junger Welpen das Wasser im Munde zusammenlief, oder von jenen Kranken der Antike, denen eine Diät nach Hippokrates verschrieben wurde. Das Hundefell als Kappe (die griechische *kynee*), Kopfbedeckung oder Kleidungsstück kam mehr und mehr aus der Mode. Nach Ktesias und seinen Abschreibern war Plinius der letzte, der noch von diesen legendären und wilden »Menschen mit Hundekopf« reden konnte: Sie hatten wahrscheinlich ein ganzes Hundefell übergeworfen, wobei das Kopfstück als Kappe diente. Schließlich verlor der Hund in Europa, allerdings sehr langsam, auch eine seiner Hauptfunktionen, die er in einigen afrikanischen und asiatischen Ländern heute noch innehat, nämlich die des Aasbeseitigers. Lange hatte sie ihm den Ruf eines unreinen und verachtenswerten Tieres eingebracht. Schon in der Bibel wurde ihm diese Berufung zuteil, als sich Hunde um die Leiche Isabels raufen mußten, doch auch bei Homer und Sophokles, bei denen der Leichnam des Polyneikes ungeachtet der Bitten und des Flehens von Antigone den Geiern und Hunden überlassen wurde. Die Antipathie war so groß, daß die Hunde normalerweise aus den Tempeln verbannt waren, was allerdings nicht verhinderte, daß einige dennoch die unheimliche

Hunde, mit einer Menschenmeute jagend (Paris, Nationalbibliothek).

Göttin Hekate anriefen, die nachts mit ihren in Gräbern nach Nahrung suchenden Hunden umging. Artemis, die Göttin des Mondes und der Jagd, genoß zwar einen besseren Ruf, dennoch hatte sie ihre Hunde zum Werkzeug niederträchtiger Rache gemacht, als sie Aktaion, der sie beim Bade beobachtet hatte, in einen Hirsch verwandelte, damit er von seiner eigenen Meute zerrissen würde. Die alten Perser dachten weniger an solche grausame Bestrafung als an peinliche Sauberkeit: Sie züchteten prosaischer – doch in aller Würde – Hunde für die Müllentsorgung.

Dem mittelalterlichen Christentum war Psalm 22 wohlvertraut, in dem es heißt: »In den Staub des Todes legtest du mich. Denn Hunde lagern rings um mich.« Und: »Errette vom dem Schwerte mein Leben, aus der Gewalt der Hunde mein Kleinod.« (Verse 17f. und 21). Es kannte auch die Stelle im Markus-Evangelium, wo Jesus bei einer Dämonenaustreibung gleichnishaft erklärt, es »sei nicht recht, den Kindern das Brot zu nehmen und es den Hunden hinzuwerfen« (7, 27). Lange Zeit zeugte die Symbolik des Hundes von einem negativen Vorurteil: Die klassische Antike und die jüdisch-christliche Tradition hatten ebenso Anteil daran wie die Furcht vor der Nacht und dem nächtlichen Gebell. Diese kulturellen und emotionalen Aspekte wurden verstärkt durch die periodisch auflebende Seuche der Tollwut, bei der ein Biß immer den Tod nach entsetzlichen Qualen bedeutete (die man noch im 19. Jahrhundert durch Euthanasie, nämlich durch Ersticken zwischen zwei Matratzen verkürzte). Besonders bei den Seuchen von 1271 in Frankreich und von 1427 in Deutschland steigerte sich die Angst vor streunenden Hunden zu einer solchen Panik, daß man jeden Hund, dessen man ansichtig wurde, sofort erschlug. Es braucht kaum eigens betont zu werden, daß für diese periodischen Massenvernichtungen von herrenlosen Hunden, mit oder ohne Halsband, manchmal nicht der geringste vorbeugende Anlaß bestand. Das blindwütige Abschlachten wurde zum Glück immer unpopulärer und um so seltener – und vor allem kürzer –, als der Hund mehr und mehr unersetzlich wurde für den Menschen, der bereits bemüht war, die gewünschten Eigenschaften und die Leistungsfähigkeit des Tieres zu steigern.

Kampfhunde

Die ersten Eigenschaften des Hundes, für die sich sein Halter interessierte, waren wohl seine Kraft, seine Angriffslust und sein kräftiges Gebiß. Die ersten Selektionen (von denen wir über Aristoteles und mittelbar über Plinius Kenntnis haben) zielten jedenfalls darauf ab, durch Kreuzen von Hündinnen mit Wölfen noch kräftigere und wildere Tiere zu erhalten. In Tibet soll zu diesen Paarungen noch die mythische Vereinigung mit dem Bären hinzugekommen sein, mit der gewaltigen Tibetdogge als Ergebnis. Diese Angriffshunde – deren bester, wenn auch etwas abgemilderter heutiger Vertreter der gefährliche und riesige Mastiff (die englische Dogge) ist – hatten sowohl zivile als auch militärische Aufgaben. Zu den berühmten Hunden ist sicher jenes Tier zu zählen, das Alexander der Große geschenkt erhielt und das nacheinander einen Löwen und einen Elefanten zur Strecke gebracht haben soll. Auf einem berühmten assyrischen Flachrelief ist ein anderes, Löwen jagendes Doggen-Ungeheuer zu erkennen.

Daß sie es mit so gefährlichen Gegnern aufnehmen konnten, bewiesen die Hunde später in den römischen Arenen, wo sie gegen Bären, Löwen und Stiere kämpften. Da Löwen selten waren, wandelten die Engländer das antike Vorbild ab und hetzten – schon im 13. Jahrhundert, wie der Lutrell-Psalter bestätigt, und bis zum Jahre 1835 – Stiere und Hunde (*bulldogs*, Bullenbeißer) gegeneinander.

Bestimmte große und kräftige Rassen aus dem Epirus, aus Indien (dort ursprünglich aus Tibet), Gallien, Lydien und Kilikien waren auf dem Schlachtfeld ebenso furchteinflößend wie in der Arena. Vermutlich deshalb wurden sie in Kolophon (Plinius rühmt die hyrkanischen Hunde dieser kleinasiatischen Stadt) und in Sparta ausschließlich dem Krieg vorbehalten. Die Tradition erhielt sich bis in die Neuzeit hinein: Heinrich VIII. hielt Kampfhunde; der Peru-Eroberer Pizarro soll seine »Bluthunde« *(perros de sangre)* mit Menschenfleisch gefüttert haben, bevor er sie auf die Indianer losließ; im amerikanischen Sezessionskrieg setzten die Sklavenhändler und Farmer der Südstaaten solche Hunde entflohenen Sklaven und Nordstaatlern auf die Spur; die Engländer hetzten sie gegen die australischen Eingeborenen, und Napoleons General Leclerc ließ sie auf die schwarzen Unabhängigkeitskämpfer von Haiti los.

Die Nutzung des Hundes zu militärischen oder paramilitärischen Zwecken beschränkte sich nicht auf die »Verfolgung des Feindes«. Schon im 14. Jahrhundert entwickelte man verfeinerte Verfahren. So spricht der *Tractatus de (re) militari et de machinis bellicis* von einer wohl ursprünglich byzantinischen Technik, die darin bestand, einerseits ledergepanzerte Hunde auf Roß und Reiter loszulassen, andererseits den Hunden ein brennendes Feuer aufzubinden, das nicht mehr wie das »griechische« aus Schwefel, Werg und Kienspan bestand, sondern aus einer Mischung von Harz und Weingeist, die aus einem Schwamm in einem ehernen Gefäß brannte. Es wird nun auch weniger auf die Aggressivität des Hundes gesetzt als auf sein Laufvermögen und andere subtilere Fähigkeiten. So dachte man in Belgien vor dem Ersten Weltkrieg daran, schnelle und gut dressierte Hunde vor die Maschinengewehre zu spannen. Und in seinem Roman *Kaputt* berichtet Curzio Malaparte noch aus dem Zweiten Weltkrieg, wie die Russen ausgehungerte Hunde mit Sprengstoff beluden, nachdem sie sie darauf dressiert hatten, ihr Futter zwischen den Raupen deutscher Panzer zu suchen. Vergessen wir aber nicht, daß im Krieg wie im Frieden die Hunde auch weniger kriegerische Aufgaben hatten, wie etwa die Sanitätshunde oder jene schottischen Schäferhunde, die im Burenkrieg im Busch verirrte Verletzte aufspürten (und zu Hunderten retteten), ganz nach dem Beispiel der friedfertigen Bernhardiner in den verschneiten Alpen oder der Neufundländer, die Schwimmer in Not aus dem Wasser ziehen. Auch unsere heutigen so hochtechnisierten Armeen bilden noch Aufklärungs- und Patrouillienhunde aus. Außerdem Wachhhunde.

Diese letztere Rolle ist ebensowenig neu. Im 16. Jahrhundert behandelt Gesner in ein und demselben Kapitel Wach- und Kriegshunde. Die Nachtwächteraufgabe fiel ihnen häufig zu. Zahlreiche Städte wurden, mehr oder weniger erfolgreich, unter ihren wachsamen Schutz gestellt. Fünfzig Hunde bewachten den Akrokorinth und verteidigten ihn, als er gestürmt wurde. Soter (»der Retter«), der als einziger überlebte, erhielt zur Belohnung für seine Tapferkeit ein silbernes Halsband und eine ansehnliche Rente. Versagten die Hunde jedoch, fiel auch die Züchtigung exemplarisch aus: Wie schon erwähnt, wurden die Hunde, die 390 v. Chr. als Wächter des schließlich von den Gänsen erretteten römischen Kapitols versagten, jährlich rituell ausgepeitscht. Ungeachtet der römischen Erfahrungen vertrauten in neuerer Zeit die Bewohner von Saint-Malo in Nordfrankreich ihre Stadt wieder wachsamen Hunden an, die bei der geringsten Gefahr anzugeben hatten. In eher klassischer Rolle können wir noch die Hunde des Königs Agesilas II. von Sparta erwähnen, die 362 v. Chr. um das belagerte Mantineia in Arkadien herum patrouillierten und jeden Kontakt zwischen den Belagerten und der Außenwelt unterbanden; oder jene Hunde, die 101 v. Chr. das Lager der Cimbern so standhaft verteidigten, daß die siegreichen Soldaten des Marius erst nach einem neuerlichen Kampf gegen die Tiere zur traditionellen Plünderung des gegnerischen Lagers schreiten konnten.

Als wachsames, schnell auch an aktive Verteidigung gewöhntes Tier eignete sich der Hund in Friedenszeiten ebenso gut zur Bewachung von Schafspferch und Schafherde, die es vor angreifenden Raubtieren, Bären, Löwen oder Wölfen zu

Die Windhunde sind eine der vier Grundrassen, von denen wir Abbildungen schon aus dem alten Ägypten besitzen. Bevor die Sloughis hier spät eingeführt wurden, verfeinerte man im mittelalterlichen Abendland die Silhouette dieses großen, auf die Hasenjagd spezialisierten Laufhundes, der zum Symbol von Treue und Anhänglichkeit wurde (Rom, Villa Borghese).

schützen galt. In unseren Breiten bevorzugte man Hunde mit hellem Fell, damit man sie nachts von den dunkler gefärbten Wölfen unterscheiden konnte. Ohne speziell für diese Aufgaben geeignete Rassen auszuwählen, schuf man in neuerer Zeit zunächst einfach kräftige Rassen dafür: Deutsche Schäferhunde (vom Perser abstammend), deutsche Doggen (ferne Nachfahren der Dogge und des Windhundes), oder jene eindrucksvollen Muskelpakete aus der Zucht von Baron Dobermann, der wohl nicht wenig erstaunt wäre, seine Tiere heute Reihenhäuser bewachen zu sehen. Die Aufgabe, die Herden zu führen und zusammenzuhalten, sprach einen arttypischen Instinkt aus dem Leben im Rudel an, wo der Leithund die vom »Läufer« zugetriebenen Tiere empfängt.

In vornehmer Gesellschaft

Die bis dahin eher zweckbetonte Nutzung des Hundes erhielt dann eine sehr viel spielerischere, das Tier aufwertende Variante in der Jagd, einem teuren Sport, der ausschließlich dem über die nötige Zeit und die nötigen Mittel verfügenden Adel vorbehalten war. Dieser »gehobene Dienst« befreite den Hund nicht nur vom alten ehrenrührigen Ruf, er bescherte ihm auch eine aufmerksame Pflege und eine beneidenswerte gesellschaftliche Stellung, die sich darin widerspiegelte, daß er auf vielen herrschaftlichen Wappen und Siegeln erschien, in Stein gemeißelt auf Grabdenkmälern verewigt und auf Gobelins und Gemälden dargestellt wurde. Nicht selten übrigens in Gesellschaft feiner Damen und edler Fräulein, die eine eindeutige Vorliebe für die sanften und treuen Windhunde entwickelten, so daß diese Rasse mehr und mehr zum Kennzeichen des Femininen wurde – und der *high fidelity*, wie das Markenzeichen des Schallplattenlabels *His masters voice* (Die Stimme seines Herrn) heute noch beweist.

Die in Europa seit der Antike bekannte Rasse der Windhunde wurde durch eine neue, verschieden geartete Varietät mit langem, schmalen Körper bereichert, die wohl im Sog der großen Völkerwanderung im 5. Jahrhundert hierher gelangt war. Diese Rasse war offensichtlich sehr geschätzt, denn Artikel 35 des 508 veröffentlichten Salischen Gesetzes erwähnt sie bereits, und eines dieser Tiere kostete soviel wie zwei Pferde.

Die Aufwertung des Hundes entsprach im übrigen einem allgemeinen Zug der Krieger- und Jägergesellschaften: Im Burgunderreich wurde der Hundediebstahl streng bestraft, und die Wikinger ließen sich mit ihrem Lieblingshund begraben. In der Rittergesellschaft des Abendlandes trieb die Hundebegeisterung solche Blüten, daß die Gefolgsleute Karls des Großen auf dem Platz vor der Kirche bleiben mußten, weil sie sich nicht von ihren Windhunden und Doggen (die begehrtesten Rassen) trennen wollten. Wobei es nicht darum ging, ihnen den Zutritt zur Kirche zu verwehren, sondern darum, ihre Zahl auf ein vernünftiges Maß zu beschränken.

Nebenbei sei erwähnt, daß es höchst erstaunliche Hundeschicksale gegeben hat. Weil sich ein Herrscher für die Wankelmütigkeit seiner Untertanen rächen wollte, verfügte er, daß Norwegen im 11. Jahrhundert eine Dogge als König haben sollte; diese starb auf dem »Ruhmesfeld« bei einem Zweikampf mit einem Wolf. Mitte des 13. Jahrhunderts kam, wieder auf königliches, nämlich Ludwigs des Heiligen Geheiß, der kräftige Tartarengriffon nach Europa: Als Kreuzzugsbeute galt er als ebenso kostbar wie Brokate und heilige Reliquien. Die religiöse Bilderwelt bereitete schließlich auch der Hundeverachtung ein Ende, denn seit dem ausgehenden Mittelalter erscheint der Erzengel Gabriel von vier Hunden umgeben, welche die Namen Barmherzigkeit, Gerechtigkeit, Friede und Wahrheit trugen.

Die Hundeliebhaberei ist mit der Zeit so eingewurzelt, daß die Dressur der Jagdhunde Bestandteil des Ritterrituals wird und man erst Edelknappe ist, wenn man, wie Huon de Bordeaux im altfranzösischen Heldenepos, die Hunde nach den Regeln der Kunst zu füttern versteht. Man kümmert sich also schon im Mittelalter nicht nur um die Dressur, sondern auch um die Pflege, die Zuchtwahl und die artgerechte Fütterung des Hundes, der nun nicht mehr wahllos Küchenabfälle vorgesetzt bekommt.

Bereits in der Antike wußte man, daß bei der Fütterung nicht die Tierliebe des Halters ausschlaggebend sein darf, sondern die Funktion des Tieres. So wurde schon empfohlen, den Hütehunden kein Schaffleisch zu geben, um sie nicht auf dessen Geschmack zu bringen, wogegen den Kriegshunden Rindfleisch zustand, damit sie bei Kräften blieben. Die Jagdhunde der Herrenhäuser erhielten gewöhnlich ein oftmals in speziellen Öfen gebackenes Brot, das möglichst aus einem Drittel Weizen (stopfend), einem Drittel Roggen (abführend) und einem Drittel Gerste bestand. Gaston Fébus empfahl zwei Mahlzeiten pro Tag, und dieses Regime galt auch noch für die Hunde Ludwigs XIV., die zweieinhalb Pfund Brot am Tag erhielten, was mehr als 3000 Kalorien entspricht. Hinzu kamen natürlich proteinhaltige Zusätze: Milch für die Welpen ab dem Absetzen, Käse als Zusatznahrung für die Windhunde, die normalerweise Gedärme und gekochte Schlachtabfälle in ihren Suppen oder Brühen vorfanden. Muskelfleisch (vom Pferd, vom Esel, sogar vom Rind, vom Schwein oder vom Schaf) erhielten normalerweise nur die Hetzhunde für die Hirschjagd, denen man überdies auch Eingeweide, Herz, Leber, Kopf usw. des erlegten Wildes vorwarf. Kranke Tiere und säugende Hündinnen erhielten ebenfalls kräftigende Fleischkost. Über die Pflege und die psychologische Behandlung des Hundes wußte man also recht gut Bescheid, und es gab Abhandlungen darüber (die viel von der Antike übernahmen); die mittelalterliche Tierheilkunde hingegen befaßte sich weniger mit dem Hund als mit dem Pferd – Adel verpflichtet auch bei Tieren!

Die Selektionen richteten sich nach den Aufgaben, die den Hunden zugedacht werden, besonders bei der Jagd. Schon im Mittelalter begann die Spezialisierung der Stöberhunde auf das Aufspüren und der Bracken auf das Ergreifen; Hühnerhunde (nicht bellend) für die Jagd mit dem Netz; Stöberhunde, die bellen, wenn sie Wild aufgespürt haben, so daß man ihm nachsetzen kann; Hetzhunde, die ebenso schnell und ausdauernd laufen wie der Hirsch; angriffslustige Hunde wie die mutigen Doggen, die Großwild (Bär, Eber) angehen; Apportierhunde für die Vogeljagd, die den Falken, ohne sie zu verletzen, dabei behilflich sind, der großen vom Himmel geholten Vögel Herr zu werden; in die Baue gehende Hunde, vor allem Bassets, für die Fuchs- oder sogar Kaninchenjagd; im 18. Jahrhundert kommen die Foxterrier oder Rattenbeißer dazu, welche die große Invasion der Wanderratte eindämmen sollen.

Sage mir, welchen Hund du hast, und ich sage dir, wer du bist

Wir wissen nicht, wann die ersten vom Menschen spezifisch und kontrolliert geschaffenen Hundezüchtungen erschienen sind. Vielleicht begann es im 11. Jahrhundert mit dem prächtigen und imponierenden Saint-Hubert (50 Kilo, 65 cm Schulterhöhe) mit der tiefen Stimme und den Hängeohren, der angeblich in der Abtei des gleichen Namens in den Ardennen entstanden ist. Er soll mit Wilhelm dem Eroberer 1066 nach England gelangt sein, wo er, mit dem arabischen Windhund gekreuzt, den Spaniel ergeben haben soll. Nach und nach differenzierte sich eine Reihe von Rassen heraus, die schließlich im 19. Jahrhundert, vor allem nach 1859, 1860 und 1861 und nach den ersten Hundeausstellungen in England und in Frankreich, das goldene Zeitalter der Zuchtwahl anbrechen ließen.

Allerdings waren dabei nicht nur weidmännische Kriterien ausschlaggebend. Schon seit Jahrhunderten wünschten sich die Menschen Tiere, die ihnen einfach nur Gesellschaft leisteten. Mit jenen Hunden, die über alle Nutzanwendung hinaus zu allen Zeiten, von Odysseus über Tristan bis hin zu Tintin und Obelix, in erster Linie die geliebten Freunde ihrer Besitzer waren, hat das allerdings nichts zu tun: Gefragt waren Spezialrassen, deren einzige Funktion es war, im Haus mit den Kindern zu spielen und Jung und Alt auf Spaziergängen zu folgen und täglich Gesellschaft zu leisten.

Diese Spezialisierung ist nicht neu. Schon Gesner sprach von »heißgeliebten Hundchen« und von »unnützen Stubenhockern«, die es schon in der Antike gegeben habe (dort waren es die Malteser). Doch die eigentliche Selektion begann im ausgehenden Mittelalter, als die Menschen gegen alle Regeln der Zuchtwahl auf den Gedanken verfielen, Welpen, die in einer natürlichen Umwelt gar nicht lebensfähig gewesen wären, eine besondere Pflege angedeihen zu lassen. In Skulpturen, auf Miniaturen und Gemälden sind sie immer häufiger zu sehen, diese ausgefallen frisierten Griffons und anschmiegsamen, trägen Malteser. Durch königliche Protektion gingen einige dieser Tiere in die (Klatsch-)Geschichte ein. So soll nach dem Herzog von Sully der französische König Heinrich III. einen Korb mit Welpen um den Hals getragen haben; Ludwigs XV. Pudel Filou war auserkoren, mit Fidelité (»Treue«), dem Malteser der Pompador, zu spielen, und Napoleon mußte sich im Bett seiner ersten Gemahlin Josephine der scharfen Zähne ihres Mopses Fortune (»Fortuna«) erwehren. Die Pekinesen hatten weniger Glück: Wahrscheinlich um 565 entstanden, kamen sie erst nach der Plünderung der Sommerresidenz der chinesischen Kaiser nach Europa – zu spät, um hier noch auf Dauer zu königlichen oder kaiserlichen Ehren zu gelangen.

Bei allen Rassen, den robustesten wie den winzigsten, beruht die von Moden, Basisrassen und zufälligen Importen abhängige Zuchtwahl seit der Antike, vor allem aber seit dem 16. und dem 18. Jahrhundert, auf der Auswahl des Zuchttiers, welches »das beste, größte, schönste und am besten bellende der zwei- bis dreijährigen Junghunde« sein muß. Da werden in beliebiger Reihenfolge Kriterien aufgezählt: Die einen betreffen Größe, Stimme oder Robustheit, andere sind mehr oder minder subjektiv (der Beste, der Schönste), wieder andere haben die Arbeitsfähigkeit im Auge oder rein äußerliche Aspekte, von der Körperform bis hin zur Farbe. Das Fell scheint allerdings nicht jene besondere Rolle zu spielen, die es beim Kaninchen oder bei der Katze hatte: Abgesehen davon, daß Hundefelle in der Rauchwarenverarbeitung praktisch nicht verwendet werden, leuchtet auch ein, daß bei der Hundezucht Nutzaspekte im Vordergrund standen. »Ästhetische« Erwägungen kamen erst sehr spät hinzu. Zum Glück, denn die »spektakuläre Verschönerung« wurde im 20. Jahrhundert bei etlichen Rassen mit einer genetischen Verarmung bezahlt.

Treuer Freund und Begleiter

Ein wohl vollkommen vergebliches Opfer, denn fast will es scheinen, daß die Funktion des Hundes in unserer Zeit das Kriterium der Rasse meist wieder zur Nebensache werden läßt. Der Hund ist für uns in ganz erster Linie der *Canis socius et fidelis*, wie Gesner ihn definiert hat, das heißt ein Tier, dessen Hauptaufgabe darin besteht, seinem »Frauchen« oder »Herrchen« treu zu bleiben, und zwar bis zum Tode: Im eurasischen Altertum wurden, ebenso wie im vorkolumbianischen Amerika, Hunde am Grabe ihres Herrn hingeopfert; besaßen sie den Takt, vor Kummer über dessen Hinscheiden selbst einzugehen, so erschienen sie auf den Grabstelen; altruistischere Halter vermachten ihren Hunden ein Erbe oder eine Pension für ein sorgloses Weiterleben. Die emotionale Bindung an das Tier ist also nicht die Frucht unserer neuen Sensibilisierung, obwohl das 20. Jahrhundert einiges hinzugetan hat: Begräbniszeremonien, Einbalsamierungen, Aufbahrungen und Grabsteine auf speziellen Hundefriedhöfen. Dahinter erscheint ein zunehmend an Bedeutung gewinnender soziologischer Aspekt unserer großstädtischen Kultur, den G. Queinnec in einer Synthese herausgearbeitet hat, die sich auf eine Analyse des Hundefuttermarktes und auf von Tierärzten vorgenommene Untersuchungen[*] stützt. Die Phantasie kennt keine Grenzen, wenn es darum geht, die Hundeliebe vieler Menschen auszunützen, denn nach den Hundesalons, Hundeschönheitsinstituten, Hundepsychiatern und Spezialabteilungen für Hundepflege in den Apotheken bietet nun auch eine Versicherungsgesellschaft eine Krankenkasse für Hunde an. All dies ist äußerst kennzeichnend für die Stellung, die dieses Tier in unserer Gesellschaft einnimmt.

Von völliger Gleichgültigkeit reicht die Beziehung zum Hund bis hin zur Ersatzbefriedigung: Wie die Religion oder Drogen soll sie über Einsamkeit oder Unsicherheit hinweghelfen. Das Bedürfnis, Autorität auszuüben, zu beherrschen und zu besitzen, die Angst, die Aggressivität, das reiche Innenleben introvertierter, »schüchterner« Menschen, die sexuelle oder emotionale Frustration bei Paaren, die sich auseinandergelebt haben, kinderlos geblieben sind oder deren Kinder weggezogen sind, der Narzißmus, die gesellschaftlichen und beruflichen Konflikte, alle diese das innere Gleichgewicht bedrohenden Motive sind oftmals der Grund für die Anschaffung eines Hundes, die asozialem Verhalten entgegenwirken woll. In unseren früher überwiegend bäuerlichen Gesellschaften ist die Tatsache zwar neu, doch nicht minder offensichtlich, vor allem in den Städten, wo der Wunsch nach mehr Natur und nach Tieren stärker empfunden wird.

Eigentlich müßte all dies auch von der Katze zu leisten sein, die weit weniger Unannehmlichkeiten bereitet. Denn solche bringt der Hund genug, beispielsweise entstehen den Städten hohe Reinigungskosten. So hat die Stadt Paris täglich 2000 Tonnen Hundekot und 2000 Tonnen Urin zu bewältigen. Einige Großstädte haben zu drakonischen Maßnahmen gegriffen: In New York darf man seinen Hund nur noch ausführen, wenn man einen Plastikbeutel oder ein anderes für die Exkremente des Lieblings geeignetes Behältnis mitführt, denn bei der geringsten Verschmutzung droht eine Buße von 100 Dollar. In Tokio hängt der Beutel wie eine Prothese am Schwanz des Hundes. Auch die Tierheime sind chronisch überfüllt, insbesondere in den Ferien oder an verlängerbaren Wochenenden. Schließlich sind die Unfälle Legion: Über bestimmte sexuelle Perversionen, die von Zeit zu Zeit den Krankenhäusern ungewöhnliche Fälle bescheren, mag das Personal dort noch seine Witze machen. Doch Hundebisse oder von Hunden verursachte Stürze führen sehr häufig zu mehr oder weniger ernsten Verletzungen: Allein in Frankreich werden jährlich fünfhunderttausend Bißwunden verarztet, und bisweilen machen Tragödien Schlagzeilen, bei denen Kinder oder alte Menschen von Hunden zerrissen wurden.

Trotz all dieser Widrigkeiten, trotz der lästigen Pflicht, zu der das tägliche Ausführen werden kann, trotz der Probleme beim Wegfahren, trotz der für kleinere Einkommen nicht unerheblichen Kosten für Futter und Pflege, trotz der wachsenden Verärgerung der Allgemeinheit, die schon zu Anzeigenkampagnen geführt hat, man solle doch den Hund sein »Geschäft« an Gullys machen lassen statt auf dem Gehsteig, trotz aller dieser Affronts und Zwänge übersteigt in unseren westlichen Ländern die Zahl der Hunde insgesamt die Zahl der Katzen, die doch um so viel zurückhaltender, genügsamer und weniger gefährlich sind. Wobei anzumerken ist, daß das Zahlenverhältnis Hunde-Katzen bezeichnende geographische Unterschiede aufweist: In Frankreich, England, Dänemark und Irland besitzen mehr als 25 Prozent der Haushalte einen Hund, in Deutschland, Norwegen, Österreich und in der Schweiz sind es weniger als 10 Prozent. 1969 überwog die Katze deutlich in Italien, Spanien, Portugal und Finnland.

Die historischen und emotionalen Wurzeln der Hundeliebe reichen so tief, daß die meisten von ihnen noch im Dunkeln liegen. Bei allen nationalen Unterschieden der »Tierfreundschaft« zeigt die Liebe zum Hund gemeinsame Züge. Zunächst wäre zu vermerken, daß die sehr große Vielfalt der Rassen und der individuellen Verhaltensweisen innerhalb der Rassen sehr viel – im Sinne einer Gleichgerichtetheit oder einer Komplementarität – über die Beziehung zwischen dem Menschen und seinem Tier aussagt: Der Rentner wird ein anschmiegsames Tier wählen, der Extrovertierte ein ausgelassenes, der Aggressionsbesessene einen Dobermann, und der Modemensch oder der Neureiche wird seinen ausgefallenen Geschmack oder seine gesellschaftliche Stellung mit einer seltenen und teuren Rasse zur Schau stellen. Denken wir auch an die Kinderliebe des Hundes, der von sich aus eine Kindergruppe einer Erwachsenengruppe vorzieht. Wobei die Sympathie gegenseitig ist, wenn das Kind nach dem Abstillen den mangelnden Körperkontakt der Mutter beim Hund suchen muß, der ja selbst im Zwinger vom Muttertier weggerissen wurde. Der besänftigende Einfluß wurde wissenschaftlich nachgewiesen mit Messungen des 17-Hydroxykortikosterongehalts im Urin des Kindes. Dieser so heilsame direkte Kontakt spiegelt sich in den Comics für Kinder wieder: Die Plutos, Snoopys, Strolchis, Idefixe, Rantanplans und wie sie alle heißen übertrumpfen an Zahl und Popularität bei weitem alle anderen Tiergestalten. Natürlich weiß dies auch die Werbung auszunützen, und die Tatsache, daß ein Wirtschaftsbereich, der so sehr auf das Gefallen ausgerichtet ist, den Kult des Hundes stützt und sogar ausweitet, beweist überdeutlich, daß sich die Ansichten seit den alttestamentlichen Zeiten, als der Hund noch sein Erbrochenes fressen mußte, gewandelt haben. Man würde heute gewaltig anecken, definierte man den Hund noch so lakonisch wie Gottfried Wilhelm Leibniz (1646–1716):

»Der Hund ist ein von Flöhen bewohnter Organismus, der bellt.«

Literatur

Die grundlegenden Werke der Paläontologie behandeln die Geschichte der Tiere zuverlässig und erschöpfend bis zur Vorgeschichte, zum Teil sogar bis in die Frühgeschichte hinein. Für die letzten zehntausend Jahre gibt es aber keine einzige Arbeit, die einen Gesamtüberblick bieten würde. Einige »historische« (doch nicht immer gesicherte) Anmerkungen über eine beschränkte Anzahl von Tieren findet man noch am ehesten in den Beschreibungen der Tierleben der großen systematischen oder deskriptiven Enzyklopädien; weniger ergiebig sind die trokkenen und umfassenden Handbücher der Zoologie.

Unter vielen anderen seien genannt:

Grzimeks Tierleben. Enzyklopädie des Tierreiches. Hrsg. Bernhard Grzimek. 13 Bände, Zürich 1971–1975,

und die beiden klassischen Monumentalwerke:

A. E. Brehm, *Illustrirtes Thierleben. Eine allgemeine Kunde des Thierreichs.* 10 Bände, Leipzig 1876–79; *Brehms Tierleben,* bearb. v. W. Bardoff u. a. 4 Bände, Berlin 1964.

G. de Buffon, *Histoire naturelle générale et particulière.* 44 Bände, Paris 1749–1804. Dt. Übers.: *Allgemeine Historie der Natur nach allen ihren besonderen Theilen abgehandelt, nebst einer Beschreibung der Naturalienkammer des Königs von Frankreich.* 11 Bände, Hamburg/Leipzig 1750–1781.

Die Bände über die Tiere stammen zum Großteil von Daubenton, in den Neuausgaben zum Teil von Lacépède, Desmarets, sogar von Cuvier (1825–1836). Die *Histoire naturelle* stellt, ähnlich wie die fast zu gleicher Zeit entstandene *Encyclopédie* von Diderot, in hervorragender Weise den Wissensstand Ende des 18. und Anfang des 19. Jahrhunderts dar.

Keines dieser Werke kann die grundlegende Lektüre der beiden lateinisch geschriebenen Summen des zoologischen Wissens ersetzen:

U. Aldrovandi, *De mollibus, crustaceis, testaceis et zoophytis,* Bologna 1606; *Ornithologiae,* B. 1610; *De piscibus et de cetis.* B. 1613; *De quadrupedibus solidipedibus,* B. 1639; *De animalibus insectis,* B. 1606; *De quadrupedibus digitatis viviparis... et oviparis,* B. 1637, etc.

C. Gesner, *Historia animalium.* Erschienen ab 1555 in Zürich. Es folgten sehr bald Zusammenfassungen und Berichtigungen in Deutsch und in Englisch.

Diese monumentalen Werke behandeln die Zoologie ebenso wie die Geschichte der Tiere; sie sind ebenfalls grundlegend für die Geschichte der Zoologie.

Zur Geschichte der Zoologie besitzen wir eine ausgezeichnete Arbeit mit reichhaltigen Literaturangaben:

J. Petit et J. Theodoridès, *Histoire de la zoologie jusqu'à Linné,* Paris 1962.

Zahlreiche Werke mit systematischer Einbeziehung der bildlichen Darstellungen. Ein neueres behandelt auch die methodischen Gesichtspunkte:

Z. Kadar, *Survivals of Greek Zoological Illuminations in Byzantine Manuscripts,* Budapest 1978.

Die Untersuchung der Tierreste, die auch das Studium der bildlichen und schriftlichen Quellen untermauern könnte, ist vor allem für diejenigen Epochen der menschlichen Geschichte weit entwickelt, in denen es noch keine Schrift gab.

Es finden sich gute Beispiele dafür in:

J. Guilaine et H. de Lumley, *La Préhistoire française*, 1976.

Auch in den Berichten über internationale Kongresse:

A. T. Clason, *Archeozoological Studies*. Amsterdam, New York 1975 und 1983.

Die Untersuchungsmethoden werden dargestellt in:

R. Reed, *Ancient Skins, Parchments and Leathers*. London, New York 1972.

R. E. Chaplin, *The Study of Animal Bones from Archaeological Sites*. London, New York 1971.

T. et P. Poulain, *L'Étude des ossements animaux et son apport à l'archéologie*, Dijon 1976. *Nouvelles de l'archéologie*, Sonderheft über die Fauna, 1982.

Oder in Modellstudien:

J. Boessneck, *Die Haustiere in Altägypten*, München 1953; *Die Ausgrabungen in Manching (1955–1961)*, Wiesbaden 1970.

A. T. Clason, *Animal and Man in Holland's Past*, Groningen 1967, 2 Bde.; *Die Ausgrabungen am Weinberg*, Kallmunz 1977.

J. Boessneck *et al.*, *Archäologisch-biologische Zusammenarbeit in der Vor- und Frühgeschichtsforschung*, Wiesbaden 1969.

Ein umfassender Ansatz, der nicht nur die schriftlichen und bildlichen Quellen (einschließlich aller Interpretationen), sondern auch die Funde von Tierresten berücksichtigt, wird erst in allerjüngster Zeit versucht. Weil er ein sehr umfangreiches Wissen voraussetzt, beschränkt man sich noch auf einzelne Tiere in bestimmten Epochen, wobei die Auswahl oft durch die verfügbaren Dokumentationen über eine Ausgrabung oder einen Fund (Knochen, Lederfragmente, Mumien) bestimmt wird.

Am besten sind die Epochen erforscht, in denen schriftliche und bildliche Quellen zwar nicht unbedingt selten sind, aber auch noch nicht in erdrückender Überzahl gegenüber den von den tierischen Resten gelieferten zoologischen Daten. Noch mehr als für das alte Indien oder China oder das präkolumbianische Amerika gilt dies für die Kulturen des fruchtbaren Gürtels, der sich von Mesopotamien bis nach Ägypten erstreckt, und vor allem für die griechisch-römische Welt. Für das mittelalterliche Abendland hingegen und erst recht für das neuzeitliche Europa vor dem 19. Jahrhundert gibt es kein einziges Werk, das versuchen würde, wenigstens provisorisch die unübersehbare Vielfalt der vereinzelten, im übrigen recht seltenen Untersuchungen zusammenzufassen, die alle Arten von Quellen berücksichtigten.

So stützen sich die meisten Werke, die wir im allgemeinen Teil unserer Literaturhinweise anführen, auf einen oder allenfalls zwei Quellentypen. Die Untersuchungen, die sich mit größeren Zeiträumen befassen, benützen nur wenige Quellen, deren meist wenig gründliche Interpretation schwerlich die Mentalitäten und die Zoologie vereinen kann.

Bestimmte Tiergruppen kennen wir besser als andere. So gibt es in vieler Hinsicht einen Unterschied zwischen den Haustieren und den Wildtieren: Bei einigen Haustieren hat man sich für ihre Geschichte interessiert, und sie ließ sich auch über längere Zeit nachverfolgen; bei den Wildtieren galt die Aufmerksamkeit jedoch lediglich den Säugetieren, den Vögeln und vielleicht noch einigen Schlangen und Fischen, doch ist man den Quellen weder nachgegangen, noch wurden sie genügend ausgewertet.

Bei der folgenden Literaturauswahl bemühten wir uns um ein ausgeglichenes Verhältnis zwischen streng auf gesichertem Datenmaterial gründenden Untersuchungen und Werken, die der Phantasie freieren Lauf lassen. Auch wenn jeweils einige Werke als grundlegend empfohlen werden, so werden damit keinesfalls die anderen ausgeschlossen. Wie in allen anderen Bereichen, so hängt auch bei den Tieren die Geschichtsschreibung unter anderem von den verschiedenen menschlichen Sichtweisen ab; und wenn wir in unserem Buch eine bestimmte Wahl getroffen haben, so soll dieses Literaturverzeichnis andere Möglichkeiten aufzeigen.

I. Allgemeine Literatur

Einige Werke sind ganz besonders reichhaltig:

O. Keller, *Die antike Tierwelt.* 2 Bände, Leipzig 1913.

J. M. C. Toynbee, *Animals in Roman Life and Arts.* London 1973; dt. 1983.

L'Uomo di fronte al mondo animale. Spoleto 1984.

Le Monde animal et ses représentations, XI-XVe siècle. Toulouse 1985.

Eine Zeitschrift geht neue Wege:

Anthropozoologica (1984), Laboratoire d'anatomie comparée, 55, rue Buffon, 75005 Paris.

Unter zahlreichen anderen Werken seien genannt:

O. Abel, *Animali del passato.* Rom 1940.

A. J. P. Achermann, *Les Animaux de la sculpture médiévale en France.* Toulouse 1970.

C. D'Addosio, *Bestie delinquenti.* Neapel 1892.

L'Affiche et l'Animal, exposition, bibl. Forney. Paris 1976.

W. Ali, *Volksmärchen, Sage und Novelle bei Herodot und seinen Zeitgenossen.* Göttingen 1921.

Amédée de Rennes, *Thèmes de réflexion sur saint François et les animaux.* Le Mans 1945.

Animals in Folklore. Cambridge 1978.

Animals from Legends and Life in Antique German Porcelain (1735–1835). Minneapolis 1977.

Les Animaux dans la tapisserie. Culan 1977.

Les Animaux. Un grand thème de l'art. Paris 1955.

L'Art animalier dans la médaille. Paris 1973.

F. Audoin-Rouzeau, *Archéozoologie de La Charité-sur-Loire.* Paris 1983.

M. Behelly-Hennedet, *Le Bestiaire maléfique.* Largentière 1932.

H. A. Berkenhoff, *Tierstrafe, Tierbannung und rechtsrituelle Tiertötung im Mittelalter.* Leipzig, Straßburg, Zürich 1937.

P. Bernasconi, *Des animaux dans l'art aztèque.* Lyon 1959.

Le Bestiaire fantastique. Paris 1974.

Le Bestiaire des monnaies, des sceaux et des médailles. Paris 1974.

Bestiarium. Tiere in der Kunst der letzten fünf Jahrtausende. Hamburg 1962.

J. Bichon. *L'Animal dans la littérature française aux XIIe et XIIIe siècles.* Lille 1976.

W. von Blankenburg, *Heilige und dämonische Tiere: die Symbolsprache der deutschen Ornamentik im frühen Mittelalter.* Köln 1975.

J. Blétry, *Des préjudices causés par les animaux en droit burgonde.* Dijon 1908.

C. Bloc-Duraffour, *Le Bestiaire des proverbes italiens.* Paris 1976.

G. Boas, *The Happy Beast in French Thought of the 17th Century.* Baltimore 1933.

L. Bodson, *»Iera Zoa«. Contribution à la place de l'animal dans la religion grecque ancienne.* Brüssel 1978.

S. Bökönyi, *Die Wirbelfauna der Ausgrabungen in Zalavar.* Budapest 1963.

L. Bonnemère, *Petite Histoire des animaux utiles.* Paris 1982.

J.-L. Borges, M. Guerrero, *Manuel de zoologie fantastique.* Paris 1980.

C. Bossard-Beck, *Les Animaux domestiques en Bourgogne. XIVe-XVe siècle.* Paris 1983.

J. Boudet. *L'Homme et l'Animal: cent mille ans de vie commune.* Paris 1962.

G. A. Bravo, *Storia del cuoio e dell'arte conciaria.* Turin 1963.

B. Brentjes, *Wildtier und Haustier im alten Orient.* Berlin 1962.

N. Brun, *Animaux célèbres de l'histoire et de la légende.* Paris 1964.

E. Brunner-Traut, *Altägyptische Tiergeschichte und Fabel.* Darmstadt 1970.

E. D. van Buren, *The Fauna of Ancient Mesopotamia.* Rom 1939.

J. Calvet, M. Cruppi, *Les Animaux dans la littérature sacrée.* Paris 1956; *Le Bestiaire de l'Antiquité classique.* Paris 1955.

P. P.-Campagnet, *L'Animal dans la civilisation grecque du haut archaïsme et dans la littérature épique ancienne de l'Hellade.* Paris 1979.

W. M. Carroll, *Animal Conventions in English Renaissance*. New York 1954.

R. Carrington, *Sirènes et Mastodontes, des animaux fabuleux aux monstres de la préhistoire*. Paris 1958.

E. Chaigneau, *L'Animal dans la poésie française*. Toulouse 1937.

K. Clark, *Les Animaux et les Hommes*. Paris 1977.

J.-P. Clébert, *Bestiaire fabuleux*. Paris 1971.

P. Coppé, *Les Animaux météo*. Paris 1982.

J. Cotte, *Poissons et Animaux aquatiques au temps de Pline*. Paris 1944.

L. Cuénot, *L'Influence du milieu sur les animaux*. Paris 1894.

V. H. Debidour, *Le Bestiaire sculpté du Moyen Âge en France*. Grenoble 1961.

J. P. A. Defrance, *La Figuration animale au Moyen Âge*. Alfort 1968.

R. Delort, *Le Commerce des fourrures en Occident à la fin du Moyen Âge*. Paris 1978–80.

M. Detienne, J.-P. Vernant, *La Cuisine du sacrifice en pays grec*. Paris 1979.

U. Dierauer, *Tier und Mensch im Denken der Antike*. Amsterdam 1977.

E. Dittrich, *Das Motiv des Tierkampfes in der altchinesischen Kunst*. Wiesbaden 1963.

D. Dixon, *Après l'homme, les animaux du futur*. Paris 1981.

J. Dorst, *Avant que Nature ne meure*. Paris 1968.

J.-P. Douès, *Des animaux dans la mythologie*. Lyon 1956.

N. Douglas, *Birds and Beasts of the Greek Anthology*. London 1928.

J. Dubois, *Les Animaux de Buffon à Walt Disney*. Paris 1947.

J. Duchaussoy, *Le Bestiaire divin ou la Symbolique des animaux*. Marseille 1957, Paris 1973.

I. Ecsedy, *The People of the Pit Graves Kurgans in Eastern Hungary*. Budapest 1979.

J. Feliks, *The Animal World of the Bible*. Tel-Aviv 1962.

R. Fiasson, *L'Homme contre l'animal*. Paris 1957.

R. S. R. Fitter, *Les Animaux sauvages en voie de disparition*. Paris 1970.

J. W. Flamm, *Die von den Tiernamen abgeleiteten italienischen Ortsnamen*. Genf 1962.

H. F. Friederichs, *Zur Kenntnis der frühgeschichtlichen Tierwelt Südwestasiens*. Leipzig 1933.

C. Gaillard, G. Daressy, *La Faune momifiée de l'antique Égypte*. Le Caire 1905.

W. George, *Animals and Maps*. London 1969.

M. J. Gerhardt, *Zoologie médiévale, in: Miscellanea Mediaevalia*, 7. Berlin 1970.

J. Goldberg, *L'Animal et l'Homme*. Paris 1972.

H. Gougaud, *Les Animaux magiques de notre univers*. Paris 1973.

E. de Goutel, *Animaux mythiques et monstrueux*. Paris 1976.

P. de La Grange, *Les Animaux au rendez-vous de l'histoire*. Paris 1978.

P. Hachet-Souplet, *Le Dressage des animaux et les Combats de bêtes*. Paris 1897.

N. Henkel, *Studien zum Physiologus im Mittelalter*. Tübingen 1976.

E. Hennebert, *Histoire militaire des animaux*. Paris 1893.

G. Herrlinger, *Totenklage um Tiere in der antiken Dichtung*. Stuttgart 1930.

M. Hilzheimer, *Animal remains from Tell Asmar*. Chicago 1941.

E. Hinzelin (et B. Rabier), *Les Animaux mythologiques*. Paris 1926.

L. Hopf, *Thierorakel und Orakelthiere*. Stuttgart 1888.

Imhoof-Blumer, O. Keller, *Tier- und Pflanzenbilder auf Münzen und Gemmen*. Leipzig 1889.

C. Janvier, *Les Zooanthropomorphes dans l'art*. Alfort 1972.

H. R. Jauss, *Untersuchungen zur mittelalterlichen Tierdichtung*. Tübingen 1959.

L. Jourdan, *La Faune du site gallo-romain et paléochrétien de la Bourse*. Marseille 1976.

C. Kappler, *Monstres, Démons et Merveilles à la fin du Moyen Âge*. Paris 1980.

E. L. de Kerdaniel, *Les Animaux en justice, procédures en excommunication*. Paris 1908.

F. R. Knapp, *Das lateinische Tierepos*. Darmstadt 1979.

K. König, *Frère animal. L'Homme et l'Animal dans le mythe et dans l'évolution*. Paris 1971.

O. Körner, *Die homerische Tierwelt.* Berlin 1880.

Korucutepe. Final Report on the Excavations in the Keban Reservoir Eastern Anatolia. Amsterdam, Oxford. New York 1975.

D. Lavallee, *Les Représentations animales dans la céramique mochica.* Paris 1970.

R. Lavocat, *Histoire des mammifères.* Paris 1967.

H. Leitner, *Zoologische Terminologie beim älteren Plinius.* Hildesheim 1972.

R. Lestrange, *Les Animaux dans la littérature et dans l'histoire.* Gap 1937.

P. Lévêque, *Sur quelques cultes d'Arcadie: princesses-ourses, hommes-loups et dieux-chevaux, in: L'Information historique.* 1961.

D. de Levie, *The Modern Idea of the Prevention of Cruelty to Animals.* New York 1947.

F. L. R. Levointurier, *Les Animaux fantastiques au Moyen Âge.* Toulouse 1952.

G. J. Lewis, *Das Tier und seine dichterische Funktion in Erec, Iwein, Parzifal und Tristan.* Bern, Frankfurt/M. 1974.

R. Lewinson, *Histoire des animaux.* Paris 1953.

W. Ley, *Ces bêtes qui firent nos légendes.* Paris 1971.

R. Lubow, *Les Animaux dressés pour la guerre.* Paris 1979.

A. Lytton-Sells, *Animals Poetry in French and English Literature.* Bloomington 1955.

E. S. McCartney, *Greek and Roman lore of Animal Nursed Infants. Paper of the Michigan Academy.* 1925.

C. Marchesi, *Uomini e Bestie nella favola antica. Divagazioni.* Venedig 1951.

P. Meniel, *Les Mammifères domestiques en Picardie du néolithique à l'Age du fer.* 1984.

Mélanges Jean Bouchud, *La Faune et l'Homme préhistorique.* Paris 1983.

Morin-Jean, *Le Dessin des animaux d'après les vases peints.* Paris 1911.

G. Müller, *Studien zu den theriophoren Personennamen der Germanen.* Köln 1970.

H. Naïs, *Les Animaux dans la poésie française de la Renaissance.* Paris 1961.

E. Neuss, *Studien zu den althochdeutschen Tierbezeichnungen der Handschrift.* München 1973.

W. D. O'Flaherty, *Women, Androgynes and other Mythical Beasts.* Chicago, London 1980.

A. Otto, *Die Sprichwörter der Römer.* Hildesheim 1965.

H. Palander, *Die althochdeutschen Tiernamen.* Darmstadt 1899.

P. S. Pallas, *Miscellanea zoologica.* Berlin 1766; *Spicilega zoologica.* Berlin 1767–1780, 2 Bände.

W. Pangrist, *Das Tier in der Bibel.* München 1963.

D. Paton, *Animals of Ancient Egypt.* Princeton 1925.

L. Poliakov, *Hommes et Bêtes, Entretiens sur le racisme.* Paris 1975.

J. Pollard, *Birds in Greek Life and Myth.* London, Southampton 1977.

A. de Prémorel, *Langage et Réputations proverbiales.* Brüssel 1965.

E. Revel, *Leconte de Lisle animalier et le goût de la zoologie au XIXe siècle.* Marseille 1942.

H. Reichstein, *Untersuchungen an Tierknochenfunden (Haithabu).* Neumünster 1974.

J. Richmond, *Chapters on Greek Fish lore.* Wiesbaden 1973.

G. M. A. Richter, *Animals in Greek Sculpture.* London 1930.

E. Rolland, *Faune populaire de France.* Paris 1882–1908, 8 Bände.

M. Rousseau, *Les Procès d'animaux.* Paris 1964; *L'Animal civilisateur de l'homme.* Paris 1962.

B. Rowland, *Animals with Human Faces.* Knoxville 1973.

C. Rozan, *Les Animaux dans les proverbes.* Paris 1902, 2 Bände.

J. Rudhardt, O. Reverdin, *Le Sacrifice dans l'Antiquité.* Genf 1981.

K. Sälzle, *Tier und Mensch: Das Tier in der Geistesgeschichte der Menschheit.* München 1965.

B. Salin, *Die altgermanische Tierornamentik.* Stockholm 1935.

G. Scheibelreiter, *Tiernamen und Wappenwesen.* Wien, Köln, Graz 1976.

A. Schalck de La Faverie, *Les Animaux dans la légende ...* Paris 1909–1910.

A. Schnack, *Animaux et Paysages dans la description des personnages romanesques (1800–1845).* Kopenhagen 1979.

A. Schnapp-Gourbeillon. *Lions, Héros, Masques: les représentations de l'animal chez Homère.* Paris 1981.

P. Sébillot, *Folklore de la France. La Faune.* Paris 1984.

G. Siebert, *Méthodologie iconographique.* Straßburg 1981.

A. Sos, S. Bökönyi, *Die Ausgrabungen in Zalavar.* Budapest 1963.

P. Street, *Survivants de la préhistoire.* Paris 1966.

Das Tier in der Dichtung. Heidelberg 1970.

J. Turner, *Reckoning with the Beast: Animal, Pain and Humanity in the Victorian Mind.* Baltimore, London 1980.

B. et L. Untermeyer, *Animaux légendaires.* Paris 1965.

J. Vandier, *Manuel d'archéologie égyptienne.* Paris 1969.

J. Vartier, *Les Procès d'animaux du Moyen Âge à nos jours.* Paris 1964.

G. Veper, *Les Procès d'animaux au Moyen Âge.* Chambéry 1954.

J.-D. Vigne, *Les Mammifères terrestres non volants du postglaciaire de Corse et leurs rapports avec l'homme.* Paris 1983.

K. Waldmann, *Die Knochenfunde aus der Colonia Ulpia Traiana.* Köln, Graz 1967.

F. Walerbury, *Bird deities in China.* Ascona 1952.

C. Zuber, *L'Arche de Noé: les animaux menacés.* Paris 1974.

II. Die Haustiere

Wir besitzen zwei ausgezeichnete Werke:

F. Zeuner, *A History of Domesticated Animals.* London 1963; dt. 1968.

S. Bökönyi, *History of Domestic Mammals in Central and Eastern Europe.* Budapest 1974.

Die französische *Société d'ethnozootechnie* (25, boulevard Arago, 75013 Paris) widmet fast jedes Jahr eine Tagung – und eine Veröffentlichung – einem Haustier. Bisher wurden berücksichtigt: der Jak (1975), das Schwein (1976), das Schaf (1977), der Hund (1980), das Kaninchen (1980), die Rinder (1983). Die Berichte enthalten zahlreiche historische und dokumentarische Beiträge.

Verschiedene andere Werke sind in mehrfacher Hinsicht lehrreich:

J.-J. Barloy, *Les Animaux domestiques: cent siècles de vie commune entre l'homme et l'animal.* Paris 1974.

J. Boulenger, E. Henriot, *Animaux de sport: lévriers, taureaux, coqs...* Paris 1913.

P. W. Cocheris, *Nos animaux domestiques dans les religions, l'histoire, les plaisirs, les lettres et les arts.* Paris 1914.

J.-R. Conrad, *Le Culte du taureau, de la préhistoire aux corridas espagnoles.* Paris 1961.

E. Delebeque, *Le Cheval dans l'Iliade.* Paris 1951.

H. Epstein, I. L. Mason, *The Origin of the Domestic Animals of Africa.* New York, London 1971.

R. et A. Fiennes, *The Natural History of Dog.* London 1968.

V. Hehn, *Kulturpflanzen und Haustiere in ihrem Übergang aus Asien nach Griechenland und Italien.* Berlin 1894.

C. Keller, *Studien über die Haustiere der Mittelmeerinseln.* Zürich 1911.

J. Méraud, *Histoire des animaux domestiques.* Paris, Brüssel 1958.

H. Nachtsheim, *Vom Wildtier zum Haustier.* Berlin 1949.

H. Opladen, *Die Domestikation und ihr Einfluß auf die Tiere im Lichte ökologischer Betrachtung.* Düsseldorf 1932.

E. Otto, *Beiträge zur Geschichte der Stierkulte in Ägypten.* Leipzig 1938.

R. Thévenin, *Origines des animaux domestiques.* Paris 1947.

A. Unterweger, *Kritische Untersuchungen über*

Haustierformen Nordböhmens vom älteren Neolithicum bis zur Zeit der Völkerwanderung auf Grund der Knochenfunde im Teplitzer Museum. Zagreb 1920.

P. J. Ucko, G. W. Dimbleby, *The Domestication and Exploitation of Plants and Animals.* Chicago 1969.

F. Vincke, *Die Rinderzucht im alten Italien.* Giessen 1931.

K. Zeissig, *Die Rinderzucht im alten Griechenland.* Giessen 1934.

Über die Biene:

Drei Standardwerke:

Ph. Marchenay, *L'Homme et l'Abeille.* Paris 1979.

L'Abeille, l'Homme, le Miel, la Cire, catalogue d'exposition ATP. Paris 1981.

C. Rivals, *L'Art et l'Abeille, Ruches décorées en Slovénie.* Paris 1980.

Zahlreiche andere Untersuchungen:

Abeilles, Hommes et Dieux, in: *Triades.* 1958.

E. Alphandéry, *Le Livre de l'abeille.* Paris 1948.

R. Chauvin (ed.), *Traité de biologie de l'abeille.* Paris 1968, 5 Bde. Der 5. Band behandelt: *Histoire, Ethnographie et Folklore.*

K. von Frisch, *Aus dem Leben der Bienen.* Berlin 1977.

J. Gilliéron, *Généalogie des mots qui désignent l'abeille.* Paris (1918) 1975.

P. Gottfried Engelhardt, *Christliche Kunst und religiöses Brauchtum im Wachsziehen und Lebzelterladen.* Amstetten o. J.

N. Ioiriche, *Les Abeilles, pharmaciennes ailées.* Moskau 1968.

Margalide Le Bondidier, *Les Cires de deuil aux Pyrénées.* Pau 1959: *Les Cires de deuil dans les contrées pyrénéennes.* Pau 1957.

M. Misch, *Apis est anima, apis est Ecclesia; ein Beitrag zum Verhältnis von Naturkunde und Theologie in spätantiker und mittelalterlicher Literatur.* Bern, Frankfurt/M. 1974.

C. Plateaux-Quénu, *La Biologie des abeilles primitives.* Paris 1972.

D. R. Reilly, *Portrait Waxes.* London 1953.

H. Wagenvoort, *Inspiratie door bijen in de droom Mededelingen.* Amsterdam 1966.

F. Wassermann et R. Pujol, *L'Homme et l'Abeille.* Fresnes 1980.

J. H. Waszink, *Biene und Honig als Symbol des Dichters und der Dichtung in der griechisch-römischen Antike.* Opladen 1974.

R. Žukowski, *Bartnictwo w zagajnicy Lomzyckiej w okresie od XVI do polowy XIX w.* Bialystok 1965.

Über die Katze:

Ein vielfach kopiertes Pionierwerk:

J. Champfleury, *Les Chats.* Paris 1865.

Ein prachtvoll ausgestattetes Werk:

J. Raabe, *Bibliothèque illustrée du chat.* Paris 1977, 2 Bde.

Von den zahlreichen Titeln seien erwähnt:

C. Aberconway, *A Dictionary of Cat Lovers, XV B.C. XX A.D.* London 1949.

K. Alpar-Ashton, *Histoires et Légendes du chat.* Paris 1973.

R. Bléneau, *Le Chat, son histoire, les races, son élevage, sa pathologie.* Paris 1963.

E. Bruno, *Le Livre du chat.* Paris 1979.

M. Burger, *Le Grand Livre du chat.* Paris 1980.

J. Conan-Fallex, *Le Chat dans la littérature et dans l'art.* Paris 1926.

P. Dale-Green, *Cult of the Cat.* London 1963.

D. Foster, *In Praise of Cats: an Anthology.* New York 1974.

J. Gay, *Les Chats. Extraits de pièces rares et curieuses.* Paris, Brüssel 1866.

G. Grillé, *Le Chat et l'Homme.* Fribourg 1974.

J.-L. Hue, *Le Chat dans tous ses états.* Paris 1982.

F. Méry, *Le Chat. Sa vie, son histoire, sa magie.* Paris 1966; *Le Chat.* Paris 1982.

C. Necker, *Four Centuries of Cat Books: a Bibliography, 1570–1970.* New York 1972; *Supernatural Cats: an Anthology.* New York 1972.

G. Pond, *L'Encyclopédie complète des chats.* Paris 1974.

J. de La Robrie, *Galerie des chats illustres.* Paris 1971.

A. Sayer, *Le Monde fascinant des chats.* Paris 1979.

T. A. Steinlen, *Des chats: images sans paroles.* Paris (1897) 1981.

M. Uzé, *Le Chat dans la nature, dans l'histoire et dans l'art.* Paris 1951.

Über den Hund:

Ein Grundlagenwerk:

M.-C. d'Aragon, *Le Grand Livre du chien.* Genf, Paris 1970, 2 Bde.

Aus der sehr umfangreichen Literatur:

M. Crosby, *Le Monde fascinant des chiens.* Paris 1979.

X. Delomez, *Le Chien dans les proverbes.* Toulouse 1983.

Encyclopédie du chien. Paris 1979.

Encyclopédie internationale des chiens. Paris 1974.

B. Frank, *Die Rolle des Hundes in afrikanischen Kulturen.* Wiesbaden 1965.

N. M. E. Gay, *Le Chien dans la guerre de 1914–1918.* Alfort 1980.

L. Gnädinger, *Hiudan und Petitcreiu: Gestalt und Figur des Hundes in der mittelalterlichen Tristandichtung.* Zürich 1971.

A. Jeannin, *L'Encyclopédie du chien.* Lausanne, Paris 1968.

K. Lorenz, *So kam der Mensch auf den Hund.* München 1986.

C. Mainoldi-Marelli, *L'Image du loup et du chien dans la Grèce ancienne, d'Homère à Platon.* Straßburg 1982.

A. de Léséleuc, *Le Chien, compagnon des dieux gallo-romains.* Paris 1980.

S. Lilja, *Dogs in Ancient Greek Poetry.* Helsinki 1976.

A. Marques, *Origine et Évolution du chien: essai sur les races.* Paris 1980.

M. M. Mason, *Bibliography of the Dog.* Iowa 1959.

F. Méry, *Le Chien: son mystère.* Paris 1968.

P. Rousselet-Blanc, *Le Chien.* Paris 1981.

J. et J. Varner, *Dogs of the Conquest.* Oklahoma 1983.

M.-J. Wolff-Quenot, *Si le chien m'était conté au Louvre.* Paris 1972.

Über das Kaninchen:

Außer den bereits angeführten Werken der Société d'ethnozootechnie, von Bökönyi, Zeuner, Nachtheim und Delort konsultiere man:

A. W. Boback, *Das Wildkaninchen.* Wittenberg 1970.

J. Bouloc, *Les Lapins nains d'appartement.* Paris 1980.

J.-L. Chapuis, *Le Régime alimentaire du lapin de garenne.* Rennes 1978.

P. Domange, G. Bézy, *La Pratique du lapin: son élevage rationnel.* Paris 1977.

A. Dubourg, *Élever des lapins.* Paris 1978.

W. K. Mobes, *Bibliographie des Kaninchens.* Halle 1946.

K. Myers, B. S. Parker, *A Study of the Biology of the Wild Rabbitt in Climatically Different Regions in Eastern Australia,* in: CSIRO Wildlife Research, t. x, I. Melbourne 1965.

J. Nard, *Lièvres et Lapins.* Paris 1966.

M. V. Pages, *Statut du lapin de garenne dans certains milieux du Languedoc.* Montpellier 1980.

H. Siriez, *La Myxomatose, moyen de lutte biologique contre le lapin, rongeur nuisible.* Paris 1958.

R.-G. Thébaut, *Le Lapin angora: son élevage en France.* Angers 1980.

H. V. Thompson, A. N. Worden, *The Rabbit.* London 1956.

E. M. Veale, *The English Fur Trade in the Later Middle Ages.* Oxford 1966.

III. Die wilden Tiere

Für die Geschichte eines Teils der Wildtiere kann die Geschichte der Jagd und der Fischerei Ausgangspunkt sein, da sie umfassendere und detailliertere Informationen bietet als das Studium der Tiere etwa anhand der Religionen, der Ernährung, des Vokabulars oder der Kunst.

Ein hervorragendes Beispiel für diese Art von Spezialliteratur ist:

La Chasse au Moyen Âge. Actes du colloque de Nice. Nizza 1980.

Außerdem:

J. Aymard, *Essai sur les chasses romaines des origines à la fin du siècle des Antonins.* Paris 1951.

H. J. Buchholz, G. Jöhrens, I. Maull, *Jagd und Fischfang, Archaeologia Homerica.* Göttingen 1973.

Andere Werke:

R. D. D' Ami, *Ces animaux disparus et menacés.* Paris 1975.

J.-J. Barloy, *La Peur et les Animaux.* Paris 1982; *Le Monde des ailes.* Paris 1973.

Beiträge zur Literatur, Geschichte und Kultur der Jagd. Berlin, New York 1971.

T. C. Bridges, *Les Réserves de bêtes sauvages.* Paris 1938.

M. T. Camus, *Les Oiseaux dans la sculpture du Poitou roman.* Poitiers 1973.

La Chasse, la Pêche dans les collections de la Monnaie de Paris. Paris 1981.

A. J. F. de Chabot, *La Chasse à travers les âges.* Paris 1979.

C. J. Classen, *Untersuchungen zu Platons Jagdbildern.* Berlin 1960.

D. Dalby, *Lexicon of the Mediaeval German Hunt (1050–1500).* Berlin 1965.

C. Dequerlor, *Les Oiseaux, messagers des dieux.* Paris 1975.

P. Diolé, *Les Animaux malades de l'homme.* Paris 1974.

A. N. Formosov, *Manuel du trappeur.* Paris 1953.

E. Gräf, *Schlachttier und Jagdbeute im islamischen Recht.* Bonn 1959.

F. de La Grange, *Les Animaux en péril.* Paris 1973.

B. Hagenbach, *Beiträge zur Geschichte des Jagdrechtes auf dem Gebiet der Schweiz.* Weinfelden 1972.

H. Hediger, *L'Apprivoisement et le Dressage des animaux sauvages.* Basel 1951.

Histoire mondiale de la chasse. Paris 1970.

E. Hobusch, *Histoire de la chasse.* Paris 1980.

E. Hofstetter, *Der Herr der Tiere im alten Indien.* Wiesbaden 1980.

A. Jeannin, *La Faune africaine: biologie, histoire, folklore, chasse.* Paris 1951.

C. Keller, *Die Alpentiere im Wechsel der Zeit.* Leipzig 1892.

K. Knortz, *Die Insekten in Sage, Sitte und Literatur.* Annaberg 1910.

W. Ley, *The Lungfish, the dodo and the unicorn.* New York 1948; *Les Animaux fabuleux.* Paris 1964.

K. Lindner, *Deutsche Jagdtraktate des XV. und XVI. Jahrhunderts.* 1959, 2 Bde.; *Deutsche Jagdschriftsteller,* Berlin 1964; *Beiträge zu Vogelfang und Falknerei im Altertum,* Berlin, New York 1973; *Bibliographie der deutschen und niederländischen Jagdliteratur (1540–1850).* Berlin 1976.

J. B. Lloyd, *African Animals in Renaissance Literature.* Oxford 1971.

G. Maillot, *Les animaux qui disparaissent.* Cannes 1956.

P. de Marini, *Le Sermon sur Esau; discours allégorique sur la chasse.* Stockholm 1968.

Merveilleux Plumages: dix siècles de livres d'oiseaux. Paris 1971.

M. Miller, *Das Jagdwesen der alten Griechen und Römer.* München (1883) 1970.

A. de Monbrison, *Le Grand Livre de la chasse.* Genf 1972.

E. Nagy, *La Chasse et les Beaux-Arts.* Budapest 1972.

Nouvelle Histoire mondiale de la chasse. Paris 1973.

I. Paulson, *Schutzgeister und Gottheiten des Wildes, der Jagdtiere und Fische in Nordeurasien: eine religionsethnographische und religionsphänomenologische Untersuchung jägerischer Glaubensvorstellungen.* Stockholm 1961.

P. H. Plantain, *Les Animaux en voie de disparition.* Paris 1972.

A. Salomen, *Jagd und Vogelfang im alten Mesopotamien.* Helsinki 1973–1976.

F. Sommer, *La Chasse et l'Amour de la nature.* Paris 1973.

E. O. Solnis-Laubach, *La Chasse dans l'art.* Paris, Lausanne, o. J.; *Die schönsten Jagdbilder aus europäischen Sammlungen.* Bayreuth 1976.

K. Taut, *Die Anfänge der Jagdmusik.* Leipzig 1927.

K. Spiess, *Der Vögel Bedeutung und Gestalt in sagtümlicher und bildlicher Überlieferung.* Klagenfurt 1969.

Thereutices de C. Heresbach, Boppard 1977.

M. Thiébaux, *The Stag of Love: the Chase in Mediaeval Literature.* Ithaca, London 1974.

C. B. Williams, *Insect Migration.* London 1958.

Über die Anopheles:

Eine ausgezeichnete Bestandsaufnahme über die Malaria in Europa bis 1980:

L. S. Bruce-Chwatt und J. de Zuleta, *The Rise and Fall of Malaria in Europe.* Oxford 1980.

Andere Arbeiten behandeln Teilaspekte, sowohl die Anopheles als auch den Paludismus betreffend:

E. Atger, *Le Paludisme dans la région languedocienne autrefois et aujourd'hui.* Montpellier 1931.

G. Belios, *Histoire du paludisme en Grèce depuis l'Antiquité jusqu'à la découverte de Laveran.* Paris 1933.

D. Bazot, *Histoire de la lutte antipaludique.* Paris (1975).

R. H. Black, *Manuel d'épidémiologie appliquée à l'éradication du paludisme, OMS.* Genf 1968.

P. Boisson, *La Démoustification du littoral méditerranéen.* Montpellier 1967.

G. M. Bovay, *Malaria, l'épopée du paludisme.* Paris 1972.

G. Chairopoulos, *Le Paludisme dans la Grèce antique.* Lyon 1930.

A. Celli, *History of the Malaria in the Roman Campagne from Ancient Times.* London 1933.

S. J. R. Childs, *Malaria and Colonization in the Carolina Low Country (1526–1696).* Baltimore 1940.

M. M. Grimal, *L'Évolution du paludisme dans la région de Bône.* Paris 1934.

M. Jantsch, *Die Malaria, ein geschichtlicher Überblick.* Wien 1948.

H. S. Jones, E. T. Withington, *Malaria and Greek History.* Manchester 1909.

M. Le Lannou, *Rôle géographique de la malaria, Annales de géographie.* 1936.

E. Martini, *Beiträge zur medizinischen Entomologie und zur Malaria-Epidemiologie des unteren Wolgagebietes.* Hamburg 1928.

E. Séguy, *La Vie des mouches et des moustiques.* Paris 1947.

G. Senevet, *Les Anophèles du globe.* Paris 1958.

L. J. Warsha, *Malaria, the Biography of a Killer.* New York, Toronto 1949.

Weltgesundheitsorganisation – Genf: unter den zahlreichen Berichten besonders: *Lutte antipaludique par les insecticides à action rémanente 1887–1949.* 1951; *Le Paludisme, problème mondial.* 1955; *Malaria and Insecticides.* 1959; *Écologie des moustiques.* 1967, etc.; *Parasitologie du paludisme.* 1969.

Über die Wanderheuschrecke:

Das grundlegende Werk ist immer noch:

B. Uvarov, *Grasshoppers and Locusts.* Cambridge 1966–1977. 2 Bde.

Die folgenden Titel beziehen sich vor allem auf Frankreich und Algerien:

E. Borde, *Les Sauterelles: invasion de 1891.* Algier 1891.

R. Chauvin, *Contribution à l'étude physiologi-*

que du criquet pèlerin et du déterminisme des phénomènes grégaires. Paris 1941.

Crickets. London 1940.

Les Criquets dans les Charentes, 1901–1902. Paris 1903.

Durand, *Invasion des sauterelles et leur destruction.* Paris 1882; *La Question des sauterelles.* Paris 1893.

Gouvernement général de l'Algérie, *La Lutte contre les sauterelles.* O.J. (1924).

J. Homolle, *Étude sur l'invasion des criquets pèlerins dans la région de Sidi Ferruch, 1908.* Algier 1908.

J. Künkel d'Herculais, *Les Sauterelles, les Acridiens et leurs invasions.* Paris 1869; *Invasion des acridiens en Algérie.* Algier 1893–1905, 2 Bde.

F. E. Laurès, *L'Invasion de sauterelles en 1866.* Algier 1889.

C. Metaxas, *Les Sauterelles en Irak Arabi et leur extermination.* Paris 1890.

M. Roland, *Les Conquérants ailés.* Paris 1947.

E. Schimitschek, *Einfluß von Siedlung, Wirtschaft und geistigen Strömungen auf Massenauftreten von Insekten.* Göttingen 1964.

E. W. Schleich, *Die geographische Verbreitung der Wanderheuschrecken in ihrer Abhängigkeit von physikalischen Faktoren.* Würzburg 1935.

H. Sore, *Les Criquets.* Bordeaux 1947.

P. Vayssière, *La Lutte contre le criquet marocain en Crau en 1920.* Paris 1921.

B. Zolotarevski, *Historique de l'organisation internationale de lutte préventive contre le criquet migrateur africain.* Nogent 1954.

Über den Elefanten:

Ein ausgezeichnetes Werk über das Hauptproblem

H. H. Scullard, *The Elephant in the Greek and Roman World.* London 1974.

Zahlreiche Einzelheiten bei Zeuner, *A History*...

P. Armandi, *Histoire des éléphants dans les guerres et les fêtes des peuples anciens jusqu'à l'introduction des armes à feu.* Limoges (1886).

G. Blond, *La Grande Aventure des éléphants.* Paris 1961.

R. Carrington, *Les Éléphants: brève étude de leur histoire naturelle, de leur évolution et de leur influence sur l'humanité.* Paris 1959.

A. Jeannin, *Les Bêtes sauvages et leur histoire: l'éléphant.* Paris 1968.

Über den Hering:

Es gibt keine neuere Studie speziell über den Hering, doch man kann mit Gewinn die meisten Werke zur Geschichte des Fischfangs lesen, einschließlich der schon älteren:

A. Thomazi, *Histoire de la pêche, des âges de la pierre à nos jours.* Paris 1947.

Einige Studien über Einzelthemen, zum Teil sehr alt:

A. Cabantous, *La Mer et les Hommes: pêcheurs et matelots dunkerquois de Louis XIV à la Révolution.* Dunkerque 1980.

H. Cahingt, *La Pêche en Manche et en mer du Nord au XVIIe siècle. Sa protection durant les guerres.* Dieppe 1971.

D. H. Cushing, J. P. Bridger, *The Stock of Herring in the North Sea and Changes Due to Fishing,* in: *Fisheries investigations,* II, 25, 1966.

E. Dardel, *La Pêche harenguière en France. Étude d'histoire économique et sociale.* Paris 1941; *Le Hareng. Histoire économique et sociale.* Paris 1942; *Les Pêches maritimes.* Paris 1946.

H. Diers, *Le Hareng fumé.* Créteil 1974.

M. Duval, *Les Poissonniers et le Régime seigneurial du commerce du poisson dans la Bretagne médiévale XIV-XVIe siècle,* in: *Nouvelle Revue de Bretagne.* Rennes 1953.

M. A. Hérubel, *L'Évolution de la pêche.* Paris 1928.

K. Jagow, *Die Heringsfischerei an den deutschen Ostseeküsten im Mittelalter.* Merseburg 1915; *Kulturgeschichte des Herings.* Langensalza 1920.

A. Janssen, *Segen des Meeres*. Berlin 1939.
P. Neucrantz, *De harengo, exercitatio medica in qua principis piscium exquisitissima bonitas summaque gloria asserta et vindicata*. Lübeck 1654.
Pêcheurs d'hier et d'aujourd'hui. Vannes 1977.
D. Riedel, *Der Hering*. Wittenberg 1957.
A. M. Samuel, *The Herring: its Effect on the History of Britain*. London 1918.
V. Sjöblom, *Wanderungen des Strömlings in einigen Schären und Hochseegebieten der nördlichen Ostsee*. Helsinki 1961.
T. Tomfohrde, *Die Heringsfischereiperiode an der Bohus-Län-Küste von 1556–1589*. Berlin 1909.
Y. N. Ypma, *Geschiedenis van de Zuiderzeevisserij*. Amsterdam 1962.

Über den Wolf:

Ausgezeichnete und neuere Werke oder Artikel, mit ausgedehnten Literaturhinweisen:

D. Bernard, D. Dubois, *L'Homme et le Loup*. Paris 1980.
C. C. et G. Ragache, *Les Loups en France*. Paris 1981.
X. Halard, *Le Loup aux XIVe et XVe siècles en Normandie. Annales de Normandie*. 1983.
G. Ortalli, *Natura, Storia e Mitografia del lupo nel Medioevo. La cultura*. Rom 1973.
G. Cherubini, *Lupo e Mondo rurale nell'Italia del Medioevo. Ricerche storiche*. 1983.

Eine sehr reiche Literatur überschneidet sich manchmal mit der Literatur über den Hund:

D. Bernard, *La Fin des loups en bas Berry*. Châteauroux 1977; *Un loup enragé en Berry: la bête de Tendu-Mosnay (1878)*. Châteauroux 1978.
La Bête au temps de la bête. Florac 1976.
A. Chevalley, *La Bête du Gévaudan*. Paris 1968.
J. Chevallier-Rufigny, *La Chasse aux loups et la Destruction des loups en Poitou aux XVIIIe et XIXe siècles*, Poitiers 1967.
J. Delpierre, *Du sang dans les montagnes. Vrais et faux mystères de la bête du Gévaudan*. Paris 1970.
R. P. Eckels, *Greek Wolf-Lore*. University of Pennsylvania 1937.
Exposition sur la bête du Gévaudan. Katalog. Marvejols 1958.
R. Faivre, *Le Temps des loups*. Katalog. Gray 1979.
C. A. Fougeyrollas, *Bibliographie du loup*. Niort 1972; *Un animal de grande vénerie: le loup. Les chasses des loups en Poitou*. Paris 1969.
L. Fournier, *Petite Histoire des grands ravages d'une méchante bête*. Paris 1976.
F. Hamel, *Les Animaux humains: loups-garous etc*. Paris 1972.
La Louveterie. Ordonnances, arrêts, lois, décrets... Paris 1925.
M. Lurker, *Hund und Wolf in ihrer Beziehung zum Tode*, in: *Antaios*, 10, 1969.
G. Ménatory, *La Vie des loups*. Paris 1969.
I. de Nydauld, *De la lycanthropie, transformation et extase de sorciers*. Paris (1615) 1975.
F. Orth, *Der Hund im Altertum*. Schleusingen 1909.
H. Pourrat, *Histoire fidèle de la bête du Gévaudan*. Clermont-Ferrand 1979.
M. X. Pic, *La bête qui mangeait le monde en pays de Gévaudan et d'Auvergne*. Paris 1976.
G. Piccaluga, *Lykaon, un tema mitico*. Rom 1968.
J. Przyluski, *Les Confréries de loups-garous*, in: *Rev. Hist. Rom.*, 121, 1940.
H. Scholz, *Der Hund in der griechisch-römischen Magie und Religion*. Berlin 1937.
M. Summers, *The Werewolf*. London 1933.
J. Taboada Chivite, *Monteria y corrida de lobos en Galicia*, in: *Boletin Avriense* 1971.
G. Villebois, *Les Enfants-loups et les Animaux fantastiques*. Genf, Paris 1980.
R. Villeneuve, *Loups-garous et Vampires*. Paris, Genf 1963.

Personenregister